石油和石油产品试验方法行业标准汇编2020

第六分册

中国石油化工集团有限公司科技部　编

中国石化出版社

U0872929

图书在版编目(CIP)数据

石油和石油产品试验方法行业标准汇编. 2020. 第六分册 / 中国石油化工集团有限公司科技部编. —北京：中国石化出版社，2020.9
ISBN 978-7-5114-5973-2

Ⅰ. ①石… Ⅱ. ①中… Ⅲ. ①石油-试验方法-行业标准-汇编-中国-2020 ②石油产品-试验方法-行业标准-汇编-中国-2020 Ⅳ. ①TE622.5-65②TE626-65

中国版本图书馆 CIP 数据核字（2020）第 173925 号

未经本社书面授权，本书任何部分不得被复制、抄袭，或者以任何形式或任何方式传播。
版权所有，侵权必究。

中国石化出版社出版发行
地址：北京市东城区安定门外大街 58 号
邮编：100011 电话：(010)57512500
读者服务部电话：(010)57512575
http://www.sinopec-press.com
E-mail：press@sinopec.com
北京富泰印刷有限责任公司印刷
全国各地新华书店经销

*

880×1230 毫米 16 开本 38 印张 1137 千字
2020 年 10 月第 1 版 2020 年 10 月第 1 次印刷
定价：180.00 元

出版说明

《石油和石油产品试验方法行业标准汇编2016》出版至今已有四年多的时间。根据国标委综合〔2016〕28号《国家标准委关于印发《推荐性标准集中复审工作方案》的通知》的要求，全国石油产品和润滑剂标准化技术委员会(SAC/TC280)对2015年12月底前已归口的标准进行了集中复审，并提交复审结论。根据集中复审结论，有些标准进行了修订，有些标准已经废止，同时有新的试验方法标准发布实施。为满足石油产品生产和销售企业、科研和教学单位以及广大用户的使用需求，中国石油化工集团有限公司科技部组织相关单位重新编辑出版了《石油和石油产品试验方法行业标准汇编2020》。

本汇编全面系统地反映了石油和石油产品试验方法行业标准的最新情况，可为使用者提供最新的试验方法标准信息。

本汇编分第一~第十共10个分册，共收录了截至2020年6月底之前发布的石油和石油产品试验方法行业标准626项。因受篇幅限制，SH/T 0506—1998、SH/T 0510—1995、SH/T 0512—1992、SH/T 0513—1992、SH/T 0514—1992、SH/T 0519—1992和SH/T 0672—1998共7项润滑油评定方法标准未收入本汇编中。根据相关要求，复审后继续有效的标准均不再标注确认年代号，故与前一版汇编相比，本汇编删除了标准号中的确认年代号。

本汇编包括的标准，由于出版年代不同，其格式、计量单位及术语不尽相同。本汇编对原标准中的印刷错误一并作了校正。如有疏漏之处，恳请指正。

中国石油化工集团有限公司科技部
2020年6月

出版说明

[illegible] 2016〕28号 [illegible] 2015年12月 [illegible]

[illegible] 2020年6月 [illegible] SH/T 0510—1995 [illegible] SH/T 0519—1992 [illegible] SH/T 0692—1995 [illegible]

[illegible]

[illegible] 2020年6月

目　录

ICS 75.100
E 34

SH

中华人民共和国石油化工行业标准

SH/T 0760—2005

柴油机油性能评定法
(Mack T-8 法)

Standard test method for evaluation of diesel engine oils in T-8 diesel engine

2005-04-11 发布　　2005-09-01 实施

中华人民共和国国家发展和改革委员会　发布

目　　次

前　　言

本标准修改采用美国试验与材料协会标准 ASTM D5967-99a《用 T-8 柴油机评定柴油机油的标准试验方法》。

本标准根据 ASTM D5967-99a 重新起草。

为了更适合我国国情，本标准在采用 ASTM D5967-99a 时进行了修改。这些技术性差异用垂直单线标识在它们所涉及的条款的页边空白处。本标准与 ASTM D5967-99a 的主要技术差异如下：

——本标准的引用标准采用我国现行标准，无相应标准的引入其实质性内容。

——用国产推荐燃料代替美国推荐燃料。

——标定试验采用非参比油试验时间累计达 3000h 或非参比油试验十次后标定一次。

为使用方便，本标准还做了如下编辑性修改：

——删去了附录 A3(油样在 100℃时的运动黏度分析方法)、附录 A4(热重分析程序 A)和附录 A5(试验材料采购)的内容。

——重复性和再现性的文字表述按我国的习惯表述进行了修改。

——删去了方法中第 14 章“关键词”。

本标准的附录 B、附录 C、附录 D、附录 E 和附录 F 均为规范性附录，附录 A 为资料性附录。

本标准由中国石油化工集团公司提出。

本标准由中国石油化工股份有限公司石油化工科学研究院归口。

本标准起草单位：中国石油化工股份有限公司石油化工科学研究院。

本标准主要起草人：杨本丰、魏荣田、刘顺涛、李少玉、卢文彤、颜卫平。

柴油机油性能评定法
（Mack T-8法）

1 范围

1.1 本标准试验方法简称 Mack T-8 法，适用于评定柴油机油在定量烟炱含量下的黏度增长性能。

1.2 本标准也提供了 T-8A 和 T-8E 试验方法，除附录 E、附录 F 外与 T-8 试验方法完全相同。

1.3 本标准中的数值单位采用(SI)国际单位制。

2 规范性引用文件

下列文件中的条款通过本标准的引用而成为本标准的条款。凡是注日期的引用文件，其随后所有的修改(不包括勘误的内容)或修改版均不适用于本标准，然而，鼓励根据本标准达成协议的各方研究是否可使用这些文件的最新版本。凡是不注日期的引用文件，其最新版本适用于本标准。

GB/T 261 石油产品闪点测定法(闭口杯法)(GB/T 261—83(91)，eqv ISO 2719：1973)

GB/T 265 石油产品运动黏度测定法和动力黏度计算法

GB/T 268 石油产品残炭测定法(康氏法)(GB/T 268—1987，eqv ISO 6615：1983)

GB/T 386 柴油着火性质测定法(十六烷值法)

GB/T 508 石油产品灰分测定法(GB/T 508—1985(1991)，eqv ISO 6245：1982)

GB/T 3535 石油倾点测定法(GB/T 3535—83(91)，eqv ISO 3016：1974)

GB/T 5096 石油产品铜片腐蚀试验法

GB/T 6536 石油产品蒸馏测定法

GB/T 6986 石油浊点测定法(GB/T 6986—86(91)，eqv ISO 3015：1974)

GB/T 11137 深色石油产品运动黏度测定法(逆流法)和动力黏度计算法

GB/T 11139 馏分燃料十六烷指数计算法

GB/T 11140 石油产品硫含量测定法(X 射线光谱法)

GB/T 17476 使用过的润滑油中添加剂元素、磨损金属和污染物以及基础油中某些元素测定法(电感耦合等离子体发射光谱法)

SH/T 0064 馏分燃料游离水和颗粒污染物试验法

SH/T 0604 原油和石油产品密度测定法(U 形振动管法)

SH/T 0606 中间馏分烃类组成测定法(质谱法)

3 术语和定义

下列术语和定义应用于本标准。

3.1

盲号参比油 blind reference oil

由台架试验管理部门提供的、实验室不知油品标识的参比油。

3.2

窜气 blowby

由发动机燃烧室窜入曲轴箱的燃烧产物和未燃烧的空气与燃油的混合气。

3.3

标定 calibrate

对照相关标准，校正测量仪器的指示或输出系统设备的误差。

3.4

重负荷 heavy-duty

发动机在平均转速、功率输出及机体内温度均接近最大值时的操作状态。

3.5

重负荷发动机 heavy-duty engine

允许在最大功率输出或接近最大功率输出状态下连续运转的发动机。

3.6

非参比油 non-reference oil

除参比油外的任何油品，例如配方研究的油样、成品油或检测油样。

3.7

非标准试验 non-standard test

不符合标准试验方法要求的试验。

3.8

氧化 oxidation

在高温条件下由于化学或机械的作用，润滑油变稠、生成油泥和漆膜等沉积物的现象。

3.9

参比油 reference oil

已知其性能特性的润滑油，用于标定试验台架时作为比较的基础。

3.10

油泥 sludge

主要由燃料燃烧产物、润滑油氧化产物和水所形成的沉积物，这种沉积物不能从发动机零件上流下来，但可以用软布擦掉。

3.11

标准试验 standard test

使用试验方法要求的试验件，依据试验程序在标定过的试验台架上进行的试验。

3.12

漆膜 varnish

一种又干又硬的不溶于油的沉积物。这种沉积物一般有光泽，用软布擦不掉，但可用某些溶剂洗掉。

3.13

磨损 wear

相对运动零件表面上材料的位移或损失。

4 方法概要

4.1 本试验发动机为 Mack E7-350 型柴油机。试验时，发动机先进行预热和 2h 发动机冲洗，然后发动机在转速、负荷保持稳定的工况下连续运转。参比油试验时间为 300h，非参比油试验时间为 250h。

4.2 试验过程中定时取出分析油样进行黏度和烟炱含量分析并计算黏度增长，用线性内插法确定并计算烟炱含量在 3.8%时的黏度增长值。

4.3 根据试验发动机工况状态，决定是否对发动机重新组装。组装时，解体发动机的做功部件，用溶剂油清洗、测量。活塞、活塞环、缸套和气门导管都要使用新的标准零件(见表2)。

4.4 用溶剂油清洗发动机曲轴箱，更换已经磨损或损坏的零件。

4.5 试验台架配备适宜的辅助设备以控制发动机转速、负荷及各种试验参数。

5 意义和用途

5.1 本方法用涡轮增压、中冷四冲程柴油发动机评定发动机油的黏度变化性能。

5.2 本方法可用于发动机油的规格认证。

6 试验设备

6.1 概述

6.1.1 试验发动机(Mack E7-350)为直列六缸、增压、中冷、直喷压燃式四冲程柴油机。缸径为124mm，冲程为165mm，排量为12L。发动机转速为1800r/min时的额定功率为261kW。

6.1.2 试验室应清洁无尘。发动机安装间的空气建议进行过滤并控制温度和湿度，防止灰尘沉积在发动机零件上。温度控制有助于对发动机组装时零件的测量和选择。

6.1.3 试验燃油为低硫柴油，推荐的燃油质量指标见表1。

表1 T-8试验燃油技术要求

检测项目		质量指标	试验方法
硫含量/%(质量分数)		0.03~0.05	GB/T 11140
密度(20℃)/(g/cm³)		0.8406~0.8617	SH/T 0604
组成/%(体积分数) 芳烃含量 烯烃含量 饱和烃含量		 28~35 报告 报告	SH/T 0606
十六烷指数		报告	GB/T 11139
十六烷值		42~48	GB/T 386
铜片腐蚀(50℃,3h)/级	不大于	3	GB/T 5096
闪点/℃	不小于	54	GB/T 261
浊点/℃	不大于	-12	GB/T 6986
倾点/℃	不大于	-17	GB/T 3535
10%蒸余物残炭/%(质量分数)	不大于	0.35	GB/T 268
水和沉积物/%(体积分数)	不大于	0.05	SH/T 0064
灰分/%(质量分数)	不大于	0.01	GB/T 508
运动黏度(40℃)/(mm²/s)		2.0~3.2	GB/T 265
馏程/℃ 初馏点 10% 回收温度 50% 回收温度 90% 回收温度 终馏点		 177~199 210~232 249~277 299~327 327~360	GB/T 6536

6.2 试验发动机

6.2.1 **Mack 试验发动机**

试验发动机可从Mack Trucks公司购买，试验所需零件见表2。

6.2.2 发动机冷却系统

6.2.2.1 为保证发动机冷却系统良好的换热率，每次试验必须对系统进行除垢。试验时，在冷却罐上加压至系统压力为103kPa。

6.2.2.2 外接发动机冷却系统为加压式封闭系统，由一个热交换器、冷却液储存罐和出水口温控阀等部件组成。严禁空气进入该系统，夹套冷却液温度要严格控制在规定范围内。在发动机和冷却液储存罐之间安装一个玻璃观察窗，用于检查是否有空气进入或冷却液流量是否稳定，以防止冷却液局部过热沸腾。节温器处于全开状态。

6.2.3 发动机机油系统

发动机机油系统示意图见附录B中图B.7、B.8。

6.2.4 辅助机油系统

为保持油底壳中恒定的机油液面高度，设置一个9.5L封闭式称量罐，用辅助机油泵以5.7L/min±1.9L/min的流量使机油在油底壳和称量罐中循环。机油系统装置结构图见附录B中图B.7、B.8。图中抽油管1和回油管2的管线内径分别为13mm和10mm的耐油橡胶管。连通管3的管线内径尺寸要求不小于抽油管1。

6.2.5 曲轴箱抽气系统

用一鼠笼式抽风机将曲轴箱内的压力控制在要求的范围内。

6.2.6 窜气测量仪

用排气型气体流量计或功能相当的仪器测量窜气流量。

6.2.7 进气供给和过滤系统

使用初始效率为99.2%进气滤清器，当滤清器前后压差达到2.5kPa时，更换滤清器滤芯。在进气系统中的温度、压力和湿度的任何一个测量点前至少2倍管径的距离处安装一个调节阀，用该阀将进气流量控制在规定范围内。

6.2.8 燃油供给系统

燃油供给系统具有加热和冷却功能，以精确地控制温度。推荐的燃油系统见附录B中图B.9。

6.2.9 进气歧管温度控制

用一个中冷器控制进气歧管温度(参见附录B中图B.10)。

7 试剂与材料

7.1 试剂

7.1.1 试验油

每次试验需用试验油约151L。

7.1.2 燃油

推荐的燃油质量指标见表1。

7.1.3 发动机冷却液

发动机冷却液用含盐量小于0.03g/L的软化水或蒸馏水(不加任何添加剂)。

7.2 清洗材料

用溶剂油作为发动机零件清洗材料。

8 发动机组装前的准备

8.1 零件的清洗

8.1.1 发动机缸体

用溶剂油彻底喷洗发动机缸体，清除上次试验残留的机油，然后用压缩空气吹干。

8.1.2 摇臂罩和油底壳

用溶剂油清洗摇臂罩和油底壳，去除油泥、漆膜等沉积物，然后用压缩空气吹干。

8.1.3 辅助机油系统

用溶剂油冲洗所有的机油管线、油道和外部机油称量罐，然后用压缩空气吹干。

8.1.4 机油冷却器和机油滤清器

用溶剂油冲洗机油冷却器和机油滤清器管线，清除上次试验所残留的机油，然后用压缩空气吹干。

8.1.5 发动机缸盖

使用毛刷刷掉缸盖上的沉积物，然后用溶剂油清洗，最后用压缩空气吹干。

8.2 气门、气门座、气门导管和气门弹簧

检查气门、气门座、气门导管和气门弹簧是否有缺陷或严重磨损。若有需更换。更换新气门导管时应将导管内径加工到9.525mm±0.013mm。

8.3 缸套、活塞和活塞环的安装

8.3.1 缸套安装

按照Mack发动机维修手册中的相关程序安装缸套。

8.3.2 活塞和活塞环

缸套、活塞和活塞环为成套提供并成套使用。安装前仔细检查活塞、活塞环是否有损伤，若有，进行修复或更换。测量并记录活塞环的开口间隙。

8.4 喷油器和喷油泵

8.4.1 喷油器

建议每1000h维修一次喷油器。如果发现喷油压力低于规定值，应及时进行调整或更换。

8.4.2 喷油泵

除非在试验中出现问题，本方法不建议拆卸喷油泵。若出现问题更换了新的喷油泵，则试验台架的标定无效，需重新对试验台架进行标定。高压流量标定设备(如Bacharach #72-7010标准喷油泵试验台)可从Mack授权销售商处购置。用Kent-Moore工具(其中包括上止点指示器，零件号为J29539，位置传感器，零件号为J37077)调整喷油定时。

8.5 组装说明

8.5.1 概述

试验只能使用本方法规定的试验件，不允许对材料或尺寸进行修改。除本方法规定外，要按照Mack发动机维修手册组装所有零件，组装时用试验油做润滑剂。

8.5.1.1 节温器

用全螺纹螺杆使节温器处于全开状态。

8.5.1.2 连杆轴瓦

检查连杆轴瓦的状况，根据实验室的经验判断是否更换连杆轴瓦。

8.5.1.3 主轴瓦

检查主轴瓦的状况，根据实验室的经验判断是否更换主轴瓦。

8.5.1.4 活塞内腔冷却喷嘴

仔细检查冷却喷嘴位置，确保活塞能得到良好的冷却。

8.5.2 新零件

每次试验发动机组装所用新零件见表2。

8.6 测量

8.6.1 标定

每次参考油试验前或必要时都要对热电偶、压力表、发动机转速和燃油流量测量设备进行标定。

至少标定正常操作范围内的两点并记录。标定时，按标准将热电偶浸在标定槽内，正确连接导线、软管和读数系统。

表 2　发动机组装所用新零件

序　号	零件名称	数　量	零件编号
1	气缸套	6	509GC470
2	活塞 冠部 裙部	 6 6	240GC2255M 240GC5113 240GC5119M
3	活塞环 一环 二环 油环	 6 6 6	353GC2141 349GC3107 349GC3108 350GC343
4	密封垫	2 1 1	57GC2115A 57GC2118A 57GC2119
5	全流式机油滤清器 滤清器离心式滤芯	2 1	485GB3191B 236GB244A
6	发动机冷却液调节器	1	25MF435B
7	初级燃油滤清器	1	483GB444
8	二级燃油滤清器	1	483GB440
9	气门导管	24	714GB222
10	气门导管密封	24	446GC296

8.6.2　温度测量位置

8.6.2.1　概述

用热电偶和数字显示仪表或功能相当的设备测量温度。对量程为 0℃～150℃的热电偶，标定温度在 100℃±1℃时，误差为±0.5℃；温度在 0℃±1℃时，误差为±0.5℃。热电偶头部置于所测流体流束的中心处。

8.6.2.2　环境温度

环境温度测量点置于距发动机和发热部件 2m～3m 处。

8.6.2.3　冷却液温度

冷却液出口温度测量热电偶安装在节温器盖前部的冷却歧管处，见附录 B 中图 B.1。

8.6.2.4　机油温度

机油温度测量热电偶安装在发动机右侧的辅助机油泵顶端，见附录 B 中图 B.5。

8.6.2.5　进气温度

进气的干泡温度和湿度传感器安装在增压器进口气流流束中心处，见附录 B 中图 B.3。进气湿度不需控制，但建议测量。

8.6.2.6　燃油温度

燃油温度测量热电偶安装在二级滤清器和喷油泵间燃油管线上，参见附录 B 中图 B.4。

8.6.2.7　增压涡轮前端排气温度

在每侧排气歧管"T"形三通上安装热电偶。热电偶和压力传感器安装在同一个"T"形三通上，见附录 B 中图 B.3。

8.6.2.8　排气尾管排气温度

热电偶置于增压涡轮出口排气管上，见附录 B 中图 B.3。

8.6.2.9　进气歧管温度

热电偶置于进气歧管接头处，见附录 B 中图 B.6。

8.6.3 压力测量位置

8.6.3.1 滤清器前机油压力

压力传感器安装在机油冷却器接头上，见附录 B 中图 B.2。

8.6.3.2 滤清器后主油道机油压力

压力传感器安装在机油滤清器底座上部，见附录 B 中图 B.2。

注：E7 发动机只有一个油道，同时兼顾主油道和活塞冷却油道。

8.6.3.3 增压涡轮前端排气压力

在排气歧管“T”型三通的每一侧各安装一个压力传感器，同涡轮前排气温度热电偶在同一个接头上，见附录 B 中图 B.3。

8.6.3.4 进气增压

压力传感器安装在进气歧管上，见附录 B 中图 B.6。

8.6.3.5 总进气压力

压力传感器安装在增压涡轮前端进气管上，见附录 B 中图 B.3。

8.6.3.6 排气背压

压力传感器安装在增压涡轮后 30.5mm~40.6mm 处的排气直管上，见附录 B 中 B.3。

8.6.3.7 曲轴箱压力

压力传感器安装在油标尺套管接头处。

8.6.3.8 环境大气压力

压力传感器安装在试验室距地面高约 1.2m 的合适位置。

8.6.4 发动机窜气

窜气测量仪安装在摇臂罩跨接管的窜气出口处。

8.6.5 燃油耗测量

测量设备安装在初级滤清器前的燃油管线上。在燃油系统中，初级滤清器安装在燃油泵前，二级滤清器安装在喷油泵前。测量燃油耗时应考虑回流油量。

8.6.6 湿度

测量设备安装在进气滤清器和增压涡轮之间，不影响温度和压力的测量。每 8h 测量一次湿度并记录。

9 试验台架的标定

9.1 试验台架的标定周期

为保证试验一致性和精确性，在如下情况下必须对试验台架进行标定：

9.1.1 新建立的试验台架，必须进行标定。

9.1.2 喷油泵从发动机上拆下；更换气缸头；更换活塞、活塞环组件和气缸套都要对试验台架进行标定。

9.1.3 非参比油试验时间累计达 3000h 或非参比油试验 10 次后要对试验台架进行标定。

9.2 用 1004-1 号或 1004-2 号参比油标定。1004-1 号参比油在 250h 时的烟炱含量为 4.0%~4.6%；1004-2 号参比油在 250h 时的烟炱含量为 4.0%~4.8%。

10 试验程序

10.1 试验前的准备

10.1.1 发动机加冲洗试验油

向发动机中加 45.4L 试验油（此次加注的试验油只为冲洗发动机），其中油底壳中 26.5L、机油滤清器中 3.8L(两个机油滤清器各 1.9L)、机油冷却器中 1.9L、辅助机油称量罐和管线中 13.2L。加试验油时先向机油滤清器中加 3.8L(两个滤清器各 1.9L)，然后打开外部循环机油泵，从发动机加油管直接加 41.6L 冲洗试验油到发动机中。

10.1.2 试验前的发动机机油冲洗和磨合

10.1.2.1 按 10.2 条的步骤启动发动机。对于新的或重新组装的发动机，机油冲洗前必须按表 3 条件先进行磨合。对于非参比油试验，不进行磨合，只需进行试验前机油冲洗。

表 3 机油冲洗和磨合操作条件

参　数	磨合(新的或重新组装的发动机)		试验前机油冲洗
时间/min	30	30	120
转速/(r/min)	1250	1800	1800
扭矩/(N·m[a])(±1%[b])	1731	1384	1384

[a] 在 98.3kPa 和 29.5℃的条件下的干空气中；

[b] 当参数超出控制范围时，应采取适当的调整措施。

10.1.2.2 按 10.3 条程序停机，从油底壳、辅助机油称量罐放出冲洗的试验油，更换所有机油滤清器。

10.1.2.3 向机油滤清器中加 3.8L 新试验油(每个滤清器加 1.9L)，然后打开外部循环机油泵，从发动机加油管直接加 41.6L 试验油到发动机中。

10.2 发动机启动程序

启动发动机，在转速为 1000r/min ~1400r/min、满负荷的 20%~30%工况下运转，使油底壳温度达到 66℃~77℃(对于冷发动机来说，时间约为 10min)，然后进入正式试验条件。其中启动时间不记入正式试验时间内。当试验条件进入要求范围时开始计时。试验条件见表 4。

10.3 发动机停机程序

在试验期间发动机可以停机。每次停机前使发动机在 1000r/min~1400r/min 和零负荷的工况下运转 10min，然后切断供给的燃油。停机时间不记入试验时间。记录每次停机时间和原因。

10.4 试验循环

试验循环包括机油冲洗和正式试验阶段，机油冲洗操作条件见表 3，正式试验操作条件见表 4。

表 4 试验操作条件

参 数 名 称	操 作 条 件
时间/h	250(参比油试验为 300)
控 制 参 数[a]	
转速/(r/min)	1800±5
燃油流量/(kg/h)	63.3%±1.0%
进气歧管温度/℃	43±3
夹套冷却液出口温度/℃	85±3
燃油进口温度/℃	40±1
进气温度/℃	25±3
曲轴箱压力/kPa	0.50±0.25
进气压力/kPa	2.50±0.25
排气背压/kPa	3.1±0.4

表 4(续)

参数名称		操作条件
非控制参数		
扭矩/(N·m)		1369～1398[b]
排气温度/℃	涡轮前	602～632
	排气尾管	455～474
进气歧管压力/kPa		186～199
机油温度/℃		100～107
主油道压力/kPa		372 ～441[c]
中冷器压差 ΔP/kPa		不超过 13.6
机油滤清器压差 ΔP/kPa		不超过 138[d]

[a] 操作条件超过规定范围时应及时调整；
[b] 在 98.2kPa、29.5℃条件下的干燥空气中；
[c] 是对 SAE 15W/40 机油的压力范围，其他黏度级别的机油会有不同的结果；
[d] 若滤清器前、后机油压差 ΔP 超出 138kPa 时，更换两个全流式滤清器。

10.5 发动机机油量调整

试验进行 1h 后，按机油称量罐中机油重量确定满刻度，试验期间的每 25h 末，放出一定量机油，使机油耗量比满刻度时少 1.59kg，此时机油消耗率达到 0.243g/kW·h，再向发动机中加入 1.59kg 新油。如果需要取分析油样，按 10.6 条操作。

10.6 取分析油样

10.6.1 做参比油试验时，每间隔 25h 取一次 118mL 分析油样，做非参比油试验时，25h、75h 和 125h 可以选择。油样从油底壳与机油循环泵间的放油阀取出。

10.6.2 试验过程中每 25h，油耗小于或等于 1.02kg 时，先放出 473mL 死区油，然后取出 118mL 分析油样，再放出定量机油，使机油耗量比满刻度时少 1.59kg(1.59kg 中包括 473mL 死区油)。如果油耗大于 1.02kg，先放出 473mL 死区油，然后取出 118mL 分析油样，再将 473mL 死区油倒回发动机中，而后再放出适量机油，使机油耗量比满刻度时少 1.59kg，再补加 1.59kg 新油。

10.7 机油耗量的计算

每小时记录一次机油质量，通过记录值计算机油耗量。计算从 26h 至试验结束的平均机油耗量值。因为第一个 25h 阶段油量称量系统正处于稳定过程，所以不计算油耗。用式(1)计算每 25h 试验周期的平均机油耗量：

$$\text{机油耗量}(g/kW\cdot h)=(FW-W_n)/(25P) \qquad (1)$$

式中：

FW——机油满刻度时的质量，g；

W_n——在每次加油、取样、放油前 n 小时称量系统显示的机油质量，g；

P——发动机制动输出功率，kW。

报告的机油耗量是以 25h 为周期的油耗平均值。如果 25h 周期油耗大于 0.225g/kW·h，则需要重新确定机油满刻度值，满刻度值为该 25h 循环周期以前重量减去油样的重量，再加上 1.59kg 新油重量。

10.8 燃油取样

试验开始前和试验结束后，各取两个 0.95L 燃油分析油样。

10.9 试验参数测量

每个小时末最少对下列参数进行一次测量并记录。将各参数进行调整，尽量把参数控制在方法要求的中间值，并在调整前记录数据。本方法允许在一小时内进行多次测量，计算每小时平均值。

10.9.1 转速，r/min；

10.9.2 扭矩，N·m；

10.9.3 机油温度,℃；

10.9.4 冷却液出口温度,℃；

10.9.5 冷却液进口温度,℃；

10.9.6 进气温度,℃；

10.9.7 进气歧管温度,℃；

10.9.8 进气歧管压力，kPa；

10.9.9 燃油流量，kg/h；

10.9.10 燃油进口温度,℃；

10.9.11 排气背压，kPa；

10.9.12 滤清器前机油压力，kPa；

10.9.13 主油道机油压力，kPa；

10.9.14 曲轴箱压力，kPa；

10.9.15 涡轮前排气温度，前歧管,℃；

10.9.16 涡轮前排气温度，后歧管,℃；

10.9.17 进气限压，kPa；

10.9.18 排气温度,℃；

10.9.19 曲轴箱窜气流量，L/min；

10.9.20 涡轮前排气背压，前歧管，kPa；

10.9.21 涡轮前排气背压，后歧管，kPa；

10.9.22 进气湿度，g/kg。

10.10 窜气量测量

每 8h 测量并记录一次发动机的曲轴箱窜气量。测量时断开曲轴箱的吸气装置。要注意防止机油进入窜气测量仪中。

10.11 离心式机油滤清器增重

试验前，称量离心式机油滤清器的重量。试验结束后，从发动机上拆下离心式机油滤清器并倒置放油 30min，放油后称量离心式机油滤清器的重量。计算试验前、后滤清器的增重量。

10.12 离心式机油滤清器压差 ΔP 的计算

10.12.1 以试验中出现的滤清器前后压差的最大值 ΔP 作为试验结果。按式(2)计算机油滤清器前后压差 ΔP：

$$\Delta P = \Delta P_{最大} - \Delta P_{初始} \quad \cdots\cdots (2)$$

式中：

$\Delta P_{最大}$——机油滤清器两端的最大压差，kPa；

$\Delta P_{初始}$——刚进入试验条件时的机油滤清器两端压差，kPa。

10.12.2 如果更换了机油滤清器，将更换前的滤清器压差 ΔP 与更换后的滤清器压差 ΔP 相加。如果出现停机，将停机后滤清器压差 ΔP 和停机前的滤清器压差 ΔP 相加。

10.13 试验结束

10.13.1 试验后冲洗

试验结束后，尽快对发动机进行冲洗。将油底壳、外部称量罐和机油滤清器中机油全部放出，按照10.1.1条程序加Bulldog Premium Oil或功能相当的冲洗油，冲洗程序见表3。冲洗结束后停机(参见10.3条)，并从油底壳、外部称量罐中放出冲洗油，拆下机油滤清器。

10.13.2 试验后溶剂油清洗

完成冲洗程序后，用溶剂油清洗气缸盖顶部、摇臂、摇臂罩等，直至干净为止，在此过程中要打开油底壳放油阀。拆下油底壳并用溶剂油清洗干净，同时将外部储油罐及管线用溶剂油清洗干净。

11 试验过程中试验油样和燃油检查

11.1 试验油样分析

分析100℃时试验油样黏度(用GB/T 11137试验方法)。250h时取的2个油样分别分析黏度和烟炱(烟炱分析按附录C)，报告这两个黏度的平均值。对于新油、150h、250h和300h若有油样要分析其由磨损而产生的金属(Fe、Pb，Cu、Cr、Al)含量和添加剂带来的元素(Si、Na)含量(用GB/T 17476试验方法)，取样后要尽快分析。

11.2 燃油样分析

对试验前和试验后所取的燃油油样进行密度、硫含量等指标分析。

11.3 总机油耗量

计算试验总的机油耗量(g/kW·h)，正常情况下总的机油耗量应小于或等于0.182g/kW·h。对于标定试验，若出现总的机油耗量大于0.304g/kW·h，为不正常现象，则此次试验无效，要查找其原因，确定是否由试验油或发动机引起的。

12 试验结果报告

试验结果报告的内容及形式见附录A。

13 精密度

按下述规定判断试验结果的可靠性(95%置信水平)。

13.1 重复性(r)——同一实验室对同一油品在正确和正常操作条件下所得的两个有效试验结果之差不应超过表5所列的数值。

13.2 再现性(R)——不同实验室对同一油品在正确和正常操作条件下由不同操作人员所作出的两个单独有效的试验结果之差不应超过表5所列的数值。

表5 精密度

参数	重复性	再现性
3.8%TGA烟炱含量时黏度增长值/(mm^2/s)	2.80	2.83

附　录　A
(资料性附录)
试验结果报告

柴油机油性能评定法(Mack T-8法)

送样单位＿＿＿＿＿＿＿＿＿＿

油样名称＿＿＿＿＿＿＿＿＿＿

试验编号＿＿＿＿＿＿＿＿＿＿

试验日期＿＿＿＿＿＿＿＿＿＿

试验方法＿＿＿＿＿＿＿＿＿＿

试验时间＿＿＿＿＿＿＿＿＿＿

试验燃料＿＿＿＿＿＿＿＿＿＿

单位：××××

A.1 T-8试验油样分析汇总

A.1.1 试验油样烟炱含量和黏度增长

试验时间/h	烟炱含量/TGA%	黏度 100℃/(mm^2/s)	黏度增长值/(mm^2/s)
新油			
25			
50			
75			
100			
125			
150			
175			
200			
225			
250(第一次)			
250(第二次)			
250(平均)			
275			
300			

A.1.2 其他评定

100h~150h 黏度增长率/($mm^2/s·h$)	
烟炱(TGA)含量在3.8%时的黏度增长/(mm^2/s)	
烟炱(TGA)含量在4.8%时的相对运动黏度	
250h时平均烟炱(TGA)含量/%	
300h时烟炱(TGA)含量/%	
250h平均机油耗量/(g/kW·h)	
250h时机油滤清器压差/kPa	

A.1.3 机油滤清器增重

	试验前	试验后	质量增加
机油滤清器质量/kg			

A.1.4 试验油元素含量

元素	含量/(μg/g)			
	新油	150h	250h	300h
Fe				
Pb				
Cu				
Cr				
Al				
Si				
Na				

A.2 特殊维修事项记录

试验时间	日　期	停机时间	停机原因及处理方法
停机次数			
总停机时间/h			

日　期：＿＿＿＿＿＿

签　字：＿＿＿＿＿＿

附件一、试验操作条件

试验参数		要求值	最大值	最小值	平均值
转速/(r/min)		1800±5			
扭矩/(N·m)		1369~1398			
燃油流量/(kg/h)		63.28±0.63			
进气湿度/(g/kg 干空气)		报告			
窜气流量/(L/min)		报告			
温度/℃	冷却液出口	85±3			
	冷却液入口	报告			
	机油	100~107			
	燃油入口	40±1			
	进气	25±3			
	进气歧管	43±3			
	增压涡轮前端	602~632			
	增压涡轮后端	602~632			
	尾管	455~474			
压力/kPa	机油主油道	372~441			
	曲轴箱	0.50±0.25			
	排气背压	3.1±0.4			
	机油滤清器压差	最大 138			
	进气	2.50±0.25			
	进气歧管	186~199			

附件二、试验燃油分析结果

检测项目		标准值	燃油分析		试验方法
			试验前	试验后	
硫含量/%(质量分数)		0.03~0.05			GB/T 11140
密度(20℃)/(g/cm^3)		0.8406~0.8617			SH/T 0604
组成/%(体积分数)					SH/T 0606
芳烃含量		28~35			
烯烃含量		报告			
饱和烃含量		报告			
十六烷指数		报告			GB/T 11139
十六烷值		42~48			GB/T 386
铜片腐蚀(50℃,3h)/级	不大于	3			GB/T 5096
闪点/℃	不小于	54			GB/T 3536
浊点/℃	不大于	-12			GB/T 6986
倾点/℃	不大于	-17			GB/T 3535
10%蒸余无残炭/%(质量分数)	不大于	0.35			GB/T 268
水和沉积物/%(体积分数)	不大于	0.05			SH/T 0064
灰分/%(质量分数)	不大于	0.01			GB/T 508
黏度(40℃)/(mm^2/s)		2.0~3.2			GB/T 265
馏程/℃					GB/T 6536
初馏点		177~199			
10% 回收温度		210~232			
50% 回收温度		249~277			
90% 回收温度		299~327			
终馏点		327~360			

附 录 B
（规范性附录）
传感器的安装位置和辅助系统流程

传感器的位置见图 B.1、B.2、B.3、B.4、B.5、B.6，辅助系统及流程见图 B.7、B.8、B.9、B.10。

B.1 发动机冷却液出口热电偶的安装位置

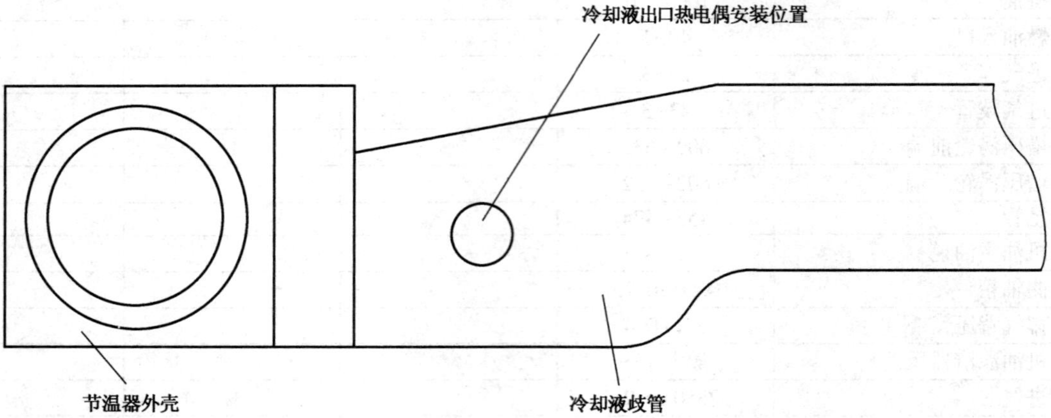

图 B.1 发动机冷却液出口热电偶的安装位置

B.2 机油压力采样管和冷却液进口热电偶的安装位置

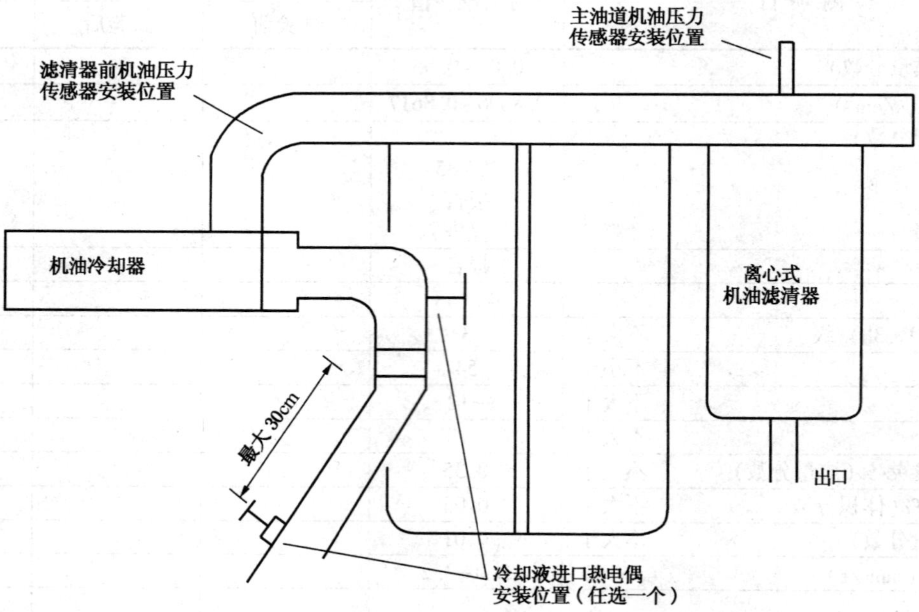

图 B.2 机油压力采样管和冷却液进口热电偶的安装位置

B.3　进气管、排气歧管和排气管的温度和压力传感器的安装位置

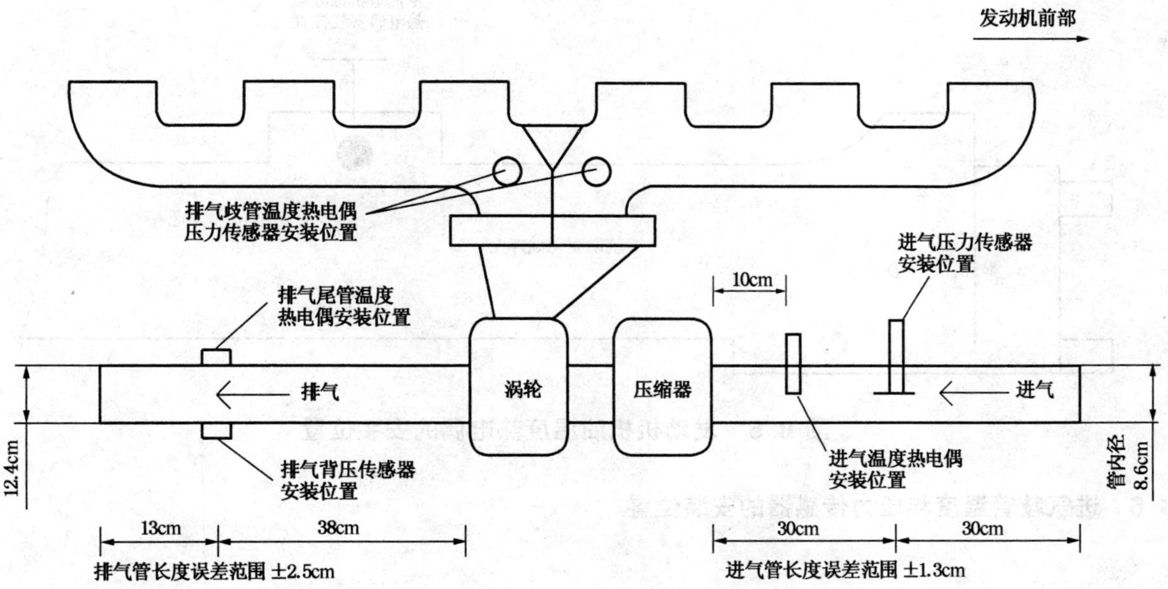

图 B.3　进气管、排气歧管和排气管的温度和压力传感器的安装位置

B.4　发动机燃油进口热电偶的安装位置

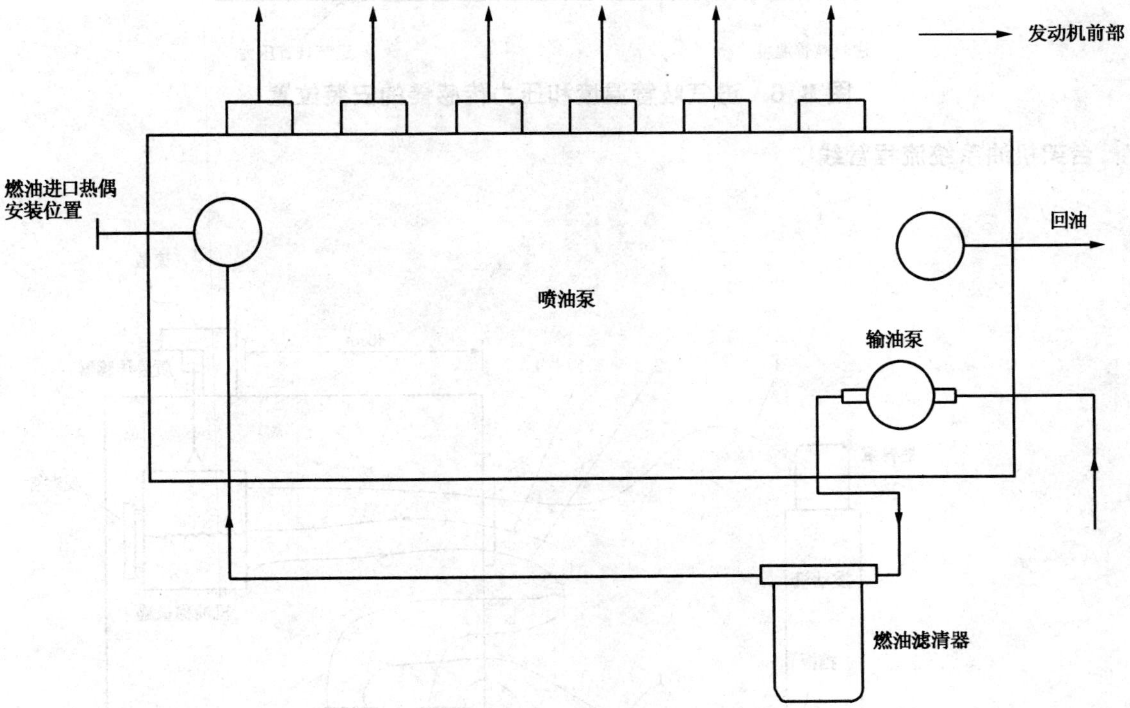

图 B.4　发动机燃油进口热电偶的安装位置

B.5 发动机机油温度热电偶的安装位置

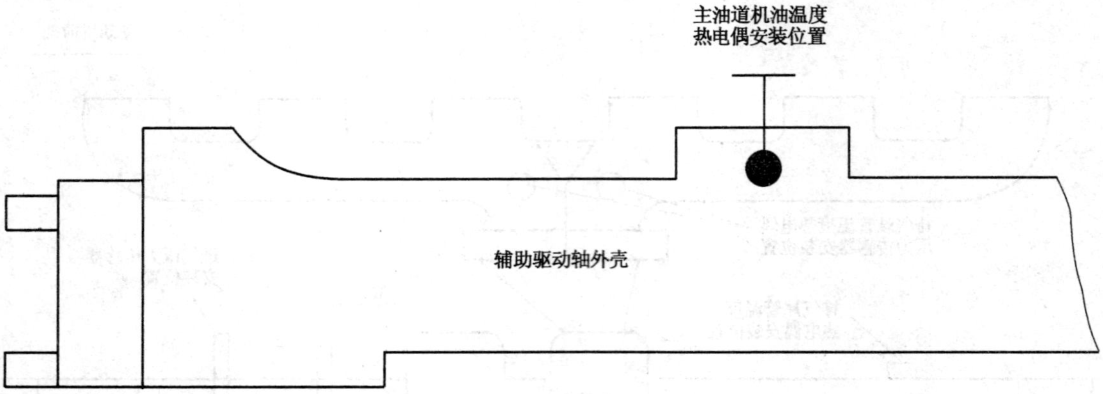

图 B.5 发动机机油温度热电偶的安装位置

B.6 进气歧管温度和压力传感器的安装位置

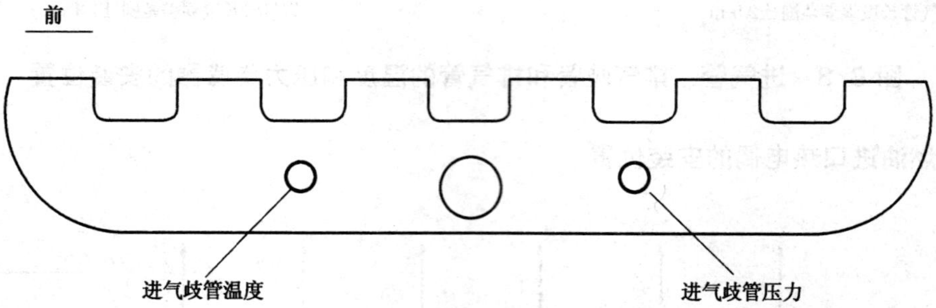

图 B.6 进气歧管温度和压力传感器的安装位置

B.7 台架机油系统流程管线

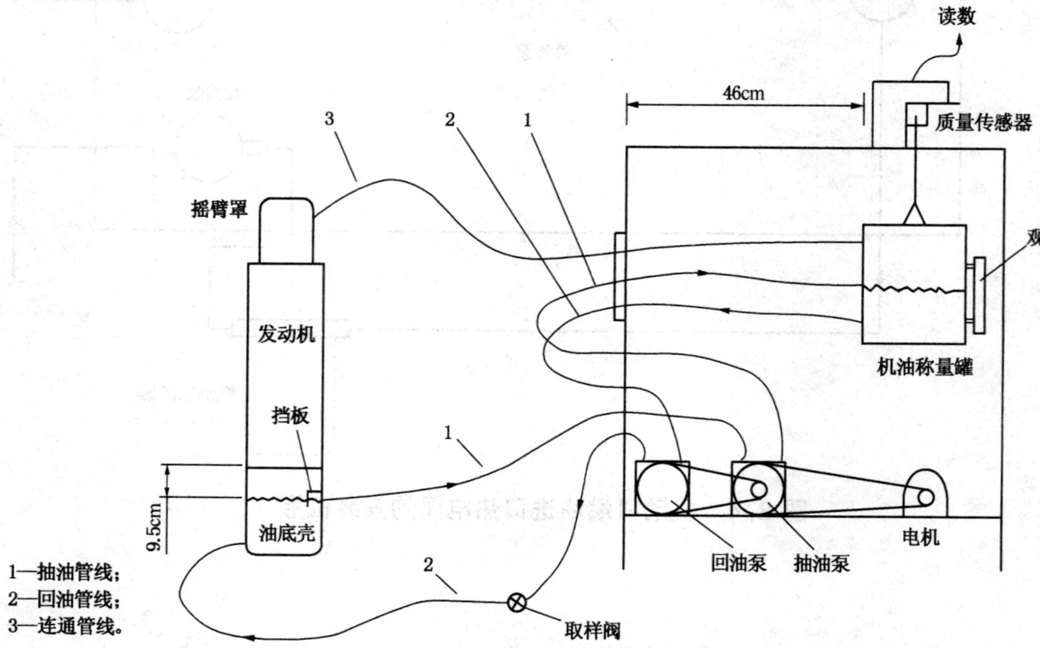

图 B.7 台架机油系统流程管线

B.8 辅助的机油系统

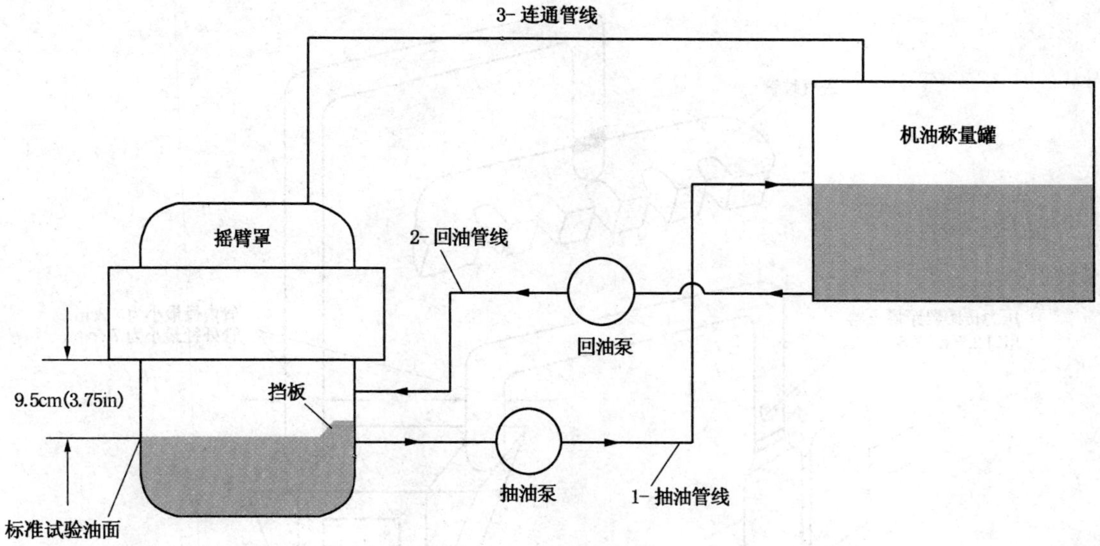

注：抽油泵泵量大于回油泵泵量(4.5L/min~9.0L/min)。

图 B.8 辅助的机油系统

B.9 发动机试验燃料供给系统

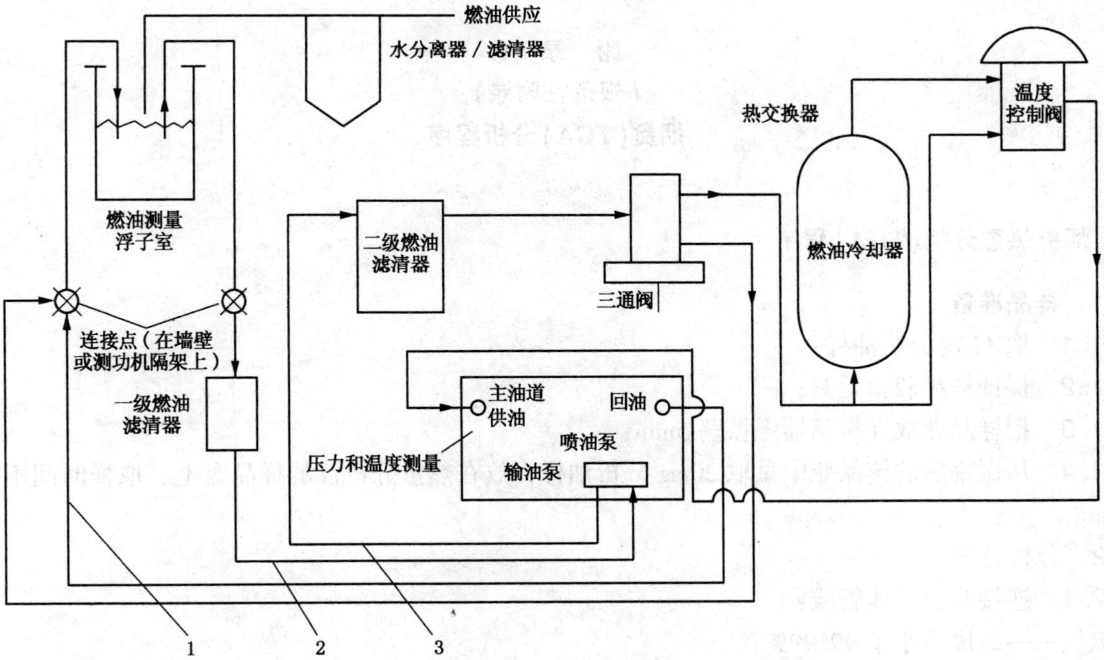

1——燃油管线内径为13mm或10mm；
2——燃油管线内径为13mm或10mm；
3——燃油管线内径为13mm或10mm。

图 B.9 发动机试验燃料供给系统

B.10 试验台架中冷器的配置

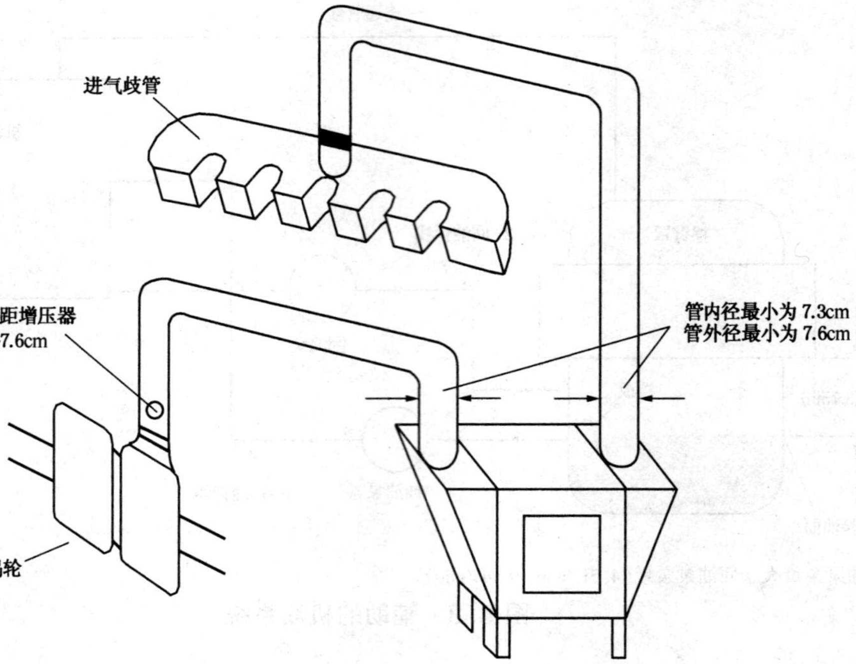

图 B.10 试验台架中冷器的配置

附 录 C
(规范性附录)
烟炱(TGA)分析程序

C.1 烟炱热重分析(TGA)程序

C.1.1 样品准备

C.1.1.1 取 113g 分析油样;

C.1.1.2 保证样品瓶盖盖紧;

C.1.1.3 把样品瓶放在振荡器上振荡 5min;

C.1.1.4 从振荡后的样品瓶中量取 20mg 分析油样，放在热重分析仪的样品盘上，取样时间不得超过 2min。

C.1.2 分析过程

C.1.2.1 连接吹扫气体管线:

氮气——纯度不小于 99.99%;

氧气——纯度不小于 99.99%。

C.1.2.2 打开氮气阀，开始吹扫氮气;

C.1.2.3 加热油样到 50℃;

C.1.2.3.1 在 50℃时稳定 1min;

C.1.2.3.2 以 100℃/min 的速率加热油样到 550℃;

C.1.2.3.3 在 550℃时稳定 1min;

C.1.2.3.4 以 20℃/min 的速率加热油样到 650℃;

C.1.2.3.5 在650℃时稳定1min后，记录此时油样质量；
C.1.2.3.6 把吹扫气体从氮气切换为氧气；
C.1.2.3.7 以20℃/min的速率加热油样到750℃；
C.1.2.3.8 在750℃时稳定至少5min，待残留物质量不变时，记录此时油样质量，烟炱(TGA)分析程序结束。

C.2 烟炱含量的计算

在650℃时稳定后的油样质量与在750℃时稳定后的质量之差，即为样品中的烟炱含量，再除以分析油样总量即为油品中的烟炱百分含量，精确到0.1%(质量分数)。

附 录 D
(规范性附录)
安 全 措 施

D.1 发动机台架试验具有危险性，应采取有效的安全措施，避免造成人体伤害和设备损坏。
D.2 安装和操作T-8台架试验的有关人员要进行过严格培训，能掌握相关工具的使用和设备安装方法，能及时发现和处理试验过程中的突发事件的方法。

D.3 防护设备

D.3.1 在零件清洗、发动机安装、发动机试验操作和发动机零件评分处附近应配备淋浴或洗眼睛设备。
D.3.2 给T-8试验操作人员提供适宜的防护面具和手套等防护用品。
D.3.3 实验室要配备干式灭火器。
D.3.4 试验台架所有的传动和发热部件应加防护罩。
D.3.5 裸露的发动机传动件和连接轴周围要加防护罩。
D.3.6 在运转的发动机旁，操作人员必须穿紧身工作服装。

D.4 安全设备和应用

建立和维护试验台架安全环境，应具备以下方面。
D.4.1 实验室的安全人员要经常对试验台架进行检查。
D.4.2 正确安装燃油管线、机油管线和电源线并经常进行检查、维修。
D.4.3 试验台架周围禁放障碍物、机油和燃油等物品。
D.4.4 保持发动机外表面、辅助设备表面及地面清洁，无燃油和机油等。
D.4.5 在试验过程中，操作人员要时刻注意燃油、排气、机油和冷却液可能发生的泄漏现象，如有要及时妥善处理。
D.4.6 试验台架应配备保护装置，在发生如下情况时能自动停机：发动机和测功机水温过高、测功机电源断路、发动机超速、发动机低油压、排气系统出问题和发动机震动过大等。
D.4.7 如果是无人状态下自动化操作的试验台架，必须配备过载振动的保险装置和定位自动防火设备。

附 录 E
（规范性附录）
T-8A 试验要求

E.1 范围

T-8A 法用于评定柴油机油试验过程中的 100h~150h 黏度增长率。

E.2 试验台架标定

通过 T-8 标定的试验台架即可进行 T-8A 试验。

E.3 非参比油试验

E.3.1 试验时间 150h，试验程序参见本标准第 10 章。

E.3.2 试验结果

按下式计算 100h 到 150h 黏度增长率：

$$黏度增长率(150h \sim 100h) = (VIS_{150} - VIS_{100})/50$$

式中：

VIS_{150}——150h 试油的（100℃）运动黏度，mm^2/s；

VIS_{100}——100h 试油的（100℃）运动黏度，mm^2/s。

E.4 精密度（参见表 E.1）

表 E.1 精 密 度

参　　数	重 复 性	再 现 性
100h~150h 黏度增长率/($mm^2/s \cdot h$)	0.023	0.024

附 录 F
（规范性附录）
T-8E 试验要求

F.1 范围

T-8E 法用于评定柴油机油在试验过程中生成的烟炱量在 4.8%时的相对运动黏度。

F.2 试验台架标定

F.2.1 试验台架标定要求参见本标准第 9 章。

F.2.2 发动机连续运转 300h。用 1004-2 号参比油标机，250h 时生成的烟炱量为 4.0%~4.8%，300h 时生成烟炱量为 4.8%~5.8%。

F.3 非参比油试验要求

试验在 250h 时，生成烟炱量最小为 3.8%，300h 时生成烟炱量最小为 4.8%。

F.4 试验结果计算

按下式计算试油烟炱含量在4.8%时的相对运动黏度：

$$RV_{48}=2(VIS_{48})/(V_u+V_s)$$

式中：

RV_{48}——烟炱含量在4.8%时的试油相对运动黏度；

VIS_{48}——烟炱含量在4.8%时的试油运动黏度，mm^2/s；

V_u——未剪切试油100℃时的运动黏度，mm^2/s；

V_s——剪切后试油100℃时的运动黏度，mm^2/s。

F.5 试验程序

试验时间为300h，试验程序与T-8相同。

F.6 试验条件

试验条件见表F.1。

表F.1 试验操作条件

参数名称		操作条件
时间/h		300
控制参数[a]		
转速/(r/min)		1800±5
燃油流量/(kg/h)		63.3%±1.0%
进气歧管温度/℃		43±3
夹套冷却液出口温度/℃		85±3
燃油进口温度/℃		40±1
进气温度/℃		25±3
曲轴箱压力/kPa		0.50±0.25
进气压力/kPa		2.50±0.25
排气背压/kPa		3.1±0.4
非控制参数		
扭矩/(N·m)		1369 ~1398[b]
排气温度/℃	涡轮前	602~632
	排气尾管	455~474
进气歧管压力/kPa		186~199
机油温度/℃		100~107
主油道压力/kPa		372~441[c]
中冷器压差 ΔP/kPa		不超过13.6
机油滤清器压差 ΔP/kPa		不超过138[d]

[a] 操作条件超过规定范围时应及时调整；
[b] 在98.2kPa、29.5℃条件下干燥空气中；
[c] 是对SAE 15W/40机油的压力范围，其他黏度级别的机油会有不同的结果；
[d] 若机油滤清器压差 ΔP 超出138kPa时，更换两个全流式滤清器。

F.7 精密度

试验台架精密度见表 F.2。

表 F.2 精 密 度

参 数	重复性	再现性
烟炱(TGA)含量在 4.8%时的相对运动黏度	0.64	0.74

编者注：本标准中引用标准的标准号和标准名称变动如下。

原标准号	现标准号	现 标 准 名 称
GB/T 261	GB/T 261	闪点的测定　宾斯基-马丁闭口杯法
GB/T 386	GB/T 386	柴油十六烷值测定法
GB/T 3535	GB/T 3535	石油产品倾点测定法
GB/T 6536	GB/T 6536	石油产品常压蒸馏特性测定法
GB/T 6986	GB/T 6986	石油产品浊点测定法
GB/T 11140	GB/T 11140	石油产品硫含量的测定　波长色散 X 射线荧光光谱法
SH/T 0606	NB/SH/T 0606	中间馏分烃类组成的测定　质谱法

ICS 75.100
E 34

SH

中华人民共和国石油化工行业标准

SH/T 0761—2005

柴油机油性能评定法（Mack T-9 法）

Standard test method for evaluation of diesel engine oils in T-9 diesel engine

2005-04-11 发布　　2005-09-01 实施

中华人民共和国国家发展和改革委员会　发布

目　次

前　言

本标准修改采用美国试验与材料协会标准 ASTM D6483-03《用 T-9 柴油机评定柴油机油的标准试验方法》。

本标准根据 ASTM D6483-03 重新起草。

为了更适合我国国情，本标准在采用 ASTM D6483-03 时进行了修改。这些技术性差异用垂直单线标识在它们所涉及的条款的页边空白处。

本标准与 ASTM D6483-03 的主要技术差异如下：

——本标准的引用标准采用我国现行标准，无相应标准的引入其实质性内容。

——用国内推荐燃油代替美国推荐燃油。

——试验台架和发动机参比油标定试验改为非参比油试验时间累计达 5000h 标定一次。

为使用方便，本标准还做了如下编辑性修改：

——对重复性和再现性的文字表述按我国的习惯表述进行了修改。

——删去了原方法中第 14 章"关键词"。

——删去了原方法中附录 A6"数据词典"、附录 A7"T-9 油样的总碱值分析程序"及附录 A8"T-9 油样的总酸值分析程序"。

本标准的附录 B、附录 C、附录 D、附录 E、附录 F 和附录 G 均为规范性附录，附录 A 为资料性附录。

本标准由中国石油化工集团公司提出。

本标准由中国石油化工股份有限公司石油化工科学研究院归口。

本标准起草单位：中国石油化工股份有限公司石油化工科学研究院。

本标准主要起草人：卢文彤、王庆新、李少玉、刘顺涛、杨本丰、魏荣田。

柴油机油性能评定法(Mack T-9法)

1 范围

1.1 本标准试验方法简称Mack T-9法，用来评定柴油机油的抗铅腐蚀及抗活塞环、缸套磨损性能。

1.2 本标准中的数值单位采用[SI]国际单位制。

1.3 本标准涉及某些危险性的材料、设备和操作，但未对相关安全问题都提出建议。因此，用户在使用本标准前要建立适当的安全防护措施(见附录E)，并建立相应的安全操作规程。

2 规范性引用文件

下列文件中的条款通过本标准的引用而成为本标准的条款。凡是注日期的引用文件，其随后所有的修改单(不包括勘误的内容)或修订版均不适用于本标准，然而，鼓励根据本标准达成协议的各方研究是否可使用这些文件的最新版本。凡是不注日期的引用文件，其最新版本适用于本标准。

GB/T 261 石油产品闪点测定法(闭口杯法)(GB/T 261—83(91)，eqv ISO 2719：1973)

GB/T 265 石油产品运动黏度测定法和动力黏度计算法

GB/T 268 石油产品残炭测定法(康氏法)(GB/T 268—1987，eqv ISO 6615：1983)

GB/T 386 柴油着火性质测定法(十六烷值法)

GB/T 508 石油产品灰分测定法(GB/T 508—1985(1991)，eqv ISO 6245：1982)

GB 1922 溶剂油

GB/T 3535 石油倾点测定法(GB/T 3535—83(91)，eqv ISO 3016：1974)

GB/T 5096 石油产品铜片腐蚀试验法

GB/T 6536 石油产品蒸馏测定法

GB/T 6986 石油浊点测定法(GB/T 6986—86(91)，eqv ISO 3015：1974)

GB/T 7304 石油产品和润滑剂酸值测定方法(电位滴定法)

GB/T 11137 深色石油产品运动黏度测定法(逆流法)和动力黏度计算法

GB/T 11140 石油产品硫含量测定法(X射线光谱法)

GB/T 17476 使用过的润滑油中添加剂元素、磨损金属和污染物以及基础油中某些元素测定法(电感耦合等离子体发射光谱法)

SH/T 0064 馏分燃料游离水和颗粒污染物试验法

SH/T 0604 原油和石油产品密度测定法(U形振荡管法)

SH/T 0606 中间馏分烃类组成测定法(质谱法)

SH/T 0251 石油产品碱值测定法(高氯酸电位滴定法)

ASTM E 178 试验数据界外值处理方法

3 术语和定义

下列术语和定义适用于本标准。

3.1

窜气 blowby

从发动机燃烧室窜入曲轴箱的燃烧产物和未燃烧的燃油与空气的混合气。

3.2

油泥 sludge

主要由燃料燃烧产物、润滑油氧化产物和水形成的沉积物。这种沉积物不能在发动机零件上流动，但可用布擦掉。

3.3

漆膜 varnish

在发动机零件表面上的一种硬而干、通常有光泽的沉积物。这种沉积物不能用软布擦掉，但可用溶剂洗掉。

3.4

磨损 wear

发动机零件表面上材料的损失或位移。

3.5

参比油 reference oil

已知其性能特性的润滑油，标定试验台架时作为比较基准。

3.6

非参比油 non-reference oil

除参比油外的任何油品。

3.7

试验油 candidate oil

需要通过试验来评价其性能的发动机油。

3.8

标定 calibrate

对照相关标准，校正测量仪器的指示或输出设备的误差。

3.9

标准试验 standard test

使用试验方法要求的试验件，按照试验程序在标定过的试验台架上进行的试验。

4 方法概要

4.1 试验发动机为Mack E7-350 Ⅴ-MAC Ⅱ型电控柴油机。试运转包括发动机升温和1h的磨合。正式试验包括两个阶段，第Ⅰ阶段是发动机在转速为1800r/min、负荷保持稳定的工况下运转75h；第Ⅱ阶段是发动机在转速为1250r/min、负荷保持稳定的工况下运转425h。

4.2 试验期间定时取油样并进行黏度增长和磨损金属含量的分析。

4.3 每次试验前，严格按规定重新组装发动机。发动机做功部分解体后，用溶剂清洗，对零件进行测量后，使用新的活塞、活塞环、缸套和连杆轴瓦组装发动机。

4.4 用溶剂清洗发动机曲轴箱，更换已磨损或有缺陷的零件。

4.5 试验台架须配备合适的辅助设备控制发动机转速、负荷及各项发动机操作条件。

5 意义和用途

5.1 本方法通过试验前后的油样分析和零件测量来评价增压中冷、四冲程柴油机润滑油的抗磨损性能。

5.2 本方法可用于发动机油的规格认证。

6 试验设备

6.1 概述

6.1.1 试验发动机为直列六缸、增压、中冷、开式燃烧室的Mack E7-350 Ⅴ-MAC Ⅱ电控四冲程柴油机。缸径 124mm，冲程 165mm，排量 12L，转速在 1800r/min 时额定功率为 261kW。

6.1.2 试验室应清洁无尘。另外，建议对发动机安装间进行空气过滤并控制温度和湿度，防止尘污沉积在发动机零件上，控制温度有利于发动机零件的测量和选择。

6.1.3 试验燃油为低硫柴油，推荐规格见表 1。

表 1 T-9 低硫燃油规格

检测项目		范围	试验方法
硫含量/%(质量分数)		0.03~0.05	GB/T 11140
密度(20℃)/(g/cm³)		0.8406~0.8617	SH/T 0604
组成/%(体积分数) 芳烃含量 烯烃含量 饱和烃含量		 28~35 报告 报告	SH/T 0606
十六烷值		42~48	GB/T 386
铜片腐蚀(50℃，3h)/级	不大于	3	GB/T 5096
闪点/℃	不低于	54	GB/T 261
浊点/℃	不高于	−12	GB/T 6986
倾点/℃	不高于	−18	GB/T 3535
10%蒸余物残炭/%(质量分数)	不大于	0.35	GB/T 268
水和沉积物/%(体积分数)	不大于	0.05	SH/T 0064
灰分/%(质量分数)	不大于	0.01	GB/T 508
运动黏度(40℃)/(mm²/s)		2.0~3.2	GB/T 265
馏程/℃ 初馏点 10%回收温度 50%回收温度 90%回收温度 终馏点		 177~199 210~232 249~277 299~327 327~360	GB/T 6536

6.2 试验发动机

6.2.1 发动机

发动机零件为成套提供成套使用，见附录 C。

6.2.2 发动机冷却系统

6.2.2.1 为防止冷却系统结垢，每次试验使用一个新的 Mack 冷却液滤清器。

6.2.2.2 外部发动机冷却系统为加压式封闭系统，由热交换器(非铁质交换器芯)、冷却液罐和出口水温控制阀等部件组成。试验时冷却系统压力为 103kPa。发动机和冷却液罐之间安装一个观察窗，用于检查是否有空气进入或冷却液流量是否稳定。节温器处于全开状态。

6.2.3 发动机机油系统

发动机机油系统示意图见附录 B 中图 B.1。图中回油管和抽油管内径分别为 10mm 和 13mm，直接连通油底壳和称量罐的管线内径尺寸不小于 13mm。

6.2.4 辅助机油系统

为保持油底壳中恒定的机油液面高度，设置一个容积 9.5L 封闭式称量罐，用辅助机油泵以 5.7L/min±1.9L/min的流量使机油在油底壳和称量罐之间循环。系统示意图见附录 B 中图 B.2。

6.2.5 窜气测量系统

使用排气型窜气测量仪或功能相当的设备测量窜气量。为防止窜气冷凝物回流到发动机，曲轴箱窜气管应下斜至冷凝物收集桶内。收集桶最小体积为18.9L，窜气测量仪安装在收集桶之后，收集桶后窜气管线的斜度不做要求。

6.2.6 进气系统

6.2.6.1 本试验使用Mack空气滤清器，当滤清器前后压差达到2.5kPa时，需要更换滤清器滤芯。在距进气温度、压力和湿度测量装置至少相当2个进气管直径的距离前，安装一个调节阀，用于保持进气压力在规定的范围内。

6.2.6.2 用一个Modine中冷器来控制进气歧管温度，中冷器布置示意图见附录B中图B.3。

6.2.7 燃油系统

燃油需要加热和冷却控制，推荐的系统示意图见附录B中图B.4。

7 试剂与材料

7.1 试验油

每次试验约需151L试验油。

7.2 燃油

试验燃油为低硫柴油，推荐规格见表1。

7.3 发动机冷却液

使用含盐量小于0.03g/L的去离子水或蒸馏水，允许在其中按生产厂推荐比例加入Pencool 3000添加剂。

7.4 清洗材料

用满足GB 1922—80标准的190号溶剂油清洗发动机零件。

7.5 EF-411

Mobile石油公司生产的一种润滑剂。

8 发动机组装前准备

8.1 发动机零件清洗

8.1.1 发动机缸体

用溶剂油喷洗发动机缸体，然后用压缩空气吹干。

8.1.2 摇臂罩和油底壳

用溶剂油洗净后，用压缩空气吹干。

8.1.3 辅助机油系统

用溶剂油冲洗机油管线和机油称量罐，然后用压缩空气吹干。

8.1.4 机油冷却器和机油滤清器

用溶剂油冲洗机油冷却器和机油滤清器管线，然后用压缩空气吹干。

8.1.5 发动机缸盖

先用钢丝刷清理缸盖沉积物，然后用溶剂油洗去油泥等污物，最后用压缩空气吹干。

8.2 气门、气门座、气门导管和气门弹簧

更换有缺陷或有严重磨损的气门、气门座和气门弹簧，推荐每次试验使用新的气门、气门座、气门导管和气门弹簧。新气门导管要求扩孔至9.525mm±0.013mm。

8.3 缸套、活塞和活塞环安装

缸套、活塞和活塞环为成套提供并应成套使用。按照Mack维修手册中相关程序安装缸套，确保良好的传热性。

8.4 喷油器和喷油泵

每 500h 检修一次喷油器。建议不要随便拆卸喷油泵，当喷油泵出现问题时，推荐更换一台新喷油泵。

8.5 安装说明

8.5.1 概述

使用本方法规定的试验件并按规定更换新零件，不允许对材料或尺寸进行修改。如无特别说明，按照 Mack 维修手册组装发动机，安装时用 EF-411 或试验油做润滑剂。

8.5.1.1 节温器

节温器处于全开状态。

8.5.1.2 连杆轴瓦

每次试验安装新的连杆轴瓦。

8.5.1.3 主轴瓦

每次试验安装新的主轴瓦。

8.5.1.4 活塞内腔冷却喷嘴

仔细安装冷却喷嘴，确保活塞冷却良好。

8.5.2 新零件

试验零件为成套提供并成套使用，每次试验安装下列新零件，见附录 C。

8.5.2.1 缸套

8.5.2.2 活塞

8.5.2.3 活塞环

8.5.2.4 垫片组

8.5.2.5 机油滤清器

8.5.2.6 发动机冷却液滤清器

8.5.2.7 一级燃油滤清器

8.5.2.8 二级燃油滤清器

8.5.2.9 气门导管密封

8.5.2.10 连杆轴瓦

8.5.2.11 主轴瓦

8.6 测量

8.6.1 标定

每次参考油标机试验前或必要时，要标定热电偶、压力表、转速和燃油流量等测量设备。

8.6.2 温度测量

用热电偶和数字转换仪表或功能相当的设备测量温度。0℃~150℃范围内，在 100℃±1℃时，标定测量系统误差在±0.5℃内；在 0℃±1℃时，标定测量系统误差在±0.5℃内。热电偶头部置于被测流体的中心。

8.6.2.1 环境温度

在距离发动机等发热部件 2m~3m 且通风良好的位置安装热电偶测量环境温度。

8.6.2.2 冷却液温度

冷却液出口温度热电偶安装在节温器外壳前部的冷却液歧管处，热电偶头部安装在水流中心，见附录 B 中图 B.5。冷却液进口温度热电偶安装在机油冷却器弯头前 305mm 范围内，见附录 B 中图 B.6。

8.6.2.3 主油道机油温度

热电偶安装在发动机辅助驱动轴外壳顶部，见附录 B 中图 B.9。

8.6.2.4 进气温度

传感器安装在涡轮增压器进口处气流的中心，见附录B中图B.7。建议测量进气湿度。

8.6.2.5 燃油进口温度

热电偶安装在喷油泵燃油进口处，见附录B中图B.8。

8.6.2.6 排气歧管温度

热电偶安装在每个排气歧管的"T"形部位，与排气歧管压力传感器在同一个接头上，见附录B中图B.7。

8.6.2.7 排气尾管温度

热电偶安装在排气尾管处，见附录B中图B.7。

8.6.2.8 进气歧管温度

热电偶安装在进气歧管上，见附录B中图B.10。

8.6.2.9 其他温度

监测其他与试验有关温度，有助于试验工况保持稳定。

8.6.3 压力测量

8.6.3.1 滤清器前机油压力

压力传感器安装在机油冷却器接头处，见附录B中图B.6。

8.6.3.2 主油道机油压力

压力传感器安装在机油滤清器支架上部，见附录B中图B.6。

8.6.3.3 排气歧管压力

压力传感器安装在每侧排气歧管的"T"形部位，与排气歧管温度热电偶在同一个接头上，见附录B中图B.7。

8.6.3.4 进气歧管压力

压力传感器安装在进气歧管处，见附录B中图B.10。

8.6.3.5 进气压力

压力传感器安装在涡轮增压器前的进气管处，见附录B中图B7。

8.6.3.6 排气背压

压力传感器安装在涡轮增压器后30.5mm~40.6mm间的排气直管处，压力传感器头部置于被测流体中心，见附录B中图B.7。

8.6.3.7 曲轴箱压力

压力传感器安装在油标尺套管接头处或其他曲轴箱的开口处。

8.6.3.8 大气压力

压力传感器安装在实验室内距地面高约1.2m的合适位置。

8.6.4 曲轴箱窜气量

将窜气测量仪连接到摇臂罩跨接管测量发动机窜气。

8.6.5 燃油流量测量

测量设备安装在一级燃油滤清器前面的燃油管线处。在燃油系统中，一级燃油滤清器安装在输油泵前，二级燃油滤清器安装在喷油泵前。精确测量燃油流量需要合适的回油量。

注：试验时必须保证燃油回油畅通。

8.6.6 湿度测量

湿度传感器安装在进气滤清器和涡轮增压器之间，不能影响进气温度和压力的测量。每8h测量一次湿度并记录。

8.7 系统时间响应

仪表控制和测量系统最大允许的系统时间响应见表2。

表 2 最大允许的系统时间响应

测量项目	时间响应/s
转速	2.0
温度	3.0
压力	3.0
流量	待定

9 试验步骤

9.1 试验油添加

发动机初始加油量为 39.2kg，其中油底壳中约 22.9kg，机油滤清器中约 3.3kg，机油冷却器中约 1.6kg，机油称量罐和管线约 11.4kg。加油时先向机油滤清器(每个滤清器加一半)中加 3.3kg，然后打开辅助机油泵，另外的 35.9kg 试验油通过发动机加油管直接加入。

9.2 发动机启动

每次启动发动机时，先使发动机在转速为 1000r/min ~ 1400r/min、20% ~ 30% 负荷工况下运转，使油底壳机油温度达到 66℃ ~ 77℃，启动时间不计入试验时间。

注：发动机启动前，人为转动发动机，使发动机油道充满机油，可显著提高发动机的耐久性。

9.3 发动机试运转

9.3.1 发动机启动后，按表 3 所列条件进行试运转。

9.3.2 试运转后，放净试验油，更换所有机油滤清器，按 9.1 条重新添加试验油，按 9.5 条进行正式试验。

表 3 试运转试验条件

参　　数	试运转试验条件	
时间/min	30	30
发动机转速/(r/min)	1250	1800
发动机扭矩/(N · m[a])(±1%[b])	1731	1384

[a]在 98.2kPa、29.5℃条件下的干燥空气中；

[b]当参数超出范围时，应采取适当的调整措施。

9.4 发动机停机

9.4.1 每次停机前，先使发动机转速在 1000r/min ~ 1400r/min 和无负荷的工况下运转 10min，然后切断燃油。停机时间不计入试验时间。

9.4.2 每次停机次数超过 15 次或停机时间超过 200h 的试验为无效试验。

9.5 正式试验

9.5.1 正式试验包括两个阶段：第Ⅰ阶段，发动机在转速为 1800r/min、最大功率的工况下运转 75h；第Ⅱ阶段，发动机在转速为 1250r/min、最大扭矩的工况下稳定运转 425h。正式试验条件见表 4。

9.5.1.1 在Ⅰ阶段，通过对油样进行烟炱含量分析调整喷油提前角，使第 75h 时的机油烟炱含量在 1.5% ~ 2.0% 之间。

9.5.1.2 如有必要，可以在试验的 125h±8h、250h±8h 和 375h±8h(Ⅱ阶段的 50h±8h、175h±8h 和 300h±8h)调整气门间隙。

9.5.2 参照附录 F 确定试验的操作有效性。

表 4　正式试验条件

参　数	范　围	
	Ⅰ阶段	Ⅱ阶段
试验时间/h	75	425
喷油提前角/(°)(BTDC)	可调整	24
控 制 参 数[a]		
发动机转速/(r/min)	1800 ± 5	1250 ± 5
燃油流量/(kg/h)	63.3 ± 0.6	55.0 ± 0.5
进气歧管温度/℃	43 ± 3[b]	43 ± 3[b]
冷却液出口温度/℃	85 ± 3	85 ± 3
燃油进口温度/℃	40 ± 1	40 ± 1
进气温度/℃	25 ± 3	25 ± 3
进气压力/kPa	2.50 ± 0.25	2.50 ± 0.25
排气背压/kPa	3.1 ± 0.4	3.1 ± 0.4
冷却液系统压力/kPa	103 ± 6	103 ± 6
非 控 制 参 数		
发动机扭矩/(N·m)	1361～1457[c]	2118～2208[c]
排气歧管温度/℃	605～674	605～674
排气尾管温度/℃	428～474	514～559
进气歧管压力/kPa	185～201[c]	149～164[c]
曲轴箱压力/kPa	0.27～0.60	0.27～0.60
主油道机油温度/℃	101～109	101～109
主油道机油压力/kPa	365～436[d]	227～284[d]
中冷器压差 ΔP/kPa	≤13.6	≤13.6
机油滤清器压差变化 ΔP/kPa	≤138[e]	≤138[e]

[a] 所有控制参数都应控制在中值附近；

[b] 在 98.2kPa、29.5℃条件下的干燥空气中；

[c] 当参数超出控制范围时，应采取适当的纠正措施；

[d] 为 15W/40 油的压力值，其他等级的机油可能有不同的结果；

[e] 如果机油滤清器压差变化 ΔP 超过 138kPa，应更换二个全流式机油滤清器。

9.6　机油定期取样和补油

9.6.1　在Ⅰ阶段运转 1h 后，按机油称量罐中机油质量确定机油初始满刻度。

9.6.2　在Ⅱ阶段运转 1h 后，按机油称量罐中机油质量重新确定机油初始满刻度。

9.6.3　在试验第 25h、75h、425h 和 475h，只取样不补油，其中在 25h 和 75h 取 118mL，425h 和 475h 取 30mL。每次取样前，先放出 473mL 死区油，取样后，再将所取死区油加回发动机。

9.6.4　在试验第 50h、100h、150h、200h、250h、300h、350h、400h、450h 和 500h，既取样又补油。每次取样前，先放出 473mL 死区油，取 118mL 油样后，再将所取死区油加回发动机。然后，先放油至各阶段机油初始满刻度下 2.27kg，再补加 2.27kg 新油。

9.7 机油消耗率计算

9.7.1 每1h记录一次机油质量，试验后计算机油消耗率。

9.7.2 在第一个50h，机油称量系统还没有最后稳定，所以以第51h到第500h间9个50h试验周期机油消耗率的平均值作为整个试验的机油消耗率。

9.7.3 由式(1)计算每一个50h试验周期的机油消耗率：

$$\text{机油消耗率}(g/kW\cdot h)=(FW-W)/(P\times 50) \qquad (1)$$

式中：

FW——上一个50h试验周期取样、加油后机油称量系统记录值，g；

W——本试验周期取样、加油前机油称量系统记录值，g；

P——发动机功率，kW。

9.8 燃油取样

试验开始和结束后，各取0.95L燃油作为分析油样。

9.9 定期测量

9.9.1 按9.9.2条每隔6min测量记录各试验参数，控制系统必须能够自动采集试验数据，参数测量的最小精度见表5。

表5 参数测量最小精度

参 数	最小精度	参 数	最小精度
发动机转速	1 r/min	曲轴箱窜气量	1 L/min
燃油流量	0.1 kg/h	冷却液进口温度	0.1℃
冷却液出口温度	0.1℃	主油道机油温度	0.1℃
燃油进口温度	0.1℃	排气歧管温度	1℃
进气温度	0.1℃	排气尾管温度	1℃
进气歧管温度	0.1℃	主油道机油压力	1 kPa
排气背压	0.1 kPa	曲轴箱压力	0.1 kPa
进气压力	0.1 kPa	进气歧管压力	1 kPa
发动机扭矩	1 N·m	中冷器前进气压力	1 kPa
发动机功率	1 kW	中冷器压差	0.1 kPa
湿 度	0.1 g/kg		

9.9.2 试验参数

9.9.2.1 发动机转速，r/min

9.9.2.2 发动机扭矩，N·m

9.9.2.3 主油道机油温度,℃

9.9.2.4 冷却液出口温度,℃

9.9.2.5 冷却液进口温度,℃

9.9.2.6 进气温度,℃

9.9.2.7 进气歧管温度,℃

9.9.2.8 进气歧管压力，kPa

9.9.2.9 燃油流量，kg/h

9.9.2.10 燃油进口温度,℃

9.9.2.11 排气背压，kPa

9.9.2.12　滤清器前机油压力，kPa

9.9.2.13　主油道机油压力，kPa

9.9.2.14　曲轴箱压力，kPa

9.9.2.15　排气歧管前端温度，℃

9.9.2.16　排气歧管后端温度，℃

9.9.2.17　进气压力，kPa

9.9.2.18　排气尾管温度，℃

9.9.2.19　曲轴箱窜气量，L/min

9.9.2.20　排气歧管前端压力，kPa

9.9.2.21　排气歧管后端压力，kPa

9.9.2.22　进气湿度，g/kg

9.10　窜气

至少每 8h 测量记录一次窜气量，测量时注意防止机油进入窜气测量管中。

9.11　离心式机油滤芯增重

试验前，称量并记录离心式机油滤芯的质量。试验后，拆下离心式机油滤芯倒置放油 30min 后，称量并记录其质量，最后计算离心式机油滤芯增重。

9.12　机油滤清器压差变化 ΔP 的计算

由式(2)计算机油滤清器压差变化 ΔP：

$$\Delta P=\Delta p_{最大}-\Delta p_{初始} \qquad (2)$$

式中：

$\Delta p_{最大}$——机油滤清器两端的最大压差，kPa；

$\Delta p_{初始}$——试验开始时机油滤清器两端的压差，kPa。

试验过程中，当滤清器压差变化 ΔP 大于 138 kPa 时，需要更换机油滤清器，则滤清器压差变化等于更换后所测滤清器压差与更换前所测滤清器压差之和；如果试验中间出现停机情况，则滤清器压差变化等于继续试验后所测滤清器压差与停机前所测滤清器压差之和。

10　发动机、燃油和试验油的测量和分析

10.1　试验前发动机的测量

10.1.1　活塞

本试验不需要对活塞进行测量。

10.1.2　活塞环称量

10.1.2.1　用溶剂油清洗活塞环，然后用压缩空气吹干，最后用戊烷洗净。操作时要戴上手套或使用带有塑料护套的镊子。

10.1.2.2　用精度为 1mg 的天平称量第一环、第二环和油环的质量。其中油环质量包括油环膨胀圈的质量。

10.1.3　连杆轴瓦称量

10.1.3.1　称量前，先在连杆轴瓦定位凹槽处标记瓦号。

10.1.3.2　用溶剂油清洗所有连杆轴瓦，然后用压缩空气吹干，最后用戊烷洗净。操作时要戴上手套或使用带有塑料护套的镊子。

10.1.3.3　用精度为 1mg 的天平称量连杆轴瓦质量。

10.2　试验后发动机的测量

10.2.1　活塞

10.2.1.1　拆卸活塞前，要仔细清除缸套顶部的积炭，注意不要损伤缸套内表面。

10.2.1.2 本试验不需要对活塞进行测量。

10.2.2 缸套磨损测量

10.2.2.1 为保证测量的准确度和精密度，建议在恒温恒湿的实验室中进行测量。

10.2.2.2 试验结束后，对发动机进行解体。拆卸缸套前，在每个缸套的顶端按时钟的12个位置做12个标记，以发动机正前位置为12点钟。测量缸套内表面在活塞第一环运动范围内的磨损量，缸套磨损测量说明见附录D。

10.2.3 活塞环称量

10.2.3.1 在喷沙装置中用胡桃壳颗粒除去活塞环表面的积炭。

10.2.3.2 用2500mL水和50mL Natural Orange溶剂(或功能相当的溶剂)在容器中混合，把活塞环放入容器中，再把容器放入超声波清洗器中清洗15min后，检查活塞环是否干净。如果还有积炭存在，再清洗5min~10min。

10.2.3.3 从清洗器中取出活塞环后，立即用热水冲洗，然后用溶剂油清洗，再用压缩空气吹干，最后用戊烷洗净。操作时要戴上手套或使用带有塑料护套的镊子。

10.2.3.4 用精度为1mg的天平称量第一环、第二环和油环，其中油环质量包括油环膨胀圈的质量。

10.2.4 连杆轴瓦称量

10.2.4.1 用溶剂油清洗所有连杆轴瓦，然后用压缩空气吹干，最后用戊烷洗净。操作时要戴上手套或使用带有塑料护套的镊子。

10.2.4.2 用精度为1mg的天平称量连杆轴瓦质量。

10.3 试验油分析

试验油分析项目参见附录A之附件3。烟炱含量分析采用热重分析方法(TGA)，见附录G。运动黏度分析采用GB/T 11137标准，总碱值分析采用SH/T 0251标准，总酸值分析采用GB/T 7304标准，元素含量分析采用GB/T 17476标准。

10.4 燃油分析

燃油分析项目参见附录A之附件5，在试验开始前和结束后各取0.95L燃油进行密度和硫含量分析。

10.5 机油消耗率

机油消耗率一般不大于0.182g/kW·h。对于标定试验，如果油耗超过0.304g/kW·h，则认定该标定试验无效，此时应从参比油和发动机两方面查找原因。

11 参比油标定试验及非参比油试验要求

11.1 参比油标定

为保证试验的一致性和苛刻度水平，在如下情况下必须对试验台架和发动机进行标定：

11.1.1 新建立的试验台架必须进行标定。

11.1.2 非参比油试验时间累计达5000h要对试验台架和发动机进行标定。

11.2 试验结果

11.2.1 本方法规定的评价项目为平均第一环失重(mg)、修正后的平均缸套磨损量(μm)和修正后的试验油铅含量变化ΔPb(μg/g)。

11.2.2 平均第一环失重计算

11.2.2.1 检查第一环是否有剥落现象，有剥落的第一环不能用于计算平均第一环失重。

11.2.2.2 使用ASTM E 178方法(95%置信水平)确定是否有失重超限环。

11.2.2.3 去掉剥落环和失重超限环，计算剩余环的平均失重。计算平均第一环失重最少需要三个环。如果剥落环超过两个，则该试验为无效试验。

11.2.3　平均缸套磨损量计算和修正

11.2.3.1　剥落第一环对应的缸套不能用来计算平均缸套磨损量。

11.2.3.2　使用 ASTM E 178 方法(95%置信水平)确定是否有磨损超限缸套。

11.2.3.3　用所有磨损值未超限且对应第一环未出现剥落的缸套来计算平均缸套磨损量。计算平均缸套磨损量最少需要四个缸套。如果由于第一环剥落，用来计算的缸套少于四个，则该试验为无效试验。如果由于第一环剥落，用来计算的缸套恰好为四个，就不再按照 11.2.3.2 条剔除磨损超限缸套，即用这四个缸套计算平均缸套磨损量。

11.2.3.4　按照式(3)对平均缸套磨损量进行修正

$$ALW = ALACLW + 10.46(1.75 - SOOTAVG)\mu m \quad \cdots\cdots (3)$$

式中：

ALW——修正后的平均缸套磨损量，μm；

ALACLW——剔除无效缸套后的平均缸套磨损量，μm；

SOOTAVG——75h~500h 的 10 个油样烟炱含量测量值的算术平均值。

11.2.4　试验油铅含量变化 ΔPb 的计算和修正

11.2.4.1　先计算平均连杆上瓦失重。

11.2.4.2　使用 ASTM E 178 方法(95%置信水平)确定是否有失重超限的连杆上瓦。

11.2.4.3　按照式(4)对铅变化量 ΔPb 进行修正

$$\Delta Pb = (Pb_{500} - Pb_{新}) \times (OABWLU / ABWLU) \quad \cdots\cdots (4)$$

式中：

Pb_{500}——第 500h 油样中的 Pb 含量，μg/g；

$Pb_{新}$——新油样中的 Pb 含量，μg/g；

OABWLU——剔除失重超限上瓦后的连杆上瓦平均失重，mg；

ABWLU——所有连杆上瓦平均失重，mg。

11.3　参比油及非参比油试验要求

11.3.1　第 75h 时的机油烟炱含量在 1.5%~2.0%之间的试验为有效试验。如果第 75h 时的机油烟炱含量不在 1.5%~2.0%之间，则认定该试验无效，应终止试验。

11.3.2　喷油提前角的调整可以在试验的前 75h 内任意时间进行。调整时，以试验最初的喷油提前角为基准，调整量不能超过±5°。

11.3.3　使用 1005 或 1005-1 参比油进行标定，参比油标机指标见表 6。

表 6　参比油标机指标

评定项目	参比油标机指标			
	1005 参比油		1005-1 参比油	
	平均值	标准偏差	平均值	标准偏差
修正后平均缸套磨损量/μm	24.4700	2.3500	24.6400	2.9064
平均第一环失重/mg	84.3400	29.2900	93.7000	16.7163
修正后试验油铅含量变化的平方根	5.7970	1.2030	7.2980	1.1251

12　试验报告

试验报告格式参见附录 A。

13 精密度和偏差

13.1 精密度

按下述规定判断试验结果的可靠性(95%置信水平)

13.1.1 重复性(r)

同一操作者用同一试验台架对同一油品连续测定的两次试验结果之差不应超过表7规定的数值。

13.1.2 再现性(R)

不同实验室的不同操作者，使用不同试验台架对同一油品测定的两次试验结果之差不应超过表7规定的数值。

表7 精密度

试验结果	重复性	再现性
修正后平均缸套磨损量/μm	5.96	6.58
平均第一环失重/mg	80.36	80.36
修正后试验油铅含量变化的平方根	3.226	3.226

附 录 A
(资料性附录)

柴油机油性能评定试验报告
(Mack T-9 法)

送样单位________________

油样名称________________

试验编号________________

试验日期________________

试验方法________________

试验时间________________

燃 料 油________________

试验单位________________

一、试验结果汇总

试验主要项目	结　果
平均烟炱含量(TGA)/%(质量分数)，第75h	
平均烟炱含量(TGA)/%(质量分数)，75h~500h	
平均机油消耗/(g/kW·h)	
机油滤清器压差变化ΔP/kPa	
离心式机油滤芯增重/g	
试验后总碱值/(mgKOH/g)	

评价项目	修正后试验油铅含量变化ΔPb/(μg/g)	修正后平均缸套磨损量/μm	平均第一环失重/mg
试验结果			

日　　期：________________

试验工程师：________________

试验负责人：________________

单位负责人：________________

二、附　　件

附件1：连杆轴瓦失重

缸　　号	位　　置	试验前质量/g	试验后质量/g	失重/mg
1	上瓦			
2	上瓦			
3	上瓦			
4	上瓦			
5	上瓦			
6	上瓦			

总　　结	所有测量值	剔除超限值后
上瓦平均失重/mg		
上瓦失重标准偏差/mg		
上瓦最小失重/mg		
上瓦最大失重/mg		
超限上瓦对应缸号		

缸　　号	位　　置	试验前质量/g	试验后质量/g	失重/mg
1	下瓦			
2	下瓦			
3	下瓦			
4	下瓦			
5	下瓦			
6	下瓦			
下瓦平均失重/mg			—	
下瓦失重标准偏差/mg			—	
下瓦最小失重/mg			—	
下瓦最大失重/mg			—	

附件 2：活塞环失重

缸　　号	第一环试验前质量/g	第一环试验后质量/g	第一环失重/mg
1			
2			
3			
4			
5			
6			

总　　结	所有测量值	剔除超限值后
第一环平均失重/mg		
第一环失重标准偏差/mg		
第一环最小失重/mg		
第一环最大失重/mg		
超限第一环对应缸号		
剥落第一环对应缸号		

缸　　号	第二环试验前质量/g	第二环试验后质量/g	第二环失重/mg
1			
2			
3			
4			
5			
6			
		第二环平均失重/mg	
		第二环失重标准偏差/mg	
		第二环最小失重/mg	
		第二环最大失重/mg	

缸　　号	油环试验前质量/g	油环试验后质量/g	油环失重/mg
1			
2			
3			
4			
5			
6			
		油环平均失重/mg	
		油环失重标准偏差/mg	
		油环最小失重/mg	
		油环最大失重/mg	

附件 3：试验油分析结果汇总

时　间	烟炱含量(TGA)/%(质量分数)	100℃运动黏度/(mm^2/s)	100℃运动黏度增长/(mm^2/s)	总碱值/(mgKOH/g)	总酸值/(mgKOH/g)
新油			—		
25h					
50h					
75h(1)					
75h(2)		—	—	—	—
75h(平均)		—	—	—	—
100h					
150h					
200h					
250h					
300h					
350h					
400h					
450h					
500h					

时　间	元素含量/(μg/g)							
	Fe	Pb	Cu	Cr	Al	Si	Sn	Na
新油								
25h								
50h								
75h(1)								
75h(2)	—	—	—	—	—	—	—	—
75h(平均)	—	—	—	—	—	—	—	—
100h								
150h								
200h								
250h								
300h								
350h								
400h								
425h	—		—	—	—	—	—	—
450h								
475h	—		—	—	—	—	—	—
500h								

总　　结	测 量 值	修 正 值
试验油铅含量变化 ΔPb/(μg/g)		

附件 4：缸套磨损量汇总

位　置	磨　损　量/μm					
	缸　号					
	1	2	3	4	5	6
1：00						
2：00						
3：00(承压面)						
4：00						
5：00						
6：00(后)						
7：00						
8：00						
9：00(非承压面)						
10：00						
11：00						
12：00(前)						
平　均						

总　　结	所有测量值	剔除超限值后	修 正 值
平均值/μm			
标准偏差/μm			—
最小值/μm			—
最大值/μm			—
剥落第一环对应缸号			—
超限缸套对应缸号			—

附件 5：燃油分析

检 测 项 目		质量指标	燃油分析		试验方法
			试验前	试验后	
硫含量/%(质量分数)		0.03~0.05			GB/T 11140
密度(20℃)/(g/cm³)		0.8406~0.8617			SH/T 0604
组成/%(体积分数) 芳烃含量 烯烃含量 饱和烃含量		 28~35 报告 报告			SH/T 0606
十六烷值		42~48			GB/T 386
铜片腐蚀(50℃，3h)/级	不大于	3			GB/T 5096
闪点/℃	不低于	54			GB/T 261
浊点/℃	不高于	-12			GB/T 6986
倾点/℃	不高于	-18			GB/T 3535
10%蒸余物残炭/%(质量分数)	不大于	0.35			GB/T 268
水和沉积物/%(体积分数)	不大于	0.05			SH/T 0064
灰分/%(质量分数)	不大于	0.01			GB/T 508
运动黏度(40℃)/(mm²/s)		2.0~3.2			GB/T 265
馏程/℃ 初馏点 10% 回收温度 50% 回收温度 90% 回收温度 终馏点		 177~199 210~232 249~277 299~327 327~360			GB/T 6536

附件6：非计划停机和维修记录

停机次数：　　次		
停机时间/h	试验时间/h	原　因
总停机时间/h		

备　注

附件7：试验操作条件汇总

控制参数	QI限值	试验QI	目标值		平均值		采样量	错误数据个数	超限数据个数
发动机转速/(r/min)	0.000		1800	1250					
燃油流量/(kg/h)	0.000		63.28	55.00					
冷却液出口温度/℃	0.000		85						
燃油进口温度/℃	0.000		40						
进气温度/℃	0.000		25						
进气歧管温度/℃	0.000		43						
排气背压/kPa	0.000		3.1						
进气压力/kPa	0.000		2.5						

非控制参数	范　围		平均值		
发动机扭矩/(N·m)	1361~1457	2118~2208			—
发动机功率/kW	258~267	280~288			
进气湿度/(g/kg)	4.3~78.6				
曲轴箱窜气量/(L/min)	41.2~184.3	23.6~148.7			
冷却液进口温度/℃	76~82				
主油道机油温度/℃	101~109				
排气歧管前端温度/℃	605~658				
排气歧管后端温度/℃	613~674				
排气尾管温度/℃	428~474	514~559			
主油道机油压力/kPa	365~436	227~284			
曲轴箱压力/kPa	0.27~0.60				
进气歧管压力/kPa	185~201	149~164			
中冷器前进气压力/kPa	193~205	152~169			
中冷器压差/kPa	13.6				

附　录　B
（规范性附录）
传感器的安装位置和辅助系统流程

合理安装传感器对试验非常重要，T-9 台架试验发动机部分传感器的位置和辅助系统流程见图 B.1、图 B.2、图 B.3、图 B.4、图 B.5、图 B.6、图 B.7、图 B.8、图 B.9 和图 B.10。

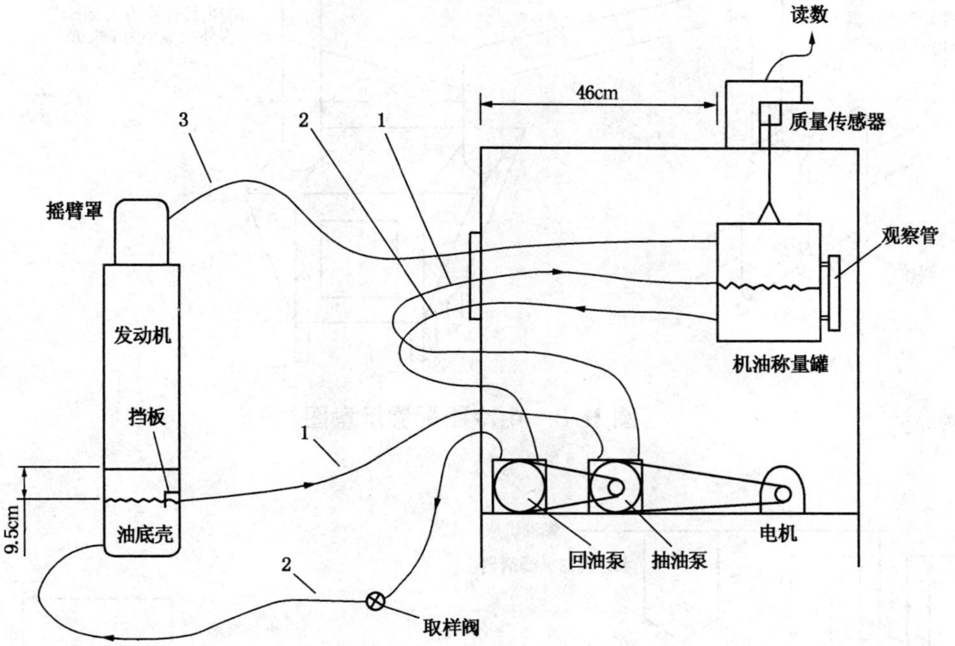

1——抽油管线；

2——回油管线；

3——连通管线。

图 B.1　发动机机油系统管线示意图

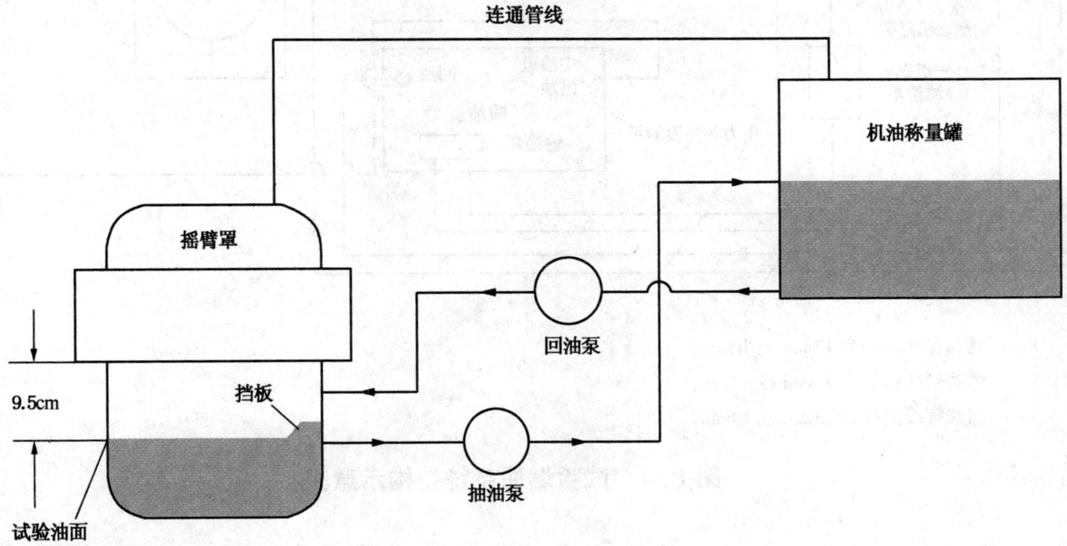

注：抽油泵泵量大于回油泵泵量（4.5L/min～9.0L/min）

图 B.2　辅助机油系统示意图

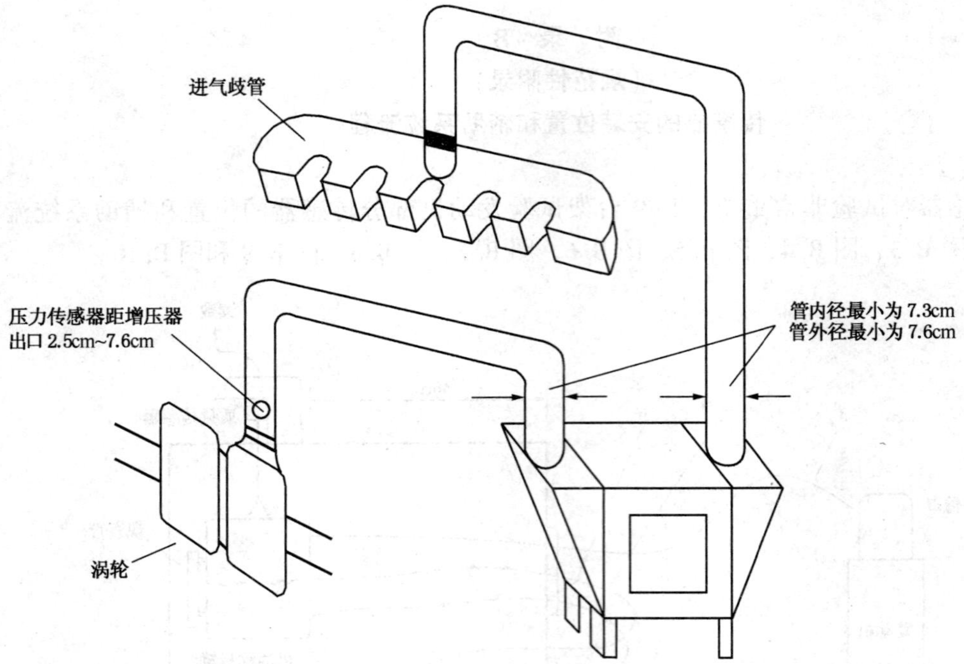

图 B.3 中冷器配置示意图

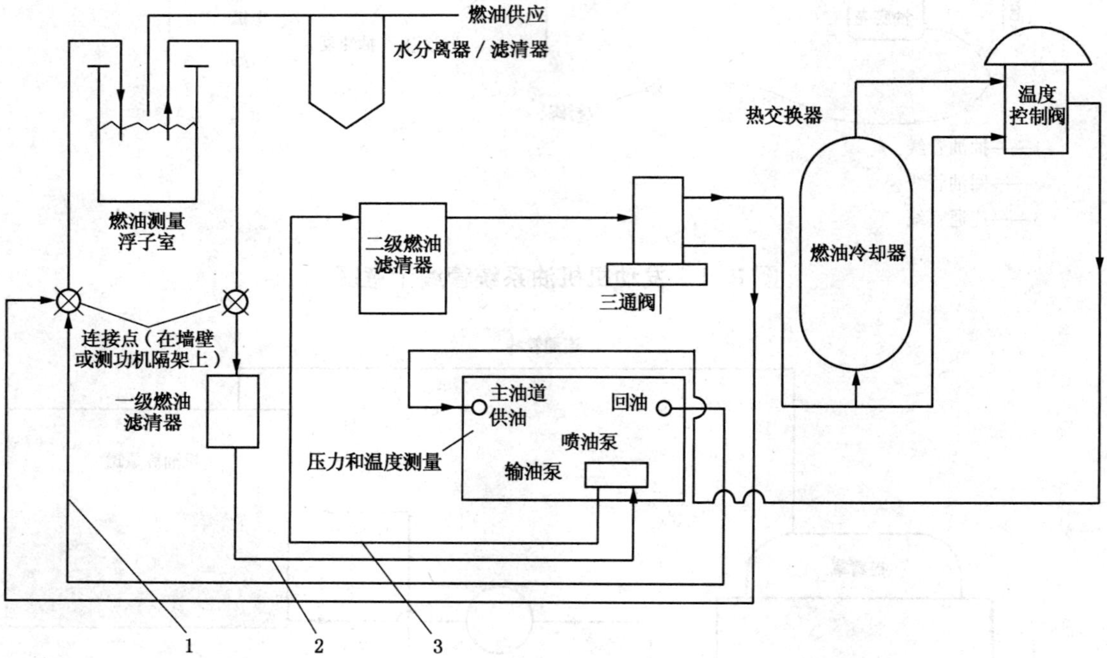

1——燃油管线内径为 13mm 或 10mm；

2——燃油管线内径为 13mm 或 10mm；

3——燃油管线内径为 13mm 或 10mm。

图 B.4 试验燃油系统结构示意图

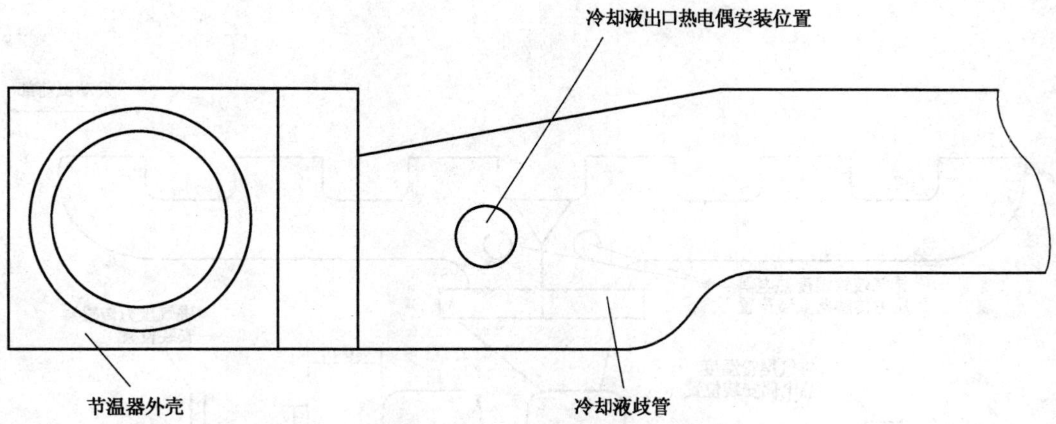

图 B.5 冷却液出口热电偶安装位置(俯视图)

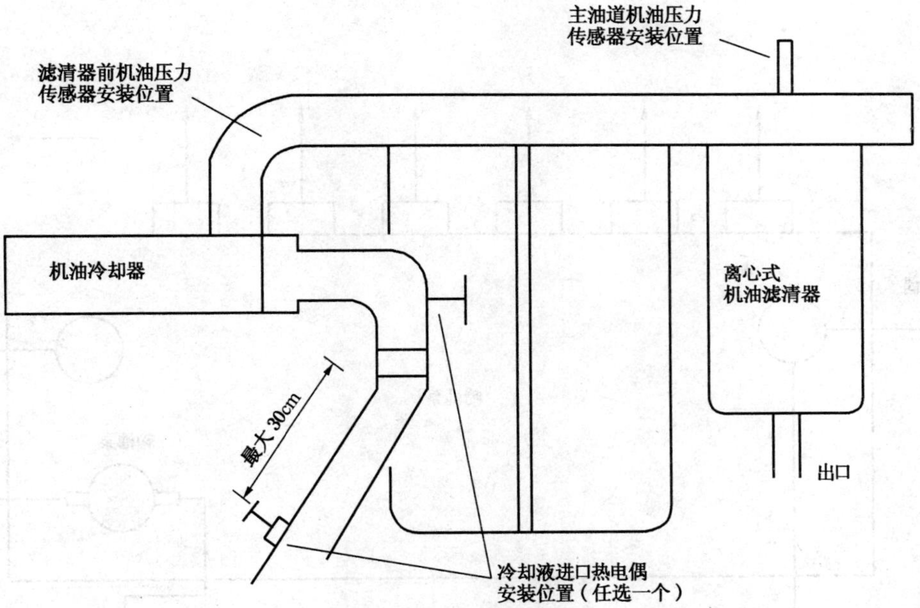

图 B.6 机油压力传感器和冷却液进口热电偶安装位置

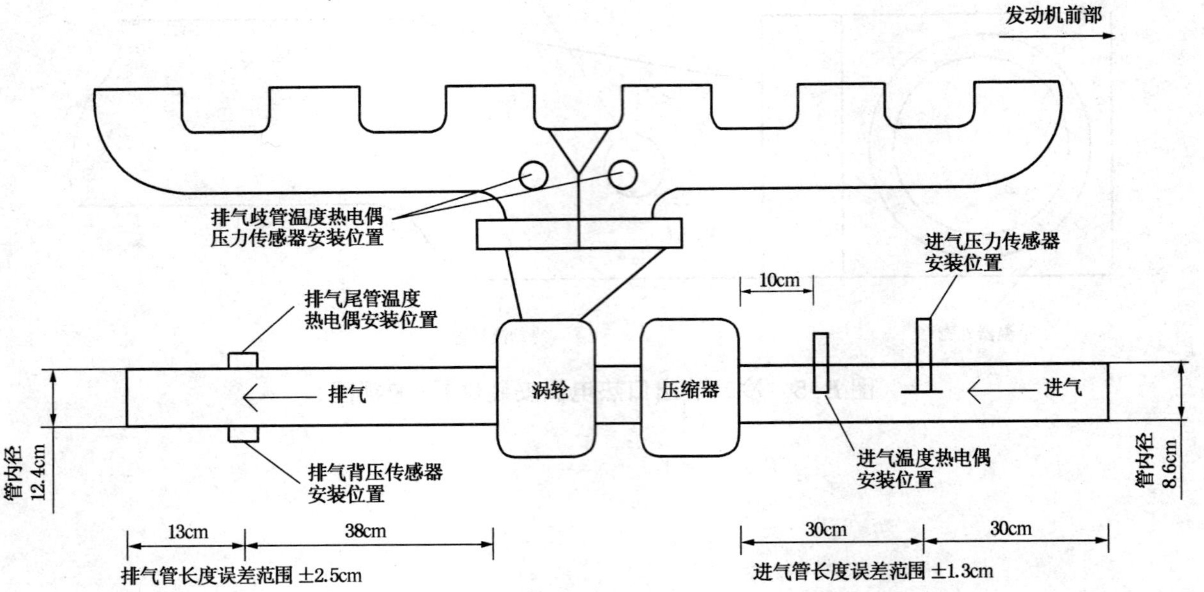

图 B.7　进气歧管、排气歧管和排气尾管温度和压力传感器安装位置

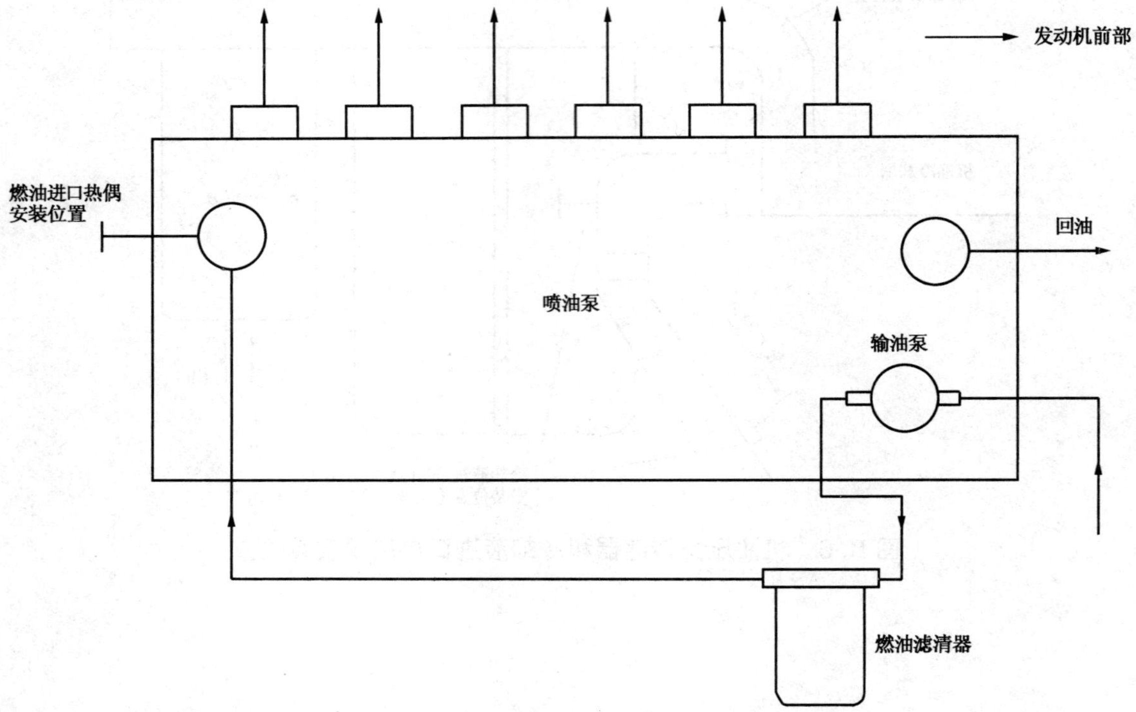

图 B.8　燃油进口热电偶安装位置

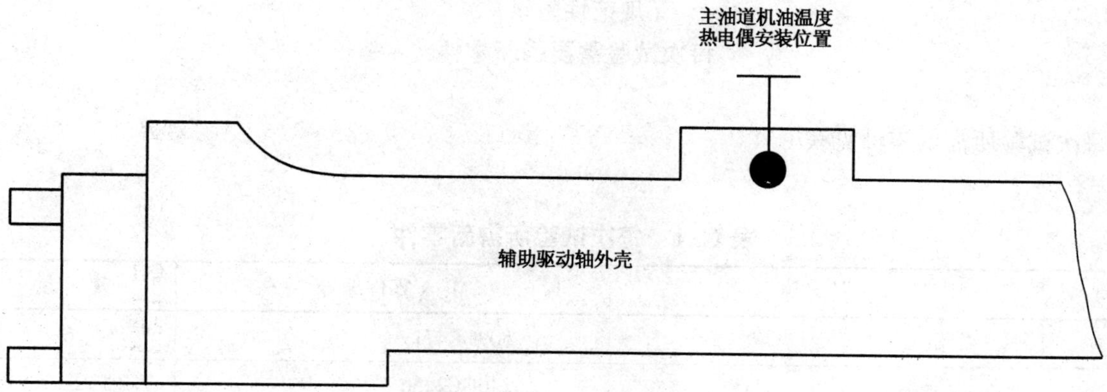

图 B.9　主油道机油温度热电偶安装位置

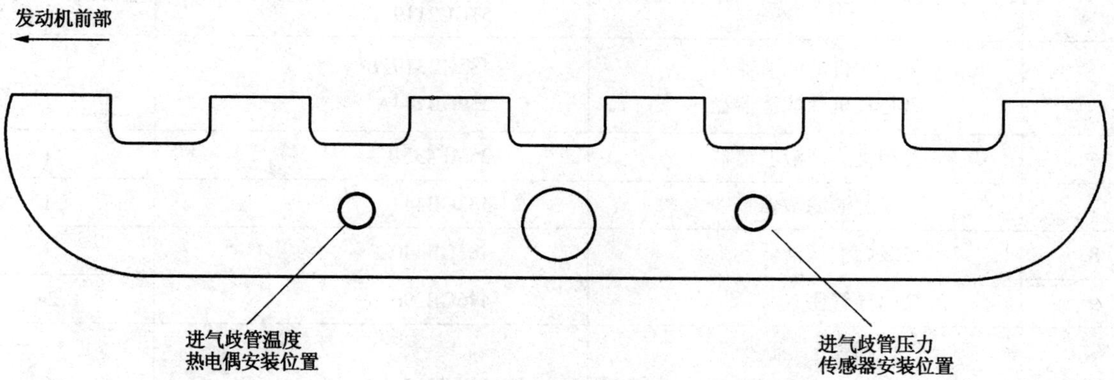

图 B.10　进气歧管温度和压力传感器安装位置

附 录 C
(规范性附录)
每次试验需要的新零件

C.1 每次试验所需新零件见表 C.1。

表 C.1 每次试验所需新零件

序号	零件名称	Mack 零件编号	数 量
1	缸套	509GC471	6
2	活塞 活塞冠部 活塞裙部	240GC2256 240GC5114M 240GC5119M	 6 6
3	活塞环 第一环 第二环 油环	353 GC2141 349GC3107 349GC3108 350GC343	 6 6 6
4	垫片组	57GC2115A 57GC2118A 57GC2119	2 1 1
5	全流式机油滤清器 离心式机油滤清器盘	485GB3191B 239GB244A	2 1
6	发动机冷却液滤清器	25MF435B	1
7	一级燃油滤清器	483GB444	1
8	二级燃油滤清器	483GB440	1
9	气门导管密封	446GB296	24
10	连杆轴瓦 上瓦 下瓦	 62GB327 62GB328	 6 6

附　录　D
（规范性附录）
缸套磨损测量说明

D.1　使用美国精密仪器公司生产的 Microanalyzer 2000 形貌仪测量缸套磨损量。

D.2　在活塞环运动区域使用硬纤维布清理干净缸套内表面的积炭，然后用镜头纸蘸酒精彻底擦洗残留的油迹和脏物。

D.3　在每个缸套的顶端按时钟的 12 个位置做 12 个标记，以发动机正前位置为 12 点钟。

D.4　推荐把缸套放在两个“V”形铁块上测量缸套磨损量，这样可以使缸套绕中心轴线作 360°转动。调整两个“V”形铁块，使缸套轴线与水平面夹角在±1°范围内。每次测量前，先测量一段长 50.8mm 的未磨损区域，测量过程中微调测量仪，使测量探头的运动方向与缸套内表面保持水平。每次调整后可以连续测量 6 个缸套。

D.5　测量探头和被测区域尺寸见图 D.1。测量的磨损区域长 50.8mm，其中的 2.54mm 在第一环运动区域的上方。

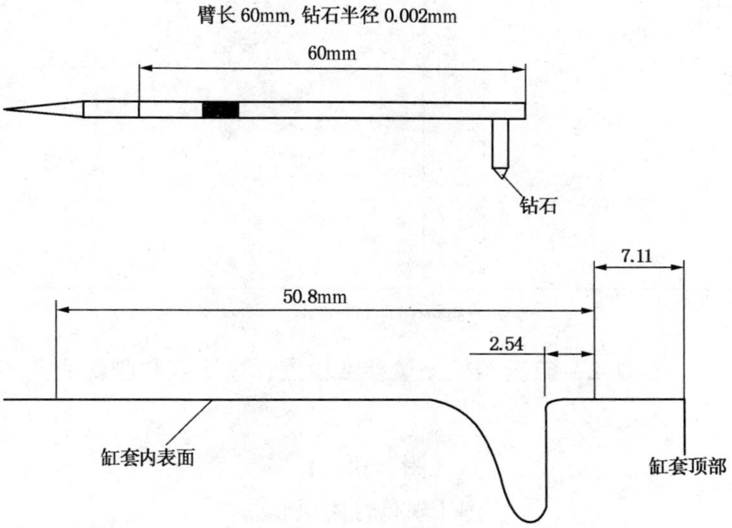

图 D.1　测量探头和被测区域尺寸

D.6　设定测量探头运动速度为“0.63mm/s”。把型式类型设定为“最小平方线”类型，把粗糙度过滤类型设定为“高斯型曲线”，截距设为“0.80mm”，见图 D.2。

D.7　水平矫正线——如无异常图形出现时，右侧定位线置于末尾测量点处，左侧定位线置于距末尾测量点 20mm 处。

D.8　表面波度(Wt)测量线——右侧定位线置于末尾测量点处，左侧定位线置于最大磨损点的左侧。

D.9　异常图形

D.9.1　右侧异常图形——当迹线的末端出现明显的翘起或垂下的尾巴时，可视为右侧异常图形。此时，要把右侧定位线移到异常图形的左侧，使水平矫正线和测量线不包括这段异常图形。

D.9.2　左侧异常图形——在最大磨损点右侧附近出现隆起或凹陷时，可视为左侧异常图形，此时需要操作者确定最佳水平矫正线，迹线水平时说明矫正效果较好。

D.9.3　擦伤——当在最大磨损点下部发生擦伤时，需要测量 ΔZ 来确定磨损值，此时需要操作者确定最佳水平矫正线(参考 D.9.2 条)。

D. 10　输出

D. 10. 1　表面波度参数 Wt 代表所测量的缸套磨损量。见图 D. 2。

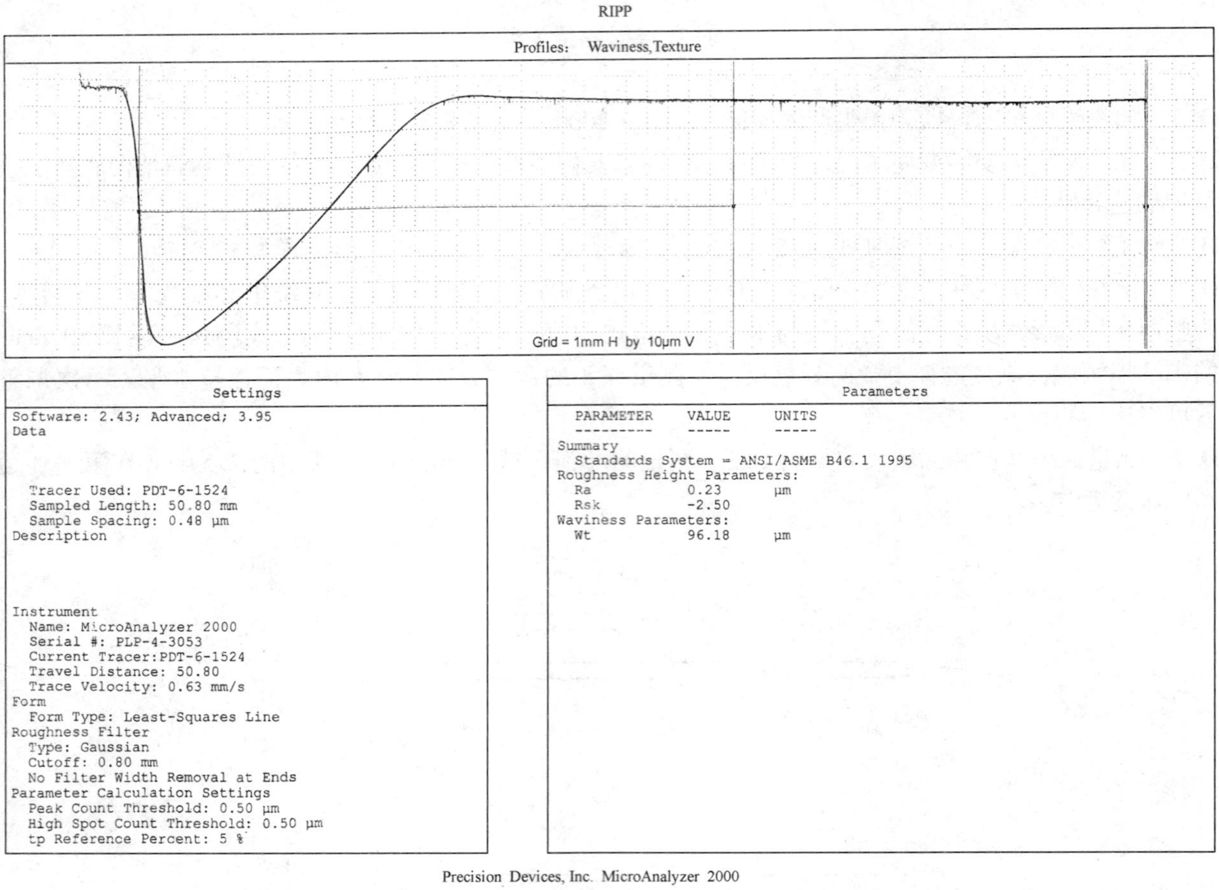

图 D. 2　缸套磨损测量参数设置、矫正线和测量线

附　录　E
(规范性附录)
安全防护措施

E. 1　发动机台架试验具有一定的危险性，试验室应制定有关的安全操作规程，采取有效的安全措施，以避免造成人体伤害和设备损坏。

E. 2　安装人员和试验操作人员要经过专门培训。安装人员要掌握有关工具的使用和设备安装方法，试验操作人员应具备及时发现和处理试验过程中突发事件的能力。

E. 3　防护设备

E. 3. 1　在零件清洗间、发动机安装间、试验操作间和零件评分间附近配备淋浴或眼睛冲洗设备。

E. 3. 2　为试验操作人员提供适宜的防护面具和手套等安全设备。

E. 3. 3　实验室配备干式灭火设备。

E. 3. 4　试验台架所有外露转动和发热部件应加装防护罩。

E. 4　安全措施

E. 4. 1　试验时，操作人员要时刻注意燃油、机油、排气和冷却液等有无泄漏，发现泄漏时要及时妥善处理。

E.4.2 操作人员在发动机附近工作时要佩带防护面具或防护镜，穿紧身工作服、不留长发。

E.4.3 燃油管线、机油管线和电源线的布置要井然有序，并经常进行检查和维修。

E.4.4 试验台架周围禁放障碍物以及装有机油和燃油的容器。

E.4.5 保持发动机外表面、辅助设备表面及地面清洁，无燃油和机油泄漏。

E.4.6 试验台架配备保护装置，当出现发动机或测功机水温过高、发动机机油压力过低、测功机断电、发动机超速、排气系统失效等问题时，发动机能够自动停机。

附 录 F
(规范性附录)
试验操作有效性的确定

F.1 质量指数计算:

F.1.1 依照 ASTM 数据采集和控制自动化(DACA)Ⅱ报告计算控制参数的质量指数(QI)，并对丢失或错误的试验数据进行说明。

F.1.2 按照表 F.1，使用 *U*、*L*、高出范围和低于范围的数值计算 QI 值。

F.1.3 由于试验第Ⅱ阶段的前 30min 处于不稳定状态，所以该阶段的数据不用于计算 QI 值。

F.1.4 QI 值近似到 0.001。

F.1.5 报告 QI 值，参见附录 A。

F.2 平均值——计算控制参数和非控制参数的平均值并报告，参见附录 A。虽然平均值不能直接用来确定试验操作的有效性，但平均值对工程检验是有帮助的，见 F.4。

F.3 试验操作有效性的确定——用于判断试验操作有效性的 QI 限值见表 F.1。

F.3.1 所有控制参数的 QI 值大于或等于限值的试验为操作有效性试验。

F.3.2 任何控制参数的 QI 值小于限值的试验需要工程检验确定其操作有效性。

F.4 工程检验

F.4.1 当一个控制参数 QI 值低于限值时，需要进行工程检验，典型的做法是通过对试验数据的检查来确定试验数据低于限值的原因。例如，如果燃油流量 QI 值低于限值，检查燃油流量数据时会发现许多超差数据，这时可以通过分析排气温度数据确定是试验装置出现问题还是数据采集出现问题。

F.4.2 试验操作有效性的最后确认由试验室完成。

表 F.1 质量指数计算数值

试验控制参数	单 位	QI 限值	质量指数 *U* 和 *L* 值				高于和低于范围的值	
			U		*L*		低	高
			Ⅰ阶段	Ⅱ阶段	Ⅰ阶段	Ⅱ阶段		
发动机转速	r/min	0.000	1802.5	1252.5	1797.5	1247.5	1073	1976
燃油流量	kg/h	0.000	64.28	56.00	62.28	54.00	0	138
冷却液出口温度	℃	0.000	86.2	86.2	83.8	83.8	0	169
燃油进口温度	℃	0.000	40.6	40.6	39.4	39.4	0	105
进气温度	℃	0.000	26.6	26.6	23.4	23.4	0	135
进气歧管温度	℃	0.000	43.6	43.6	42.4	42.4	0	81
排气背压	kPa	0.000	3.3	3.3	2.9	2.9	0	16
进气压力	kPa	0.000	2.7	2.7	2.3	2.3	0	14

附 录 G
（规范性附录）
烟炱热重分析（TGA）程序

G.1 烟炱热重分析（TGA）程序

G.1.1 油样准备

G.1.1.1 取113g分析油样；

G.1.1.2 确保样品瓶盖盖紧；

G.1.1.3 把样品瓶放在振荡器上振荡5min；

G.1.1.4 从振荡后的样品瓶中取20mg分析油样，放在热重分析仪的样品盘上，取样时间不得超过2 min。

G.1.2 分析过程

G.1.2.1 连接吹扫气体管线：

氮气——纯度不小于99.99%；

氧气——纯度不小于99.99%；

G.1.2.2 打开氮气阀，开始吹扫氮气；

G.1.2.3 加热油样到50℃；

G.1.2.4 在50℃稳定1 min；

G.1.2.5 以100℃/ min的速率加热油样至550℃；

G.1.2.6 在550℃稳定1min；

G.1.2.7 以20℃/ min的速率加热油样至650℃；

G.1.2.8 在650℃稳定1min，记录此时油样质量；

G.1.2.9 把吹扫气体从氮气切换为氧气；

G.1.2.10 以20℃/ min的速率加热油样至750℃；

G.1.2.11 在750℃稳定5min或更长时间，待残留物质量不变时，记录此时油样质量，分析程序结束。

G.2 烟炱的计算

650℃稳定后的质量与750℃稳定后的质量之差，即为样品中的烟炱含量。烟炱含量除以分析油样质量即为油品中的烟炱百分含量，精确到0.1%（质量分数）。

编者注：本标准中引用标准的标准号和标准名称变动如下。

原标准号	现标准号	现标准名称
GB/T 261	GB/T 261	闪点的测定　宾斯基-马丁闭口杯法
GB/T 386	GB/T 386	柴油十六烷值测定法
GB 1922	GB 1922—1980	溶剂油
GB/T 3535	GB/T 3535	石油产品倾点测定法
GB/T 6536	GB/T 6536	石油产品常压蒸馏特性测定法
GB/T 6986	GB/T 6986	石油产品浊点测定法
GB/T 7304	GB/T 7304	石油产品酸值的测定　电位滴定法
GB/T 11140	GB/T 11140	石油产品硫含量的测定　波长色散X射线荧光光谱法
SH/T 0606	NB/SH/T 0606	中间馏分烃类组成的测定　质谱法

ICS 75.100
E 34

SH

中华人民共和国石油化工行业标准

SH/T 0762—2005

润滑油摩擦系数测定法（四球法）

The test method for determination of the coefficient of friction of lubricants using the four-ball wear test machine

2005-04-11 发布　　　　2005-09-11 实施

中华人民共和国国家发展和改革委员会　发布

目　　次

前　言

本标准修改采用美国试验与材料协会标准 ASTM D5183-95(1999)《用四球磨损试验机测定润滑油摩擦系数的试验方法》。

本标准根据 ASTM D5183-95(1999)重新起草。

为了方便比较，在资料性附录 B 中列出了本标准章条编号与 ASTM D5183-95(1999)章条编号的对照一览表。

为了更适合我国国情，在采用 ASTM D5183-95(1999)时，本标准做了一些修改。有关技术性差异已编入正文中并在它们涉及的条款的页边空白处用垂直单线标识。

本标准与 ASTM D5183-95(1999)的主要差异如下：

——删除了 ASTM D5183-95(1999)引用标准中没有被本标准直接引用的标准，引用了的标准采用我国相应的现行标准；

——在第 7 章中增加了对氮气的纯度要求；

——在第 7 章中删除了吡啶试剂；

——在 4.2 条和第 10 章中磨合磨斑直径合格范围由 0.67mm±0.03mm 改为 0.65mm±0.05mm。

本标准的附录 A、附录 B 为资料性附录。

本标准由中国石油化工集团公司提出。

本标准由中国石油化工股份有限公司石油化工科学研究院归口。

本标准主要起草单位：中国石油天然气股份有限公司兰州润滑油研究开发中心。

本标准主要起草人：蔡继元、代立霞、张宽德、丁芳玲。

本标准首次发布。

润滑油摩擦系数测定法(四球法)

1 范围

1.1 本标准规定了使用四球磨损试验机测定润滑油摩擦系数的试验方法。
1.2 本标准适用于润滑油摩擦系数的测定。
1.3 本标准中的数值采用国际单位制(SI)单位，但符合本标准的设备有的采用 cm-kgf，因此，保留了 cm-kgf 单位。
1.4 本标准涉及某些有危险的材料、操作和设备，但是无意对与此有关的安全问题都提出建议。因此，用户在使用本标准之前应建立适当的安全和防护措施，并确定有适用性的管理制度。

2 规范性引用文件

下列文件中的条款通过本标准的引用而成为本标准的条款。凡是注日期的引用文件，其随后所有的修改单(不包括勘误的内容)或修订版均不适用于本标准，然而，鼓励根据本标准达成协议的各方研究是否可使用这些文件的最新版本。凡是不注日期的引用文件，其最新版本适用于本标准。

GB 308 钢球
GB 686 丙酮
SH/T 0006 工业白油
SH/T 0189 润滑油抗磨损性能测定法(四球机法)

3 术语和定义

下列术语和定义适用于本标准。

摩擦系数(μ) Coefficient of friction

启动或使接触表面保持相对运动所需的切向力与施加于接触表面上垂直力的比值。

4 方法概述

4.1 三个直径 12.7mm(0.5in)钢球被夹紧在一起，加入 10mL 磨合油。另一个直径 12.7mm(0.5in)钢球作为上钢球，与三个夹紧钢球成三点接触，施加负荷 392N(40kgf)。润滑油试验温度为 75℃(165℉)，上钢球以 600r/min 的转速运行 60min。
4.2 倒掉磨合油并清洗钢球。测量三个下钢球中每一个的磨斑直径。如果磨斑平均值为 0.65mm±0.05mm(0.026in±0.002in)，则采用经过磨合的试验球并在油杯中加入 10mL 试油。试油温度 75℃(167℉)，上钢球在负荷为 98.1N(10kgf)条件下，以 600r/min 的转速运行 10min。
4.3 每 10min 增加负荷 98.1N(10kgf)，每 10min 记录一次摩擦系数，直到摩擦力记录仪开始出现跳动。

5 意义和用途

本试验方法可用于测定在规定试验条件下润滑油的摩擦系数。本试验方法的使用者可通过考察试验方法所取得的结果是否与实际应用性能或其他台架试验具有相关性。

6 设备

6.1 四球试验机

采用四球磨损试验机，见图 1、图 2、图 3，其中图 1 为四球接触示意图，图 2 为四球磨损试验机，图 3 多功能摩擦磨损试验机。

注：首先必须区分四球极压试验机和四球磨损试验机(见试验方法 SH/T 0189)。四球极压试验机被设计用于重负荷下的试验，对磨损试验缺乏必要的灵敏度。

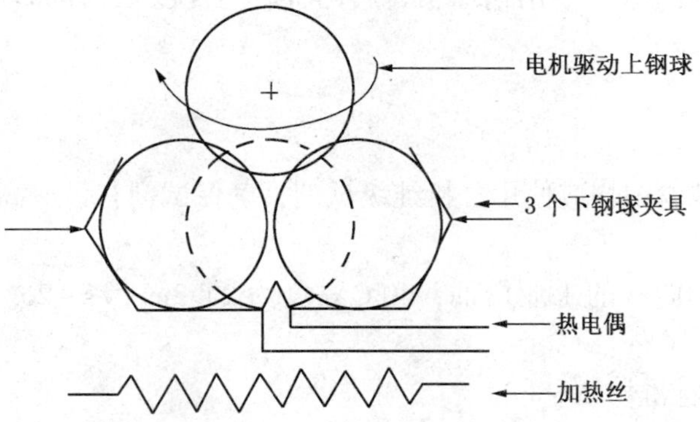

图 1　四球接触示意图

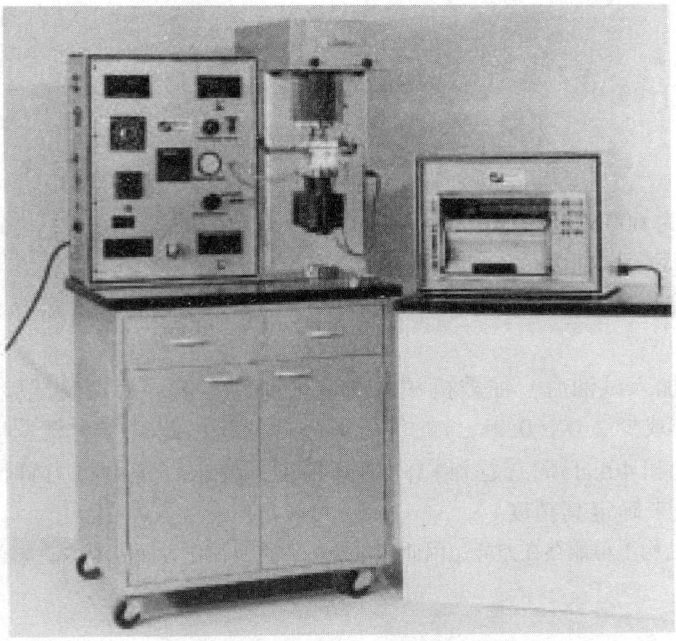

图 2　四球磨损试验机

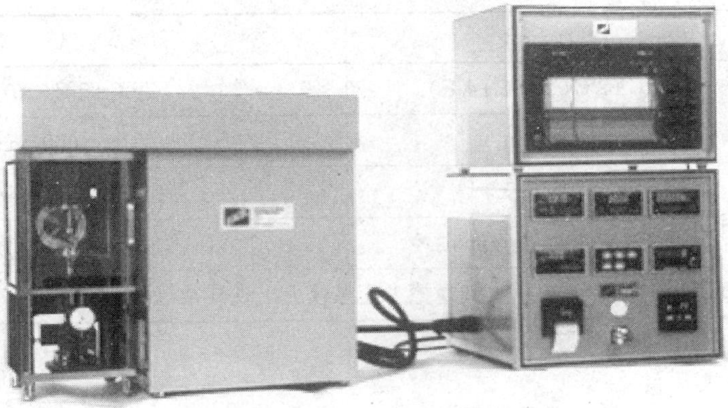

图 3　多功能摩擦磨损试验机

6.2 显微镜

不需从油杯中取出即可测量三个钢球表面形成的磨斑直径，精度要求0.01mm。

6.3 试验钢球

符合GB/T 308要求的四球机专用钢球，材料GCr15，直径12.7mm(0.5in)，硬度在HRC 64~66之间。

7 试剂与材料

7.1 试剂纯度：在所有试验中均应使用分析纯级试剂，确保试剂有足够高的纯度，以免降低试验的精度。

7.2 磨合油：符合SH/T 0006的工业白油，40℃黏度为24.3mm^2/s~26.1mm^2/s。应使其通过活性氧化铝过滤掉残余的杂质。

7.3 丙酮：符合GB 686标准。

注：易燃、有害健康。

7.4 正庚烷

注：易燃、有害健康。

7.5 丁酮

注：易燃、有害健康。

7.6 氮气：纯度不低于99.9%。

8 试验机准备

8.1 设定试验机转速为600r/min ±30r/min。

8.2 在温度控制器上设定试油温度为75℃±2℃(167℉±4℉)。

8.3 如果选用自动时钟控制器来终止试验，则需检验其精度，60min误差不超过1min，10min误差不超过10s。

8.4 当装配好试件并加入试油后，加载机械系统应平衡为零值。为检验试验机是否有适宜的精度，可在平衡状态下增加或减少2.0N(0.2kgf)的负荷来进行校验，此时应明显发生不平衡现象。当负荷在147N和392N(15kgf和40kgf)时往往难以测定其精度，要求仔细测量力臂比率和重量，或使用压力校正仪结合活塞直径来确定其精度。

注：由于试验设备在结构上可能存在差异，因此在试验机调整及操作方面应考虑制造商的建议。

9 试验条件

9.1 试验条件见表1。

表1 测定润滑油摩擦系数的试验条件

	磨　合	试　验
温　度	75℃±2℃(167℉±4℉)	75℃±2℃(167℉±4℉)
转　速	600r/min	600r/min
周　期	60min	10min
负　荷	392N(40kgf)/60min	98.1N(10kgf)/10min*
注：每10min增加负荷98.1N(10kgf)，直到摩擦力记录仪上出现异常(摩擦力超出稳定值而突然增大)。		

10 试验步骤

10.1 把四个试验钢球、上下球夹具和油杯在正庚烷中浸泡1min，再用超声波清洗器清洗10s。换用新的正庚烷冲洗。

10.1.1 用丙酮重复 10.1 步骤，并用氮气吹干。

10.2 在试验机主轴上安装一个洁净的试验钢球。

10.3 在油杯中安装三个洁净试验钢球，用夹具夹紧。

10.4 把 10mL 磨合油倒入油杯中，使磨合油充满油杯空隙，并浸没过钢球顶部至少 3mm。当磨合油填满油杯中空隙后，观察油面是否仍维持原水平。

10.5 在试验机上安装油杯(此时加载系统应平衡为零值)。缓慢施加试验负荷至 392N，避免冲击。

10.6 打开加热器开关，加热试验油。

10.7 达到试验温度后，启动电机驱动上钢球以 600r/min±30r/min 旋转。有自动启动功能的试验机采用温度控制器，它会在低于设定温度的情况下启动，设定相应值使试验机在低于设定温度 2℃(4℉)时启动。

10.8 当试验运行 60min±1min 后，关掉加热器和主轴电机，取下油杯。

10.9 倒掉油杯中的磨合油并用丝绸擦拭磨斑附近区域。

10.10 倒掉油杯中的试油并用丝绸擦拭磨斑附近区域，把夹有三钢球的油杯放在根据要求设计的显微镜基座上。每一个磨斑测量两次，一次是沿夹具中心径向线方向，另一次与前一次成 90°角测量。如果磨斑成椭圆形，则一次测量沿磨痕方向，另一次测量沿磨痕垂直方向。测量时应使视线与被测表面保持垂直。报出六次测量值的平均磨斑直径。如果平均磨斑直径为 0.65mm±0.05mm 则按以下步骤进行试验；否则更换试球重复 10.1~10.10 磨合程序。(对于不同试验机，磨合磨斑可能超出这一范围，但重复结果偏差应为±0.05mm，使用者应首先确定该试验机的平均磨合磨斑直径)。

10.11 向油杯中加入正庚烷浸泡 1min 并不断摇晃，倒掉正庚烷。再用洗耳球吸取正庚烷冲洗油杯内部残存润滑油。重复该步骤两次。最后用洗耳球吸取丙酮清洗油杯内部两次，氮气吹干。

10.12 分别用沾有正庚烷和丙酮的干净丝绸擦拭上钢球和上钢球夹具表面，氮气吹干。

10.13 用沾有丁酮的干净丝绸擦拭三个钢球的磨斑和上钢球磨痕。

10.14 向油杯中加入试验油，当试验油充满油杯空隙后，要求至少没过钢球顶部 3mm。观察当试验油充满油杯空隙后，液面是否仍维持原水平。

10.15 把油杯安装到试验机上，缓慢施加 98.1N 试验负荷，避免负荷冲击。

10.16 打开加热器开关，温度设置为 75℃±2℃，加热试验油。

10.17 当油温达到试验温度后，启动电机驱动主轴以 600r/min±30r/min 转速运转 10min，记录 10min 时的扭矩值。试验共分十级，从 98.1N 开始，每 10min 增加负荷 98.1N，最大负荷为 981N。在全过程试验中不允许停机，当摩擦力距出现突然增大时，停止试验。

10.18 依次关闭加热器和电源开关。按 10.10 中所述测量下三球磨斑直径，精确至 0.01mm，并观察磨斑形貌。

11 计算

11.1 用式(1)或式(2)确定摩擦系数：

$$\mu = 0.00223\frac{fL}{P} \quad \cdots\cdots (1)$$

式中：

μ——摩擦系数；

f——摩擦力，g；

L——摩擦力臂长度，cm；

P——试验负荷，kg。

注：对于力臂长 7.62cm(3in)的试验机，当摩擦力以克力为单位显示时，选用 $\mu = 0.0170f/P$。

$$\mu = 0.00227\frac{fL}{P} \qquad \cdots\cdots (2)$$

式中：

μ——摩擦系数；

f——摩擦力，N；

L——摩擦力臂长度，cm；

P——试验负荷，kg。

注 1：对于力臂长为 7.62cm(3in)的试验机，当摩擦力以牛顿为单位显示时，选用$\mu = 1.73f/P$。

注 2：对于直接读取摩擦力的试验机，用户可参阅其试验机操作手册来确定计算公式。

12 报告

12.1 报出以下内容：

12.1.1 平均磨合磨斑直径，mm。

12.1.2 每增加 98.1N 负荷的摩擦系数。

12.1.3 失效负荷，N。

12.1.4 最终平均磨斑直径，mm。

13 精密度及偏差

该试验方法的精密度由多个实验室的试验数据经统计计算而得出(95%置信水平)。

13.1 重复性(r)

在恒定的操作条件下使用同一种试验材料，按试验方法要求进行正确操作，由同一试验员在同一台试验机上进行连续试验，所得的两个结果间差值不应超过下式的计算值。

$$r = 0.20 \times \overline{X} \qquad \cdots\cdots (3)$$

式中：

$\overline{X}$——重复试验两个结果的平均值。

13.2 再现性(R)

使用同一种试验材料，由两个操作员在不同试验室独立得出的两次试验结果，其差值不应超过下式的计算值。

$$R = 0.49 \times \overline{X} \qquad \cdots\cdots (4)$$

式中：

$\overline{X}$——两个试验结果的平均值。

注：在 40kg 负荷下，任意选取试验钢球，按照该试验方法所得的摩擦系数列为精密度计算数据。

13.3 偏差

本标准偏差尚未确定。

附 录 A
(资料性附录)
摩擦系数计算

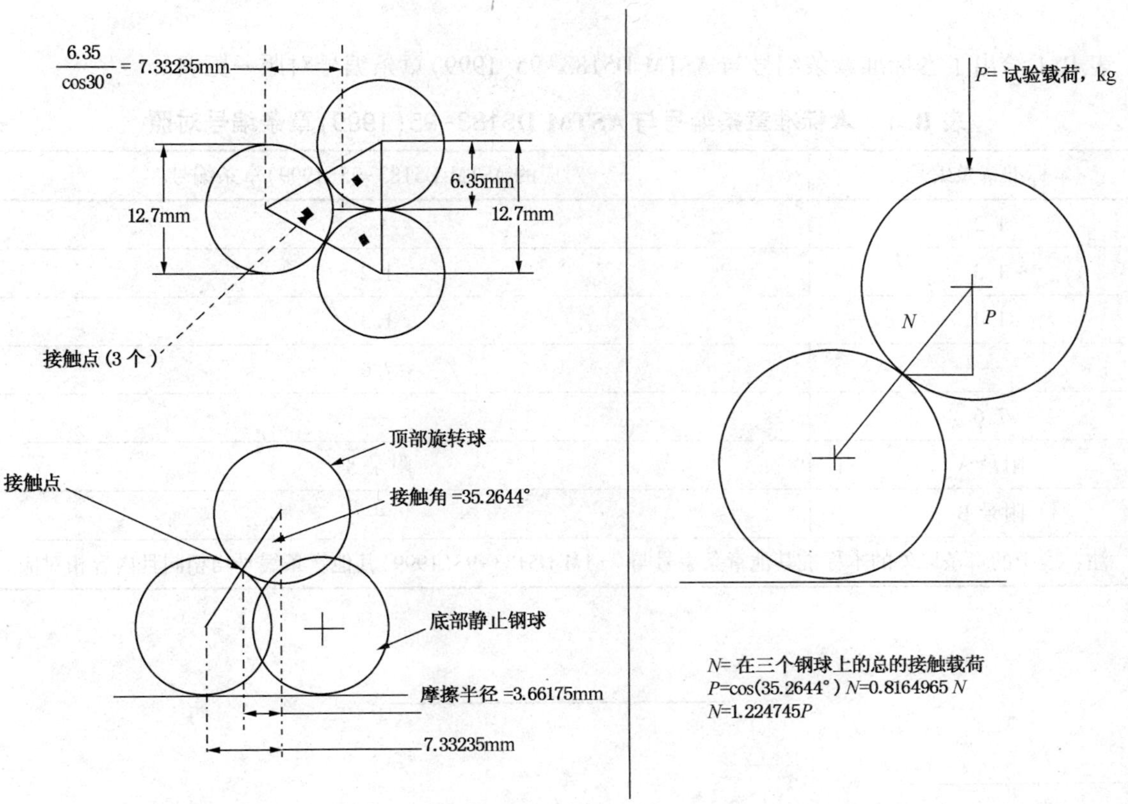

图 A.1 摩擦系数计算示意图

公制单位：

$$f=\mu N \quad \text{(A.1)}$$

$$T=fL=\mu NL=\mu(1.224745P)0.36662=0.44902\mu P \quad \text{(A.2)}$$

$$\mu=2.22707\frac{T}{P}=0.0008164965\frac{f}{P} \quad \text{(A.3)}$$

英制单位：

$$f=\mu N \quad \text{(A.4)}$$

$$T=fr=\mu Nr=\mu(1.224745P)0.14434=0.1767797\mu f \quad \text{(A.5)}$$

$$\mu=6.656\frac{T}{P} \quad \text{(A.6)}$$

以上两式中：

μ——摩擦系数；

T——摩擦力矩；

L——试验力臂长度；

P——试验载荷；

N——在三个钢球上的总的接触负荷；

f——总的接触摩擦力。

图 A.1 所有的标注尺寸为公制；
上面的数据不能用于滚动四球试验。

附　录　B
（资料性附录）
本标准章条编号与 ASTM D5183-95（1999）章条编号对照表

表 B.1 给出了本标准章条编号与 ASTM D5183-95（1999）章条编号对照一览表。

表 B.1　本标准章条编号与 ASTM D5183-95（1999）章条编号对照

本标准章条编号	对应的 ASTM D5183-95（1999）章条编号
1.2	—
1.3	1.2
1.4	1.3
—	7.6
7.6	—
附录 A	附录 X
附录 B	—
注：表中的章条以外的本标准其他章条编号与 ASTM D5183-95（1999）其他章条编号均相同且内容相对应。	

编者注：本标准中引用标准的标准号和标准名称变动如下。

原标准号	现标准号	现标准名称
GB 308	GB/T 308.1	滚动轴承　球　第 1 部分：钢球
GB 686	GB/T 686	化学试剂　丙酮
SH/T 0006	NB/SH/T 0006	工业白油
SH/T 0189	NB/SH/T 0189	润滑油抗磨损性能的测定　四球法

ICS 75.100
E 34

SH

中华人民共和国石油化工行业标准

SH/T 0763—2005

汽油机油防锈性评定法（BRT法）

Standard test method for evaluation of rust preventive characteristics of automotive engine oils (Ball rust test method)

2005-04-11 发布　　2005-09-01 实施

中华人民共和国国家发展和改革委员会　发布

目　次

前 言

本标准修改采用美国试验与材料协会标准 ASTM D6557-00《评价汽油机油防锈性能的标准试验方法》。

本标准根据 ASTM D6557-00 重新起草。

为了比较方便，在附录 E 中列出了本标准章条编号与 ASTM D6557-00 章条编号的对照一览表。

为了更适合我国国情，本标准在采用 ASTM D6557-00 时做了一些修改。有关技术性差异已编入正文中并在它们涉及的条款的页边空白处用垂直单线标识。本标准与 ASTM D6557-00 的主要差异如下：

——删除了 ASTM D6557-00 引用标准中没有被本标准直接引用的标准，引用了的标准采用我国相应的现行标准；

——ASTM D6557-00 中规定试验酸液由 ASTM 的 TMC 提供，本标准采用自行研究配制的酸液。

为便于使用和适合我国国情，本标准还做了如下编辑性修改。

——删除了 ASTM D6557-00 中的 1.2 条；

——本标准中采用国际单位制[SI]单位，但本标准用的设备采用的是英制单位。因此，当涉及到试验设备和试件时，保留了英制单位；

——在第 6 章中增加了 6.9 条“辅助设备”；

——删除了 ASTM D6557-00 中的 10.1 条~10.7 条关于 TMC 提供参比油的有关条款；

——替换了 ASTM D6557-00 中 11.2.6 条中的图 8；

——对 ASTM D6557-00 中 12 章的重复性和再现性的文字表述，按我国的习惯进行了修改；

——删除了 ASTM D6557-00 中的第 13 章“关键词”一章；

——删除了 ASTM D6557-00 中附录 A4“ASTM 试验监测中心(TMC)的任务”；

——对 ASTM D6557-00 中附录 A5“报告格式和数据字典”按照我国的实际情况进行了修改；

——将 ASTM D6557-00 中附录 X1“酸液的准备”放入正文 7.1 条中叙述。

本标准中附录 A、附录 B、附录 C、附录 D 为规范性附录，附录 E 为资料性附录。

本标准由中国石油化工集团公司提出。

本标准由中国石油化工股份有限公司石油化工科学研究院归口。

本标准主要起草单位：中国石油天然气股份有限公司兰州润滑油研究开发中心。

本标准主要起草人：雷爱莲、颉敏杰、谢惊春、牛成继、王爱香。

本标准首次发布。

汽油机油防锈性评定法(BRT 法)

1 范围

1.1 本标准规定了使用球锈蚀试验(BRT)来评价液体润滑剂防锈性能的试验程序。本方法尤其适合于评价汽油机油在低温、酸性环境下的防锈性能。

1.2 本标准适用于评价 API SG+、API SL/ILSAC GF-3 及 ILSAC GF-4 等规格汽油机油的防锈性能。

1.3 本标准中的数值采用[SI]制单位或者其他的单位制。用不同单位制表示的同一量值不可能确切相等。因此，使用每种单位制时，它是独立于其他的单位制，不允许在不同的单位制之间混用。

1.4 本标准没有提出与使用有关的安全问题。用户可根据实际情况建立合适的安全和健康措施。涉及到的内容见 7.1.1、7.1.2、7.1.3、7.1.4、7.1.5、7.1.6、7.1.7、7.1.9、7.1.10、7.1.11 和 8.2.1.1。

2 规范性引用文件

下列文件中的条款通过本标准的引用而成为本标准的条款。凡是注日期的引用文件，其随后所有的修改单(不包括勘误的内容)或修订版均不适用于本标准，然而，鼓励根据本标准达成协议的各方研究是否可使用这些文件的最新版本。凡是不注日期的引用文件，其最新版本适用于本标准。

GB 601　化学试剂滴定分析(容量分析)用标准溶液的制备

GB 621　氢溴酸

GB 622　盐酸

GB 676　乙酸

GB 678　无水乙醇

GB 686　丙酮

GB 12589　乙酸乙酯

GB 12590　正丁醇

SH/T 0512　汽油机油低温锈蚀评定法(MS 程序ⅡD 法)

AISI 1040　碳钢

3 术语和定义

下列术语和定义适用于本标准。

3.1

标定　calibrate

确定与某一标准有关的测量装置的指示或输出值。

3.2

腐蚀　corrosion

通常是指在金属表面上发生的化学或电化学反应，并且金属所处环境会造成材料及其性能的变坏。

3.3

非参比油　non-reference oil

除参比油之外的任何一种油，比如研究用油、工业用油或试验油。

3.4

参比油　reference oil

一种已知性能的润滑油，用于作比较的基准。

注：参比油是用于标定试验装置，比较其他油的性能，或者评价其他与油接触的材料，比如密封件。

3.5

锈蚀　rust

一种铁合金的腐蚀产品，主要由氧化铁的水合物组成。

3.6

试验油　test oil

按照所规定的程序用于评价的润滑油。

3.7

平均灰度值(AGV)　average gray value(AGV)

试件上光亮区域的测量结果，用以指示锈蚀抑制程度。

3.8

试件　specimen

碳钢球，专用，直径5.6mm(7/32in)，材质AISI 1040。

4　方法概述

4.1　试验由多个试验管组成，其中每个试验管内装有试验油和试件，将试验管置于试管架上，并整体固定于机械式振荡台上，设定试验温度和振荡速度为规定值。

4.2　18h的试验周期内，空气和酸液连续供给每个试验管，以提供一个锈蚀的环境。

4.3　试验结束后，移走试件并清洗，用一套光学图像系统分析试验油的防锈能力。

5　意义和用途

5.1　本试验方法可以作为SH/T 0512的一种替代方法。SH/T 0512试验方法是用来确定发动机油保护阀系组件，抵抗其在低温、短途条件下的锈蚀或腐蚀能力，并与美国1978年以前使用的车型相对应。

5.1.1　本方法与SH/T 0512的相关性是由大多数，但不是全部用于评价的试验油得到。

6　试验装置

6.1　试件

采用球锈蚀试验专用试件。

6.1.1　试件准备装置

包括实验室通用装置和一台超声波清洗浴。

6.2　空气供给系统

本系统要求提供一台空气压缩机。包括两套空气过滤器，两套压力调节器，一套气体净化器，一套25个出口的气体分配器，聚四氟乙烯管25段，每段长182.9m(600ft)或者相同功能的多孔气体流量控制系统和一块气体质量流量计。空气供给系统见图1和图2，气体质量流量计的标定见附录A。

6.3　酸液供给系统

本系统包括一台能安装多个注射器的泵，要求每台泵能安装10个注射器。泵的流速范围：最小0.0001μL/h(使用0.5μL注射器)，最大220.82mL/min(使用140mL注射器)，见图3和图4。

6.4　试验管组件

试验管组件包括24个一次性塑料注射器和其他通用实验室装置。

6.5 温度和振荡速度控制系统

机械式振荡台。在一定的速度和温度环境下，可提供轨道式振荡运动。

图 1 空气供给系统的照片

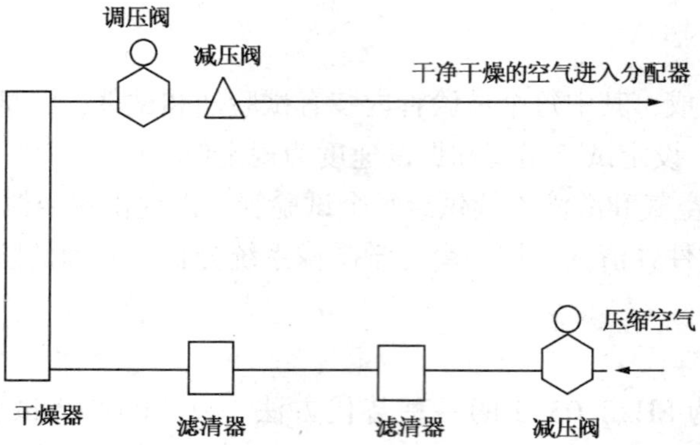

图 2 空气供给系统示意图

图 3 酸液供给系统的照片

6.5.1 试验管架

一个特制的试验管架，见图 5 和图 6，包括 24 个试验管位置，并固定于 457.2mm×457.2mm

（18in×18in）的振荡平台上。

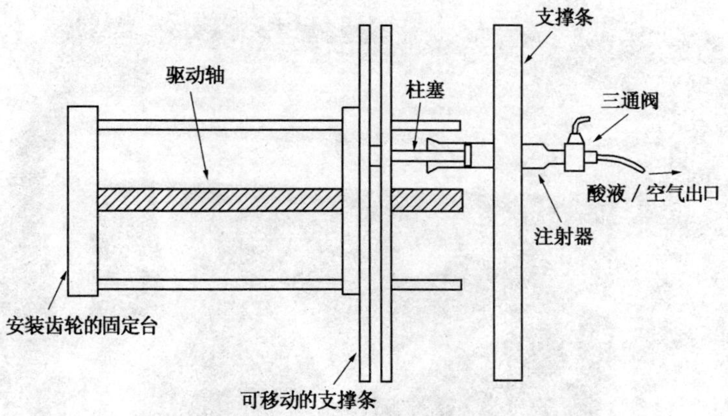

图4　酸液供给系统示意图

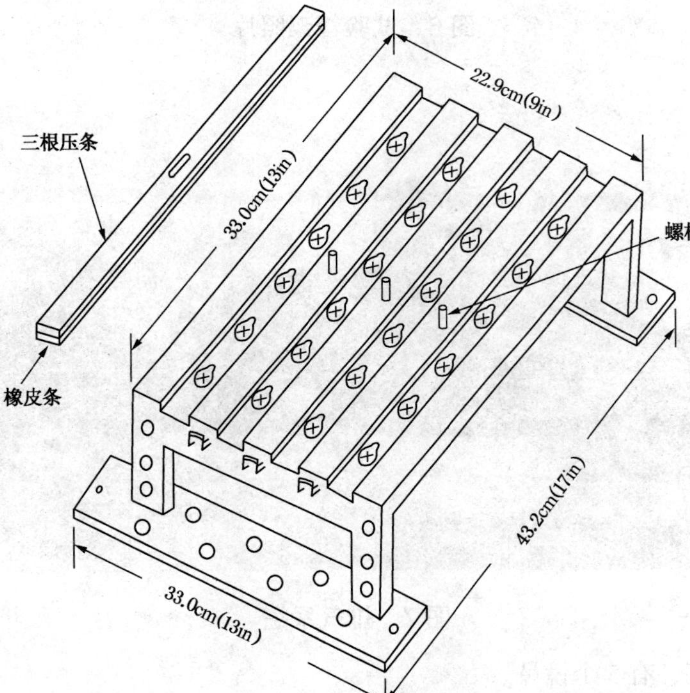

图5　试验管组件

6.6　气体分配器

符合规定要求，25个出口。

6.7　排气系统

按照排气系统的要求，需要配置通用的实验室通风装置，见图7。

6.8　图像分析系统

要求一套专用的图像分析系统，该系统包括以下装置：

6.8.1　光学系统和照明设备

6.8.1.1　Nikon Epiphot 200 反相金相显微镜。

6.8.1.2　BZ 双目镜头。

6.8.1.3　RV 3 盘式机械平台。

6.8.1.4　CFWN 10×大视野目镜，高清晰度目镜。

图 6　试验管架照片

图 7　排气系统

6.8.1.5　BD 换镜旋座，有 5 个镜鼻。

6.8.1.6　Epiphot 300 EB 装置。

6.8.1.7　DF 模块。

6.8.1.8　CF BD 调节 5×/0.13 消色物镜。

6.8.1.9　CF BD 调节 10×/0.13 消色物镜。

6.8.1.10　EPI 偏光镜。

6.8.1.11　分光镜。

6.8.1.12　灯罩。

6.8.1.13　灯座。

6.8.1.14　12V/100W 的卤素灯泡。

6.8.1.15　300V/200V 100W 电源。

6.8.1.16　连接导线。

6.8.1.17　安装摄像机的 C 型连接器。

6.8.1.18　NCB Ⅱ 型过滤器。

6.8.1.19 电源线。

6.8.1.20 离心式定位架，在中心钻有一个直径5mm的孔。

6.8.2 **图像采集硬件和软件**

6.8.2.1 照相系统，研究用，高分辨率，型号为NTSC/RS-170。

6.8.2.2 采集系统，研究用，高分辨率，型号为NTSC/RS-170。

6.8.2.3 计算机系统，应该满足或超过以下规格：

a）主机：133MHz CPU，16MB内存，540MB硬盘驱动器，1.44MB 3.5in磁盘或者1.44MB 5.25in磁盘。CD-ROM 101或Windows95键盘，SVGA视频采集卡，带有2MB内存(推荐用2MB)，2个通道口。

b）软件：Windows3.x/DOS6.22或Windows95操作系统。Microsoft Excel7.0（推荐Microsoft Office97）。

c）显示器：医用，高分辨率48cm(19in彩显)。

6.8.3 **BRT图像分析软件**

6.8.3.1 BRT Macro程序。

6.8.3.2 Optimate图像分析软件。

6.9 **辅助设备**

6.9.1 超声波清洗浴。

6.9.2 天平：感量0.0001g，最大量程200g。

6.9.3 真空泵：用于清洗毛细管。

6.9.4 磁力搅拌仪：搅拌速度可调。

7 试剂与材料

7.1 试剂

7.1.1 酸液

注意：腐蚀、危害健康

酸液配制方法如下：

7.1.1.1 **盐酸的配制**

将符合GB 622要求的盐酸按照GB 601方法配制成1.0mol/L的盐酸。

7.1.1.2 按表1的要求，用干净的烧杯准确地称取不同的酸液，随后将称好的酸液加入1000mL的容量瓶内，并加蒸馏水或去离子水至1000mL，最后将其注入1000mL的烧杯内。

7.1.1.3 将烧杯置于磁力搅拌仪上并调至合适的速度，在室温下搅拌30min。

表1 酸液的配制

成　分	数量(精确至0.2%以内)
乙　酸	6.646g
氢溴酸	4.892g[a]
盐酸(1.0mol/L)	103.232g
蒸馏水或去离子水	加至1000mL刻度

[a]指浓度为48%氢溴酸的加入量，如氢溴酸浓度达不到48%，应换算成与48%浓度所含纯物质相当的量加入。

7.1.2 丙酮：分析纯，符合GB 686要求。

注意：易燃、危害健康。

7.1.3 正庚烷：工业用，纯度38%~42%。

注意：易燃、危害健康。

7.1.4 盐酸：分析纯，符合 GB 622 要求。

注意：腐蚀、危害健康。

7.1.5 氢溴酸：分析纯，符合 GB 621 要求。

注意：腐蚀、危害健康。

7.1.6 乙酸：分析纯，符合 GB 676 要求。

注意：腐蚀、危害健康。

7.1.7 乙酸乙酯：分析纯，符合 GB 12589 要求。

注意：注意事项见特种材料安全数据表。

7.1.8 无水乙醇：分析纯，符合 GB 678 要求。

7.1.9 异丙醇：分析纯。

注意：易燃、有毒、危害健康。

7.1.10 正丁醇：分析纯，符合 GB 12590 要求。

注意：易燃、危害健康。

7.1.11 四氢呋喃：分析纯。

注意：易燃、危害健康。

7.1.12 有机溶剂

制备方法见表 2。

表 2 有机溶剂

试　剂	组成/%(体积分数)
乙酸乙酯	37.5
变性酒精(95%无水乙醇+5%异丙醇)	27.5
正丁醇	5.0
四氢呋喃	30.0

7.2 材料

7.2.1 聚四氟乙烯管：内径 0.8mm(1/32in)，外径 1.6mm(1/16in)，17 卷，304.8m(1000ft)/卷。

7.2.2 乙烯管：内径 3.2mm(1/8in)，外径 6.4mm(1/4in)，长 4.6m(15ft)。

7.2.3 试验管：20mL、10mL 和 5mL 的一次性专用塑料注射器及配套的接头若干。

7.2.4 冷凝烧瓶：三角锥形瓶，容量 1000mL。

8 准备工作

8.1 试件的准备

8.1.1 从真空密封袋内取出一定数量的试件，将其放入 120mL 干净带盖的瓶内，并加入足量的正庚烷(注意事项见 7.1.3)约 60mL 以浸没试件。

8.1.2 拧松瓶盖，并将其放入一台干净的超声波清洗浴内清洗 30min，然后倒掉正庚烷。

8.1.3 再用正庚烷清洗两次，接着用丙酮(注意事项见 7.1.2)清洗一次确保试件干净，然后用氮气吹干约 3min。

注：试件可提前一星期准备好，然后存入正庚烷内直至试验所用。

8.2 试验管组件的准备

8.2.1 切 24 段聚四氟乙烯管，每段长 24cm(9.5in)。

8.2.1.1 使用最小压力为 0.4MPa(50psi)的压缩空气吹干管线内的水/油乳液，依次用正庚烷(注意事项见 7.1.3)和丙酮(注意事项见 7.1.2)清洗干净，最后用压缩空气吹干。

8.2.2　检查与外径为 1.6mm（1/16in.）聚四氟乙烯管配套的接头是否需要更换。

8.2.3　取 24 个 20mL 的一次性塑料注射器（试验管），拔下柱塞，且用配套接头安全地固定吸筒于毛细短管上。

8.2.3.1　给试验管从 1~24 编号。

8.2.4　在试管架上放置一套试验管，使得毛细管端面朝上并插入相邻的小孔内。

8.2.5　用镊子依次各取一粒清洗干净的试验钢球（试件）放入每个试验管内。

8.2.6　分别使用 10mL 的一次性塑料注射器各取 10mL 试验油加入对应的试验管内。

8.2.7　用 3 根压条和 3 个螺母将试验管安全地固定到对应的试管孔内。

8.3　酸液供给系统的准备

8.3.1　用 5mL 的一次性塑料注射器从烧杯内抽取约 6mL 的酸液。

8.3.1.1　用专用接头连接注射器于 24 个三通阀中某一个酸液入口处。另外两处，一处是空气进口，另一处是酸液/空气混合物出口。

8.3.1.2　打开三通阀使得两路开通，使大约 0.5mL 的酸液流出，确保注射器内无气泡。

8.3.2　放置装有约 5.5mL 酸液的注射器于泵的托架上。

8.3.3　对其余 23 个酸液注射器重复 8.3.1~8.3.2 的步骤。

8.3.4　有三台泵，每台泵上可放置 10 个 5mL 的注射器。

8.3.4.1　每台泵带有一个推进架，每个推进架可以放置 10 个注射器。要求流速范围满足：最小 0.0001μL/h（使用 0.5μL 的注射器），最大 220.82mL/min（使用 140mL 的注射器），精度：±1%，再现性：±0.1%。

8.3.5　用 6 个专用 C 型夹子固定泵，确保注射器的吸筒法兰和柱塞法兰用夹子固定好。

8.3.5.1　调正 24 个注射器是好的重复性的关键，酸液供给系统的照片见图 3，其结构见图 4。

8.3.6　切 24 段外径为 1.6mm（1/16in.）的聚四氟乙烯管，每段长 129.5cm±2.5cm（51in.±1in.）。

8.3.6.1　依次连接切好的毛细管于对应三通阀的酸液/空气混合物出口。

8.4　空气供给系统准备

8.4.1　要求供给至少 0.4MPa（50psi）干净干燥的压缩空气。

8.4.2　压力调节器，单级调节，材质为高纯度不锈钢，压力调节范围为 0MPa~1.1MPa（0psi~150psi）。

8.4.3　两套空气滤清器，要求能滤去空气中的污染颗粒。

8.4.3.1　一级滤清器型号为 A912-DX，二级滤清器型号为 A912-BX。两套滤清器均为铝罩，6.4mm（1/4in.）锥螺纹（F），最大工作压力为 1.1MPa（150psi）。

注：压缩机输出的空气不需要另外过滤。

8.4.4　一套气体干燥器，最大工作压力为 0.7MPa（100psi），安装在第二级滤清器之后。

8.4.4.1　气体干燥器的第一部分约 75%为活性分子筛，类型 4A，孔径为 1.68mm~2.38mm。

8.4.4.2　气体干燥器的剩余部分约 25%为吸水剂，颜色指示型，孔径为 2.38mm。

8.4.5　压力微量调节器，材质为高纯度不锈钢，使用工作压力为 0MPa~0.4MPa（0psi~60psi）的传感器。

8.4.6　减压阀，压力调节范围为 0.4MPa~1.1MPa（50psi~150psi），设定压力为 0.6MPa（80psi），要求有超压控制系统。

8.4.7　气体分配器，25 个出口，6.4mm（1/4in.）的管接头，见图 5 和图 6。

8.4.8　切 25 段聚四氟乙烯管，每段长 182.9m（600ft.）。

8.4.8.1　长的聚四氟乙烯管为恒定的空气流量控制提供了必需的背压，确保空气流量控制准确。每段毛细管的长度可以做适当调整，确保在给定的输送压力下有相同的流量。

8.4.8.2　依次连接 25 段毛细管于气体分配器上。

a）其中一段毛细管连接到一块数字式空气流量计上，该流量计要求测量流速能达到200mL/min，具有0.1mL/min的分辨率，见附录A。

b）其余24段毛细管分别连接于24个三通阀的空气进口。

9 试验步骤

9.1 打开三通阀使得两路开通，启动酸泵，以0.1mL/min的速率注射1mL酸液于烧杯内。

9.1.1 确保保持架恰好地调正所有24个注射器柱塞。

9.2 将酸液流速调为0.193mL/h（试验流速），运行1h，确保所有注射器柱塞与推板的保持架对正。

9.3 设置实际空气流速达到40.0mL/min±0.5mL/min。

9.3.1 连接数字式空气流量计于一条参考空气毛细管上。实际空气流速的设定应按照附录A方法确定。

9.4 打开三通阀至三通开的位置，用空气吹干长129.5cm（51in.）的毛细管约30min。

9.5 测量和记录所有管路上的空气流速，然后切断主空气流量阀。

9.6 把24段供酸液/空气混合物的毛细管线依次连接到对应试验管的毛细短管上。

9.7 依次连接24个排气管于对应的试验管顶部。

9.7.1 排气管上装有24个聚四氟乙烯耐热塞子，接头直径为21.9mm（19/22in.）。

9.7.2 依次连接排气管于对应丁字型接头上。

9.7.3 依次用外径为6.4mm（1/4in.）的软管将排气管连接到排气集中器（8个进口）上，排气集中器的出口上连有一根内径为3.2mm（1/8in.），外径为6.4mm（1/4in.）的乙烯管，见图7。

9.7.4 连接乙烯管于冷凝烧瓶上，冷凝烧瓶容量为1000mL，用以接收靠重力作用排出的冷凝水，确保所有的毛细管随振荡平台一起自由运动。

9.8 设定振荡器温度为48℃±0.1℃，作为测得的实际试验油温，加热整个系统到油样的控制温度。实际试验温度的设定应按照附录B方法确定。

9.9 温度达到试验温度后，设置振荡速度为300r/min，开启振荡器，确保每个试验钢球对着管壁能自由旋转。

9.10 启动酸泵，以实际0.193mL/h±0.002mL/h的流速供给酸液。实际流速的设定应按照附录C方法确定。

9.11 检查和调节空气压力，确保空气流速均能保持在40.0mL/min±0.5mL/min。实际流速的设定应按照附录A方法确定。

9.12 保持上述试验条件18h。

9.13 试验结束后，停止泵，关闭空气阀，停止振荡。

9.14 拆除试验管的酸液/空气混合物输送管线和试验管上的接头。

注：上面描述的程序是采用3个泵，24个试验管。但是，一个泵最多可安放10个试验管。用户可根据实际情况选择操作步骤。

10 参比油试验

本方法规定，每进行一次试验，必须使用一种参比油。试验油与参比油要按照相同的试验程序进行。只有参比油试验结果满足规定要求，方可认为本次试验有效。

注：参比油试验的目的是防止试验偏差超出规定范围。

11 试验结果评价

11.1 分析用试件的准备

11.1.1 使用一把长镊子从试验管内移走试件，并分别放入对应的400mL的烧杯内，烧杯要求按照

8.2.3.1 中试验管的编号进行编号。

11.1.2 让每个试件在 400mL 装有足量正庚烷(注意事项见 7.1.3)的烧杯内打转以除去其表面吸附的油膜。

11.1.3 放置每个试件于一独立的 20mL 带有小孔的清洗瓶内，并将其置于瓶架上。

11.1.4 将瓶架置于浅盘内，倒入足够的正庚烷于其中，浸没试件并摇动 2min，然后倒掉正庚烷。

11.1.5 倒入足够的有机溶剂(见 7.1.12)于浅盘内，浸没试件保持 10min，以除去有机沉淀物，然后倒掉有机溶剂。

11.1.6 倒入足够的正庚烷于浅盘内，浸没试件并摇动 2min，然后倒掉正庚烷。

11.1.7 将试件移入干净干燥带盖的 20mL 小瓶内，小瓶要求按照 8.2.3.1 中试验管的编号进行编号。

11.1.8 用氮气吹干试件并盖紧瓶盖。

11.2 评分系统的准备

11.2.1 设置显微镜调节系统如下：

11.2.1.1 光强度转换按钮 B/D——D(黑区)。

11.2.1.2 ND16 过滤片——推进(推到第一档)。

11.2.1.3 A 过滤片——推进(推到第二档)。

11.2.1.4 F(视场膜片控制水平)——打开。

11.2.1.5 A(光圈膜片控制水平)——打开。

11.2.1.6 中置光密度过滤器——ND16。

11.2.1.7 物镜放大镜——5×。

11.3 摄像系统

11.3.1 快门速度——1/60+手动。

11.3.2 白光补偿——打开。

11.4 打开图像分析计算机，启动 optimate 软件程序。

11.5 运行 BRT 51. MAC(BRT Macro Version 5.1)。

11.6 锈蚀评分程序

11.6.1 用白绸布擦拭试件表面，确保评分表面干净。

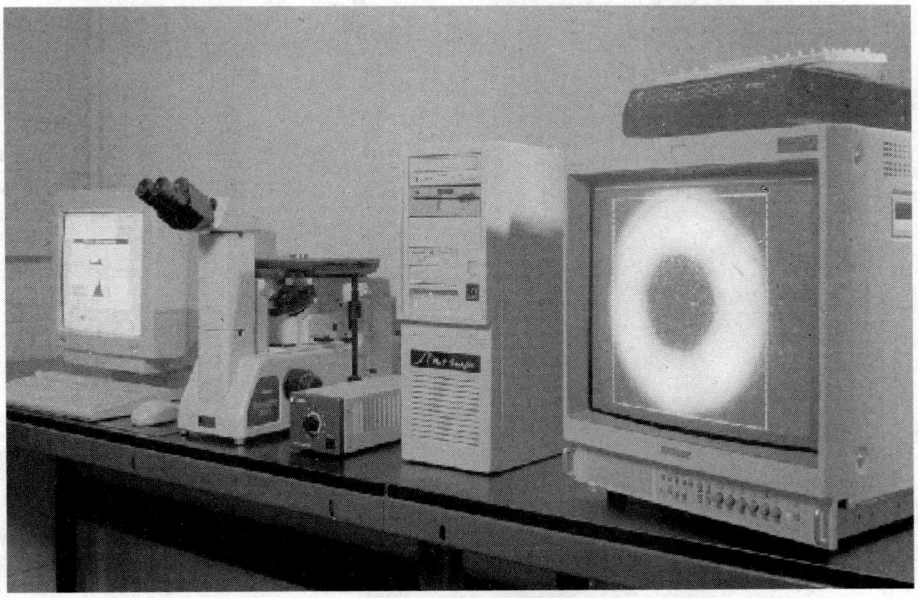

图 8 评分系统

11.6.2 放置一个标定试件(新钢球)于显微镜下，调整仪器使球出现在屏幕上，见图8。

注：分析系统的详细程序参照软件操作手册。

11.6.3 正确地回答操作程序提出的问题，并自动将读数记入图表程序。

11.6.4 旋转标定试件，采集20个不同的读数(AGV)。

11.6.5 对每个试件重复11.6.1~11.6.4步骤，第一个和最后一个应该是参比油试件，确保分析过程中数据不发生偏移。

11.6.6 正确存盘并打印试验结果。

12 精密度

下述规定判断测定结果的可靠性(95%的置信水平)。

12.1 重复性

同一操作者在同一设备上、在相同的操作条件下使用相同的原材料，在使用正确和标准的操作方法的情况下，对同一试样所得两个结果之间的差值不超过15.15(AGV)。

12.2 再现性

不同的操作者在不同实验室的不同设备上，在使用正确和标准的操作方法的情况下，对同一试样所得两个结果之间的差值不超过18.89(AGV)。

13 结果报告

试验结果用平行样的两个结果的平均值表示，报告格式见附录D。

附　录　A
（规范性附录）
数字式空气流量计的标定

A.1　第一种标定方法

A.1.1　连接数字式空气流量计的进口到参考空气管线上，在其出口连接毛细管并接到标定过的皂泡流量计上。

A.1.2　用下列公式计算出数字式空气流量计的实际空气流量：

$$v = 100/t \qquad \text{(A.1)}$$

式中：

v——实际空气流量，单位 mL/min；

t——流经 100mL 空气所用时间，单位 min。

A.1.3　分别调节空气流量为 35.0mL/min、40.0mL/min、45.0mL/min、50.0mL/min，重复 A.1.2。

A.1.4　根据设定值与实际值绘制空气流量的标定曲线。

A.2　第二种标定方法

A.2.1　连接参考空气管线于数字式空气流量计的进口，在其出口连上毛细管并接到一个 1L 或更大的装有部分水的广口烧杯。

A.2.2　将一充满水且倒放的 100mL 专用量筒固定在架子上，确保量筒垂直放置。

A.2.3　在量筒的顶部放置一根毛细管，将其出口插入装有部分水的广口烧杯内。

A.2.4　调节压力，使空气流量指示 30.0mL/min，等候 5min，确保空气流量稳定。

A.2.5　从烧杯内移走空气毛细管，将其系于倒放量筒的底座上。

A.2.6　使用标定过的秒表来测量排出 100mL 水所需的时间。

A.2.7　记录设定压力、数字式空气流量计读数和排水时间。

A.2.8　重复 A.1.2~A.1.4 的步骤，计算出实际空气流量。

附　录　B
（规范性附录）
试验温度的标定

B.1　标定步骤

B.1.1　注 10mL 有代表性的试样于试验管内。放置试验管于管架的 10#位置（从气道算起第二行的左边第四个位置）。

B.1.2　插入一只标定过的数字式温度计于试样中，使其不要堵塞空气进口。

B.1.3　通入 40mL/min 的空气在试样中。

B.1.4　调节试验温度控制到 40℃，从标定数字温度计上每隔 30min 记录一次实际的温度，保持 4h。

B.1.5　将温度控制点设为 50℃和 60℃，重复步骤 B.1.1~B.1.4。

B.1.6　绘制设定温度与实际温度读数相对应的温度标定曲线。

附　录　C
（规范性附录）
酸泵流量的标定

C.1　酸液密度的测定

用一架标定过的天平称取准备好的酸液（见7.1.1）1000mL的质量，并计算出密度，用g/cm^3表示。

注：酸液的密度也可用标定过的密度测试仪确定。

C.2　酸泵流量的标定

C.2.1　分别对24个20mL编过号的小瓶在标定过的天平上称量并记录初始质量。
C.2.2　用24个5mL的一次性塑料注射器分别从一广口烧杯内各抽取约6mL的酸液，连接注射器于三通阀的酸液进口处。
C.2.3　打开三通阀使得两路开通，从每个注射器内挤出约0.5mL的酸液进入烧杯内，确保注射器内无气泡。
C.2.4　放置装有5.5mL酸液的注射器于泵的托架上（包括3个独立的泵，每个泵可以固定10个注射器）。
C.2.5　确保注射器吸筒法兰和柱塞法兰用夹子固定好，确保每个泵上的注射器安装好。
C.2.6　启动酸泵，以0.5mL/min的速率注入1mL酸液于烧杯内。在2min的注射期内，确保24个注射器的柱塞全部运行正常。
C.2.7　调节注射速率至0.15mL/h运行1h，确保保持架调正所有注射器柱塞。
C.2.8　停止泵并确保毛细管内无气泡。
C.2.9　放置充满酸液的毛细管于对应的小瓶内。
C.2.10　用石蜡封住瓶口，确保在标定过程中没有酸溶液蒸发到空气中。
C.2.11　开启泵，并启动计时秒表保持18h。
C.2.12　18h结束后，停止泵并移走毛细管和石蜡。
C.2.13　对小瓶称重并计算所获得的质量。
C.2.14　使用式（C.1）计算出泵的实际流量：

$$v = m/\rho t \qquad \text{(C.1)}$$

式中：

v——酸泵的实际流量，mL/h；

m——酸泵运行一定时间所获得酸液的质量，g；

ρ——酸液的密度，g/cm^3；

t——酸泵所运行的时间，h。

C.2.15　依次将泵的流量设置为0.20mL/h和0.25mL/h，重复步骤C.2.1~C.2.14。
C.2.16　对每个泵，绘制设定流量与实际流量相对应的标定曲线。

附 录 D
（规范性附录）
试验结果报告格式

D.1 报告格式

使用标准的报告格式报告所有的参比油和试验油的试验结果，标准报告格式见表 D.1。

表 D.1 试验结果报告格式

<table>
<tr><td colspan="4">参比油名称：</td><td colspan="4">试验油名称：</td></tr>
<tr><td colspan="4">参比油编号：</td><td colspan="4">试验油编号：</td></tr>
<tr><td colspan="4">试验开始日期：　　　　年　月　日</td><td colspan="4">试验开始日期：　　　　年　月　日</td></tr>
<tr><td colspan="4">试验完成日期：　　　　年　月　日</td><td colspan="4">试验完成日期：　　　　年　月　日</td></tr>
<tr><td colspan="4">酸液批号：</td><td colspan="4">酸液批号：</td></tr>
<tr><td colspan="4">试验温度：</td><td colspan="4">试验温度：</td></tr>
<tr><td>试验管位置</td><td></td><td></td><td>平均值</td><td>试验管位置</td><td></td><td></td><td>平均值</td></tr>
<tr><td>空气流量/(mL/min)</td><td></td><td></td><td></td><td>空气流量/(mL/min)</td><td></td><td></td><td></td></tr>
<tr><td>采集的数据点</td><td></td><td></td><td></td><td>采集的数据点</td><td></td><td></td><td></td></tr>
<tr><td>平均灰度值(AGV)</td><td></td><td></td><td></td><td>平均灰度值(AGV)</td><td></td><td></td><td></td></tr>
<tr><td>平行样偏差</td><td colspan="3"></td><td>平行样偏差</td><td colspan="3"></td></tr>
<tr><td colspan="2">新球灰度值(AGV)</td><td colspan="3">评分前：</td><td colspan="3">评分后：</td></tr>
<tr><td>评定单位</td><td colspan="3"></td><td>联系电话</td><td colspan="3"></td></tr>
<tr><td colspan="8">注：本次试验严格按照××××标准试验方法进行，试验结果有效。</td></tr>
</table>

操作者：________________

检查者：　　　　　　　　审核者：________________

附 录 E
(规范性附录)
本标准章条编号与 ASTM D6557-00 章条编号对照表

E.1 章条编号对照表

表 E.1 给出了本标准章条编号与 ASTM D6557-00 章条编号对照一览表。

表 E.1 本标准章条编号与 ASTM D6557-00 章条编号对照

本标准章条编号	ASTM D6557-00 章条编号
1.2	1.3
3.1	3.1.1
3.2	3.1.2
3.3	3.1.3
3.4	3.1.4
3.4 中的注	3.1.4.1
3.5	3.1.5
3.6	3.1.6
3.7	3.2.1
3.8	3.2.2
6.9	—
7.1.4	—
7.1.5	—
7.1.6	—
7.1.7	—
7.1.8	—
7.1.9	—
7.1.10	—
7.1.11	—
7.1.12	7.1.4
—	10.1、10.2、10.4~10.7
12.1	12.1.1
12.2	12.1.2
—	12.2
—	13
附录 A	附录 A1
附录 B	附录 A2
附录 C	附录 A3
—	附录 A4
附录 D	附录 A5
附录 E	—
7.1.1	附录 X1

注：表中的章条以外的本标准其他章条编号与 ASTM D6557-00 其他章条编号均相同且内容相对应。

编者注：本标准中引用标准的标准号和标准名称变动如下。

原标准号	现标准号	现标准名称
GB 601	GB/T 601	化学试剂 标准滴定溶液的制备
GB 621	GB/T 621	化学试剂 氢溴酸
GB 622	GB/T 622	化学试剂 盐酸
GB 676	GB/T 676	化学试剂 乙酸(冰醋酸)
GB 678	GB/T 678	化学试剂 乙醇(无水乙醇)
GB 686	GB/T 686	化学试剂 丙酮
GB 12589	GB/T 12589	化学试剂 乙酸乙酯
GB 12590	GB/T 12590	化学试剂 正丁醇

ICS 75.100
E 34

SH

中华人民共和国石油化工行业标准

SH/T 0764—2005

柴油机喷嘴结焦试验方法
(XUD-9 法)

Test method for diesel engine injector nozzle coking test (XUD-9)

2005-04-11 发布　　　　2005-09-01 实施

中华人民共和国国家发展和改革委员会　发布

目　　次

前 言

本标准修改采用欧洲协调委员会标准试验方法 CEC F-23-A-01《柴油机喷嘴结焦试验方法》。

本标准是根据 CEC F-23-A-01 重新起草的。

为了更适合我国国情，本标准在采用 CEC F-23-A-01 时进行了修改。这些技术性差异用垂直单线标识在它们所涉及的条款的页面空白处。本标准与 CEC F-23-A-01 的主要差异如下：

——增加了“1 范围”，“2 规范性引用文件”，“3 方法概要”。

——在 5.2.5 条和 6.1.1 条增加“在高压油管末端放出一些燃油”这一操作步骤。

——删除了“12 记录”，“13 鉴定/质量”，“15 成员名单”。

——为使用方便，本标准还做了部分文字的编辑性修改。

本标准的附录 A、附录 B、附录 C、附录 D、附录 E、附录 F 和附录 G 均为规范性附录。

本标准由中国石油化工集团公司提出。

本标准由中国石油化工股份有限公司石油化工科学研究院归口。

本标准起草单位：中国石油化工股份有限公司石油化工科学研究院。

本标准主要起草人：宋海清、樊金石、苗启乐、张建荣、郑书佳。

本标准首次发布。

柴油机喷嘴结焦试验方法(XUD-9 法)

1 范围

1.1 本标准规定了评价柴油对柴油机喷嘴结焦影响的台架试验方法。

1.2 本标准适用于评定柴油清净性能。

2 规范性引用文件

下列文件中的条款通过本标准的引用而成为本标准的条款。凡是注日期的引用文件，其随后所有的修改单(不包括勘误的内容)或修订版均不适用于本标准，然而，鼓励根据本标准达成协议的各方研究是否可使用这些文件的最新版本。凡是不注日期的引用文件，其最新版本适用于本标准。

GB/T 260 石油产品水分测定法

GB/T 261 石油产品闪点测定法(闭口杯法)

GB/T 264 石油产品酸值测定法

GB/T 265 石油产品运动黏度测定法和动力黏度计算法

GB/T 268 石油产品残炭测定法(康氏法)(GB/T 268—1987，neq ISO 6615：1983)

GB/T 380 石油产品硫含量测定法(燃灯法)

GB/T 386 柴油着火性质测定法(十六烷值法)

GB/T 508 石油产品灰分测定法(GB/T 508—1985(1991)，eqv ISO 6245：1982)

GB/T 1884 原油和液体石油产品密度实验室测定法(密度计法)(GB/T 1884—2000，eqv ISO 3675：1998)

GB/T 1885 石油计量表(GB/T 1885—1998，eqv ISO 91-2：1991)

GB/T 1995 石油产品黏度指数计算法

GB/T 2433 添加剂和含添加剂润滑油硫酸盐灰分测定法

GB/T 3535 石油倾点测定法(GB/T 3535—82(91)，eqv ISO 3016：1974)

GB/T 3536 石油产品闪点和燃点测定法(克利夫兰开口杯法)

GB/T 6536 石油产品蒸馏测定法

GB/T 6538 发动机油表观黏度测定法(冷启动模拟机法)

GB/T 7304 石油产品和润滑剂酸值测定方法(电位滴定法)

GB/T 11131 石油产品总硫含量测定法(灯法)(GB/T 11131—1989，neq ISO 2192：1984)

GB/T 11140 石油产品硫含量测定法(X 射线光谱法)

GB/T 11145 车用流体润滑剂低温黏度测定法(勃罗克费尔特黏度计法)

GB/T 12700 石油产品和烃类化合物硫含量的测定(Wickbold 燃烧法)(GB/T 12700—1990，eqv ISO 4260：1987)

GB/T 17040 石油产品硫含量测定法(能量色散 X 射线荧光光谱法)

GB/T 17476 使用过的润滑油中添加剂元素、磨损金属和污染物以及基础油中某些元素测定法(电感耦合等离子体发射光谱法)

GB/T 19000 质量管理体系 基础和术语

GB/T 19001 质量管理体系 要求

SH/T 0059 润滑油蒸发损失测定法(诺亚克法)

SH/T 0175　馏分燃料油氧化安定性测定法(加速法)

SH/T 0248　馏分燃料冷滤点测定法

SH/T 0251　石油产品碱值测定法(高氯酸电位滴定法)

SH/T 0562　低温下发动机油屈服应力和表观黏度测定法

SH/T 0604　原油和石油产品密度测定法(U 形振动管法)(SH/T 0604—2000, eqv ISO 12185 : 1996)

SH/T 0686　发动机冷却液冰点现场测定法(折射仪法)

SH/T 0689　轻质烃及发动机燃料和其他油品的总硫含量测定法(紫外荧光法)

SH/T 0703　润滑油在高温高剪切速率条件下表观黏度测定法

SH/T 0704　石油及石油产品中氮含量测定法(舟进样化学发光法)

SH/T 0765　柴油润滑性评定法(高频往复试验机法)

ISO 4010　柴油发动机—标定喷嘴、延迟针阀类型

ISO 4113　道路车辆—柴油机喷射系统标定液

ISO 4259　石油产品试验方法精密度数据确定法

3　方法概要

将流量检查合格的清洁喷嘴装配在发动机上，在方法要求的工况下，发动机运转 10h。测量试验前、后喷嘴的空气流量变化，得到燃油对喷嘴的结焦性能。

试验结果由所有喷嘴在 0.10mm，0.20mm 和 0.30mm 针阀升程时试验后空气流量损失率表示，但评判燃油的标准只取决于 4 只喷嘴在 0.10mm 针阀升程时空气流量损失率的平均值。

4　试验设备

4.1　试验发动机

由标致雪铁龙公司(PCM)专门为柴油机喷嘴结焦试验提供的 PCM XUD9 A/L 直列四缸、四冲程 1.9L 自然进气、非直喷式柴油发动机。

靠近飞轮端为第 1 缸。

发动机部件的详细列表和订货详见附录 A。

如果已配备废气再循环，也不能使用废气再循环系统。

必须使用下列喷油器及喷嘴：

——喷油器：LUCAS LCR 67307

——喷嘴：LUCAS RDNO SDC 6850(unflatted)

不能使用在喷嘴号后有字母“C”的(如：.... 6850C)平头喷嘴。根据 ISO 4113，利用标定液体调整喷嘴开启压力(11500kPa±500kPa)。

应使用柴油机燃油泵(泵号：DCP R 84 43 B910A)。

4.2　试验台架

4.2.1　试验发动机要安装在适当的支架上，尽可能保证正确的发动机倾斜角(从垂直指向排气为 30°)。

4.2.2　发动机可以使用手动齿轮箱，也可以与连接轴直接连接。要安装合适的测功机控制发动机，使发动机能够在试验程序要求的条件下运转。

4.2.3　测功机的惯量必须小于 0.55kg · m²。

4.3　燃油系统

试验台架燃油系统应可以测量燃油流量，并且能够将喷油器和燃油泵的返回燃油送至燃油冷却器或油箱。

燃油温度使用外部冷却器自动控制，例如可以使用 Bowman FH21 或相当的设备。

可以使用标准配置的燃油加热/过滤器总成，允许使用另外的预热器预热燃油，但预热器必须安装在燃油冷却器的前面，不能使用电加热器加热燃油。

应测量燃油泵前供油压力和燃油返回压力。

应在燃油回油管的较低位置安装一个阀门，方便放掉冲洗过程中再循环的燃油，也可以用于试验前放掉上次试验残留在管路中的燃油。

燃油冲洗效率至少要达到98%。推荐使用下列冲洗程序：

——使用特殊的燃油(如硫含量为0.05%(质量分数))运行发动机10min以上，在发动机燃油泵入口处取样(No.1)。

——选择另外一种不同硫含量(如硫含量为1%(质量分数))的燃油并取样(No.2)。

——转换燃油系统使用燃油(No.2)进行内部冲洗程序。

——起动发动机，让发动机在转速为3000r/min、扭矩为50N·m的条件下运行10min，在发动机取样点取样(No.3)。

——精确测量每个样品的硫含量，推荐使用X射线法(GB/T 17040)。

按照式(1)计算冲洗效率：

$$冲洗效率(\%)=\frac{样品(No.1)S(\%)-样品(No.3)S(\%)}{样品(No.1)S(\%)-样品(No.2)S(\%)}\times 100 \qquad \cdots\cdots\cdots\cdots\cdots (1)$$

式中：

样品(No.1)S(%)——样品1的含硫量,%(质量分数)；

样品(No.2)S(%)——样品2的含硫量,%(质量分数)；

样品(No.3)S(%)——样品3的含硫量,%(质量分数)。

4.4 电路系统

发动机电路连接应符合车辆应用的基本要求，但需要进行以下改动。

可以调整发电机来张紧皮带，但是不能用它提供电源。不能使用电加热器加热燃油(见4.3条)，因此要断开发电机与外界的连线。

预热塞在每次起动发动机之前都应接通，预热7s~10s。

4.5 冷却系统

4.5.1 封闭式带压的试验台架冷却系统应使用开启压力为80kPa~100kPa的压力释放阀。

4.5.2 原装的冷却液节温阀应改装成全开放状态。

4.5.3 (汽车上)向车用暖气提供热量的冷却液管路，要在发动机一端堵死。禁止使用软管连接冷却液通往车用暖气的进出口。

4.5.4 如果必要，可以在发动机和冷却器之间的冷却液出口管上安装流量调节阀，以调节冷却液进出口温差。推荐按照图2和图3所示安装冷却液流量计。确保冷却液流量测量精确度达到A级(参照第9章)。

4.6 发动机冷却液

发动机冷却液应是标致汽车公司(Peugeot)认可的。与水1：1(体积)混合后，冰点为-37℃±2℃。每试验6次应检查混合液的冰点。参考SH/T 0686方法测量冰点。

4.7 排气系统

可以使用标准车辆或试验台架排气系统。如果使用台架排气系统，应能够提供合适的排气背压。

推荐排气背压阀安装在距离发动机1.5m~4.0m之间。

无论采用何种排气系统都必须提供烟度取样探头，并根据制造商的要求放置，通常安装在背压阀的后面。(见附录B中B.4安装排气烟度探头)。

4.8 机油冷却系统

必须使用工业用冷却器和适当的方法控制发动机润滑油温度。

4.9 空气过滤系统

试验台架必须使用标准车辆空气滤清器，滤芯和进气管。推荐发动机进气压力控制在95kPa±1kPa。当发动机进气压力改变时，应该重新标定发动机。

4.10 曲轴箱通风系统

4.10.1 发动机闭环曲轴箱通气系统应保持在标准状态，只有在测量曲轴箱窜气量时才允许临时断开窜气系统，与大气相通。

4.10.2 另一种方法，采用一个三通阀测量曲轴箱窜气量，就不会影响正常操作时的曲轴箱通风。

4.11 动态燃油喷射正时测量装置

推荐使用Snap-On正时枪与Snap-On柴油脉冲适配器相连接，按5.2.2所描述的使用。

4.12 发动机燃油泵改造

注意：发动机燃油泵应该在发动机完成磨合程序之后改造。

改装燃油泵喷油正时提前机构，保证在所有试验条件下喷油正时固定。

改造燃油泵按下述步骤进行：

——在发动机上记下燃油泵的位置。

——从发动机上取下燃油泵。

——按附录B中B.1描述锁住Lucas DPC喷油定时装置。

——将改造后的燃油泵装回到发动机原来做过标记的位置。

4.13 发动机燃油泵标定

保证改造后的燃油泵在油门全开、发动机转速为4000r/min，并且是在试验台上试验时，每冲程最大供油量31.5mm^3±0.5mm^3。这种校验应该定期进行。限值是由试验台架测量值决定。

4.14 真实上止点(TDC)位置的确定

按附录B中B.2描述，在飞轮和发动机缸体上标出第1缸活塞(靠近飞轮一端)上止点位置。

4.15 控制

强烈推荐采用合适的控制设备控制操作参数(详见第6章)。

4.16 喷嘴质量流量的测量

喷油器喷嘴结焦取决于试验前后测量喷嘴的空气流量损失率(见附录D中D.1)。只允许使用质量流量计测量空气流量。质量流量计的精密度应该达到被测量值的2%。

4.17 测量设备

所有测量设备必须满足第9章中的精密度要求。

4.18 测量位置

在试验中需要监测的相关参数的测量位置见表1、表2和表3：

表1 压力传感器位置

测量参数	测量位置	量程/kPa	不确定度(等级是根据第9章特殊要求)	参考文件
机油压力	在机油滤清器上部缸体的主油道	0~1000	B	图1
排气背压	从排气歧管法兰向下400mm处	0~10	A	图4
燃油进、出口压力	在燃油泵1m以内	-20±20	A	

表 2 温度传感器测量位置

测量参数	测量位置	量程/℃	不确定度(等级是根据第 9 章特殊要求)	参考文件
主油道温度	与机油压力的测量位置一样，热电偶的插入深度距卡套向里 25mm~30mm	0~150	A	图 1
冷却液进口温度	在冷却液进口管上，距离缸体上冷却液入口中心位置 300mm ±25mm	0~150	A	图 2
冷却液出口温度	距节温阀法兰盘(结合面)300mm±25mm 的冷却液出口管上	0~150	A	图 3
排气温度	从排气歧管法兰盘向下 300mm±5mm 的排气管上，确保热电偶插入中间位置	0~500	B	图 4
进气温度	在空气滤清器前进气管的中部	0~150	A	图 5
燃油进口温度	热电偶通过燃油泵进口上插入热偶接头，测量燃油温度，推荐使用 1.5mm 直径的热电偶，避免影响燃油流动	0~150	A	图 6

表 3 其他测量位置

测量项目	测量位置	量 程	不确定度(等级是根据第 9 章特殊要求)	参考文件
Stanadyne 同轴式传感器	1 缸(靠近飞轮一侧)燃油泵出口			
排气烟度探头/FSN	按照制造商手册要求，应该在排气背压阀后	0~5	B	图 B. 15
冷却液流量计/(L/min)	在冷却液循环管路中任何直管处	0~200	A	图 B. 14
转速/(r/min)		0~5000		
扭矩/(N·m)		0~100 0~200 (仅在磨合阶段)	A A	
燃油流量/(kg/h)		0~6	A	
窜气量/(L/min)		0~50	A	
大气压力/kPa		80~120	A	

5 试验准备

5.1 喷油器

检查喷油器喷嘴流量(见附录 D 中 D. 1)，并按照下列标准对喷嘴进行选择：

(a) 喷嘴在 0.1mm 针阀升程时，一组四个喷嘴中的每一个空气流量必须在 250mL/min ~

320mL/min之间。

(b) 喷嘴必须经过检查，确保它们可以用于试验(见附录D中D.6用过的喷油器的清洗方法)。

(c) 喷嘴需要安装到喷油器体上，当使用ISO 4113规定的标定液做开启压力试验时，保证它们的开启压力为11500kPa±500kPa。

(d) 每个喷油器总成应根据气缸位置进行编号。

(e) 只能使用由标致和雪铁龙集团公司(PSA)提供的2.20mm±0.05mm的铜制热防护垫片和带有半圆面的钢垫片。密封垫片的半圆面朝上放置。

(f) 喷油器安装到发动机上的紧固力矩为75N·m(不是制造商规定的90N·m)，以防止垫片被压在缸头中无法取出。

(g) 推荐使用铜基脂润滑喷油器螺纹，减少频繁安装和拆卸喷油器引起的磨损。

(h) 应经常检查缸头喷油器口的铜垫台阶，保证不能由于积炭而形成变形(如：变成拱形)。台阶的变形会严重影响试验结果。

(i) 喷油器口应定期检查和清洁。

(j) 喷嘴必须要在试验前10h安装好；每个喷嘴最多做30次试验。

新喷嘴安装后应测量三次0.1mm针阀升程时的空气流量，每次测量都要重新安装喷嘴。测量值应该在±5mL/min范围内。三次测量的平均值作为该喷嘴的参考流量。每次清洗后，喷嘴0.1mm针阀升程时的空气流量应该在参考流量的±10mL/min范围内，如果不在范围内，应该再次清洗喷嘴或弃用该喷嘴。

5.2 发动机

5.2.1 发动机磨合

试验前，所有新发动机必须按照附录F中的磨合程序进行磨合。

5.2.2 发动机燃油泵喷射正时测量及调整

——确保燃油泵按照4.12条进行改造。

——确认Stanadyne同轴式传感器干净且无碎屑。

——确认Stanadyne同轴式传感器(见附录C)已安装到燃油泵的第1缸喷油管上。

——改造过的第1缸喷油管为Stanadyne传感器留有空间(使用Stanadyne传感器时使用改造管，不用传感器时不用改造管)。

——用Stanadyne夹子或将导线焊接到传感器上，将传感器与Snap-On脉冲转接器连接(见4.11条)。再把转接器与正时枪连接。

——装有Stanadyne传感器的标准喷油管，一直装在第1缸上。

——按6.1.1条所述起动并预热发动机。

——放松燃油泵定位螺栓。移动燃油泵直到发动机在3000r/min和50N·m工况下，动态喷油正时为上止点前10°±0.5°(阶段2)。

——检查试验循环其他阶段喷油正时应在阶段2的±1°之内。

5.2.3 发动机准备(对于每次试验和维护)

——确保发动机润滑油液位距机油标尺刻度中间位置不大于3mm，但是不能超过刻度的最高位置(总容量约5L)。

——每六次试验更换润滑油及滤芯。

——检查高压油管的尾端孔径。如果不是2.5mm，用2.5mm的钻头调整孔径，用压缩空气向后吹出碎屑。

——安装预试验使用的喷油器。

——发动机每运转300h之后检查并调整气门间隙：

进气(冷态)：0.15mm±0.04mm

排气(冷态)：0.30mm±0.04mm

——安装改造好的燃油泵应定期检查2000r/min时的最大供油量(见4.13条)。

——每六次试验检查冷却液的冰点，每18次试验更换冷却液(见4.6条冰点规格)。

——每18次试验根据厂商的要求检查正时皮带张力。

5.2.4 燃油系统准备(对于每次试验)

——安装预试验用喷油器。

——确保所有燃油系统已放掉上次的试验油(根据实际情况而定)。

——燃油系统充满本次试验用燃油。

——如果需要检查动态喷油正时，确认已安装Stanadyne传感器(见5.2.2)。

5.2.5 燃油系统冲洗程序

——给预热塞通电7s~10s，在高压油管末端放出一些燃油，然后起动发动机，按下述两阶段运行冲洗程序：

阶段1：5min，无负荷怠速；

阶段2：10min，34N·m扭矩2000r/min转速。

——起动发动机后，立刻打开燃油回油管的放空阀放10L试验燃油，使发动机可以用试验燃油冲洗燃油泵。冲洗燃油的实际量由4.3条所规定的程序决定。以上程序是必须进行的。

注意：阀的布局应能放掉所有从燃油泵和喷油器返回的燃油，不允许循环使用。

5.2.6 预试验检查

——冲洗程序后，使发动机达到3000r/min、50N·m，把条件稳定在6.1.2规定条件运行10min。然后进行下列检查调整：

(a) 确保燃油进口压力在-5kPa~10kPa之间，并且出口压力在-10kPa~10kPa之间。

(b) 检查冷却液流量为85L/min±5L/min。

(c) 检查排气背压为5kPa±1kPa。

(d) 检查曲轴箱窜气量不超过原始值(在磨合新发动机后)的1.5倍。

(e) 测量排气烟度值。

(f) 每六次试验检查喷油正时，应该在设定值的±0.5°范围内。假如不在范围之内，应该查明原因，考虑运行参考油试验，确保喷油正时没有变化。

(g) 检查燃油消耗量为4.8L/h±0.3L/h。

(h) 在这些检查中记录下列参数：

温度——冷却液出口、机油主油道、空气入口、燃油、排气。

压力——燃油泵进出口、排气背压。

其他——冷却液流量(L/min)、燃油流速(kg/h)、曲轴箱窜气量(L/min)、排气烟度值。

所有这些参数必须报告。

——使发动机达到1000r/min、10N·m条件后，运行5min，然后停机。

——安装1个新燃油滤芯。

确保Stanadyne传感器在试验过程中都安装在发动机上，不应该拆掉。

6 试验操作

6.1 运转试验

把正式试验用喷油器安装到发动机上，标出相应的缸号，并使用新密封垫和铜制热防护垫(见5.2.1喷油器安装细节)。

6.1.1 预热发动机

——预热塞通电7s~10s，在高压油管末端放出一些燃油，起动发动机。

——按下列条件预热发动机：

5min，无负荷怠速

10min，34N·m 扭矩下 2000r/min

10min，50N·m 扭矩下 3000r/min

在上述预热阶段，记录所有试验参数。

6.1.2 操作条件

在预热程序后，立刻运行下列试验循环 134 次，总试验时间为 603min，试验阶段见表 4：

表 4 试验阶段

阶 段	时间/s	转速/(r/min)	扭矩/(N·m)
1	30	1200±30	10±2
2	60	3000±30	50±2
3	60	1300±30	35±2
4	120	1850±30	50±2

阶段 1 转速和扭矩应在 15s 内达到，其他每阶段在 30s 达到。条件转换时间应包括在每阶段的时间内。

其他操作参数见表 5 和表 6：

表 5 强制性参数

参 数	数 值
冷却液出口温度/℃	95±2
油箱温度/℃	100±5
空气进口温度/℃	32±2
燃油(泵)温度/℃	31±2
排气温度/℃	记录
燃油泵入口(在阶段 2)压力/kPa	-5~10
燃油泵出口(在阶段 2)压力/kPa	-10~10
排气背压(在阶段 2)压力/kPa	5±1

表 6 推荐参数

参 数	数 值
排气烟度值(FSN/Bosch)	在阶段 2 定义
阶段 2 曲轴箱窜气量(在断开后最大值的 50%)/(L/min)	记录
阶段 2 的燃油流量/(kg/h)	4.5~5.1
每次试验平均总燃油耗/kg	25(大约)

6.2 记录频率

每第五个循环时，每步至少记录一次数据。

6.3 试验结束

完成 10h 试验后，发动机减速到阶段 1 运行 5min 后停机。从发动机上取下喷油器(在发动机停机后 0.5h~1h 之间)。

7 试验结果评定

试验结束后30min~60min内取下喷油器组件并拆开。在喷嘴稳定到环境条件后，重新以试验前第一次测量时相同的针阀升程测量喷嘴的空气流量。测量程序见附录D中D.1。以空气流量损失率来表示每个喷嘴所有针阀升程的结果。

8 试验报告和试验有效性

8.1 试验报告

每个试验必须有一个完整的试验报告。试验报告原则上由三部分组成。

8.1.1 试验报告的基本内容

——试验室名称和地址
——客户名称和地址
——报告的统一标识，如：试验号
——每一页的标识和报告的总页数
——试验油样接收时间，如：试验燃油收到日期
——报告时间
——批准人签名
——试验燃油号码
——使用的试验机油(包括油的批号)
——试验的描述和标识
——试验程序描述
——试验有效性
——燃油分析细节或组成
——试验结果
——任何客户要求的有关试验有效性的其他可用信息

8.1.2 操作数据

——开始试验(S.O.T)
——试验循环每一阶段所获操作数据的平均值
——试验结束的检查数据
——报告所有落在规定范围之外的操作例子
——报告所有异常事件包括发动机停机
——报告在预试验检查中记录的所有数据，见5.2.6

8.1.3 试验评价

——在试验开始时，每个喷油器空气流量测量值(L/min)
——在试验结束时，每个喷油器空气流量测量值(L/min)
——所有4个喷嘴针阀在0.1mm、0.2mm、0.3mm升程时的流量百分数
——所有四个喷嘴在0.1mm升程的平均喷嘴流量百分数
——喷嘴标识号
——在喷嘴流量测量过程中的环境压力和温度条件

8.2 试验有效性

8.2.1 如果试验运行落在第6章所述的条件之外，那么这个试验被认为是无效试验。

8.2.2 任何原因引起的最后2h的停机都将使试验无效。

8.2.3 超出范围的其他参数，应该给出合理的判断。

9 试验方法的标定与测量不确定度

9.1 测量不确定度

以下是两级测量不确定度对每个参数进行的定义：

—— A 级 要求所有受控试验参数必须使用测量仪器的现行有效的校准技术校准。

—— B 级 对标有“记录”“核查”的试验参数可以使用精密度较低的测量仪器进行校准。

测量的试验参数见表 7，其他特殊要求包含在 4.18 条中。

表 7 试验参数

参 数	量 程	A 级	B 级
发动机转速/(r/min)	0～7500	±10	±10
发动机扭矩/(N·m)	0～100	±(1+1%*M*)	±(1+2%*M*)
	100～200	±(2+1%*M*)	±(2+2%*M*)
	200～400	±(4+1%*M*)	±(4+2%*M*)
	400～1000	±(10+1%*M*)	±(10+2%*M*)
	1000～2000	±(20+1%*M*)	±(20+2%*M*)
	2000～4000	±(40+1%*M*)	±(40+2%*M*)
温度/℃	-10～200	±1.5	±3
	200～375	±2	±4
	375～1200	±15	±25
大气压力/kPa	80～120	±0.5	±1
压力/kPa	0～300(abs)	±1.5	±2.5
	-100～200(标准规格)	±1.5	±2.5
	200～1000	±10	±20
燃油流量/(kg/h)	0～100	±(0.1+1%)	±(0.1+5%)
燃油消耗/kg 或 L		±1.0%	±5.0%
窜气流量/(L/min)	0～300	±5.0	±10.0
冷却液流量/(L/min)	0～500	±(1+3.0%)	±(1+5.0%)
CO 含量/%	0～10	±0.2	±0.5

注 1：*M* 表示试验中的最大值；

注 2：没有单位的测量不确定度意味着与参数的单位是一样的，%是读数的百分数；

注 3：上面表中定义的测量不确定度的限值包括所有与溯源链有关的上一级标定不确定度。

9.2 标定间隔

标准(GB/T 19000)没有给出标定间隔的具体规定。他们只要求定期进行标定。标定间隔的长短可以按照以下原则调整：

—— 实践经验。

—— 测量链系统的质量。

—— 仪器设备使用频度。

每次不定期检查的结果要保留，还要进行测量链的再标定。

9.3 标准/术语

9.3.1 标准

—— GB/T 19001(4.11 条)是关于设备要求的。

—— NFX 07-001(等同于 DIN 1984-945)是关于专业术语的。

—— UKAS M3003 是关于标定中测量的不确定度和可信度的表述。

9.3.2 定义

9.3.2.1

测量的不确定度的溯源 uncertainty of measurement traceability

表征合理地赋予被测量之值的分散性。与测量结果有关的参数。

注：此参数可以是一个标准偏差(或是其倍数)或者是给定概率下置信区间的半宽。

测量不确定度由多个分量组成。其中一些分量可由测量列结果的统计分布评定，并以实验标准偏差表征；另外一些分量可基于经验和其他信息的假定概率分布评定，也可用标准偏差表征。

测量结果应理解为被测量之值的最佳估计。全部不确定度分量均贡献给了分散性，包括由系统效应引起的(如与修正值和参考测量标准有关的)分量。

9.3.2.2

溯源性 traceability

通过一条具有规定不确定度的不间断的比较链，使测量结果或测量标准的值能够与规定的参考标准(通常是国家测量标准或国际测量标准)联系起来的一种特性。

注1：此概念常常用形容词“可溯源的”表达。

注2：这条不间断的比较链称为“溯源链”。

9.3.2.3

使用量程 operational range

在全部试验中所要求的参数的最宽取值范围(有别于最大值和最小值)。

9.3.2.4

传感器/测量链 sensor/measuring chain

是指所有硬件或可能对使用工程单位的报告值产生潜在影响的虚拟量。例如：传感器，线缆，信号发生器，ADC 电路或转换，设置范围，显示/记录规定。

9.3.2.5

传感器标定量程 sensor calibration range

每个特定的传感器都应标定最大推荐量程。传感器标定量程可以是单向(例如：全部是正值或全部是负值)也可以是双向(例如：输出变化可以从负值到正值)。

9.3.2.6

标定量程 calibrated range

此量程(最小值和最大值)是每个特定的传感器/测量链标定后的量程。测量链的量程设置不应超过传感器的标定量程。

9.3.2.7

全程偏差 full scale deflection

每个测量链的最大单边值都是从 0 点截断的标定量程。

10 参考液

10.1 参考燃油

所有用作参考试验的参考燃油必须符合 CEC RF-93-T-95《XUD-9 参考燃油规格》，CEC 参考燃油手册 P-17-97 中对参考燃油进行了定义，获得参考燃油必须服从协议 PTC-17 所规定的条件。当前，提供这种专用批号燃油的供应商如下：

HALTERMANN GbmH

Ferdinand Strasse 55-57

D-20095 Hamburg 1

Germany

Product Identification：CEC RF-93-T-95

试验中使用的参考油批号和供应商编码必须在试验报告中描述。

10.2 参考润滑油

应使用参考润滑油 CEC-RL189(SAE 15W40)或者与这种参考油相当的润滑油。这种矿物油符合 G4 和 PD2 规格。当前的参考润滑油供应商如下：

—— ETS，Mont-Saint-Aignan，法国　　容器大小：30L、60L 和 205L

—— Fuchs Lubricants，Belper，英国德贝郡　　容器大小：60L

—— Heinz Kruger，Oberhausen，德国　　容器大小：60L

所用参考油的批号必须在试验报告中描述。使用 RL 177 作为新发动机的磨合机油。

10.3 参考冷却液

试验中，必须使用由 50%水和 50%乙二醇(体积)兑成的冷却液。冷却液必须具备合适的防腐蚀水平。合适的冷却液可以从标致和雪铁龙销售网络获得。推荐使用 PSA 生产冷却液：

PROCOR 3000	标致	20L part no. 973 5FO
		5L part no. 973 5A8
		2L part no. 973 5Q7
In UK，LZ	标致	20L part no. 997 914
BP		5L part no. 973 5F7
LZ	雪铁龙	20L part no. ZC9866227U

10.4 参考燃油数据

类　型　　柴油

应用范围　　柴油机润滑油的评定：Mercedes-Benz OM 441 LA Euro Ⅱ

喷嘴结焦试验：PSA XUD9 A/L CEC PF-023

参考燃油技术参数见表 8：

表 8　参考试验燃油 CEC RF-93-T-95 技术参数

参数名称	限值		试验方法
	最小值	最大值	
十六烷值	49	53	GB/T 386
密度(15℃)/(kg/m^3)	835	845	GB/T 1884、GB/T 1885
50%回收温度/℃	245		GB/T 6536
90%回收温度/℃	320	340	GB/T 6536
终馏点/℃		370	GB/T 6536
闪点(闭口)/℃	55		GB/T 261
冷滤点/℃	无	-15	SH/T 0248
运动黏度(40℃)/(mm^2/s)	2.5	3.5	GB/T 265
硫含量[a]/%(质量分数)	0.03	0.05	GB/T 380

表 8(续)

参数名称	限值		试验方法
	最小值	最大值	
10%蒸余物残炭/%(质量分数)	无	0.2	GB/T 268
灰分/%(质量分数)	无	0.01	GB/T 508
水含量/%(质量分数)	无	0.05	GB/T 260
酸值/(mgKOH/g)	无	0.20	GB/T 264
氧化安定性总不溶物/(mg/100mL)	无	2.5	SH/T 0175
润滑性，60℃磨斑直径/μm	无	460	SH/T 0765
[a]可用 GB/T 11131、GB/T 11140、GB/T 12700 和 SH/T 0689 方法测定。结果有争议时，以 GB/T 380 方法仲裁。			
注：由于批次不同参考燃油的技术参数会有所变动。			

只有被认可的分析测试方法，才能用于燃油特性的测试，所有的分析检测证书必须标明检测参考燃油的检测项目和相关试验方法。

10.5 参考润滑油数据

参考润滑油技术参数的典型数据见表 9：

表 9 CEC 参考润滑油(RL 189/5)技术参数

参数名称	试验结果	试验方法
SAE 黏度等级	15W/40	
密度(15℃)/(g/cm^3)	0.880	SH/T 0604
闪点(开口)/℃	214	GB/T 3536
倾点/℃	−30	GB/T 3535
运动黏度(100℃)/(mm^2/s)	14.34	GB/T 265
运动黏度(40℃)/(mm^2/s)	102.3	GB/T 265
黏度指数	142	GB/T 1995
CCS 低温黏度(−15℃)/(mPa·s)	3090	GB/T 6538
布氏黏度/(mPa·s)		GB/T 11145
低温屈服应力和表观黏度/(mPa·s)		SH/T 0562
诺亚克挥发性/%(质量分数)		SH/T 0059
高温高剪切表观黏度/(mPa·s)		SH/T 0703
总碱值/(mgKOH/g)	8.44	SH/T 0251
总酸值/(mgKOH/g)	2.67	GB/T 7304
硫酸盐灰分/%(质量分数)	1.06	GB/T 2433
红外(对比首批试验油)	满 意	
金属元素含量	结 果	
锌/%(质量分数)	0.110	GB/T 17476
磷/%(质量分数)	0.095	GB/T 17476
钙/%(质量分数)	0.196	GB/T 17476

表 9(续)

<table>
<tr><th colspan="2">参数名称</th><th>试验结果</th><th>试验方法</th></tr>
<tr><td colspan="2">镁/ %(质量分数)</td><td>0.043</td><td>GB/T 17476</td></tr>
<tr><td colspan="2">氮/ %(质量分数)</td><td></td><td>SH/T 0704</td></tr>
<tr><td colspan="4">组成：15/40W 矿物油加 CCMC G4 和 PD2</td></tr>
<tr><td colspan="4">历史：CEC 燃油组-JJ Milesi, ETS</td></tr>
<tr><td>调配数量</td><td>油箱尺寸</td><td colspan="2">联系地址</td></tr>
<tr><td>18, 860</td><td>30, 60 和 205</td><td colspan="2">ETS Mont-saint Aignan, France Fuchs Lubricants (UK)plc H Kruger Oberbausen</td></tr>
<tr><td>数据表准备</td><td>JJ Milesi, ETS</td><td colspan="2">1998.05</td></tr>
<tr><td colspan="4">注：由于批次不同参考润滑油的技术参数会有所变动。</td></tr>
</table>

11 参考试验的频率

11.1 新发动机或新组合的试验台架

对于新组装的试验台架或换新发动机的试验台架，应当用两种参考燃油做标定试验。即进行一次加剂参考燃油试验和一次基础(不加剂)参考燃油试验。这两次试验的结果都应当落在规定范围内(范围由 12.4 条中给出)。

11.2 常规标定试验

参考油试验应按下列进行：每 15 次试验至少做 1 次加剂参考燃油试验，并且每 30 次试验至少做 1 次基础参考燃油试验。这意味着如果有必要在 12 或 13 次试验后(即少于 15 次试验)可能做参考试验。如果一个试验设备从台架上取下并且在以后重新安装到相同的试验台架上，参考试验间隔应视为在原来试验台架上连续运行，例如：如果重新安装到同一个试验台架，不需要额外的参考试验。

11.3 最小参考试验频率

由于大多数试验室做 XUD-9 试验没有规律，所以不需要设置最小参考油试验频率。例如，一些试验室一年只有短期做 XUD-9 试验，并且下一年只有一个月做试验。11.2 条规定了所有参考试验要求。

12 试验油液基础数据

12.1 试验结果报告

试验结果应报告如下内容：

——报告 0.1mm 针阀升程时 4 个喷嘴的空气流量损失率的平均值。

——分别报告 0.1mm 针阀升程 4 个喷嘴的空气流量损失率。

——另外，也可以报告在 0.2mm，0.3mm 针阀升程的 4 个喷嘴空气流量损失率的平均值。

12.2 试验精密度

循环试验(RR)程序的基础数据在统计分析咨询委员会(SAAC)的指导下使用 ISO 4259 程序进行了分析。对基础燃油(B)和加入添加剂的基础燃油(A)做出试验精密度报告。相关的参数和 RR 的统计数据列在 12.3 条的表 10 中。

12.3 统计数据的精密度

RR 数据精密度见表 10：

表 10　循环试验数据的精密度

年份	燃　油	润滑油	试验室数量	试验数量	平均值/%	rSD	RSD	*r*	*R*
2000	RF 93-T-95/2	RL 189	13	25	91.4	1.8	3.4	4.9	9.4
2000	RF 93-T-95/2 加剂	RL 189	14	26	51.7	4.7	16.5	13.3	46.2

注 1：平均值指 0.1mm 针阀升程空气流量损失率的平均值；

注 2：整体重复性(*r*)= 10.0，整体再现性(*R*)= 33.4，区分度(*r*)= 18.4，区分度(*R*)= 61.4，DP/Delta(*r*)= 0.5，DP/Delta(*R*)= 1.5。关键词：SD—标准偏差，DP—区分度，Delta—平均值最大值-平均值最小值，rSD—重复性标准偏差，RSD—再现性标准偏差，*r*—重复性，*R*—再现性。

12.4　标定燃油

在上面列出的第一次使用循环试验程序得到结果的燃油作为标定燃油，用于检验试验室的苛刻度。所有成员试验室测量到 0.1mm 针阀升程时喷嘴结焦率必须在以下限值之内：

—— 基础标定燃油：92%±5%

—— 加剂标定燃油：60%±10%

图 1　测量机油压力和机油温度的位置

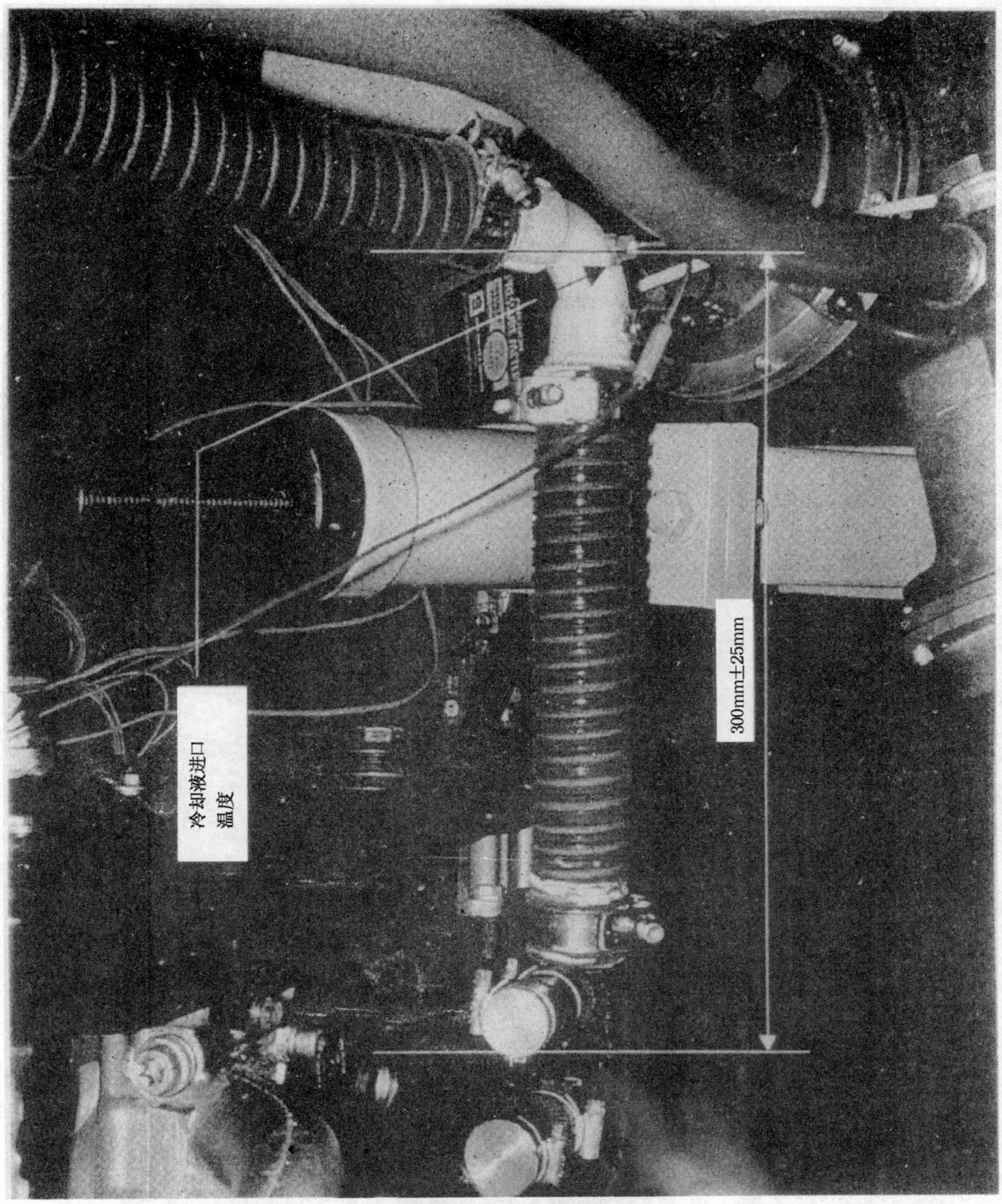

图 2　测量冷却液进口温度的位置

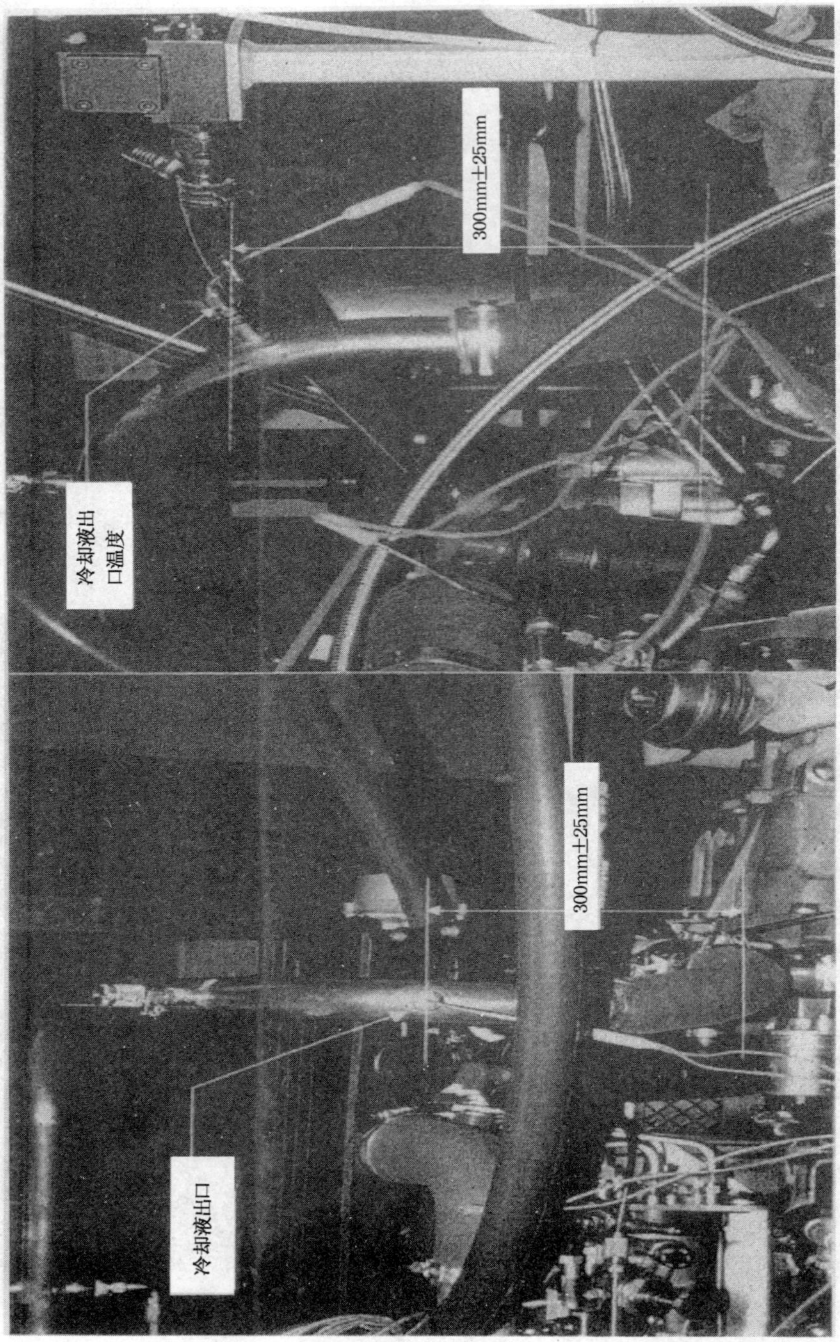

图3 测量冷却液出口温度的位置

图 4　测量排气背压和排气温度的位置

图 5　测量进气空气温度的位置

图 6　测量燃油进口和出口温度的位置

附 录 A
（规范性附录）
配件清单

XUD-9 试验的配件清单见表 A.1。

表 A.1 XUD-9 试验配件清单

与 PCM 定货 Ms Carol Conway Service Parts Manager 49 rue Noel-Pons BP 420 92004 Nanterre cedex France Tel：00 33 1 4649454 Fax：00 33 1 4248607 E-mail：cconway@ peugeot-citroen-moteurs. fr	CEC 技术合同 Mr Sebastien Danvel PCM Asia sales supervisor 49 rue Noel-Pons BP 420 92004 Nanterre cedex France Tel：00 33 1 46494907 Fax：00 33 1 42428607 E-mail：sdanvel@ peugeot-citroen-moteurs. fr

序 号	配 件 号	PCM 配件号	配件名称
1	1109. N2	9628173380	机油滤清器
2	1906. 14	9401906148	燃油滤清器
3	1570. 35	9600938780	一套燃油管
4	1981. 02	7056078700	喷油器加热壳体
5	0164. 30	9615002780	机油塞密封
6	1981. 05	7932561358	喷油器铜垫片
7	5802. M3	9625383080	起动电机
8	1103. A9	9611919080	机油冷却器
9	1103. 62	9350132380	机冷外部组件
10	5962. R8	9616572480	预热塞
11	0816. 58	9614252580	正时皮带
12	1980. 05	7932568134	喷油器体
13	9735. G2	9409735G20	Procor 3000 冷却液
14	1428. 91	9601231680	进气管
15	1985. 03	9401985038	喷嘴垫片
16	1444. F3	9626759680	空气滤清器
17	0200. S3	9569108080	缸头
18	0209. S5	9623068080	缸头垫片 1 级厚 1. 35mm
19	0209. S6	9623068180	缸头垫片 2 级厚 1. 40mm
20	0209. S7	9623068280	缸头垫片 3 级厚 1. 44mm
21	0209. S8	9623068380	缸头垫片 4 级厚 1. 48mm
22	0209. S9	9623068480	缸头垫片 5 级厚 1. 52mm
23	0135. T2	9564458480	备用发动机
24	19207. F	9632888580	喷油泵

可以通过 E-mail 或传真从 Ricardo 或 Prodrive 订货（见表 A.2）。

表 A.2　订货地址

	Ricardo	Prodrive
E-mail 地址	TestServices@ ricardo. com	mhawthorne@ prodrive. com
传真	+44(0)1273794564	01908618233
最小订货量	最少 10 套	没有限制
订货号	RDNOSDC6850KOG unflatted	RDNOSDC6850KOG unflatted

附　录　B
(规范性附录)
调 整 与 安 装

B.1　锁定 Lucas DOC 燃油泵喷油正时调整机构的方法

除将液力活塞里的弹簧更换为刚性垫块外，其他不做改动(见图 B.1)。禁止脏物进入燃油泵。

1) 拆下靠近发动机一侧的正时调速机构壳上的锁紧螺母。

2) 从泵体上拆下液力活塞(见 B.2，B.3 和 B.4)。

3) 将活塞放置在干净的工作台上。

4) 拆下卡环。

5) 取出张紧弹簧，钢垫片和弹簧帽(见图 B.5)。

6) 将弹簧帽放进硬质钢垫块上的孔中(见图 B.6 和图 B.12)。

7) 将垫片插入活塞内，然后将卡环装回活塞(见 B.7)。

一旦将垫片装进活塞就不应该再有任何余量，如果插入的垫片不合适，可以经过机械加工使其达到合适的尺寸。确保卡环卡在槽里。

8) 将活塞装入泵体，保证弹簧和定位销的相对位置正确。

9) 安装螺帽 A 并拧紧。

10) 从调速机构的对面的壳体上拆下螺帽 B。

11) 拆下通气螺钉。

12) 将螺帽的外表面加工成平面。

13) 在螺帽上钻孔并攻丝 M8×1.0(见图 B.8 和图 B.9)。

14) 将螺帽完全清理干净。

15) 再将螺帽重新装回并拧紧。

16) 拧一个 M8×1.0 的螺钉直到接触到活塞，然后再拧进 1/4 圈。

用锁紧螺母锁紧螺钉(此螺钉可以使用密封圈或胶水保证密封)(见图 B.11)。

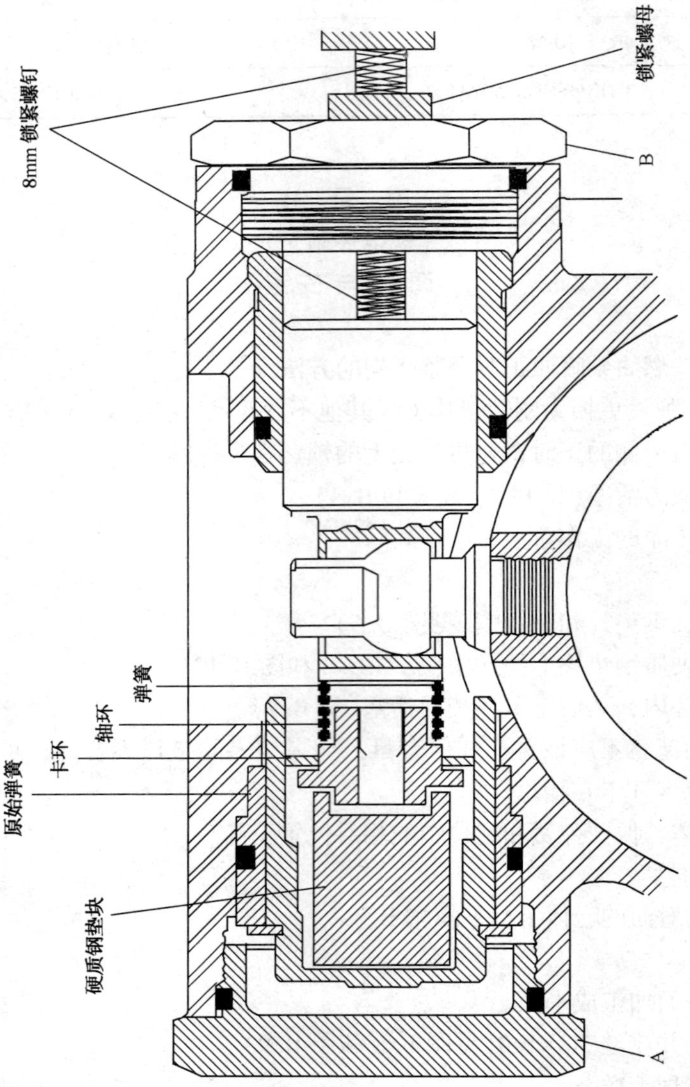

A——螺帽；

B——螺帽。

图 B.1 高压泵

图 B.2　燃油泵液力活塞一侧

图 B.3　燃油泵 APPLYING 活塞一侧

图 B.4　从泵上拆下的螺帽和液力活塞

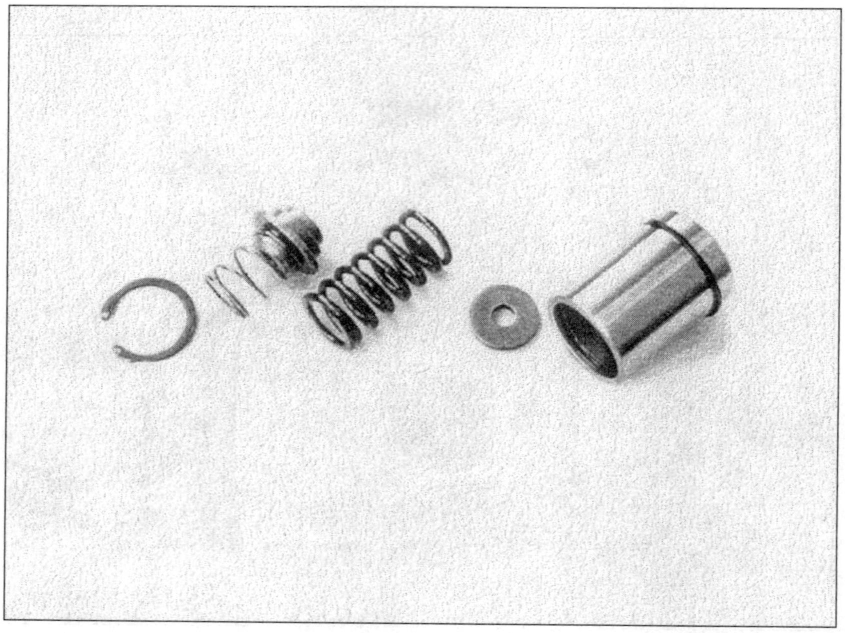

图 B.5　卡环、弹簧帽和弹簧、张紧弹簧、垫片、液力活塞

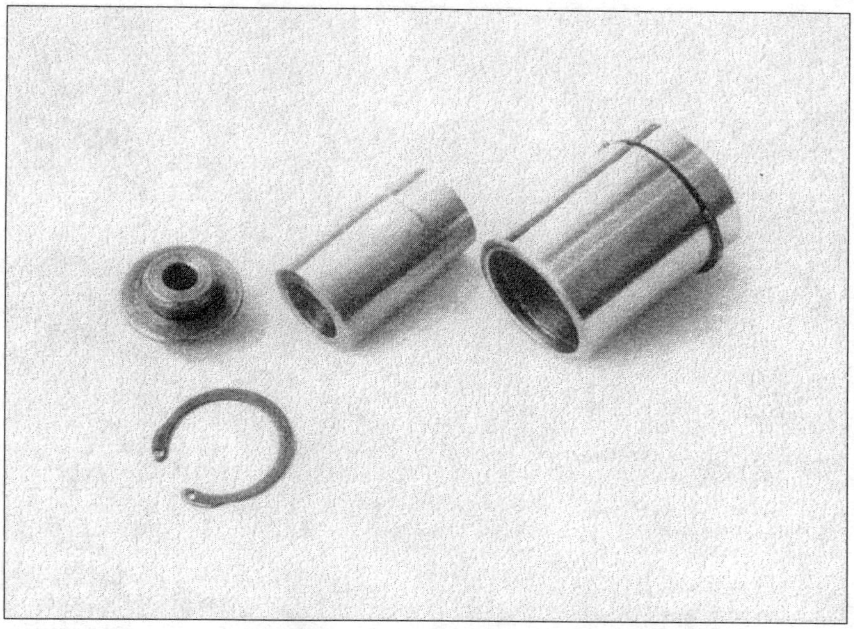

图 B.6　卡环、弹簧帽、硬质钢垫片和液力弹簧

图 B.7　硬质钢垫片装入液力活塞、卡环准备装入总成

图 B.8　在螺帽上钻孔

图 B.9　在螺帽上攻丝

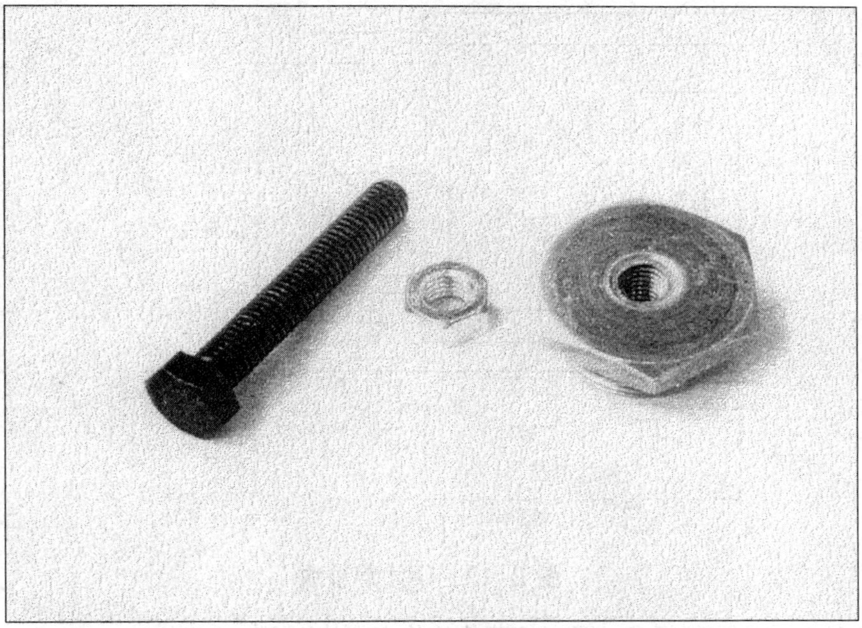

图 B.10　螺帽、螺钉和锁紧螺母

图 B.11　安装在泵上的螺帽、螺钉和锁紧螺母

LUCAS DPC 泵垫片见图 B. 12。

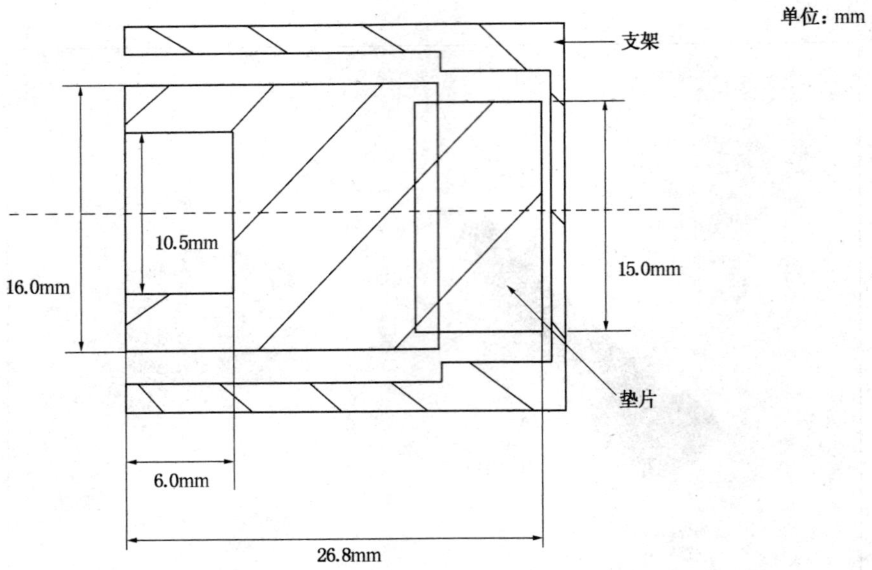

图 B. 12 硬质钢垫块

如果安装卡环时需要调整间隙，可以把薄垫片垫在垫块下面。

使用 M8×1.0 的锁紧螺母，聚四氟乙烯或密封胶。

Dowty 垫圈(见图 B. 11)。

B. 2 XUD9 A/L 发动机的真实上止点位置的确定：

确定上止点位置(见图 B. 13)的步骤如下：

1) 从缸体上拆下缸头。

2) 顺时针旋转发动机飞轮直到使第 1 缸活塞(靠近飞轮一端)在压缩冲程接近上止点(TDC)的位置停下。

3) 将一块千分表安装在缸体上，千分表相对于缸体平面调零。然后将千分表放在第 1 缸活塞上。千分表必须沿曲轴中心线安装在缸体上。

4) 顺时针旋转飞轮使第 1 缸活塞越过 TDC 的位置向下约 1.000mm。

5) 慢慢逆时针旋转飞轮直到千分表显示此时第 1 缸活塞在 TDC 下 0.500mm，在缸体上和飞轮上做标记(ABCD)。

6) 继续逆时针旋转飞轮直到活塞越过 TDC 下落 1.000mm 时停止。

7) 再顺时针旋转飞轮，当千分表显示活塞位于 TDC 下 0.500mm 停止。

8) 在缸体上做标记线 EF 在飞轮上做标记线 CD。

9) 确定线 EF 和线 AB 的中间位置。在缸体和飞轮上都做标记线(GHI)。这就是真实上止点的位置。在飞轮和缸体上做出永久记号。

10) 在 TDC 标记的两边做出-3°，-2°，-1°和+1°，+2°，+3°的刻度。

11) 重新安装发动机。

注意：由于燃油泵喷油正时调整机构已被固定，某些发动机需要将正时皮带错开一个齿，以便通过在有限的范围内调整燃油泵安装法兰来调整喷油正时。

B. 3 安装流量计

在冷却系统上安装冷却液流量计(Danfoss Mag1100 *DN*25)，保证流量计前后都是一段直管路，如图 B. 14 所示，需要安装一个调节阀来调节冷却液流量。

B. 4 安装排气烟度探头

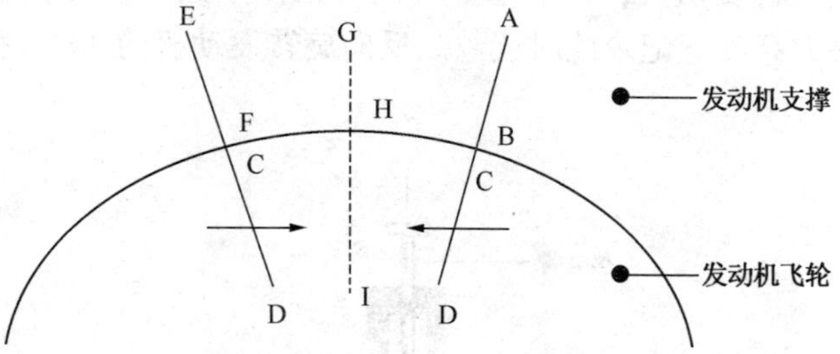

图 B.13 确定 TDC 的示意图

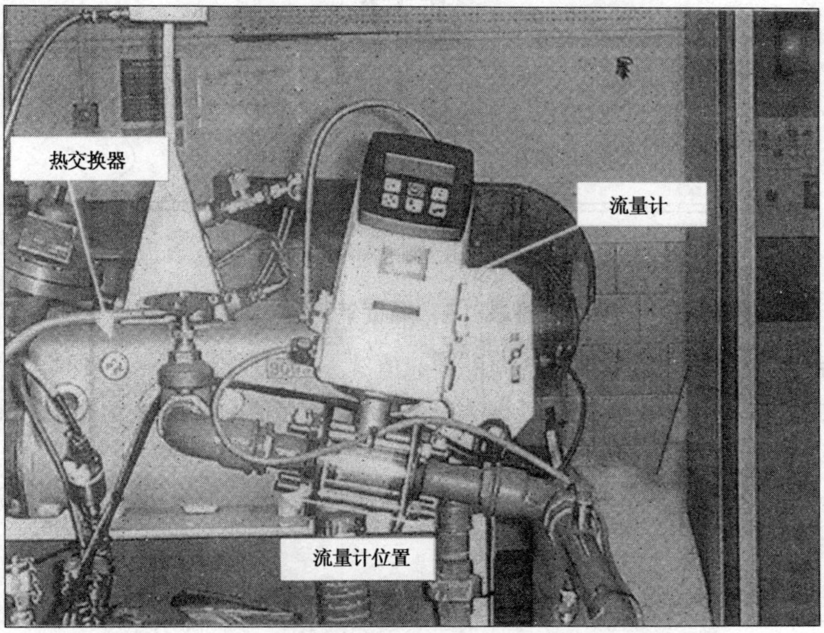

图 B.14 为 XUD9 安装的流量计

安装排气烟度探头的方法(见图 B.15)：

—— 插入烟度探头；

—— 插在一段直的水平排气管上(直排气管的长度至少要 5 倍于其直径)；

—— 此处距离消声器的长度也要至少 5 倍于排气管的直径；

—— 探测口的螺帽方向应朝向尾气流动方向；

—— 按照这种位置安装，排气管内可能会产生脉动；

—— 安装位置不要靠近弯曲部分或在接头附近。

B.5 确定 XUD9 A/L 发动机缸头垫片厚度的方法

1) 要选择垫片的合适厚度，应先测量活塞的最大突起值。

2) 最大突起值是活塞在最高位置时高于缸体平面的值。要精确测量这个值，先要做一些准备工作：首先要精确计算出 1，4 缸和 2，3 缸的上止点，然后找到曲轴的中心线，在缸体和活塞顶上用铅笔做出记号。

3) 按照附录 B 中 B.2，确定第 1 缸活塞的 TDC。重复此程序，确定 2 缸活塞的上止点。这样在飞轮上就有两个 TDC，它们相差 180°。

4) 精确的测量活塞最大突起值的方法是使用带有磁性基座的千分表，先以缸体平面为基点调零(检查其表面是否干净)。

5) 旋转发动机使第 1 缸活塞刚好在缸体平面下面，将千分表的尖端准确放在代表曲轴中心线的铅笔线记号上。然后继续旋转发动机，当活塞上升到与缸体平面一致时，千分表的读数为零。继续旋转发动机使活塞达到最大高度，记录此时读数。反向旋转发动机约30°。在4缸活塞上同样测量此值，并记录读数。

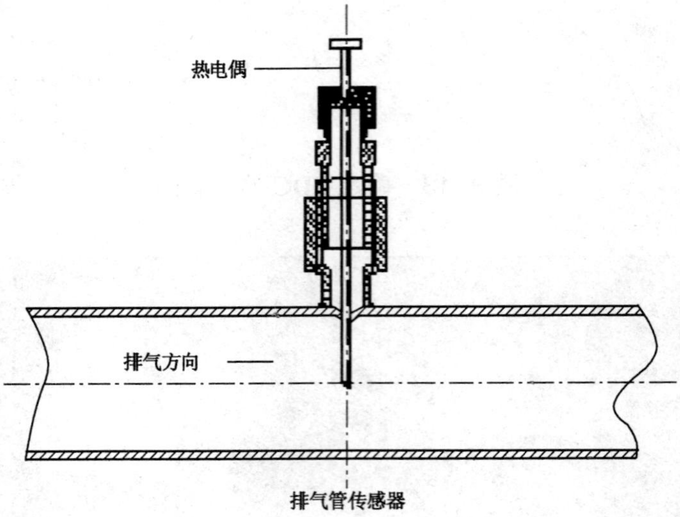

图 B.15 烟度计位置

6）用以上方法可以测出2缸，3缸活塞的突起值。

7）从4个测量结果中选取最大值，即为活塞最大突起值。依据此值可以正确选择合适厚度的缸垫。

8）从表B.1中可以选择到需要的缸垫，从最右边的活塞突起值可以选择合适的型号。表格的左边有缸垫标记和配件号。

表 B.1 第1缸垫分类

标　识	配件号	缸垫厚度	活塞突起
1级	0209. S5	缸垫 1.35mm	0.56mm~0.67mm
2级	0209. S6	缸垫 1.40mm	0.68mm~0.71mm
3级	0209. S7	缸垫 1.44mm	0.72mm~0.75mm
4级	0209. S8	缸垫 1.48mm	0.76mm~0.79mm

这些1996年新确定的缸垫尺寸是为了满足新的排气标准的要求。旧版2级的尺寸为1.61 mm，3级尺寸1.73 mm已被更新，不再使用。

附　录　C
（规范性附录）
动态喷油正时装置

动态喷油正时装置见图 C.1。

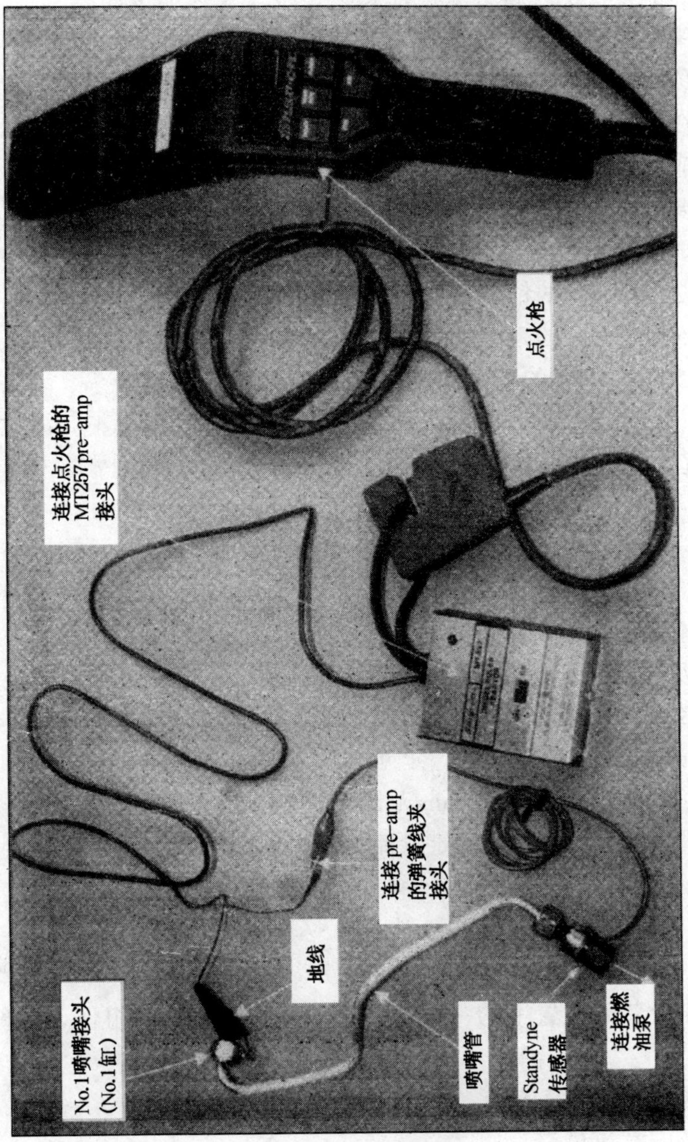

图 C.1　喷油正时测量装置

附　录　D
(规范性附录)
测　　量

D.1　喷油器喷嘴流量测量

本标准中使用的喷嘴流量检测设备必须符合 ISO 4010 中定义的指标。

当准备测量结焦喷嘴的流量时，要特别注意避免沉积物损坏或移位(注意：当处理喷嘴部件时，要带上适当的手套以避免喷嘴部件与手部皮肤接触)。

确保流量测量设备在使用寿命内。

如果空气被干燥，应确认没有干燥剂从干燥器中流出(例如：无水硫酸钙)。

一些流量计可能需要检查真空泵的油箱。

质量流量计的精度要求如下：

流量为 15mL/min~25mL/min 的精确度是测量值的±2%。

流量为 28mL/min~50mL/min 的精确度是测量值的±1.5%。

流量为 51mL/min~500mL/min 的精确度是测量值的±1%。

(通过使用多项式拟合标定数据，可以进一步提高精密度。)它是与不同流量计全量程值的 5%的精确度相比较(例如：流量计)。给出这两个示例，必须使用质量流量计测量喷嘴的空气流量。

D.2　空气流量计检查

推荐在测量新喷嘴或结焦喷嘴之前进行校核。当进行测量时，每天校核一次就能够满足要求。记录环境温度和压力。

(a) 如果使用质量流量计，使用前应该先打开质量流量计 10min。

(b) 在喷嘴支架上安装一个高流量(如 270mL/min)喷嘴。

(c) 通过固定流量喷嘴测定流量。

(d) 校正在上述环境温度和压力下的流量(见后)。

(e) 如果流量值正确(例如：在±2mL/min 范围内)继续进行测量，否则检查系统泄露。

(f) 取下固定高流量喷嘴并安装一个固定低流量(例如：50mL/min)喷嘴。

(g) 重复步骤(d)、(e)、(f)。

定义：

固定流量喷嘴 fixed flow injector nozzle

针阀粘在或固定在某个特殊位置上的一个普通喷油器喷嘴或针阀组件。这种喷嘴或组件叫固定流量喷嘴。

D.3　测量新喷嘴或清洁喷嘴的空气流量

(a) 按上述方法校核空气流量。

(b) 从包装中取出喷嘴并从喷嘴体中取出针阀。

(c) 将上述部件浸润在正庚烷或 SBP3 中，并在空气中晾干。

(d) 把喷嘴组件安装在流量计喷嘴支架上。

(e) 确保针阀尾部固定，使针阀能有小幅度的位移 (0.1mm)。

(f) 小心移动针阀直到它坐在喷嘴座上。

(g) 移动针阀到它的最大升程位置。返回到上述(f)步骤的位置。

(h) 打开真空泵确认真空度为 80 kPa 或 80 kPa 以上。

(i) 把针阀从喷嘴座上移开并再次小心放回喷嘴座(禁止使用过大的力量放置针阀)。如果放置正确，显示的流量应当为 0。

(j) 设置针阀高度表到0位置。

(k) 移动针阀来提升0.1mm，待空气流量稳定后记录空气流量。如果这个流量落在5.1条所定义的范围内，继续测量。否则，选择另外一个针阀并重复(a)~(i)步骤。

(如果使用体积流量计，要确保浮体旋转以便使它不会过分地受限制。)

(l) 测量并记录针阀在0.10mm、0.20mm、0.30mm升程时的空气流量；其他喷嘴测量重复步骤(a)~(l)。

D.4 测量结焦喷嘴的空气流量

(a) 从发动机上取下喷油器后，冷却到室温。

(b) 从喷油器上取下喷嘴组件，并从喷嘴体上取出针阀。

(c) 将喷嘴体和针阀浸润在正庚烷或SBP3中，在空气中晾至少20min。

(d) 重新安装喷嘴和针阀，小心不要碰到沉积物。

(e) 按附录D中D.2所述进行空气流量计校核。

(f) 按照附录D中D.3步骤(c)~(l)测量结焦喷嘴的空气流量。

注意：在准备流量测量过程中，如果浸润喷嘴部件后3h之内不能进行上述测量，应该把喷嘴存放在干燥器内并在24h内进行流量测量。

D.5 在标准条件下测量的正确性

应使用式(D.1)校正在环境温度和压力影响下测量到的流量显示值。

$$\dot{V}_c = \dot{V}_i \cdot \frac{P_i \cdot T_a}{P_a \cdot T_i} \cdot \sqrt{\frac{293}{T_a}} \quad \cdots\cdots (D.1)$$

式中：

$\dot{V}_c$——校正的空气体积流量，mL/min；

$\dot{V}_i$——在流量计参考条件下显示的空气体积流量，mL/min；

P_i——显示压力(例如：在流量计参考条件下的压力)，kPa；

T_i——显示温度，K；

P_a——环境压力，kPa；

T_a——环境温度，K。

下面给出所有计算方法：

方程的推导：

测量流量必须使用下列方程对温度和压力函数进行校正：

体积流量计必须在标准条件下(通常为101.3 kPa，0 ℃)对流量进行标定。

因此在给定标定条件下测量到的流量并不是在实际条件下的流量。实际条件下的流量可通过理想气体状态方程(D.2)获得。

$$\frac{P_i \cdot V_i}{T_i} = \frac{P_a \cdot V_a}{T_a} \quad \cdots\cdots (D.2)$$

式中：

P——压力，Pa；

V——体积，m^3；

T——温度，K；

i——指示条件(标定条件)；

a——实际条件(实际环境条件)。

对于流量，上述方程变为：

$$\frac{P_i \cdot \dot{V}_i}{T_i} = \frac{P_a \cdot \dot{V}_a}{T_a} \quad \cdots\cdots (D.3)$$

式中：

$\dot{V}$——体积流量，m^3/s。

对于式(D.3)，实际体积流量为

$$V_a = V_i \frac{P_i \cdot T_a}{P_a T_i} \quad \text{(D.4)}$$

这个实际流量需要校正到特定的标准条件。当通过喷嘴的流量总是在音速条件时，实际流量只取决于实际环境温度。校正实际流量到标准条件的方程为：

$$\dot{V}_c = \dot{V}_a \cdot \sqrt{\frac{T_c}{T_a}} \quad \text{(D.5)}$$

式中：

c——校正条件。

把式(D.4)代入式(D.5)得出：

$$\dot{V}_c = \dot{V}_i \cdot \frac{P_i \cdot T_a}{P_a \cdot T_i} \cdot \sqrt{\frac{T_c}{T_a}} \quad \text{(D.6)}$$

因为 $T_c = 20+273 = 293K$，所以

$$\dot{V}_c = \dot{V}_i \cdot \frac{P_i \cdot T_a}{P_a \cdot T_i} \cdot \sqrt{\frac{293}{T_a}} \quad \text{(D.7)}$$

式(D.7)用于校正显示流量值到标准条件。

附　录　E
(规范性附录)
重复使用喷嘴的清洁方法

E.1　拆开每个喷油器并分别放置在不同的盘子里。

E.2　确保针阀和喷嘴能被识别并能按原始配对重新安装。

E.3　把分开的喷嘴和针阀放在事先装好水和 Decon 90 分散剂溶液的玻璃容器中。Decon 90 放入水中的浓度为 50%，并有足够的量完全浸没针阀和喷嘴。

E.4　把放有针阀和喷嘴的容器放进超声波浴中。确保浴中充满 250mL~300mL 的水。

E.5　用超声波清洗器清洗至少 60min。

E.6　关闭超声波清洗器，拿出针阀和喷嘴并用目镜进行检查。如果仍有沉积物，则重复 E.4~E.6 步骤，直到清洁为止。在喷嘴体上有顽固沉积物的情况下，可以使用软木棍(如火柴棍)帮助清洁。不能用金属探针。

E.7　当沉积物从针阀和喷嘴上去掉后，在自来水中浸润 30s。接着用正庚烷浸润。用针阀和喷嘴搅动正庚烷 30s，然后取出。把装有 Decon 90 和正庚烷的容器用盖盖上并储存。

E.8　把加热炉的温度设置在 100℃，用防护手套把针阀和喷嘴放到加热炉上，时间为 20min。

E.9　带上防护手套，取出针阀和喷嘴，把组件按正确的顺序放在架子上。

附　录　F
(规范性附录)
新发动机磨合程序

所有新发动机和新燃油泵应该使用标准的 10h XUD-9 试验循环(见 6.1.2 条)磨合 200h。

推荐使用润滑油 CEC-RL 177 进行磨合。

注 1：在开始磨合前检查并调整气门间隙。
注 2：完成磨合后，检查并调整气门间隙，更换机油滤芯。

附 录 G
(规范性附录)
安 全 措 施

G.1 必须为发动机、齿轮箱和驱动轴的所有外部旋转部件匹配防护罩。
G.2 发动机转速达到 4000r/min 时，应该考虑试验台的特殊防护措施。应该设定合适的速度限值，避免控制或材料失效时发动机超速。
G.3 应该遵守与安全相关的所有规定。

编者注：本标准中引用标准的标准号和标准名称变动如下。

原标准号	现标准号	现 标 准 名 称
GB/T 260	GB/T 260	石油产品水含量的测定 蒸馏法
GB/T 261	GB/T 261	闪点的测定 宾斯基-马丁闭口杯法
GB/T 386	GB/T 386	柴油十六烷值测定法
GB/T 3535	GB/T 3535	石油产品倾点测定法
GB/T 3536	GB/T 3536	石油产品 闪点和燃点的测定 克利夫兰开口杯法
GB/T 6536	GB/T 6536	石油产品常压蒸馏特性测定法
GB/T 6538	GB/T 6538	发动机油表观黏度的测定 冷启动模拟机法
GB/T 7304	GB/T 7304	石油产品酸值的测定 电位滴定法
GB/T 11131	GB/T 11131—1989	石油产品总硫含量测定法(灯法)
GB/T 11140	GB/T 11140	石油产品硫含量的测定 波长色散 X 射线荧光光谱法
GB/T 11145	GB/T 11145	润滑剂低温黏度的测定 勃罗克费尔特黏度计法
GB/T 12700	GB/T 12700—1990	石油产品和烃类化合物 硫含量的测定 Wickbold 燃烧法
GB/T 17040	GB/T 17040	石油和石油产品硫含量的测定 能量色散 X 射线荧光光谱法
SH/T 0059	NB/SH/T 0059	润滑油蒸发损失的测定 诺亚克法
SH/T 0248	NB/SH/T 0248	柴油和民用取暖油冷滤点测定法
SH/T 0562	NB/SH/T 0562	低温下发动机油屈服应力和表观黏度测定法
SH/T 0703	SH/T 0703	润滑油在高温高剪切速率条件下表观黏度测定法(多重毛细管黏度计法)
SH/T 0704	NB/SH/T 0704	石油和石油产品中氮含量的测定 舟进样化学发光法

ICS 75.100
E 31

SH

中华人民共和国石油化工行业标准

SH/T 0765—2005

柴油润滑性评定法（高频往复试验机法）

Diesel fuel—Assessment of lubricity using the high-frequency reciprocating rig (HFRR)

（ISO 12156-1：1997，Part 1：Test method，MOD）

2005-04-11 发布　　2005-09-01 实施

中华人民共和国国家发展和改革委员会　发布

目　次

前　言

本标准修改采用国际标准 ISO 12156-1：1997《用高频往复试验机评定柴油的润滑性——第一部分：试验方法》。

本标准是根据 ISO 12156-1：1997 重新起草的。

为了更适合我国国情，本标准在采用 ISO 12156-1：1997 时进行了修改。技术性差异用垂直单线标识在它们所涉及的条款的页边空白处。本标准与 ISO 12156-1：1997 的主要技术差异如下：

—— 删除了 ISO 12156-1：1997 引用标准中没有被本标准直接引用的标准。

—— 提出参考油需密封冷藏。

—— 增加了类似的试验件如经参考油验证符合要求也可以使用的内容。

—— 将原标准第 8.9 条中的内容作为本标准第 8.8 条中的一部分内容，而将原标准 8.8 条中的后半部分内容作为本标准的第 8.9 条。

为了方便使用，本标准还做了如下编辑性修改：

——重复性和再现性的文字表述按我国的习惯进行了修改。

本标准的附录 A 是资料性附录。

本标准由中国石油化工集团公司提出。

本标准由中国石油化工股份有限公司石油化工科学研究院归口。

本标准起草单位：中国石油化工股份有限公司石油化工科学研究院。

本标准主要起草人：闾邱祁鸣、宋海清、张建荣。

本标准首次发布。

引　言

所有柴油喷油设备在一定程度上都把柴油作为一种润滑剂。过度摩擦引起的磨损会缩短柴油机喷油泵和喷油器等发动机部件的寿命，柴油润滑性差是原因之一。

已证实，在出现边界润滑的条件下，试验结果与柴油喷油设备因磨损而出现的损坏有关系。

本方法的试验结果与柴油及相关设备的润滑问题有很好的相关性，并能适当地预报柴油的润滑性能。

柴油润滑性评定法(高频往复试验机法)

警告—使用本标准会涉及到危险材料、操作和设备，本标准没有指出在使用中所有涉及到的安全问题。因此用户在使用本标准前应建立适当的安全和防护措施并确定有适用性的管理制度。

1　范围

1.1　本标准规定了采用高频往复试验机(HFRR)评价柴油(包括那些含有润滑添加剂的柴油)润滑性的试验方法。

1.2　本方法适用于柴油机燃料。

注：目前尚不知本试验方法是否能预测所有含添加剂燃料制品的性能。相关性工作正在进行中，一旦这项工作完成，还需对本标准进行修改。

2　规范性引用文件

下列文件中的条款通过本标准的引用而成为本标准的条款。凡是注日期的引用文件，其随后所有的修改单(不包括勘误的内容)或修订版均不适用于本标准，然而，鼓励根据本标准达成协议的各方研究是否可使用这些文件的最新版本。凡是不注日期的引用文件，其最新版本适用于本标准。

GB/T 684　化学试剂 甲苯

GB/T 686　化学试剂 丙酮

ISO 4113：1998　道路车辆柴油喷油器的标定油

ISO 6507-1　金属材料—维氏硬度试验—第一部分：试验方法

ISO 6508　金属材料—硬度试验—洛氏硬度试验(等级 A-B-C-D-E-F-G-H-K)

AISI E-52100　铬合金钢

ANSI B3.12　金属球

3　术语和定义

下列术语和定义适用于本标准。

3.1

润滑性　lubricity

液体的一种特性。通过一个浸泡在试样中的静止钢片和一个与之接触的往复运动的钢球，在严格控制的条件下相互运动后，产生在钢球上的磨斑直径来测定。

3.2

未校正平均磨斑直径　uncorrected mean wear scar diameter(*MWSD*)

对产生在试验球上的磨斑进行测量并计算后所得的平均磨斑直径值。

3.3

校正磨斑直径　corrected wear scar diameter(*WS*1.4)

以水蒸汽压 1.4kPa 为基准，经过校正后的磨斑直径计算值。

4　原理

试验样品放在给定温度下的油槽内，固定在垂直夹具中的钢球对水平安装的钢片进行加载，钢球以设定的频率和冲程往复运动，球与片的接触界面应完全浸在样品中。球和片的材质、试验温度、载荷、频率和冲程都是确定的。根据试验环境(温度和湿度)把钢球的磨斑直径校正到标准状况下的数值，试验样品的润滑性用校正后的磨斑直径表示。

5 试剂与材料

5.1 压缩空气：用来吹干设备零件。

5.2 甲苯：符合 GB/T 684。

5.3 丙酮：符合 GB/T 686。

5.4 参考油：用两种参考油来检验试验设备的性能，这两种参考油在用本标准进行检测时，其润滑性应有显著差异，还应有经测定合格的 HFRR 数值和相应的湿度校正系数(HCF)。用微米表示参考油的 HFRR 数值(WS1.4)和它的扩展不确定度，用 μm/kPa 表达湿度校正系数。这两种参考油在用本标准检测时，HFRR 数值的最小差值应为 200μm。

注：ISO PAR M 是由美国 Exxon 化学公司制造，并被 CEC 作为参考油 RF-74-T-95 使用，该油适合作为低润滑性参考油。

能用于 Caterpillar 1H 或 1G 单缸试验的燃油，符合 ISO 4113：1998(道路车辆柴油喷油器的标定油)的燃油，或 CEC 参考油 RF-90-A-92 都适用于高润滑性参考油。

给出这部分内容是为本标准的用户提供方便，其产品的命名未经 ISO 认证。类似的产品如果能符合要求也可以使用。

参考油需密封冷藏(4℃±2℃)。

6 仪器

6.1 试验仪器：试验仪器(见图 1)能使一个钢球按加载负荷对固定的钢片加载，并以固定的频率和冲程往复运动，球和片的接触面完全浸泡在油槽中，试验条件见表 1。试件油槽能够固定试验片，并可加入试验样品，其温度也就是其中试验样品的温度是通过与油槽紧密连接的电控加热套来实现的。

为了控制不同的参数，仪器的控制单元应具有电子数据的采集和贮存功能。

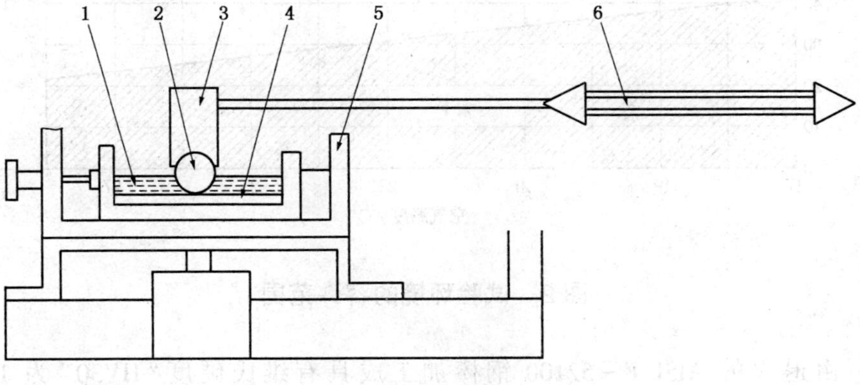

1——油槽；

2——试验球；

3——施加载荷；

4——试验片；

5——加热槽；

6——激振器。

图 1 HFRR 机械设备简图

表1 试验条件

参　　数	数　值
油样体积/mL	2.0±0.2
冲程/mm	1.0±0.02
频率/Hz	50±1
试验环境的温度和湿度[a]	见图2
液体温度/℃	60±2
应用载荷[b]/g	200±1
试验时间/min	75±0.1
油槽表面面积/mm^2	600±100

[a] 试验环境的温度和湿度应在距试验件0.1m~0.5m的范围内进行测量，并控制在图2所示的容许范围内。
[b] 所加的总载荷包括固定零件的重量。

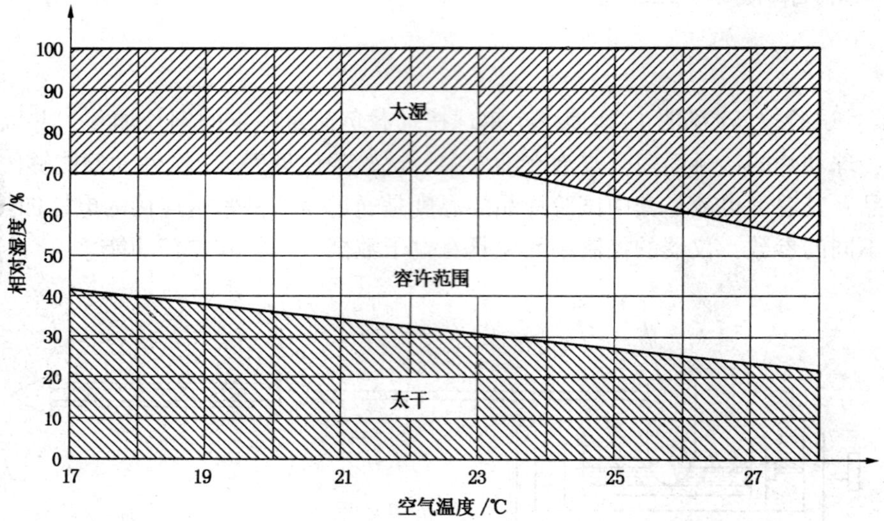

图2 试验环境的容许范围

6.2 试验片：由退火的AISI E-52100钢棒加工成具有维氏硬度“HV30”为190~210(根据ISO 6507-1),并经研磨和抛光到表面粗糙度 R_a<0.02μm。类似的试验片如经参考油验证符合要求也可以使用。

6.3 试验球：直径为6mm，材料为AISI E-52100钢，ANSI B3.12(金属球)28级，应达到洛氏硬度HRC为58~66(根据ISO 6508)，表面粗糙度 R_a<0.05μm。类似的试验球如经参考油验证符合要求也可以使用。

6.4 显微镜或类似的成像装置：能放大100倍，并能精确到1μm。

6.5 干燥器：用来贮存试验片、球和金属零件，应装有干燥剂。

6.6 清洗槽：采用足够容积和清洗功率为40W或更大的超声波无缝不锈钢清洗槽。

6.7 取样容器：选用有环氧树脂衬里的钢材，类似的取样容器如果能符合要求也可以使用。

6.8 计时器：采用能够精确测量到75min±0.1min的钟表。

7 准备和标定

7.1 仪器的准备

7.1.1 试验片和试验球(符合要求)

用干净的镊子，把一些试验片(光面朝上)和试验球放入干净的玻璃广口瓶中，用甲苯浸没，至少浸泡 12h，然后把广口瓶放到超声波清洗槽内，清洗 10min。把试验片(光面朝上)和试验球一起转移到一个盛有新鲜甲苯的广口瓶里。

7.1.2 金属零件

把夹具、螺钉以及所有能与试验样品接触的金属零件和器皿，连同按 7.1.1 清洗过的试验片和试验球一起放在一个干净的玻璃烧杯内，用甲苯浸没，把烧杯放在超声波清洗槽中清洗 10min，然后用干净的镊子，把金属零件和试验件放入一个盛有丙酮的烧杯里，放到超声波清洗槽内，清洗 2min。取出各零件，如果不是立即使用，应贮存在干燥器中。

7.2 标定和校正

7.2.1 温度

用标定过的温度测量装置核对试件油槽内的温度控制系统。

7.2.2 频率

用标定过的频率计核对激振器的频率。

7.2.3 冲程

用标定过的显微镜，通过测量低润滑性参考油试验后试验片上的磨痕长度核对冲程。用磨痕的长度减去磨痕的平均宽度即得到实际的冲程。

7.2.4 运转时间

用标定过的计时器核对运转时间。

7.2.5 试验机性能

仪器的性能是用两种参考油分别进行一次试验(如第 7 章，第 8 章和第 9 章所述)来进行核对的，要用相应参考油的湿度校正系数值来计算 WS1.4 的值。

如果相应参考油的 *WS*1.4 超出了规定范围，应再做两个试验，如果这两个试验中有一个超出范围，必须进行仪器和冲程的检验(7.2.1~7.2.4)。如果低润滑性参考油的试验结果太低，该参考油需更换。

每做 25 个试验或每做 10 天试验后，就要用参考油进行一次核对试验，以时间间隔较短为准。

8 试验步骤

8.1 严格按照清洁要求和规定的清洗程序进行操作，在拆装过程中，使用干净的镊子，以防止清洗过的试验零件(片、球、试件夹具)被污染，并且不要刮伤试验件。

8.2 用镊子把试验片放进下试件夹具，光面朝上，然后将其固定在下试件夹具上，再把下试件夹具固定在试验机上。将热电偶插入下试件夹具的测量孔中。

8.3 用镊子把试验球放进上试件夹具内，然后将其固定在上试件夹具上，再把上试件夹具固定在振动臂的末端。在完全卡紧此构件之前，要确保夹具水平。

8.4 在距离下试件夹具 0.1m~0.5m 的范围内，测量空气温度和相对湿度，如果其测量值不符合图 2 的要求，在进行试验以前，应采取适当措施改变湿度。记录空气温度和相对湿度值。

8.5 用一根一次性移液管，把 2mL 试验油样加入下试件夹具。

8.6 放下振动臂，并在振动臂上悬挂一个 200g 的砝码，确保载荷和悬挂绳自由下垂。

8.7 把温度控制旋钮调到所要求的温度，设置冲程和频率，开始试验。

8.8 试验运行75min。试验结束时，关掉激振器和加热器。在距下试件夹具0.1m~0.5m的范围内，测量空气温度和相对湿度。要使该试验有效，这些测量值应符合图2的要求。记录空气温度和相对湿度值。

8.9 取下所挂的砝码，抬起振动臂，取出上试件夹具。

8.10 用甲苯和丙酮分别冲洗带球夹具，然后放在盛有新鲜甲苯的烧杯里，把烧杯放在超声波清洗槽内清洗30s。

8.11 把带球夹具转移到盛有新鲜丙酮的烧杯里，把烧杯放在超声波清洗槽内清洗30s。用空气吹干后，用永久性的标记笔在球上圈出磨斑。

8.12 取出下试件夹具，倒掉试验油，如果有颗粒，应做记录。不用从下试件夹具内取出试验片，分别用甲苯和丙酮进行冲洗，然后放在一个盛有新鲜甲苯的烧杯里，再把烧杯放在超声波清洗槽内清洗30s。

8.13 把下试件夹具转移到盛有新鲜丙酮的烧杯里，把烧杯放在超声波清洗槽内清洗30s。用空气吹干后，从夹具中把试验片取出，放在一个贮存袋(塑料袋)里，并标上唯一的试验编号。

8.14 把夹具中的试验球放在显微镜下，按第9章测量磨斑直径。

8.15 一旦磨斑测量完成，从夹具中取出试验球，把它与试验片贮存在一起。

9 磨斑的测量

9.1 打开显微镜的光源，把试验球放在放大倍数为100倍的显微镜下。

9.2 用显微镜调焦，使试验球上的磨斑处在视野的中心。调节照明度，直到磨斑的边缘清晰可见。参阅附录A。

9.3 在x和y两方向上测量磨斑直径，精确到1μm，记录这两个数据。如果磨斑测量值X和Y之差($X-Y$)超过-30μm~+100μm的范围，需核对已确认的磨斑边界。

9.4 记录磨损表面的情况，包括磨屑的颜色、异常颗粒或磨损类型以及明显的擦伤等。

10 计算

10.1 未校正平均磨斑直径(*MWSD*)

按式(1)计算平均磨斑直径*MWSD*，μm：

$$MWSD = (X + Y)/2 \qquad (1)$$

式中：

X——与运动方向垂直的磨斑尺寸，μm；

Y——与运动方向平行的磨斑尺寸，μm。

10.2 绝对蒸汽压初值(AVP_1)

按式(2)计算绝对蒸汽压初值，kPa：

$$AVP_1 = \frac{RH_1 \times 10^{\nu}}{750} \qquad (2)$$

式中：

RH_1——试验开始时的相对湿度，%；

$$\nu = 8.017352 - \frac{1705.984}{231.864 + T_1}$$

T_1——试验开始时的空气温度，℃。

10.3 绝对蒸汽压末值(AVP_2)

按式(3)计算绝对蒸汽压末值，kPa：

$$AVP_2 = \frac{RH_2 \times 10^{\nu}}{750} \qquad (3)$$

式中：

RH_2——试验结束时的相对湿度，%；

$$\nu = 8.017352 - \frac{1705.984}{231.864 + T_2}$$

T_2——试验结束时的空气温度，℃。

10.4　平均绝对蒸汽压（AVP）

按式（4）计算试验过程的平均绝对蒸汽压（kPa）：

$$AVP = \frac{AVP_1 + AVP_2}{2} \quad \cdots\cdots (4)$$

10.5　校正磨斑直径（$WS1.4$）

按式（5）计算校正磨斑直径，μm：

$$WS1.4 = MWSD + HCF(1.4 - AVP) \quad \cdots\cdots (5)$$

式中：

未知柴油样品的 HCF（湿度校正系数）为 60μm/kPa。

11　试验报告

试验报告应包括：

a）试验样品的简要说明。

b）x 和 y 方向上的磨斑尺寸以及未校正平均磨斑直径（$MWSD$），精确到 1μm。

c）试验开始和结束时的空气温度和相对湿度。

d）计算平均绝对蒸汽压（AVP）。

e）校正磨斑直径（$WS1.4$），精确到 1μm。

f）磨斑表面情况的描述。

g）试验件编号。

h）参考油最近试验的日期和试验数据。

i）试验日期。

12　精密度和偏差

按下述规定判断试验结果的可靠性（95%的置信水平）。

精密度用平均磨斑直径在 360μm～600μm 的柴油取得。

12.1　重复性

由同一操作者，用相同的仪器对同一试验材料，在恒定的操作条件下，按照规定的正确方法操作，所得两次重复试验结果之差，不应超过 63μm。

12.2　再现性

由不同操作者在不同的实验室，对同一试验材料进行试验，所得两个独立的试验结果之差，不应超过 102μm。

12.3　偏差

本试验方法没有偏差，因为润滑性能的评价是根据一个试验方法来确定的。

附 录 A
(资料性附录)
HFRR 磨斑的测量

试验球上磨斑的外观随柴油的类型变化，特别是当有润滑性添加剂存在时更是如此。总的来说，磨斑看上去是球运动方向上一连串的划痕，它在 x 方向比 y 方向要稍大。

在有些情况下，例如，当用低润滑性参考油试验时，球上的磨斑和变色(但未磨过)区域的边界是清楚的，这就能容易地确定磨斑的尺寸。在另一些情况下，磨斑中心擦伤的部分被不够清晰的磨损区域包围了，并且球上磨损和未磨损的区域没有明显的边界，在这些情况下，要看清或测量真实的磨斑形状是困难的，见图 A.1。

不同磨斑的形状以及整个磨斑边界的评价方法见图 A.2。

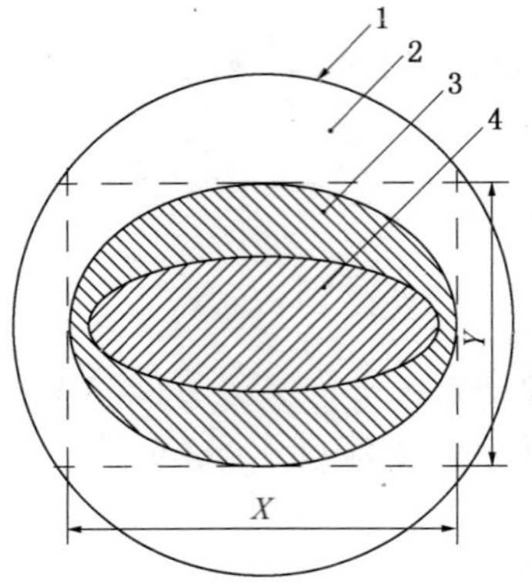

1——试验球(相对于磨斑缩小了直径)；
2——未磨损区域；
3——不够清晰的磨损区域；
4——磨损区域。

图 A.1 一个边界不够清晰的磨斑实例

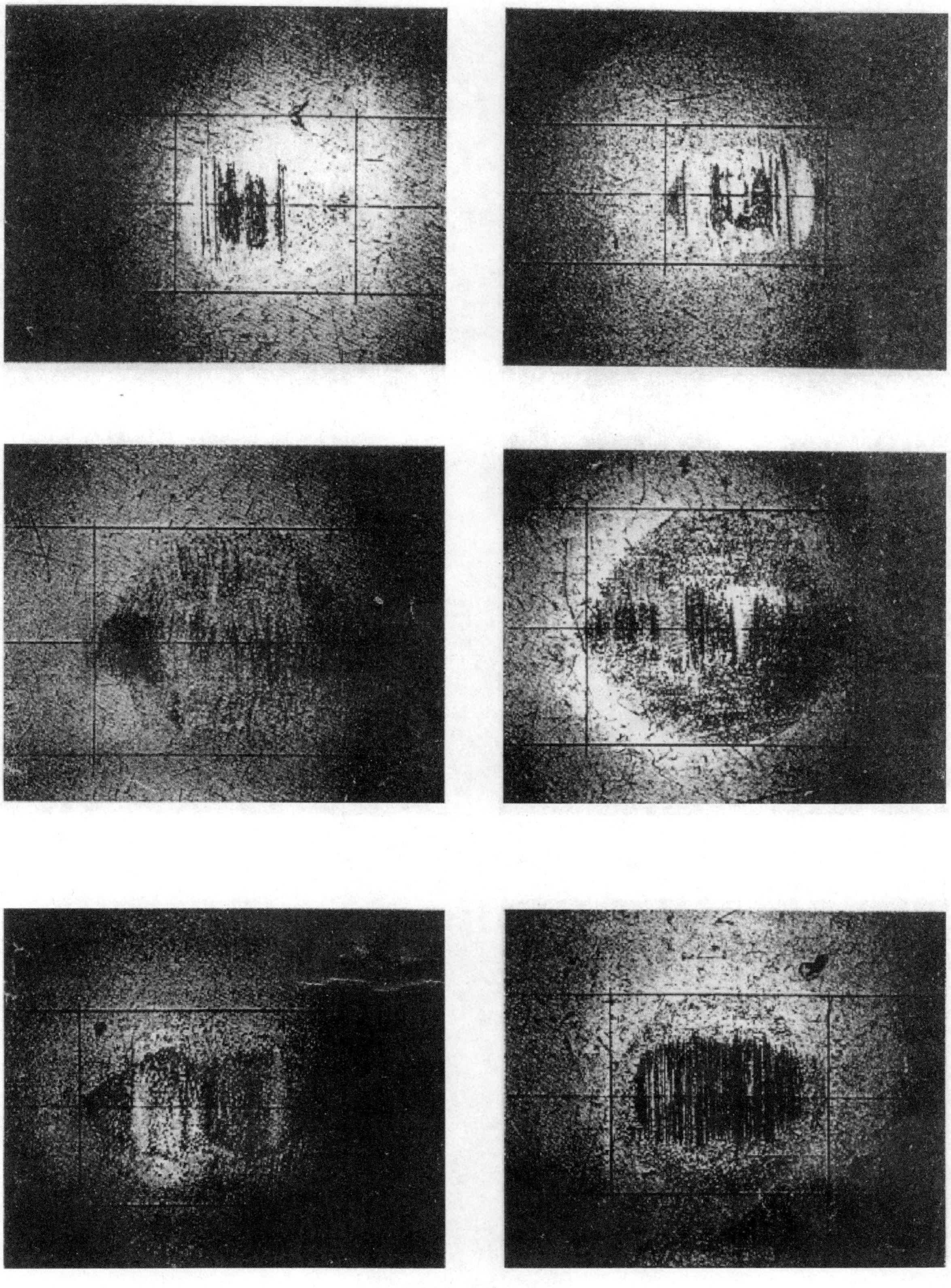

图 A.2　磨斑实例

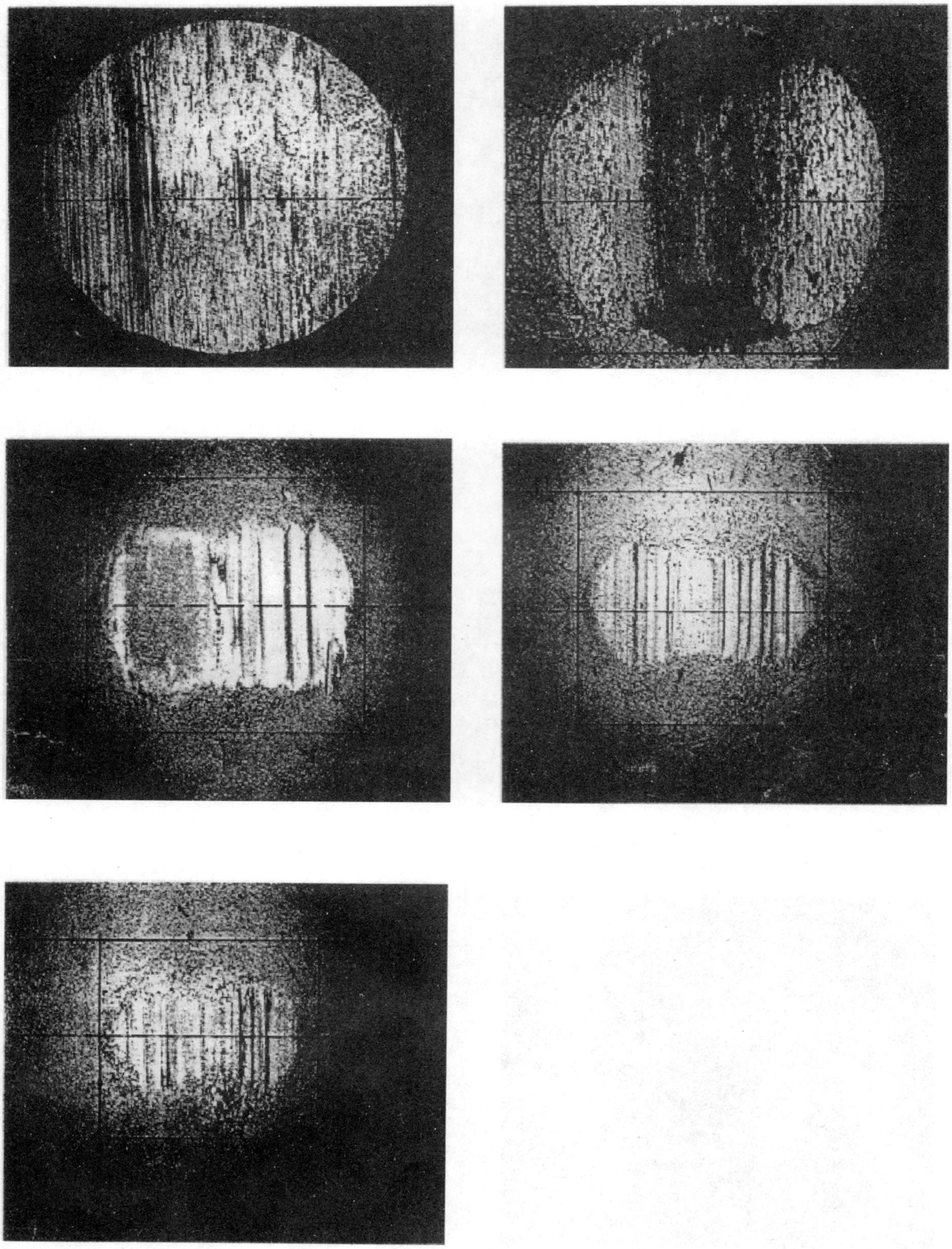

图 A.2(续)　磨斑实例

ICS 75.080
E 30

SH

中华人民共和国石油化工行业标准

SH/T 0768—2005

闪点测定法（常闭式闭口杯法）

Test method of flash point by continuously closed cup tester

2005-10-10 发布　　2006-02-01 实施

中华人民共和国国家发展和改革委员会　发布

前　　言

本标准修改采用美国试验与材料协会 ASTM D6450-99《连续闭杯闪点测定法》。

本标准根据 ASTM D6450-99 重新起草。

为了更适合我国国情，本标准在采用 ASTM D6450-99 时进行了修改。这些技术性差异用垂直单线标识在它们所涉及的条款的页边空白处。本标准与 ASTM D6450-99 的主要差异：

——本标准在采用 ASTM D6450-99 引用标准时，采用我国相应国家标准，对我国无相应标准的，在标准中写入了引用的实质内容。

为使用方便，本标准还做了如下编辑性修改。

——重复性和再现性的文字表达按我国的习惯进行了修改。

——取消了 ASTM D6450-99 的关键词章。

本标准的附录 A 为规范性附录，附录 B 为资料性附录。

本标准由中国石油化工集团公司提出。

本标准由中国石油化工股份有限公司石油化工科学研究院归口。

本标准起草单位：中国石油化工股份有限公司上海高桥分公司。

本标准主要起草人：丁蕴、蒋彤。

闪点测定法(常闭式闭口杯法)

1 范围

1.1 本闪点测试标准是一个动态方法，具有规定的升温速率。包括本标准在内的众多的闪点测试方法都是经验方法。

注：对于被测物质来说，闪点不是一个不变的物理化学性质。与仪器设计、仪器使用情况及测试过程有关。因此仅能根据标准试验方法的术语来定义闪点。不保证不同方法或不同的测试仪器所测得的结果具有普遍有效的相关性。

1.2 本标准适用于采用常闭式闭口杯法对燃料油、润滑油、溶剂油及其他液体的闪点的测定，测定所需试样量为1mL。

1.3 本标准使用一闭合但不密封、可将空气引入测试室的样品杯。

1.4 本标准适用于闪点为10℃～250℃的样品。

注：本标准可测定闪点低于10℃或高于250℃的样品，但精密度尚未建立。

1.5 如果用户的产品规格指定的闪点测试法不是本标准，在没有得到对比数据和规格制定人认可的情况下，无论本标准还是其他任何标准都不可替代规定的标准。

1.6 本标准采用SI国际单位制单位。括号里的数值仅供参考。

1.7 本标准涉及某些有危险性的材料、操作和设备，但并未对与此有关的所有安全问题都提出建议。因此标准使用之前有必要建立适当的安全和防护措施，并建立适当的操作规程。特殊的危险性提示见第7章注。

2 规范性引用文件

下列文件中的条款通过本标准的引用而成为本标准的条款。凡是注日期的引用文件，其随后所有的修改单(不包括勘误的内容)或修订版均不适用于本标准，然而，鼓励根据本标准达成协议的各方研究是否可使用这些文件的最新版本。凡是不注日期的引用文件，其最新版本适用于本标准。

GB/T 4756 石油液体手工取样法(GB/T 4756—1998，eqv ISO 3170：1988)

GB/T 15000.3 标准样品工作导则(3) 标准样品定值的一般原则和统计方法(GB/T 15000.3—1994，neq ISO Guide 35：1989)

GB/T 15000.7 标准样品工作导则(7) 标准样品生产者能力的通用要求(GB/T 15000.7—2001，idt ISO Guide 34：2000)

3 术语和定义

下列术语和定义适用于本标准。

3.1 定义

3.1.1

闪点 flash point

在规定的试验条件下，用火源引起试样蒸气瞬间闪火的最低温度(校正到101.3kPa压力下)。

注：在闭合的测试室中，当热焰引起的瞬间增压不少于20kPa时，确认试样已闪火。

3.2 本标准专用术语

3.2.1

动态 dynamic

引入火源时试样上的蒸气和试样未达到温度平衡时的状态。

4 方法概要

4.1 调节测试室盖子的温度，比预期闪点至少低18℃。将1mL±0.1mL试样注入样品杯。试样和样品杯温度比预期闪点至少低18℃，如需要可将其冷却。抬升样品杯，与盖子形成持续闭合但不密封的测试室，总容积为4.0mL±0.2mL。

4.2 关闭测试室后，试样的温度和盖子的温度差值应在1℃之内，盖子按规定的恒定速率加热。一定能量的电弧按规定间隔在测试室内放电。每次点火后，将1.5mL±0.5mL的空气引入测试室内，为下一次闪火测试提供需要的氧气。除了引入空气的短暂时间及达到闪点的时候，持续闭合但不密封的测试室内的压力应为环境大气压。

4.3 每次电弧放电后，检测测试室内瞬间高于大气压的增压，当增压超过规定临界值时，将温度记录下来，作为未经校正的闪点。

5 意义和用途

5.1 闪点是测定试验样品在规定试验条件下，试样与空气形成可燃性混合物的趋势，它仅是评估物质所有燃烧危险性指标之一。

5.2 在运输和安全法规方面，闪点用于定义可燃物质和易燃物质，对于这些类别的准确定义，应参考有关的特殊法规。

5.3 此测试方法用于测量和描述在控制试验条件下，物质对热和火源的灵敏度，并不能用于描述和评估物质在实际着火条件下的火灾风险。在全面评估特殊目的使用的火灾危险时，本试验方法的结果可作为评估火灾风险的要素。

5.4 闪点可用于表示在相对的非挥发物或非易燃物质中是否存在高挥发性或可燃性物质，例如润滑油中混有少量的柴油或汽油。

6 仪器

6.1 闪点仪：(常闭式运行)用于此测试方法的仪器需有一个用黄铜制成并有电子控温的盖子，盖子内装有两根用于分别测定试样温度和盖子温度的温度传感器，两根能产生高压电弧的电子绝缘探针，和一根与盖子相连接的用于压力检测和空气导入的连接管，同时还需一个控制测试室温度的电子装置，和一个能显示试样温度的数字显示仪。仪器及其主要元件如图A.1和A.2所示。

6.1.1 测试室：测试室由样品杯和盖子组成，总容积为4.0mL±0.2mL。盖子和样品杯间的金属接触是为了确保良好的热传导，但不完全密封以确保测试时测试室内为环境大气压。主要尺寸如图A.2所示。当温度升高时，检测测试室内的压力。过度密封会使得由试样的温度、蒸气压所引起的增压高于大气压。不良的热传导会导致试样和盖子的温度有很大差异。

6.1.2 样品杯：样品杯可由镀镍的铝或其他具有相同热导率的物质制成。其总容积为4mL，能容纳1mL试样，主要尺寸和要求如图A.2所示。

6.1.3 试样温度传感器：试样温度传感器(图A.1中的TS)是一根直径为1mm的(NiCr—Ni或类似的)不锈钢热电偶，反应时间为$t(90)=3s$。其插入试样的深度至少为2mm，分辨能力为0.1℃，精度为±0.2℃，最好连接一个温度显示仪。

6.1.4 磁性搅拌：仪器需能对样品进行搅拌，样品杯外装有旋转磁铁，能使放入装有试样的样品杯中的一小块搅拌磁铁转动，搅拌磁铁的直径为3mm±0.2mm，长为12mm±1mm，驱动磁铁的旋转速度为250r/min~270r/min。

6.1.5 空气导入：仪器需能在每次闪火测试后马上导入1.5mL±0.5mL空气。由一小型薄膜空压机产生短暂的空气脉冲，将空气经连接管中的T型进口导入压力传感器。

6.1.6 在测试期间，用盖子的电加热和冷却来调节测试室的温度，温度控制精度为±0.2℃。

6.1.7 用高压电弧来点燃易燃蒸气，每个电弧的能量应为3J±0.5J(3Ws±0.5Ws)/弧，电弧使用时间为43ms±3ms。

注：当试样中含有低闪点物质或试样的闪点低于初始温度时，可能会使得测试室中产生过饱和蒸气，因此在仪器设计时应能使仪器在测试室关闭后及达到初始点火温度前每10℃点一次火。

6.1.8 闪点压力测试传感器应连接在盖子内的连接管上，工作范围为80kPa~177kPa，最小分辨率为0.1kPa，精度为±0.5kPa，它能在100ms内测出高于大气压至少20kPa的瞬间增压。

注1：检测高于大气压的瞬间增压是几种用于检测测试室内闪火的方法之一。20kPa的增压相当于大约1.5mL的火焰体积。

注2：在测试仪中可以安装按12.1条所描述的步骤进行大气压校正的自动压力校准仪。可用6.1.8所述的压力传感器的瞬间压力读数来进行校准。

6.1.9 可用符合精度要求的移液管或注射器来移取1.0mL±0.1mL试样。

7 试剂与材料

7.1 试剂纯度：仅使用纯度符合附录B中表B.1所要求的化学品。当所用试剂纯度不会影响测量准确性时，可采用其他等级的试剂。

7.1.1 苯甲醚。

注：易燃并对健康有害，依据有关规定来处理溶液和废弃物。

7.1.2 正十二烷。

注：易燃并对健康有害，依据有关规定来处理溶液和废弃物。

7.2 清洗溶剂：仅能使用无腐蚀性的溶剂清洗样品杯和盖子。甲苯和丙酮可作为溶剂。

注：甲苯、丙酮和许多溶剂是易燃的，并对健康有害，依据有关规定来处理溶液和废弃物。

8 取样

8.1 根据GB/T 4756要求，从容器中至少采取50mL试样，放入干净、密闭的容器中，低温保存。

8.2 试样不宜长时间地保存在如塑料瓶类的透气性容器内，因为挥发性物质会通过瓶壁扩散。应废弃存放在密封性差的容器内的试样，并重新取样。

8.3 应采取措施避免挥发性物质的损失，以免得到的闪点偏高。如没有必要，不要打开容器。除非试样温度比预期闪点至少低18℃，否则不要转移样品。如有可能，试样应首先进行闪点测试。

8.4 非常黏稠的试样在测试前，可以缓慢地加热成适合的流体，其加热后的温度至少应比预期闪点低18℃。

8.5 当样品中含有溶解水或游离水时，可以用氯化钙脱水，通过定量滤纸过滤，或通过疏松干燥的脱脂棉过滤，样品允许缓慢加热，但不能过热，其温度至少应比预期闪点低18℃。

注：如果样品被怀疑含有易挥发的成分，则8.4条、8.5条所述步骤应予省略。

9 质量控制检查

9.1 仪器至少每年用规定的有证标准物质(CRM)校正一次，标准物质见附录B，标准物质的闪点应接近被测样品的闪点预测范围。根据本方法第11章对标准物质进行测定，按11.11条观察到的闪点，应按第12章所述对其进行大气压校正。对已列出的有证标准物质，所测得的闪点应在表B.1所列的范围内。

9.2 仪器完成校准后，可以测定工作标准物质(SWS_s)的闪点，其闪点值应在允许范围之内。以后可经常用工作标准物质对仪器进行校准(参见附录 B.2)。使用当天应用工作标准物质对仪器进行检查。

9.3 当得到的闪点超过 9.1 条或 9.2 条所列的限值时，按仪器说明书对仪器进行清洗和维护，并对仪器的校准进行检查，要特别注意方法中所述的详细的试验步骤(参见第 10 章)，完成调节后，用一个新鲜样品重复 9.1 条或 9.2 条。

注：如附录 B 中表 B.1 所列，单一组分的校验物质，仅用于仪器校验，而不能校验整个试验方法及采样的精度。因为对于单一组分的物质来说，由蒸发所引起的损失不会像多组分混合物中轻组分的蒸发损失那样影响闪点。

10 仪器校准

10.1 压力传感器

10.1.1 完成第 9 章的质量控制检查后，如有需要可对压力传感器进行校准。用环境大气压作为参考对压力传感器进行校准。

10.1.2 如果显示的大气压与环境大气压不同，调节传感器控制直至观察到适当的读数。环境大气压是试验者在测试时当地实际位置的压力。

注：许多用于气象站和飞机场的金属气压计，已预先校正到海平面读数，这些气压计不能用于仪器校准。

10.2 温度传感器：完成第 9 章的质量控制检查后，如有需要可通过检测样品温度来对温度传感器进行校准。可用溯源的标准温度计或传感器来校准温度传感器。

11 试验步骤

11.1 试验前应彻底清洗盖子、电弧探针和样品杯，并进行干燥，确保除尽用于仪器清洗的任何溶剂。如果试样的预期闪点比前一个样品的闪点高 15℃，将空的干燥的样品杯与盖子一起加热，其温度至少比新的试样的预期闪点高 30℃。

注：样品杯的干燥加热过程，可消除可能存在的来自于剩余蒸气的交叉污染。

11.2 预期闪点：设置初始点火温度，应比预期闪点至少低 18℃，设置最终温度，应高于预期闪点。

11.2.1 未知预期闪点：如果不知道被测物的预期闪点，设置初始点火温度为 10℃，按照下述方法进行测试，所得闪点是一个近似值。当用标准方法再次测定新鲜试样时，此数值可作为试样的预期闪点。

11.3 设置加热速率：5.5℃/min±0.5℃/min。

11.4 设置点火频率：1℃。

11.5 设置空气导入量：1.5mL。

11.6 设置闪点检测压力临界值：20kPa。

11.7 按试验步骤开始测试。调节盖子的温度至初始点火温度，当仪器指示到达初始点火温度时，准备注入 1mL±0.1mL 试样。

11.8 密封的试样和样品杯的温度应比预期闪点至少低 18℃，如需要应进行冷却。打开容器前摇匀试样。用移液管或注射器吸取 1mL 试样，密闭容器。将 1mL±0.1mL 试样移入样品杯中。

11.9 放入搅拌磁铁以确保试样混合均匀。

11.10 将样品杯放入样品杯架上，并开始试验程序。抬升样品杯，紧贴盖子，盖子的温度为初始点火温度，比样品杯的温度高。当样品杯的温度和盖子的温度相同时，每隔 10℃引入一个设定的电弧(见 6.1.7 注)如果这些设定的电弧之一检测到了闪火，结束试验，废弃这个结果，用新鲜的试样重新测试。初始点火温度应比所检测到的闪火温度至少低 18℃。

11.11 当盖子和试样间的温差不超过 1℃时，开始真正的闪点测试。按程序规定的加热速率加热盖子，每升 1℃引入电弧点火，检测 100ms 内的瞬间增压。当检测到闪火或达到最终温度时还没有闪火，停止测试。当闪火的出现使得瞬间增压超过20kPa时，此时试样温度为闪点温度。

11.12　当检测到闪火时的温度比初始点火温度高26℃以上或高于初始点火温度不超过10℃，这个结果被认为是个近似值。用一个新鲜试样重新测试，根据近似温度来调节下一个测试的预期闪点。这个新鲜试样的初始点火温度应比得到的近似闪点温度低18℃。

11.13　将检测到的试样闪点温度记录下来作为未校正的闪点温度。如果在测试温度范围内没有检测到闪点，就报告闪点高于最终温度。

11.14　试验结束后，待样品杯冷却至50℃以下，将其安全地取出。

12　闪点校正

12.1　大气压校正：测试时观察并记录下环境大气压，当环境大气压不是101.3kPa时，按下式校正闪点。

$$\text{校正的闪点} = C + 0.25(101.3 - P)$$

式中：

C——观察到的闪点,℃；

P——环境大气压，kPa；

校正后的闪点修约至0.5℃。

注：此校正中使用的大气压应是测试时试验室的环境大气压。许多用于气象站和飞机场的金属气压计，已预先校正到海平面的读数，在此不能使用。

13　报告

将校正后的闪点作为被测试样的闪点，精确至0.5℃。

14　精密度和偏差

14.1　此精密度数据是由1996年合作试验程序中的10个实验室用三个纯化学物质、一个纯烃类、三个燃料油、三个润滑油得出的。此精密度的重复性和再现性用于闪点为10℃~250℃的样品，但不包括6号燃料油。

注：由合作测试程序所得，6号燃料油的精密度明显差于其他试样，不得不假设第11章所述的试验步骤不适用于此类试样。

14.2　精密度：按下述要求判断试验结果的可靠性(95%置信水平)。

14.2.1　重复性

同一操作者，在同一实验室使用同一仪器，按方法规定的步骤，对同一样品进行重复测定所得两个结果之差不超出下列数值：

$$r = 1.9℃$$

14.2.2　再现性

不同操作者，在不同实验室，按方法规定的步骤，对同一样品进行测定所得的两个独立试验结果之差不超出下列数值：

$$R = 3.1℃$$

14.3　偏差

因为没有可接受的标准物质，因此未测定偏差。

附 录 A
(规范性附录)
仪 器 规 格

A.1 常闭式闭口杯闪点(CCCFP)测试室的装配，见图A.1。

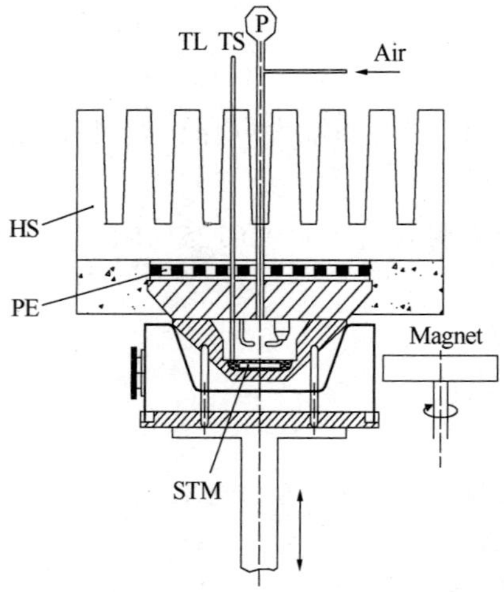

TL——盖温传感器；
TS——样品温度传感器；
Air——空气进口；
P——压力传感器；
HS——加热盘；
PE——珀尔帖元件；
Magnet——旋转磁铁；
STM——搅拌磁铁。

图A.1 CCCFP测试室的装配图

A.2 盖子/样品杯室的装配，见图A.2。

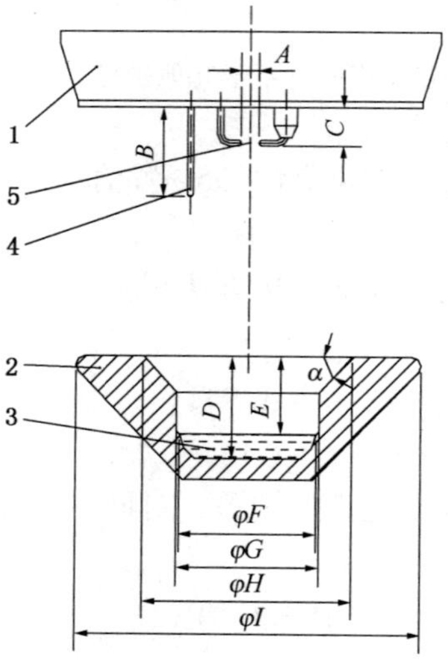

1——盖子由黄铜制成，装有温度传感器；
2——样品杯，由镀镍的铝制成；
3——1mL样品；
4——样品温度传感器(NiCr-Ni热电偶)；
5——电弧针，由不锈钢制成。电弧针之间有规定的长度。

设计尺寸	mm	设计尺寸	mm
A	2.5±0.2	*F*	20
B	14±0.3	*G*	21
C	5.5±0.2	*H*	30
D	15±0.5	*I*	50
E	11.5	α	45°

注：盖子与样品杯的金属接触表面的间距为30μm。

图A.2 盖子/样品杯室的装配图

附　录　B
（资料性附录）
用于仪器校正的液体

B.1　有证标准物质（CRM）— 按照 GB/T 15000.3、GB/T 15000.7，由方法指定的实验室间确定了标准闪点的稳定烃类或其他稳定的石油产品。

B.1.1　表 B.1 给出了一些标准物质经大气压修正后的闪点典型数据及其限值（参见注 1），有证标准物质的供应商（参见注 3）应提供每批产品按规定方法测得的闪点检验合格证。其他有证标准物质的限值可由本方法再现性计算得出，为减小实验室间的影响，结果乘以 0.7。

注 1：表 B.1 中纯度、闪点数据及其限值是采用实验室间程序，用本试验方法测定了标准物质的适用性而获得。其他按 GB/T 15000.3 和 GB/T 15000.7 生产并具有确定的纯度、闪点数据及其限值的物质也可作为标准物质。在使用前，要对这些材料进行核实。

注 2：注意：取用苯甲醚、正十二烷要特别小心，不要污染标准物质，使用前参阅使用安全手册。

注 3：有证标准物质在试验方法经确认后才能产生。由于这是本标准的第一个版本，因此尚不存在经认证的有证标准物质。表 B.1 中所列的是符合方法精密度要求的苯甲醚（纯度大于 99.7%（摩尔分数））和正十二烷（纯度大于 99.5%（摩尔分数））的数值。若一直没有经认证的有证标准物质，可将相同纯度的苯甲醚和正十二烷作为标准物质。其他按 GB/T 15000.3 和 GB/T 15000.7 生产并具有确定的纯度、闪点数据及其限值的物质也可作为标准物质。在使用前，要对这些材料进行核实，因为每批有证标准物质的闪点值会随组分的不同而不同。

B.2　工作标准物质（SWS）——稳定的烃类或由稳定的组分组成的其他稳定石油产品。

B.2.1　利用标准的统计方法来确定工作标准物质的平均闪点值和统计控制范围（3σ）。

表 B.1　CCCFP 有证标准物质的闪点数据和限值

物　　质	纯度（摩尔分数），%	闪点，℃	限值，℃
苯甲醚	大于 99.7	43.9	±1.5
正十二烷	大于 99.5	79	±2.1

ICS 75.080
E 30

SH

中华人民共和国石油化工行业标准

NB/SH/T 0769—2019
代替 SH/T 0769—2005

石油产品、烃类及烃类-含氧化合物混合物蒸气压的测定　三级膨胀法

Standardtest method for determination of vapor pressure (VP_X) of petroleum products, hydrocarbons, and hydrocarbon-oxygenate mixtures (Triple expansion method)

2019-11-04 发布　　2020-05-01 实施

国家能源局　发布

前言

本标准按照 GB/T 1.1—2009 给出的规则起草。

本标准代替 SH/T 0769—2005《石油产品、烃类及烃类-含氧化合物混合物蒸气压测定法（三级膨胀法）》。

本标准与 SH/T 0769—2005 相比，除编辑性修改外，主要技术变化如下：

——适用范围增加了沸点高于 0℃、气液比为 4∶1 时、在 25℃~100℃时的蒸气压为 0kPa~110kPa 之间的航空涡轮燃料样品（见第 1 章）；

——修改了样品容器体积以及装样量要求，并增加了对航空涡轮燃料样品的要求（见 8.1，2005 年版中 8.1）；

——修改了样品处理要求（见 8.2，2005 年版中 8.2）；

——修改了仪器校准要求（见第 10 章，2005 年版中第 10 章）；

——增加了仪器性能验证一章（见第 11 章）；

——修改了参考物质的可接受参考值以及用参考物质来验证仪器性能时的可接受区间（见第 11 章和表 1，2005 年版中第 11 章）；

——修改了质量控制检查要求（见第 12 章，2005 年版中第 11 章）；

——修改了汽油和汽油-含氧化合物混合物（1L 容器）的重复性和再现性要求，增加了汽油和汽油-含氧化合物混合物（250mL 容器）以及航空涡轮燃料的重复性和再现性要求，另外，增加了使用 250mL 容器和使用 1L 容器的相对偏差（见第 16 章，2005 年版中第 15 章）；

——增加了附录 B、附录 C、附录 D。

本标准使用重新起草法修改采用美国试验与材料协会标准 ASTM D6378-10（2016）《石油产品、烃类及烃类-含氧化合物混合物蒸气压测定法 三级膨胀法》。

本标准与 ASTM D6378-10（2016）的主要技术差异及其原因如下：

——本标准将部分引用标准用我国相应的国家标准或石化行业标准代替，以方便使用。

本标准由中国石油化工集团公司提出。

本标准由全国石油产品和润滑剂标准化技术委员会石油燃料和润滑剂分技术委员会（SAC/TC280/SC1）归口。

本标准起草单位：中石化炼化工程（集团）股份有限公司洛阳技术研发中心。

本标准参加单位：中石化（洛阳）科技有限公司、北京石油产品质量监督检验中心、福建联合石油化工有限公司、中国石化海南炼油化工有限公司、中国石油化工股份有限公司大连石油化工研究院、中国石化股份有限公司齐鲁石化研究院。

本标准主要起草人：王艳星、李怿、白正伟、刘峰阳、王朝、李琳琳、闫荣广、吕大伟、雒亚东、冯庆春。

本标准所代替标准的历次版本发布情况为：

——SH/T 0769—2005。

石油产品、烃类及烃类-含氧化合物混合物蒸气压的测定　三级膨胀法

警告：本标准涉及某些有危险性的材料、操作和设备，但是无意对与此有关的所有安全问题都提出建议。因此，使用者在应用本标准之前应建立适当的安全和保护措施，并确定相关规章限制的适用性。

1　范围

本标准规定了采用自动蒸气压测定仪测定易挥发性液态石油产品、航空涡轮燃料、烃类及烃类-含氧化合物混合物在真空中产生的蒸气压的方法。

本标准适用于沸点高于0℃、气液比为4∶1时、在37.8℃时的蒸气压为7kPa~150kPa之间的易挥发性液体样品，也适用于沸点高于0℃、气液比为4∶1时、在25℃~100℃时的蒸气压为0kPa~110kPa之间的航空涡轮燃料样品。测定所需液体样品量与选定的气液比（见注）和仪器的测试室体积容量有关（见6.1.1及其注）。

注：本标准适用于测定在0℃~100℃、气液比为4∶1至1∶1（X=4~1）时、蒸气压最高为500kPa的易挥发液态石油产品，但精密度（见第16章）可能不适用。

采用本标准在气液比为4∶1（X=4）、37.8℃时测定的汽油及汽油-含氧化合物混合物的蒸气压（VP_X）与用SH/T 0794测定的干蒸气压当量（DVPE）是相关的（见16.3）。当样品是航空涡轮燃料时，不存在相关关系。

2　规范性引用文件

下列文件对于本文件的应用是必不可少的。凡是注日期的引用文件，仅注日期的版本适用于本文件。凡是不注日期的引用文件，其最新版本（包括所有的修改单）适用于本文件。

GB/T 4756　石油液体手工取样法

GB/T 8017　石油产品蒸气压的测定 雷德法

GB/T 9168—1997　石油产品减压馏程测定法

GB/T 27867　石油液体管线自动取样法

SH/T 0794　石油产品蒸气压的测定 微量法

NB/SH/T 0843　石化行业分析测试系统的评价 统计技术法

ASTM D4953　汽油和汽油-含氧化合物混合物的蒸气压试验方法（干法）（Test Method for Vapor Pressure Of Gasoline and Gasoline-Oxygenate Blends（Dry Method））

ASTM D6300　石油产品和润滑剂试验方法用精密度及偏差数据的测定规程（Practice for Determination of Precision and Bias Data for Use in Test Methods for Petroleum Products and Lubricants）

ASTM D6708　统计评估和改善测量某种材料同一性能的两种试验方法之间预期一致性的规程（Practice for Statistical Assessment and Improvement of Expected Agreement between Two Test Methods that Purport to Measure the Same Property of a Material）

3 术语和定义

下列术语和定义适用于本文件。

3.1

干蒸气压当量（*DVPE*） dry vapor pressure equivalent（*DVPE*）

根据 SH/T 0794，用关联公式由总压计算得出，相当于该样品用 ASTM D4953 中 A 法测出的值。

3.2

溶解空气分压（*PPA*） partial pressure from dissolved air（*PPA*）

溶解的空气由液相挥发到气相时产生的压力。

3.3

雷德蒸气压当量（*RVPE*） Reid vapor pressure equivalent（*RVPE*）

用关联公式由总压（TP_X）计算得出，相当于该样品用 GB/T 8017 测得的值。

3.4

总压（TP_X） total pressure（TP_X）

气液比为 X∶1 且样品中没有溶解水存在时，由空气和包含气体的石油产品、组分、原料和其他液体在真空中所产生的压力。

3.5

蒸气压（VP_X） vapor pressure（VP_X）

当气液比为 X∶1 时，总压与溶解空气分压之差，见式（1）：

$$VP_X = TP_X - PPA \quad \cdots\cdots\cdots (1)$$

式中：

VP_X——当气液比为 X∶1 时，液体的蒸气压，单位为千帕（kPa）；

TP_X——当气液比为 X∶1 时的总压，单位为千帕（kPa）；

PPA——溶解空气分压，单位为千帕（kPa）。

4 方法概要

在不低于 20℃ 的温度下，将已知体积的样品注入有内置活塞并可以进行温控的测试室内。密封测试室后，测试室的温度随着第一级膨胀升到指定值。接下来的两级膨胀使测试室的最终体积达到样品体积的 X+1 倍。每级膨胀后，测定总压（TP_X）。溶解空气分压（*PPA*）和空气在样品中的溶解度是根据三次膨胀后的压力计算的。蒸气压（VP_X）是用总压 TP_X 减去样品中的溶解空气分压 *PPA* 计算得到的。

注：对于含有少量类似于气体的高蒸气压杂质的样品，由于杂质的分压会包括在 *PPA* 里，用本标准测得的 *PPA* 和气体分压可能会导致错误的结果。当 *PPA* 和气体分压超过平均最大极限值（7kPa）时，表明样品中可能含有少量类似于气体的高蒸气压杂质。

5 方法应用

5.1 蒸气压是易挥发性液体在运输和存储方面的一个非常重要的物理性质。

5.2 有关部门规定了汽油和汽油-含氧化合物混合物的蒸气压值。

5.3 在挥发性石油产品规范中，通常有对蒸气压的规定，以确保产品具有适合的挥发性能。

5.4 本标准在测定之前不需要进行空气饱和，因此减少了在空气饱和过程中高挥发性组分的损失。本标准测量速度更快并且可以减少由于不正确的空气饱和引起的误差。本标准可以在现场测定蒸气压。

5.5 本标准可以用于在测量前不能进行空气饱和的样品的在线分析。

6 仪器

6.1 本标准采用自动蒸气压测定仪的小体积圆柱形测试室，带有能够将测试室温度控制在0℃~100℃的温控装置。测试室内有一个可移动的活塞。当活塞在最低点时，其最大死体积小于测试室总体积的1%。这样可以将样品吸入测试室并膨胀至所需的气液比。活塞上装有一个固定的压力传感器。测试室中装有进口/出口阀，可以将样品吸入和排出。活塞和阀应该与测试室保持温度相同，以避免任何的凝结或过度的挥发。

6.1.1 测试室应能够盛装5mL~15mL的液体和气体，并且能够维持气液比为4∶1至1∶1。气液比的调整精度在0.05之内。

注：精密度和偏差表述中所使用的仪器，其测试室是用镀镍铝或不锈钢制成的，总容积为5mL。容积大于5mL的测试室也可以使用，但是精密度和偏差表述（见第16章）不一定适用。

6.1.2 压力传感器的最小操作量程为0kPa~200kPa，分辨率不低于0.1kPa，精度不低于±0.2kPa。压力测量系统应包括相关的电子设备和读出装置以显示所产生的压力读数。

6.1.3 在蒸气压测量过程中，可以用电子控温器维持测试室的温度在规定温度的±0.1℃内。

6.1.4 可以用铂电阻温度计来测量测试室的温度。测量装置的最小温度范围为0℃~100℃，分辨率为0.1℃，精度为±0.1℃。

6.1.5 应使用低蒸气压溶剂或下一个待测样品冲洗测试室。

6.2 校准用真空泵：能够将测试室的绝对压力降至0.01kPa以下。

6.3 校准用麦克劳德真空计或已校准的电子真空测量装置：最小量程为0.01kPa~0.67kPa。电子真空测量装置应该依照GB/T 9168—1997附录C进行定期核查。

6.4 校准用压力测量装置：可准确测量当地压力值。在与仪器海拔高度相同的地方，其准确度和分辨率不低于0.1kPa。

注：本标准没有提供适用于本试验的仪器的全部细节。有关每台仪器的安装、操作和维护的详细信息可参考仪器操作说明书。

7 试剂与材料

7.1 试剂的纯度

用于验证仪器性能（见第11章）的试剂，其纯度最低为99%。除非另有说明，所有的试剂都应为分析纯。在确保不会降低测定精密度的情况下，也可以使用纯度稍低的试剂。

建议使用7.3条、7.4条和7.7条中的试剂来验证仪器性能（见第11章）。这些参考物质不可用于仪器校准。表1给出了每个参考物质的可接受参考值（ARV）和不确定度限值，以及可接受测试结果区间。

注：2003年实验室间研究中，11个参与者使用的参考物质是2,2-二甲基丁烷，1个参与者使用的参考物质是2,3-二甲基丁烷。

表 1　参考物质的可接受参考值（*ARV*）和可接受区间

参考物质	*ARV*［VP_4（37.8℃）］±不确定度，kPa	仪器制造商推荐的容许值，kPa	可接受区间［VP_4（37.8℃）］，kPa
正戊烷	107.9±0.2	±1.0	107.9±1.2（106.7~109.1）
2,2-二甲基丁烷	68.8±0.2	±1.0	68.8±1.2（67.6~70.0）
2,3-二甲基丁烷	51.7±0.2	±1.0	51.7±1.2（50.5~52.9）

7.2　环戊烷。

警告：环戊烷易燃并且对人体有害。

7.3　2,2-二甲基丁烷。

警告：2,2-二甲基丁烷易燃并且对人体有害。

7.4　2,3-二甲基丁烷。

警告：2,3-二甲基丁烷易燃并且对人体有害。

7.5　甲醇。

警告：甲醇易燃并且对人体有害。

7.6　2-甲基戊烷。

警告：2-甲基戊烷易燃并且对人体有害。

7.7　正戊烷。

警告：正戊烷易燃并且对人体有害。

7.8　甲苯。

警告：甲苯易燃并且对人体有害。

7.9　丙酮。

警告：丙酮易燃并且对人体有害。

8　取样和进样

8.1　通用要求

8.1.1　蒸气压测定时对蒸发损失及所导致的组分变化极为敏感，因此在取样和处理样品时要采取必要的措施并谨慎操作。

8.1.2　按照 GB/T 4756 或 GB/T 27867 取样并制备试样，但是，对于含有氧化物的燃料不能使用水置换取样法。用 250mL 或 1L 的容器装样至容器容积的 70%~80%。对于航空涡轮燃料，使用 100mL 的容器，最少装样至 80%。样品量的多少对试验精密度有影响。

注 1： 对于汽油和汽油-含氧化合物混合物，目前的精密度描述来自 2003 年实验室间研究（见 16.1），使用的是 250mL 或 1L 干净玻璃容器。GB/T 4756 规定的其他尺寸的容器也可以使用，装样量要求相同，但是精密度可能受到影响。250mL 容器和 1L 容器取得的精密度结果差异有显著性，并且检测到 250mL 容器和 1L 容器的偏差有显著性。精密度差异是 VP_4（37.8 ℃）和容器体积的函数，其具体细节见表 2、表 4 和图 1，同时，250mL 容器和 1L 容器相对偏差的具体细节见 16.3.4。通常，当 VP_4（37.8 ℃）的值 < 64.3 kPa 时，样品在 1L 容器中比在 250mL 容器中重复性更好。另外，当 VP_4（37.8 ℃）的值 < 60.2 kPa 时，样品在 1L 容器中比在 250mL 容器中再现性更好。

注 2： 对于航空涡轮燃料，目前的精密度描述来自 2007 年实验室间研究（见 16.1），使用的是 100mL 容器。GB/T 4756 规定的其他尺寸的容器也可以使用，装样量要求相同，但是精密度还没有确定。

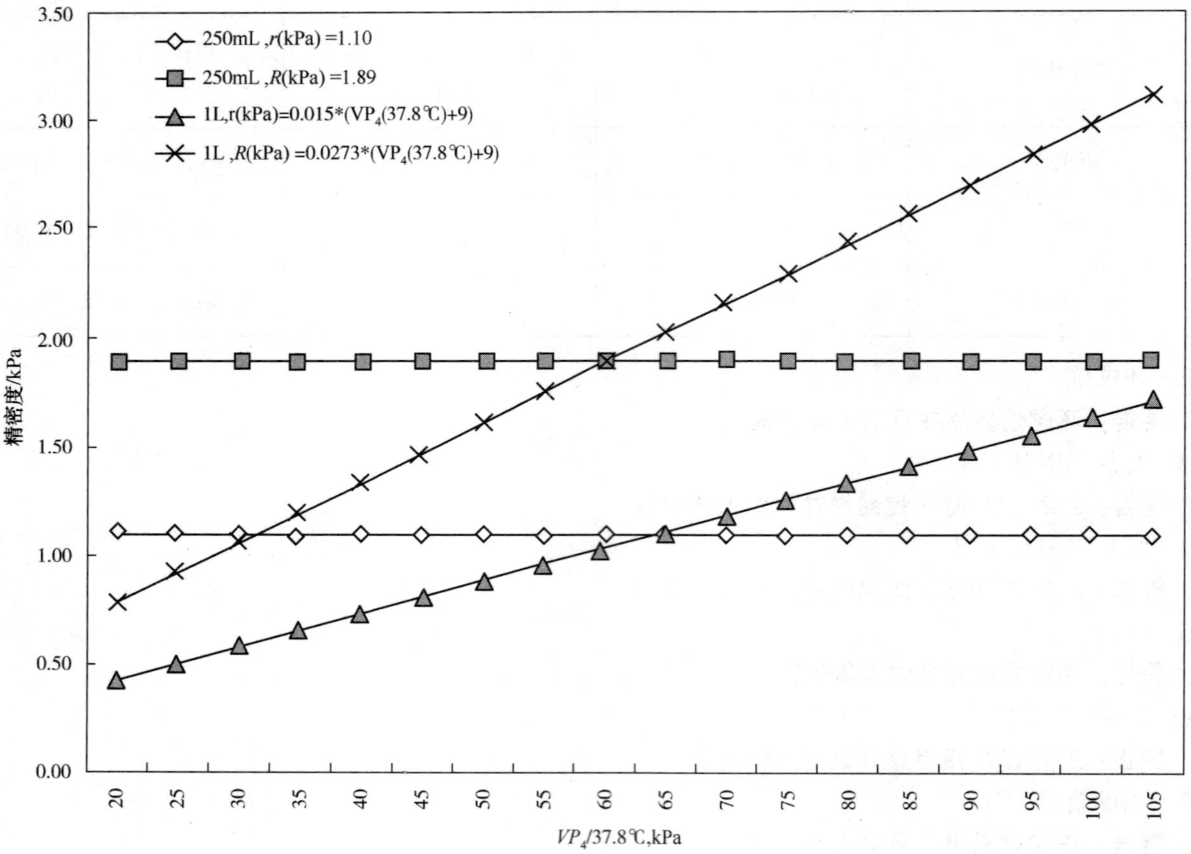

图 1　VP_4（37.8℃）对精密度（kPa）关系图

8.1.3　用从样品容器中取出的第一个试样进行蒸气压的测定（包括冲洗）。不要用样品容器中剩余的样品进行蒸气压的第二次测定。如果要进行第二次测定，重新取一个新样品。对于航空涡轮燃料，不需要这样做。

注 1： 对于汽油和汽油-含氧化合物混合物，从同一个样品容器中取一个以上试验样品的影响在 2003 年实验室间研究（见 16.1）中进行了评价。试验中发现从 1L 容器和 250mL 容器中取出第一个和第二个样品对精密度是有影响的。目前的精密度描述来自 2003 年实验室间研究（见 16.1），使用的是来自 250mL 或 1L 干净玻璃容器的第一个试验样品。

注 2： 对于航空涡轮燃料，从同一个样品容器中取一个以上试验样品的影响在 2007 年实验室间研究（见 16.1）中进行了评价。试验中发现从 100mL 容器中取第一个和第二个样品对精密度没有影响。

8.1.4　在试验前，应避免样品温度过高。可以将样品放在合适的冰浴或冰箱里储存。

8.1.5　装在泄漏容器中的样品不能用于试验。若发现有泄漏，应舍弃该样品，重新取一个新样品。

8.2　样品处理

8.2.1　在试验前不要求对样品进行预冷却以及空气饱和，以减少样品中的溶解气体含量的变化。测定样品在三个气液比（三级膨胀）下的总压，按照理想气体计算溶解气体分压和烃分压。研究表明至少 500kPa（约 5 个大气压）的空气饱和度是可以接受的。

8.2.2　如果样品能保持为单相（即没有分离的液相或气相），可以在较宽松的的温度和压力条件下进样。对于某些汽油样品，适合的试验温度为-10℃～50℃并且环境压力可以高达 300kPa。

8.2.3　对于汽油和汽油-含氧化合物混合物，精密度数据是将样品装在 250mL 或 1L 的干净玻璃样品瓶中，在环境温度和压力下进行试验取得的。对于航空涡轮燃料，精密度数据是将样品装在 100mL 的容器中，在环境温度和压力下进行试验取得的。进样条件的不同可能会对精密度有影响，但是没有对此进行测定。

8.2.4 样品预冷却和/或空气饱和不是必需的，但是样品冷却、空气饱和或脱气或其组合，是可以接受的，因为它不会对结果产生显著影响。因此可以用同一个样品进行蒸气压和馏程的测定。

8.2.5 相对于环境大气压，当样品溶解的气体过饱和时，在空气饱和过程中，会发生脱气和部分烃损失。烃损失随着饱和气体压力的增加而增大。当气体饱和度大于 200kPa（约 2 个大气压）时，最好密封样品系统。

8.2.6 对于瓶装样品，将样品进样管插入到能够达到的最接近样品瓶底部的位置。

8.2.7 密封的样品系统、加压浮动压力缸或等效压力系统中的加压样品，可以在仪器制造商指定的压力和温度范围内使用。过度极端的压力和温度可能会导致精密度与在环境压力和温度下的精密度不同。应当控制样品系统的温度和压力，以便在样品吸入过程中，密封的样品系统中只有一个单相液体。

8.2.7.1 过度冷却含有醇的样品可能会导致相分离（见 8.4）和醇的析出。除非在样品吸入过程中，样品保持良好的混合（也就是说，一旦加热到试验温度，吸入的试验样本能够代表这个混合物），否则会得到较低的蒸气压值。在测定蒸气压之前，不要将含有醇的样品冷却，这样可以避免相分离。

8.2.7.2 样品过度冷却可能会导致冰或水合物的形成，可能会影响样本系统的正常操作。

8.2.7.3 样品过度加热可能会导致蒸气的形成，此时如果吸入过多的蒸气或液相，会使测得的蒸气压偏高或偏低。

8.3 样品容器装样量的确认

8.3.1 如果样品装在透明容器中，用适当的方法确认装样量是样品容器的 70%～80%，比如用刻度尺或者同一个有明显的 70%和 80%刻线的与样品容器相似的容器进行比较。如果样品容器不透明，打开容器，用适当的计量仪来确认样品体积为容器容积的 70%～80%（见注）。当样品是航空涡轮燃料时，取第一个试样前确认容器的装样量至少为 80%。

注：对于非透明容器，确认样品体积等于容器容积 70%～80%的一种方法是使用量油尺，其上预先标有表示容器容积 70%和 80%的刻线。量油尺的材料应确保它浸入样品并取出后其上有湿的痕迹。测量装样量时，将量油尺插入样品容器，在取出量油尺之前使其垂直接触容器底部。

8.3.2 如果样品体积小于容器容积的 70%，舍弃该样品。

8.3.3 如果样品体积超过 80%，倒出部分样品使其体积在 70%～80%的范围内。样品一旦倒出，不得再倒回容器。

8.3.4 容器打开后，将其重新密封。

8.4 样品的单相确认

抽取样品并将样品转移至分析仪器后，检查剩余样品的相分离情况。如果样品装在透明容器中，可以在样品转移前检查样品的相分离情况。如果样品装在不透明容器中，彻底摇晃样品并立即将一部分剩余样品倒出至一个玻璃容器中，观察有无相分离的迹象。浑浊状样品应仔细辨别是否分离为明显的两相。如果样品分离为明显的两相，并有一个明显的界面，则舍弃该试验和样品。如果样品呈浑浊状但没有明显的两相，那么就没有发生相分离现象，这时试验有效，但是第 16 章规定的精密度和偏差可能不适用（见 15.2）。当样品是航空涡轮燃料时，此确认程序不适用。

9 仪器的准备

9.1 按照制造商的说明书准备分析仪器。

9.2 必要时，用溶剂清洗测试室。丙酮有足够低的蒸气压，可以用来清洗仪器。清洗时，用活塞将溶剂吸入测试室，清洗后将溶剂排到废液瓶中。

9.3 为避免试样被前一个样品或溶剂污染，测样前，用待测样品清洗测试室至少三次以上。每次清洗所用样品量不少于测试室总容积的一半。清洗程序要在测量程序开始前进行（见13.4）。

9.4 如果用注射器注入样品，确保注射器和样品在相同的温度条件下。为了避免水污染注射器内壁，在冷却过程中，适当密封注射器。

10 校准

10.1 压力传感器

10.1.1 根据仪器性能验证（见第11章）和质量控制检查（见第12章）的结果来核查传感器的校准情况。用两个参考点来核查传感器的校准情况：零压力（<0.1kPa）和环境大气压力。

注：压力传感器的校准频率应随着仪器型号和使用频率的不同而不同。至少每6个月进行一次压力传感器的校准核查。

10.1.2 将麦克劳德真空计或已校准的电子真空测量装置与测试室同时连接到真空源（见注）。将测试室抽真空。当真空测量装置的压力读数小于0.1kPa时，按照仪器设计要求或制造商的说明书，将传感器读数调至零或真空测量装置的读数。

注：关于电子真空测量装置的校准和麦克劳德真空计的适当维护，其具体细节见GB/T 9168—1997的附录C。

10.1.3 打开仪器测试室，使其与大气压相通，观察传感器相应的压力值。确保仪器显示的是总压值（TP_X），而不是计算值或修正值。将这个压力值与作为压力参考标准的水银计或其他相当的压力装置的读数比较。在进行压力比较时，压力测量装置应与仪器所处海拔高度相同。

注：许多无液气压计，比如在气象站和机场使用的，已预先修正，给出的是海平面读数。这些压力计不得用于仪器的校准。

10.1.4 重复10.1.2和10.1.3，直到零压力和大气压读数准确到不需要进一步的调整。

10.2 温度传感器

对用来监测测试室温度的铂电阻温度计，至少每6个月用可溯源到国家基准的温度计进行校准核查。

11 仪器性能验证

11.1 校准后，每天使用仪器时，验证仪器性能，将其作为对仪器校准的独立核查。对于纯化合物（见7.1）以及用纯化合物制备的混合物，可以从同一个容器中多次取样；但是用过的试验样品，不论全部或部分，都不能再次使用。表1给出了在2003年实验室间研究（ILS）中测试的参考物质在37.8℃时蒸气压（VP_4）测量值的可接受参考值（*ARV*）以及不确定度（至少95%的置信区间）。这些数据连同仪器制造商推荐的容许值，可以确定用参考物质来验证仪器性能时的可接受区间。

注1：在2003年实验室间研究（ILS）（见16.1）中，实施了一项研究，该研究重复测试同一250mL容器中不同体积下的样品，以确定样品不同体积分数对精密度和偏差的影响。数据表明，4种参考物质中有3种影响不显著。对于*DVPE*值>100kPa的物质，比如正戊烷，当减少瓶内液体体积时精密度变差。如果使用正戊烷，建

议容器中的样品体积分数≥50%。

注2：在包含了航空涡轮燃料的2007年实验室间研究（ILS）（见16.1）中，对2,2-二甲基丁烷进行了试验，试验结果与2003年实验室间研究（ILS）（见16.1）一致，其VP_4平均值为68.6kPa，标准偏差为0.3kPa，并且对99.95%的甲苯进行了试验，其VP_4平均值为7.7kPa，标准偏差为0.2kPa。

11.2 如果测得的结果在表1给出的可接受区间内时，表明该仪器的性能是可接受的。如果取得的结果超出可接受区间，核实纯化合物的纯度，重新检查仪器的校准（见第10章）。

注：在2003年实验室间研究（ILS）（见16.1）中，包含了由正戊烷和甲苯混合物组成的参考物质，该混合物中正戊烷：甲苯质量比为44.0：56.0，但是结果表明数据不是正态分布。

12 质量控制检查

12.1 仪器性能验证符合后，依据NB/SH/T 0843的准则，用能够代表实验室常规样品的质量控制样品来确认仪器处于统计受控状态。

12.2 记录37.8℃时的蒸气压值VP_4，并与统计受控状态的判定标准进行比较。如果结果超出判定标准，调查根本原因。

12.3 将质量控制样品保存在一个适合于长期储存、不会导致样品分解的环境中。附录A给出了制备、储存、隔离试验所用的质量控制样品的指导方针和建议。

13 试验步骤

13.1 将测试室的进样温度设为20℃~37.8℃。

13.2 设定气液比为$X:1$（如果测试结果要与SH/T 0794相关联，则设定$X=4$）。

13.3 将装有试样的注射器或加压容器或浸入试样的导管连接到仪器进样口。要防止试样中高挥发性物质的损失。试样总量要大于三次清洗加上测试所需量的总和。试样引入方法参照仪器操作说明书。

13.4 连接试样后，立即进行三次清洗（见9.3）。

13.5 通过活塞运动将试样引入测试室。试样体积正好使膨胀到最后体积后达到设定的气液比。

13.6 关闭进样阀，通过活塞运动进行第一级膨胀。

13.7 将测试室的温度升高到所需试验温度的±0.1℃以内。至少每秒监测TP_X一次，至少持续1min。当20s内得到的所有读数变化在0.3kPa以内时，记录所得的总压力为$TP_{X,1}$。

13.8 进行第二级膨胀，至少每秒监测TP_X一次，至少持续1min。当20s内得到的所有读数变化在0.3kPa以内时，记录所得的总压力为$TP_{X,2}$。

13.9 重复13.8进行第三级膨胀，并记录所得的总压力为$TP_{X,3}$。

13.10 检查试样的相分离情况：将试样引入仪器进行测定后，检查剩余试样的相分离情况（见8.4）。当试样是航空涡轮燃料时，不需要进行该步骤。

14 计算

14.1 按式（2）计算温度t下的溶解空气分压PPA_t（kPa）：

$$PPA_t=\frac{(TP_{X,1}-TP_{X,3})(TP_{X,2}-TP_{X,3})}{\frac{V_3-V_1}{V_2-V_1}(TP_{X,1}-TP_{X,2})-(TP_{X,1}-TP_{X,3})} \quad \cdots\cdots(2)$$

式中：

$TP_{X,1}$——第一级膨胀后总压，单位为千帕（kPa）；

$TP_{X,2}$——第二级膨胀后总压，单位为千帕（kPa）；
$TP_{X,3}$——第三级膨胀后总压，单位为千帕（kPa）；
V_1——第一级膨胀后体积，单位为毫升（mL）；
V_2——第二级膨胀后体积，单位为毫升（mL）；
V_3——第三级膨胀后最终体积，单位为毫升（mL）。

14.2 按式（3）计算温度 t 下的蒸气压 $VP_{X,t}$（kPa）：

$$VP_{X,t}=TP_{X,3}-PPA_t \quad (3)$$

式中：

PPA_t——温度 t 下的溶解空气分压，单位为千帕（kPa）。

14.3 公式的推导参见附录 B。

15 报告

15.1 报告蒸气压，结果精确至 0.1kPa，并注明用于试验的样品容器体积（汽油和汽油-含氧化合物混合物 250mL 或 1L；航空涡轮燃料 100mL），以及试验温度和气液比。

15.2 如果在 8.4 条观察到浑浊现象，应在报告中注明样品浑浊。

16 精密度和偏差

16.1 精密度

16.1.1 总则

本标准关于汽油和汽油-含氧化合物混合物的精密度是在 2003 年实验室间合作试验项目中使用 ASTM D6300 得到的，包含了 12 个实验室、2 种仪器以及 20 种烃类和烃类-含氧化合物混合物。关于样品类型的数量和性质以及仪器评价的附加信息参见附录 C 中的 C.2 和 C.4。本标准关于航空涡轮燃料的精密度是在 2007 年实验室间合作试验项目中使用 ASTM D6300 得到的，包含了 7 个实验室、2 种仪器以及 11 个航空涡轮燃料（Jet A，A1，C，JP4，TS-1）以及甲苯。按下述规则判断试验结果的可靠性（95%的置信水平）。

16.1.2 重复性

16.1.2.1 汽油和汽油-含氧化合物混合物：当 VP_4（37.8℃）在 17.0kPa~106.0kPa 范围内时，同一操作者、在同一实验室使用同一仪器、按规定步骤、对同一个样品重复测定所得的两个结果之差不大于表 2 的要求。

表 2 重复性（汽油和汽油-含氧化合物混合物）

容器大小	重复性（r）
250mL	1.10kPa
1L	0.015（X+9）
其中：X——两个结果的平均值，单位为千帕（kPa）。	

16.1.2.2 航空涡轮燃料：同一操作者、在同一实验室使用同一仪器、按规定步骤、使用 100mL 容器、对同一个样品重复测定所得的两个结果之差不大于表 3 的要求。

表 3　重复性（航空涡轮燃料）

温度,℃	重复性，kPa	有效范围，kPa
25	0.6	0.1 ~ 11.0
37.8	0.06（Y+4）	0.3 ~ 17.0
50	0.035（Y+15）	0.5 ~ 26.0
100	1.70	5.4 ~ 107.5
其中：Y——两个结果的平均值，单位为千帕（kPa）。		

16.1.3　再现性

16.1.3.1　汽油和汽油-含氧化合物混合物：当 VP_4（37.8℃）在 17.0kPa~106.0kPa 范围内时，不同操作者、在不同实验室使用不同的仪器、按规定步骤、分别使用 250mL 或 1L 容器、对同一样品进行测定所得的两个单一、独立试验结果之差不大于表 4 的要求。

表 4　再现性（汽油和汽油-含氧化合物混合物）

容器大小	再现性（R）
250mL	1.89kPa
1L	0.0273（X+9）
其中：X——两个结果的平均值，单位为千帕（kPa）。	

16.1.3.2　航空涡轮燃料：不同操作者、在不同实验室使用不同的仪器、按规定步骤、使用 100mL 容器、对同一样品进行测定所得的两个单一、独立试验结果之差不大于表 5 的要求。

表 5　再现性（航空涡轮燃料）

温度,℃	再现性，kPa	有效范围，kPa
25	1.0	0.1 ~ 11.0
37.8	0.11（Y+4）	0.3 ~ 17.0
50	0.065（Y+15）	0.5 ~ 26.0
100	2.2	5.4 ~ 107.5
其中：Y——两个结果的平均值，单位为千帕（kPa）。		

16.1.4　精密度典型值

表 6 和图 1 给出了测定汽油和汽油-含氧化合物混合物 VP_4（37.8℃）时的精密度典型值。

表 6　VP_4（37.8℃）时的精密度典型值

VP_4（37.8℃），kPa	250mL 容器		1L 容器	
	r，kPa	R，kPa	r，kPa	R，kPa
20	1.10	1.89	0.44	0.79
25	1.10	1.89	0.51	0.93
30	1.10	1.89	0.59	1.06
35	1.10	1.89	0.66	1.20
40	1.10	1.89	0.74	1.34
45	1.10	1.89	0.81	1.47

表（续）

VP_4（37.8℃），kPa	250mL 容器		1L 容器	
	r，kPa	R，kPa	r，kPa	R，kPa
50	1.10	1.89	0.89	1.61
55	1.10	1.89	0.96	1.75
60	1.10	1.89	1.04	1.88
65	1.10	1.89	1.11	2.02
70	1.10	1.89	1.19	2.16
75	1.10	1.89	1.26	2.29
80	1.10	1.89	1.34	2.43
85	1.10	1.89	1.41	2.57
90	1.10	1.89	1.49	2.70
95	1.10	1.89	1.56	2.84
100	1.10	1.89	1.64	2.98
105	1.10	1.89	1.71	3.11

16.2 偏差

由于没有可接受的参考物质用于测定本标准程序的偏差，所以偏差尚未测定。

16.3 与 SH/T 0794 的相对偏差

16.3.1 按照本标准使用 1L 容器得到的 VP_4（37.8℃）结果与按照 SH/T 0794 使用 1L 容器得到的 *DVPE* 结果之间的一致性，依据 ASTM D6708 进行了评估。使用 ASTM D6708 认可的偏差校正方案可以进一步提高一致性。样品不同，偏差也不同，但它们可以作为一个随机效应包括在方法间再现性的计算中。按照本标准，使用 1L 容器，得到 VP_4（37.8℃）结果，用式（4）预测按照 SH/T 0794 使用 1L 容器得到的 *DVPE* 结果。当样品是航空涡轮燃料时，式（4）不适用。

$$\text{预测的 } DVPE_{1\text{L容器}} = VP_4\ (37.8℃)_{1\text{L容器}} - 1.005 \tag{4}$$

式中：

VP_4（37.8℃）$_{1\text{L容器}}$——按照本标准使用 1L 容器测得的 37.8℃时的蒸气压 VP_4，单位为千帕（kPa）。

16.3.2 按照本标准使用 250mL 容器得到的 VP_4（37.8℃）结果与按照 SH/T 0794 使用 1L 容器得到的 *DVPE* 结果之间的一致性，依据 ASTM D6708 进行了评估。使用 ASTM D6708 认可的偏差校正方案可以进一步提高一致性。样品不同，偏差也不同，但它们可以作为一个随机效应包括在方法间再现性的计算中。按照本标准，使用 250mL 容器，得到 VP_4（37.8℃）结果，用式（5）预测按照 SH/T 0794 使用 1L 容器得到的 *DVPE* 结果。

$$\text{预测的 } DVPE_{1\text{L容器}} = VP_4\ (37.8℃)_{250\text{mL容器}} - 0.751 \tag{5}$$

式中：

VP_4（37.8℃）$_{250\text{mL容器}}$——按照本标准使用 250mL 容器测得的 37.8℃时的蒸气压 VP_4，单位为千帕（kPa）。

16.3.3 以 2003 年实验室间研究结果为基础，使用式（4）或式（5）得到的 *DVPE* 预测值，相对于按照 SH/T 0794 用 1L 容器得到的 *DVPE* 值之间的差值，对于满足两个方法范围的样品，仅有 5%超出表 7

和表 8 的要求。

注：当平均值介于表 7 和表 8 的列出值之间时，用插入法计算方法间再现性值。关于方法间再现性值的更多细节和说明参见附录 D。另外，图 D.1 提供了表 7 和表 8 的图形信息。

表 7　用式（4）预测的 $DVPE_{1L容器}$ 和 SH/T 0794 测得的 DVPE 值之间的方法间再现性计算值

DVPE，kPa	R_{XY}，kPa	*DVPE*，kPa	R_{XY}，kPa
20	1.47	65	2.27
25	1.54	70	2.37
30	1.63	75	2.47
35	1.71	80	2.57
40	1.80	85	2.67
45	1.89	90	2.77
50	1.98	95	2.87
55	2.08	100	2.97
60	2.17		

表 8　用式（5）预测的 $DVPE_{1L容器}$ 和 SH/T 0794 测得的 DVPE 值之间的方法间再现性计算值

DVPE，kPa	R_{XY}，kPa	*DVPE*，kPa	R_{XY}，kPa
20	2.05	65	2.29
25	2.07	70	2.32
30	2.10	75	2.35
35	2.12	80	2.37
40	2.15	85	2.40
45	2.18	90	2.43
50	2.20	95	2.46
55	2.23	100	2.49
60	2.26		

16.3.4　使用 250mL 容器和使用 1L 容器的相对偏差：依照 ASTM D6708 确定了使用 250mL 容器与使用 1L 容器得到的 VP_4（37.8℃）结果之间的一致性。可以使用式（6）提高两个容器所得结果之间的一致性。没有发现偏差随着样品变化。

$$预测的 VP_4（37.8℃）_{1L容器} = VP_4（37.8℃）_{250mL容器} + 0.137 \quad \cdots\cdots（6）$$

式中：

VP_4（37.8℃）$_{250mL容器}$——按照本标准使用 250mL 容器测得的 37.8℃时的蒸气压 VP_4，单位为千帕（kPa）。

注 1：精密度和偏差的表述不适用于在 8.4 条观察到浑浊现象的汽油。

注 2：各种机构已经发展了不同的关于 SH/T 0794（汽油和汽油-含氧化合物混合物）的关联公式，关联至 ASTM D4953 B 法，或 GB/T 8017。通过这些不同的公式计算的 VP_X 相对偏差如下：

EPA 所使用的关联至 ASTM D4953 B 法的关联公式，如下：

$$\text{EPA：} DVPE = (0.956Ptot) - 2.39\ (\text{kPa})$$

$$\text{相对偏差} = 0.137\text{kPa}$$

CARB 所使用的关联至 GB/T 8017 的关联公式，如下：

$$\text{CARB：} RVPE = (0.972Ptot) - 4.93\ (\text{kPa})$$

$$\text{相对偏差} = 1.575\text{kPa}$$

附 录 A
（资料性附录）
本标准中使用的质控样品的制备、储存和隔离的指导方针和建议

A.1 建议使用挥发性液体石油产品比如汽油制备用于质量控制（QC）的样品，为了获得均匀的大批量样本（如 ≥20L），将有代表性样品类型的样品装在一个大小合适的密封容器中，装至容量的 70%～80 %，在预期的时间进行测量（例如，根据季节选择一个夏季牌号汽油或冬季牌号汽油）。由于不需要像 SH/T 0794 所要求的，使用本标准进行分析不要求将样品预冷却至 0℃～1℃，大批量样本可以保存在环境条件下或冷藏，如保存在“冷室”。大批量样本的一部分可以转移至小一些的 250mL 或 1L 容器中，装至容量的 70%～80%，将其储存至需要分析时；或者直至分析时，再从大批量样本容器中转移出来。

A.2 另一方法是在将保留样品丢弃之前，对其进行测试，并将所得的结果与最初的测试结果相比较，来估计中间精密度。这个方案适用于那些没有大量给定样品、但是要求将试验样品保留一段时间的实验室。建议对即将被丢弃的保留样品进行测试（保留样品已达到其规定的保存期限），按照 NB/SH/T 0843 用单个测量值（I 图）、移动极差（MR）、指数移动平均值（EWMA）控制图，画出初始分析结果和最后测量品结果的差值（用测量$_{原始}$-测量$_{最终}$计算）。蒸气压明显不同的样品应单独建立控制图（例如，冬季牌号汽油和夏季牌号汽油）。

A.2.1 差值的 I 图平均值最好是零，失控信息（I 图或 EWMA）表明试验条件可能发生了改变或者保留样品相对于初始状态可能发生了变化。对实验室来说，两种原因都有很高的可能性。本方案除了评价实验室的测试方法精密度之外，还可以持续监控样品保留系统的完整性。

附 录 B
(资料性附录)
用来计算 VP_X 公式的推导

B.1 理论

B.1.1 所测的含空气液体的 TP_X 是液体的蒸气压 VP_X 和液体中溶解空气分压 PPA 之和。

B.1.2 公式的推导：推导是假设液体的蒸气压 VP_X 在测量精密度内、在三种气液比下是恒定不变的。

B.1.2.1 用下面的公式计算三次膨胀后的 TP_X（kPa）：

$$TP_{X,1} = VP_X + PPA_{V,1} \text{ 或 } PPA_{V,1} = TP_{X,1} - VP_X \quad \text{(B.1)}$$

$$TP_{X,2} = VP_X + PPA_{V,2} \text{ 或 } PPA_{V,2} = TP_{X,2} - VP_X \quad \text{(B.2)}$$

$$TP_{X,3} = VP_X + PPA_{V,3} \text{ 或 } PPA_{V,3} = TP_{X,3} - VP_X \quad \text{(B.3)}$$

式中：

$TP_{X,1}$——第一级膨胀后总压，单位为千帕（kPa）；

$TP_{X,2}$——第二级膨胀后总压，单位为千帕（kPa）；

$TP_{X,3}$——第三级膨胀后总压，单位为千帕（kPa）；

VP_X——当气液比为 $X:1$ 时，液体的蒸气压，单位为千帕（kPa）；

$PPA_{V,1}$——第一级膨胀后溶解空气分压，单位为千帕（kPa）；

$PPA_{V,2}$——第二级膨胀后溶解空气分压，单位为千帕（kPa）；

$PPA_{V,3}$——第三级膨胀后溶解空气分压，单位为千帕（kPa）。

B.1.2.2 样品中饱和空气的自由体积 V_A 可用下式定义：

$$V_A = (k/100)\ V_L \quad \text{(B.4)}$$

式中：

k——空气在样品中的溶解度，(%)；

V_L——样品体积，单位为毫升（mL）。

B.1.2.3 应用三个不同体积的气体定律公式和 V_A 的定义式，可以得到以下方程：

$$(V_1 + V_A)\ PPA_{X,1} = (V_2 + V_A)\ PPA_{X,2} = (V_3 + V_A)\ PPA_{X,3} \quad \text{(B.5)}$$

式中：

V_1——第一级膨胀后体积，单位为毫升（mL）；

V_2——第二级膨胀后体积，单位为毫升（mL）；

V_3——第三级膨胀后最终体积，单位为毫升（mL）；

V_A——样品中饱和空气的自由体积，单位为毫升（mL）；

$PPA_{X,1}$——第一级膨胀后溶解空气分压，单位为千帕（kPa）；

$PPA_{X,2}$——第二级膨胀后溶解空气分压，单位为千帕（kPa）；

$PPA_{X,3}$——第三级膨胀后溶解空气分压，单位为千帕（kPa）。

B.1.2.4 应用式（B.1）、式（B.2）、式（B.3），可以得到以下两个方程：

$$(V_1 + V_A)(TP_{X,1} - VP_X) = (V_2 + V_A)(TP_{X,2} - VP_X) \quad \text{(B.6)}$$

$$(V_1 + V_A)(TP_{X,1} - VP_X) = (V_3 + V_A)(TP_{X,3} - VP_X) \quad \text{(B.7)}$$

式中：

$TP_{X,1}$——第一级膨胀后总压，单位为千帕（kPa）；

$TP_{X,2}$——第二级膨胀后总压，单位为千帕（kPa）；

$TP_{X,3}$——第三级膨胀后总压，单位为千帕（kPa）；

VP_X——当气液比为 X：1 时，液体的蒸气压，单位为千帕（kPa）；

V_1——第一级膨胀后体积，单位为毫升（mL）；

V_2——第二级膨胀后体积，单位为毫升（mL）；

V_3——第三级膨胀后最终体积，单位为毫升（mL）；

V_A——样品中饱和空气的自由体积，单位为毫升（mL）。

B.1.2.5 由式（B.6）和式（B.7），可以得出最终体积下的 PPA 公式：

$$PPA_{X,3}=\frac{(TP_{X,1}-TP_{X,3})(TP_{X,2}-TP_{X,3})}{\frac{V_3-V_1}{V_2-V_1}(TP_{X,1}-TP_{X,2})-(TP_{X,1}-TP_{X,3})} \quad \text{(B.8)}$$

式中：

$TP_{X,1}$——第一级膨胀后总压，单位为千帕（kPa）；

$TP_{X,2}$——第二级膨胀后总压，单位为千帕（kPa）；

$TP_{X,3}$——第三级膨胀后总压，单位为千帕（kPa）；

V_1——第一级膨胀后体积，单位为毫升（mL）；

V_2——第二级膨胀后体积，单位为毫升（mL）；

V_3——第三级膨胀后最终体积，单位为毫升（mL）。

B.1.2.6 用下面的公式计算空气校正蒸气压：

$$VP_X=TP_{X,3}-PPA_{X,3} \quad \text{(B.9)}$$

式中：

VP_X——当气液比为 X：1 时，液体的蒸气压，单位为千帕（kPa）；

$TP_{X,3}$——第三级膨胀后总压，单位为千帕（kPa）；

$PPA_{X,3}$——最终体积下的溶解空气分压，单位为千帕（kPa）。

B.2 在不同于试验温度时的空气校正

B.2.1 按照下列步骤，可以测得不同于试验温度 t 的某温度 t_1 下的蒸气压 VP_X：

B.2.1.1 在温度 t 下测得 $TP_{X,3}$后，将测试室的温度调整至 t_1± 0.1℃。

B.2.1.2 至少每秒监测 TP_X 一次，至少持续 1min。当 20s 内得到的所有读数变化在 0.3kPa 以内时，记录所得的总压力为 TP_{X,t_1}。

B.2.1.3 在温度 t_1 下的空气分压 PPA_{t_1} 可以根据气体定律用下面的公式计算：

$$PPA_{t_1}=PPA_t(273.2+t_1)/(273.2+t) \quad \text{(B.10)}$$

式中：

PPA_t——在温度 t 下的空气分压，单位为千帕（kPa）；

t_1——测试室当前的温度，单位为摄氏度（℃）；

t——气体测量过程中，以前的试验温度，单位为摄氏度（℃）。

B.2.1.4 用下面的公式计算在温度 t_1 时的空气校正蒸气压 VP_{X,t_1}（kPa）：

$$VP_{X,t_1}=TP_{X,t_1}-PPA_{t_1} \quad \text{(B.11)}$$

式中：

TP_{X,t_1}——在温度 t_1 下的总压，单位为千帕（kPa）；

PPA_{t_1}——在温度 t_1 下的空气分压，单位为千帕（kPa）。

附　录　C
(资料性附录)
与 2003 年实验室间研究（ILS）相关的信息，包含 SH/T 0794 和本标准的研究

C.1　ILS 关于本标准的目标

C.1.1　确定本标准的重复性（r）和再现性（R）。

C.1.2　对 SH/T 0794 和本标准的精密度描述进行比较。

C.1.3　**与使用 1L 容器得到的结果相比，确定使用 250mL 容器是否影响蒸气压结果。**

C.1.4　确定是否可以从一个容器中多次取样测定。

C.1.5　研究使用混合物作为验证仪器性能物质的可能性，该混合物的蒸气压可以按浓度配制得到。

C.1.6　确定本标准相对于 SH/T 0794 的相对偏差。

C.1.7　在本标准中，对于不同水平的溶解气体，确定溶解空气的大小是否被正确测量。

C.1.8　将参考物质用本标准取得的结果与用 PR 状态方程得到的理论结果相比较。

C.2　样品

C.2.1　研究参与者分析了随机安排好的样品集，该样品集包含了装在 250mL 和 1L 的干净玻璃容器中的 20 种烃类和烃类-含氧化合物混合物的盲样及来自同一容器的重复样（20 个样品×2 个样本×2 个容器体积×2 个重复样/瓶＝160 个分析样品/数据集）。这 20 个样品类型包括 6 个常规汽油（添加和不添加乙醇），5 个含有 MTBE 或者乙醇的重整汽油（RFG），6 个 CARB 汽油（2 个不含氧化物，2 个含有 MTBE，2 个含有乙醇），1 个航空汽油，1 个 JP4，1 个冷凝液。样品的总蒸气压大约从 22kPa 到 110kPa。

C.3　参比燃料

C.3.1　研究参与者对 4 种参比燃料（质量分数为 44.0%：56.0%的正戊烷、甲苯混合物，正戊烷，2，2-二甲基丁烷，2,3-二甲基丁烷）重复进行了 4 次分析，并将具体的研究计划提供给实验室，该研究计划评估了容器中样品的体积分数变化对结果的影响。参比燃料装在 250mL 的干净玻璃容器中。

C.4　本标准的仪器类型和已评估的数据集

C.4.1　从 10 个使用本标准分析样品的实验室一共收集到 12 个数据集，其中 8 个数据集使用的是 Grabner 蒸气压测定仪，4 个数据集使用的是 Grabner 在线蒸气压测定仪。

附　录　D

（资料性附录）

用式（4）和式（5）确定的 $DVPE_{1L容器}$ 预测值和 SH/T 0794 之间的方法间再现性信息

D.1　方法间再现性（R_{XY}）：ASTM D6708 定义：方法间再现性指的是当方法进行了评估并使用了合适的偏差校正时，由不同的操作者、使用不同的仪器、应用 X 和 Y 两种方法、使用同一试验样品各取得一个独立的结果，与这两个结果差值相关的随机误差的定量表述。对于两个这样单一、独立的结果的差值，方法间再现性的置信水平为 95%。方法 X 的结果是预测的 $DVPE_{1L容器}$ 值（式（4）），方法 Y 的结果是使用 SH/T 0794 用 1L 容器取得的 *DVPE* 值。

D.1.1　以 2003 年实验室间研究（ILS）为基础，对使用本标准式（4）预测的 $DVPE_{1L容器}$ 值与使用 SH/T 0794 用 1L 容器取得的 *DVPE* 值之间的方法间再现性进行了评价。基于这一准则的两种方法的方法间再现性计算公式见式（C.1）。

$$方法间再现性（R_{XY}）= \sqrt{0.57R_X^2 + 0.53R_Y^2} \quad \cdots\cdots\cdots\cdots \quad (C.1)$$

式中：

R_X——以 VP_4（37.8℃）$_{1L容器}$ 输入值为基础，本标准的再现性值，单位为千帕（kPa）；

R_Y——以使用 1L 容器得到的 *DVPE* 输入值为基础，SH/T 0794 的再现性值，单位为千帕（kPa）。

注：对于一个给定的 *DVPE* 水平，为了计算方法间再现性（R_{XY}），需要将式（4）转换成 VP_4（37.8℃）= 预测的 *DVPE* + 1.005。因此，如果要以 kPa 为单位计算 R_X，那么 R_X 的方程式可以重新写为：R_X（kPa）= 0.0273×（预测的 *DVPE*（kPa）+ 1.005kPa+9kPa）= 0.0273×（预测的 *DVPE*（kPa）+ 10.005kPa）。

D.1.2　类似于 C.1.1 的信息，对使用本标准式（5）以 VP_4（37.8℃）$_{250mL容器}$ 为输入值预测的 $DVPE_{1L容器}$ 值与使用 SH/T 0794 用 1L 容器取得的 *DVPE* 值之间的方法间再现性进行了评价。基于这一准则的两种方法的方法间再现性计算公式见式（C.2）。

$$方法间再现性（R_{XY}）= \sqrt{0.65R_X^2 + 0.56R_Y^2} \quad (C.2)$$

式中：

R_X——对于 250mL 容器，本标准的再现性值，单位为千帕（kPa）；

R_Y——以使用 1L 容器得到的 *DVPE* 为基础，SH/T 0794 的再现性值，单位为千帕（kPa）。

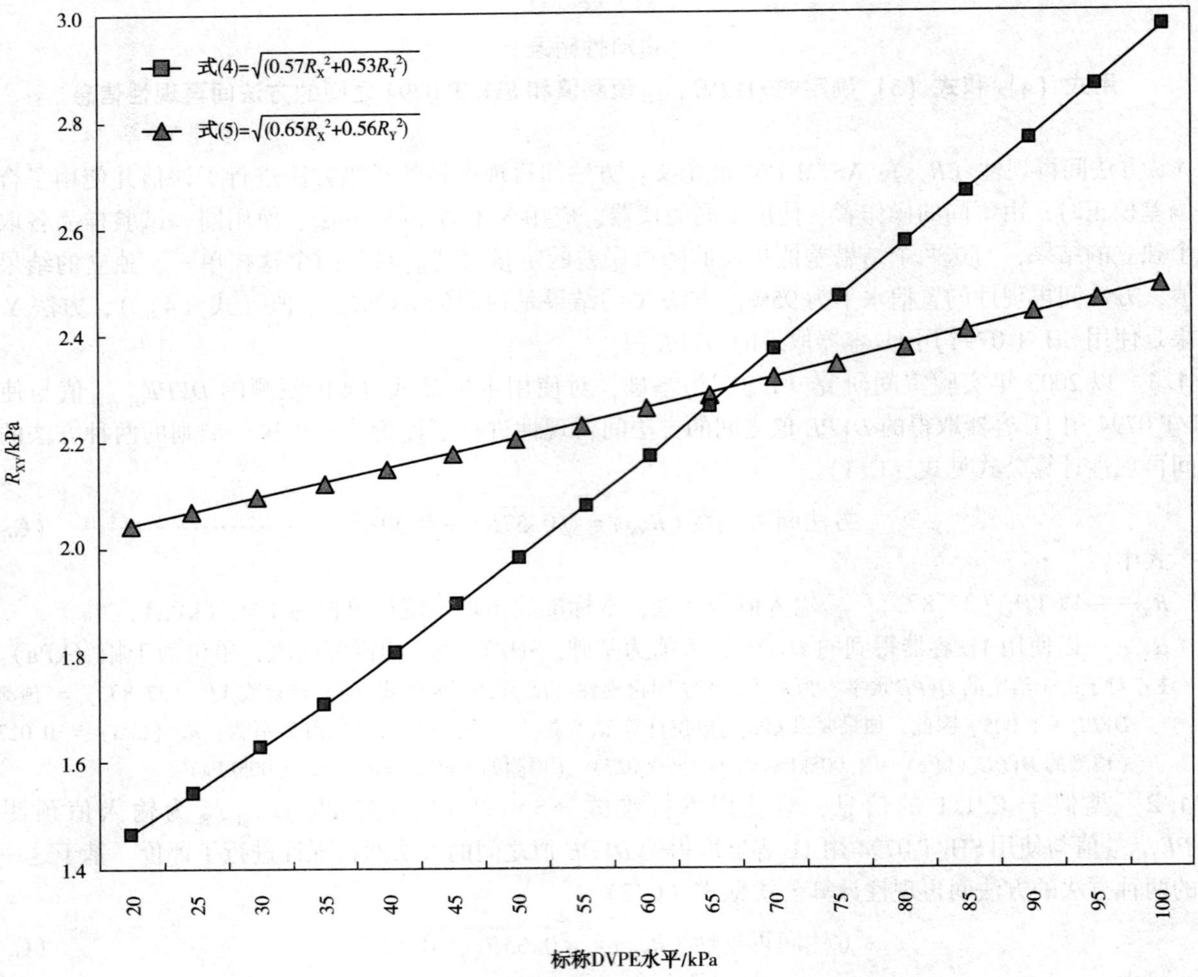

图 D.1　在标称 *DVPE* 水平用式（4）和式（5）预测 $DVPE_{1L容器}$ 值和 SH/T 0794 的方法间再现性（R_{XY}）值

ICS 75.160.20
E 31

SH

中华人民共和国石油化工行业标准

SH/T 0770—2005

航空燃料冰点测定法（自动相转换法）

Standard test method for freezing point of aviation fuels (Automatic phase transition method)

2005-10-10 发布　　2006-02-01 实施

中华人民共和国国家发展和改革委员会　发布

前　言

本标准修改采用美国试验与材料协会标准 ASTM D 5972-02《航空燃料冰点标准试验法(自动相转换法)》。

本标准根据 ASTM D 5972-02 重新起草。

为了更适合我国国情，本标准在采用 ASTM D 5972-02 时进行了修改。这些技术差异用垂直单线标识在它们所涉及的条款的页边空白处。本标准与 ASTM D 5972-02 的主要差异是：

——本标准的引用标准增加了我国相应的国家标准。

为使用方便，本标准还做了如下编辑性修改：

——重复性和再现性的文字表述按照我国的习惯进行了修改。

——删除了第 13 章的关键词。

本标准的附录 A 是规范性附录。

本标准由中国石油化工集团公司提出。

本标准由中国石油化工股份有限公司石油化工科学研究院归口。

本标准起草单位：中国石油化工股份有限公司石油化工科学研究院。

本标准主要起草人：张戟、龚冬梅。

航空燃料冰点测定法
(自动相转换法)

1 范围

1.1 本标准规定了喷气燃料冰点的测定方法，低于此温度喷气燃料中会形成固态烃类结晶。

1.2 本标准适用于测定冰点的范围为-80℃～+20℃，然而在12.4条中提到的实验室间研究只对喷气燃料冰点在-45℃～-65℃范围内进行了验证。

1.3 当用本标准测定JetB和JP4试样时，用户应引起注意(见12.3条)。

注：JetB和JP4相当于我国的GJB 2376中规定的宽馏分喷气燃料。

1.4 本标准使用SI(国际单位制)作为标准计量单位。

1.5 本标准使用中可能涉及到有危险的材料、操作和设备。本标准并未对与此有关的所有安全问题都提出建议，用户在使用本标准前有责任制定相应的安全和保护措施，并明确其受限制的适用范围。

2 规范性引用文件

下列文件中的条款通过本标准的引用而成为本标准的条款。凡是注日期的引用文件，其随后所有的修改单(不包括勘误的内容)或修订版均不适用于本标准，然而，鼓励根据本标准达成协议的各方研究是否可使用这些文件的最新版本。凡是不注日期的引用文件，其最新版本适用于本标准。

GB/T 2430 喷气燃料冰点测定法

GJB 2376 宽馏分喷气燃料规范

ASTM D2386 航空燃料冰点试验法

3 术语和定义

下列术语和定义适用于本标准。

3.1

冰点 freezing point

用于航空燃料，燃料经过冷却形成固态烃类结晶，然后试样在特定的条件下开始升温，当烃类结晶消失时的温度即为航空燃料的冰点。

3.2

自动相转换法 automatic phase transition method

自动冷却一个航空燃料试样直至固态结晶出现，然后通过控制升温并且记录此固态结晶完全重新融化成液相温度的过程，即为自动相转化法。

3.3

珀尔帖制冷器 Peltier device

一种固体的热电装置，它由不同的半导体材料所组成，它的工作方式是：根据加到装置上电流的方向来把热量传递到试验样品中或把热量从试验样品中转移走。

4 方法概要

将试样用珀尔帖制冷器以15℃/min±5℃/min的速率冷却，同时用一光源持续照射。用光学阵列检测器连续监控试样，以观察固态烃类结晶的初步形成。一旦烃类结晶形成，试样就开始以10℃/min±0.5℃/min的速率升温，直到最后的烃类结晶转变成液相。最后固态烃类结晶转变成液相时的温度被记录为冰点。

5 意义和用途

5.1 航空燃料的冰点是保证燃料中无固态烃类结晶的最低温度。燃料中出现的结晶会阻碍燃料在飞机燃料系统中的流动。因飞机油箱中燃料的温度在飞行期间通常会降低，降低程度取决于飞行速度、高度和飞行持续时间，所以燃料的冰点必须总是比燃料的最低操作温度要低。

5.2 石油产品的调和需要精确地测量冰点。

5.3 本标准测定的结果与GB/T 2430方法所测结果一致，方法测定结果精确至0.1℃，本标准与GB/T 2430方法相比，具有精度高、操作时间短和结果易于判断的优点。

5.4 当规格要求采用GB/T 2430方法时，不能用本标准或其他试验方法代替。

6 仪器

6.1 自动仪器：本仪器包括一个微处理机控制的检测室，能冷却和加热试样，通过光学方法观察试样中固态烃类结晶的形成和消失，并记录试样的温度。对该仪器的详细描述见附录A。

6.2 本仪器需配备一个样品杯、光学阵列检测器、光源、数字显示器、珀尔帖制冷器和一个样品温度测量装置。

6.3 样品温度测量装置能够测定-80℃～+20℃的试样，其分辨率为0.1℃，精度为0.1℃。

6.4 本仪器需配备一个液体介质循环系统，目的是带走仪器的珀尔帖制冷器及其他电子元件产生的热量。

6.5 本仪器需配备吹扫气体循环部件，用清洁气体吹扫以除去带有样品杯的检测室中的水分。

7 试剂和材料

7.1 正辛烷：分析纯。

警告：易燃，吸入有害，远离热源、火花和明火。

7.2 冷却介质：液态热交换介质，用来带走由珀尔帖制冷器和仪器的其他电子元件产生的热量。

注：有些仪器设计用自来水作为冷却介质，可以使试样的温度降至-60℃，如果要将试样的温度降至-80℃，需配备能产生-30℃或更低温度循环冷却介质的仪器。由于水在0℃结冰，可以用工业级的异丙醇用作冷却介质。冷却介质的温度与试样最低温度之间的关系可参照制造商操作说明书。

7.3 吹扫气体：选择露点低于试样在试验条件下达到的最低温度的气体，如：空气、氮气、氦气或者氩气。

警告：注意高压气体。吸入惰性气体会使人窒息。

7.4 进样器吸管：能够量取0.15mL±0.01mL的样品。

7.5 棉签：用塑料或纸杆的棉签来清洗样品杯。

警告：用木质材料的棉签会对样品杯的镜面造成损伤。

8 仪器准备

8.1 按照制造商操作说明书安装仪器。

8.2 按照制造商操作说明书打开液体的冷却介质循环系统，确保冷却介质的温度适合试样的试验要求(见7.2条注)。

8.3 按照制造商操作说明书打开气体吹扫系统，确保调整到适合的压力。

注：有些仪器能自带一个能够产生干燥、吹扫气体的气体源，这样就不需要另行配备压缩气体设备。

8.4 打开本分析仪器的总电源开关。

9 校准和标准化

9.1 确保仪器按照制造商操作说明书进行校准、检验和操作。

9.2 可以采用 GB/T 2430 方法测定过的、有大量冰点数据的一个喷气燃料的试样来验证本仪器的性能。可将在多个实验室间相互校核过的试样作为校验的标准，这些校验的标样可以从实验室内相互校核过的试样中得到。具有已知冰点值的分析纯的正辛烷或正壬烷可用来校验仪器中的温度测量装置。

10 试验步骤

10.1 打开检测室的盖子，用棉签清洗检测室内部的样品杯。

10.2 用进样器量取 0.15mL±0.01mL 的试样注入样品杯中进行清洗，用棉签擦干净样品杯，样品杯需擦至无明显样品液滴残留。

10.3 按 10.2 条的步骤再一次清洗样品杯。

10.4 准确量取 0.15mL±0.01mL 的试样注入样品杯中。

10.5 盖上并锁紧检测室的盖子。

10.6 按照制造商操作说明书操作仪器，从开始至测试终止所有操作都由仪器自动控制。吹扫气体和液体冷却介质开始流经仪器时，珀尔帖制冷器以 15℃/min±5℃/min 速率冷却试样，光学检测器持续监测试样中烃类结晶的形成，通过仪器连续不断地监测试样的温度并显示在前面的显示屏上，一旦检测到烃类结晶的形成，试样就以 10℃/min±0.5℃/min 的速率升温，直到所有烃类结晶重新转变成液相，当试样中最后的结晶消失时，记录下试样温度并终止测量。

10.7 此仪器将显示出冰点的测量值。

10.8 打开检测室的盖子，用棉签擦干净样品杯。

11 报告

将 10.7 条中记录的温度报告为本标准所测试样的冰点。精确到 0.1℃。

12 精密度和偏差

按下述规则判断试验结果的可靠性(95%的置信水平)。

12.1 重复性(*r*)

同一操作者，使用同一仪器，对同一试样测得的两个试验结果之差不应大于 0.69℃。

12.1.1 再现性(*R*)

不同实验室的不同操作者，使用不同仪器，对同一试样测得的两个试验结果之差不应大于 1.30℃。

12.2 偏差

因为没有已知冰点的烃类混合物可以用来模拟航空燃料，故无法确定偏差。

12.3 相对偏差

来自 1994 年实验室合作试验计划的实验室间的所有样品的测试结果，都被用于验证了本标准与 ASTM D2386(即 GB/T 2430)的相对偏差，观察到了有些燃料的结果有所差别。但是所有的样品中没有相同的偏差，所有的差异都在 ASTM D2386(即 GB/T 2430)的再现性范围(2.5℃)之内，只有两种燃料的样品除外，这两种样品是 JP4 和 JetB 的样品，比试验方法 ASTM D2386(GB/T 2430)的平均结果高出 2.5℃和 2.8℃。因此，当用本标准测定 JetB 和 JP4 样品时，用户需注意。

12.4 精密度也是由 1994 年实验室合作试验计划而得来的。参与分析的 14 个样品组包括冰点范围 -45℃～-65℃的各种航空燃料，9 个参与试验的实验室采用自动相转换仪器，15 个参与试验的实验室用手动的 ASTM D2386(即 GB/T 2430)方法测定。精密度的统计是根据自动相转换法提供的 0.1℃的分辨率汇总编辑、计算得出的。

附 录 A
(规范性附录)
仪器的详细描述

A.1 检测室：由光学检测器、透镜、光源、样品杯、温度传感器、珀尔帖制冷器及散热装置组成(见图A.1)。当清洗样品杯和注入新的样品时，可以打开检测室的盖子。一旦盖子盖上并锁紧，检测室就成为密封的。用一个O型圈来密封盖子和检测室其余的部分。留在检测室中的空气用干气吹扫。干气的入口和出口见图A.1。检测室的壁由黑色金属或塑料元件组成，最大程度地减少光的反射。

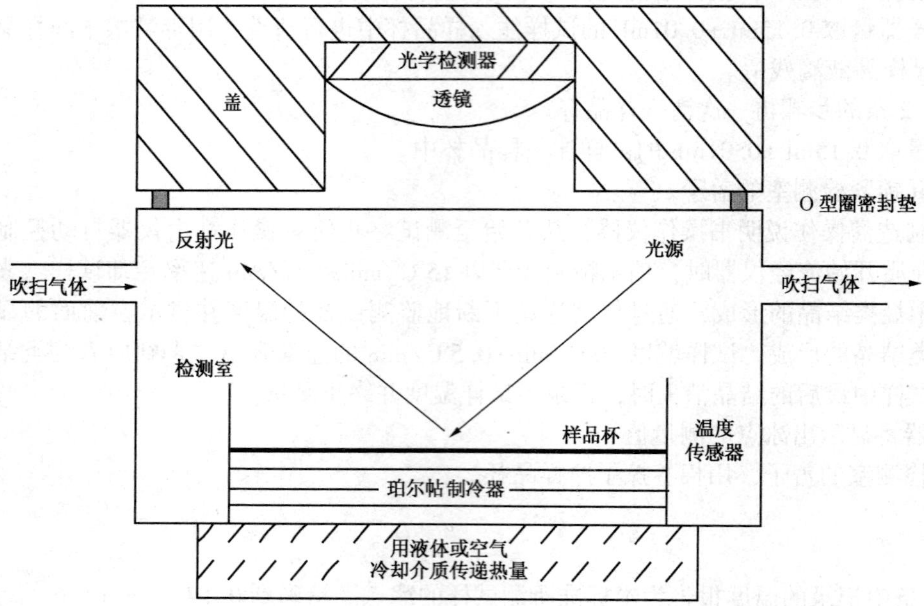

图 A.1 检测室的示意图

A.1.1 样品杯：由黑色塑料内壁及高度抛光金属底部组成。底部抛光的表面用作一个反射光的表面。样品的热交换通过金属底部进行，由珀尔帖制冷器控制。

A.1.2 温度传感器：读至0.1℃并且最小精度为0.1℃，它固定嵌入样品杯的底部，位置定在样品杯底部0.1mm以内。这个温度传感器是由单股的铂金制成，提供了对样品温度的精确测量。

A.1.3 珀尔帖制冷器：可以在很宽的范围内控制样品的温度，变化的范围取决于模型的类型。当样品被冷却时，热量从珀尔帖制冷器的顶部传至底部，由于珀尔帖制冷器的顶部和样品杯底部的热交换，样品就被冷却。珀尔帖制冷器的底部和散热装置相连，热量就散发到冷却介质中。当样品升温时，这个过程将逆过来。

A.1.4 光源：能提供一束波长为660nm±10nm的光线。光源安放在可以使光束与样品成一个锐角的位置上(见图A.1)。光束从抛光的样品杯的底部反射出来。当样品是均匀的液体时，反射光射到检测室盖子上，盖子是黑色的，黑色的表面吸收了反射光。当样品中出现蜡结晶时，固-液相界面分散了反射光束，大量散射光投射到透镜上(见图A.2)。

A.1.5 光学检测器：放置在透镜上用来监测样品的透明度。自动调整好光学探测器和透镜之间的距离，使样品的图像被投到光学检测器的感光表面上，仪器提供的光学检测器足够覆盖全部的图像区域。

A.2 仪器的外形：仪器的外形设计可能会有不同样式，但是显示器和按钮都是相同的。一种典型的仪器外形见图A.3。

A.2.1 信息显示：提供仪器的状态信息。当仪器不工作或没有错误发生时，它将显示一个适当的

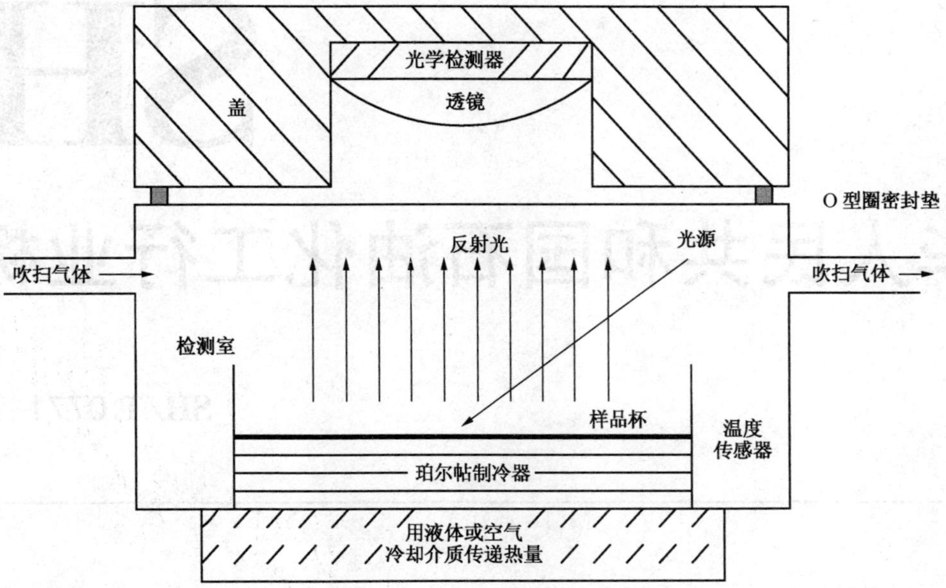

图 A.2　结晶形成的检测

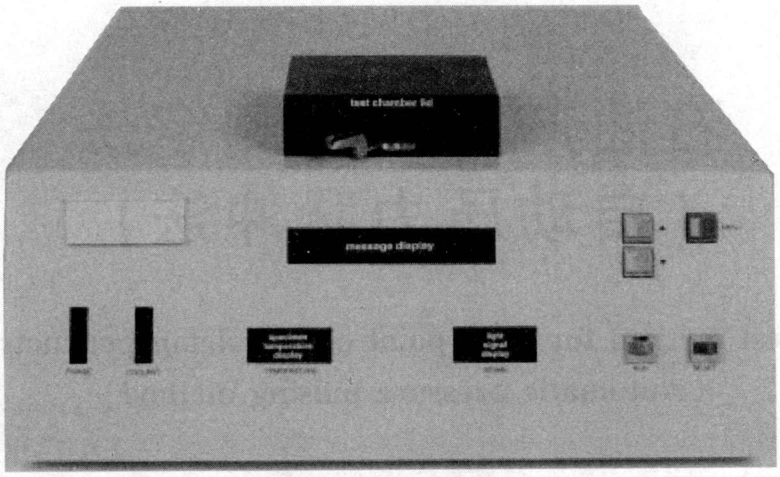

图 A.3　仪器外形

信息。当试验结束时，结果就显示出来。如果仪器中有任何主要部件被检测出有错误时，它将显示一个诊断信息。从制造商的服务手册中，可以查到诊断信息的详细说明。

A.2.2　样品温度显示：在测量过程中给出样品的校正温度。

A.2.3　光信号显示：给出由光学检测器沿水平面吸收的散射光的校正信号，这些信号可供维修人员用于检修。

A.2.4　菜单按键：允许操作者将温度单位从摄氏变为华氏，反之亦然；注意摄氏单位是标准计量单位。

A.2.5　运行按键：一旦样品注入到检测室内，操作者就可以开始测量程序。

A.2.6　复位按键：允许操作者停止这个测量程序。一旦按下这个键，仪器将立即停止测量程序并且加热样品使之达到环境温度。

注：每一台仪器都提供了制造商的操作手册，它详细叙述了安装、使用、维护说明。

ICS 75.080
E 34

SH

中华人民共和国石油化工行业标准

SH/T 0771—2005

石油产品倾点测定法
(自动压力脉冲法)

Test method for pour point of petroleum products
(Automatic pressure pulsing method)

2005-10-10 发布

2006-02-01 实施

中华人民共和国国家发展和改革委员会　发布

前　言

本标准修改采用美国试验与材料协会标准 ASTM D5949-01《石油产品倾点测试方法(自动压力脉冲法)》。

本标准根据 ASTM D5949-01 重新起草。

为了更适合我国国情，本标准在采用 ASTM D5949-01 时进行了修改。这些技术性差异用垂直单线标识在它们所涉及条款的页边空白处。本标准与 ASTM D5949-01 的主要差异如下：

——本标准部分引用标准采用了我国相应国家标准。

为使用方便，本标准还做了如下编辑性修改：

——重复性和再现性的表达方式按我国的表述习惯进行了修改。

——删除关键词一章。

本标准的附录 A 为规范性附录。

本标准由中国石油化工集团公司提出。

本标准由中国石油化工股份有限公司石油化工科学研究院归口。

本标准起草单位：中国石油化工股份有限公司润滑油分公司。

本标准主要起草人：张春辉、何刚、孟雪梅、常彬、夏鹏。

石油产品倾点测定法
（自动压力脉冲法）

1 范围

1.1 本标准规定了使用自动仪器测定石油产品倾点的方法。仪器施加一个受控脉冲式氮气流到正在冷却的试样表面，同时使用光学仪器检查试样表面的移动情况。

1.2 本标准的适用范围是-57℃～51℃。1992年仅完成了-39℃～6℃的实验室间的统计试验，在1998年完成了-51℃～-11℃的实验室间的统计试验（见13.4条）。

1.3 本标准可以使用1℃或3℃间隔进行测定。

1.4 本标准不适用于原油倾点的测定。

注：本标准在残渣燃料样品中的应用还未被证实，详细信息见13.4条。

1.5 本标准采用国际单位制[SI]单位。

1.6 本标准的应用可能涉及到某些有危险性的材料、操作和设备，但并未对与此有关的所有安全问题都提出建议。用户在使用本标准前有责任制定相应的安全和保护措施，并明确其受限制的适用范围。

2 规范性引用文件

下列文件中的条款通过本标准的引用而成为本标准的条款。凡是注日期的引用文件，其随后所有的修改单（不包括勘误的内容）或修订版均不适用于本标准，然而，鼓励根据本标准达成协议的各方研究是否可使用这些文件的最新版本。凡是不注日期的引用文件，其最新版本适用于本标准。

GB/T 3535 石油产品倾点测定法 （GB/T 3535—1983(91)，ISO 3016：1994，MOD）

GB/T 4756 石油液体手工取样法 （GB/T 4756—1998，ISO 3170：1998，EQV）

ASTM D97 石油产品倾点测定法

3 术语和定义

下列术语和定义应用于本标准。

3.1

倾点 pour point

在规定条件下，所观察到的样品能够流动的最低温度。

3.2

不流动点 no-flow point

在试验条件下，样品出现蜡状结构、黏度增加或两者同时作用而阻止样品表面移动时的温度。结果判定：在冷却情况下，当不流动点出现时，蜡状结构形成、黏度增加或两者同时作用使观测仪器在测试条件下不再检测到样品表面的移动，前一次的测试温度，即试样能够流动的最后一次测试温度即为倾点。

3.3

脉冲 pulse

能够引起样品表面的移动，但不会破坏样品中可能形成的蜡状结构，有固定压力和流速的可控脉冲式氮气。

3.4

珀尔帖装置 Peltier device

一种可以根据输入的电流方向，将热量传给样品或将热量从样品中带走的电子固态热电装置。

4 方法概要

将试样置于自动倾点仪器中进行初始化测试程序，再加热试样，然后通过珀尔帖装置按 1.5℃/min ± 0.1℃/min 速率进行冷却。根据用户所选择的1℃或3℃温度间隔，由增压氮气脉冲所形成的移动力施加到试样表面，用连接了光源的一组光学检测器去检测试样表面的移动，在使用脉冲氮气情况下所观察到的试样表面能够移动的最低温度记作本方法的倾点。

5 意义和用途

5.1 在某些应用中，石油产品的倾点可作为产品使用的最低温度指标。产品的流动性能，如倾点，对于润滑油系统、燃油系统及管线运输的正确操作是很重要的。

5.2 油品的调和操作需要准确测定倾点。

5.3 在大多数情况下本方法不需要使用机械制冷设备(见 7.1 条)。

5.4 当以 3℃间隔报告试验结果时，本方法的测试结果与 GB/T 3535 的报告格式相同。

注：一些用户可能希望以类似于 GB/T 3535(以 3℃间隔)的格式报告结果，精密度可以通过 3℃温度测试间隔得到。与 GB/T 3535 的相对偏差的说明见 13.3 条。

5.5 本方法可以以 1℃或 3℃间隔进行测定。

5.6 本方法在 1992 年和 1998 年进行的实验室间统计试验结果比 GB/T 3535 有更好的重复性和再现性。

6 仪器

6.1 自动仪器：在本方法中所描述的自动倾点仪器包括用来加热和冷却样品的由微处理器控制的测量室、能提供吹到试样表面上的可控脉冲氮气的元件、检测样品表面的移动的光学元件、记录样品温度的温度传感器，仪器的详细规定见附录 A。本仪器是专门设计用于检测在使用脉冲氮气情况下，观察样品表面能够移动的最低温度。

6.2 本仪器装配有样品杯、一组光学检测器、光源、压力脉冲单元、数字显示仪表、珀尔帖装置和样品温度测量装置。

6.3 压力脉冲单元：包括一长 250mm±2mm、内径 1.1mm±0.1mm 的不锈钢管，管的一端与稳定的气源相连作为入口，另一端作为出口，并以锐角指向样品的中心，出口距样品中心位置 8mm±2mm。

6.4 珀尔帖装置：可以 1.5℃/min ± 0.1℃/min 速度加热或冷却样品。

6.5 样品杯中的温度测量装置的测温范围为-80℃~70℃，分辨率为 0.1℃。

6.6 本仪器装配有循环水或其他液体冷却介质，以带走由珀尔帖装置和仪器中其他电子元件产生的热量。

6.7 本仪器配有将氮气传送给压力脉冲单元的装置。

7 试剂和材料

7.1 试剂

冷却剂：自来水或其他液体冷却介质。这些冷却剂应足以带走由仪器中珀尔帖装置和其他电子元件产生的热量。为了将样品冷却到-60℃，循环液体冷却介质的温度应低于 25℃。如果需要得到更低的样品温度或自来水的温度高于 25℃时，可从仪器制造商处获得仪器的冷却性能数据。

7.2 材料

7.2.1 干燥氮气：氮气的露点应低于样品所能达到的最低温度。

警告：压缩气体。吸入惰性气体能造成窒息。

7.2.2 移液器：容积可调整，有分配 0.150mL ± 0.005 mL 样品的能力。

7.2.3 棉签：塑料杆棉花签，用来清洁样品杯。

8 取样

8.1 除非有特殊规定，采样均应根据 GB/T 4756 进行。

8.2 特别黏稠的样品在转移前，可以被加热到能够流动为止，但并不是所有的样品都必须加热。除非样品温度在 70℃ 以下时，才能被加热或移入样品杯中。

注：如样品已被加热到高于 70℃，转移样品前应将样品至少冷却到 70℃ 以下。

9 仪器准备

9.1 按照仪器制造商的说明书来安装仪器。

9.2 打开液体冷却浴，按照仪器制造商的说明书来确认适合于试样的浴温。

9.3 打开氮气，按照仪器制造商的说明书调整到适宜的压力。

9.4 打开分析仪的主电源开关。

10 校准和标准化

10.1 确认按照仪器制造商的说明中所有关于仪器校正、检查和操作的步骤进行。

10.2 可以使用已定值的倾点样品来校正仪器，另外，也可以使用曾在实验室之间广泛测试的样品来校准仪器。

11 试验步骤

11.1 打开测量室的盖，并用棉签清理测量室内的样品杯。

11.2 使用移液器将 0.150mL±0.005mL 试样注入样品杯中，如试样的预期倾点高于 36℃ 或是室温下呈固态，应将其加热到 45℃～70℃（见 13.3.1 后注）。使用棉签清理样品杯内试样，样品杯应清洁到没有试样液滴。

11.3 重复步骤 11.2 条。

11.4 准确量取 0.150 mL ± 0.005 mL 的试样到样品杯中。

11.5 关闭并锁紧测量室盖。

11.6 按照制造商的说明书预热试样。

11.7 选择所需要的倾点测试间隔：1℃ 间隔或 3℃ 间隔。

11.8 按照制造商的说明书启动试验程序，试样按 11.6 条所述进行加热，然后以 1.5℃±0.1℃/min 速度用珀尔帖装置冷却，仪器将按照 11.7 条所确定的测试间隔每降低 1℃ 或 3℃ 时施加一次压缩脉冲氮气到试样的表面，通过光源照射试样，当施加脉冲时使用光学检测器监测试样表面的移动。当施加压缩脉冲氮气时观察不到试样表面的移动时，就是试样的不流动点，最后一次施加压缩脉冲氮气时可以观察到试样表面移动的温度被记录为倾点。倾点值按照所选择的测试间隔以 1℃ 或 3℃ 的整数倍温度显示。

11.9 打开测试室盖，用棉签清理样品杯内的试样。

12 报告

报告 11.8 条中的温度作为本方法的倾点。

13 精密度和偏差

13.1 精密度

按下述规定判断结果的可靠性(95%置信水平)。通过实验室间测试结果的统计方法确定的本方法的精密度如下：

13.1.1 重复性(*r*)

同一个操作者，使用同一台仪器，用相同的方法对同一试样测得的两个连续试验结果之差不应大于表1中数值。

表1 重复性数据

单位：℃

仪器型号	1℃间隔	3℃间隔
70V 型	1.6	2.2
30型、50型、70型	2.9	4.1

13.1.2 再现性(*R*)

不同操作者，使用不同仪器，用相同的方法对同一试样测得的两个连续试验结果之差不应大于表2中数值。

表2 再现性数据

单位：℃

仪器型号	1℃间隔	3℃间隔
70V 型	3.2	3.8
30型、50型、70型	6.2	6.3

13.2 偏差

由于没有可以接受的标样确定本方法的偏差，所以未确定偏差。

13.3 相对偏差

13.3.1 将本方法以3℃间隔的倾点测试结果同ASTM D97(相当于GB/T 3535)的结果进行比较，可发现某些试样存在可能出现的相对偏差，但相对偏差不具有系统性。在1998年实验室间测试过程中不包含相对于ASTM D97(相当于GB/T 3535)的偏差的试样类型。

注：1998年实验室间测试研究中发现，不同试验方法，测定高硫的冬季柴油试样时，试验结果存在较大的差异。在制冷过程中，试样形成一层很薄、很大的盘形晶体。这些晶体除了覆盖试样表面，还存在于试样和玻璃接触面上。整个试样，除了这一薄层晶体，其他液体具有明显的低黏度特性。此时如轻轻处理试样，试样不会倾出；但用力处理试样时，晶体包裹状物外壳会破裂，试样很容易倾出。建议当测试过程中出现这种现象时，应注意测试方法之间的结果差异。

13.3.2 本方法以1℃间隔同以3℃间隔结果进行比较，可有1.1℃的平均偏差。

应注意，以3℃间隔测试试样相比较以1℃间隔测试试样时，统计结果有1℃的差值。这是由于增加了测试次数和不同的报告格式。若此测试结果的差值大于1℃则存在其他原因。在实验室间测试过程中，以1℃间隔的测试结果比以3℃间隔的测试结果平均低1.1℃。

13.4 精密度和相对偏差是从1998年实验室间的统计试验得到的。用于分析的有：两组相同的柴油燃料油、五组相同的基础油、三组相同的多级润滑油和一组温度范围在-51℃到-11℃的相同的液压油和自动传动液。九个实验室使用30型，50型，70型仪器参加测试，六个实验室使用70v型仪器参加，所有的测试都是以1℃和3℃间隔进行的。七个实验室按ASTM D97(相当于GB/T 3535)使用手动方法参加测试。可从ASTM总部获得样品类型和平均倾点信息的研究报告。

附　录　A
(规范性附录)
仪器详细描述

A.1　测量室

由下列部件组成：光学检测器、透镜、光源、样品杯、温度传感器、珀尔帖装置和热交换器，按照图 A.1 所示的配置排列。测量室的盖子能够打开方便清洗样品杯和倒入新的样品。盖子一旦关闭和锁紧，测量室将变成密闭，用 O 型环来密封盖子和测量室之间的接触面。用干燥气体吹扫密闭测量室内的空气，干燥气体的入口和出口显示如图 A.1 上。测量室的侧壁用黑色金属和塑料制造最大程度减小光的反射。

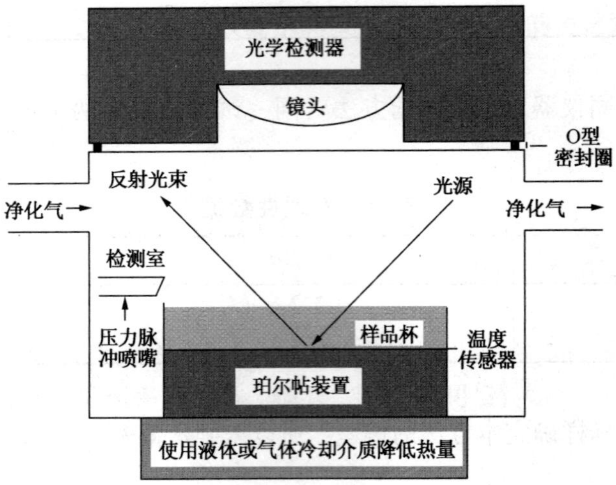

图 A.1　测量室示意图

A.1.1　样品杯

由黑色塑料侧壁和高抛光精度的金属底面组成，底部的抛光表面用作光线的反射界面，样品的热量传输和冷却是通过金属底面由珀尔帖装置进行控制。

A.1.2　温度传感器

读数为 0.1℃、最小精度为 0.2℃，固定地嵌入在样品杯底部并距离样品杯底部表面下方 0.1mm。温度传感器是由单股铂丝制成，提供对样品温度的准确测量。

A.1.3　珀尔帖装置

具有在宽范围内控制样品温度的能力，范围变化依赖于型号系列。当样品冷却时，热量从装置的顶部传送到底部，因为顶部与样品杯的底部热接触，所以样品被冷却，珀尔帖装置的底部与换热器热接触，在那里热量被冷却介质带走。当样品加热时，出现逆向过程。

A.1.4　光源

提供波长为 660nm±10nm 的光束，光源被安装在它所产生的光束能够以锐角照射到样品上的位置(参见图 A.1)，光线被样品杯抛光底面以及样品表面反射，当样品为均匀液体时，反射光线照射在样品室盖上，盖的颜色为黑色，反射光线被黑色表面吸收。当样品出现表面移动时，反射光线被移动的表面折射，大量的折射光线照射到透镜上(参见图 A.2)。

A.1.5　光学检测器

安装在透镜上方，用来检测样品的透明度，光学检测器和透镜之间的距离被调整到样品的图像被投影在光学检测器的光线敏感表面，足够多的光学检测器被用来覆盖图像区域。

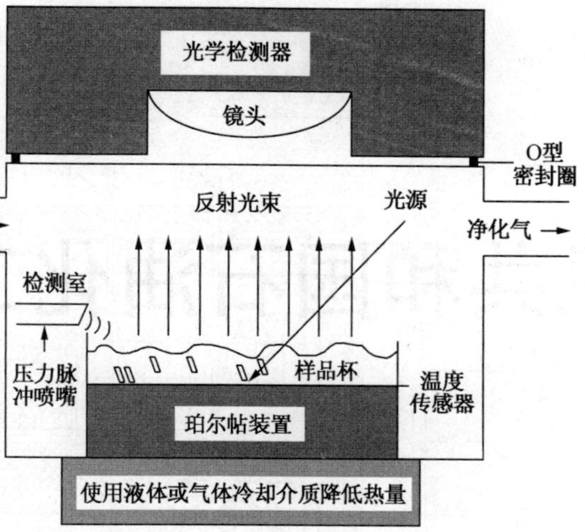

A. 2　样品移动时的检测

A. 2　仪器外表面

控制和显示的精确布局可以改变，图 A. 3 给出了典型的仪器。

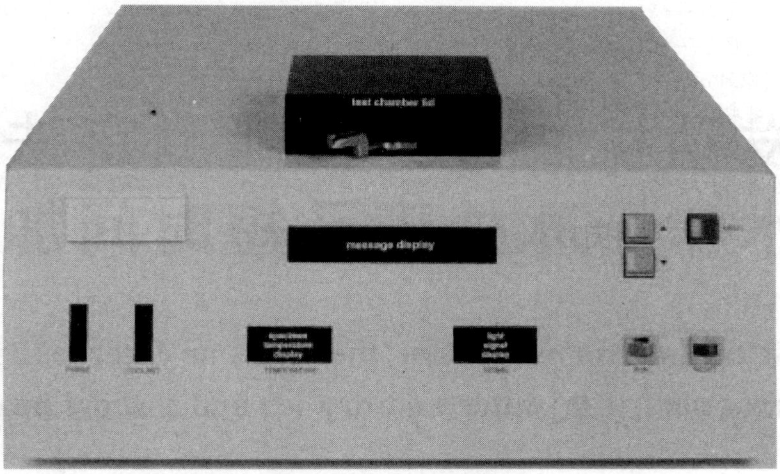

图 A. 3　仪器外形

注：在每台仪器所携带的制造商说明书中包含了所有的描述、安装、仪器设置和维护说明。

ICS 75.100
E 34

SH

中华人民共和国石油化工行业标准

SH/T 0772—2005

发动机油过滤性能测定法
(经水和干冰处理及短时间加热)

Standard test method for measuring the effect on filterability of engine oils after treatment with water and dry ice and a short heating time

2005-10-10 发布 2006-02-01 实施

中华人民共和国国家发展和改革委员会 发布

前　言

本标准修改采用美国试验与材料协会标准 ASTM D6795-02《发动机油过滤性能测定方法(经水和干冰处理及短时间(30min)加热)》。

本标准是根据 ASTM D6795-02 重新起草的。

为了更适合我国国情，本标准在采用 ASTM D6795-02 时进行了修改，这些技术差异用垂直单线标识在它们所涉及的页边空白处。本标准与 ASTM D6795-02 的主要技术性差异如下：

——本标准的部分引用标准采用了我国相应的国家标准和石油化工行业标准。

——增加了 6.8 条机械振荡器及 9.4 条试验前对样品的振荡处理要求。

为了使用方便，本标准进行了如下编辑性修改：

——对重复性和再现性的表述方式按我国的习惯进行了修改。

——去掉了关键词一章。

本标准的附录 A 为规范性附录。

本标准由中国石油化工集团公司提出。

本标准由中国石油化工股份有限公司石油化工科学研究院归口。

本标准起草单位：中国石油化工股份有限公司润滑油分公司。

本标准主要起草人：朱和菊、崔海鸥、张春辉、李万英、夏鹏。

ASTM 前言

本试验方法可以被任何设备齐全的实验室采用，不需外界帮助。但是需要用美国试验与材料协会(ASTM)试验监测中心(TMC)提供参比油和相应的参比油结果值(见附录A)。通过上述方法，实验室可以了解他们采用本试验方法所得到的结果与其他实验室所得到的统计结果是否一致。另外，实验室可以采用TMC的服务，确定油品是否符合其相应的规格。例如：美国要求采用TMC的服务以确定几种军用发动机润滑油与其规格的相符性。

本试验方法是为了使用TMC服务的实验室而编写的，对没有选择TMC服务的实验室可以忽略本标准中关于TMC的部分。

本试验方法可通过TMC所颁发的信息通讯而修改，此外，TMC也可发布与方法相关的增补备忘录(见附录A)。

对于其他信息，可以参考本试验方法的研究报告。

发动机油过滤性能测定法
(经水和干冰处理及短时间加热)

1 范围

1.1 本标准规定了在有水和干冰存在时发动机油过滤性能的测定方法。它模拟一个新的发动机短期运行后，在油中有水的情况下，长期存储时，形成易堵塞过滤器的沉积物的趋势。

1.2 本标准采用国际单位制[SI]单位。

1.3 本标准涉及某些有危险的材料、操作和设备，但并未对此有关的所有安全问题都提出建议。因此，用户在使用本标准之前有必要建立适当的安全和防护措施，并确定相应的管理制度。

2 规范性引用文件

下列文件中的条款通过本标准的引用而成为本标准的条款。凡是注日期的应用文件，其随后所有的修改单(不包括勘误的内容)或修订版均不使用于本标准，然而，鼓励根据本标准达成协议的各方研究是否可以使用这些文件的最新版本。凡是不注日期的引用文件，其最新版本适用于本标准。

GB/T 603 化学试剂 试验方法中所用制剂及制品的制备

GB/T 4756 石油液体手工取样法(GB/T 4756—1998，MOD，ISO 3170：1988)

GB/T 6682 分析实验室用水规格和试验方法(GB/T 6682—1992，NEQ，ISO 3696：1987)

ASTM D4485 发动机油的性能指标和技术规格

3 术语和定义

下列术语和定义适用于本标准。

3.1

校准 calibrate

参照标准，确定测量设备的读数或输出值。

3.2

校准试验 calibration test

用一个规范的参考油，按本方法规定要求进行的试验。

注：试验结果用来判定进行试验的试验设施和实验室是否适宜进行非参比油的测定。

3.3

参选油 candidate oil

具有某些必需的性能特征以满足某一技术规格，并且依据该规格进行验证试验的油品。

3.4

发动机油 engine oil

能减少发动机内部运动部件的摩擦、磨损的液体，它能带走热量尤其是活塞底部的热量，也可作为活塞环的燃气密封剂。

注：油品中可能包含能改善某些性能的添加剂。这些性能包括阻止发动机产生锈蚀、形成沉积、阀系磨损、油品氧化和生成泡沫等。

3.5

非参比油 non-reference oil

除参比油以外的任何油品。例如：研制的油品、商业油品或参选油。

3.6

参比油 reference oil

已知性能特征，对比时作为基准的油品。

注：参比油用于校正试验设备、比较其他油品的性能或评价与油品相互作用的其他材质(如密封件)的性能。

3.7

有效过滤面积 effective filter area

能够使过滤物质通过的过滤器表面面积。

3.8

新油 new oil

配方和基础油与试验油完全一样的未处理过的油。

3.9

试验油 test oil

新油加入水和干冰后的油样。

注：加热和老化可能导致试验油产生沉积。

4 方法概要

用去离子水和干冰处理试样，加热到70℃保持30min，然后在室温下储存。将试样进行过滤，计算试样的流动速率，确定发动机油的过滤性能。

5 意义和用途

5.1 内燃机的部分燃烧产物进入发动机润滑油并滞留在润滑油内属正常现象。

5.2 当发动机运行一段时间后，停机较长时间，燃烧副产物可能以液相存于油品中。

5.3 这种情况下，发动机下一次运行时可能形成沉积物并影响油品的过滤性能。

5.4 本试验方法将新油和试验油按同样的方式处理，以测定样品的过滤性能。

5.5 通过本试验方法获得参比油的数据是可用的。

5.6 本试验方法要求参比油也要被测定并报告结果。对本试验方法，两个参比油的数据是有效的，一个已知样品给出测定数据的低限，一个已知样品给出测定数据的高限。

注：如果用新油的试验结果作为某一规格的结果，例如 ASTM D4485，该规格表示的是试验油相对新油过滤性能损失(流量减少)的最大值。

6 设备

6.1 设备包括25mL滴定管、装有孔径25μm滤纸的过滤器和69kPa±2kPa的压缩空气源(见图1)。

6.1.1 滴定管：25mL，塑料或玻璃材质。带有聚四氟乙烯截止阀和内径为1.8mm±0.1mm的开口滴定头。

6.1.2 空气压力调节器：调整压力能到达69kPa±2kPa。

6.1.3 过滤器：有效过滤面积大约是0.8cm^2。

6.1.4 滤纸：直径25mm（孔径25μm），滤纸应裁剪为适合过滤器的大小。

6.2 搅拌器：转速为18000r/min±1800r/min。

6.2.1 秒表：可测量30s±1s。

6.3 混合器：250mL，带有与搅拌器相配套的桨叶。

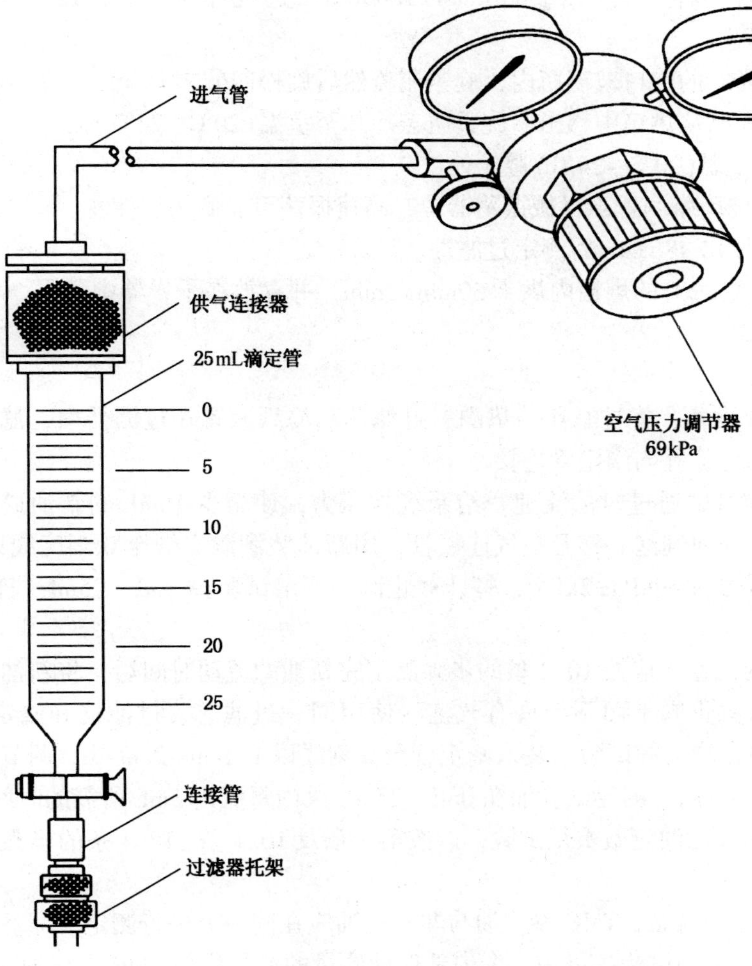

图1 发动机油过滤性能测定仪

6.4 注射器：1000μL。

6.5 烘箱：温度可保持70℃±1℃。

6.6 时间传感器(或其他相当的计时仪器)：测定分辨率为1s。

6.7 玻璃瓶：带有内衬盖的60mL瓶。

6.8 机械振荡器。

7 试剂与材料

7.1 试剂的纯度：在所有的试验中，使用化学纯的试剂。除非另有说明，所有的试剂应符合GB/T 603的要求。假若能证明试剂具有足够高的纯度不至影响测定的精确度，也可使用其他等级的试剂。

7.2 水的纯度：除非另有说明，使用的水应符合GB/T 6682中Ⅲ级规定的去离子水。

7.3 TMC参比油：美国试验与材料协会试验监测中心可提供的参比油。

7.4 干冰：固体二氧化碳。

8 取样

根据GB/T 4756的要求进行取样。

9 试验油样品和过滤器的准备

9.1 将49.7g±0.1g的新油、0.3g±0.05g的去离子水(用1000μL的注射器加入0.3mL±0.05mL)和

大约 10g 干冰在混合器内混合，并以 18000r/min±1800r/min 的搅拌 30s±1s，盖上盖子以防止干冰快速气化时试验油样品溅出。

9.2 将试验油倒入 60mL 的广口玻璃瓶内，旋紧瓶盖然后旋松四分之一开度，在 70℃±1℃的烘箱内放置 30min±2min。将样品从烘箱中移出，旋紧瓶盖冷却至室温(20℃~24℃)。

9.3 将试验油储存于室温(20℃~24℃)避光处。

9.4 试验油过滤前将玻璃瓶倒置于机械振荡器中，高速振荡至瓶底无沉淀物。

9.5 试验油从烘箱中取出 48h±2h 后测定过滤性。

9.6 将过滤器放在 70℃±2℃的烘箱内烘干 30min±2min，并存放在干燥器中备用。

10 试验步骤

10.1 按图 1 安装试验设备，将过滤器的垫圈、过滤芯和滤纸放置在过滤器内，滤纸光面朝上。旋紧过滤器的上、下两部分，并与滴定管连接。

10.2 测定新油在滴定管中通过时的流速。给系统加压力，使至少 10mL 的新油通过过滤器，确保新油充满过滤器并除去任何气泡。移开空气连接管，用新油装满滴定管至 0 刻度线以上的 1cm~2cm 处。调节压力系统至压力为 69kPa±2kPa ，打开截止阀，测定试验油 0mL~25mL 段内每流出 5mL 所需的时间。

10.3 为确定试验油的流速，应按 10.2 条的步骤测定完新油的流动时间后，将新油尽量放净至滴定管的最低水平，且要求截止阀下面不允许有气泡。使用同一过滤芯、过滤器和滴定管测定试验油。移开空气连接管，将混合均匀的试验油装入滴定管至 0 刻线以上 1cm~2cm 处。调节压力系统至压力为 69kPa±2kPa，打开截止阀，测定试验油在 0mL~25mL 段内每流出 5mL 所需的时间。

10.4 每个非参比油和参比油应做重复试验，即按第 9 章及 10.1 条~10.4 条的步骤对每个非参比油和参比油重复操作。

10.5 对在 TMC 监测下的试验，TMC 参比油与非参比油应在同一天进行测定。

10.6 对未在 TMC 监控下的试验，可用一个内部保证质量的油品代替 TMC 参比油。

11 计算

11.1 新油和试验油每 5mL 的流速(v)，mL/s，按式(1)计算

$$v = \frac{A}{B} \qquad (1)$$

式中：

A——油品的体积，mL；

B——流动时间，s。

11.2 试验油相对于新油的末段流速变化的百分比(Δ)按式(2)计算(末段流速是指 20mL~25mL 的流速)。

$$\Delta = \frac{E-D}{D} \times 100 \qquad (2)$$

式中：

D——新油的末段流速，mL/s；

E——试验油的末段流速，mL/s。

12 TMC 参比油试验

12.1 进行一批非参比油试验的同时，对 TMC 参比油进行试验。即参比油与这些非参比油作为同一批次进行试验。

注：附录A讨论了ASTM TMC试验监控程序的内容。

12.1.1 在进行参比油的试验之前，直接向TMC索取参比油。TMC备有多个参比油，分别代表特定的化学类型或性能水平，抑或同时兼备。每个参比油样品在包装容器上应使用唯一、明确的标识。对参比油采用盲样对比试验程序以尽可能减少结果的偏差。

12.1.1.1 实验室同意根据TMC出版的ASTM参比油分析和使用规则来使用TMC参比油，根据TMC规则进行参比油试验并对试验结果进行报告。

注：可从TMC获得ASTM参比油分析和使用规则。

12.1.2 本方法要求从TMC处获得参比油。由TMC选定送往实验室进行实验的参比油，在参比油容器上进行唯一标识。

12.1.3 根据试验方法进行TMC参比油试验，并以同样的方法对非参比油进行试验。即做参比油的同时，对一批非参比油进行试验。参比油和非参比油在同一批次进行，在4h之内做完。

12.1.4 参比油试验结果的报告——根据如下规定向TMC报告参比油的试验结果。

12.1.4.1 可从TMC索要实验数据报告单，以向TMC报告所有参比油实验数据。此报告仅包括TMC参比油的数据，不包括任何非参比油的数据，并将数据填入表格中要求所有的空白栏内。

12.1.4.2 分析数据完成后，应立即通过电子邮件或传真的形式将参比油试验数据传给TMC，包括所有报告表格。

注：可从TMC索要TMC传输数据的电子模板。

12.1.5 参比油试验结果的评价——在TMC收到参比油试验结果后，TMC将按公开出版的试验方法核准操作过程。如果认为试验操作有效，参比油的结果将由特定监督小组建立的接受标准进行评价。接受标准由监督小组决定。

12.1.5.1 如果试验结果证明操作有效、在统计学上是可接受的，进行试验的实验室会被通知接受参比试验。没有TMC代码的参比油鉴定也应向进行试验的实验室汇报。

12.1.5.2 如发现TMC参比油的试验不能被接受时，将向实验室提供相关的解释。如果无效的试验是由明显的操作原因导致的，实验室应在进行下一个TMC参比油的试验前纠正这些过失。如果无效的原因不明，应对所有与试验有关的设备进行重新检查以与试验方法和优良的实验室操作规程保持一致。重新检查后，TMC将安排用另一个试验参比油进行试验。

12.1.6 与TMC参比油试验有关的非参比油试验的状态——只有TMC参比油试验结果满足预先确定的特定参比油接受规定时，本批非参比油试验的数据才认为是有效的。

13 报告

试验结果应包括以下内容：

13.1 非参比油或参比油的标识。

13.2 使用滤纸的孔径（25μm）。

13.3 每次试验的末段流速变化百分比。

13.4 重复试验的末段流速变化百分比平均值。

13.5 对TMC监控试验，满足TMC报告内容要求。

13.6 对未在TMC监控下的试验，可用内部控制的样品并已知过滤性结果的油品来评价试验结果能否被接受。

14 精密度和偏差

按下述规定判断25μm过滤纸试验结果的可靠性（95%的置信水平）。

14.1 精密度

14.1.1 重复性(r)

同一操作者，使用相同的试验设备，用相同的试验方法对同一试样测得的两个连续试验结果之差不应大于11.4%。

14.1.2 再现性(R)

不同操作者，使用不同的试验设备，用相同的试验方法对同一试样测得的两个试验结果之差不应大于23.6%。

14.2 偏差

因为对此试验方法没有可接受的参比物进行偏差测定，故偏差无法确定。

附 录 A
(规范性附录)
美国试验与材料协会监测中心的作用和评定程序

A.1 ASTM 试验监测中心(TMC)的性质和作用

TMC 是一个非营利性组织，地址在美国宾西法尼亚州匹兹堡市，该中心组织开展技术管理方面的研究；组织实验室参观；完成参比油实验数据分析统计；调和、贮存、发运参比油；在 ASTM D02 技术委员会和试验检测委员会(TMB)的指导下，为各种润滑油试验提供相关的管理和参比校准程序。TMC 协调试验主办机构、试验开发人员、试验监督机构以及实验室的活动进行工作。

A.2 ASTM 的 TMC 管理规定

TMC 是按照 ASTM 章程、ASTM 规章细则、ASTM 技术委员会章程、ASTM D02 委员会章程及 ASTM 试验监测系统的规章和制度进行运作的。

A.3 ASTM 的 TMC 管理方式

TMC 是由 ASTM D02. B 分技术委员会推选出来的试验监测委员会(TMB)进行管理。由 TMB 再推选出管理人员，对 TMC 工作人员直接负责。

A.4 ASTM 的 TMC 收入管理情况

TMC 的收入来源主要是靠提供参比油和校正试验的费用获得的。费用价目审查和制定由 D02. B 分技术委员会负责。

A.5 进行参比油试验

对于选择和利用 TMC 校正试验方法和仪器服务的实验室来说，校正试验必须按照 ASTM D02. B0. 07 发动机油过滤性监测委员会所规定的期限定期进行。这些试验使用 11.1 条中由 TMC 提供编号的标准参比油进行，实验室应确保根据试验程序进行校正试验，并且保证现场参比油数量在 TMC 规定的最少数量之上。

A.6 新的成员实验室

A.6.1 那些有意成为 ASTM 试验监测系统成员的实验室，需进行参比油试验，以确保实验室采用正确的试验技术。有关费用、实验室检验、试剂、试验方法、相关委员会成员资格和评分员培训等信息，可以同 TMC 的管理人员联系咨询。

A.6.2 标准参比油具有各种各样的过滤性能，当选用新参比油时，成员实验室要求承担相关试验以保证 TMC 确定适当的行业标准数据、精度值和合格极限值。ASTM D02. B0. 07 发动机油过滤性监督机构需要用这些无偿的试验数据来建立新参比油平均数据和合格标准。

A.7 TMC 信息通讯

A.7.1 有时候，需要改变试验方法，并在 D. 02B0 车用润滑剂分技术委员会或 D02 委员会考虑改变之前，通知实验室。在这种情况下，TMC 将发布信息通讯。之后在 D02 委员会召开一年两次的会议之前，累计的信息通讯在 D02. B 分技术委员会内进行投票表决。然后，根据已通过的通讯修正相应的标准，再通过主委会表决，最后通过协会表决。ASTM 采用这种方式通过适当的工作程序来处理信息通讯。

A.7.2 对信息通讯在首次发布之前的审查，根据其性质采用不同方式。在某些情况下，如果信息通讯涉及部件编号的变化，而并不影响试验结果时，TMC 便有权颁发此类信息。监督机构经过长期研究，通过改进操作手段和硬件控制以改进试验程序，也可以推荐发布信息通讯。如果改变程序明显影响试验结果，需立即引起关注，并由试验主办机构和 TMC 发布信息通讯，并在一年两次的 D02.B 分委员会会议之前向监督机构提交背景材料和原始数据以获得批准。

A.7.3 ASTM 技术委员会在 1984 年颁发授予认可信息通讯的管理，具体内容如下：技术委员会管理委员会认识到 D02 委员会有特殊和复杂情况，只要在每条信息通讯中包括对尚未获得 ASTM 一致同意的影响的弃权声明，即批准使用信息通讯，这些信息通讯应尽快提交 ASTM 获得通过。

A.8 TMC 备忘录

除以上提到的信息通讯外，还可发布增补备忘录。由 TMC 编写备忘录并发给 D02.B 发动机油过滤性试验监督机构及成员实验室。在这些备忘录中所发布的信息是对试验部件或材料的认可、试验程序的简化、对 TMC 所要求的特殊数据的收集和分析的注意事项和建议，或是对试验程序、结果或精密度和偏差无直接影响的任何其他相关事宜。

ICS 75.100
E 36

SH

中华人民共和国石油化工行业标准

SH/T 0773—2005

汽车轮毂轴承润滑脂寿命特性测定法

Standard test method for life performance of automotive wheel bearing grease

2005-10-10 发布 2006-02-01 实施

中华人民共和国国家发展和改革委员会 发布

前　言

本标准修改采用美国试验与材料协会标准 ASTM D3527-02《汽车轮毂轴承润滑脂寿命特性测定法》。

本标准根据 ASTM D3527-02 重新起草。

为了更适合我国国情，本标准在采用 ASTM D3527-02 时进行了修改。这些技术性差异用垂直单线标识在它们所涉及的条款的页边空白处。本标准与 ASTM D3527-02 主要差异如下：

——ASTM D3527-02 中的部分引用标准改为我国相应行业标准。

——将采用标准中的清洗试剂 Penetone ECS 改为分析纯丙酮。

——ASTM D3527-02 中的资料性附录 X2“轴承寿命试验(h)”未采用。

为使用方便，本标准还做了如下编辑性修改：

——图 4 和图 5 合并为图 4。

——重复性和再现性的文字表述按我国的习惯进行了修改。

——取消了 ASTM D3527-02 中关键词的章节。

本标准的附录 A 为资料性附录。

本标准由中国石油化工集团公司提出。

本标准由中国石油化工股份有限公司石油化工科学研究院归口。

本标准起草单位：中国石油化工股份有限公司石油化工科学研究院。

本标准主要起草人：杨玮、姚智勤。

汽车轮毂轴承润滑脂寿命特性测定法

1 范围

1.1 本标准规定了在给定试验条件下汽车轮毂轴承润滑脂高温寿命特性的实验室评定步骤。

1.2 本标准除了设备相关数据采用英制单位外，其他均采用国际单位制 SI 单位。

1.3 本标准使用中可能会涉及到有危险的材料、操作和设备。本标准没有指出在使用中所有涉及到的安全问题，因此用户在使用本标准前应建立适当的安全和防护措施并确定有适用性的管理制度。

2 规范性引用文件

下列文件中的条款通过本标准的引用而成为本标准的条款。凡是注日期的引用文件，其随后所有的修改单(不包括勘误的内容)或修订版均不适用于本标准，然而，鼓励根据本标准达成协议的各方研究是否可使用这些文件的最新版本。凡是不注日期的引用文件，其最新版本适用于本标准。

SH 0005 油漆工业用溶剂油

美国防磨轴承制造商协会 AFBMA 标准 19，1974(美国国家标准 ANSI B. 3. 19-1975)

3 术语和定义

下列术语和定义适用于本标准。

3.1 定义

3.1.1

润滑脂 lubricating grease

将稠化剂分散在液体润滑剂中所形成的半流体到固体的产物。

注：稠化剂分散时形成一个两相系统，并通过表面张力和其他物理力使液体润滑剂不流动，润滑脂中通常包含提供特殊性能的其他成分。

3.1.2

润滑剂 lubricant

加到两相对运动表面间能减小摩擦或降低磨损的物质。

3.1.3

稠化剂 thickener

在润滑脂中，由微小分散的颗粒所组成的物质，它分散在液体润滑剂中能形成骨架结构。

注：不溶解或至多只有少量溶解在液体润滑剂中的固体稠化剂可以是纤维状(如各种金属皂)或片状、球状(如某些非皂基稠化剂)。对稠化剂的基本要求是固体颗粒要极小，分散均匀，且能与液体润滑剂形成相对稳定的凝胶状结构。

3.2 本标准专用术语

3.2.1

汽车轮毂轴承润滑脂 automotive wheel bearing grease

在高温、高转速条件下，用于汽车轮毂轴承润滑的专用润滑脂。

3.2.2

润滑脂寿命 grease life

对于轮毂轴承润滑脂，是指在规定的负荷、转速与温度条件下运转直到超过规定转矩的运行时间。

注：不记录 20h 运转与 4h 停止运转循环内的停止运转时间，且不将停止运转时间累计入润滑脂寿命。

4 方法概要

将待测润滑脂加入改装后的汽车前轮毂-主轴-轴承组合体内。当轴承的轴向负荷加到 111N 时，轮毂以 1000r/min 转速转动，主轴温度保持在 160℃，操作周期为运转 20h，停止运转 4h。当由于润滑脂失效而造成驱动电机转矩超过设定电机中断值时，试验结束。润滑脂寿命以累计运转小时数表示。

5 意义与用途

5.1 本试验方法可以区分高温特性明显不同的轮毂轴承润滑脂。本方法不等同于长期使用试验，其目的也不是区别具有相似的高温性能的润滑脂产品。

5.2 本试验方法已证实有助于通过汽车轮毂轴承润滑脂的寿命性能的考察对润滑脂进行筛选。

6 仪器

6.1 试验装置，如图 1、图 2 所示。

6.1.1 按常规外形制作的轮毂-主轴-轴承装置，如图 3 所示。

6.1.2 烘箱：1200W 电加热器，控制主轴温度恒定在 160℃±1.5℃。

6.1.3 主轴驱动电机：1/4 马力、1725r/min、120V 直流电控制；电机转矩显示在一个可调的能自动停机的仪表上。

6.1.4 风扇驱动电机：1/30 马力、1550r/min、120V 直流电。

6.2 附属装置：控制或监测电机速率、箱温、轴温、运转时间与转矩。

6.3 天平：最小称量值 100g，感量 0.1g。

7 试验轴承

分别使用 LM67048-LM67010 与 LM11949-LM11910(AFBMA 标准 19)做内置与外置轴承。

8 试剂与材料

8.1 正庚烷：分析纯。

警告——易燃，吸入有害。

8.2 异丙醇：分析纯。

警告——易燃，吸入有害。

8.3 丙酮：分析纯。

警告——可燃，蒸气有害。

8.4 溶剂油：符合 SH 0005 的要求。

警告——可燃，蒸气有害。

8.5 SAE 10W 发动机油。

8.6 00 号钢丝绒。

9 轴承准备

9.1 小心将新轴承(轴承外圈与轴承锥体)从包装中取出并放入一个 250mL 的烧杯，用正庚烷清洗除去所有防锈剂。

9.2 再用正庚烷重复清洗两次，确保除去所有防锈剂。每次须使用干净的烧杯。

9.3 沥干轴承中的正庚烷并将轴承放到干净绸布上风干。

注：可使用超声波清洗仪清洗轴承。

单位为英寸

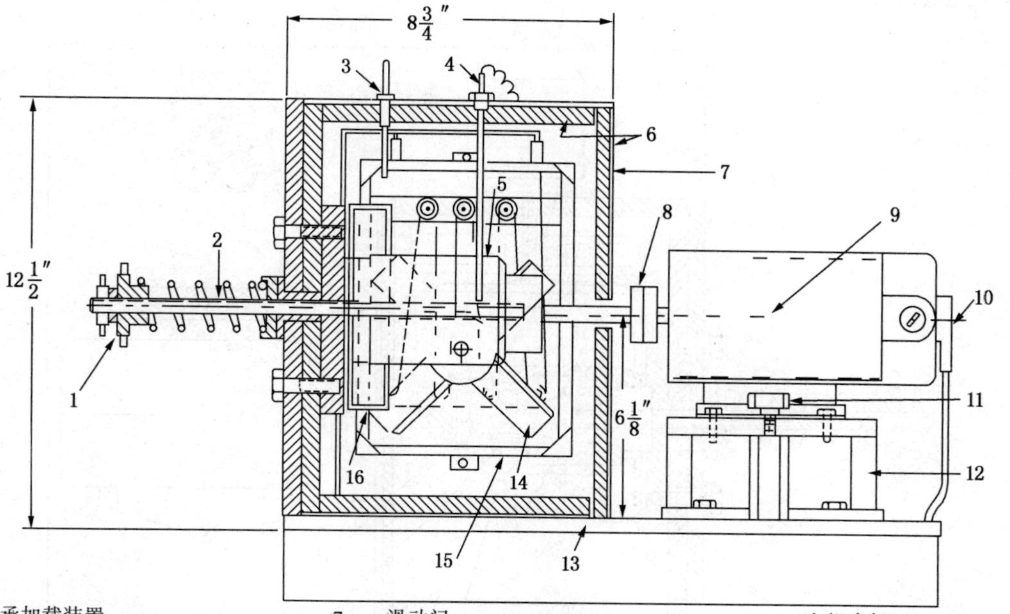

1——轴承加载装置；
2——TC 推力杆；
3——温度计夹套；
4——测温头；
5——轮毂；
6——隔热层；
7——滑动门；
8——驱动连接器；
9——驱动电机，1/4HP，1725r/min，120V；
10——电动托起器；
11——电机水平调整螺钉；
12——电机支架；
13——底盘；
14——6″风扇；
15——加热器，1200W；
16——润滑脂漏失收集器。
注：尺寸换算见附录 A。

图 1　轮毂轴承润滑脂试验机(正视图)

10　试验步骤

10.1　在每次试验前检查主轴中纵向负荷手柄的自由运动情况(图 3)，如果有粘结，取出并清洗手柄与主轴孔。

10.2　按照图 1 与图 2 的位置将轴承外圈装入清洗后的轮毂中。

10.3　对内置与外置轴承锥体进行称重，精确至 0.1g。使用另一套轴承外圈和图 4 所示的润滑脂加脂器将试样加入轴承锥体。当将轴承锥体从轴承外圈中取出时以及以后的擦拭等操作过程中，应避免转动滚柱或移动轴承部件。用刮刀刮掉轴承锥体前侧面(滚柱小头附近)溢出的多余的润滑脂，用干净的绸布擦拭轴孔、轴承锥体后侧面、保持架外表面以及露出滚柱的表面，并再次称重。通过擦拭或向轴承保持架与轴承锥体后侧面间的槽中填加润滑脂，来调整内置轴承锥体中的润滑脂质量为 3.0g±0.1g，且外置轴承锥体中的润滑脂质量为 2.0g±0.1g。在轴承外圈上涂抹一薄层润滑脂。

10.4　将润滑脂漏失收集器、内置轴承锥体、轮毂与外置轴承锥体安装在主轴上，如图 2 所示，用尾部螺帽将各部件固定在原位，安装主轴连接器。

10.5　参见图 3 按下列步骤调整轴向负荷：拧紧压紧螺母 G 直到弹簧 F 位于恰顶住后板 E 的位置，但不压紧。将锁定螺母 H 拧到 G 处，不移动 H，通过拧紧 G 压紧 F 直到量规 J 夹入 H 与 G 中间。保持 J 于原位并回拧 G 直到 J 紧紧地夹在 H 与 G 中间。

注：压紧量规 J 具有下列功能，嵌入压紧量规并调整 G 可以使弹簧 F 压紧并在轮毂轴承上施加 111N(25 lbf)的轴向负荷。

10.6 将热电偶插入主轴推杆内并使接触点位于外置轴承的中心位置。关闭烘箱并将电机放到运转位置。

警告：此时不要用驱动连接器连接电机，启动电机并调节转速至 1000r/min±50r/min，此时观察并记录无负载电机电流值 N。

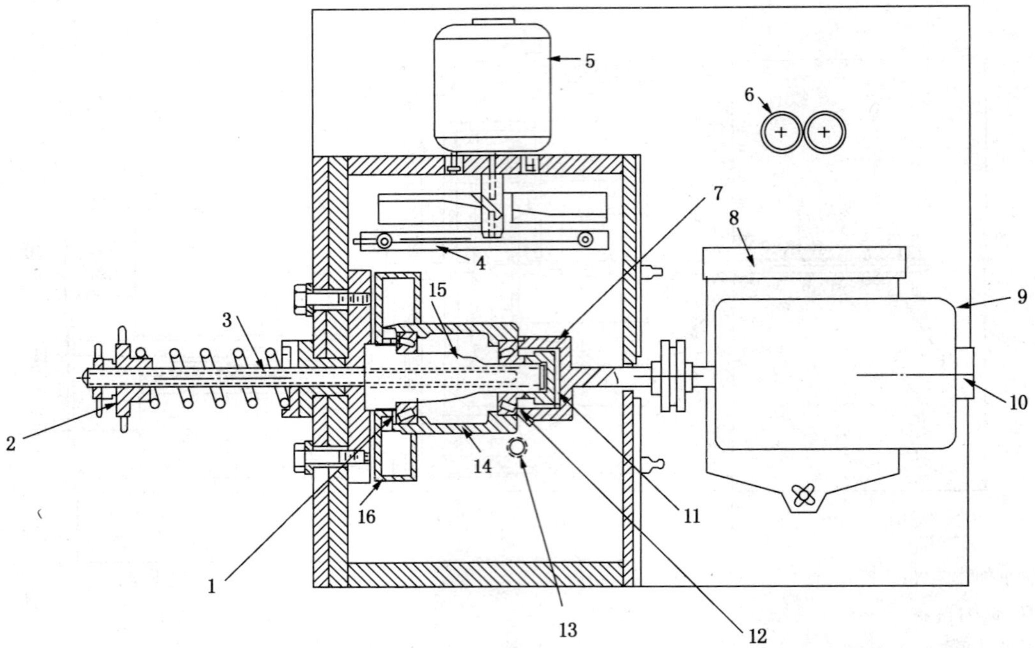

1——内置轴承(LM67048 轴承锥体，LM67010 轴承外圈)；
2——轴承加载装置；
3——TC 推力杆；
4——加热器；
5——风扇电机(1/30HP，1550r/min)；
6——电机托架；
7——驱动轮毂；
8——电机支架；
9——电机；
10——电动托起器；
11——尾部螺帽；
12——外置轴承(LM11949 轴承锥体，LM11910 轴承外圈)；
13——测温头；
14——轮毂；
15——主轴；
16——润滑脂漏失收集器。

图 2　轮毂轴承润滑脂试验机(俯视图)

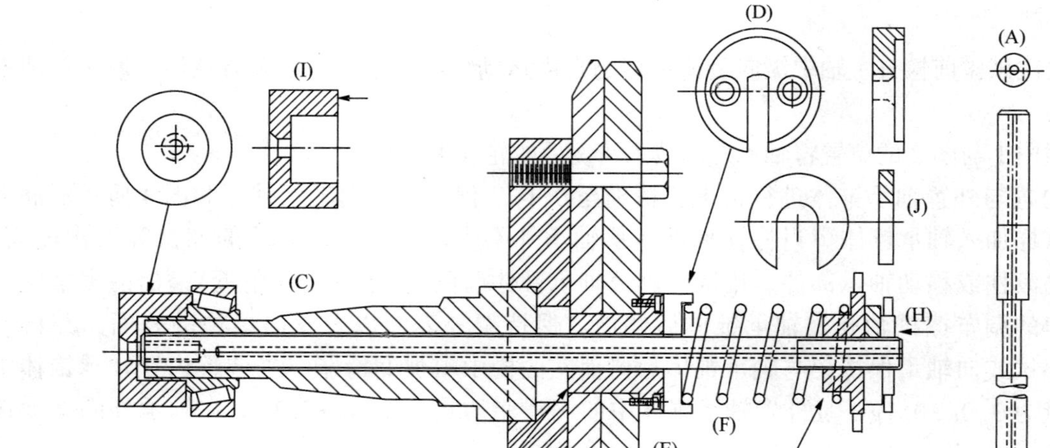

(A)——杆；
(B)——杆导板；
(C)——主轴；
(D)——压紧板与杆限制器；
(E)——后板；
(F)——弹簧；
(G)——压紧螺母；
(H)——锁定螺母；
(I)——尾部螺帽；
(J)——压紧量规。

图 3　主轴与推杆部件

单位为英寸

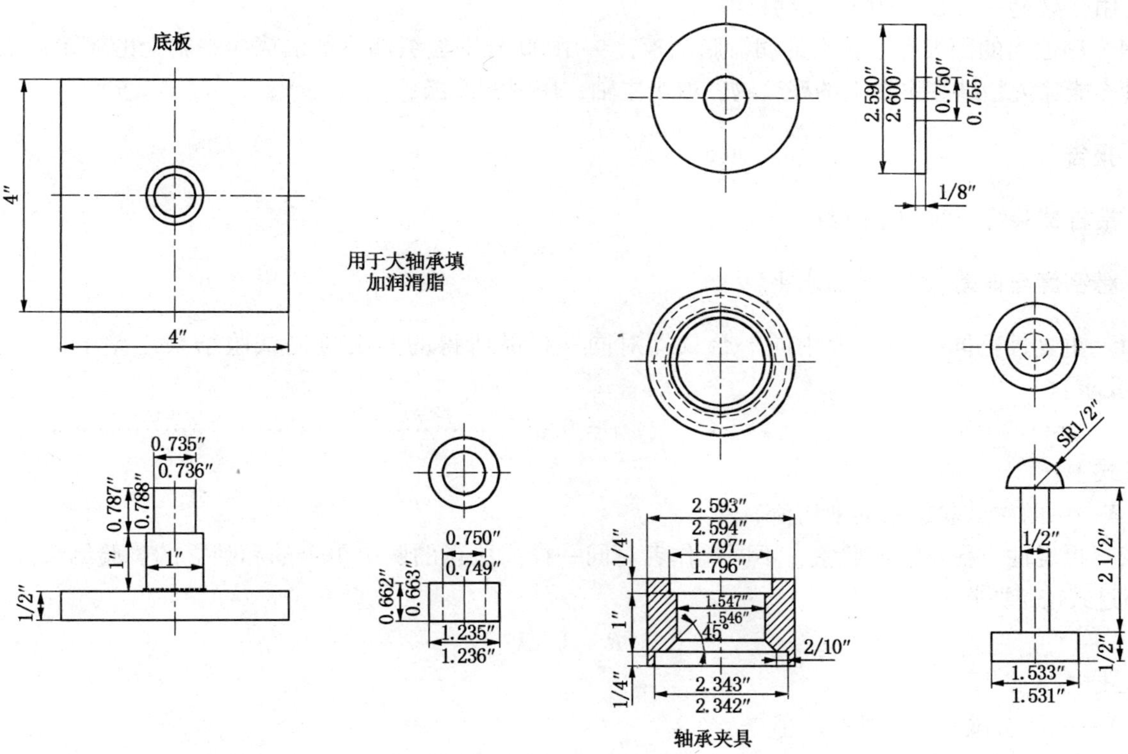

注：尺寸换算见附录 A。

材料：不锈钢

图 4　轴承加脂器

10.7　关闭电机，连接驱动连接器并将其固定在合适位置，设定时间，开始进行 20h 运转循环。重新启动电机并再次调整转速为 1000r/min±50r/min，打开加热器并调节烘箱温度，直到轴温控制在 160℃±1.5℃。当轴温稳定在试验温度后，试验期间不要再调节烘箱温度。

10.8　开始运行 2h 内会产生稳定运行转矩，并在表上显示一个稳定电流，记录该数值作为稳定电流值 T，按式(1)确定电机中断值：

$$C = 8(T - N) + N \quad \cdots\cdots (1)$$

式中：

C——电机中断值，A；

T——稳定电流值，A；

N——电机无负载电流值，A。

设定电机的中断值为 C。

10.9　在规定负载、转速与温度条件下运转试验机，直到电机转矩超过设定转矩限制，当到达该点时，电机自动停止，记录停机时间。

注：有 30s 延迟时间保护电机。

10.10　冷却试验机至安全操作温度并拆卸，如高温下拆卸试验机，则佩带隔热手套。

11　部件清洗

11.1　用一个合适的刮刀从润滑脂收集器、尾部螺帽和主轴连接器上将润滑脂尽可能刮掉。

11.2　把部件放入一个合适的容器内(最好是不锈钢容器)并用丙酮覆盖，加盖但留一定缝隙并微加热(70℃±10℃)直到部件干净为止(约数小时)。避免过长(整夜)加热以防止部件腐蚀。

11.3　从溶剂中取出部件，用流动热水洗涤并立即用异丙醇漂洗，并在空气中干燥。如果部件不立即使用，涂上一层 SAE 10W 发动机油。

11.4　用适当的刮刀把主轴上的润滑脂刮掉，再用 00 号钢丝绒和溶剂油擦净主轴上的剩余润滑脂。如果不能除去粘结在主轴上的残留物，取出主轴，用丙酮洗涤。

12　报告

报告试验终止时的小时数。

13　精密度与偏差(95%置信水平)

13.1　重复性：同一操作者用同一台仪器对同一样品所得的两次重复试验结果之差不应超过式(2)要求：

$$r = 0.8X \qquad (2)$$

式中：

X——两次试验结果的平均值。

13.2　再现性：在不同实验室，不同操作者对同一样品所得的两个单个的和独立的试验结果之差不应超过式(3)要求：

$$R = 1.2X \qquad (3)$$

式中：

X——两个试验结果的平均值。

13.3　偏差：由于润滑脂寿命值仅在本试验方法中定义，故本试验方法无偏差。

附　录　A
（资料性附录）
英制单位与公制单位换算

图 1 与图 4 的英制单位与公制单位换算见表 A. 1。

表 A. 1　图 1 与图 4 的英制单位与公制单位换算

in	mm	in	mm
1/8	3. 175	1. 546	39. 268
1/4	6. 350	1. 547	39. 294
1/2	12. 700	1. 796	45. 618
0. 661	16. 789	1. 797	45. 644
0. 662	16. 815	2. 342	59. 487
0. 663	16. 840	2. 343	59. 512
0. 735	18. 669	2½	63. 500
0. 736	18. 694	2. 590	65. 786
0. 749	19. 025	2. 593	65. 862
0. 75	19. 050	2. 594	65. 888
0. 787	19. 990	2. 6	66. 040
0. 788	20. 015	4. 0	101. 600
1. 00	25. 400	6. 0	152. 400
1. 235	31. 369	6⅛	155. 570
1. 236	31. 394	8¾	222. 250
1. 531	38. 887	12½	317. 500
1. 532	38. 913		

编者注：本标准中引用标准的标准号和标准名称变动如下。

原标准号	现标准号	现 标 准 名 称
SH 0005	GB 1922	油漆及清洗用溶剂油

ICS 75.140
E 43

SH

中华人民共和国石油化工行业标准

SH/T 0774—2005

沥青加速老化试验法（PAV 法）

Standard practice for accelerated aging of asphalt binder using a pressurized aging vessel（PAV）

2005-11-28 发布　　2006-06-01 实施

中华人民共和国国家发展和改革委员会　发布

前　言

本标准修改采用美国材料与试验协会标准 ASTM D 6521-00《压力老化容器加速沥青老化试验法（PAV）》（英文版）。

本标准根据 ASTM D 6521-00 重新起草。

为了更适合我国国情，本标准在采用 ASTM D 6521-00 时进行了修改。有关技术性差异用垂直单线标识于其所涉及条款的页边空白处。本标准与 ASTM D 6521-00 的主要差异如下：

——引用文件中的 ASTM 标准凡已经转换为我国相应标准的，皆用我国标准名称。

——为查阅和参考通用术语的方便与准确，将原 ASTM D 6521-00 标准规范性引用文件里的 ASTM D 8《道路与路面材料的相关术语》替换为 SH/T 0652《石油沥青名词术语》。

——将 ASTM 标准编排格式改为符合我国标准的编排格式。

——由于我国目前不采用 PG 分级，本标准删除了原标准文本中与 PG 分级有关的内容。

本标准由中国石油化工集团公司提出。

本标准由中国石油大学（华东）重质油研究所技术归口。

本标准起草单位：中国石油大学（华东）重质油研究所、武汉理工大学。

本标准主要起草人：张小英、张永和、余剑英、吴少鹏。

本标准为首次发布。

沥青加速老化试验法（PAV法）

1 范围

1.1 本试验法是用高温和压缩的空气对沥青进行加速老化（氧化）。目的是模拟沥青在道路使用过程中发生的氧化老化。本法不能精确模拟老化的相对速率。本法使用的样品为SH/T 0736—2003沥青旋转薄膜烘箱试验法（RTFOT）试验得到的残留物。在RTFOT试验条件下发生相分离或表面结皮的改性沥青在PAV试验条件下也可能发生类似情况，故本法可能不适用于此类的改性沥青。本法是否适用于含细颗粒的沥青尚有待验证。

1.2 本标准用来评价不同沥青在试验温度和压力条件下的抗氧化老化能力，但不能说明混合料因素的影响或沥青实际使用条件下对老化的影响。

1.3 本标准采用国际单位制单位。

1.4 本标准未涉及有关使用的安全规定，标准使用者有责任在使用前制定合适的安全应用规程。

2 规范性引用文件

下列文件中的条款通过本标准的引用而成为本标准的条款。凡注明日期的引用文件，其随后所有的修改单（不包括勘误的内容）或修订版均不适用于本标准，然而，鼓励根据本标准达成协议的各方研究是否可使用这些文件的最新版本。凡是不注日期的引用文件，其最新版本适用于本标准。

GB/T 5304 石油沥青薄膜烘箱试验法

SH/T 0652 石油沥青名词术语

SH/T 0736 沥青旋转薄膜烘箱试验法

ASTM D 4753 用于土壤、岩石和建筑材料试验中的天平和秤的评价、选择和分类规范 Specification for Evaluating、Selecting and Specifying Balances and Scales for Use in Soil Rock and Construction Materials Testing

ASTM E 220 以对比技术校正热电偶的试验方法 Test Method for Calibration of Thermocouples by Comparison techniques

ASTM E 1137 工业铂电阻温度计规范 Specification for Industrial Platinum Resistance Thermometers

3 名词术语

标准中常见的术语见SH/T 0652。

4 方法概述

将SH/T 0736沥青旋转薄膜烘箱试验法（RTFOT）残留物按照试验规定的沥青膜厚度放在GB/T 5304石油沥青薄膜烘箱试验法（TFOT）的不锈钢盘中，然后放入2.1MPa空气压力的压力容器中，在选择的老化温度下老化20h。最后将残留物进行真空脱气。

5 意义和用途

5.1 本试验方法用来模拟沥青在使用过程中发生的氧化老化。用本标准得到的残留物的性能可以预测使用几年后沥青的物理和化学性质。

5.2 对具有不同等级或不同来源的沥青，本试验中老化时间和温度与道路使用中老化时间和温度之间没有直接对应关系。

5.3　在某一相同的温度和压力条件作用下，两个沥青可能具有相似的老化速率，但是在另一试验条件下，老化速率可能不同。因此在 PAV 条件下，一些沥青相对老化速率可能与使用时的实际相对速率有明显的不同。

6　设备

6.1　设备系统由一个压力容器、压力控制设备、温度控制设备、压力和温度测量设备和温度与压力记录系统组成（见图 1）。

6.1.1　压力容器：可在 2.1MPa±0.1MPa 的压力和 90℃～110℃ 温度下长期使用的不锈钢容器，其内部尺寸应足够容纳盘架和 10 个 TFOT 盘。该容器包括一个盘架，此盘架可水平放置 10 个 TFOT 不锈钢盘，以使沥青膜薄厚合理均匀。盘架应使盘和沥青在老化温度下容易放入和取出。图 2 是容器、盘和盘架的结构示意图和规定的尺寸。

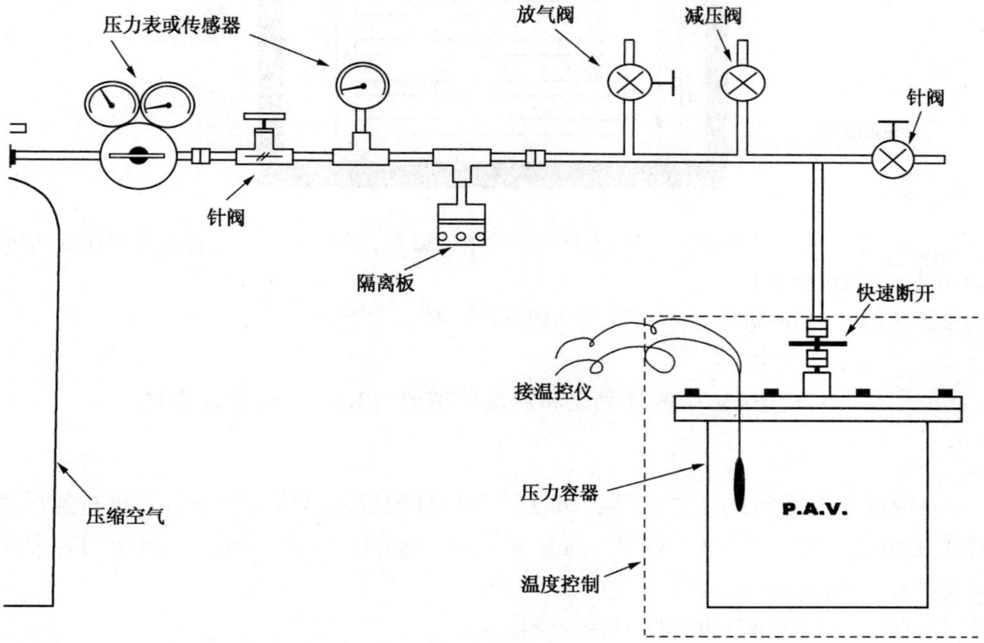

注：容器可为一个独立单元，置于强制鼓风烘箱中；或作为整个温度控制系统的一部分。建议容器的尺寸为直径 250mm、高 265mm。

图 1　PAV 试验系统原理图

6.1.2　压力控制设备

6.1.2.1　减压阀：用来防止容器中的压力超过容器的设计压力。在任何情况下，在老化过程中容器中压力不能超过 2.5MPa。

6.1.2.2　压力调节系统能将容器中的压力控制于±0.02MPa，并且在老化过程中，使容器的压力维持在 2.1MPa±0.1MPa（表压）。

6.1.2.3　慢速释放气体减压阀：完成试验过程后，可使容器中的压力在 8min～15min 内从 2.1MPa 降到当地大气压。

6.1.3　温度控制设备：可以将压力容器内部温度稳定在老化温度的±0.5℃的温控设备。

6.1.3.1　强制鼓风烘箱或液体浴的加热设备：盛样盘和盘架放入容器后，加压之前，其加热设备可以在 2h 内达到老化温度并温度维持在老化温度的±0.5℃范围内。如果使用烘箱，应有足够大的尺寸，使容器放在烘箱中，鼓入的空气中能自由地围绕着容器循环。烘箱中应有一支架，可水平放置

单位为毫米

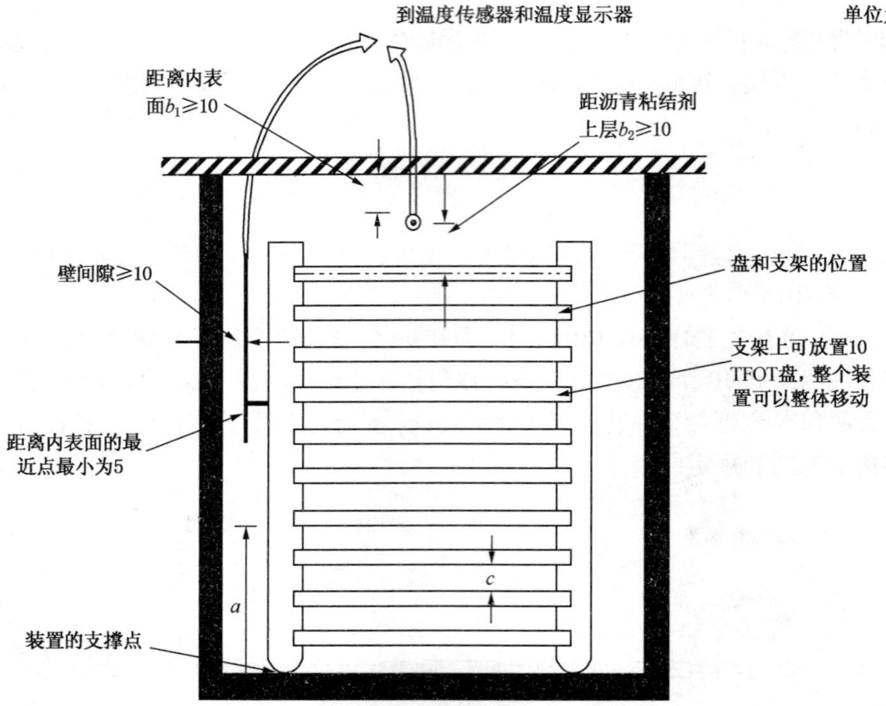

注1：距离“a”为盘的水平控制点。装置支撑点有三个或更多。“a”的距离之差应控制在±0.05mm。也可用其他方法调整水平。

注2：温度传感器的任何活动部分到相邻的表面的距离 b_1 和 b_2 大于 10mm。

注3：距离“c”应大于 12mm。

图2　PAV 中的样品盘和温度传感器（RTD）位置示意图

压力容器。

6.1.3.2　带有温度控制系统的压力容器：将盛样盘和盘架放入容器后，对容器进行加压之前，在将装载的容器放在加热设备的 2h 内，有能力恢复 9.3 中决定的老化前温度，并将压力容器中的温度维持在老化温度的±0.5℃范围内。

注：在要求的两小时内必须将压力容器预热到老化温度。

6.1.4　温度和压力测量设备

6.1.4.1　用精度 0.1℃，满足或等同于 ASTM E 1137 规范（IEC 751）的铂电阻温度计 RTD 测量压力容器内部的温度。用单独的仪表或电路对 RTD 系统进行校正。

6.1.4.2　温度记录仪：台式记录仪或其他同类功能的设备，可按 0.1℃精度记录整个老化过程中的温度。也可以选用准确到 0.1℃的、只记录最大和最小温度的温度记录设备。

6.1.4.3　压力表：在老化过程中，能将压力容器内部的压力准确测量到±0.02MPa 以内。

6.2　不锈钢盘：10 个满足 GB/T 5304 标准要求的 TFOT 的不锈钢盘。

6.3　天平：±0.1g 感量的天平。

6.4　真空烘箱：精度为 0.5℃，具有 15kPa±0.1kPa 绝对压力，能将温度维持到 180℃的真空烘箱。在使用真空烘箱的场合中，如果压力容器能维持 180℃的温度和 15kPa 的真空，可以使用压力容器本身代替真空烘箱。

6.5　真空系统：能产生并维持在 15kPa 的绝对压力的真空系统。真空系统应包括一个真空泵、真空室以及真空测量表。

7 试验材料

商业瓶装或等同性质的压缩空气。

8 安全性

处理热沥青和使用溶剂、清洁剂清洗试盘、架时，应按照实验室安全标准的要求操作。

9 标定与校准

9.1 温度传感器：至少每6个月由专业校正部门用按照国家标准的温度显示器及其配套仪器进行校正检查，温度传感器要准确到0.1℃。

9.2 压力表：至少每6个月将压力表校正到0.02MPa的精度。

9.3 由手动控制向PAV系统加压和升温。使载有支架和空盘的容器升温，当容器内温度升到老化温度的10℃之内时，施加2.1MPa±0.1MPa的空气压力。记录加压时温度的增加值。此步骤至少进行三次。用温度增加值的平均值确定老化过程中对容器升压时的温度变化，此结果将用在10.9中。

10 试验步骤

10.1 根据SH/T 0736—2003沥青旋转薄膜烘箱试验法（RTFOT）对沥青进行老化试验。

10.2 将RTFOT各瓶中残留物倒入一个容器中，混合均匀后进行PAV老化：按10.4将残留物倒入TFOT盘中，或将容器中的残留物冷却到室温，盖上盖子，置于室温下，以后进行PAV老化。室温的沥青在倒入TFOT盘前，应加热到流动。

10.3 将盘与架放入压力容器内部，如用烘箱，将压力容器放在烘箱中，选择老化温度，将压力容器预热到选定的老化温度。如使用有温度控制仪的压力容器，则应选择老化温度，按设备说明预热压力容器。

注1：老化温度是基于气候条件设定的，可为90℃、100℃、110℃中的一个。对于7天平均最高设计温度高于64℃或更高的沥青，除了在沙漠气候条件下为110℃外，其余条件的老化温度都是100℃。

注2：对于控温烘箱，可将容器预热到高于老化温度10℃~15℃，以减少在装料过程中PAV温度的降低，减少达到平衡温度及装料后升到老化温度的时间。

注3：根据不同气候区选择PAV老化温度。应避免加热温度超过115℃，因温度过高可能引起沥青化学性质的改变。

10.4 将TFOT盘放在天平上，向盘中加入50g±0.5g的沥青，摊铺成约3.2mm厚的沥青膜。

注：测量质量变化不是本标准步骤的一部分，作为老化结果的质量增加明显是由于加压使沥青吸收空气引起的，所以测量质量变化没有意义。

10.5 如果用烘箱加热的容器被预热到高于希望的温度，则重新设定烘箱上的温度以达到老化温度。

10.6 尽可能快的按照10.7和10.8描述的内容进行操作，避免容器和盘的冷却。

10.7 将装有样品盘放在盘架上（在进行单一老化过程时，不同来源不同等级的沥青的盘可放在同一压力容器中）。将装有试样的盘与架放入压力容器，关闭压力容器（未用的架槽不需要放置空盘）。

10.8 如果使用烘箱，将装有样品并关闭的压力容器放入烘箱中。设定烘箱温度，连接容器的温度传感器，按照容器的设计和烘箱结构的要求，将压缩空气管线连接到压力容器外部的接头上。

10.9 压力容器放在烘箱中，直到其内部的温度达到规定的温度减去9.3中确定的值，通入压力为2.1MPa±0.1MPa的空气，开始对老化程序计时。如果用温度控制器，则预热容器后通入2.1MPa±0.1MPa压缩空气，按设备说明开始对老化程序计时。

注1：压力超过2.1MPa并不能从实质上增加老化速率，因此没有理由增加压力。

注2：一旦加压，压力容器内部的温度会迅速平衡。SH/T 0736沥青旋转薄膜烘箱试验法中经历了163℃老化的沥青残留物，从预热温度到老化温度期间，在大气压力下几乎不发生老化。所以加压时间（不包括室温下

的预热时间）也是老化时间。

10.10　将压力容器内部的温度和压力维持 20h±10min。

10.11　在老化阶段内，如遇到下列情况，老化过程无效，放弃试验样品：（1）装入支架和盘子 2h 后容器内的温度还没有达到加压希望的温度；（2）温度记录设备显示的温度高于或低于目标老化温度±0.5℃的总时间超过 60min；（3）老化程序的结束阶段压力超出 10.9 中的设计范围；（4）如该设备只能记录最高和最低温度，且在 20h 的老化期间，记录的温度变化值超过老化温度±0.5℃。

10.12　当 20h 老化结束时，用放空阀开始慢慢减少 PAV 的内部压力。放空阀预先设定一个开度，使 PAV 内部和外部压力在 8min~15min 达到平衡，避免沥青产生过多的气泡和泡沫。20h 的老化时间不包括释放和平衡压力的时间。

10.13　对老化试样进行真空脱气。

10.13.1　将架和盘从 PAV 中移出，将盘放在设定在 163℃的烘箱中加热 15min±1min。

注：PAV 残留物可在 163℃的温度下，在 TFOT 盘中加热并搅拌除去气泡。这样有助于避免造成样品硬化的氧化和挥发损失。在加热过程中，给样品加盖，偶尔搅拌刮盘底，以保证样品的均一性。

10.13.2　将真空烘箱预热到 170℃±5℃。

10.13.3　从烘箱中移出盘，将含有单一样品的盘中热的残留物单独倒入一个容器中，应选择尺寸合适的容器，使容器中的残留物的厚度在 15mm~40mm 之间。刮完最后一个盘后，在 1min 内将容器转移到真空烘箱中。将真空烘箱在 170℃±5℃保持 10min±1min。

10.13.4　尽可能快地将压力减少到 15kPa±2.5kPa 的绝对压力，并维持恒压 30min±1min。释放真空，移出容器。如果表面还留有气泡，用热刀除掉 PAV 残留物表面的气泡。

10.14　如果没有立即对脱气后的 PAV 残留物进行其他试验，可将 PAV 残留物容器加盖置于室温下，用于进一步试验。

11　报告

报告下列信息：

11.1　样品编号。

11.2　老化温度，准确到 0.5℃。

11.3　记录最高和最低老化温度，准确到 0.1℃。

11.4　老化过程中老化温度在规定范围外的总时间，准确到 min。

11.5　总老化时间，单位 h 和 min。

11.6　在处理沥青过程中，如果需要温度高于 163℃，记录加热温度和加热时间。

12　精密度和偏差

12.1　本标准为老化试验方法，仅规定试验过程，未涉及材料性能的测试指标，因此无精密度的要求。

编者注：本标准中引用标准的标准号和标准名称变动如下。

原标准号	现标准号	现 标 准 名 称
SH/T 0652	NB/SH/T 0652	石油沥青专业名词术语

ICS 75.140
E 43

SH

中华人民共和国石油化工行业标准

SH/T 0775—2005

沥青弯曲蠕变劲度测定法（BBR法）

Standard test method for determining the flexural creep stiffness of asphalt binder using the bending beam rheometer（BBR）

2005-11-28 发布　　2006-06-01 实施

中华人民共和国国家发展和改革委员会　发布

前　言

本标准修改采用美国材料与试验协会标准 ASTM D 6648-01《沥青弯曲蠕变劲度的弯曲梁流变仪测定法（BBR）》（英文版）。

本标准根据 ASTM D 6648-01 标准重新起草。

为了适合我国国情，本标准在采用 ASTM D 6648-01 时进行了修改。有关技术性差异用垂直单线标识于其所涉及条款的页边空白处。目前我国本试验法采用的全是进口仪器，没有国内产品。按照 ASTM D 6648-01 要求，校正用的标准仪器属于供货配件；故有关校正步骤及相应标准，完全按照 ASTM D 6648-01 要求处理，但将其列入附录 B。本标准与 ASTM D 6648-01 的主要差异如下：

——引用文件中的 ASTM 标准凡已经转换为我国相应标准的，皆用我国标准名称。

——将原文中的第 14 章数据归纳放入到规范性附录 A 中。

——将原强制性信息附录改为规范性附录 B。

——将原文中的非强制性信息附录放入资料性附录 C 中。

——由于我国目前不采用 PG 分级，本标准删除了规范性引用文件和文本中与 PG 分级有关的内容。

为使用方便，本标准还做了如下编辑性修改：

——将 ASTM 标准编排格式改为我国标准的编排格式，所有附录格式按照 GB/T 1.1—2000 进行编排。

——去掉与试验无关的 5.4，7.5.2，7.6.1。将附录的章、节、条的编号重新进行编排，标准文本中其余的编号与 ASTM D 6648-01 的编号相同。

本标准采用国际单位制［SI］。

本标准的附录 A、附录 B 为规范性附录，附录 C 为资料性附录。

本标准由中国石油化工集团公司提出。

本标准由中国石油大学（华东）重质油研究所技术归口。

本标准起草单位：中国石油大学（华东）重质油研究所。

本标准主要起草人：张小英、张永和。

本标准为首次发布。

沥青弯曲蠕变劲度测定法（BBR 法）

1 范围

1.1 本试验法适用于以弯曲梁流变仪测量沥青的弯曲蠕变劲度、柔量和 m 值。所测弯曲蠕变劲度范围为 20MPa ~ 10^3MPa（弯曲蠕变柔量范围为 50nPa^{-1} ~ 10^{-3}nPa^{-1}），被测量材料可以是未老化的沥青或按 GB/T 5304石油沥青薄膜烘箱试验法、SH/T 0736 沥青旋转薄膜烘箱试验法、SH/T 0774—2005 沥青加速老化试验法（PAV 法）得到的老化沥青。试验设备应可在-36℃ ~0℃温度范围对样品进行检验。

1.2 根据本标准进行试验时，若试件的形变大于 4mm 或小于 0.08mm 时，试验结果无效。

1.3 本标准未涉及有关使用的安全规定，标准使用者有责任在使用前制定合适的安全应用规程。

2 规范性引用文件

下列文件中的条款通过本标准的引用而成为本标准的条款。凡注明日期的引用文件，其随后所有的修改单（不包括勘误的内容）或修订版均不适用于本标准，然而，鼓励根据本标准达成协议的各方研究是否可使用这些文件的最新版本。凡是不注日期的引用文件，其最新版本适用于本标准。

GB/T 5304 石油沥青薄膜烘箱试验法

GB/T 11147 石油沥青取样法

SH/T 0736 沥青旋转薄膜烘箱试验法

SH/T 0774—2005 沥青加速老化试验法（PAV 法）

ASTM C 802 实验室间确定建筑材料检验精密度的试验法 Practice for Conducting an Interlaboratory Test Program to Determine the Precision of Test Methods for Construction Materials

ASTM E 77 温度计的检验和校正试验方法 Test Method for Inspection and Verification of Thermometers

DIN 43760 热电偶校正标准 Standard for Calibration of Thermocouples

3 名词术语

下列术语和定义适用于本标准：

3.1 定义

3.1.1 沥青

以石油或石油渣油为原料，经蒸馏、氧化、调和或改性等工艺，得到的符合一定规格要求的产品。

3.1.2 物理硬化

当沥青在低于室温条件下贮藏时发生的可逆硬化，此类硬化与时间和温度有关。

3.2 术语

3.2.1 接触负载

在试件、支架和加载轴之间维持接触压力所需的初始压力，规定值为 35mN±10mN；

3.2.2 弯曲蠕变柔量，$D(t)$

最大弯曲应变（附录 C 中的公式 C.1.5）除以最大弯曲应力（附录 C 中的公式 C.1.4）得到的比率，弯曲蠕变劲度是弯曲蠕变柔量的倒数。

3.2.3 弯曲蠕变劲度，$S(t)$

以 8.0s，15.0s，30.0s，60.0s，120.0s 和 240.0s 处测量的劲度的对数为纵坐标，时间的对数为横坐标作图得到弯曲蠕变劲度（附录 A 中 A.4 的公式 4）。

3.2.4 **实测弯曲蠕变劲度，$S_m(t)$**

实测的最大弯曲应力（附录 C 中的公式 C.1.4）除以实测的最大弯曲应变（附录 C 中的公式 C.1.5）得到的比率（附录 A 中 A.2 的公式 3）。

3.2.5 ***m* 值**

劲度对数与时间对数曲线的斜率的绝对值（附录 A 中 A.5 的公式 5）。

3.2.6 **试验负载**

用来测量沥青劲度的 240s 期间的负载，其值为 980mN±50mN，符号 P_t。

4 方法概述

4.1 本标准规定用弯曲梁流变仪测定棱柱体沥青简支梁试件经受恒定负载时试件的中点产生的形变。设备仅在加压的模式下操作；弯曲梁流变仪不能测量试件恢复数据。

4.2 向控温液体浴中的棱柱体试件施加 240s 期间的恒定负载。系统自动监控试验负载（980mN±50mN）、试件中点的形变及时间。

4.3 试件中点的最大应力由试件的尺寸、跨度和加载时间为 8.0s、15.0s、30.0s、60.0s、120.0s、240.0s 时的负载计算得到。试件的最大弯曲应变由试件尺寸和相应加载时间的形变计算得到。最大弯曲应力除以最大弯曲应变得到规定加载时间下的劲度。

5 目的和意义

5.1 本试验所规定的试验温度与所用沥青路面的冬季环境温度有关。

5.2 试验中得到的弯曲蠕变劲度或弯曲蠕变柔量可用来描述在试验温度下沥青在线性粘弹性区的低温应力-应变-时间的关系。

5.3 沥青路面的低温收缩性能与沥青混合料中所含沥青的弯曲蠕变劲度和 *m* 值有关。

6 测量范围

6.1 如试件中点形变超过 4.0mm，则应变值可能超出线性粘弹性区域，此时的测量数据不可靠。

6.2 如试件中点形变小于 0.08mm，由于该系统的测量精度不足，此时的测量数据也不可靠。

7 设备

7.1 弯曲梁流变仪由下列几部分组成：（1）带有试件支架的加载框；（2）将试件维持在试验温度下并提供浮力以抵消试件重力的控温液体浴；（3）计算机控制的数据采集系统；（4）试件模具；（5）检验和校正系统的梁。

7.2 加载框：由一套样品支架、加载轴、测力传感器、加载调零元件、加载元件和形变传感器组成的框架。设备的原理见图 1。

7.3 加载系统：可向试件施加 35mN±10mN 的初始接触负载，并将试验负载（980mN±50mN）维持在±10mN 以内。

7.3.1 加载系统要求：试验负载的升压时间不应少于 0.5s。升压时间是指接触负载从 35mN±10mN 增加到 980mN±50mN 所需时间。此时，系统在 0.5s~5s 内使负载跳变到 980mN±50mN，并且试验负载应在平均试验负载的±50mN 以内，而后在平均试验负载的±10mN 以内。加载模式的详细表述见图 2。

7.3.2 加载轴：加载轴与测力传感器相连并且与测力传感器位于一条直线上，其所连的形变传感器带有一个半径为 6.3mm±0.3mm 球形头。

7.3.3 测力传感器：用于测量初始接触负载和试验负载。最小容量应不少于 2.00N，分辨能力至少

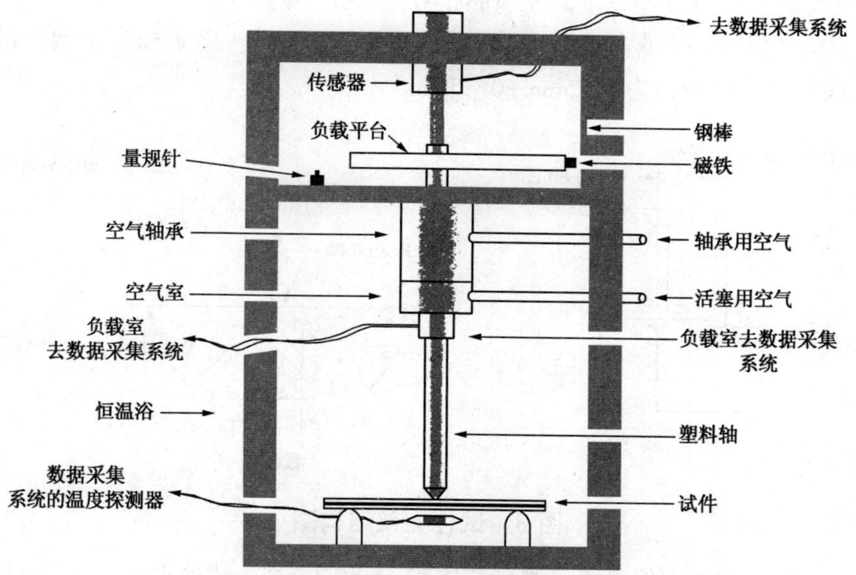

图 1　试验设备原理图

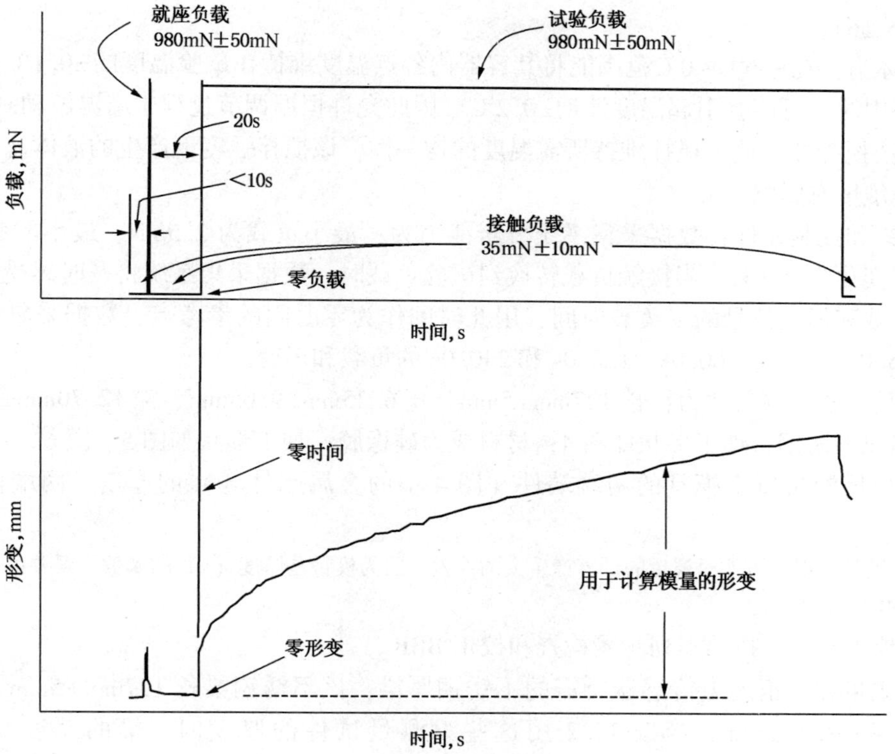

图 2　加载模式定义图

为 2. 5mN，安装位置与加载轴在一条线上并且在控温浴的液面以上。

7. 3. 4　线性差动位移传感器（LVDT）：适合用于测量试件形变的线性差动位移传感器或其他合适的器件，其线性范围至少为 6mm，并且具有 2. 5μm 的变形分辨能力。它安装于加载轴上并与加载轴处于同一轴线上。

7. 3. 5　样品支架：接触半径为 3. 0mm±0. 3mm，两个不锈钢或其他防腐的金属支架，其间间隔距离为 102mm±1. 0mm，精确到±0. 3mm 以内。测量得到的支架间距用于附录 A 的计算中。支架的尺寸应保证在整个试验过程中试件与支架的活动半径相切，见图 3。

7.3.5.1　与试件接触的试件支架宽度为 9.50mm±0.25mm，见图 3。

7.3.5.2　每个支架背后有一个直径为 2mm～4mm 的垂直准线针，用来校直支架上的试件。从每个支架的中间到准线针的前面应该为 6.75mm±0.25mm，见图 3。

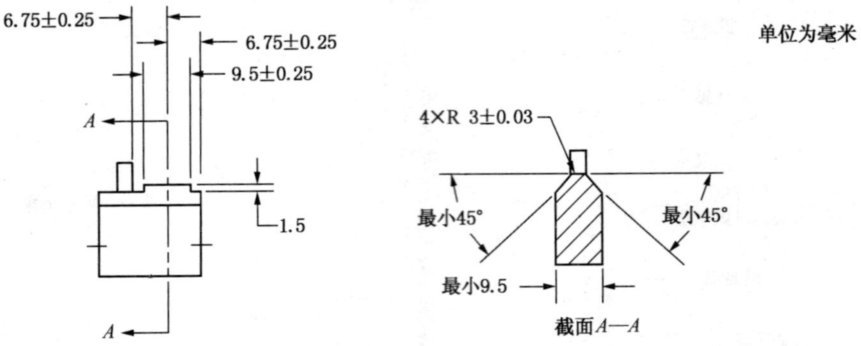

图 3　试件支架结构图

7.4　温度传感器：校准的温度传感器，测量范围为−36℃～0℃，精确到 0.1℃，温度传感器安装在距试件的几何中心 50mm 以内。

注：用正确校正的铂电阻温度计（PRT）或热敏电阻测量所需温度。铂阻温度计（PRT）或热敏电阻的校正可按 11.5 进行。

7.5　控温液体浴：在−36℃～0℃范围能将其容器内各点温度维持在试验温度的±0.1℃范围内。将试件放入控温浴中时，可能会引起温度波动±0.2℃。因此允许恒温调节过程中浴温波动±0.2℃。

7.5.1　液体浴搅拌器：通过搅拌维持所需温度的均一性，该搅拌强度下产生的液体流和机械噪音不应对试验的灵敏度有影响。

7.6　数据采集和控制元件：数据采集系统分辨能力为：最小负载为 2.5mN、最小形变为 2.5μm 和最小浴液温度变化为 0.1℃。当接触负载转换到试验负载时，数据采集系统将及时感受该点。此时间将作为试验负载和形变信号的零负载时间，用此时间作为零时间的参考点，数据采集系统将记录随后在 8.0s、15.0s、30.0s、60.0s、120.0s 和 240.0s 的负载和形变。

7.7　试件模具：模具内尺寸为：长 127mm±5mm、宽 6.35mm±0.05mm、深 12.70mm±0.05mm。

材料为铝或不锈钢，加工形状如图 4；材料或为硅橡胶，加工形状如图 5、图 6。

7.7.1　用千分尺测量每个模具的两端端件（图 4 中的金属端件③）的厚度，两端件厚度差不大于 0.05mm。

注：试件厚度的小误差可能对模量的计算产生大的误差，因为模量是厚度（h）的函数，误差可达三次方（见附录 C 中的公式 C.1.3）。

7.8　检查和校正步骤：按照下列步骤检查和校正 BBR。

7.8.1　测量柔量和校正测力传感器所需的不锈钢厚梁：该不锈钢梁长 127mm±5mm、宽 12.7mm±0.3mm、厚 6.4mm±0.3mm。当按 13.2 用这些梁测量试件的厚度时，梁的厚度要准确测量到 0.01mm。此测量数据将用在 13.2.3.1 的公式中计算试件的厚度。

7.8.2　检查整个系统的不锈钢薄梁：该不锈钢梁长 127mm±5mm、宽 12.7mm±0.1mm、厚 1.0mm～1.6mm，是 BBR 生产商报告弹性模量时必须报告的三个重要数据。BBR 的生产商将测量和报告梁的厚度准确到 0.01mm、宽度准确到 0.05mm。在整个试验系统检查的阶段（见 11.3）以梁的尺寸计算梁的模量。

7.8.3　标准砝码：用标准砝码进行下列项目的检查和校正。

7.8.3.1　测力传感器的检查：用总重量为 100g±0.2g 的一个或多个砝码、两个质量为 2.0g±0.2g 的砝码（11.3）检查测力传感器校正后的准确性。

7.8.3.2　测力传感器的校正：使用质量已知并精确到 0.2g 的四个砝码，其质量在传感器的测力范

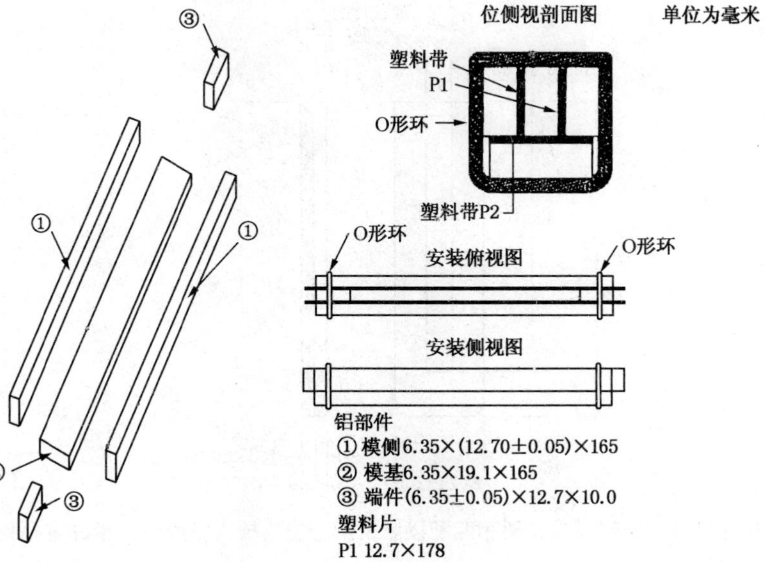

铝部件
① 模侧6.35×(12.70±0.05)×165
② 模基6.35×19.1×165
③ 端件(6.35±0.05)×12.7×10.0
塑料片
P1 12.7×178
P2 19.1×165

图4　铝模具规格尺寸图

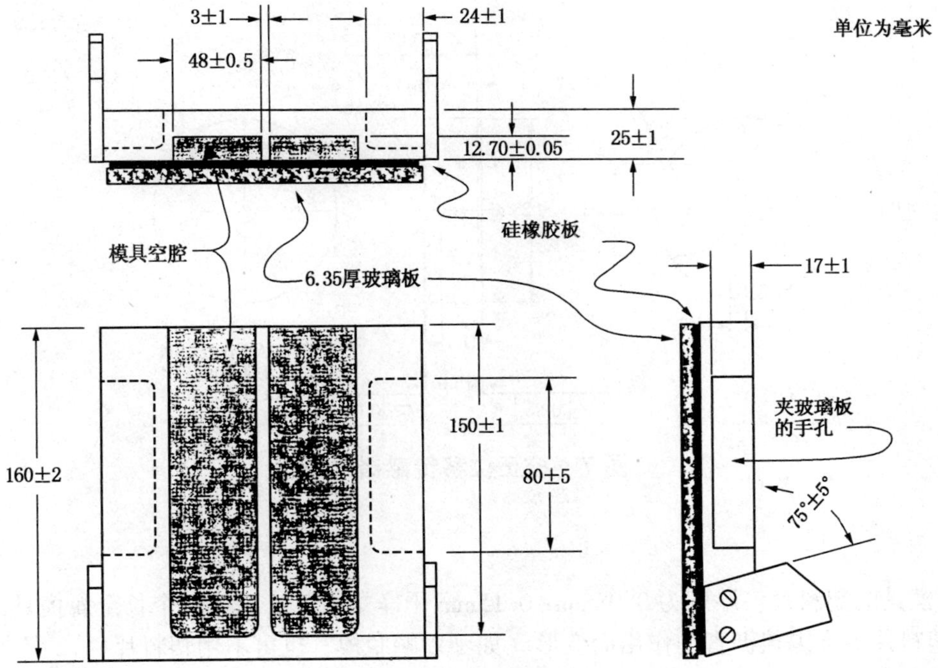

图5　聚硅酮模具夹具尺寸

围内均匀变化，见附录B的B.1.2。

7.8.3.3　整个系统的检查：两个或更多砝码，其中每个砝码质量已知并准确到0.2g，用于进行生产商规定的整个系统的检查（见11.4）。

7.8.3.4　砝码的精确度：至少每三年对7.8.3中的砝码进行一次准确度的检查。

7.8.4　专用量规：厚度准确测量到±5μm的分级量规，用于校正位移传感器和检查位移传感器的校正效果（典型的设计见图7）。

7.9　校核用的标准温度计：有合适范围、有0℃温度点、分度值为0.1℃的部分浸入式玻璃液体温度计，用于检查温度传感器。这些温度计至少每年校正一次。

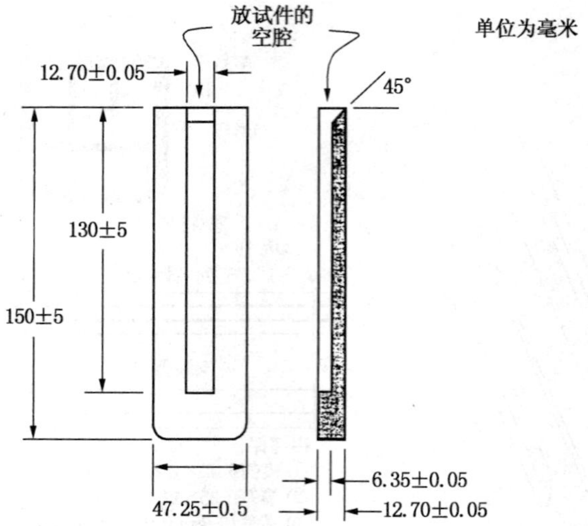

注1：聚硅酮模具的尺寸应与铝模具支架相匹配以紧密配合。当插入空腔时，聚硅酮模具应与模具支架平齐或略高于模具支架。

注2：可用橡胶夹将玻璃板固定到夹具上。

图6 聚硅酮橡胶模具

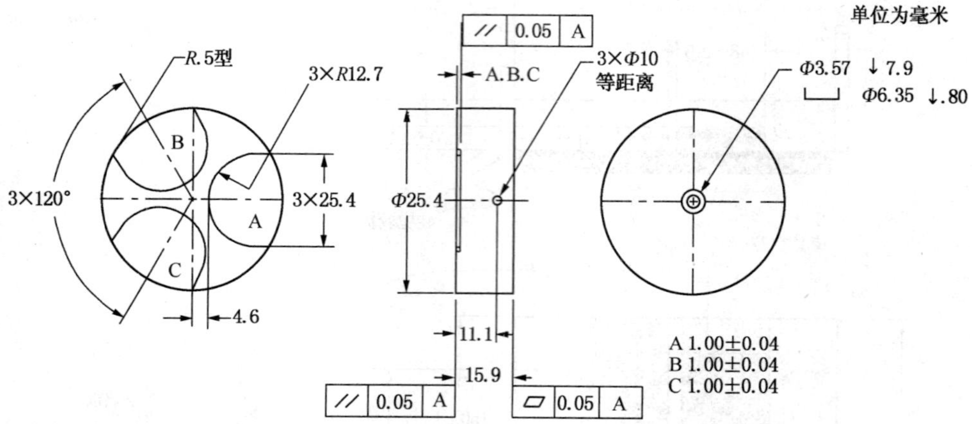

图7 校正位移传感器的量规

8 材料

8.1 金属模具的塑料片：厚度为0.08mm~0.15mm干净塑料片，用作三个长金属模具部分内表面的衬里，该塑料片不会因热沥青的作用而变形（如不影响脱模，也可不用塑料片）。

8.2 硅橡胶模具衬板：衬在硅橡胶模具和玻璃板之间，当制备试件时热沥青不会使其变形，要有足够刚度，以免试件冷却时由于沥青的收缩使其从玻璃上移动。硅橡胶板厚度为10mm±0.5mm，其邵尔A硬度为60。

8.3 石油基润滑脂：目的是将塑料板粘贴到三个长金属模具部分的内表面上。也可用非硅酮类的产品。

8.4 丙三醇-滑石粉混合物：用作金属模具的垂直内端面上的隔离剂。可用20%的化学纯丙三醇和80%的医用滑石粉或瓷土。

8.5 冷浴液体：不被沥青吸附，也不影响测试沥青性质的溶液。透明干净的冷浴液体在试验温度下的密度不能超过1.05g/cm^3。

8.5.1 合适的浴液包括乙醇、甲醇、稳定的异丙醇、丙三醇-甲醇-水的混合液（例如：60%的丙三醇，15%的甲醇，25%的水），也可使用其他试剂，但不能使用硅酮或含有硅酮类的混合物。

9 安全性

9.1 当处理热沥青和制备试件时，应按实验室安全规程操作。

9.2 醇类及其混合溶液易燃、有毒，应将控温浴放在通风并且远离火源的地方。避免吸入醇蒸气或皮肤接触浴液。

9.3 在试验规定的低温下，浴液与皮肤接触会产生冻疮。

10 设备准备

10.1 将支架、加载头、浴液中的颗粒和覆膜擦干净。

注：在规定试验温度下沥青是脆的，可能会将沥青碎片带入浴液中。支架或负载头上的碎片会影响所测的变形量。可过滤浴液以滤出碎片，保持清洁度。

10.2 选择试验温度并将浴液的温度调到所选温度。试验前将温度平衡到试验温度的±0.1℃。

10.3 打开加载和数据采集系统，按操作说明开机，在操作 BBR 之前根据操作说明预热数据采集系统和计算机。

11 检查

11.1 位移传感器的检查：试验之前，用尺寸已知且与图 7 相似的分级量规检查位移传感器的精度。负载框安装在试验温度下的冷浴液中，从支架上移走所有梁，按设备说明书将量规放在加载轴下面的参考平台上，向加载轴加一个 100g±0.2g 的砝码，用位移传感器测出每步的上升值。用已知量规的尺寸与系统显示的测量值进行比较，如果量规的尺寸与系统测得的数据之差超过 15μm，按照规范性附录 B 中的 B.1.1 进行校正并重复 11.1。如果校正后仍不能满足 11.1 的要求，设备停用待修。

11.2 空气轴承检查：操作前按 11.2.1 和 11.2.2 检查空气轴承是否自由运动、是否存在摩擦。如不能满足 11.2.1 和 11.2.2 的要求，在空气轴承中存在摩擦，则清洗轴，按设备说明书清洗位移传感器。如果仍不能消除摩擦，设备停用待修。

注：摩擦可能由以下原因引起：位移传感器的电缆束、加载轴上有沥青、空气源中有油或其他颗粒等。

11.2.1 将 7.8.2 中的薄钢梁放在试件支架上，用零负载调节器向梁施加 35mN±10mN 的负载，观察数字显示的 LVDT 数据。轻轻地抓住轴向上提约 5mm 读出 LVDT 的读数，当放下轴时，它将立即向下漂移与梁接触。

11.2.2 将梁从支架上移走。用负载调节器调节加载轴，使它在垂直路径约中间点处自由漂动，轻轻将一个硬币或约 2g 质量的其他物体加到负载架上，轴在硬币的质量下轻轻向下落。

11.3 测力传感器的检验

11.3.1 接触负载：试验前检验接触负载范围内测力传感器的校正效果。将 7.8.1 中 6.35mm 厚的不锈钢梁放在支架上，用零负载调节器向梁施加一个 20mN±10mN 的负载，向负载平台上增加 2.0g±0.2g 的砝码。系统显示负载的增加为 20mN±5mN。向负载平台再增加 2.0g±0.2g 的砝码，系统显示负载的增加为 20mN±5mN。如果显示的负载增加不是 20mN±5mN，则需要重新根据附录 B 中 B.1.2 进行校正，重复 11.3.1，如果校正后不能满足 11.3.1 的要求，设备停用待修。

11.3.2 试验负载：试验前，在试验负载的范围内检验测力传感器的校正值。将 7.8.1 中 6.35mm 厚的不锈钢梁放在支架上，用零负载调节器（接触负载）向梁施加 20mN±10mN 的负载。向负载平台施加 100g 的质量。由数据采集系统显示的负载增加值应为 980mN±5mN，否则根据附录 B 中 B.1.2 的说明校正负载并重复 11.3.2 的内容。如果校正后仍不能满足 11.3.2 部分的要求，设备停用待修。

11.4 整个系统的日常检查：试验前将负载框安装在浴室中，对整个系统的操作进行全面检查。按照7.8.2将模量已知、厚度为1.0mm~1.6mm的不锈钢薄梁放在样品支架上。根据生产商提供的说明，将梁放在支架上，向梁施加50g或100±0.2g的总质量（491mN或980mN±50mN）以保证梁已放好并与支架充分接触。按照设备说明书向梁施加另一个100.0g~300.0g±0.2g的附加载荷。设备软件可利用负载变化和形变计算梁的模量，并精确到三位有效数字。软件报告所的模量误差应在由生产商提供的模量的10%以内；否则整个BBR视为不可靠，应咨询设备生产商。

11.5 温度传感器的检查：任何试验前，当试验温度改变时，用7.9描述的已校正好的温度计检查温度探测器的校正效果。将负载框放在浴液中，将温度计放在浴液中并靠近温度传感器，用温度计显示的温度与系统显示的温度进行比较，如果系统显示的温度与温度计显示的温度差不在±0.1℃内，应按照附录B中B.1.3中要求的内容进行校正。

11.6 加载轴校准的检查：安装或搬运仪器时，可能引起加载轴位移，可用生产商提供的校准量规或用如下方法来校准加载轴与样品支架：切一块长度约25mm比梁的宽度稍窄一点的白纸条，用胶带将其粘到梁上。从冷浴液中移走框架，将梁放在支架上，将一片复写纸放在白纸条上，向空气轴承施压，将轴向下推，使复写纸在白纸上留下一个印。移开梁，用游标卡尺测量从印的中心到梁的每个边的距离。两个测量值之差应小于或等于1.0mm。如果不能满足此要求，设备待修。

12 模具和试件的制备

12.1 模具的准备：每次浇模之前，按12.1.1或12.2.2规定准备模具。

注：操作者可以采用硅橡胶模具，但以金属模具为基准。

12.1.1 金属模具的准备：将模具清理干净。在模具的三个长金属部分的内表面涂一层石油基润滑脂，用尽量少的润滑脂将塑料片平平粘到金属上。不能使用因热沥青作用而变形的塑料片。将塑料片放在金属表面，用手指挤压塑料片，靠摩擦力将塑料片压在金属表面上。在两个端件的内表面涂一层丙三醇和滑石粉的混合物，以防止沥青粘到金属端件上。按图4安装模具。用O形橡胶环将各模片紧紧捆在一起。检查模具，用力将塑料片向金属表面压，以挤出气泡。安装结束后，将模具放在室温下等待浇注沥青。

12.1.2 硅橡胶模具的准备：用干净的布将沥青、油脂或其他残渣擦干净，不要用有机溶剂清洗模具。按图5组装硅橡胶模具。

12.2 试件的制备

12.2.1 如果试验材料是未老化的沥青，根据GB/T 11147方法取样。试验室老化的样品或从混合料中回收的沥青，应根据适当的试验方法或规范取样。

12.2.2 在设定温度不高于165℃的烘箱中加热沥青，直到样品充分流动，容易浇注。对于不易流动的改性沥青或老化沥青，可将烘箱温度设定到180℃。在所有情况下，加热时间应尽量少，加热温度应尽量低。加热过程中可偶尔搅拌一下以保证样品的均匀性，但应避免空气泡带入到沥青中。

12.3 浇注试件：根据12.3.1或12.3.2的内容浇注试件。

12.3.1 浇注试件（金属模）：模具放在室温下，将沥青从模具的一端向另一端来回浇注，使沥青略高出模具。倾倒时使盛样容器距模具顶端20mm~30mm，以单一路径向另一端浇注沥青。将倒满沥青的模具放在实验台上，在室温下冷却45min~60min。冷却到室温后，用热刀铲平高出模具顶面的沥青。

12.3.2 浇注试件（硅橡胶模）：在保证沥青粘结剂黏度的条件下（由操作者判断），可以在浇注前将铝夹具中的硅橡胶模在135℃的烘箱中预热30min。从模具的顶端以慢而稳定的方式进行浇注，小心不要带入气泡。将试样浇注到模具的顶端，用眼睛观察无高出顶面的沥青。倒完后将模具连同其内的沥青在室温下冷却至少45min。

12.4 试件的存放和脱模

12.4.1 试验前将模具中的试件置于室温下，试件浇注完后应在4h内完成试验。

12.4.2 在脱模前，在冷却室或水浴中冷却含试件的金属模或硅橡胶模，冷却时间不超过 5min。但试件要足够硬，以使试件容易脱模且不变形。绝不能将样品在试验温度的 10℃之内进行脱模。不要在试验浴液中冷却含试件的模具，因为这样可能引起浴液温度波动超过 0.2℃。

12.4.3 当模具内试件足够硬、脱模又不使试件变形时，拆掉金属或硅橡胶模具。为避免试件变形，应使塑料片和侧模从试件上滑动脱模。

注：在脱模过程中，小心拿好试件不要使试件变形。变形的试件将会影响测得的劲度和 m 值。

13 试验步骤

13.1 按实际测试要求，依据注 1 选择合适的试验温度。脱模后，立即将试件放入试验浴液中，试件在试验温度±0.1℃的浴液中保持 60min±5min 后，向试件施加就位负载。

注 1：-36℃～0℃范围内，以 6℃的梯度从目标温度或目标温度范围的中间值增加或降低温度。

注 2：当试件处于低温时，沥青会变硬，此过程是可逆的。如要得到重复性好的试验结果，必须仔细控制存放处置的时间。

13.2 试件厚度的测量：试件的厚度是模具端件的厚度，见 7.7.1 部分。

13.2.1 试件厚度测量法：对金属模具，可参考测量端件厚度的方法，见 7.7.1 部分；而硅橡胶模具必须使用 13.2.2 或 13.2.3 的方法。

注：根据 13.2.2 或 13.2.3 测量试件厚度可以减少误差。但进行 13.2.2 和 13.2.3 时，小心不要使试件弯曲或变形。

13.2.2 直接测量法：用厚度计量器或类似的设备测量试件的厚度。在测量过程中，试件要保持在试验温度的±0.2℃内。在试件的中点测量试件的厚度，准确到 2.5μm，操作者将测量值输入到软件中用来计算试件的劲度。

13.2.3 位移传感器测量法：厚度可以用位移传感器进行测量，用仪器显示的位移读数通过手工计算，也可输入到软件中自动计算。厚度要准确到 50μm。

13.2.3.1 在支架上放 7.8.1 中的规定的 6.35mm 厚不锈钢梁，确定对应支架顶部的位移读数。向不锈钢梁施加 35mN±10mN 的接触负载。记录位移传感器的读数为 R_{s1}。翻转不锈钢梁得到又一个读数 R_{s2}，两个读数的平均值记录为 R_s。计算对应的支架顶部的位移传感器读数（见图 8）。

$$R_0=R_s+t_s \quad (1)$$

式中：

R_0——对应支架顶端的位移传感器读数；

R_s——用位移传感器与不锈钢梁试件顶部接触的两个位移传感器读数的平均值；

t_s——测得的不锈钢梁的厚度（见 7.8.1）。

13.2.3.2 将试件放在支架上之前即测量试件的厚度。向试件施加 35mN±10mN 的接触负载，记录位移传感器的读数为 R_{a1}，翻转试件得到又一个读数 R_{a2}，如果两个读数之差小于 1.0mm，对两个数进行平均得到 R_a。如果两个读数之差大于 1.0mm，试件的平整度不够，抛弃该试件（如图 8）。试件的厚度计算式为：

$$t_a=R_0-R_a \quad (2)$$

式中：

t_a——计算的试件厚度；

R_0——用方程式 1 计算的相对应支架顶部的位移传感器读数；

R_a——用位移传感器测得的与试件顶部接触的两个位移传感器读数的平均值。

13.3 接触负载和试验负载的检查：测量每批试件之前，用 6.35mm 厚的不锈钢梁检查接触负载和试验负载。

注：不要用薄钢梁和沥青试件进行检查。

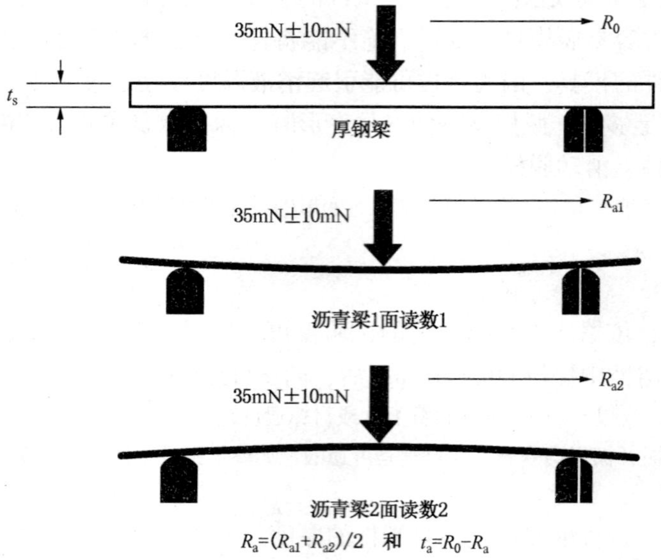

图 8　用位移传感器测量试件的厚度

13.3.1　将厚钢梁放在梁支架的位置上，用试验负载调节器向梁轻轻施加力直到 980mN±50mN。

13.3.2　将试验负载转换为接触负载，把梁上的力调节到 35mN±10mN。按此程序将试验负载和接触负载的转换进行四次。

13.3.3　当进行试验负载和试验负载的转换时，观察加载轴和平台的垂直运动：加载轴与钢梁应保持接触。接触负载和试验负载应分别保持在 35mN±10mN 和 980mN±50mN。

13.3.4　如果不能满足 13.3.1～13.3.3 的要求，设备需按附录 B 中的 B.1.2 进行校正，或加载轴脏了，或需要校准（见 11.2）。经过校准、清洁或其他方式进行纠正后，如仍不能满足 13.3.1～13.3.3 的要求，设备停用待修。

13.4　按报告内容将有关信息输入到计算机中，见 15。

13.5　存放处置后，将试件放在支架上，使试件的后部轻轻靠在校准针上。按照 13.6 中描述的内容启动试验。在试验期间，浴液应保持在试验温度的±0.1℃，否则放弃试验。

13.6　向试件手动施加一个 35mN±10mN 的接触负载，施加负载时间不能大于 10s，且保证试件和负载头之间的接触。

注：接触负载保证加载轴、端头支架、试件之间无间隙。在要求的负载范围内，如接触不连续会导致错误的结果。接触时间过多会影响报告的劲度和 m 值。

13.7　施加接触负载时要轻轻增加到 35mN±10mN。当施加接触负载时梁上的负载不应超过 45mN。

13.8　将接触负载施加到试件上，开启自动试验系统，该系统的程序将进行如下操作：

13.8.1　施加 980mN±50mN 的就位负载，施加时间为 1s±0.1s。

注：通过计算机控制的系统应自动加载和卸载。

13.8.2　将负载减少到 35mN±10mN 的接触负载，让试件恢复 20s±0.1s，就位负载结束时，操作者监控电脑屏幕以验证负载回到 35mN±10mN，如果未返回到 35mN±10mN，放弃试验。

13.8.3　向试件施加一个 980mN±50mN 的试验负载，加载时间为 240s。计算机将从 0.5s 起，以 0.5s 的时间间隔自动记录负载值并计算记录负载的平均值。加载后的最初 0.5s 和 5s 内，试验负载应保持在平均试验负载的±50mN 以内，其余时间内试验负载应保持在平均负载的±10mN 以内。以测得的实际负载计算试件应力。施加负载的模式见图 2。

13.8.4　卸除试验负载并返回到 35mN±10mN 的接触负载。

13.9　从支架上移走试件进行下一个试验。

14 数据归纳（见规范性附录 A）

15 报告

15.1 按试验要求，选择报告下列信息。

15.1.1 文件名。

15.1.2 试件编号。

15.1.3 项目编号。

15.1.4 操作者姓名。

15.1.5 试验日期（日/月/年）。

15.1.6 试件宽度（mm，准确到 0.01mm）。

15.1.7 试件厚度（mm，准确到 0.01mm）。

15.1.8 浴室中第一个浸没的试件和应用恒定负载之间消耗的总时间。

15.1.9 施加试验负载的时间（h，min）。

15.1.10 生产商和 BBR 型号。

15.1.11 本设备证号，当在试验室使用多个 BBR 时用以区分多个 BBR 的使用。

15.1.12 所用软件的版本。

15.1.13 试验过程中的最高温度（℃，准确到 0.1℃）。

15.1.14 试验过程中的最低温度（℃，准确到 0.1℃）。

15.1.15 试验过程中记录的最大负载（mN，准确到 1mN）。

15.1.16 试验过程中记录的最小负载（mN，准确到 1mN）。

15.1.17 上次温度校正日期（日/月/年）。

15.1.18 测力传感器校正常数（mN/bit）。

15.1.19 测力传感器校正日期（日/月/年）。

15.1.20 LVDT 校正常数（μm）。

15.1.21 上次 LVDT 校正日期（日/月/年）。

15.1.22 在进行整个系统检查过程中测量得到的钢梁的模量（GPa，保留三位有效数字）。

15.1.23 加载系统的柔量（μm/N，保留三位有效数字）。

15.1.24 上次柔量测量日期（日/月/年）。

15.1.25 留有 72 个字符的两行空格，向空格提供由软件产生的警告和由操作者通过键盘手动输入的评论，这些空格中的信息将成为试验记录中一个永久的部分。

15.2 对 8.0s、15.0s、30.0s、60.0s、120.0s 和 240.0s 间隔时间报告下列试验结果：

15.2.1 施加负载的时间，用 s 表示，准确到 0.1s。

15.2.2 试验负载，用 mN 表示，准确到 1mN。

15.2.3 试件的形变量，用 mm 表示，准确到 1μm。

15.2.4 测量得到的劲度模量，用 MPa 表示，保留为三位有效数字。

15.2.5 估计的劲度模量，用 MPa 表示，保留三位有效数字。

15.2.6 按下式计算得到的估计劲度和测量得到的劲度之间的差：

$$(\text{估计的劲度}-\text{测得的劲度})\times 100\%/\text{测得的劲度}$$

15.2.7 估计的 m 值，准确到 0.001。

15.3 对每个试验按照图 1 内容报告下列总结数据。

15.3.1 根据步骤 8 的回归系数和 R^2。

15.3.2 在施加试验负载前，$t=0$ 时的接触负载（mN，准确到 1mN）。

15.3.3 施加0.5s的负载后的试验负载（mN，准确到1mN）。

15.3.4 通过对0.5s的负载和每隔0.5s直到240s的测得的负载进行平均化得到的平均负载。

15.3.5 从0.5s到5.0s期间的负载与平均负载的最大偏差。

15.3.6 从5.0s到240.0s期间的负载与平均负载的最大偏差。

15.3.7 零时间的形变（mm）。

15.3.8 在0.5s时的形变（mm）。

15.4 仪器软件将产生单位分别为mN、mm和0.1℃的测力传感器读数、LVDT的读数和温度读数。这些读数从零时间开始，以0.5s的时间间隔持续到240.0s。这个文件的格式为ASCII，它虽不是结果报告的一部分，但试验者可以选择采用。

16 精度和偏差

16.1 精度

表1中给出了弯曲蠕变劲度和 m 值测量精密度的判断标准。

16.2 单一操作者精度（重复性）

同一操作者用同一台设备在同一个实验室得到的两结果之差（用平均值的百分数表示）应不超过表1中给出的单一操作者的精度值。

16.3 多个实验室精度（再现性）

由两个操作者在不同实验室对同一样品进行试验得到的两结果之差（用平均值的百分数表示）应不超过表1中给出的多个实验室精度值。

16.4 偏差

暂未规定。

注：用金属和硅橡胶模具进行的平行实验室的验证试验显示，两种不同类型模具所得结果没有显著的不同。

表1 预期的重复性和再现性

条件		两个试验结果的可接受范围，%（d2s%）
单一操作者精度	蠕变劲度，MPa	9.1
	m 值	4.0
多个实验室精度	蠕变劲度，MPa	26.9
	m 值	13.0

附 录 A
（规范性附录）
数据的归纳

A.1 开始施加恒定负载时，仪表的软件将自动记录负载、形变和作用时间图的曲线，以0.5s或更少时间间隔表示。形变以mm为单位，负载以mN为单位，图2显示了典型的负载和形变曲线图。

A.2 根据试件尺寸、测得的负载和形变，用下式计算施加负载时间为8.0s、15.0s、30.0s、60.0s、120.0s和240.0s时被测试件的劲度：

$$S_m(t)=PL^3/4bh^3\delta(t) \qquad (A.1)$$

式中：

$S_m(t)$——在时间t的实测弯曲蠕变劲度，MPa；

P——测得的负载，mN；

L——支架的距离，mm；

b——试件的宽度，mm；

h——试件的高度，mm；

$\delta(t)$——在时间t的试件的形变。

A.2.1 不要用施加负载8s前的负载值和形变计算劲度，由于施加动态负载和施加负载的升起时间的影响，施加负载后立即得到的蠕变试验数据不可靠。

A.3 S和m值的计算

A.3.1 在劲度值的对数和施加负载时间的对数之间用二维坐标通过下列计算绘图：

$$A=[S_y(S_{x2}S_{x4}-S_{x3}^2)+S_{yx1}(S_{x2}S_{x3}-S_{x1}S_{x4})+S_{yx2}(S_{x1}S_{x3}-S_{x2}^2)]/D$$

$$B=[S_y(S_{x2}S_{x3}-S_{x1}S_{x4})+S_{yx1}(6S_{x4}-S_{x2}^2)+S_{yx2}(S_{x1}S_{x2}-6S_{x3})]/D$$

$$C=[S_y(S_{x1}S_{x3}-S_{x2}^2)+S_{yx1}(S_{x1}S_{x2}-6S_{x3})+S_{yx2}(6S_{x2}-S_{x1}^2)]/D$$

$$D=6(S_{x2}S_{x4}-S_{x3}^2)+S_{x1}(S_{x2}S_{x3}-S_{x1}S_{x4})+S_{x2}(S_{x1}S_{x3}-S_{x2}^2)$$

在施加负载时间为8.0s、15.0s、30.0s、60.0s、120.0s和240.0s时：

$$S_y=\log S_m(8)+\log S_m(15)+\cdots+\log S_m(240)$$

$$S_{x1}=\log(8)+\log(15)+\cdots+\log(240)$$

$$S_{x2}=[\log(8)]^2+[\log(15)]^2+\cdots+[\log(240)]^2$$

$$S_{x3}=[\log(8)]^3+[\log(15)]^3+\cdots+[\log(240)]^3$$

$$S_{x4}=[\log(8)]^4+[\log(15)]^4+\cdots+[\log(240)]^4$$

$$S_{yx1}=[\log S_m(8)][\log(8)]+[\log S_m(15)][\log(15)]+\cdots+[\log S_m(240)][\log(240)]$$

$$S_{yx2}=[\log S_m(8)][\log(8)]^2+[\log S_m(15)][\log(15)]^2+\cdots+[\log S_m(240)][\log(240)]^2$$

A.3.2 通过下列二次式计算劲度的变异分数：

$$R^2=[6AS_y+6BS_{yx1}+6CS_{yx2}-S_y^2]/[6S_{y2}-S_{y2}]$$

式中：

$$S_{y2}=[\log S(8)]^2+[\log S(15)]^2+\cdots+[\log S(240)]^2$$

A.4 用下式计算加载时间为8.0s、15.0s、30.0s、60.0s、120.0s和240.0s时的劲度值：

$$\log S_e(t)=A+B[\log(t)]+C[\log(t)]^2 \qquad (A.2)$$

式中：

A、B和C为A.3.1中确定的回归系数；

t——施加负载的时间。

A.4.1 计算的劲度和测得的劲度相差应在2%以内，否则试验结果不可靠。

A.5 用下式计算施加负载时间为8.0s、15.0s、30.0s、60.0s、120.0s和240.0s时的m值：

$$m(t)=|\mathrm{dlog}[S(t)]/\mathrm{dlog}(t)|=|[B+2(\log(t))| \quad \cdots\cdots\cdots\cdots\cdots\cdots\cdots \quad (A.3)$$

式中：

B和C为A.3.1中确定的回归系数；

t——加载的时间。

A.6 将0.5s时的负载和随后每隔0.5s直到204s时测得的所有负载进行平均，计算平均负载。

A.7 计算平均负载以及在0.5s~5.0s的时间段内，每隔0.5s记录的负载的最大差值。

A.8 计算平均负载以及在5.0s~240s的时间段内，每隔0.5s记录的负载的最大差值。

注：针对所测样品，BBR软件仅报告试验结果，该结果适用性由材料使用者进行评价，非本方法所规定。

附　录　B
（规范性附录）
设备元件的校正

B.1　校正

本标准正文第11章要求的BBR元件的校正应按下列说明进行：

B.1.1 位移传感器的校正：用与图7中显示的相似的、尺寸已知的分步量规校正位移传感器。负载框安装在试验条件下的浴液中，根据仪器说明，从支架上移走所有梁，将分步量规放在加载轴下面的参考平台上，向加载轴施加100g的质量，遵循仪器说明，得到每一步位移传感器的读数。生产商提供的软件应将测量的值转化为用μm/bit表示，并保留到三位有效数字的校正常数。这些软件将一个新的常数输入到软件中，从一次校正到另一次校正，校正常数应可以重复，否则系统的精度不可靠。

B.1.2 测力传感器的校正：根据仪器说明，以在测力传感器范围内均匀分布的四个质量中的最小的一个校正测力传感器。由生产商提供的软件将测量值转化为用μm/bit表示保留到三位有效数字的校正常数，这些软件将一个新的常数输入到软件中，从一个校正到另一个校正，校正常数应该可以重复，否则系统精度不可靠。在每个试验温度下重复这个过程。

B.1.3 温度传感器的校正：用7.9要求的、具有合适范围的、校正好的温度计对温度传感器进行校正。将温度计浸到液体浴中并靠近温度传感器。将校正好的温度计显示温度与展示的传感器信号做对比，如果传感器显示的温度与温度计显示的温度值的差不在±0.1℃范围内，按仪器的说明将显示的温度进行改正，使其与温度计温度保持一致。

B.1.4 决定系统的柔量：根据仪器的说明，用在测力传感器范围内均匀分布的四个质量中最小的一个决定系统的柔量。数据采集软件将测得每个负载下位移传感器的位置。按每单位负载测得形变计算柔量。由厂方提供的软件将测量转化为用μm/bit表示，并保留到三位有效数字的柔量。软件会自动地将这个柔量输入到仪表中，作为测力传感器校正程序的一部分，或作为一个独立操作均可。每次校正测力传感器时应进行柔性的测量。

附　录　C
（资料性附录）
梁的应力应变理论

C.1 弹性梁的形变：按梁的计算基本理论，对于简支梁，载荷在中部，横截面为常数的弹性棱柱梁，跨度中点的形变可以用方程(C.1)和(C.2)得到：

$$\delta = PL^3/48EI \quad \text{(C.1.1)}$$

式中：

δ——跨度中点处梁的变形量，mm；

P——施加的载荷，N；

L——跨度，mm；

E——弹性模量，MPa；

I——惯矩，mm^4。

$$I = bh^3/12 \quad \text{(C.1.2)}$$

式中：

b——梁的宽度，mm；

h——梁的高度，mm。

注：如试件的跨度和高度的比为 16/1 以上。剪切对梁的形变的影响可以忽略。

C.2 弹性弯曲模量：根据弹性理论，计算集中载荷在跨度中点的、有固定横截面的棱柱形梁的弯曲模量用：

$$E = PL^3/4bh^3\delta \quad \text{(C.1.3)}$$

式中：

E——弯曲蠕变劲度(弯曲模量)，MPa；

P——负载，N；

L——跨度，mm；

h——梁的高度，mm；

δ——梁的形变，mm。

C.3 最大弯曲应力：最大弯曲应力发生在跨度中点处梁的上部和底部。因此：

$$\sigma = 3PL/2bh^2 \quad \text{(C.1.4)}$$

式中：

σ——梁中的最大弯曲应力，MPa；

P——恒定负载，N；

L——跨度，mm；

b——梁的宽度，mm；

h——梁的高度，mm。

C.4 最大弯曲应变：于跨度中点，梁的最大弯曲应变发生在梁中的上部和底部。因此：

$$\varepsilon = 6\delta h/L^2 \text{ (mm/mm)} \quad \text{(C.1.5)}$$

式中：

ε——梁的最大弯曲应变，mm/mm；

δ——跨度中点处梁的变形量，mm；

h——梁的高度，mm；

L——跨度，mm。

C.5 线性粘弹性劲度模量：根据弹性-粘弹性对应原则，可以假定：对一个粘弹性梁在 $t=0$ 时施加一个恒定负载，梁内应力分布应该与在同样负载下弹性梁的应力分布相同。将弹性梁的表达式重新整理，得到以下列劲度关系式：

$$s(t) = PL^3/4bh^3\delta(t) \quad \text{(C.1.6)}$$

式中：

P——恒定负载，N；

L——跨度，mm；

b——梁的宽度，mm；

h——梁的高度，mm；

$\delta(t)$——梁在某时间 t 时的形变，mm。

$s(t)$ 和 $\delta(t)$ 分别表示劲度和形变，是时间 t 的函数。

编者注：本标准中引用标准的标准号和标准名称变动如下。

原标准号	现标准号	现 标 准 名 称
GB/T 11147	GB/T 11147	沥青取样法

ICS 75.140
E 43

SH

中华人民共和国石油化工行业标准

SH/T 0776—2005

沥青断裂性能测定法（DT 法）

Standard test method for determining the fracture properties of asphalt binder in direct tension（DT）

2005-11-28 发布　　2006-06-01 实施

中华人民共和国国家发展和改革委员会　发布

前　言

本标准修改采用 ASTM D 6723-02《直接拉伸（DT）测定沥青断裂性质试验方法》(英文版)。

本标准根据 ASTM D 6723-02 重新起草。

目前我国本试验法采用的全是进口仪器，没有国内产品。按照 ASTM D 6723-02 要求，仪器应每半年校正一次，而校正用的标准仪器属于直接拉伸仪的供货配件；故有关校正步骤及相应标准，完全按照 ASTM D 6723-02 要求处理。将有关校正与标定用的 ASTM 标准名称及编号放入资料性附录 A。

本标准在采用 ASTM D 6723-02 时进行了修改。有关技术性差异用垂直单线标识于其所涉及条款的页边空白处。本标准与 ASTM D 6723-02 的主要差异如下：

——本标准采用国际单位制［SI］，原标准图中的英制单位均改用国际单位制。

——由于我国目前不采用 PG 分级，本标准删除了规范性引用文件、文本及附录中与 PG 分级有关的内容。

——作为参考用的 ASTM D 6723-02 标准中为校正位移传感器、荷载传感器以及温度传感器所选用的 ASTM 和 DIN 标准名录，不做改动列入附录 A。

——规范性引用文件增加了 GB/T 16839.1—1997 热电偶的内容。

——为查阅和参考通用术语的方便与准确，将原 ASTM D 6723-02 标准规范性引用文件里的 ASTM D 8《道路与路面材料的相关术语》替换为 SH/T 0652—1998《石油沥青名词术语》。

——精度与误差按原 ASTM D 6723-02 标准规定执行。

本标准由中国石油化工集团公司提出。

本标准由中国石油大学（华东）重质油研究所技术归口。

本标准起草单位：中国石油大学（华东）重质油研究所。

本标准主要起草人：张永和、张小英、孔宪明、张玉贞。

本标准为首次发布。

沥青断裂性能测定法（DT 法）

1 范围

1.1 本标准规定了用直接拉伸试验测定沥青破坏应变和破坏应力的方法。该法可用于未老化的沥青材料或用于经过沥青旋转薄膜烘箱试验（RTFOT）、沥青压力老化容器加速老化试验（PAV）之后的沥青材料。本标准适用试验温度范围6℃～-36℃。

1.2 如用于含有颗粒的沥青材料，本标准试验方法只适用于颗粒尺寸小于250μm的沥青。

1.3 本标准未涉及使用的安全规定，标准使用者有责任在使用前制定合适的安全应用规程。

2 规范性引用文件

下列文件中的条款通过本标准的引用而成为本标准的条款。凡是注日期的引用文件，其随后所有的修改单（不包括勘误的内容）或修改版均不适用于本标准，然而，鼓励根据本标准达成协议的各方研究是否可使用这些文件的最新版本。凡是不注日期的引用文件其最新版本适用于本标准。

GB/T 11147　石油沥青取样法

GB/T 16839.1—1997　热电偶　第1部分：分度表

SH/T 0652　石油沥青名词术语

SH/T 0736　沥青旋转薄膜烘箱试验法

SH/T 0774—2005　沥青加速老化试验法（PAV法）

3 名词与术语

下列术语和定义适用于本标准。

3.1 用于本标准的通用术语及定义见：SH/T 0652 石油沥青名词术语。

3.2 本标准特定的术语及定义

3.2.1 脆性破坏

试验材料一种破坏类型。应力-应变曲线从开始到破坏点基本上是线性的，试件拉伸至突然断裂，其横截面没有明显的减小。

3.2.2 延-脆性破坏

试验材料一种破坏类型。应力-应变曲线有弯曲下降阶段，破坏时试件突然断裂，但破坏前试件横截面发生有限的减小。

3.2.3 延性破坏

拉伸试件在达到破坏点时不产生突然断裂而是横截面逐渐变小，从而产生大的应变。

3.2.4 有效拉伸长度

本标准试验中的试件有效拉伸长度 L_e，该长度为沥青试件在拉伸过程中可以产生应变的部分，本标准确定其初始值为33.8mm。

3.2.5 破坏荷载

本标准试验中以恒定速率拉伸试件时达到的最大荷载。

3.2.6 破坏应变

对应于破坏应力时的拉伸应变，本标准中为最大荷载时的应变。

3.2.7 破坏应力

本标准中为最大荷载时试件的拉伸应力。

3.2.8 测量区间

试件中间具有同样横截面的部分。按规定的几何尺寸，本标准中的初始测量区间长度为18mm（如图1）。

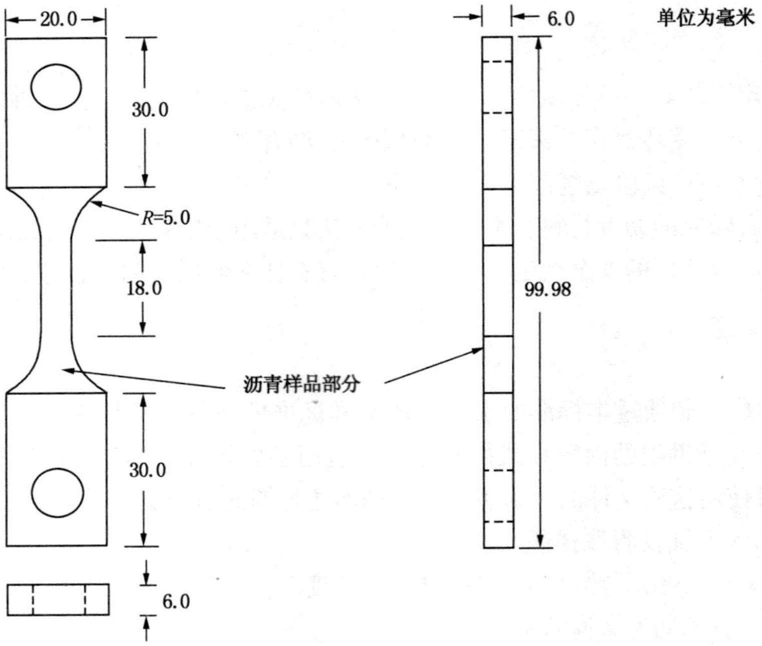

注1：所有棱角倒圆。

注2：未注明的表面粗糙度为：125。

图1 直接拉伸试件尺寸

3.2.9 拉伸应变

由拉伸荷载引起的轴向应变。以有效拉伸长度的变化值除以有效拉伸长度初始值 L_e。

3.2.10 拉伸应力

由拉伸荷载引起的轴向应力。以拉伸荷载除以试件的初始横截面面积。

4 方法概述

4.1 将沥青加温后浇注于规定的模具中，该模具两端放置两个酚醛塑料端模用于粘结沥青并传递荷载。将端模与沥青组成的试件以一个恒定拉伸速率拉伸，测量破坏时的应力和应变。

4.2 本试验法是测量沥青在一定温度下的脆性破坏或延-脆性破坏时的应力与应变。这两种破坏是以试件的突然断裂为特征，本试验法不适合测量简单拉伸时的延性流动破坏。

4.3 以位移传感器测量1.00mm/min的恒定速率拉伸时试件的伸长。监测试验中的荷载变化，记录当荷载达到最大值时的拉伸应变及应力。分别报告为试件的破坏应变和破坏应力。

5 意义与应用

5.1 一定温度下的破坏应力在路面开裂的力学模型中可用于推算临界开裂温度。

5.2 本试验法测量临界开裂温度时沥青的抗拉强度。

5.3 一般情况下，选择拉伸速率为1.00mm/min，并决定试验温度。直接拉伸仪应也能以其他速度与温度进行试验。

6 仪器与设备

6.1 直接拉伸试验机

直接拉伸试验机整套系统应包括：(1) 以闭路耦合反馈控制的位移与加载系统；(2) 试件夹持系统；(3) 按试验条件提供的、温控精确均匀的低温液体冷浴和隔热环境室；(4) 荷载测量和记录设备；(5) 伸长测量和记录设备；(6) 温度检测和记录设备；(7) 数据采集和显示设备。该试验机应具有机械或电-液伺服加载单元，并具有至少 500N 的拉伸和压缩力，夹具所连的促动筒有 20mm 的行程，由拉力传感器和传力销子组成的系统至少有 3MN/m 的刚度。加载单元可控制夹具夹持与分离并提供位移分辨力为 1.0μm 的反馈信号，以控制试件的拉伸速率。以位移传感器或非接触引伸测量仪来测量试件拉伸量。

6.1.1 配有温控系统的加载设备

加载构架产生至少 500N 的拉力。如果使用液体冷浴，夹持系统应当浸没在冷却液中。夹具应在液体表面下至少 25mm，通过直接拉伸试件完成加载。加载支架上销子之间的距离应至少为 100.0mm 以便容纳包括端模的试件总长度（见图 1），如果使用空气冷却的环境室，加载支架装置的两个立柱间应能容纳该环境室。

6.1.2 试件夹持系统

夹持系统必须能产生轴向拉力并具有自对中能力。可以使如 6.1.2.1 所述的塑料端模容易挂上去，每个夹头应有一个专门设计的传力销子并牢固地固定在加载板上。图 2 为一个典型的夹具和传力销子组件，一个夹头在测试中保持固定而另一个夹头以要求的拉伸速率移动。

单位为毫米

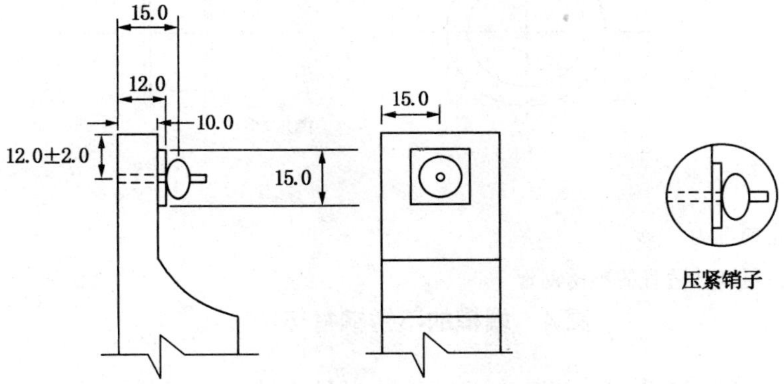

注 1：所有棱角倒圆。

注 2：未注明的表面粗糙度为：125/ 。

典型的夹具与传力销子组合（夹具的一端）

图 2 夹具与传力销组件

6.1.2.1 试件端模

端模为酚醛塑料制成，尺寸如图 3 所示，每个端模应有一个精密的机制孔，孔内镶衬直径为 10.00mm±0.05mm 不锈钢环，如图 4 所示。试验时每个端模固定在传力销子上，紧贴于夹具，作为夹具系统的一部分。为减少界面的温度应力，端模的热膨胀系数应和沥青一致。

6.1.3 温控环境室

温控环境室应有足够的空间贮存至少 8 个试件。无沥青试件时，冷浴的温度控制范围在+6℃～-36℃间可调，并至少可稳定于±0.1℃，室温时将试件放入冷却的环境室中允许引起夹具两端之间的温度梯度有±0.2℃的波动，然而在试验期间夹具之间的温度梯度不应超过±0.1℃。以放置在试验区域附近的标定过的铂电阻温度计（在+6℃～-36℃范围内标定 8 个温度）测量温度。如果使用空气冷

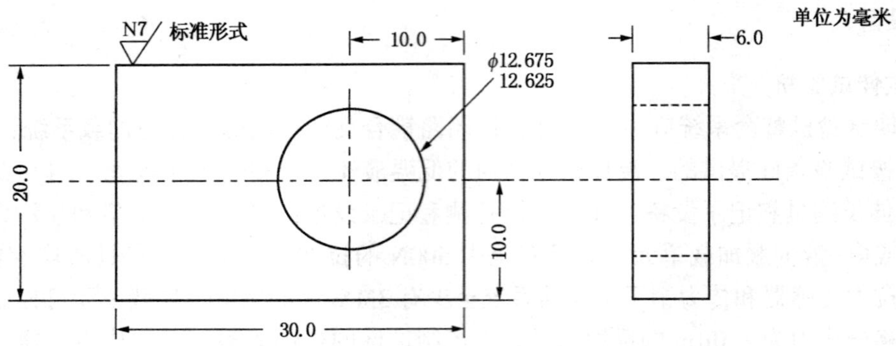

注 1：材料为 G10 酚醛塑料。

注 2：所有棱角倒圆。

注 3：未注明的表面粗糙度为：125/ 。

注 4：见金属环与端子的组装图。

图 3 试件端模

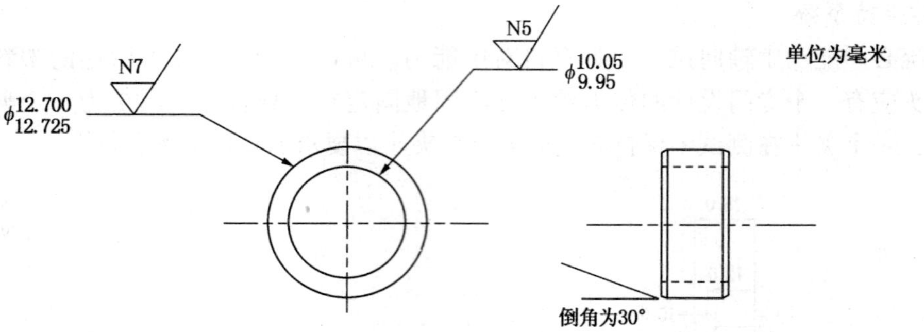

注 1：所有棱角倒圆。

注 2：未注明的表面粗糙度为：125/ 。

注 3：材料为不锈钢，可截选适宜的不锈钢管。

图 4 端模的不锈钢衬环

却系统的环境室，则应具有除湿系统，使其内部试件及夹具不结霜，环境室应能在试样架上贮存至少 8 个试件，试样架与箱壁和门是隔热的，因此箱壁和门的热传导不会影响贮存试件的温度。如果使用空气制冷系统，该环境室前门应开一个手孔，其大小可使操作者手臂伸入安装试件。手臂伸进和取出期间，环境室温度波动不超过±0.2℃。环境室应有一观察孔，以便观察试件安装及监测试验。如用激光测量，要求箱体两侧有光学玻璃窗以便激光束透过而没有挠曲。

6.1.4 用液体作为冷却介质时，比较适宜的液体为质量比为 42%的乙酸钾粉和 58%去离子水或蒸馏水的混合物，配好的液体其 25℃相对密度值在 1.235 和 1.240 之间。酒精不应用作沥青试件的冷却液。

6.1.5 荷载测量和记录设备

荷载由测力能力至少 500N，灵敏度为 0.1N 的传感器测量，传感器应按要求每年标定一次。数据采集系统可按破坏荷载及拉伸量的 1%分析数据；荷载信号相当于 2N±0.3N 的点作为位移传感器调零的标记；可及时记录荷载的峰值并计算破坏应力、应变。典型的峰值荷载从 10N 到 250N 之间，峰值荷载的大小取决于温度、沥青等级和老化后的性能等。按本标准 13.1 和 13.2 计算的应力至少应精确到 0.1 MPa，应变至少应精确到 0.1。

6.1.6 伸长测量和记录系统：夹具上的位移传感器测量试件的伸长，伸长速率控制精确到 1μm。

6.1.6.1 数据采集系统至少应具备分别用于荷载、伸长和温度的数据采集通道。

6.1.6.2 应力-应变曲线显示

数据采集和显示系统应能显示以应力（MPa）和应变百分率表示的应力-应变曲线，以计算机的显示屏或 $X-Y$ 记录仪显示。

6.2 试模

试模由铝合金制成，尺寸如图 5 所示。隔离剂为氟碳化合物或有机硅隔离纸。隔离剂、隔离纸在浇注沥青试件时用来防止沥青与侧模及底板粘结。

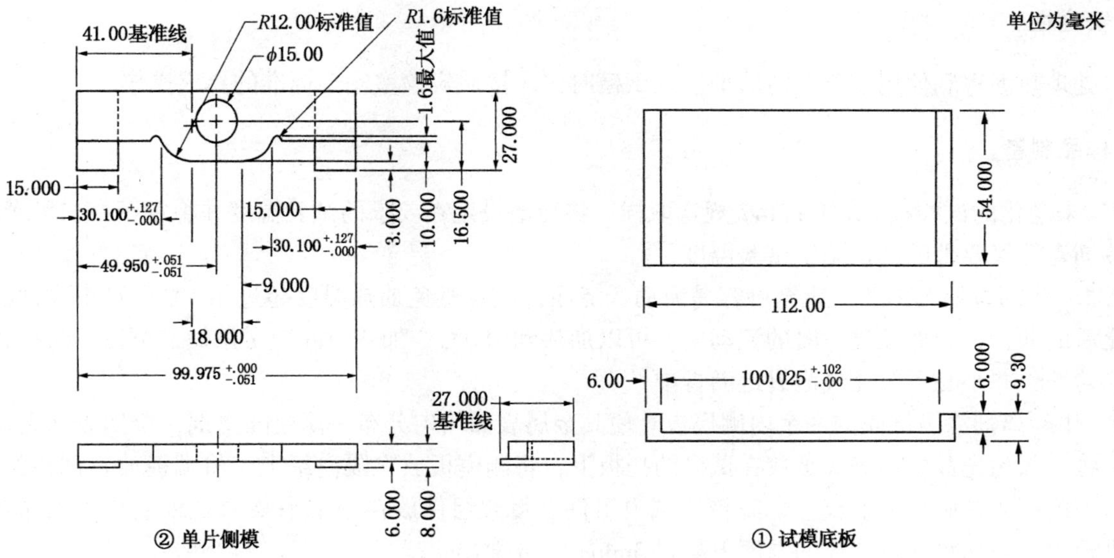

注 1：所有棱角倒圆。

注 2：未注明的表面粗糙度为：125 。

图 5 拉伸试件模板

6.3 试件托板

用聚四氟乙烯或聚丙烯酸酯或其他适合的塑料板制作，用于空气环境室中转移和贮存试件。使用液体冷浴不需要这些板。

6.4 已标定的标准温度计

适用于本标准的、标定过的玻璃液体温度计，分度值为 0.1℃，用于温度传感器的比对校验。温度传感器应按附录 A 中 ASTM E 77 方法和 ASTM E 1 规定的 ASTM 133C 型号的温度计进行标定。或者精确度大于或等于 0.033℃的标准温度计、为美国标准技术研究所（NIST）可追溯的标准设备 RTD 数字温度计标定。

6.5 冷冻箱

只有当使用空气制冷的试验时箱，需要一台能保持温度-15℃±5℃的冷冻箱。

6.6 烘箱

用于加热沥青的、可维持温度为 160℃±5℃的强制对流式烘箱。

7 试剂与材料

7.1 冷浴介质

冷浴介质用质量比 42%的乙酸钾粉末和 58%去离子水或蒸馏水的混合液。不允许使用酒精，因酒精会降低沥青的性能。

7.2 隔离剂

为质量比 1:1 的甘油和滑石粉的混合物调成的稠度适当的糊状物。

7.3 隔离纸

两面都涂有至少 0.3μm 的氟碳或有机硅涂料的隔离纸。

7.4 溶剂

用于清洁试模、端模和板。可用石油醚、庚烷等对塑料端模无溶解性和腐蚀性的溶剂。

7.5 清洁布

用于擦试模、端模和板的棉布。

8 安全性

处理热沥青和使用溶剂、清洁剂清洗试模时，应按照实验室安全标准的要求操作。

9 样品制备

9.1 未老化的试样按 GB/T 11147 规定取样。将冷浴设定在要求的试验温度并稳定于±0.1℃范围内。可按沥青等级要求的规定确定试验温度。

9.1.1 将沥青均匀加热，直至可容易流动、浇注；但应避免加热温度超过 165℃，对于改性沥青或老化后的沥青，为保证浇注时的流动度，可以加热到 180℃。加热时间应尽量短，可以不时搅拌以保证均匀性，并小心不要让气泡裹进沥青中。

9.2 用隔离剂涂满试模的两个内侧模板。使其金属表面均匀分布一薄层隔离剂，金属表面无暴露部分，将一张预先裁好的隔离纸放在试模的托板上，将侧模板放在隔离纸上，将端模放在试模的两端，将另一侧模放在底板上形成一个完整的试模组件。将此组件放在一个平整的瓷砖上并放入加热沥青的烘箱中，在加热沥青同样的温度下静置 3min±1min 取出。

9.3 从烘箱中取出瓷砖和试模，水平置于平坦的桌面上，从模框的一端到另一端浇注热沥青，浇注一次完成；浇注过程应连续，避免气泡和间断；应尽可能快地完成浇注操作，以避免沥青温度过分下降。热沥青的液面应稍稍超过试模表面，以利于冷却后修整。一次加热最好只浇注两个试件，经验认为同时浇注两个以上试件，沥青材料会因过分冷却而产生几何尺寸不一致的试件。

9.4 浇注试件后，应当使试模和瓷砖放置在桌面上冷却 30min～60min 至室温，不应骤冷到室温(25℃或更低)。

9.5 冷却到室温的试件用大约 165℃的坚硬而平的刮刀刮平试模顶部的沥青，修整后的沥青试件表面应是平整光滑的。小心不要修成凹面且不要损伤塑料端模。修整操作应沿样品长轴方向连续推出，修整后将多余的沥青从端孔或模槽中清除，试件在室温下放置 10min～15min。

9.6 脱膜方法

9.6.1 脱膜前，应将两个未使用的金属侧模板（图 5①）放入冷浴或空气环境室中冷却，这些侧模板将用于夹住试件，将其转移到冷浴或空气环境室中。

9.6.2 取一个未用过的试模的底板（图 5②）正面向下放在工作台上作为转移托板，沿长度方向放两张隔离纸重叠盖住板的表面。

9.6.3 将冷却到室温的试件小心向侧边滑动，至侧模板一半到底板边缘之外，轻轻地向下压，脱去侧模板。

9.6.4 将刚脱的侧模板放回原处，推动试件向另一边缘滑去，重复 9.6.3 脱模步骤脱去另一侧板。

9.6.5 将从冷浴或环境室中取出冷的侧模板轻轻地粘在试件一侧，代替刚脱去的侧模板。

9.6.6 重复 9.6.4 和 9.6.5 步骤，脱去另一试模侧板，用从冷浴或环境室中取出的冷侧板代替另一侧的模板。至此，两边的侧模均用冷却的未使用侧模代替了。

9.6.7 用每个手的两个手指小心拿住试模组件中间，将其修整过的正面向下水平放在盖了隔离纸的托板上（注意垂直操作）。

9.6.8 轻轻地滑动该正面向下的试件和底模板，小心握住两侧板以保护试件，把试件底面暴露的隔离纸拿走。

9.6.9 手拿托板，将正面向下的试件连同两个侧模板放入冷浴或环境室中的盘上，而带有隔离纸的托板不应放入冷浴或环境室中。

9.6.10 放置2min后移开两侧模。某些较软等级的沥青，可能要超过2min。

9.6.11 在冷浴或环境室中将移走侧模的试件小心翻转，使修整面向上。注意在脱模过程中应避免扭曲或弯曲试件，否则影响试验结果。

10 标定与校准

10.1 位移、温度、荷载传感器的校验标定是在产品出厂时已经完成的。以后的校正和标定工作可由当地有资格的校验部门进行。

10.1.1 位移、荷载传感器的标定

测量设备的精度应6个月或对测量数据有疑问时进行校正。校正和标定工作可由当地有资格的校验部门进行，或由实验室自己进行，厂方提供的配件中包括校正用的标准校验仪器；荷载传感器的校正用刚度大约为135N/mm的弹簧，该弹簧可安全承受500N的荷载，校验仪器符合本系统的应力-应变特征曲线。此类标准仪器有标定过的、符合相应的应力-应变特征曲线的证明书。荷载传感器和位移传感器的标定按附录A中标准的规定进行。

10.1.2 延伸率校正

用10.1.1要求的延伸率标定仪器，延伸率标定以时间为函数，所得试验点应在一条直线上，直线斜率为1.00mm/min。测定应于-18℃温度状态下进行，可用10min时间使用于标定的标准设备达到温度平衡。

10.1.3 温度的校正

至少6个月校验一次温度传感器。用标准水银温度计，或更高精度的、有美国NIST校验证明的、分隔误差±0.03℃的铂电阻温度计进行校正。将其同直接拉伸仪的铂电阻传感器探头贴在一起一并放入冷浴或环境室中，等温度平衡之后比较水银温度计与仪表显示的温度值。如相差超过±0.1℃，应重新校正一次，如仍相差超过±0.1℃则必须调整仪表温度显示值或进行检修。

11 温度平衡

试件放在设置好温度的冷浴或环境室中，在实验温度下静置60min±5min，以求温度平衡；应严格控制时间，防止试样过度硬化，影响试验结果。

12 试验步骤

12.1 按9所述准备6个试件。

12.2 用专用夹子夹住试件，将其每一端模的孔对准荷载架上的传力销子，可先对上一端的孔，再转动控制箱上手轮使另一端孔落在销上。

12.3 试件就位后，用专用夹子轻轻夹住试件两端检查试件对中状态。然后开始调零。

12.3.1 对于有自动调零功能的设备，可按其程序自动调整拉伸的初始点，从荷载为2N±0.3N的初始值将应变调零，开始测试，此时无须按开始按键。

12.3.2 对于用手动调零的设备，或使用垂直安装的空气冷却的环境箱时，通过转动箱上的手轮进行调节，转动手轮使显示屏上出现初始拉力为2N±0.3N。

12.3.2.1 用专用夹子再次检验试件就位、加载情况。重复上述手动加载方法，转动手轮进行微调使显示屏上再次出现初始拉力为2N±0.3N。

12.4 设定拉伸速率为1mm/min（即拉伸应变速率为3%/min）。

12.5 如果试件断裂或其伸长已经达到10%，此两种情况无论哪种先出现，即停止试验并移走试件

及沥青碎片。

12.6 当荷载达到峰值时试件突然断裂，记为脆性破坏，此时在最大应力状态下得到最大应变；如果试件达到最大应力时未断裂而继续变形，则破坏应变要记录为相应于最大应力时的应变；当应变超过10%时，不必继续试验，记录破坏应变为“大于10%”。

12.7 记录破坏荷载和破坏伸长：如果试件在颈部的变径部分破坏，则记录破坏数据并注明在变径部分破坏；如属于10%伸长的未断裂破坏形式，记录10%伸长时的荷载并注明试件没有断裂。试件正常的断裂应在3.2.8所述的18mm计量长度区间（理想的破坏应发生在每个试件的中部）。如不在此区间内，说明制样不均匀及试件安放过程有错误，该试件作废。

12.8 重复12.2~12.7步骤，测完其余5个试件。

12.9 试验完成后，清理废沥青，将塑料端模浸在溶剂中然后用柔软的布擦干净，擦干净的端模再用清洁的肥皂溶液去除矿物溶剂留下的油膜，因粘结面上的油膜会减弱沥青与塑料端模间的粘结力，造成试件作废。

13 结果计算

13.1 对于每个试件，以下式计算破坏应力：

$$\sigma_f = P_f / A \quad \cdots\cdots (1)$$

式中：

σ_f——破坏应力，MPa；

P_f——破坏荷载，N；

A——试件的原始横截面面积（6mm×6mm）；对于本标准：$A=36\times10^{-6}\mathrm{m}^2$。

13.2 对于每个试件，以下式计算破坏应变：

$$\varepsilon_f = \delta_f / L_e \quad \cdots\cdots (2)$$

式中：

ε_f——破坏应变，mm/mm；

δ_f——破坏时伸长值，mm；

L_e——试件有效拉伸长度，mm；对于本标准：$L_e=33.8\mathrm{mm}$。

13.3 试验结果中去掉两个最低破坏应力试件，如两个或多个试件破坏应力相同，但应变不同，则去掉两个破坏应变值较低的试件（研究认为：沥青破坏应力值服从Weibull分布，而在Weibull分布中期望高强度值，去掉两个最低值可使破坏应力更符合Weibull分布）。

13.4 用剩余4个试验结果计算破坏应力和破坏应变的平均值及标准差。

14 报告

试验报告记录如下信息：

14.1 试样编号。

14.2 日期和时间。

14.3 试验温度，精确到0.1℃。

14.4 拉伸速率，精确到0.01mm/min。

14.5 平均破坏应变，精确到0.01%。

14.6 平均破坏应力，精确到0.01MPa。

14.7 峰值荷载，精确到N。

14.8 记录破坏类型（断裂或未断裂，或变径部分）。

15 精度和偏差

15.1 试验的精密度未规定。根据多个实验室操作员数据，建议按如下精密度估算误差区间：

指　　标	变异系数,%	变异系数可接受范围,%
破坏应力，MPa	8.5	24.1
破坏应变,%	22.8	63.84

15.2 偏差——本试验法没有确定的基准值，所以偏差不能确定。

附 录 A
(资料性附录)
与传感器校正有关的参考标准

1. ASTM 标准

ASTM E 1　ASTM 温度计规范 Specification for ASTM Thermometers

ASTM E 4　力学试验机的校验方法 Practice for Force Verification of Testing Machines

ASTM E 77　温度计检查和校验方法 Test Method for Inspection and Verification of Thermometers

ASTM E 83　引伸仪系统的分类和校验方法 Practice for Verification and Classification of Extensometer System

ASTM E 220　热电偶的比对校正试验法 Test Method for Calibration of Thermocouples by Comparison techniques

ASTM C 670　建筑材料测试法中确定精度与误差的规范 Practice for Precision and Bias Statements for Test Methods for Construction Materials

ASTM E 691　实验室间确定研究数据精度与误差的方法 Practice for Conducting an Interlaboratory Study to Determine the Precision and Bias of a Test Method

ASTM E 1137　工业铂电阻温度计规范 Specification for Industrial Platinum Resistance Thermometers

2. 德国工业规范标准

DIN 43760　热电偶校正标准 Standard for Calibration of Thermocouples

编者注：本标准中引用标准的标准号和标准名称变动如下。

原标准号	现标准号	现 标 准 名 称
GB/T 11147	GB/T 11147	沥青取样法
SH/T 0652	NB/SH/T 0652	石油沥青专业名词术语

ICS 75.140
E 43

SH

中华人民共和国石油化工行业标准

SH/T 0777—2005

沥青流变性质测定法（DSR法）

Determining the rheological properties of asphalt bindder using a dynamic shear rheometer（DSR）

2005-11-28 发布 2006-06-01 实施

中华人民共和国国家发展和改革委员会 发布

前　　言

本标准修改采用美国道路交通官方协会标准 AASHTO T 315-02《沥青流变性质的动态剪切流变仪测定法（DSR）》（英文版）。

本标准根据 AASHTO T 315-02 重新起草。

为了更适合我国国情，本标准在采用 AASHTO T 315-02 时进行了修改。有关技术性差异用垂直单线标识于其所涉及条款的页边空白处。目前我国本试验法采用的全是进口仪器，没有国内产品。校正用的标准仪器属于供货配件，故有关校正步骤及相应标准，完全按照 AASHTO T 315-02 要求处理。本标准与 AASHTO T 315-02 的主要差异如下：

——引用文件中的 AASHTO 和 ASTM 标准凡已经转换为我国相应标准的，皆用我国标准名称。

——由于我国目前不采用 PG 分级，本标准删除了规范性引用文件和文本中与 PG 分级有关的内容。基于同样原因删除了规范性引用文件中的 AASHTO M 320 和 AASHTO R 29。

——将 AASHTO 标准编排格式改为符合我国标准的编排格式。

——将 AASHTO T 315-02 中的附录 A（强制性信息）改为规范性附录 A，附录格式按照 GB/T 1.1—2000 进行编排。

——删除标准文本中的 3.2.8 和 5.3 条。附录的章、节、条的编号重新进行编排。标准文本中其余的编号与 AASHTO T 315-02 相同。

——本标准采用国际单位制［SI］。

本标准由中国石油化工集团公司提出。

本标准由中国石油大学（华东）重质油研究所技术归口。

本标准起草单位：中国石油大学（华东）重质油研究所，武汉理工大学。

本标准主要起草人：张小英、张永和、吴少鹏、余剑英。

本标准为首次发布。

沥青流变性质测定法（DSR法）

1 范围

1.1 本试验法用于测量沥青的动态剪切模量和相位角。沥青动态剪切模量值测量的范围为10^{-4}MPa~10MPa，适用温度范围通常在5℃~85℃之间。本标准可决定规范试验内的沥青的线性粘弹性质，不能得到沥青的所有线性粘弹性质。

1.2 本标准适用于未老化的沥青或按SH/T 0736沥青旋转薄膜烘箱试验法、SH/T 0774—2005沥青加速老化试验法（PAV法）得到的老化沥青。

1.3 对含有颗粒的沥青，本标准只适于颗粒尺寸小于250μm的沥青。

1.4 本标准未涉及有关使用的安全规定，标准使用者有责任在使用前制定合适的安全应用规程。

2 规范性引用文件

下列文件中的条款通过本标准的引用而成为本标准的条款。凡注明日期的引用文件，其随后所有的修改单（不包括勘误的内容）或修订版均不适用于本标准，然而，鼓励根据本标准达成协议的各方研究是否可使用这些文件的最新版本。凡是不注日期的引用文件，其最新版本适用于本标准。

GB/T 11147 石油沥青取样法

SH/T 0736 沥青旋转薄膜烘箱试验法

SH/T 0774—2005 沥青加速老化试验法（PAV法）

ASTM C 670 建筑材料测试法中确定精度与误差的规范 Practice for Precision and Bias Statements for Test Methods for Construction for ASTM Thermometers

ASTM E 1 ASTM温度计规范 Specification for ASTM Thermometers

ASTM E 220 用对比技术校正热电偶的方法 Method for Calibration of Thermocouples by ComParison Techniques

DIN 43760 热电偶校正标准 Standard for Calibration of Thermocouples

3 名词术语

本标准中应用下列定义和术语：

3.1 定义

3.1.1 沥青

以石油或石油渣油为原料，经蒸馏、氧化、调和或改性等工艺，得到的符合一定规格要求的产品。

3.2 术语

3.2.1 复合剪切模量（G^*）

由剪切应力的峰值的绝对值（τ）除以剪切应变的峰值的绝对值（γ）计算得到的比值。

3.2.2 相位角（δ）

在控制应变模式下施加的正弦应变和产生的正弦应力之间或在控制应力模式下施加的应力与产生的应变之间的夹角。

3.2.3 耗能剪切模量（G''）

复合剪切模量乘以用度表示的相位角的正弦值。是损失能量（在负载循环中消耗的能量）的量度。

3.2.4 储能剪切模量（G'）

复合剪切模量与用度表示的相位角的余弦值的乘积，是在负载循环中储存能量的量度。

3.2.5 平行板夹具

用于夹持试样的两片金属平板。在本试验中，对夹持并粘结在两个刚性平行板之间的试验样品施加振荡剪切。

3.2.6 振荡剪切

以振荡法向试验样品施加剪切应力或剪切应变的加载模式，可使剪切应力和剪切模量以正弦方式振动。

3.2.7 线性粘弹性

在本标准范围内，系指动态剪切模量的变化与剪切应力及剪切应变无关的线性区域。

4 试验方法概述

4.1 本标准规定用动态剪切流变仪和平行板夹具测量沥青的复合剪切模量（G^*）和相位角（δ）。

4.2 本标准的适用动态剪切模量为10^{-4}MPa～10MPa，其温度范围通常在5℃～85℃之间，实测值取决于沥青的类别、试验温度和沥青的其他条件（如老化）。

4.3 在两个平行的金属板间制成直径25mm、厚1mm或直径8mm、厚2mm的试验样品。在预先选好的振荡频率和旋转形变振幅（或扭矩振幅）下，一个平板相对于另一个平板振荡。选取的振幅取决于被测沥青的复合剪切模量值。振幅应保证测量在线性粘弹性区域进行。

4.4 通过对上、下板的加热和冷却，将试件温度的波动维持在±0.1℃范围内。

4.5 本标准中所用正弦波加载振荡频率从1rad/s到100rad/s，本标准推荐频率为10rad/s。复合剪切模量（G^*）和相位角（δ）的计算通过流变仪配置的软件自动完成。

5 意义和用途

5.1 本标准中的试验温度与道路使用地区沥青路面承受的温度有关。

5.2 复合剪切模量表征在负载作用下沥青的劲度或抗变形能力。复合剪切模量和相位角定义了在线性粘弹性区沥青对剪切形变的阻力。其他线性粘弹性质如储能模量或耗能模量可从复合模量和相位角计算得到。耗能模量是每个负载循环中消耗能量的量度。

6 设备

6.1 动态剪切流变仪试验系统：由平行金属板、环境室、加载设备、控制和数据采集系统组成。

6.1.1 试验板：两种规格的表面光滑的金属板：一种直径为8.00mm±0.05mm；另一种直径为25mm±0.05mm。流变仪中的基板是平板，基板有一个与上面板直径相同、高度为2mm～5mm的凸台，以便修整试件。

6.1.2 环境室：用来控制试件的温度，通过加热或冷却维持一个固定的试件环境。环境室中加热或冷却试件的介质为气体或液体，该介质不应影响沥青的性质。环境室的温度可用循环的液体或气体调节，可以用氮气和水。当循环浴装置与DSR分开，如果使用液体介质，需要用泵使浴液通过环境室，如使用空气，应加合适的除湿系统防止水气在金属板和装置上凝结。用环境室和温度控制器控制试件的温度（包括样品内部的温度梯度）并准确到0.1℃。环境室应完全包围上、下板，以使温度梯度最小。

6.1.2.1 温度控制器：在5℃～85℃温度范围内，可将试件温度维持在试验温度的±0.1℃内。

6.1.2.2 温度传感器：用来探测环境室的温度，在样品的安装、调试和试验过程中提供一个连续可读的温度。电阻式温度传感器RTD安装在环境室的内部并与固定板紧密接触，温度范围为5℃～85℃，读数精确到0.1℃。

6.1.3 参比温度传感器：可用9.2.2.1，9.2.2.2，9.2.2.3描述的RTD或热电偶。

6.1.4 加载设备：向试件施加10rad/s±0.1rad/s频率的正弦振荡负载。如果使用的频率不是10rad/s，则频率应精确到1%。加载设备可按应力控制或应变控制方式加载。如采用应变控制加载，旋转应变的周期扭矩应精确到规定应变的100μrad内。如采用应力控制加载，加载设备可提供一个准确到10mN·m的周期扭矩。在100N·m扭矩下整个系统的形变应小于2mrad/N·m。

6.1.5 控制和数据采集系统：可记录温度、频率、偏转角和扭矩。测量这些性质的设备应满足表1中规定的精确度要求。另外，系统将计算和记录剪切应力、剪切应变、复合剪切模量、相位角。系统测量和记录复合剪切模量（G^*）的范围为100Pa~10MPa和相位角（δ）的范围为0°~90°，复合剪切模量至少精确到0.5%，相位角精确到0.1°。

6.2 试件模具（可选择的）：用硅橡胶模，模具直径大致与上面的试验板直径相等，深度大致为试验间隙宽度的1.5倍。

6.3 刮刀：直刃宽度至少为4mm，用于修整试件。

6.4 校准的温度传感器：校好的热电偶、热敏电阻或RTD，厚度或直径小于2mm，适于测量模拟试件或沥青事件的温度。热电偶和热敏电阻必须用符合标准的相关仪表校正到±0.1℃以内。

表1 控制和数据采集系统要求

性质	精度
温度	0.1℃
频率	1%
扭矩	10mN·m
偏转角	100μrad

7 安全性

制备试件和处理热沥青时，应按相应安全标准决定实验室的保护措施。

8 设备的准备

8.1 根据设备说明书准备试验设备，DSR型号不同、生产商不同，其要求也会不同。

8.2 将试验板安装在设备上并固定。

8.3 根据沥青等级或根据预先选好的试验进程选择试验温度（8.3的注）。让DSR稳定在试验温度的±0.1℃以内。

注：对于新鲜沥青和RTFOT后的残留物，在46℃~82℃范围内，以6℃的梯度从目标温度或目标温度范围的中间值增加或降低温度；对PAV后残留物，在4℃~31℃范围内，以3℃的梯度从目标温度或目标温度范围的中间值增加或降低温度。

8.4 在试验温度下或在预期的试验温度范围内，调整零间隙：（1）手动旋转移动板来调整零间隙，即旋转移动板直到其接触固定板，当板完全停止时达到零间隙；（2）对具有法向力传感器的流变仪，当两个板接触后关闭间隙并观测法向力，法向力大于零处确定为零间隙。

8.5 移开平板，对于直径为25mm的试件设定1mm±0.05mm的间隙，对直径为8mm的试件设定2mm±0.05mm的间隙。

注：改变温度可能引起DSR中的框架、探测器和设备尺寸的改变，从而使零间隙随温度的改变而改变。在规定的温度范围内进行温度测量时，不需要对零间隙进行调节。应在试验温度下或在试验温度的中间值设定间隙。对于多数仪器，只要试验温度在间隙设定温度的±12℃内，不需要进行间隙调节。

9 校正检验

9.1 至少每6个月进行下列校正和检验。

9.2　温度：按照标准步骤制备沥青的模拟试件或用硅橡胶薄圆片代替沥青试件。模拟试件只用来检验温度。用校准的温度传感器（可以是 RTD 或热电偶）。插入到模拟试件中或硅橡胶薄圆片中进行试运行，检查仪器上 RTD 显示的试件温度。

9.2.1　将测得的模拟试件内部温度作为基准温度与仪器上的 RTD 测得的温度比较，如果两者的温度差不在±0.1℃范围内，应对仪器上的 RTD 显示的温度进行适当的校正。

9.2.2　当仪器的 RTD 安装在流变仪内部时，在两个试验板之间放置一个模拟试件，直接测量模拟试件和参比温度传感器之间的温度。参比温度传感器应为 9.2.2.1、9.2.2.2、9.2.2.3 中描述的 RTD 或热电偶。将环境室的温度调到试验用的最小温度，当温度达到热平衡时，读出仪器上 RTD 的读数和模拟试件的温度。为了覆盖试验温度范围，以不大于 6℃的幅度增加温度进行重复测量，得到仪器的 RTD 和参比温度传感器间的温差。用此温差对流变仪上温度控制器的读数进行修正，以确定平行板间目标试验温度。

注：RTD 及其仪表可由专业机构进行校正。根据 ASTM E 220，通过对比 RTD 和校正的 ASTM 玻璃水银温度计的输出值来进行校正的检验。校正温度传感器时，可以使用带有搅拌的水浴。选择合适温度范围（ASTM 90C：0℃～30℃或 ASTM 91C：20℃～50℃）的部分浸入式玻璃水银温度计，将电阻式温度传感器 RTD 和水银温度计放在带有搅拌的水浴中，用 O 形橡皮筋将温度传感器和水银温度计捆在一起。让水浴、温度传感器和水银温度计达到热平衡，记录玻璃温度计读数和温度传感器的差值。水浴温度应稳定在±0.1℃范围内。

9.2.2.1　将硅橡胶薄圆片作为假试件插到试验板间，涂一薄层石油胶以保证导热良好。该硅橡胶薄圆片厚度为 2mm、直径为 25mm，内含有一个校准到 0.1℃的电阻式温度传感器。

9.2.2.2　将带有 RTD 的薄圆片安装在试验板间，按照 9.2 的描述试运行，按 9.2.2 中注的内容将 RTD 校准到 0.1℃。RTD 在校正前必须浸在热沥青中，为测量结果准确，将 RTD 安装在流变仪中和沥青样品内。试件安装并修整完后，按照 9.2.2 进行温度测量。

9.2.2.3　按照 10 的内容将热电偶探针插入到流变仪中的试件里进行温度测量。热电偶必须每隔三个月按照 9.2.2 注的过程校准到 0.1℃，并按 9.2.2 中的内容进行测试和读数。必须使补偿导线和测试设备的实测状态与校正状态保持一致。

9.3　按照设备结构和说明书对应力传感器进行校正。

9.4　按照设备结构和说明书对应变传感器进行校正。

9.5　用合适的参比液对 DSR 进行全面的检查校正。该参考液与沥青具有相似的粘弹性，其模量和相位角在本标准测量范围内。

10　样品和试件的制备

10.1　试验样品的准备：若试验材料是未老化的沥青，按照 GB/T 11147 规定取样。

10.1.1　试验前将沥青加热到可充分流动，浇注试件，应避免将未老化的沥青加热温度高于 135℃，对于一些改性沥青或老化后的沥青，要求浇注温度高于 135℃，但加热温度不要超过 163℃。在加热过程中给样品加盖，偶尔进行搅拌以保证样品的均匀性并赶走气泡。尽量减少加热时间和温度。

10.2　试件的制备

按照 8.4 对间隙调零。仔细清洁和干燥试验板表面，使沥青均匀牢固地粘到两个试验板上。当用 8mm 试件时，将环境室升到约 45℃；当用 25mm 试件时将环境室升到试验温度或试验温度范围的初始温度（见 8.5 的注）。用 10.2.1 或 10.2.2 规定的方法之一制备试件。

10.2.1　拿下可移动板，将沥青浇注在上试验板的中心处，使得沥青基本覆盖整个板（除了试件周边约有 2mm 宽外）。待试件变硬后将试件安装在流变仪中，准备进行试验。

10.2.2　或将沥青倒入硅橡胶模中，形成一个直径约等于上试验板直径、高度约等于试验间隙 1.5 倍的沥青试件。至少放置 30min，将试件冷却到室温后从模子中取出，安装在下板的中心处。

注：对较软等级的沥青，可将浇入试件的模子放在冷冻室进行冷冻，以方便脱模。

10.3 试件修整

按上述方法将试件安装在试验板上后，移动试验板挤压两个试验板间的试件，直到试验板间隙等于试验间隙加0.05mm。

10.3.1 在加热板上或火焰上加热试件修整器；环绕上、下板移动修整器；修整试件。

10.3.2 试件修整后，将间隙减少0.05mm以达到期望的试验间隙。

11 试验步骤

11.1 调整好试验板间隙后，选择合适的试验温度（见8.3中的注）。

11.1.1 将试件温度升到试验温度的±0.1℃。

11.1.2 当进行温度扫描时，从试验温度的中点开始增加或降低试验温度，以达到期望的试验温度范围。

11.2 将温度控制器设定到所需试验温度。仪器上RTD显示的温度达到所需温度的±0.1℃时，恒温最少10min后开始进行测试。

注：不同厂家生产的DSR不可能规定同样的平衡时间。设计好的温度控制系统将显示达到试验温度所需要的时间。

11.3 在应变控制模式下操作时，根据复合模量值确定应变值。将应变控制在由方程（1）计算得到的目标值的20%以内。

$$\gamma\% = 12.0/(G^*)^{0.29} \quad\cdots\cdots(1)$$

式中：

γ——剪切应变的百分率；

G^*——复合模量，kPa。

11.3.1 从表2中选择合适的应变值。动态剪切流变仪软件自动控制应变水平而不用操作者控制。

11.4 在应力控制模式下操作时，根据复合模量值确定应力水平。将应力控制在由方程（2）计算得到的目标值的20%以内。

$$\tau = 12.0/(G^*)^{0.71} \quad\cdots\cdots(2)$$

式中：

τ——剪切应力，kPa；

G^*——复合模量，kPa。

11.4.1 从表3中选择合适的应力水平，动态剪切流变仪软件自动控制应力水平而不用操作者控制。

11.5 当温度达到平衡时，在10rad/s的频率下，设备将自动向试件施加10个周期的应变。测量值（见本条注）由记录附加的10个周期的数据得到。由第二个10个周期的数据产生复合模量和相位角值。可用测量得到的多个数据来检查试验样品是否正确制备。当在多个频率下进行试验时，应从最低频率开始然后增加到最高频率。

注：本标准推荐使用10rad/s的标准频率，在频率1rad/s到100rad/s的范围可参照本法使用。

表2 目标应变值

材　料	kPa	应变,%	
		目标值	范　围
新鲜沥青	$G^*/\sin\delta$	12	9~15
RTFOT残留物	$G^*/\sin\delta$	10	8~12
PAV残留物	$G^*\sin\delta$	1	0.8~1.2

表3 目标应力水平

材　　料	kPa（临界值）	应力，kPa	
		目标水平	范　围
新鲜沥青	$G^*/\sin\delta$	0.12	0.09~0.15
RTFOT 残留物	$G^*/\sin\delta$	0.22	0.18~0.26
PAV 残留物	$G^*\sin\delta$	50.0	40.0~60.0

11.6　数据处理系统自动从测量得到的试验数据中计算 G^* 和 δ。

11.7　试件制备和修整结束后，应立即进行试验。在多个温度下进行试验时，应尽可能快地进行，所有试验应在 4h 内完成。

12　结果解释

12.1　动态模量和相位角取决于剪切应变的大小。对未改性和改性沥青，模量和相位角会随剪切应变的增加而降低（如图 1 所示）。图 1 是通过渐渐增加负载或应变大小得出的应变扫描图。在正常的规范试验不是必须作出这样的扫描，但是这个图可用来证实线性区域的界限。

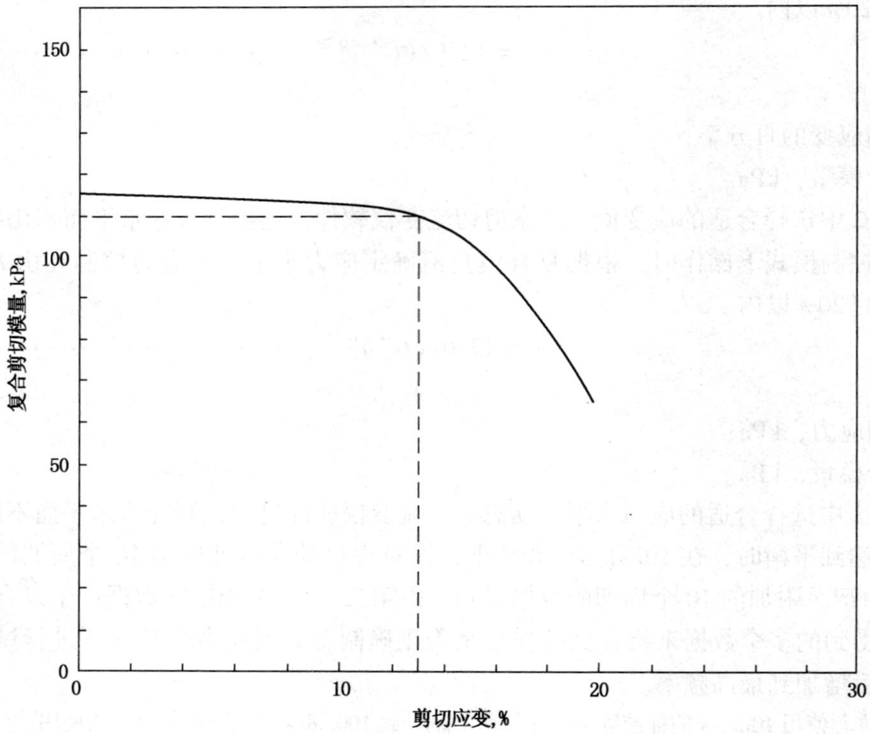

图1　连续应变曲线的线性黏弹性区间示例

12.2　可以将线性区定义为：在较小的应变下，模量与剪切应变相对无关的区域。这个区域会随着复合模量的大小发生变化。复合模量大于 95%或应变值稍高于零的应变范围定义为线性区域。

12.3　从试验板中心到板的外缘，剪切应力从零按线性规律变化到最大值。剪切应力由扭矩、应变和试件的几何尺寸计算得到。

13　报告

13.1　报告所用试验材料，包括材料名称、规格、来源、包装类型。

13.2　描述试验所用的仪器（包括型号），是常应变流变仪还是常应力流变仪、环境室的类型和其他用来描述流变仪的信息。

13.3　选用表2和表3中规定的应变和应力水平可以保证一个常用的参比点。这个参比点用来显示普通的和改性沥青在线性区域内。一些系统在这个区域可能不是线性的，当观察到这种情况，在建议的应力或应变水平下报告模量，但是要报告试验条件不在线性区。

13.4　试验报告选用内容如下：

13.4.1　试验板直径，精确到0.1mm；试验间隙，精确到1μm。

13.4.2　试验温度，精确到0.1℃。

13.4.3　试验频率，精确到0.1rad/s。

13.4.4　应变大小，精确到0.01%，或扭矩，精确到mN·m。

13.4.5　10次测得的复合模量 G^*，单位kPa，精确到3位有效数字。

13.4.6　第二次10个周期的相位角（δ），精确到0.1°。

14　精密度和偏差

14.1　精密度

以下述规定判断结果的可接受性（95%的置信水平）。

14.1.1　单一操作者精密度（重复性）

同一操作者用同一台设备在相同实验室对同一样品进行试验得到的两个结果之差（用平均值的百分数表示）应不超过表4中单一操作者精度的值。

14.1.2　多个实验室的精密度（再现性）

由两个不同的操作者在两个不同的实验室对同一样品进行试验得到的两个结果之差（用平均值的百分数表示）应不超过表4中多个实验室精度的值。

14.2　偏差

暂未规定偏差。

表4　预期的重复性和再现性

条　　件		两个结果的可接受范围，%
单一操作者精度	原沥青：$G^*/\sin\delta$，kPa	9.5
	RTFO/TFO残留物：$G^*/\sin\delta$，kPa	11.0
	PAV残留物：$G^*\sin\delta$，kPa	22.4
多个实验室精度	原沥青：$G^*/\sin\delta$，kPa	29.1
	RTFO/TFO残留物：$G^*/\sin\delta$，kPa	31.3
	PAV残留物：$G^*\sin\delta$，kPa	56.1

附　录　A
(规范性附录)
沥青的线性特征试验

A.1　范围

本过程可确定未老化沥青在高温区段性能的线性特征。

A.2　步骤

A.2.1　根据本标准10的内容准备样品。

A.2.2　为动态剪切流变仪编程序以进行应力或应变扫描。

A.2.2.1　对应变控制的流变仪，在2%处设定最初应变，在30%处设定最终应变，设定应变增长值为2%，设定的频率为10rad/s。

A.2.2.2　对应力控制的流变仪，设定的频率为10rad/s，应力开始和结束的操作如下：

$$开始应力，kPa=(12\%应力)/6 \quad \cdots\cdots (A.1)$$

式中：

12%应力=0.12G^*

结束应力=开始应力×15

注：样品的计算：

假定一个PG64-22等级的沥青在12%应变的 G^*=1.290

12%应力=1.290×0.12=0.1548kPa

开始应力=0.1548/6=0.0258kPa

结束应力=0.0258×15=0.387kPa

A.2.3　按照步骤11对上面A.2.2中的内容进行修改以进行应变/应力扫描试验。

A.3　报告

报告内容如下：

A.3.1　复合剪切模量，精确到3位有效数字。

A.3.2　应变，精确到0.1%。

A.3.3　频率，精确到0.1rad/s。

A.4　数据的解释

A.4.1　在2%的最小应变水平下自动计算0.9G^*。

A.4.2　确定12%应变下的G^*。

A.4.3　如果2%应变时为0.9G^*，到12%应变时为其上升为G^*，则认为材料是线性的。如被测材料在此区间不是线性的，则得到的结果不可用于确定沥青的PG等级。这一过程可由计算机自动扫描程序完成。

编者注：本标准中引用标准的标准号和标准名称变动如下。

原标准号	现标准号	现 标 准 名 称
GB/T 11147	GB/T 11147	沥青取样法

ICS 75.140
E 43

SH

中华人民共和国石油化工行业标准

SH/T 0778—2005

石油沥青蜡含量测定法
(裂解脱油法)

Determination of paraffin wax content of asphalts by cracking and deoiling method

2005-11-28 发布　　2006-06-01 实施

中华人民共和国国家发展和改革委员会　发布

前　言

本标准修改采用 DIN EN 12606-1（2000 年确认）《石油沥青蜡含量测定法（裂解脱油法）》。

为了更适合我国国情，本标准在采用 DIN EN 12606-1 时进行了修改。这些技术性差异用垂直单线标识在它们所涉及的条款的页边空白处。本标准与 DIN EN 12606-1（2000 年确认）的主要差异如下：

——删除原标准中的引用标准，改为我国的相应标准。

——增加取样量，DIN EN 12606-1 中规定的取样量为 25g；本标准中规定的取样量为 50g。

——增加试验点数：DIN EN 12606-1 中规定每个裂解油只需取 1 个试验点，做两个平行数据；本标准中规定从裂解油取样增加为三个试验点。

——减少结晶物转移。本标准将第一次结晶洗涤后的结晶物直接放入 15℃ 恒温浴中进行结晶洗涤及过滤。去掉原标准中在蒸发皿中蒸发溶剂后转移样品的过程。

——考虑到溶剂用量与蜡含量的关系，本标准试验结果的处理采用直线内插法。

——与 DIN EN 12606-1 相比，改善了本标准的精密度，本标准中根据蜡含量的范围，确定重复性和再现性的取值范围。

——技术性差异在页边空白处用垂直单线标出。

本标准由中国石油化工集团公司提出。

本标准由中国石油大学（华东）重质油研究所技术归口。

本标准起草单位：中国石油大学（华东）重质油研究所。

本标准主要起草人：张玉贞、张小英、陈继军。

本标准为首次发布。

石油沥青蜡含量测定法（裂解脱油法）

1 范围

本标准规定了用裂解脱油法测定石油沥青蜡含量的方法。

本标准适用于测定石油沥青的蜡含量。

2 规范性引用文件

下列文件中的条款通过本标准的引用而成为本标准的条款。凡注明日期的引用文件，其随后所有的修改单（不包括勘误的内容）或修订版均不适用于本标准，然而，鼓励根据本标准达成协议的各方研究是否可使用这些文件的最新版本。凡是不注日期的引用文件，其最新版本适用于本标准。

GB/T 514 石油产品试验用液体温度计技术条件。

3 方法概要

将试样裂解蒸馏所得的馏出油用乙醚-乙醇混合溶剂溶解，在-20℃下冷却、过滤、冷洗；将析出的结晶物转移至15℃的浴槽中，再用同温度的丙酮洗涤蜡饼，滤得的蜡用石油醚溶解，从溶液中蒸出溶剂，干燥、称重后求出蜡含量。

4 试剂和仪器

4.1 试剂

4.1.1 无水乙醚：化学纯或分析纯。

4.1.2 无水乙醇：化学纯。

4.1.3 石油醚：60℃~90℃，化学纯。

4.1.4 丙酮：分析纯。

4.2 仪器

4.2.1 低温冷浴两件：一个冷浴的温度能控制在-20℃±0.5℃；一个冷浴的温度能控制在15℃±0.5℃。

4.2.2 玻璃裂解蒸馏烧瓶：形状如图1所示，烧瓶支管即为冷凝管。

4.2.3 蜡冷冻过滤装置：由吸滤瓶、玻璃过滤漏斗，试样冷却筒和柱杆塞等组成，其安装如图2所示。玻璃过滤漏斗中滤板的孔径为20μm~30μm。

4.2.4 锥形瓶：150mL，配有带孔的软木塞。

4.2.5 水流泵或真空泵。

4.2.6 热水浴或电热套（板）。

4.2.7 干燥器。

4.2.8 燃气灯。

4.2.9 真空干燥箱：满足控制温度100℃~110℃，残压21kPa~35kPa。

4.2.10 秒表：可准确到0.1s。

4.2.11 天平：能准确到0.01g、0.001g、0.0001g的天平。

5 试验步骤

5.1 向裂解蒸馏瓶中装入试样约50g±1g，称准至0.01g。用软木塞盖严蒸馏瓶。用已知质量的

150mL 锥形瓶作接受器，浸在装有碎冰的烧杯中。在接受器的软木塞侧开一小槽以备不凝气逸出。用燃气灯直接加热，让火焰将烧瓶周围包住。

单位为毫米

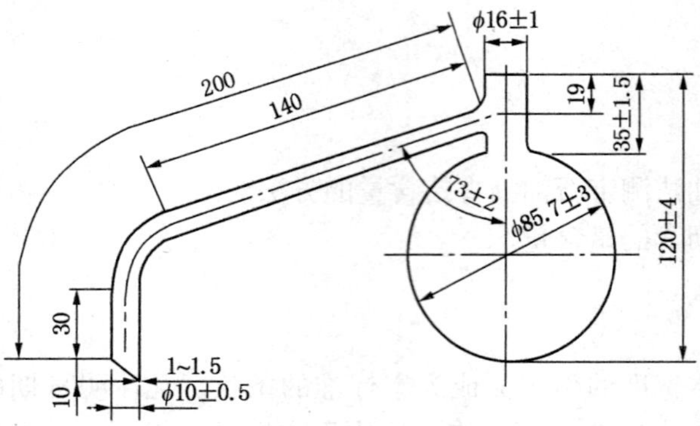

图 1　裂解烧瓶

5.2　调节火焰强度，使从加热开始起在 5min ~ 8min 内达到初馏（支管头上流下第 1 滴）。以每秒 2 滴（4mL/min ~ 5mL/min）的速度连续蒸馏至馏出终止，然后在 1min 内将烧瓶底烧红，必须使蒸馏从加热开始至终了在 25min 内完成。蒸馏终了后，在支管中残留的馏出油不应流入接受器中，馏出油称准至 0.01g。

5.3　为避免蒸发损失，加热馏出油至熔化并仔细小心摇动接受瓶，使馏出液充分混合。从中称取适量的试样，加入已知质量的 100mL 锥形瓶中，准确至 0.001g，使其经冷却过滤后所得的蜡量在 50mg ~ 100mg之间。但馏出油的采样量不得超过 10g。

5.4　打开冷浴开关，设定制冷温度使冷浴温度保持在 -20℃ ±0.5℃，将温度计浸没在 150mm 深处。冷浴中液态冷媒的量应能使冷却过滤装置浸在冷浴中时，冷剂的液面高度比试样冷却筒中的乙醚-乙醇液面高约 100mm 以上。

5.5　将吸滤瓶、玻璃过滤漏斗、试样冷却筒和柱杆塞按图 2 所示组装好。

5.6　在盛有馏出油的 100mL 锥形瓶中，加 10mL 乙醚充分溶解后移入试样冷却筒。用 15mL 乙醚分两次冲洗锥形瓶后倒入试样冷却筒。再向试样冷却筒加入 25mL 乙醇进行混合。

5.7　将冷却过滤装置放入达到预冷温度的冷浴中，冷却 1h，以充分结晶。在带有磨口塞的试管中装入 30mL 1∶1 乙醚和乙醇混合液（作洗液用），放入冷浴冷却至 -20.5℃ ±0.5℃。

5.8　拔下柱杆塞，对浆液进行过滤。用适当方法将柱杆塞在试样冷却筒中吊置起来。保持自然过滤 30min。

5.9　启动抽滤装置，保持滤液的过滤速度为每秒 1 滴左右。当蜡层上的滤液将滤尽时，一次加入 30mL 预冷至 -20.5℃ ±0.5℃ 的乙醚-乙醇（1∶1）混合溶剂，洗涤蜡层、柱杆塞和试样冷却筒内壁，继续过滤。

5.10　当冷洗剂在蜡层上看不见时，从冷浴中取出冷却过滤装置转移到温度为 15℃ ±0.5℃ 的浴槽中。当温度稳定 30min 后，用预先放置在 15℃ ±0.5℃ 浴槽中的 30mL 丙酮洗涤结晶蜡，然后用真空泵抽滤，当冷洗剂在蜡层上看不见时，继续抽滤 5min，将蜡中的溶剂抽干。

5.11　从浴槽中取出冷却过滤装置，取下吸滤瓶，换装在已知质量的蜡回收瓶上，待达到室温后，用 100mL 加热至 30℃ ~ 40℃ 的石油醚将玻璃过滤漏斗、试样冷却筒和柱杆塞上的蜡溶解。

5.12　将蜡回收瓶放在适宜的热源上蒸馏，除去石油醚后放入真空干燥箱中干燥 1h。真空干燥箱中的温度为 105℃ ±5℃，残压为 21kPa ~ 35kPa。然后将蜡回收瓶放入干燥器中冷却 1h，称准至 0.0001g。

单位为毫米

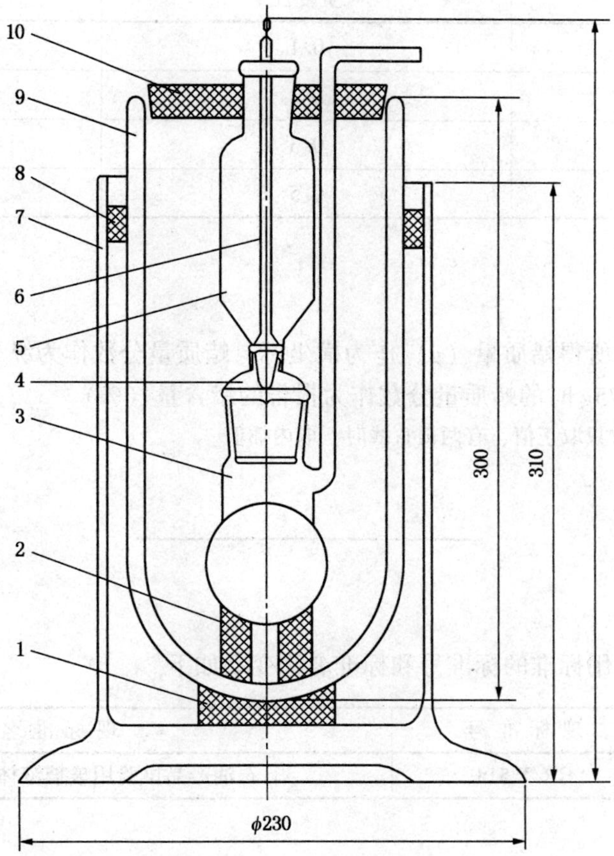

1——橡胶托垫；
2——托垫；
3——吸滤瓶；
4——烧结漏斗；
5——冷冻筒；
6——柱杆塞；
7——玻璃罩；
8——固定筒；
9——保冷浴；
10——塞子。

图2　冷冻过滤装置

6　计算结果

按5.1和5.2条的裂解蒸馏操作一次，按5.3~5.12条的脱蜡操作进行三次，沥青中的蜡含量 X（%）按下式计算：

$$X = 100\% \cdot (D \cdot P)/(S \cdot d)$$

式中：

S——试样采样量，g；

D——馏出油量，g；

d——馏出油中试样采取量，g；

P——所得蜡质量，g。

7　精密度

相互间的差别不超过下列数值时认为正确。

蜡含量,%	重复性	再现性
0.0~1.0	0.1	0.2
>1.0~2.0	0.2	0.8
>2.0~3.0	0.3	1.0
>3.0	0.5	1.5

8 报告

在方格纸或电脑上将所得蜡质量（g）作为横坐标，蜡质量分数作为纵坐标，求出关系直线，用内插法求出蜡质量为0.075g时的蜡质量分数作为报告的蜡含量（%）。

注：关系直线的方向系数只取正值，有两根直线时，取内插值。

编者注：本标准中引用标准的标准号和标准名称变动如下。

原标准号	现标准号	现标准名称
GB/T 514	GB/T 514	石油产品试验用玻璃液体温度计技术条件

ICS 75.140
E 30

SH

中华人民共和国石油化工行业标准

SH/T 0779—2005

乳化沥青赛波特黏度测定法

Determination of Saybolt viscosity of emulsified asphalt

2005-11-28 发布　　2006-06-01 实施

中华人民共和国国家发展和改革委员会　发布

前　言

本标准修改采用美国材料与试验协会标准 ASTM D 244-00《乳化沥青试验法》中第 29 章～33 章《乳化沥青赛波特黏度测定法》(英文版)。

本标准根据 ASTM D 244-00 第 29 章～33 章重新起草。

为适合我国国情，本标准在采用 ASTM D 244-00 第 29 章～33 章时进行了技术性修改，所修改的条款用垂直单线标识在其所涉及的条款的页边空白处。

本标准与 ASTM D 244-00 第 29 章～33 章的主要差异如下：

——将 ASTM 编排格式修改为符合我国标准的编排格式，并在语言文字上进行了编辑性修改；

——将孔径为 850μm 的筛网修改为孔径为 1.18mm 的筛网；

——将非 SI 单位全部修改为 SI 单位；

——将 118mL 容量瓶修改为 200mL 容量瓶，将 400mL 容量瓶修改为 500mL 容量瓶；

——本标准采用测温范围为 0℃～30℃、0℃～50℃、分度值 0.1℃的温度计。

本标准由中国石油化工集团公司提出。

本标准由中国石油大学(华东)重质油研究所技术归口。

本标准负责起草单位：中国石油化工股份有限公司齐鲁分公司胜利炼油厂。

本标准主要起草人：姜海华、刘慧敏、姚德宏、裴建军。

本标准为首次发布。

乳化沥青赛波特黏度测定法

1 范围

1.1 本标准规定了用赛波特-福洛尔黏度计测定乳化沥青黏度的方法。

1.2 本标准适用于流出时间不少于 20s 的乳化沥青，乳化沥青的标准试验温度为 25℃和 50℃。

1.3 本标准未涉及有关使用的安全规定，标准使用者有责任在使用前制定合适的安全应用规程。

2 意义与用途

黏度在乳化沥青应用中具有重要作用，因为它是影响乳化沥青性能的一个重要指标。当应用在公路建筑上时，乳化沥青必须足够细能均匀喷洒出来，又必须足够稠不能从路的顶端或斜坡流下。对于拌和型的乳化沥青，黏度可能影响其拌和性能和集料的膜厚。很多乳化沥青的黏度受剪切力的影响。

3 仪器及材料

3.1 赛波特-福洛尔黏度计：形状及尺寸如图 1，由下列各部分组成：

3.1.1 保温槽：耐腐蚀金属制，圆筒形。槽盖中心有一垂直的圆形盛样管，边部有进出水管，槽内装有可以调控的电热器，以加热保温槽内的水或油，温度可控制在试验温度±0.1℃。盖上有温度计支承孔。槽下装有三脚架，其中有两脚设水平调整螺丝。

3.1.2 试样接收瓶：耐热玻璃制，形状及尺寸如图 2，容积为 60mL±0.05mL(在 20℃标定刻度)。

3.1.3 盛样管：管上有金属盖，直径为 56mm，厚度为 7mm，盖上有孔，以备插入温度计。形状及尺寸如图 3。

3.1.4 温度计：测温范围为 0℃~30℃、0℃~50℃，分度值 0.1℃；测温范围为 0℃~50℃、0℃~100℃，分度值 1℃。

3.1.5 软木塞(或橡皮塞)：底部设有拉环。

3.2 标准黏度油：附有标定用的标准流出时间(s)。

3.3 滤筛网：孔径为 1.18mm。

3.4 秒表：分度值 0.1s。

3.5 其他：水浴、烘箱、三氯乙烯、润滑油等。

4 试验步骤

4.1 准备工作

4.1.1 将盛样管及流出孔用三氯乙烯等溶剂洗净、干燥。

4.1.2 将保温槽的水或油加热，并保持规定的试验温度。

4.1.3 黏度计的标定：黏度计标定周期为三年，按周期进行标定。

4.2 试验步骤

4.2.1 将软木塞(或橡皮塞)塞紧盛样管底部孔，深 6.5mm~9.5mm，其松紧程度要使试样不致从流孔中流出，还要易于拉出软木塞。然后，将接收瓶置于流孔的下方，且使流孔正对着接收瓶的中心。

4.2.2 25℃试验——把乳化沥青试样充分搅拌，不得有气泡形成，然后把大约 100mL 试样倒入一个 200mL 容量瓶中，把容器放在 25℃水浴中恒温 30min。慢慢倒转几次瓶子混合试样，不得有气泡形成。立即将试样用 1.18mm 筛网过筛，并注入盛样管中，以液面达到盛样管上的标线为准，盖上管盖。

单位为毫米

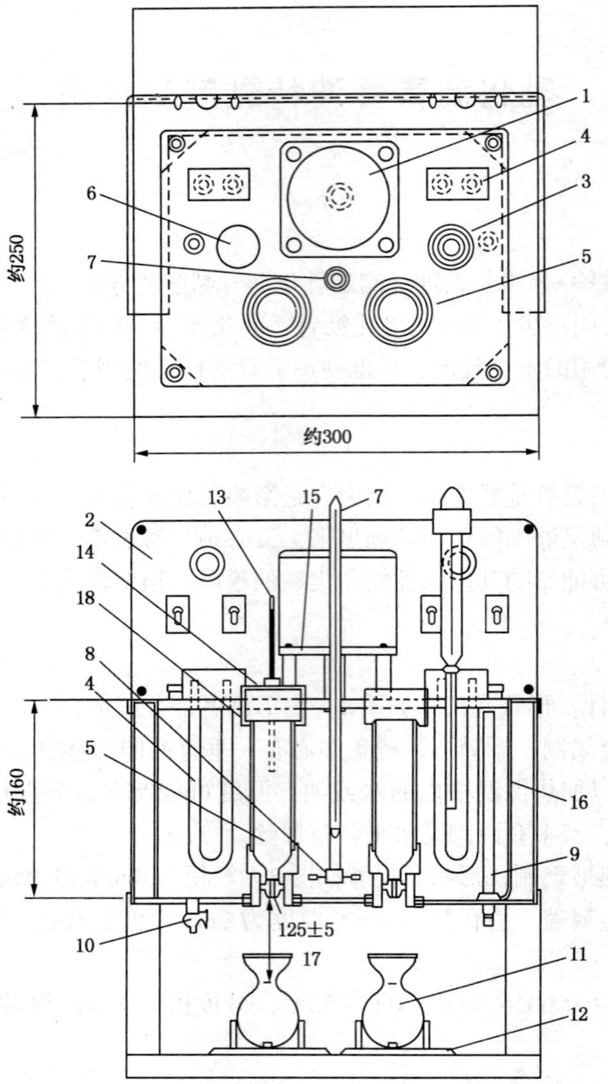

1——电动机；
2——配电盘；
3——温度调节器；
4——电热器；
5——试料管；
6——保温液注入口；
7——温度计；
8——搅拌器；
9——溢流口；
10——保温液排出口；
11——试样接收瓶；
12——试样瓶台；
13——试样温度计；
14——温度计夹具；
15——替换胶圈；
16——恒温槽；
17——软木塞；
18——支架。

图1　赛波特黏度计

50℃试验——把乳化沥青试样放到71℃±3℃水浴或烘箱中加热到50℃±3℃，充分搅拌试样不得有气泡形成，然后把大约100mL试样倒入一个500mL的容量瓶中，把容量瓶的底部竖直浸入71℃±3℃的水浴中大约50mm，用温度计搅拌乳化沥青使温度均匀，搅拌速度60r/min，不得有气泡形成，使试样在水浴中恒温到51℃～52℃。立即将试样用1.18mm筛网过筛，并注入盛样管中，以液面达到盛样管上的标线为准，盖上管盖。

4.2.3　用插入管中的温度计水平搅拌试样，但不得碰到盛样管，搅拌速度60r/min，不得有气泡形成，使试样达到试验温度±0.1℃，保持1min。

4.2.4　立即取出温度计、管盖，拔掉堵塞盛样管底部的软木塞(或橡皮塞)，同时按动秒表，使试样流入接收瓶。至试样达到接收瓶的60mL标线处，再按停秒表，记取时间，准确至0.1s。

注：赛波特黏度计适用于流出时间不少于20s的乳化沥青。

单位为毫米

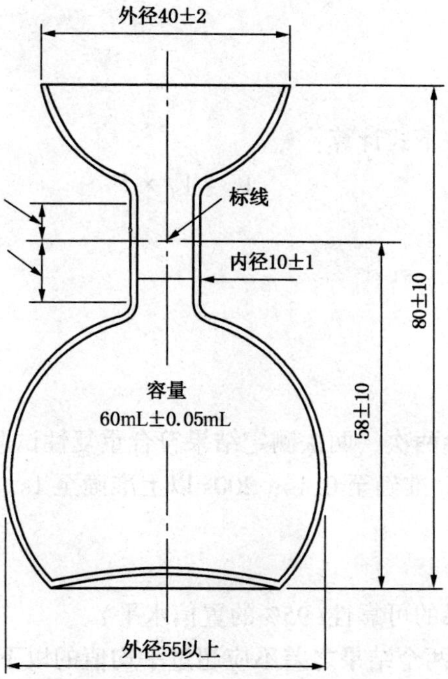

图 2　试样接收瓶

单位为毫米

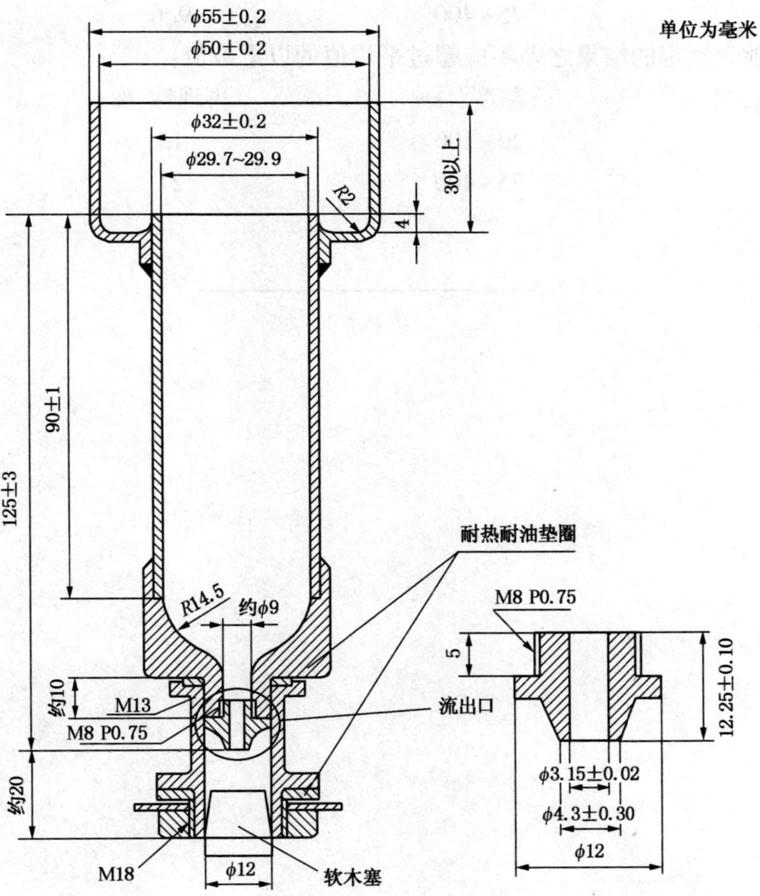

图 3　盛样管

5　计算和试验报告

5.1　计算

乳化沥青的赛波特黏度按下式计算：

$$V_S = V_1 \times F$$

式中：

V_S——试样的赛波特黏度，s；

V_1——试样测定的黏度，s；

F——黏度计标定系数。

5.2　试验报告

同一种试样至少平行试验两次，两次测定结果符合重复性试验精度要求时，取其平均值作为试验结果。试样黏度在200s以下，准确至0.1s；200s以上准确至1s。

6　精密度

按下述规定判定测定结果的可靠性(95%的置信水平)。

6.1　同一操作者重复测定的两个结果之差不应超过平均值的以下数值：

试验温度,℃	黏度，s	重复性,%
25	20~100	5
50	75~400	9.6

6.2　两个实验室独立测定的结果之差不应超过平均值的以下数值：

试验温度,℃	黏度，s	再现性,%
25	20~100	15
50	75~400	21

ICS 75.140
E 30

SH

中华人民共和国石油化工行业标准

SH/T 0780—2005

乳化沥青破乳度测定法

Determination of demulsibility of emulsified asphalt

2005-11-28 发布　　2006-06-01 实施

中华人民共和国国家发展和改革委员会　发布

前　言

本标准修改采用美国材料与试验协会标准 ASTM D 244-00《乳化沥青试验法》中第 34 章~39 章《破乳度》(英文版)。

本标准根据 ASTM D 244-00 第 34 章~39 章重新起草。

为了适合我国国情，本标准在采用 ASTM D 244-00 第 34 章~39 章时进行了技术性修改，所修改的条款用垂直单线标识在其所涉及的条款的页边空白处。

本标准与 ASTM D 244-00《乳化沥青试验法》第 34 章~39 章的主要差异如下：

——取消了氯化钙溶液当量浓度表示法；

——将注的内容转化为标准正文；

——增加了“用氯化钙溶液对中凝型阴离子乳化沥青进行破乳度测定时暂未规定精密度”一条；

——通过引用使 SH/T 0099.17—2005《乳化沥青残留物与馏出油含量测定法》成为标准的一部分；

——规定了试剂的滴加速度；

——将 ASTM D 2397《阳离子乳化沥青标准》列入资料性附录 A，作为分级的参考；

——将 ASTM D 977《乳化沥青标准》列入资料性附录 B，作为分级的参考。

本标准由中国石油化工集团公司提出。

本标准由中国石油大学(华东)重质油研究所技术归口。

本标准起草单位：中国石油化工股份有限公司齐鲁分公司胜利炼油厂。

本标准主要起草人：常玉艳、张光庆、裴建军。

本标准为首次发布。

乳化沥青破乳度测定法

1 范围

1.1 本标准规定了测定乳化沥青化学破乳度的试验方法。

1.2 本标准适用于测定快凝和中凝型阴离子、阳离子乳化沥青的化学破乳度。

1.3 本标准未涉及有关使用的安全规定，标准使用者有责任在使用前制定合适的安全规程。

2 意义和用途

本方法通过在阴离子乳化沥青中加入规定数量和浓度的氯化钙溶液，在阳离子乳化沥青中加入规定数量和浓度的丁二酸二辛酯磺酸钠溶液，测试从乳液中破乳得到的沥青数量来鉴别乳化沥青是快凝型还是中凝型，或给乳化沥青按快凝型、中凝型分级。

3 规范性引用文件

下列文件中的条款通过本标准的引用而成为本标准的条款。凡是注日期的引用文件，其随后所有的修改单(不包括勘误的内容)或修订版均不适用于本标准，然而，鼓励根据本标准达成协议的各方研究是否可使用这些文件的最新版本。凡是不注日期的引用文件，其最新版本适用于本标准。

SH/T 0099.17 乳化沥青残留物与馏出油含量测定法

4 仪器和材料

4.1 金属筛网：孔径1.40mm，正方形约125mm×125mm，无框，三片。

4.2 金属容器：容量600mL，三个。

4.3 金属棒：直径约7.9mm，圆头，三个。

4.4 滴定管：规格50mL，分度值0.1mL。

4.5 天平：最大称量500g，感量0.1g的天平和最大称量200g，感量0.01g的电子天平各一台。

4.6 温度计：测温范围0℃~50℃，分度值0.1℃。

4.7 无水氯化钙：分析纯，在蒸馏水中溶解(1.11±0.01)g无水氯化钙并稀释至1L，配制成浓度为1.11g/L的氯化钙水溶液。在蒸馏水中溶解(5.55±0.01)g无水氯化钙并稀释至1L，配制成浓度为5.55g/L的氯化钙水溶液。

4.8 丁二酸二辛酯磺酸钠：分析纯，在992g蒸馏水中溶解(8.00±0.01)g丁二酸二辛酯磺酸钠，配制成浓度为0.8%的丁二酸二辛酯磺酸钠溶液。

5 试验步骤

5.1 用乳化沥青残留物与馏分油含量测定法测定乳化沥青的蒸馏残留物百分含量。

5.2 记录每一组金属容器、金属棒和金属筛网组件的总质量。

5.3 在三组已称量组件的600mL金属容器中分别称取(100±0.1)g乳化沥青，将称量好的乳化沥青试样和对应的试剂保持(25±0.5)℃ 2min以上。对于快凝型阴离子乳化沥青或未知类型的阴离子乳化沥青用滴定管量取35mL浓度为1.11g/L的氯化钙水溶液、对于中凝型阴离子乳化沥青用滴定管量取50mL浓度为5.55g/L的氯化钙水溶液、对于阳离子乳化沥青用滴定管量取35mL浓度为0.8%的丁二酸二辛酯磺酸钠溶液以每秒1滴的速度滴入乳化沥青试样中，边滴加边迅速地均匀搅拌金属容器内的物质，敲碎金属容器边凝结的块状物保证试剂和乳化沥青搅拌充分，滴加完毕后再搅拌2min。

5.4　先用金属筛网滤去未破乳的乳化沥青和试剂混合液，再用蒸馏水冲洗金属容器、残留物、金属棒和金属筛网，敲碎凝结的块状物，滤去洗涤液，反复操作直到洗涤液清澈。

5.5　将金属容器、金属棒、金属筛网和残留物一起置于163℃烘箱中干燥恒重。

6　计算

干燥组件和残留物的总质量扣除金属容器、金属棒和金属筛网组件的总质量得到破乳的残留物质量。按下式计算破乳度：

$$D = \frac{A}{B} \times 100$$

式中：

D——破乳度,%；

A——乳化沥青试样三次破乳试验残留物质量平均值，g；

B——100g乳化沥青样品蒸馏残留物质量，g。

7　精密度

7.1　下面的规定用来判断快凝型阴离子乳化沥青试验结果的可靠性(95%置信度)：

7.1.1　同一操作者重复试验结果的差数不应超过下值：

破乳度,%	重复性，平均值的百分数
30~100	5

7.1.2　两个实验室之间提交的试验结果的差数不应超过下值：

破乳度,%	再现性，平均值的百分数
30~100	30

7.2　用丁二酸二辛酯磺酸钠溶液对阳离子乳化沥青进行破乳度测定时暂未规定精密度。

7.3　用氯化钙溶液对中凝型阴离子乳化沥青进行破乳度测定时暂未规定精密度。

附　录　A
（资料性附录）
ASTM D 2397－02 阳离子乳化沥青标准

项　　目		快凝型		中凝型		慢凝型		速凝型
		CRS－1	CRS－2	CMS－2	CMS－2h	CSS－1	CSS－1h	CQS－1H
乳化液试验								
赛氏黏度，s	25℃					20～100	20～100	20～100
	50℃	20～100	100～400	50～450	50～450			
贮存稳定性试验(24h，不大于)，%		1	1	1	1	1	1	
破乳度(35mL，0.8%丁二酸二辛酯磺酸钠)，%	不小于	40	40					
裹覆性和耐水性								
裹覆，干集料				好	好			
裹覆，喷洒后				较好	较好			
裹覆，湿集料				较好	较好			
裹覆，喷洒后				较好	较好			
水泥混合性，%	不大于					2.0	2.0	
筛分试验，%	不大于	0.10	0.10	0.10	0.10	0.10	0.10	0.10
蒸馏残余物，%	不大于	60	65	65	65	57	57	57
乳液中的油分，%	不大于	3	3	12	12			
颗粒电荷试验		阳性	阳性	阳性	阳性	阳性	阳性	阳性
蒸馏残余物试验								
针入度(0.1mm，25℃)		100～250	100～250	100～250	40～90	100～250	40～90	40～90
延度(25℃，不小于)，cm		40	40	40	40	40	40	40
(三氯乙烯)溶解度，%	不小于	97.5	97.5	97.5	97.5	97.5	97.5	97.5

附　录　B
（资料性附录）
ASTM D 977－98 乳化沥青标准

项　目		快凝型			中凝型							慢凝型		速凝型
		RS－1	RS－2	HFRS－2	MS－1	MS－2	MS－2h	HFMS－1	HFMS－2	HFMS－2h	HFMS－2s	SS－1	SS－1h	QS－1H
乳化液试验														
赛氏黏度，s	25℃	20～100	—	—	20～100	＞100	＞100	20～100	＞100	＞100	＞50	20～100	20～100	20～100
	50℃	—	75～400	75～400	—	—	—	—	—	—	—	—	—	—
贮存稳定性试验（24h），%	不大于	1	1	1	1	1	1	1	1	1	1	1	1	—
破乳度（35mL，0.02N $CaCl_2$），%	不小于	60	60	60	—	—	—	—	—	—	—	—	—	—
裹覆性和耐水性														
裹覆，干集料		—	—	—	好	好	好	好	好	好	好	—	—	—
裹覆，喷洒后		—	—	—	较好	较好	较好	较好	较好	较好	较好	—	—	—
裹覆，湿集料		—	—	—	较好	较好	较好	较好	较好	较好	较好	—	—	—
裹覆，喷洒后		—	—	—	较好	较好	较好	较好	较好	较好	较好	—	—	—
水泥混合性，%	不大于	—	—	—	—	—	—	—	—	—	—	2.0	2.0	—
筛分试验，%	不大于	0.10	0.10	0.10	0.10	0.10	0.10	0.10	0.10	0.10	0.10	0.10	0.10	0.10
蒸馏残余物，%	不小于	55	63	63	55	65	65	55	65	65	65	57	57	57
乳液中的油分，%		—	—	—	—	—	—	—	—	—	1～7	—	—	—
蒸馏残余物试验														
针入度（0.1mm，25℃）		100～200	100～200	100～200	100～200	100～200	40～90	100～200	100～200	40～90	＞200	100～200	40～90	40～90
延度（25℃），cm	不小于	40	40	40	40	40	40	40	40	40	40	40	40	40
（三氯乙烯）溶解度，%	不小于	97.5	97.5	97.5	97.5	97.5	97.5	97.5	97.5	97.5	97.5	97.5	97.5	97.5
漂浮试验（60℃），s	不低于	—	—	1200	—	—	—	1200	1200	1200	1200	—	—	—

ICS 75.140
E 30

SH

中华人民共和国石油化工行业标准

SH/T 0781—2005

乳化沥青与水混合性试验法

Test method for miscibility with water of emulsified asphalt

2005-11-28 发布　　2006-06-01 实施

中华人民共和国国家发展和改革委员会　发布

前　言

本标准修改采用美国材料与试验协会标准 ASTM D 244-00《乳化沥青试验法》第 63 章～65 章《乳化沥青与水混合性试验法》(英文版)。

本标准根据 ASTM D 244-00 第 63 章～65 章重新起草。

为适合我国国情，本标准在采用 ASTM D 244-00 第 63 章～65 章时进行了技术性修改，所修改的条款用垂直单线标识在其所涉及的条款的页边空白处。

本标准与 ASTM D 244-00 第 63 章～65 章的主要差异如下：

——将 ASTM 编排格式修改为符合我国标准的编排格式，并在语言文字上进行了编辑性修改；

——增加了蒸馏水的加入时间和搅拌速度；

——增加了试验报告。

本标准由中国石油化工集团公司提出。

本标准由中国石油大学(华东)重质油研究所技术归口。

本标准起草单位：中国石油化工股份有限公司齐鲁分公司胜利炼油厂。

本标准主要起草人：于桂莲、姚德宏、裴建军。

本标准为首次发布。

乳化沥青与水混合性试验法

1 适用范围

1.1 本标准规定了测定乳化沥青与水混合后的稳定性的试验方法。

1.2 本标准适用于测定中裂型和慢裂型乳化沥青。

1.3 本标准未涉及有关使用的安全规定，标准使用者有责任在使用前制定合适的安全应用规程。

2 方法概要

在21℃~25℃温度条件下，在50mL乳化沥青中加入150mL蒸馏水，混合均匀后，静置2h，检验乳化沥青中是否有破乳现象。

3 意义与用途

乳化沥青破乳会直接影响其使用效果，降低乳液利用率。检验乳化沥青与水混合后的稳定性至关重要。

4 仪器和材料

4.1 玻璃搅拌棒：1根。

4.2 玻璃烧杯：容量为500mL，1个。

4.3 量筒：容量为50mL、150mL的各一个。

4.4 温度计：0℃~50℃，分度值为0.5℃，1支。

4.5 计时秒表：一个。

4.6 蒸馏水。

5 试验步骤

5.1 用50mL量筒量取50mL乳化沥青，倒入500mL的玻璃烧杯中。

5.2 用150mL量筒量取150mL蒸馏水，在1分钟内缓缓加入到乳化沥青中，同时用玻璃棒以1r/s的速度不断搅拌。试验过程中温度必须控制在21℃~25℃之间。

5.3 蒸馏水加入完毕后，将乳液在21℃~25℃温度下静置2h。

5.4 观察乳化沥青液体中，有无可见的凝结沥青块。

6 试验报告

6.1 加水后的乳液中，若无可见的凝结沥青块，则判定该乳化沥青与水混合稳定性合格。

6.2 若乳液中有可见的凝结沥青块，则判定该乳化沥青与水混合稳定性不合格；凝结的沥青块越多，与水混合稳定性越差。

ICS 75.140
E 34

SH

中华人民共和国石油化工行业标准

SH/T 0782—2005

柴油机油性能评定法
(开特皮勒 1K/1N 法)

Test procedure for evaluating the performance of internal combustion engine oils (Caterpillar 1K/1N procedure)

2005-11-28 发布　　　　2006-06-01 实施

中华人民共和国国家发展和改革委员会　发布

目　次

附录 A(规范性附录)　试验燃油规格
附录 B(规范性附录)　开特皮勒 1K/1N 试验操作条件
附录 C(资料性附录)　开特皮勒 1K/1N 试验排气成分-空燃比对照表
附录 D(资料性附录)　试验台架标定试验合格指标
附录 E(资料性附录)　开特皮勒 1K/1N 机油消耗线性回归法
附录 F(资料性附录)　开特皮勒 1K/1N 活塞评分记录表
附录 G(资料性附录)　开特皮勒 1K/1N 活塞环、汽缸套测量表
附录 H(资料性附录)　开特皮勒 1K/1N 安装时其他测量表
附录 I(资料性附录)　开特皮勒 1K/1N 试验结果报告
附录 J(资料性附录)　开特皮勒 1K/1N 检测记录
附录 K(资料性附录)　开特皮勒 1K/1N 汽缸盖维修测量表

前　言

本标准修改采用美国试验与材料协会标准 ASTM D 6750-02《内燃机油高速单缸柴油机评定法——1K 方法[燃油硫含量 0.4%(质量分数)]和 1N 方法[燃油硫含量 0.04%(质量分数)]》。

本标准根据 ASTM D 6750-02 重新起草。

为了适合我国国情，本标准在采用 ASTM D 6750-02 时进行了修改。这些技术性差异用垂直单线标识在它们所涉及的条款的页边空白处。本标准与 ASTM D 6750-02 的主要技术差异如下：

——本标准的引用标准采用我国现行标准，无相应标准的引入其实质性内容。

——将《内燃机油高速单缸柴油机评定法——1K 方法[燃油硫含量 0.4%(质量分数)]和 1N 方法[燃油硫含量 0.04%(质量分数)]》修改为《柴油机油性能评定法(开特皮勒 1K/1N 法)》。

——用国产专用燃油代替美国专用燃油。

——本标准将标定试验由每十二个月或十五次试验标定一次改为每十五次试验标定一次。

——删去了 ASTM 标准前言部分。

——删去了 ASTM 标准中的引言。

——删去了数据词典部分。

——术语和定义未全部按原文列出。

——将原文的第 8 章节与第 7.10 章节合并为本标准的第 7.3 章节。

——省略了部分试剂。

——删去了部分附图及其说明。

——删去了苛刻度调整部分。

——ASTM 标准的附录中有些内容直接放入正文。

——只用 SI 单位作为标准单位。

——删去了关键词一章。

本标准的附录 A、附录 B 为规范性附录，附录 C、附录 D、附录 E、附录 F、附录 G、附录 H、附录 I、附录 J、附录 K 均为资料性附录。

本标准由中国石油化工集团公司提出。

本标准由中国石油化工股份有限公司石油化工科学研究院归口。

本标准起草单位：中国石油化工股份有限公司石油化工科学研究院。

本标准主要起草人：魏荣田、李少玉、刘顺涛、王庆新、卢文彤、杨本丰、赵燕城。

柴油机油性能评定法(开特皮勒1K/1N法)

1 范围

1.1 本标准规定了用高速、单缸柴油机对柴油机油性能进行评价的方法。通过测定活塞、活塞环槽沉积物的生成倾向及机油耗量等评价柴油机油的性能。

1.2 本标准包括1K法[燃油硫含量0.4%(质量分数)]和1N法[燃油硫含量0.04%(质量分数)],两个试验方法的唯一区别在于使用不同的燃油。

1.3 1K法适用于评价CF-4级和CH-4级柴油机油等,1N法适用于评价CG-4级柴油机汩等。

1.4 本标准使用国际单位制[SI]单位。

1.5 本标准涉及某些有危险性的材料、操作和设备,但没有对与此有关的所有安全问题都提出建议,因此,用户在使用本标准之前应建立适当的安全制度和防护措施。

2 规范性引用文件

下列文件中的条款通过本标准的引用而成为本标准的条款。凡是注日期的引用文件,其随后所有的修改单(不包括勘误的内容)或修订版均不适用于本标准,然而,鼓励根据本标准达成协议的各方研究是否可使用这些文件的最新版本。凡是不注日期的引用文件,其最新版本适用于本标准。

GB/T 260 石油产品水分测定法

GB/T 261 石油产品闪点测定法(闭口杯法)(GB/T 261—83(91),REF ISO 2719:1973)

GB/T 265 石油产品运动黏度测定法和动力黏度计算法

GB/T 268 石油产品残炭测定法(康氏法)(GB/T 268—87,EQV ISO 6615:1983)

GB/T 380 石油产品硫含量测定法(燃灯法)

GB/T 386 柴油着火性质测定法(十六烷值法)

GB/T 508 石油产品灰分测定法(GB/T 508—85(91),REF ISO 6245:1982)

GB/T 511 石油产品和添加剂机械杂质测定法(重量法)

GB/T 1884 原油和液体石油产品密度实验室测定法(密度计法)(GB/T 1884—2000,EQV ISO 3675:1998)

GB/T 1885 石油计量表(GB/T 1885—1998,EQV ISO 91-2:1998)

GB 1922 溶剂油

GB/T 3535 石油倾点测定法(GB/T 3535—83(91),EQV ISO 3016:1974)

GB/T 5096 石油产品铜片腐蚀试验法

GB/T 6531 原油和燃料油中沉淀物测定法(抽提法)(GB/T 6531—86(91),EQV ISO 3735:1975)

GB/T 6536 石油产品蒸馏测定法

GB/T 6986 石油浊点测定法(GB/T 6986—86(91),EQV ISO 3015:1974)

GB/T 7304 石油产品和润滑剂酸值测定法(电位滴定法)

GB/T 11132 液体石油产品烃类测定法(荧光指示剂吸附法)

GB/T 11139 馏分燃料十六烷指数计算法

GB/T 11140 石油产品硫含量测定法(X射线光谱法)

GB/T 17040 石油产品硫含量测定法(能量色散X射线荧光光谱法)

GB/T 17144 石油产品残炭测定法(微量法)

GB/T 17476 使用过的润滑油中添加剂元素、磨损金属和污染物以及基础油中某些元素测定法(电感耦合等离子体发射光谱法)

SH/T 0031 柴油机活塞清净性评分方法

SH/T 0251 石油产品碱值测定法(高氯酸电位滴定法)

SH/T 0521 汽车及轻负荷发动机用乙二醇型发动机冷却液(SH/T 0521—1999)

SH/T 0606 中间馏分烃类组成测定法(质谱法)

SH/T 0694 中间馏分燃料十六烷指数计算法(四变量公式法)

CRC MANUAL No. 18 CRC 18 号手册

3 术语和定义

下列术语和定义应用于本标准。

3.1 定义

3.1.1

标定试验 calibration test

在发动机台架上，按照标准要求的试验条件进行参比油试验，以确定发动机台架、实验室和试验件是否满足对油品评价的要求。

3.1.2

已标定的试验台架 calibrated test stand

标定试验结果满足要求的试验台架。

3.1.3

试验油 candidate oil

需通过试验评价其性能的发动机油。

3.1.4

腐蚀 erosion

由于摩擦或侵蚀而使零件逐渐损耗。

3.1.5

重负荷发动机 heavy duty engine

可在最大或接近最大输出功率条件下连续运转的发动机。

3.1.6

参比油 reference oil

一种已知其性能的油品，用作比较的基础。

3.1.7

非参比油 non-reference oil

参比油之外的任何油品。例如，市场油、试验油等。

3.1.8

烟炱 soot

在内燃机中，燃油在燃烧室中未完全燃烧而形成超微尺寸的颗粒，主要是碳。

3.1.9

磨损 wear

相对运动零件表面上的材料的位移或损失。通常是机械作用、化学作用或两者共同作用的结果。

3.1.10

环台重碳 heavy land carbon

在环台积聚较多且表面被抛光或磨光的含碳沉积物。

3.1.11

梯形环 keystone ring

环截面形状为梯形的压缩环。

3.1.12

汽缸套抛光 line bore polishing

发动机在运转中，活塞环将汽缸套上某一区域的网斜纹磨掉后所出现的现象。

3.1.13

划伤 scratching

在线性运动方向上，具有一定表面粗糙度的摩擦表面的机械损伤。它不会由于杂质而导致表面逐渐恶化。

3.1.14

擦伤 scuffing

一种局部黏附性磨损，在零件运动方向上有较集中的无光泽粗糙的区域性痕迹，而不是个别的划痕。

3.1.15

试验时间 test time

按照试验程序完成试验所积累的时间。

3.1.16

漆膜 varnish

一种又硬又干且不溶于油的沉积物。这种沉积物一般有光泽，用软布不能擦掉，但可以用某些有机溶剂洗掉。

3.2 术语

3.2.1

环台重碳 heavy land carbon

在环台积聚较多且表面被抛光或磨光的含碳沉积物。

3.2.2

梯形环 keystone ring

环截面形状为梯形的压缩环。

3.2.3

汽缸套抛光 line bore polishing

发动机在运转中，活塞环将汽缸套上某一区域的网状斜纹磨掉后所出现的现象。

3.2.4

划伤 scratching

在线性运动方向上，具有一定表面粗糙度的摩擦表面的机械损伤。它不会由于杂质而导致表面逐渐恶化。

3.2.5

擦伤 scuffing

一种局部黏附性磨损，在零件运动方向上有较集中的无光泽粗糙的区域性痕迹，而不是个别的划痕。

3.2.6

试验时间 test time

按照试验程序完成试验所积累的时间。

3.2.7

漆膜 varnish

一种又硬又干且不溶于油的沉积物。这种沉积物一般有光泽，用软布不能擦掉，但可以用某些有机溶剂洗掉。

3.3 缩写

3.3.1 BDC——bottom dead center（下止点）

3.3.2 BSOC——break specific oil consumption（机油比油耗）

3.3.3 BMEP——break mean effective pressure（平均有效制动压力）

3.3.4 EOT——end of test（试验结束）

3.3.5 EOTOC——end of test oil consumption（试验后机油消耗）

3.3.6 EWMA——exponentially weighted moving average（指数加权平均值）

3.3.7 LTMS——TMC Lubrication Test Monitoring System（TMC 润滑油试验监测系统）

3.3.8 TDC——top dead center（上止点）

3.3.9 TGF——top groove fill（第一环槽充碳率）

3.3.10 TLHC——top land heavy carbon（第一环台重碳）

3.3.11 WDK——weighted demerits（1K）(1K 加权扣分）

3.3.12 WDN——weighted demerits（1N）(1N 加权扣分）

4 方法概要

试验发动机为开特皮勒(Caterpillar)公司生产的1Y540发动机或改进的1Y73发动机。每次试验前，将发动机的做功部分严格按方法规定进行解体并用溶剂油清洗，测量并安装新的活塞、活塞环组和汽缸套。试验系统应具备控制转速、负荷和各种试验条件的辅助设备。发动机的进气增压系统应装有空气过滤、湿度调节、增压和加热等配套装置。用试验油作为发动机润滑油，加入到已标定过的单缸柴油发动机中，在规定的试验条件下，连续运转252h。在每次试验之前和每次启动发动机时，要使用专门的试运转程序。在试验期间要定期测量发动机机油消耗。试验结束后拆解发动机，评价活塞沉积物的性质和数量，检查活塞环的粘结状况，测量并计算活塞环与汽缸套的磨损量，计算试验油的平均消耗量。进行1K试验使用硫含量0.4%(质量分数)的燃油。进行1N试验使用硫含量0.04%(质量分数)的燃油。

5 意义与用途

5.1 1K/1N方法是在已标定的固定式发动机台架上进行的油品试验。试验后给出(1)活塞和活塞环槽的沉积物形成倾向；(2)活塞、活塞环和汽缸套的擦伤情况；(3)机油消耗量。

5.2 1K/1N方法用于柴油机油规格的建立和柴油机油的开发。

6 试验设备

6.1 实验室环境

6.1.1 发动机操作和安装区域——保持周围空气清洁、无粉尘及其他杂质。

6.1.2 零部件测量区域——建议保持测量区域的温度在10℃~25℃，如果空气温度不在这个范围内，要保持温差在±3℃之间，这样零件的测量数据具有较好的重复性。保持测量区域相对湿度为45%~65%。

6.1.3 零件评分区域——满足柴油机油评分方法的规定。

6.1.4 零件清洗区域——不作具体规定。因清洗零件时会使用大量的溶剂，故清洗区域要有通风设备和安全保护装置。

6.2 试验发动机

试验发动机为开特皮勒公司生产的 1Y540 或改进的 1Y73 单缸四气门直喷柴油发动机。其缸径 137.2mm，行程 165.1mm，排量 2.4L，压缩比 14.5：1。

6.3 试验发动机的辅助系统和辅助设备

6.3.1 进气系统——由空气增压装置、带有电加热元件的进气加热罐、隔音软管及适当管线等组成。为满足方法规定的操作条件，需对进气进行过滤、加热、加压、加湿。为确保试验结果的精密度，不同实验室的进气系统应保持一致。进气罐体积为 193L~221L，内径为 483mm~584mm；进气罐法兰到发动机进气弯头前的进气管不能弯曲且长度在 533.4mm±12.7mm 范围内(见图 1、图 2 和图 3)。

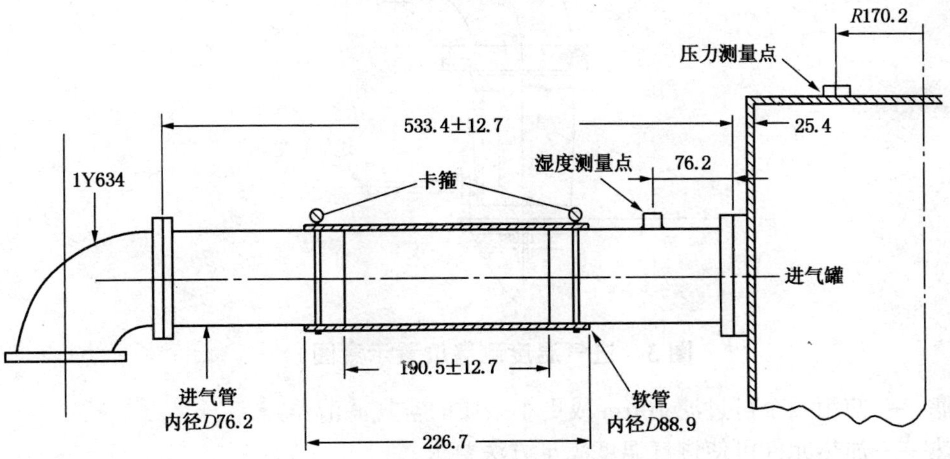

图 1　进气管的安装

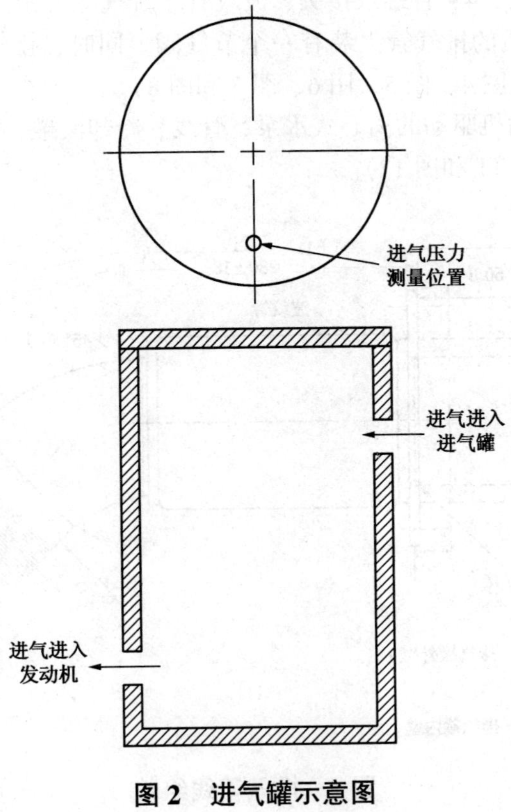

图 2　进气罐示意图

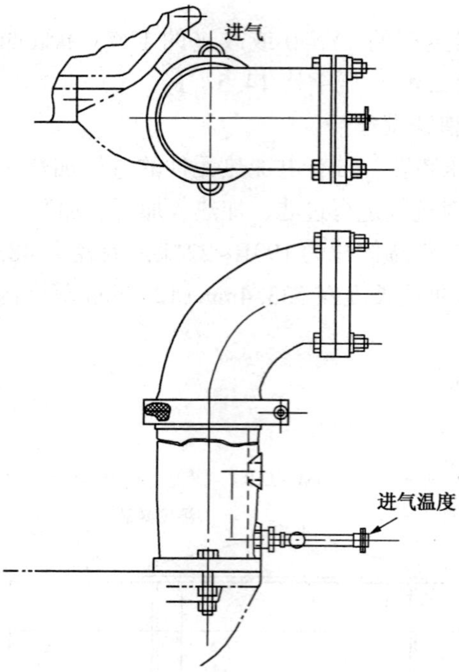

图 3　进气温度测量位置示意图

6.3.1.1　过滤——使用一个可过滤 10μm 或更小杂质的空气滤清器。

6.3.1.2　加热——加热元件可使进气温度满足方法要求。

6.3.1.3　加压——加压装置可使进气压力满足方法要求。

6.3.1.4　加湿——加湿装置可使加压后进气湿度达到 17.8g±1.7g H_2O/kg 干空气。

6.3.2　排气系统——由弯头、45°管螺纹接头、波纹管、排气罐等组成。为控制排气背压在 216kPa ±1kPa 范围内，在排气罐之后的排气管上装有一个节气阀。同时，排气系统上还应装有测量排气温度的热电偶和排气取样器(见图 4、图 5、图 6、图 7 和图 8)。

6.3.3　冷却系统——由发动机驱动的离心式水泵、管线、冷却液罐、旁通阀及热交换器等组成闭路循环系统(见图 9、图 10、图 11 和图 12)。

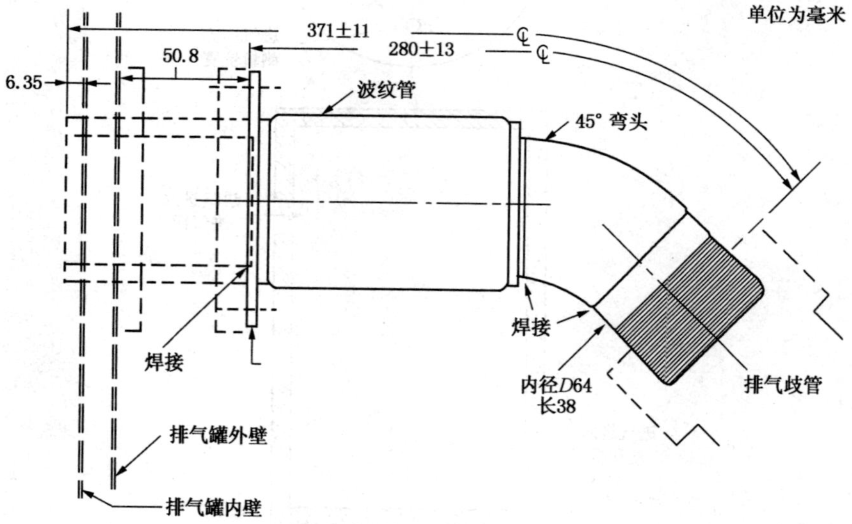

图 4　排气管线组装

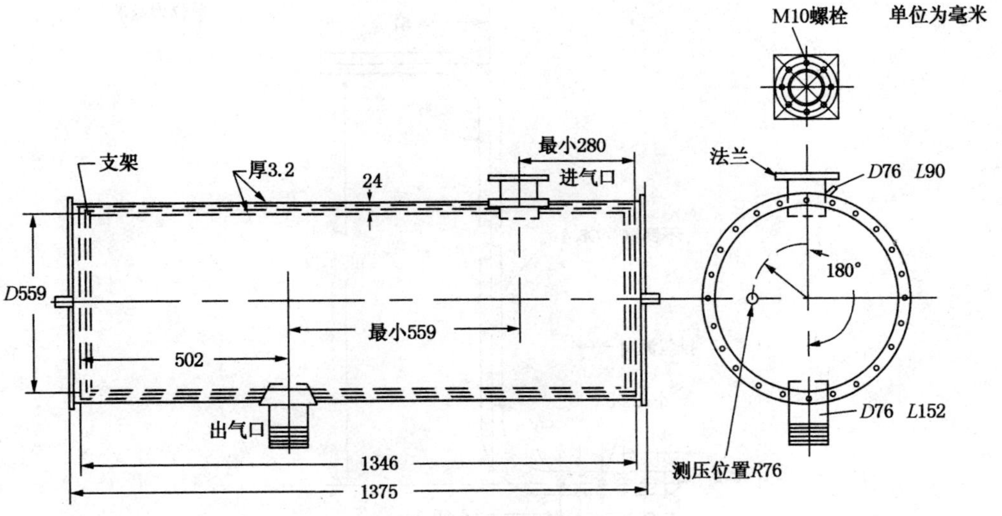

图5 排气罐

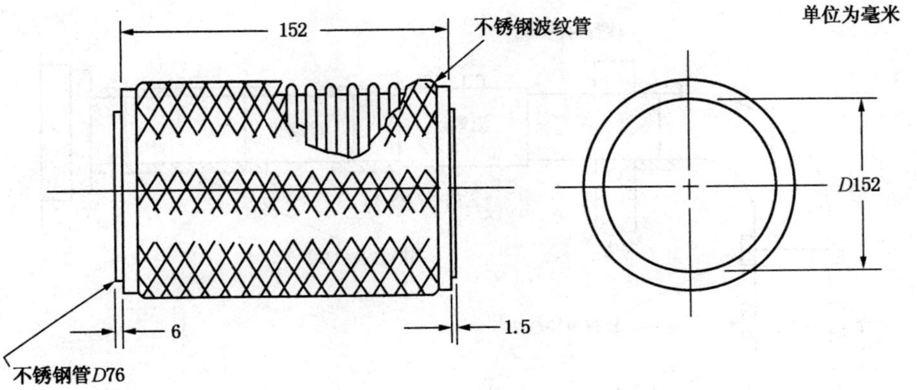

图6 排气波纹管

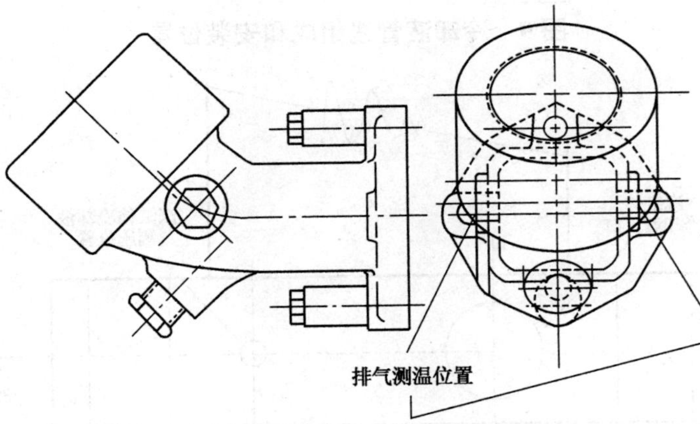

图7 排气歧管上的热电偶安装位置示意图

单位为毫米

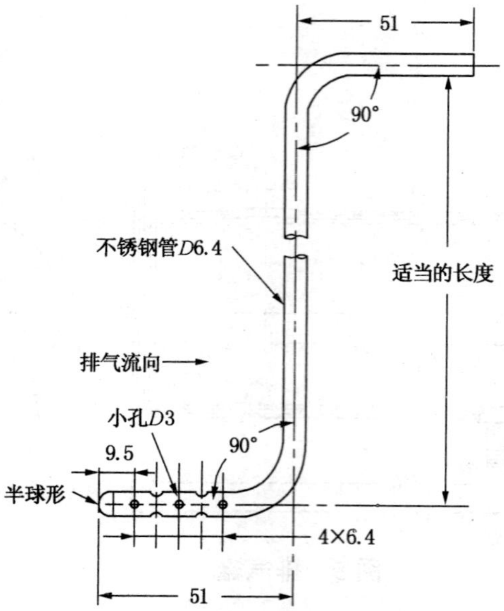

图8　排气取样管

单位为毫米

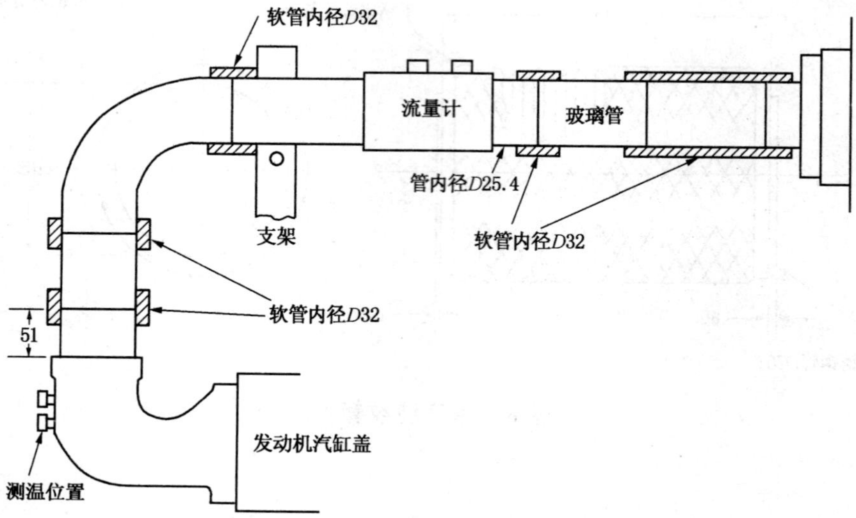

图9　冷却液管线组成和安装位置

单位为毫米

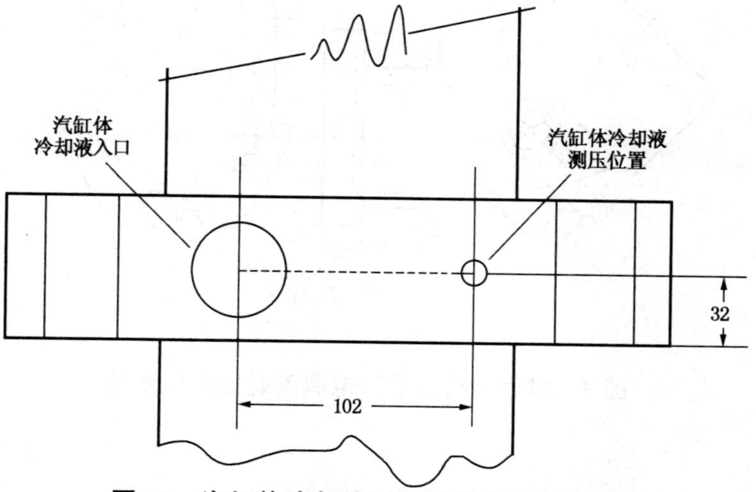

图10　汽缸体冷却液压力测量位置示意图

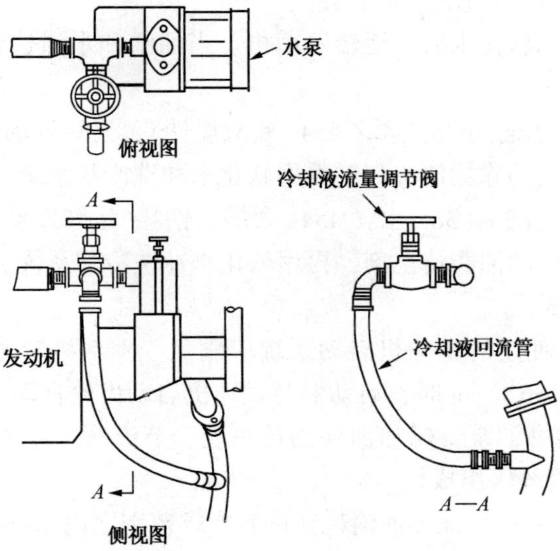

图 11　水泵旁通系统安装示意图

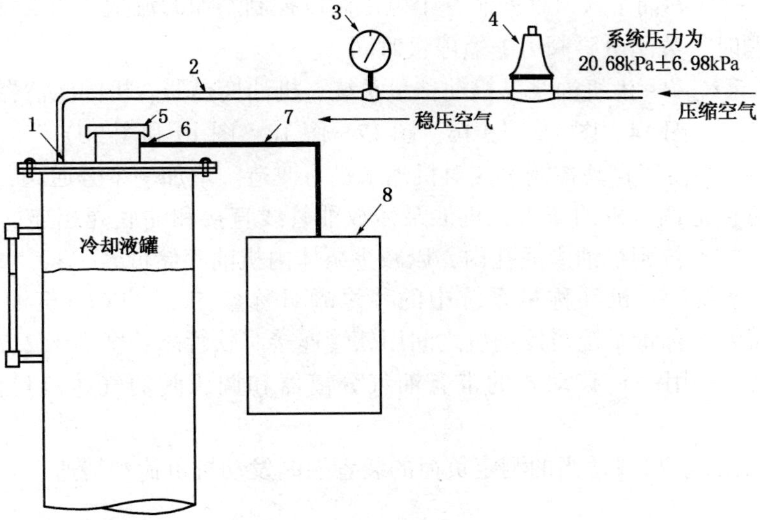

1——供气管接头；
2——供气软管；
3——压力表；
4——调压阀；
5——冷却液密封盖；
6——冷却液溢流口；
7——冷却液溢流管；
8——冷却液溢流罐。

图 12　冷却系统的改进示意图

6.3.3.1　冷却液流量的控制和测量——用流量计测量冷却液流量，通过水泵出口处的旁通阀控制冷却液流量在 65L/min±2.0L/min 范围内，发动机冷却液进出口温差控制在 5.0℃±1.0℃的范围内，汽缸盖冷却液出口温度控制在 93℃±2.5℃范围内。

6.3.3.2　冷却系统清洗要求——当目测到冷却系统中有油脂、水垢、铁锈时，应清洗冷却系统。在清洗冷却系统时，首先清洗油脂，然后清洗水垢、铁锈。

6.3.3.3　冷却系统中油脂清洗步骤如下：

a. 向发动机中加入机油和软化水（Ca^{2+}、Mg^{2+} ≤0.03g/L）后，运转发动机。当油温和水温达到试验操作条件时，停机并放净冷却系统内的软化水。

b. 向冷却系统内加油脂清洗剂（38L 水含 454g 磷酸三钠），运转发动机 5min。

c. 停机并放净冷却系统内的油脂清洗剂，再用软化水冲洗冷却系统。

6.3.3.4 冷却系统中水垢或铁锈清洗步骤如下：

a. 向发动机中加入机油和软化水后，运转发动机。当油温和水温达到试验操作条件时，停机并放净冷却系统内的软化水。

b. 向冷却系统内加除垢清洗剂（38L 水含 454g 硫酸氢钠），运转发动机 30min。

c. 停机并放净冷却系统内的除垢清洗剂，再用软化水冲洗冷却系统。

d. 向冷却系统内加油脂清洗剂（38L 水含 454g 磷酸三钠），运转发动机 5min。

e. 停机并放净冷却系统内的油脂清洗剂，再用软化水冲洗冷却系统。

f. 拆解发动机以备下次试验。

6.3.4 发动机启动系统——使用的发动机启动系统应满足：发动机转速达到 200r/min 时，扭矩维持在 102N·m；当扭矩增至 136N·m 时，启动器与发动机启动齿轮自动分开。

6.3.5 燃油系统——系统由燃油泵、燃油消耗测量系统、节流阀、浮子箱、电磁阀、燃油换热器、燃油喷射泵、喷油嘴、耐压管线等组成。

6.3.5.1 燃油消耗测量系统——保证燃油消耗在试验要求范围之内。

6.3.5.2 燃油回流管线——起到稳定燃油温度、消除燃油系统中气泡的作用。在回流管线上安装节流阀或关断电磁阀，可阻止燃油在停机期间回流到燃油泵中。

6.3.5.3 电磁阀——在燃油泵入口处安装一个电磁阀以控制燃油的流量。当发动机机油压力或冷却液压力出现安全问题时，关闭电磁阀可缩短停机时间。

6.3.6 发动机润滑系统——由机油泵、机油称量系统、机油换热器、机油滤清器、机油分配器、机油管线等组成（见图 13、图 14、图 15、图 16、图 17、图 18、图 19 和图 20）。

6.3.6.1 机油泵——为便于自动控制，应对机油泵进行改造。增加一个旁通阀，以便在发动机试运转和升温过程中能方便地调节机油压力；机油泵体放油管线直接和油底壳相连，以保证机油泵体内机油放油完全。用一螺丝拧到机油旁通孔内，以减少泵体内机油存储量。

6.3.6.2 机油称量系统——机油称量系统中的称量罐可称量 5kg（约 6L）机油，称量偏差不大于 4.5g。为减少称量误差，称量系统与发动机之间用软管连接。软管总长度小于 2.7m。

6.3.7 窜气测量仪——用一台移动式的带有油气分离器和调压阀的气体流量测量仪测量发动机窜气。

6.3.8 测功机——用测功机或适当的测定负荷的装置控制发动机负荷和转速。

单位为毫米

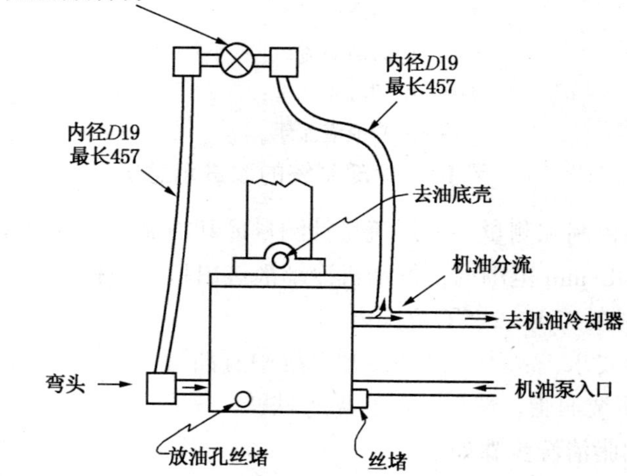

图 13 间接安装的机油泵减压阀示意图

单位为毫米

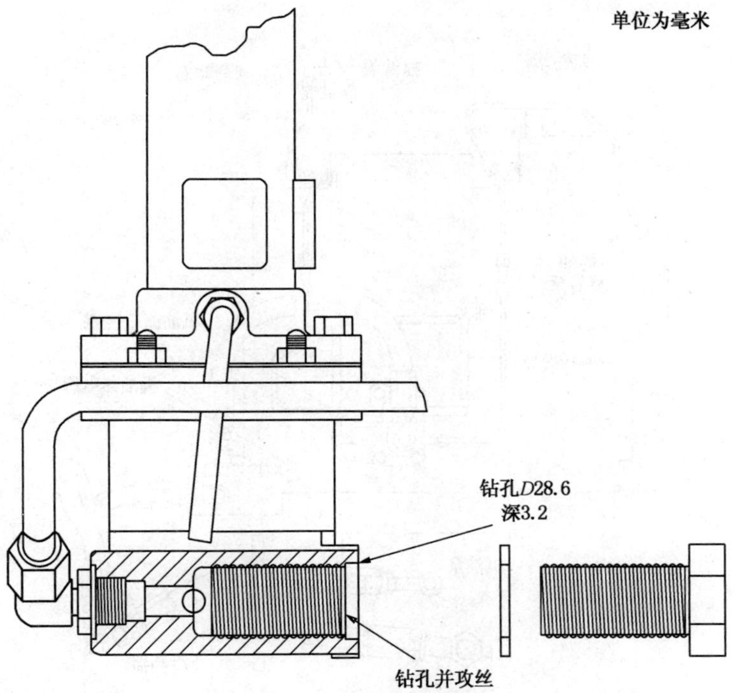

图 14 机油泵减压阀堵示意图

单位为毫米

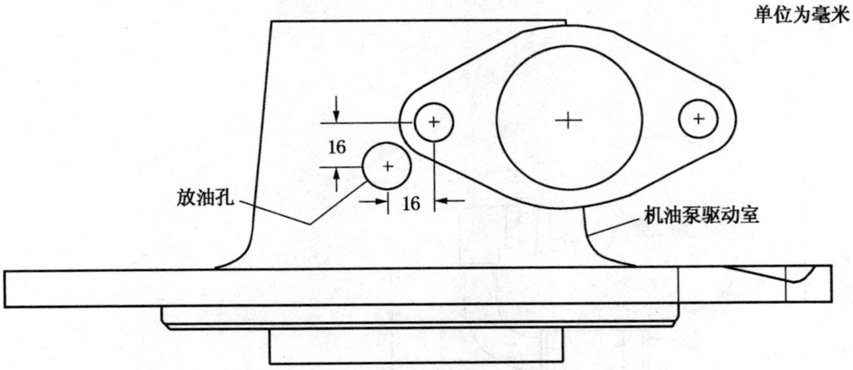

图 15 机油泵附属驱动室放油位置示意图

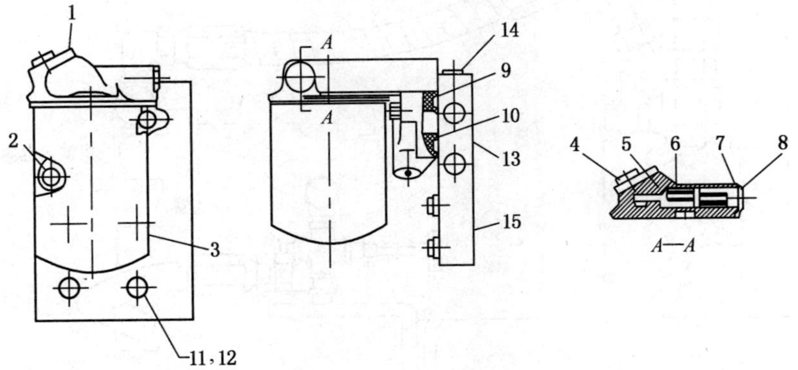

注：零件号

1——1N4426；
2——0S1521；
3——8N9586；
4——9S8005；
5——1N4424；
6——1N4425；
7——SK0360；
8——1N4423；
9——6J2244；
10——5P7530；
11——0S1590；
12——5M2894；
13——7M7410；
14——5B8994；
15——1Y0698。

图 16 机油滤清器系统示意图

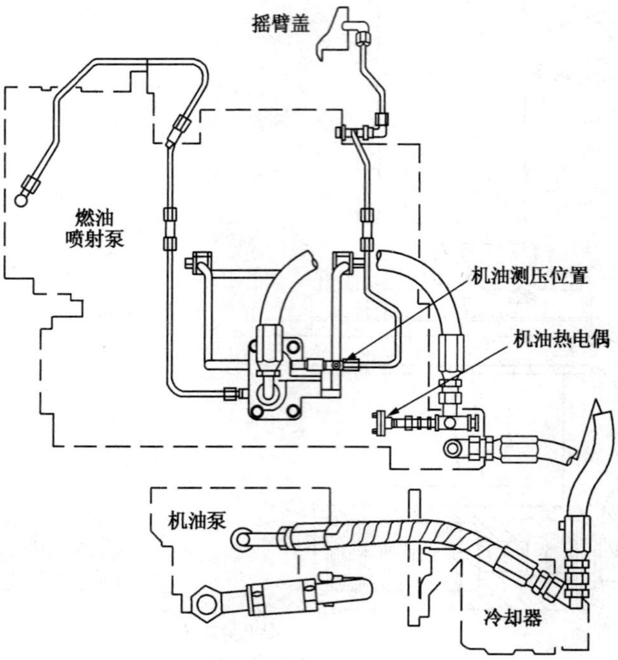

图 17　1Y540 发动机机油管线组成示意图——第一部分

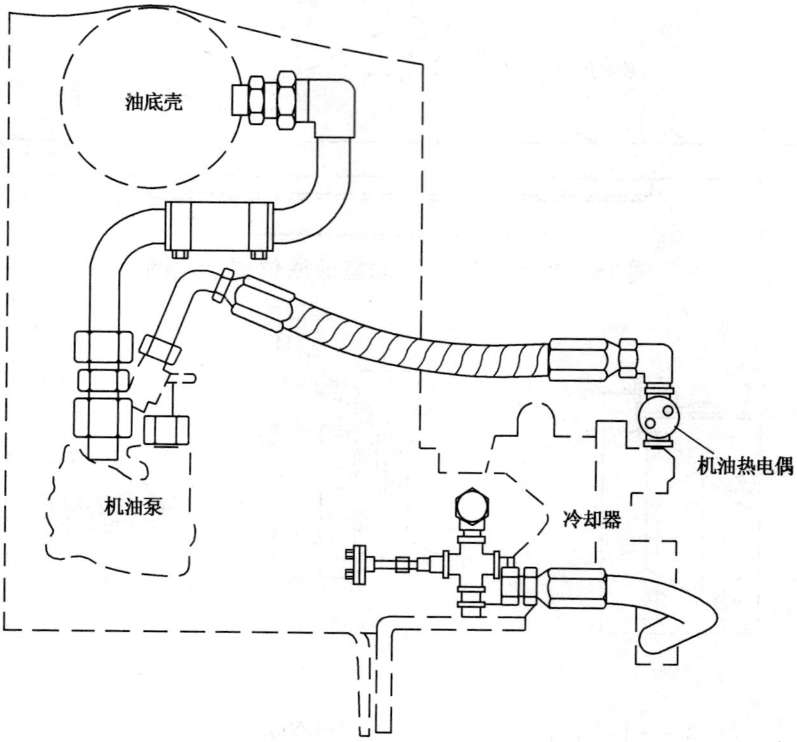

图 18　1Y540 发动机机油管线组成示意图——第二部分

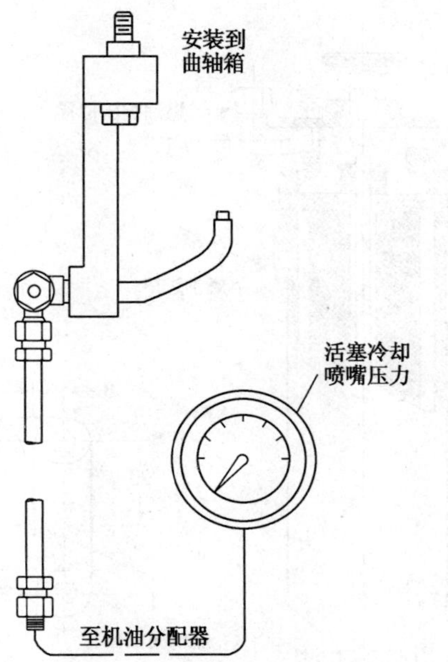

图 19　A1Y616 活塞冷却喷嘴组成示意图

单位为毫米

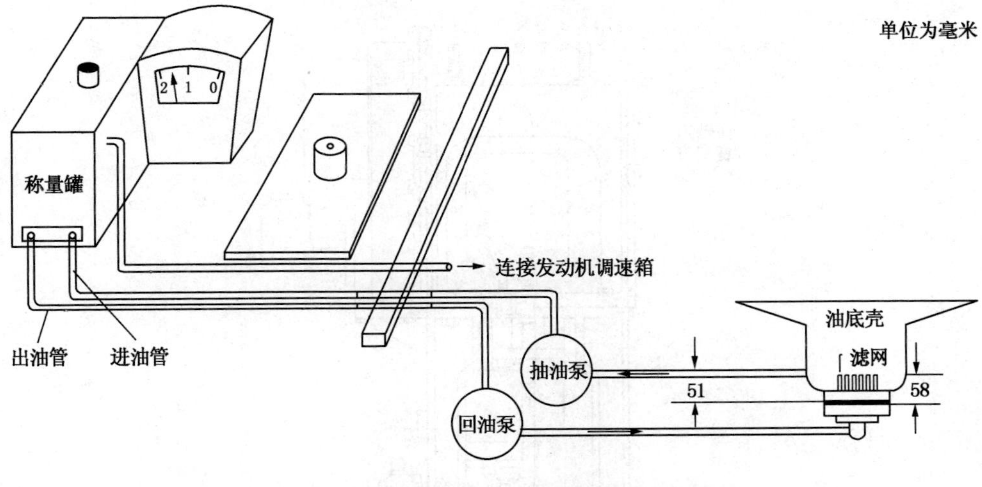

图 20　低流量的机油称量系统示意图

6.3.9　发动机其他辅助设备——各种热电偶、压力传感器的具体安装位置：进气系统见图 1 和图 3；排气系统见图 5 和图 7；冷却系统见图 9 和图 10；机油系统见图 17、图 18 和图 19；其他测量位置见图 21 和图 22。

6.3.9.1　热电偶——采用能满足试验方法要求精度的热电偶，热电偶头部应位于被测介质中央。

a. 进气热电偶；

b. 排气热电偶；

c. 冷却液热电偶；

d. 机油热电偶；

e. 燃油热电偶。

6.3.9.2　压力传感器——具体安装位置如下：

a. 进气压力在进气稳压罐顶部测量；

b. 排气背压在排气稳压罐顶部测量；

c. 机油压力在机油分配器出口处测量；

单位为毫米

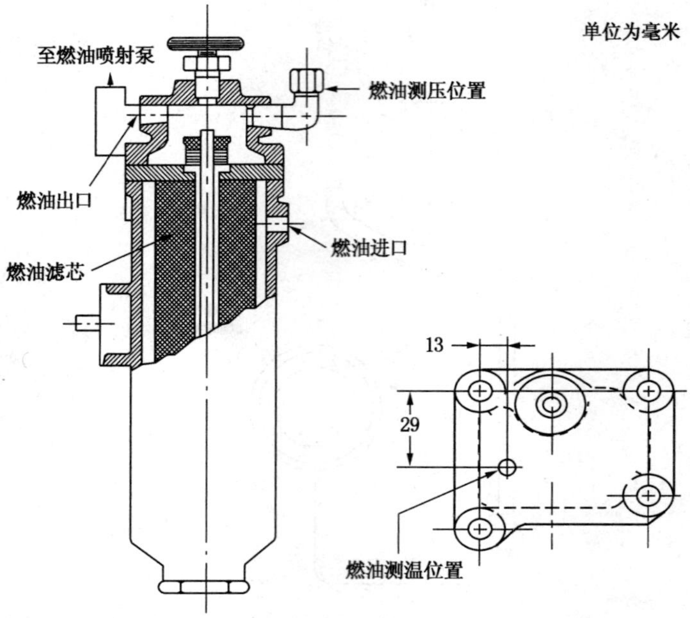

图 21　燃油温度和压力测量位置示意图

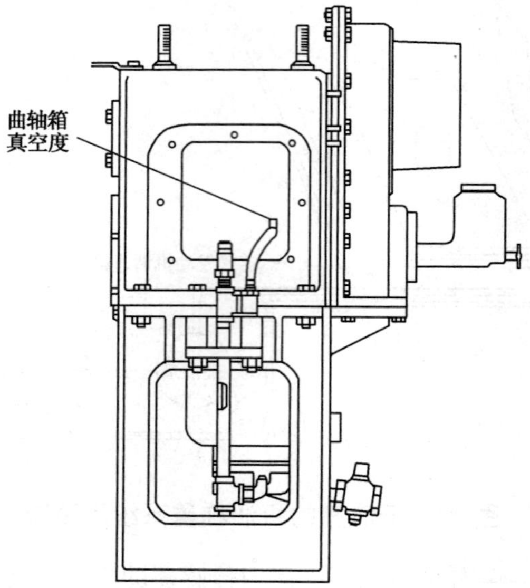

图 22　曲轴箱压力测量位置示意图

d. 燃油压力在燃油滤清器出口处测量；

e. 曲轴箱真空度在曲轴箱侧盖板处测量；

f. 活塞冷却喷嘴压力在油底壳处测量。

6.3.9.3　流量计及进气湿度传感器——测量位置如下：

a. 冷却液流量在孔板流量计处测量；

b. 燃油流量在油耗仪处测量；

c. 进气湿度在距进气稳压罐出口 76mm 处测量。

6.3.10　测量装置的标定——试验台架在进行标定试验开始之前，应及时标定用于试验数据读数的所有设备。实验室在一次失败的或无效的标定试验之后，或者说在连续的试验台架标定试验之前，可以通过自己判断来决定测量装置的标定。

6.3.11　标准测量装置的标定——所有温度、压力和转速的标准测量装置本身每年要进行标定，溯源到国家标准。保存这些标定记录至少两年。

7 试剂与材料

7.1 燃油发动机冷却液——采用含50%(体积分数)软化水(盐含量≤0.03g/L)的防冻液。发动机冷却液可连续使用六次试验。

7.1.1 防冻液——汽车及轻负荷发动机用乙二醇型发动机冷却液(SH/T 0521—1999)浓缩液。

7.2 试验燃油:

7.2.1 1K法试验燃油——硫含量0.4%的燃油。技术指标见附录A中表A.1。

7.2.2 1N法试验燃油——硫含量0.04%的燃油。技术指标见附录A中表A.2。

7.3 试验油——每次试验约需38L试验油。

7.3.1 试验油样品应能代表试验油的配方且未被污染。

7.4 发动机清洗溶剂——符合GB 1922中190号要求。

7.5 发动机分散型清洗剂——石油磺酸钙(工业级)。

7.6 硫酸氢钠($NaHSO_4$)——工业级。

7.7 磷酸三钠(Na_3PO_4)——工业级。

7.8 铅粒——直径约5mm(或相当的铅丝段)。

7.9 柴油机活塞评价设备:

7.9.1 柴油机活塞评分照明灯——双球面形荧光灯,20W冷白色。

7.9.2 柴油机油活塞评分箱——用胶合板制作,尺寸为1200mm×775mm×648mm。

8 设备的准备

8.1 发动机的检查

8.1.1 综述——对试验台架进行标定试验前,需按照1Y540服务手册要求全面检查发动机。检修后的发动机需运转24h。保证凸轮轴使气门打开和关闭的偏差在±4°(曲轴转角)之间。无论出于任何原因而更换发动机曲轴时,台架必须进行标定试验。

8.1.2 发动机测量装置——定期检查和标定发动机、燃油系统和冷却系统中的测量装置。

8.1.3 活塞冷却喷嘴——测量活塞冷却喷嘴内径,更换不能满足要求的活塞冷却喷嘴(见图23)。发动机活塞冷却喷嘴出口内径为$D3.429mm \pm 0.127mm$。用不同型号的探针检查冷却喷嘴内径:No.29探针($D3.4544mm$)为正常的尺寸;No.28探针($D3.5687mm$)不能放入冷却喷嘴内;No.3.3mm

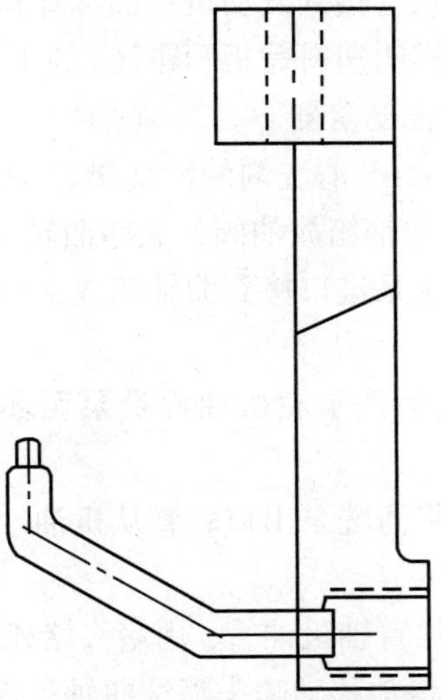

图23 1Y540活塞冷却喷嘴示意图

探针($D3.2995mm$)能放入冷却喷嘴内。

8.2 发动机试验前润滑系统清洗

8.2.1 溶剂清洗——每次试验前，使用专用清洗车，加入清洗剂冲洗和清洗润滑油系统，以便清除发动机润滑系统及发动机内表面上的沉积物，清洗车示意图见图24，主要冲洗位置见图25。清洗步骤如下：

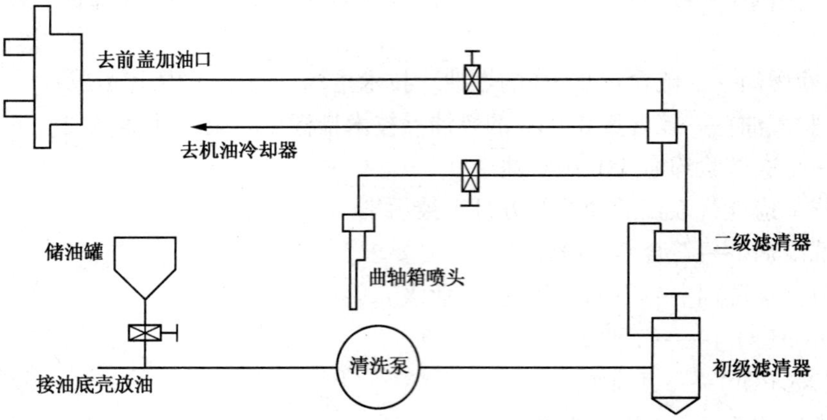

图24 冲洗车系统流程示意图

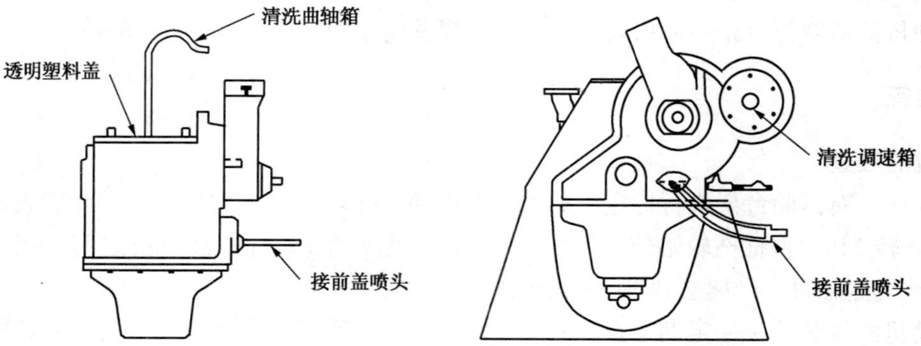

图25 冲洗位置示意图

8.2.1.1 在清洗车上装一个新的全流式纸芯机油滤清器和一个干净的金属机油滤网。

8.2.1.2 将清洗车上的清洗泵出口软管接到发动机机油冷却器放油口处，打开机油冷却器放油阀。

8.2.1.3 将摇臂轴机油管出口放入透明塑料盖板(图26)的中心孔内。拆下曲轴箱呼吸器滤网并用清洗剂清洗干净。安装新的发动机机油滤清器。

8.2.1.4 把清洗泵进口管接到装有7.6L清洗剂的清洗罐放油口处，启动清洗泵，将清洗剂一次通过发动机主油道送入曲轴箱内。打开曲轴箱放油阀，放净曲轴箱内清洗剂。

8.2.1.5 关闭曲轴箱放油阀。将清洗泵进口接到曲轴箱放油口上，将1.9L清净分散剂和5.7L清洗剂混合后加入到曲轴箱内。

8.2.1.6 打开曲轴箱放油阀，启动清洗泵和机油称量泵循环约15min。关掉清洗泵和机油称量泵(不要放掉曲轴箱内的清洗剂)。

8.2.1.7 关闭机油冷却器放油阀，将清洗泵出口软管从机油冷却器放油口处拆下，接到曲轴箱清洗喷头(图27)上。

8.2.1.8 从有机玻璃盖板孔内取出摇臂轴机油管，用堵头堵死。把曲轴箱喷头插入到透明塑料盖板孔内。启动清洗泵和机油称量泵，慢慢地移动喷头喷洗曲轴箱内部，清洗时间约10min。

8.2.1.9 关掉清洗泵和机油称量泵(不要放掉曲轴箱内的清洗剂)。将曲轴箱喷头插入到机油称量

单位为毫米

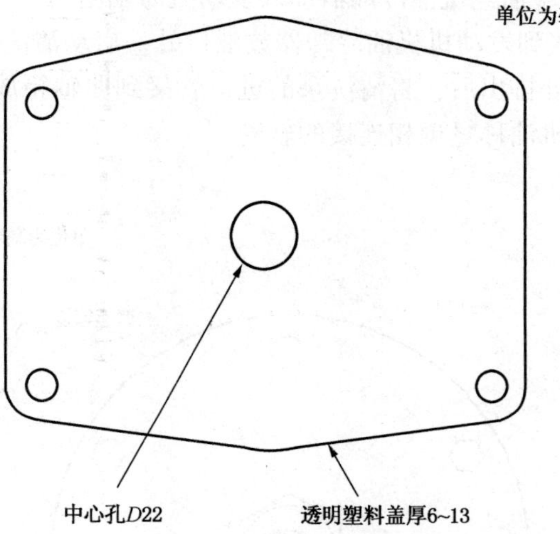

图 26　透明塑料盖示意图

单位为毫米

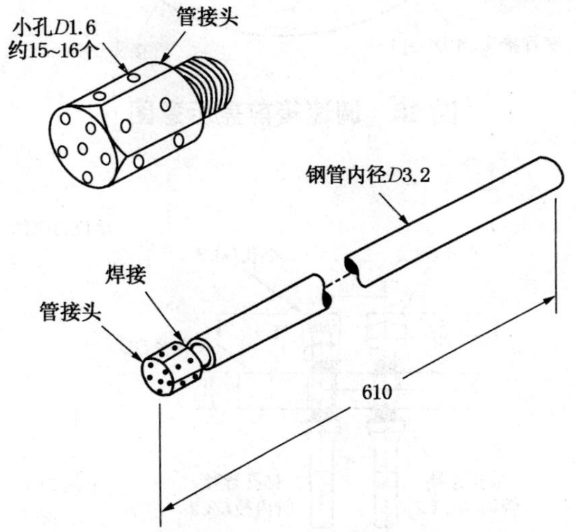

图 27　曲轴箱和调速箱清洗喷头示意图

罐内。启动清洗泵和机油称量泵，冲洗油罐。关掉清洗泵和机油称量泵(不要放掉曲轴箱内的清洗剂)。

8.2.1.10　拆掉调速箱盖(图 28)上与机油称量罐相连接的软管。将曲轴箱喷头插入到调速箱内。启动清洗泵和机油称量泵，冲洗调速箱约 10min。关掉清洗泵和机油称量泵(不要放掉曲轴箱内的清洗剂)。

8.2.1.11　拆掉曲轴箱前面的机油加油器，装上曲轴箱前盖喷头(图 29)。将清洗泵出口管接到曲轴箱前盖喷头的接管上。启动清洗泵和机油称量泵，喷洗前盖内部约 10min。从曲轴箱、调速箱、发动机机油滤清器、清洗车上的两个滤清器、机油冷却器和机油称量罐放净清洗剂。

8.2.1.12　加入 7.6L 清洗剂，重复 8.2.1.6 至 8.2.1.11 步，直到放出的清洗剂干净为止。

8.2.2　试验油冲洗——溶剂清洗程序完成后，用试验油冲洗两次。在试验油冲洗的同时用塑料顶活塞(即“模拟活塞”)检查活塞冷却喷嘴的喷射位置(图 30)。冲洗步骤如下：

8.2.2.1 用清洗泵将4.7L试验油经机油冷却器加入发动机曲轴箱内。

8.2.2.2 将清洗泵出口管线接到发动机机油冷却器放油口处。启动清洗泵和机油称量泵，使系统内残存的清洗剂从曲轴箱放油口处排出后，将清洗泵的进口管接到曲轴箱放油口处。装上塑料顶活塞、汽缸套组件，连接调速箱盖与机油称量罐相连接的软管。

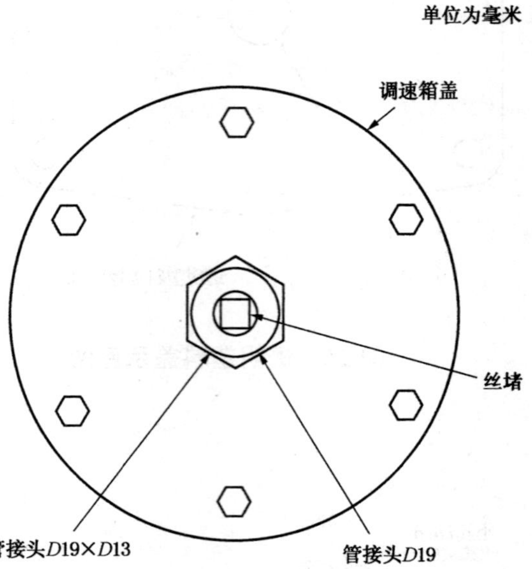

图28 调速箱前盖示意图

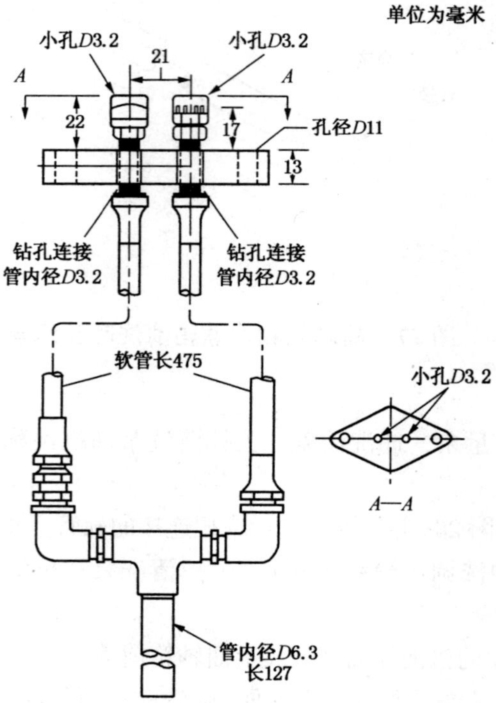

图29 曲轴箱前盖喷头示意图

单位为毫米

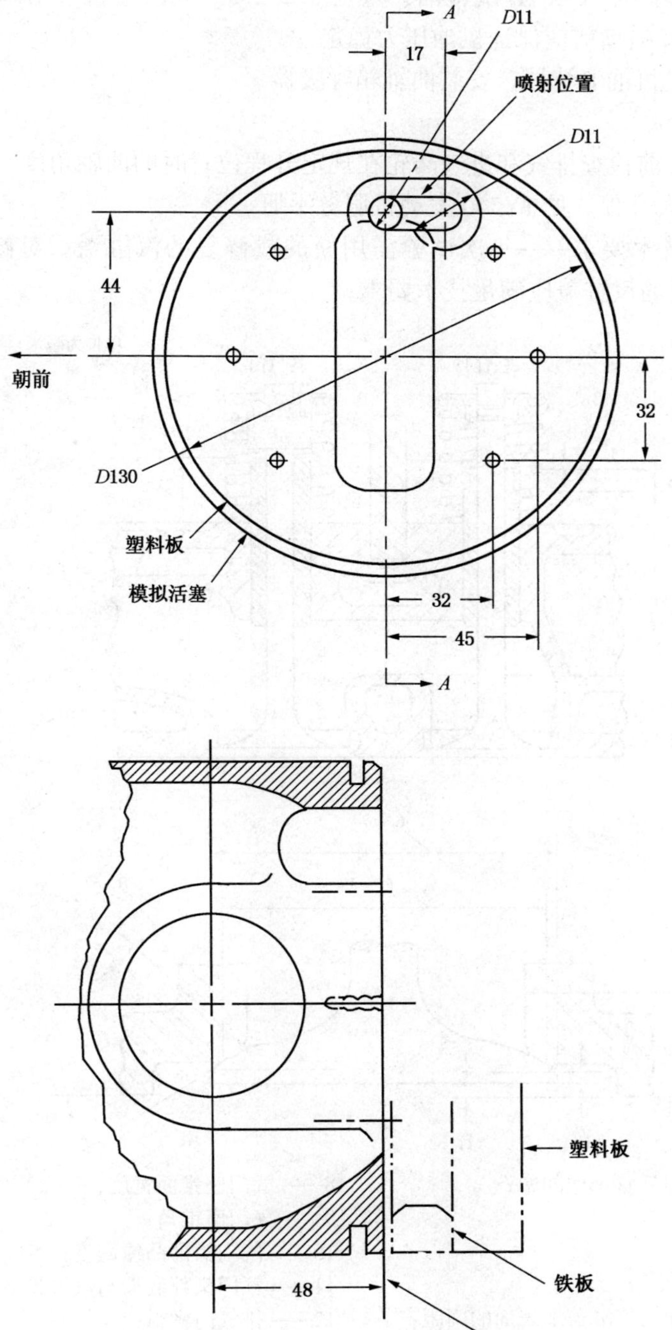

图 30　塑料顶活塞上的冷却喷射位置示意图

8.2.2.3　打开曲轴箱放油阀并启动清洗泵和机油称量泵。调整并保持机油压力在360kPa。用启动器或测功机带动发动机在200r/min下转动至少1min。关掉清洗泵和机油称量泵，从曲轴箱、调速箱、发动机机油滤清器、清洗车上的两个滤清器、机油冷却器和机油称量罐放净试油。

8.2.2.4　向发动机曲轴箱内加入4.7L试验油，重复8.2.2.3。此时应检查活塞冷却喷嘴位置，必要时进行调整。在调整冷却喷嘴前应保证机油压力稳定。

8.2.2.5　更换新的发动机机油滤清器，安装曲轴箱呼吸器。

8.3　试验前的测量和检查

8.3.1　曲轴角度——试验前检查排气和进气凸轮在规定升程位置时的曲轴角度。在参比油试验之前应检查排气和进气凸轮最大升程。见1Y540发动机服务手册。

8.3.2　汽缸盖和气门的技术要求——每次试验需用新的或修复的汽缸盖。对修复的汽缸盖(见图31)进行测量并记录。修复的汽缸盖应满足技术要求。

单位为毫米

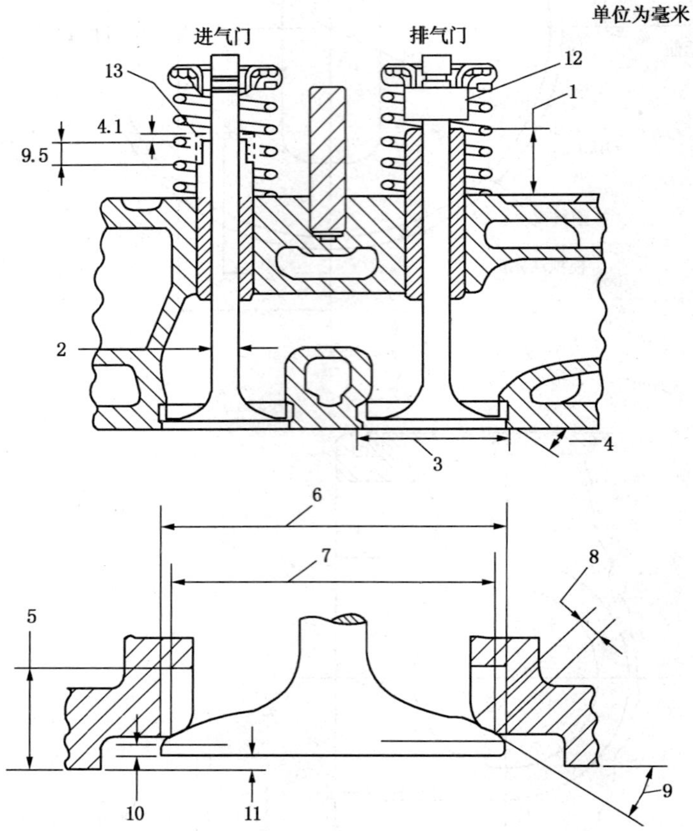

1——汽缸盖上表面到气门导管顶面间距；
2——气门杆外径；
3——气门头部直径；
4——气门头部端面角度；
5——气门座的上部侧表面与汽缸盖下表面的间距；
6——气门座外径；
7——气门座锥面外径；
8——气门座锥面宽度；
9——气门座锥角；
10——气门头部凸缘高度；
11——气门头部底面与汽缸盖下表面间的尺寸；
12——排气门密封；
13——进气门密封。

图31　汽缸盖和气门组装示意图

8.3.2.1　气门导管顶面至汽缸盖上表面间距：

进气门导管：28.2mm±0.8mm；

排气门导管：32.3mm±0.8mm。

8.3.2.2　新气门杆直径：

气门杆直径：D9.441mm±0.008mm；

汽缸盖上气门导管内径：最大 9.472mm。

8.3.2.3 气门头直径：

进气门头：D44.98mm±0.13mm；

排气门头：D41.81mm±0.13mm。

8.3.2.4 气门工作面角度：

进气门：29°15′±15′；

排气门：44°15′±15′。

8.3.2.5 汽缸盖上安装进、排气门座的孔的深度：13.01mm±0.35mm。

8.3.2.6 气门座：

进气门座直径：D46.025mm±0.013mm；

汽缸盖上安装进气门座的孔径：D42.774mm±0.025mm；

排气门座直径：D42.850±0.013mm；

汽缸盖上安装排气门座的孔径：D42.774mm±0.025mm。

8.3.2.7 气门座工作面外缘直径：

进气门座：D44.04mm±0.13mm；

排气门座：D40.41mm±0.13mm。

8.3.2.8 气门座工作面宽度：

进气门座：2.286mm±0.635mm；

排气门座：1.524mm±0.508mm。

8.3.2.9 气门座工作面角度：

进气门座：30°15′±15′；

排气门座：45°15′±15′。

8.3.2.10 "重复使用"的气门头边缘厚度：

进气门：最小 2.51mm；

排气门：最小 2.03mm。

8.3.2.11 关闭气门时，气门头顶面与汽缸盖表面间的距离：

进气门：0.05mm~1.07mm；

排气门：0.05mm~1.07mm。

8.3.2.12 气门导管内径与气门杆外径间隙：

进气门：0.0254mm+0.005mm；

排气门：0.0508mm+0.005mm。

若新气门导管内径与气门杆外径间隙过小，应用合适工具对新气门导管进行加工。只要气门与气门导管的间隙在公差范围内，可重复使用。

8.3.2.13 燃油喷嘴：

重新修复汽缸盖之前，使用专用工具从汽缸盖上拆去燃油喷嘴。更换燃油喷嘴密封圈和燃油喷嘴垫片，检查喷嘴顶部积碳堆积程度和损坏情况，更换存在问题的喷嘴。

试验前应对燃油喷嘴进行喷油压力检查。在测量喷嘴的喷油压力之前，应拆下喷嘴上的螺钉，此时的喷油压力应大于 10342kPa，并检查喷油的雾化状况。用燃油喷嘴试验泵对燃油系统进行压力试验，保证在 20000kPa 下不出现泄漏。燃油泄漏会导致试验油的燃油稀释量不符合要求，在 24h 内试验油的燃油稀释量若大于 2%(体积分数)则试验无效。

8.3.3 活塞和活塞环组——每次试验使用新的活塞和活塞环组。安装前对活塞和活塞环进行清洗、测量并记录，以便与试验后的测量值相比较，计算出磨损量。

8.3.3.1 新活塞和活塞环的技术要求(见表 1)。

表 1　活塞和活塞环的技术要求

	第一环[a]	第二环[a]	油　环[a]
新活塞的环槽宽度，mm	—	2.455±0.010	3.210±0.010
新活塞环的厚度，mm	—	2.365±0.010	3.137±0.006
新活塞环和活塞环槽之间的侧向间隙，mm	0.193±0.032	0.090±0.020	0.073±0.016
在 *D*137.160mm 直径规中测量的新活塞环搭口间隙，mm	0.724±0.076	0.673±0.076	0.572±0.190

[a] 活塞的第一环槽和第一环截面呈梯形；第二环截面呈矩形。活塞环台呈椭圆形。测量第一环侧向间隙的步骤如下：

(a) 将活塞环安装到活塞上，使活塞环有“UP”的一侧朝活塞顶部；

(b) 将带有活塞环的活塞装到 *D*137.16mm 环规中；

(c) 推动带有活塞环的活塞直到被测的活塞环从环规顶部能看到为止。保持活塞在环规中间；

(d) 在活塞最大直径位置(与销孔中心线成 90°角)和最小直径位置处，用塞尺测量侧向间隙。测量结果应满足技术要求。

安装的油环应使油环的两个组成部分的搭口错开 180°。

8.3.3.2　活塞销和活塞销孔的技术要求：

活塞销孔直径：*D*50.815±0.008mm；

活塞销直径：*D*50.795±0.005mm；

活塞销与销孔之间的间隙：0.020±0.013mm。

8.3.3.3　试验前用溶剂油清洗活塞环，测量活塞环侧向间隙和搭口间隙。测量第一环侧向间隙时，将活塞安装在一个专用的有开槽的缸套或专用的 *D*137.16mm 的环规中(见图 32)。用 4 个相同的塞尺或厚薄规，在活塞周围间隔 90°位置测量活塞第一环侧向间隙，求出平均值。用同样方法测量第二环和油环的侧向间隙(应测出活塞环的最小侧向间隙)。

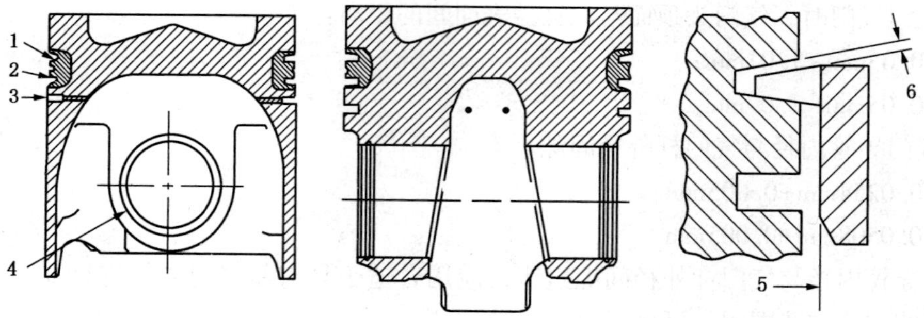

1——第一环槽；　3——油环槽；　5——环规直径；

2——第二环槽；　4——活塞销孔；　6——侧向间隙。

图 32　活塞和活塞环测量示意图

8.3.4　汽缸套测量——每次试验使用新汽缸套。在使用新汽缸套前，用溶剂油洗掉新汽缸套表面的防护油脂，用蒸汽或热水将新汽缸套清洗干净。用试验油涂抹汽缸套内壁，汽缸套外部安装一道矩形密封圈和二道“O”形密封圈，用专用汽缸套安装工具将汽缸套装入汽缸体(图 33)。安装汽缸盖、汽缸套和汽缸体，汽缸盖螺母力矩要求和加力顺序见图 34。在距汽缸套上表面的 15mm、25mm、50mm、130mm、230mm 五个位置分别测量汽缸套垂直和平行(相对于曲轴方向)内径(见图 35 和表 G.4)。测量新汽缸套内径应为 *D*137.185mm ± 0.025mm；不圆度最大 0.038mm；圆柱度最大 0.051mm；汽缸套的凸缘厚度为 8.89mm±0.02mm。

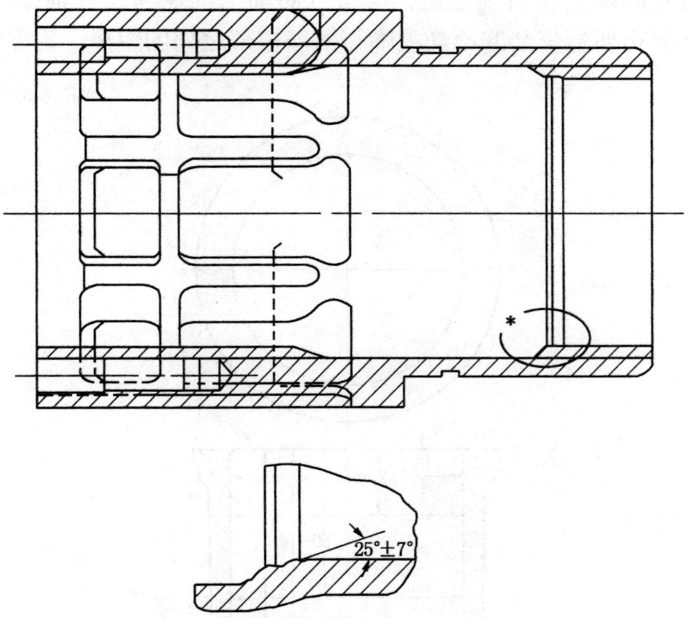

图 33 汽缸体剖面示意图

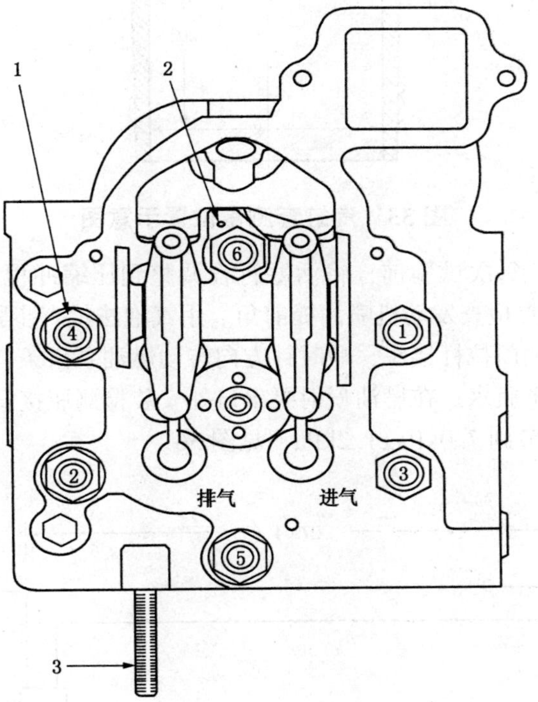

1——汽缸盖螺母；
2——摇臂保持架定位销；
3——排气螺柱。

图 34 汽缸盖加力顺序示意图

8.3.5 压缩比测量——每次试验前，测量活塞行程上止点(TDC)时活塞与汽缸盖之间的间隙，以保证发动机压缩比为 14.5∶1。测量压缩比用直径约 5mm 的铅粒。在活塞顶部的直径最大位置和直径最小位置上间隔 90°放置 4 颗铅粒，用润滑脂固定铅粒。在活塞行程上止点附近按照规定安装汽缸盖和汽缸体。用手转动发动机通过上止点，拆去汽缸盖和汽缸体总成，测量铅粒的厚度并计算平均值，该平均值应为 3.556mm±0.076mm(见表 H.1)。可用多层汽缸体垫(P/N1Y3698)调节活塞和汽缸盖间隙。如果活塞和汽缸盖间隙仍超出规定值，应检查曲轴主轴径和连杆轴径、活塞销、主轴瓦、连杆瓦是否磨损过大。同时也要检查活塞冷却喷嘴与活塞裙部之间的距离，确保它们互不接触。

单位为毫米

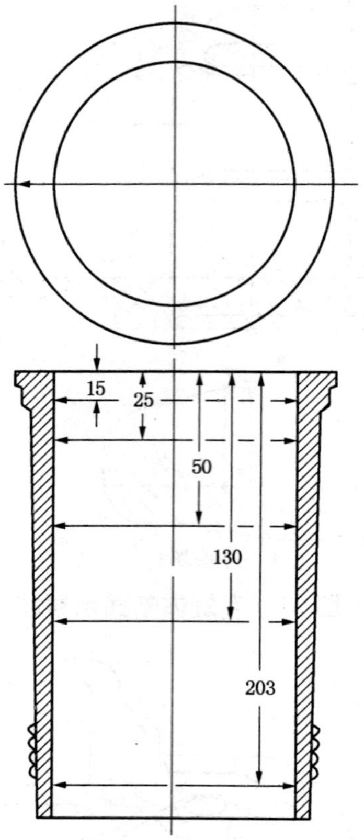

图 35　汽缸套测量位置示意图

8.3.6　检查喷油提前角——每次试验前，将活塞行程调整到压缩冲程上止点前 31.5°±0.5°，用气泡法或电子燃油正时测量装置检查发动机喷油提前角。用气泡法检查步骤如下：

8.3.6.1　拆下燃油喷射泵油门拉杆接头，顺时针方向转动燃油泵齿条，使其达到最高位置。

8.3.6.2　在检测瓶内装入半瓶水。在燃油喷射泵出口处安装检测瓶接管，在燃油喷射泵进口处安装一压缩空气管，并将气压调节到 7.0kPa±1.2kPa，见图 36。

单位为毫米

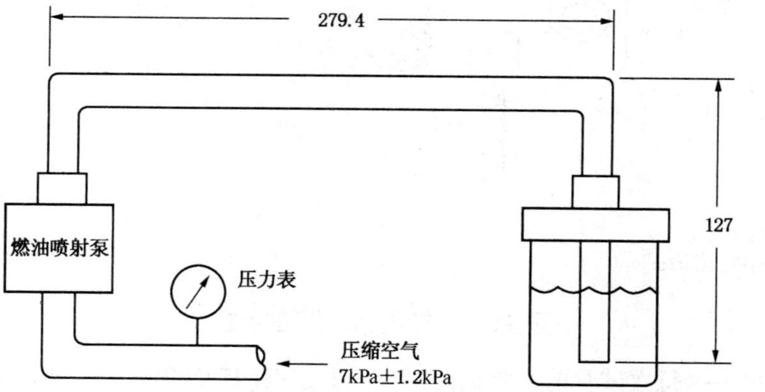

图 36　“气泡法”安装示意图

8.3.6.3　拆去燃油泵齿条定位销钉，顺时针转动燃油泵齿条到最大工作位置。

8.3.6.4　按照发动机旋转方向用手转动飞轮。

8.3.6.5　在压缩行程上止点90°时压缩空气开始流出。

8.3.6.6　利用压缩空气扫出残存燃油，直到气流稳定为止。

8.3.6.7　慢慢转动飞轮(从飞轮末端看为逆时针旋转)直到气泡停止。在气泡停止流动时立即停止转动飞轮。将专用游标尺(见图37)放在飞轮顶部，专用游标尺的32°标线对准飞轮指针，专用游标尺的30°标线放在飞轮30°标记线侧。找出专用游标尺与飞轮相互重合的标线，读出游标尺上该标线的读数，即为燃油喷油提前角。

单位为毫米

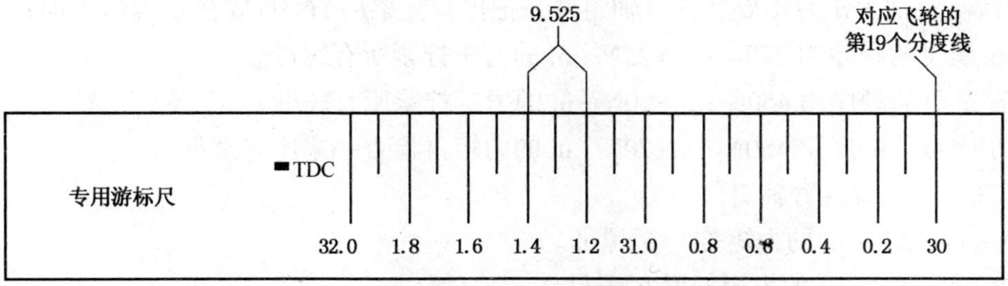

图37　测量飞轮位置的专用游标尺示意图

8.3.6.8　继续转动飞轮通过喷油位置后，压缩空气又开始流动。

8.3.6.9　再继续转动飞轮至距喷油提前角180°某点时，压缩空气又停止流动。这确认了燃油喷油提前角设置在了燃油供油凸轮合适的一边。

8.3.7　试验前零件的检查——进行参比油试验前，检查所有零件以及解体发动机时拆下的组件，例如，阀系组件、轴承、轴颈、外壳、密封、垫片等。更换不能满足要求的零件。

8.3.7.1　检查燃油喷射泵柱塞的腐蚀情况(见图38)。

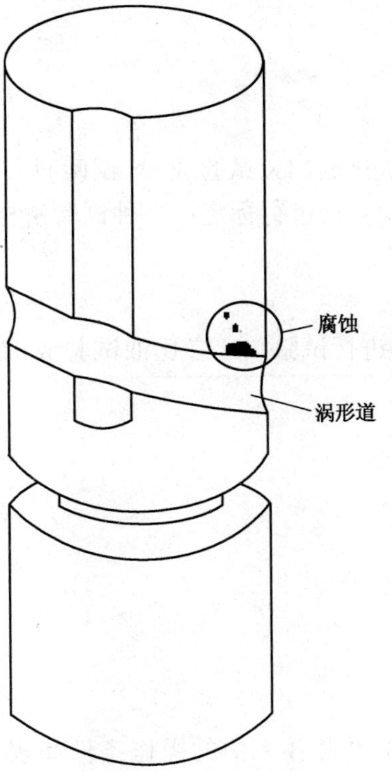

图38　燃油泵柱塞腐蚀示意图

8.3.7.2　检查配气定时——新试验台架安装完毕和发动机大修后必须检查配气定时，检查方法参照

1Y540 柴油发动机安装维修手册(Form No. SENR2856)。

8.4 安装发动机

8.4.1 安装要求——按照1Y540发动机服务手册零件和螺栓扭力的要求值安装发动机组件。养成良好的安装习惯，保证：对零件进行清洗和润滑；安装区域内的空气中灰尘和杂质达到最小值；标准的安装技术，例如保持错开活塞环的开口位置等。

8.4.2 安装发动机的力矩要求——按规定的力矩安装发动机。

8.4.2.1 紧固汽缸盖螺母时，要拆卸摇臂盒。把所有汽缸盖螺柱涂上干净的机油，按照以下方法拧紧螺母(见图34)：

a. 开始给汽缸盖加力矩时不要装摇臂轴组件，把摇臂支架(1Y609)放在6#螺母下面；

b. 按1#~6#螺母的顺序用270N·m±25N·m的力矩拧紧所有螺母。

c. 按1#~6#螺母的顺序用450N·m±20N·m的力矩拧紧所有螺母。

d. 按1#~6#螺母的顺序用450N·m±20N·m的力矩再检查一遍所有螺母。

e. 拆下6#螺母，安装摇臂轴组件。

f. 用270N·m±25N·m的力矩拧紧6#螺母。

g. 用450N·m±20N·m的力矩拧紧6#螺母。

h. 用450N·m±20N·m的力矩再检查一遍6#螺母。

i. 测量摇臂轴支架弯头距汽缸盖表面的高度为3.25mm±0.25mm。

8.4.2.2 排气歧管螺丝的力矩为27N·m±4N·m。

8.4.2.3 汽缸体螺母的力矩为305N·m±20N·m(对角分步拧紧)。

8.4.2.4 调节气门间隙锁紧螺母的力矩为30N·m±4N·m。

8.4.3 调节气门间隙——将发动机飞轮旋转到压缩冲程上止点，用塞尺测量并调节气门间隙。

进气门：0.38mm±0.08mm；

排气门：0.76mm±0.08mm。

9 发动机试验台架的标定

9.1 标定的一般要求和标定周期

被标定的试验台架进行了15次试验(1K试验或1N试验)后，需用参比油进行标定试验。一个试验台架可用1K法和1N法两个试验方法进行标定，一种试验法标定失败时，另一种试验法标定可能仍然有效。

9.2 标定用参比油

选用适当的参比油作为试验油进行试验(1K参比油试验或1N参比油试验)。标定试验合格指标见附录D中表D.1至表D.8所示。

10 发动机操作程序

10.1 发动机试运转

10.1.1 向曲轴箱中加入6L新试验油。

10.1.2 安装新的机油滤清器。

10.1.3 向冷却系统加入冷却液。

10.1.4 排净燃油系统中的气泡。

10.1.5 启动发动机，按照附录B中表B.1中的操作条件和表B.4中的升温程序进行60min试运转。

10.2 降温程序——除紧急停机和非控制停机外，当60min试运转结束后，按附录B中表B.4中步骤3→2→1的顺序降温，20min后停机。

10.3 升温程序——同试运转升温程序(见附录 B 中表 B.4)。

10.4 **操作条件和补加机油**

10.4.1 发动机试运转结束后，立即放出曲轴箱、调速箱外壳、机油冷却器、机油滤清器、机油泵驱动外壳和机油称量罐中的机油，放油时间不少于 30min。

10.4.2 将 4.95kg±0.11kg 新试验油加入发动机中。

10.4.3 启动发动机，进行 252h 正式试验，试验条件见附录 B 中表 B.1。在发动机运转到附录 B 中表 B.4 第五步时打开机油称量泵。第五步结束后，记录此时的机油称量读数并将其作为机油满刻度。

10.4.4 在试验过程中，每小时记录机油称量读数。每 12h 补加机油到满刻度，但不能超过满刻度。记录补加的机油量(见附录 J 中表 J.1)。

10.4.5 试验时间——从试验操作条件达到稳定状态开始计时，试验时间为 252h。升温第五步结束后最多 30min 应达到稳定状态。

10.4.6 试验参数超界率和试验参数偏中率的计算——试验结束后，计算发动机操作参数的超界率和偏中率，并记入试验报告中(见附录 I 中表 I.3)。

10.4.6.1 根据附录 B 中表 B.1 的要求计算试验参数超界率和试验参数偏中率。

10.4.6.2 用于试验参数超界率和试验参数偏中率计算的任何数据若被删改，要作解释说明。

10.4.6.3 将每个试验参数超界率修约到三位有效数字。

10.4.6.4 将试验参数超界率和试验参数偏中率的累计值精确到 0.1。

10.4.6.5 用式(1)计算试验参数超界率：

$$\text{试验参数超界率}=\frac{\frac{|A-B|}{C}\times\frac{D}{60}\times 100}{252} \quad \cdots\cdots(1)$$

式中：

A——试验参数的记录值，该值在修正前已超出规定界限；

B——试验参数的记录值超过规定上界时取上界值，或超下界时取下界值；

C——测量参数的公差；

D——超界的时间长度(不能低于记录频率)，min；

60——时间转换系数，min/h；

100——转换成百分数。

10.4.6.6 根据记录结果和记录频率计算每个试验参数的超界率。根据得到的试验参数超界率的总和来判断试验的有效性(见附录 I 中表 I.3)。

10.4.6.7 用式(2)计算试验参数偏中率(见附录 I 中表 I.3)。

$$\text{试验参数偏中率}=\frac{|X-\text{要求值}|\times 100}{\text{要求范围}} \quad \cdots\cdots(2)$$

式中：

X——全部试验时间中测量参数全部记录值的平均值(精确到 0.1)；

要求值——试验测量参数中间值；

要求范围——测量参数要求范围的上界值减下界值，或公差的两倍。

10.4.6.8 试验参数超界率和试验参数偏中率的允许极限——若附录 I 中表 I.3 列出的任何操作参数的试验参数超界率和试验参数偏中率大于该表中的相应数值，则认为这个试验操作是无效的。

10.5 **机油消耗的测量**

10.5.1 利用线性回归法计算机油消耗(见附录 E)。

10.5.2 利用机油称量读数，取每 12h 周期上在那一时间的机油称量读数作为时间的函数，用图解法作图(见 10.5.1)。从线性回归法中除去加油后的第一个机油称量读数。

10.5.3 从图中导出 12h 机油消耗数据点。从线性回归法中所列出的每 12h 周期数据，包括停机，计算 BSOC(在线性回归线中不包括停机后第一个机油质量读数)：(1)计算在停机之前时间段和停机之后时间段的线性回归；(2)两个线性回归的平均得到这 12h 时间段内机油消耗。根据 12h 时间段上发动机实际平均功率计算机油消耗率(BSOC)。

10.5.4 计算机油消耗率的平均值，也计算并报告 0~24h 和 252h 之间的机油消耗率的平均值。从图表上最后两个 12h 平均值(BSOC)计算试验结束后的机油消耗率(EOTOC)。一个正常的完整的试验，EOTOC 数值与 252h 的 BSOC 数值是相同的。

10.6 试验油取样

10.6.1 按附录 J 中表 J.1 的规定要求取样。每次取样的数量为 237mL。

10.6.2 取样之后，用新试验油补加到机油满刻度。

10.7 停机、停机时间和偏离公差情况——在附录 I 中表 I.9 报告试验过程中停机情况。如果不用降温程序而停机，称为紧急停机。中途允许最长停机时间为 125h。若出现紧急停车，一定要停机 2h 以上，以保证发动机在启动之前完全冷却下来。在停机期间，转动发动机到压缩行程上止点，以阻止外来物质进入到燃烧室，防止沉积物的沉积。

10.8 空燃比的测量——在试验的前 24h 内和最后的 24h 之内，用合适的测量装置测量计算发动机空燃比(见附录 J 中表 J.2)。有关排气成分-空燃比对照表见附录 C。

10.9 湿度测量

用合适的装置将发动机进气湿度控制在规定范围内。每小时记录进气湿度。

11 发动机零件的检查、照相和测量

11.1 发动机零件在试验前的测量——见 8.3 条部分。

11.2 试验后的评价——在发动机试验结束时评价沉积物和测量磨损。活塞和汽缸套评价方法根据 SH/T 0031 和 CRC18 号手册进行。

11.2.1 沉积物评价、照相和测量——从发动机上拆下活塞和活塞环组，参照 SH/T 0031 对活塞和活塞环组进行检查和评价。评价沉积物时，积碳沉积物系数等级从 1.000 至 0.250；漆膜沉积物系数等级从 9.0 至 0.0，并将漆膜等级换算成缺点值。对活塞和活塞环组进行照相。沉积物评价方法如下：

11.2.1.1 给活塞和活塞环组照相，要把活塞环放在活塞顶部，展示活塞环开口(承压面看)和与开口成 180°(非承压面看)。活塞照片展现从活塞顶部至销孔底部之间区域。

11.2.1.2 当评价第二环槽和环台沉积物时，只用两个积碳等级(即轻碳和重碳)进行评价。

单位为毫米

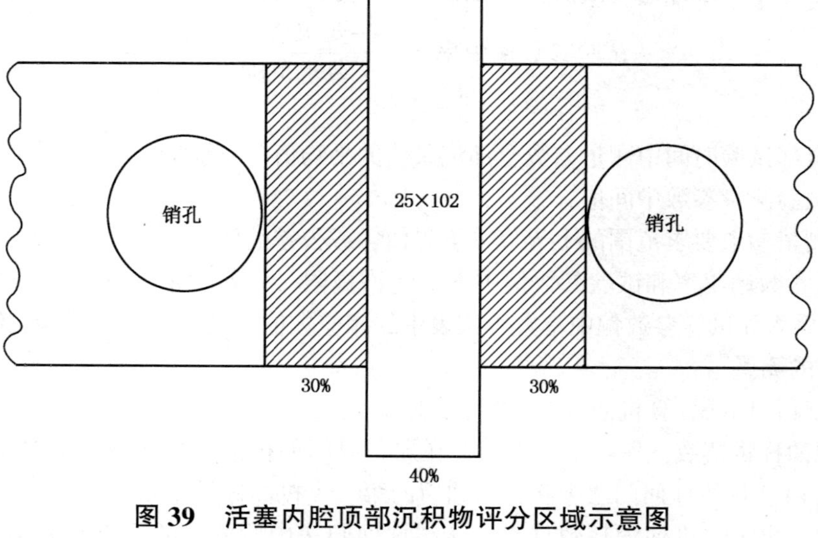

图 39 活塞内腔顶部沉积物评分区域示意图

11.2.1.3 定义活塞内腔顶部的评价区域，见图39。

11.2.1.4 采用沉积物扣分法进行评价。

11.2.1.5 要在拆下活塞后15min之内评价活塞第一环台重碳(TLHC)，参比油要计算ln(TLHC+1)。

11.2.1.6 当评价活塞第一环台重碳之后，在继续评价活塞之前要用溶剂油冲洗并擦干。

11.2.2 活塞和活塞环的侧向间隙——通过测量活塞和活塞环间的侧向间隙测定在活塞和活塞环之间的区域内沉积物形成的程度。在实际测量中，按照图32及附录G中表G.2要求进行。用塞尺在活塞环和活塞环槽之间测量时要小心，不要影响或碰掉沉积物。在附录I中表I.1和附录I中表I.7上报告活塞环侧向间隙。

11.2.3 活塞环开口间隙——根据图32测量活塞环开口间隙。试验后，清洗活塞环以除去积碳。如果需要刮活塞环上积碳，要用一个软材料(例如木头)工具。根据8.3.3和附录I中表I.7测量并记录活塞环开口间隙。

11.2.4 汽缸套磨损、汽缸套抛光的测量和照相——根据柴油机汽缸套评分方法，取出汽缸套，清洗并测量。

11.2.4.1 首先除去在汽缸套上活塞环行程之上的沉积物。

11.2.4.2 测量汽缸套磨损台阶，按照相对于曲轴的平行和垂直方向，在距离汽缸套顶部大约15mm的四个位置进行测量。

11.2.4.3 在附录I中表I.8上记录汽缸套磨损量的测量值。

11.2.4.4 剖开汽缸套，测量汽缸套抛光百分数并照相。剖开汽缸套为承压面和非承压面(见图I.1)。建议采用柴油机汽缸套评分方法。

11.3 试验油检查——对新试验油样和试验中取得的油样进行检查分析(表I.5)。

11.3.1 试验前油样——用试验前的试验油进行以下试验：

11.3.1.1 用试验方法GB/T 265分析100℃运动黏度。

11.3.1.2 用试验方法SH/T 0251分析碱值。

11.3.1.3 对于参比油试验，用试验方法GB/T 17476测量磨损金属Fe、Al、Cu、Cr、Pb元素含量，或流入的，或空气带来的Si等元素含量。

11.3.2 试验中取得的油样——用24h、204h、252h取得的油样进行如下试验：

11.3.2.1 和试验前油样一样进行相同的试验(见11.3.1)。

11.3.2.2 分析油样的燃油稀释程度。

11.4 机油消耗——计算和记录每12h周期、0~24h周期以及0~252h周期的平均机油消耗(表I.6)。

11.4.1 对于12h周期包括一次停机，计算BSOC方法如下：

11.4.1.1 在停机后的线性回归法中，不包括第一个机油质量读数。

11.4.1.2 计算停机之前的周期的线性回归。

11.4.1.3 计算停机之后的周期的线性回归。

11.4.1.4 对两个线性回归求平均值得到这12h周期的机油消耗。

11.4.2 利用发动机实际输出功率计算出这12h周期的机油比油耗(BSOC)。

11.4.3 计算0~24h之间以及0~252h之间的平均机油消耗。

11.5 不定期停机和超限操作——在252h试验期间，如果发动机的停机或操作条件超出试验要求极限，要报告发动机出现这些情况的试验时数、试验时间、试验日期(见附录I中表I.9)。

11.5.1 如果发动机在252h试验期间停机或操作超出试验极限，记录试验时数、试验时间和试验日期。

11.5.2 如果有大于连续4个小时时间没有获得任何控制参数数据，则认为此次试验操作无效。

12 报告

12.1 一般说明

对于1K/1N法最终报告使用的报告形式见附录I。

12.2 技术说明

12.2.1 全部试验结果列在附录I中表I.1上。

12.2.2 发动机最大、最小平均操作条件数据概要见附录I中表I.2。

12.2.3 计算每12h周期平均机油消耗率。在附录I中表I.6上报告试验后机油消耗率。对于正常完成的试验来说，最后两个12h的BSOC平均值和0~252h的BSOC数值是相同的。

12.2.4 在附录I中表I.7和表I.8上分别报告活塞环和汽缸套磨损测量值。

12.2.5 在附录I中表I.9上报告异常的条件。如果一个试验连续4个小时以上没有获得试验操作数据，则认为该试验操作无效。

12.2.6 在报告中包括活塞、活塞环、汽缸套剖面承压面和非承压面照片(见附录I中图I.1)。

13 精密度

按下述规定判断试验结果的可靠性(95%的置信水平)。

13.1 重复性(r)

同一操作者使用同一仪器对同一试样连续测定的两次试验结果之差不能超出表2或表3中的数值。

13.2 再现性(R)

不同操作者使用不同仪器对同一试样测定的两次试验结果之差不能超出表2或表3中的数值。

表2 1K参比油精密度数据

变　量	S_r	r	S_R	R
活塞沉积物加权	67.27	188.16	68.73	192.44
第一环槽充碳率,%	12.2	34.2	12.4	34.7
第一环台重碳率转换值，ln(TLHC+1)	0.918	2.570	0.932	2.610
平均机油消耗，g/(kW·h)	0.086	0.241	0.089	0.249
注：这些统计数据是基于TMC参比油809、809-1、811和811-1获得的结果。				

表3 1N参比油精密度数据

变　量	S_r	r	S_R	R
活塞沉积物加权	28.77	80.56	30.80	86.24
第一环槽充碳率,%	16.5	46.2	16.5	46.2
第一环台重碳率转换值，ln(TLHC+1)	0.838	2.346	0.846	2.369
平均机油消耗，g/(kW·h)	0.084	0.235	0.085	0.238
注1：这些统计数据是基于在TMC参比油809-1、811-1、1004、1004-1和1004-2获得的结果。 注2：S_r——重复性标准偏差； r——重复性； S_R——再现性标准偏差； R——再现性。				

附 录 A
(规范性附录)
试验燃油规格

表 A.1 1K 试验燃油规格

项 目		质量指标	试验方法
闪点,℃	不小于	60	GB/T 261
倾点,℃	不大于	−7	GB/T 3535
浊点,℃		报告	GB/T 6986
水和沉积物,%(体积分数)	不大于	0.05	GB/T 260；GB/T 511；GB/T 6531
10%蒸余物残碳,%(质量分数)	不大于	0.20	GB/T 268；GB/T 17144
灰分,%(质量分数)	不大于	0.01	GB/T 508
蒸馏,℃			GB/T 6536
初馏点		报告	
10%回收温度		报告	
50%回收温度		260~277	
90%回收温度		310~327	
终馏点		343~366	
运动黏度(40℃)，mm^2/s		2.0~4.0	GB/T 265
硫含量,%(质量分数)(天然硫)		0.380~0.420	GB/T 380；GB/T 11140；GB/T 17040
铜片腐蚀(50℃，3h)，级	不大于	2	GB/T 5096
酸值，mg KOH/g	不大于	0.15	GB/T 7304
十六烷值		47~53	GB/T 386
密度(20℃)，g/cm^3		0.8460~0.8564	GB/T 1884、GB/T 1885
裂化原料		无	
烃类组成		报告	GB/T 11132
烃类组成成分,%(质量分数)			SH/T 0606
脂肪烷烃		45.0~65.0	
单环烷烃		报告	
双环烷烃		0~15.0	
三环烷烃		报告	
烷基苯		5.0~10.0	
茚满		报告	
茚		报告	
萘		报告	
萘类		5.0~15.0	
苊		报告	
苊烯		报告	
三环芳香烃类		报告	

表 A.2　1N 试验燃油规格

项　　目		质量指标	试验方法
闪点,℃	不小于	54	GB/T 261
倾点,℃	不大于	−18	GB/T 3535
浊点,℃	不大于	−12	GB/T 6986
水和沉积物,%(体积分数)	不大于	0.05	GB/T 260；GB/T 511；GB/T 6531
10%蒸余物残碳,%(质量分数)	不大于	0.35	GB/T 268；GB/T 17144
灰分,%(质量分数)	不大于	0.01	GB/T 508
蒸馏,℃			GB/T 6536
初馏点		177~199	
10%回收温度		210~232	
50%回收温度		249~277	
90%回收温度		299~327	
终馏点		327~360	
运动黏度(40℃)，mm^2/s		2.0~3.2	GB/T 265
硫含量,%(质量分数)(天然硫)		0.03~0.05	GB/T 380；GB/T 11140；GB/T 17040
铜片腐蚀(50℃，3h)，级	不大于	3	GB/T 5096
十六烷指数		42~48	GB/T 11139；SH/T 0694
十六烷值		42~48	GB/T 386
密度(20℃)，g/cm^3		0.8460~0.8617	GB/T 1884、GB/T 1885
烃类组成,%(体积分数)			
芳香烃		28~35	SH/T 0606
烯烃		报告	GB/T 11132
饱和烃		报告	GB/T 11132

表 A.3　燃油密度与燃油热值对照表

密度(20℃)，g/cm^3	总热值，kJ/kg
0.8725	45155
0.8671	45225
0.8617	45318
0.8564	45388
0.8512	45481
0.8460	45551

附 录 B
(规范性附录)
开特皮勒 1K/1N 试验操作条件

表 B.1 发动机试运转、升温、降温和试验条件

步骤		1	2	3	4	5
运转时间，min		5	5	10	20	20
转速，r/min		1000	1000	1800	2100	2100±10
功率，kW		怠速	12	26	38	52
平均有效制动压力，kPa		—	586	690	855	1240
燃油速率，kJ/min		—	2160	4250	6250	8430±53
燃油流量，g/min		—	48	94	137	185±1
BSFC，kg/kW·h		—	—	—	0.222	0.213
进气湿度，g/kg		—	—	—	17.8	17.8±1.7
温度,℃	冷却液出口	—	—	84	90	93±2.5
	冷却液进口	—	—	—	86	88
	冷却液温差	—	—	—	4	5±1
	主油道	—	—	76	93	107±2.5
	机油冷却器进口	—	—	—	96	110
	进气	—	—	93	93	127±2.5
	排气	—	—	—	405	550±30
	燃油	—	—	—	57	57±3
压力，kPa	主油道	—	—	—	440	最大 482
	活塞冷却喷嘴	—	—	410	370	360±13
	滤清器室燃油	—	—	—	210	210±20
	冷却液	—	—	—	—	50
	进气(绝对)	120	120	160	220	240±1
	排气背压(绝对)	—	104	140	180	216±1
	曲轴箱真空度	—	—	—	—	0.7±0.1
曲轴箱窜气量，L/min		—	—	—	—	最大 23
冷却液流量，L/min		—	—	—	—	65±2
空燃比		—	—	—	—	29

表 B.2 操作条件、测量分辨率和修约位数

1K/1N	国际单位制[SI]			
参　数	单　位	操作条件	测量分辨率	修约位数
转速	r/min	2100±10	1	整数
功率	kW	52		
BMEP	kPa	1240		
燃油速率	kJ/min	8430±53		
燃油流量	g/min	185±1	0.1	小数点后一位
BSFC	kg/kW·h	0.213		
湿度	g/kg	17.8±1.7	0.1	小数点后一位
机油质量	g	N/A(不适用)	1	整数
温　度				
冷却液出口	℃	93±2.5	0.1	小数点后一位
冷却液进口	℃	88	0.1	小数点后一位
冷却液温差	℃	5±1	0.1	小数点后一位
机油主油道	℃	107±2.5	0.1	小数点后一位
机油冷却器进口	℃	110	0.1	小数点后一位
进气	℃	127±2.5	0.1	小数点后一位
排气	℃	550±30	1	整数
喷射室燃油	℃	57±3	0.1	小数点后一位
压　力				
机油主油道	kPa	最大 482		
机油到冷却喷嘴	kPa	360±13	0.1	小数点后一位
进气	kPa	240±1	0.1	小数点后一位
排气	kPa	216±1	0.1	小数点后一位
滤清器体中的燃油	kPa	210±20	0.1	小数点后一位
曲轴箱真空度	kPa	0.7±0.1	0.01	小数点后两位
水罐中冷却液	kPa	50		
流　量				
曲轴箱窜气	L/min	23		
冷却液	L/min	65±2	0.1	小数点后一位
空燃比	29			
注：燃油流量要求范围是根据在密度(20℃)为 0.8460g/cm³ 的燃油热值计算得到的。				

表 B.3 试验参数超界率和试验参数偏中率允许极限

操 作 参 数	累计试验参数超界率,%	累计试验参数偏中率,%
转速	5	20
燃油流量	10	25
湿度	10	25
冷却液流量	5	25
温 度		
冷却液出口	5	20
机油主油道	5	20
进气	5	20
喷射泵中燃油	5	20
压 力		
机油冷却喷嘴	5	25
进气	10	25
排气	10	25
滤清器室燃油	5	20
曲轴箱真空度	10	20

表 B.4 发动机试运转操作表

试验编号： 送样单位： 油样名称： 日期：

步 骤		1	2	3	4	5
运转时间, min		5	5	10	20	20
时：分(记录)						
转速, r/min		1000	1000	1800	2100	2100±10
负荷, kW		怠速	12	26	38	52
燃油流量, g/min		—	48	94	137	185±1
冷却液流量, L/min		—	—	—	—	65±2
进气湿度, gH_2O/kg		—	—	—	17.8	17.8±1.7
温度,℃	冷却液出口	—	—	84	90	93±2.5
	冷却液进口	—	—	—	86	88
	冷却液温差	—	—	—	4	5±1
	主油道	—	—	76	93	107±2.5
	机油冷却器进口	—	—	—	96	110
	进气	—	—	93	93	127±2.5
	排气	—	—	—	405	550±30
	燃油	—	—	—	57	57±3

表 B.4(续)

步　骤		1	2	3	4	5
压力，kPa	主油道	—	—	—	440	最大 482
	活塞冷却喷嘴	—	—	410	370	360±13
	燃油	—	—	—	210	210±20
	冷却液	—	—	—	—	48
	进气(绝对)	120	120	160	220	240±1
	排气背压(绝对)	—	104	140	180	216±1
	曲轴箱真空度	—	—	—	—	0.7±0.1
曲轴箱窜气量，L/min		—	—	—	—	最大 23
操作者						

表 B.5　操作记录表

试验编号：　　送样单位：　　油样名称：　　日期：　　第　页

时间(时：分)									
累积运转小时数									
转速，r/min		2100±10							
负荷，kW		(记录)							
燃油流量，g/min		185±1							
机油称量值，kg		(记录)							
冷却液流量，L/min		65±2							
进气湿度，gH_2O/kg		17.8±1.7							
温度，℃	冷却液出口	93±2.5							
	冷却液进口	88							
	冷却液温差	5±1							
	主油道	107±2.5							
	机油冷却器进口	110							
	进气	127±2.5							
	排气	550±30							
	燃油	57±3							
	测功机出水	(记录)							
压力，kPa	主油道	最大 482							
	活塞冷却喷嘴	360±13							
	燃油	210±20							
	冷却液	(记录)							
	进气(绝对)	240±1							
	排气(绝对)	216±1							
	曲轴箱真空度	0.7±0.1							
操作者									
注：补加油后，应稳定 30min 后再记录机油称量值。									

附 录 C

(资料性附录)

开特皮勒 1K/1N 试验排气成分-空燃比对照表

表 C.1 开特皮勒 1K/1N 试验排气成分-空燃比对照表

含 CO_2,%(体积分数)	空燃比	含 CO_2,%(体积分数)	空燃比	含 O_2,%(体积分数)	空燃比	含 O_2,%(体积分数)	空燃比
6.5	33.05	9.1	23.87	6.5	20.68	9.1	25.15
6.6	32.56	9.2	23.62	6.6	20.82	9.2	25.37
6.7	32.09	9.3	23.38	6.7	20.96	9.3	25.58
6.8	31.63	9.4	23.14	6.8	21.11	9.4	25.80
6.9	31.19	9.5	22.19	6.9	21.26	9.5	26.02
7.0	30.76	9.6	22.68	7.0	21.41	9.6	26.25
7.1	30.34	9.7	22.45	7.1	21.56	9.7	26.48
7.2	29.93	9.8	22.23	7.2	21.72	9.8	26.71
7.3	29.53	9.9	22.02	7.3	21.87	9.9	26.95
7.4	29.14	10.0	21.81	7.4	22.03	10.0	27.20
7.5	28.77	10.1	21.60	7.5	22.20	10.1	27.44
7.6	28.40	10.2	21.40	7.6	22.36	10.2	27.20
7.7	28.04	10.3	21.20	7.7	22.53	10.3	27.95
7.8	27.70	10.4	21.00	7.8	22.70	10.4	28.22
7.9	27.36	10.5	20.81	7.9	22.87	10.5	28.48
8.0	27.03	10.6	20.62	8.0	23.04	10.6	28.75
8.1	26.71	10.7	20.44	8.1	23.22	10.7	29.03
8.2	26.39	10.8	20.26	8.2	23.40	10.8	29.31
8.3	26.08	10.9	20.08	8.3	23.58	10.9	29.60
8.4	25.78	11.0	19.91	8.4	23.77	11.0	29.90
8.5	25.49	11.1	19.74	8.5	23.96	11.1	30.20
8.6	25.21	11.2	19.57	8.6	24.15	11.2	30.50
8.7	24.93	11.3	19.40	8.7	24.34	11.3	30.81
8.8	24.65	11.4	19.24	8.8	24.54	11.4	31.13
8.9	24.39	11.5	19.08	8.9	24.74	11.5	31.46
9.0	24.13			9.0	24.95		

注:

$$A/F_{O_2}=14.33786\left(\frac{100-0.064355(\%O_2)}{100-4.7619(\%O_2)}\right) \quad \cdots\cdots (1)$$

$$A/F_{CO_2}=\left(\frac{208.8367}{\%CO_2}\right)+0.9227 \quad \cdots\cdots (2)$$

附　录　D
(资料性附录)
试验台架标定试验合格指标

表 D.1　1K 试验沉积物加权评分

参比油	平均值	标准偏差(*SD*)
809	219.2	41.9
810-2	261.3	38.8
809-1	216.4	35.6
811-1	327.7	55.9

表 D.2　1K 试验第一环槽充碳率

参比油	平均值,%	标准偏差(*SD*),%
809	12.3	6.3
810-2	55.3	20.2
809-1	17.5	15.7
811-1	27.3	16.3

表 D.3　1K 试验第一环台重碳率转换值[a]

参比油	平均值	标准偏差(*SD*)
809	0.398	0.9
810-2	1.935	1.7
809-1	0.605	1.1
811-1	0.868	1.0

[a] 转换值=ln(第一环台重碳率+1)。

表 D.4　1K 试验平均机油消耗

参比油	平均值, g/kW·h	标准偏差(*SD*), g/kW·h
809	0.272	0.117
810-2	0.375	0.331
809-1	0.268	0.145
811-1	0.267	0.097

表 D.5　1N 试验沉积物加权评分

参比油	平均值	标准偏差(*SD*)
809-1	198.1	33.14
810-2	273.3	45.5
811-1	281.5	37.4
1004	224.7	37.5
1004-1	212.4	27.1
1004-2	204.0	25.7

表 D.6 1N 试验第一环槽充碳率

参比油	平均值,%	标准偏差(*SD*),%
809-1	33.9	20.5
810-2	70.8	11.0
811-1	24.7	21.6
1004	24.8	13.8
1004-1	24.7	14.6
1004-2	30.4	16.8

表 D.7 1N 试验第一环台重碳率转换值*

参比油	平均值	标准偏差(*SD*)
809-1	1.363	1.1
810-2	2.548	1.3
811-1	0.366	0.6
1004	0.588	0.8
1004-1	0.693	0.9
1004-2	0.490	0.804

* 转换值=ln(第一环台重碳率+1)。

表 D.8 1N 试验平均机油消耗

参比油	平均值，g/kW·h	标准偏差(*SD*)，g/kW·h
809-1	0.322	0.204
810-2	0.540	0.410
811-1	0.223	0.052
1004	0.192	0.048
1004-1	0.201	0.045
1004-2	0.206	0.075

附 录 E
(资料性附录)
开特皮勒 1K/1N 机油消耗线性回归法

E.1 利用线性回归法计算机油消耗：

E.1.1 如果有充分的理由假设变量 *Y* 取决于变量 *X*，则它们是线性关系。利用以下关系式所画出的关系曲线完全符合直线关系等式(E.1)和等式(E.2)。

$$b=\frac{\sum x_iy_i-\frac{\sum x_i\sum y_i}{n}}{\sum {x_i}^2-\frac{\left(\sum x_i\right)^2}{n}} \qquad \text{(E.1)}$$

$$a=\left[\frac{\sum y_i}{n}-b\frac{\sum x_i}{n}\right] \qquad \text{(E.2)}$$

$$r^2 = \frac{\left[\sum x_i y_i - \frac{\sum x_i y_i}{n}\right]^2}{\left[\sum (x_i)^2 - \frac{(\sum y_i)^2}{n}\right]\left[\sum (y_i)^2 - \frac{(\sum y_i)^2}{n}\right]} \quad \cdots\cdots\cdots\cdots (E.3)$$

式中：

y_i——在时间 x_i 的机油质量；

x_i——观察机油质量时的时间（如 1h，2h，…nh）；

b——最佳直线斜率即机油消耗；

a——Y 的截距；

r^2——拟合优良度（如果是 1，拟合最好；如果是 0，拟合最差）。

E.1.2 用线性回归法求机油消耗率的方法：通过在 y_i 和 x_i 数据点上进行线性回归法可以计算任一周期内的机油消耗率。

其中：

y_i——在时间 x_i 得到的机油质量（从仪表数字显示、条形图或计算机记录中获得）；

x_i——观测机油质量的某个时间（从操作记录或计算机中获得）。

E.2 线性回归法图示见图 E.1 和图 E.2。

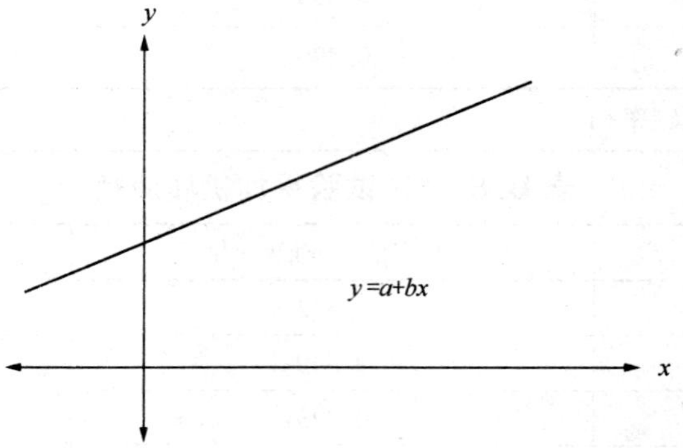

图 E.1 机油消耗线性回归法图例

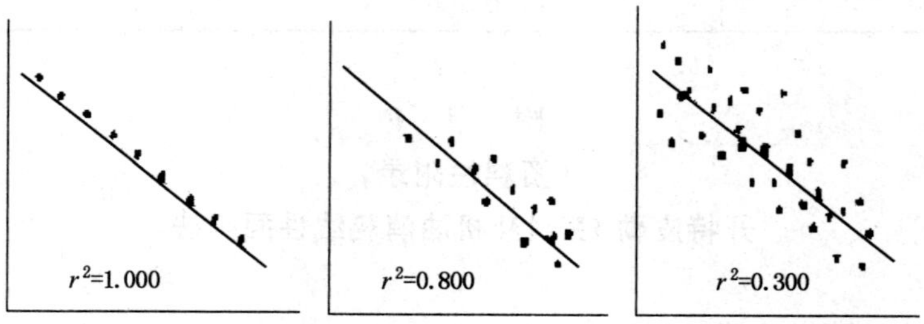

图 E.2 拟合优良度举例

附 录 F
(资料性附录)
开特皮勒 1K/1N 活塞评分记录表

表 F.1 开特皮勒 1K/1N 活塞评分记录表

试验编号： 送样单位： 油样名称： 日期：

部位 / 类型		环槽 1			环槽 2			环槽 3			内腔顶部		
类型		系数	面积,%	评分	系数	面积,%	评分	系数	面积,%	评分	系数	面积,%	评分
积碳	重碳	1.00			1.00			1.00			1.00		
	中碳	0.50			—	—	—	—	—	—	—	—	—
	轻碳	0.25			0.25			0.25			0.25		
漆膜	评分图片等级	10−			10−			10−			10−		
		10−			10−			10−			10−		
		10−			10−			10−			10−		
		10−			10−			10−			10−		
		10−			10−			10−			10−		
		10−			10−			10−			10−		
		10−			10−			10−			10−		
		10−			10−			10−			10−		
		10−			10−			10−			10−		
		10−			10−			10−			10−		
区域评分													
加权系数		1.5			1.5			25			20		
加权评分													

部位 / 类型		环台 1			环台 2			环台 3			上裙部		
类型		系数	面积,%	评分	系数	面积,%	评分	系数	面积,%	评分	系数	面积,%	评分
积碳	重碳	1.00			1.00			1.00			1.00		
	轻碳	0.25			0.25			0.25			0.25		
漆膜	评分图片等级	10−			10−			10−			10−		
		10−			10−			10−			10−		
		10−			10−			10−			10−		
		10−			10−			10−			10−		
		10−			10−			10−			10−		
		10−			10−			10−			10−		
		10−			10−			10−			10−		
		10−			10−			10−			10−		
		10−			10−			10−			10−		
		10−			10−			10−			10−		
区域评分													
加权系数		1			1			25			50		
加权评分													

加权评分 (WDK/WDN)	顶环槽充碳率 (TGF),%	顶环台重碳率 (TLHC),%	转换的顶环台重碳率 ln(TLHC+1)(仅参比油)	顶环台重碳脱落,%

附 录 G
(资料性附录)
开特皮勒 1K/1N 活塞环、汽缸套测量表

表 G.1 活塞环开口间隙测量表

试验编号： 送样单位： 油样名称： 日期：

环开口间隙	试验前，mm	试验后，mm	开口增大量，mm	要求范围，mm
第一环				0.724±0.076
第二环				0.673±0.076
油 环				0.572±0.190

表 G.2 活塞与活塞环侧向间隙测量表

试验编号： 送样单位： 油样名称： 日期：

侧向间隙		A	B	C	D	平均值	最小	要求范围，mm
第一环	试验前							0.193±0.032
	试验后							
	减小量							
第二环	试验前							0.090±0.020
	试验后							
	减小量							
油 环	试验前							0.073±0.016
	试验后							
	减小量							

表 G.3 其他项目测量表

试验编号： 送样单位： 油样名称： 日期：

测量项目	实际测量值，mm		要求范围，mm
第二环槽宽度			2.455±0.010
第二环厚度			2.365±0.010
油环槽宽度			3.210±0.010
油环厚度			3.137±0.006
活塞销孔内径	前：	后：	*D*50.815±0.008
活塞销外径			*D*50.795±0.005

表 G.4　开特皮勒 1K/1N 汽缸套内径测量表

试验编号：　　送样单位：　　油样名称：　　日期：

<table>
<tr><td colspan="5">试验前汽缸套测量，mm</td></tr>
<tr><td>距顶部</td><td colspan="2">平行</td><td colspan="2">垂直</td></tr>
<tr><td>230mm</td><td colspan="2"></td><td colspan="2"></td></tr>
<tr><td>130mm</td><td colspan="2"></td><td colspan="2"></td></tr>
<tr><td>50mm</td><td colspan="2"></td><td colspan="2"></td></tr>
<tr><td>25mm</td><td colspan="2"></td><td colspan="2"></td></tr>
<tr><td>15mm</td><td colspan="2"></td><td colspan="2"></td></tr>
<tr><td colspan="5">试验后汽缸套测量，mm</td></tr>
<tr><td rowspan="3">测 15mm 处磨损台阶</td><td colspan="2">平行</td><td colspan="2">垂直</td></tr>
<tr><td>前</td><td>后</td><td>前</td><td>后</td></tr>
<tr><td></td><td></td><td></td><td></td></tr>
<tr><td colspan="5">汽缸套抛光，%（面积分数）（将承压面和非承压面的读数相加）</td></tr>
<tr><td colspan="3">承压面（T）</td><td colspan="2"></td></tr>
<tr><td colspan="3">非承压面（AT）</td><td colspan="2"></td></tr>
<tr><td colspan="3">总计</td><td colspan="2"></td></tr>
</table>

最大圆度________mm。最大允许值为：0.038mm。

最大圆柱度：平行________mm；垂直________mm。最大允许值为：0.051mm。

试验后的磨损量为：平行________mm；垂直________mm。

要求新汽缸套内径为：D37.185mm±0.025mm。

汽缸套的凸缘厚度为________mm；允许值为：8.89mm±0.02mm。

附　录　H
（资料性附录）
开特皮勒 1K/1N 安装时其他测量表

H.1　压缩比测量：

表 H.1　压缩比测量

铅粒	1	2	3	4	平均值
测量值，mm					

要求：3.48mm~3.63mm（压缩比为 14.5∶1）。

H.2　喷油嘴的压力测量：

喷油嘴实测压力__________kPa，要求最小 10342kPa。并检查雾化状况。

H.3　气门间隙测量（在压缩冲程上止点）：

进气门间隙：0.38mm±0.08mm，实测__________。

排气门间隙：0.76mm±0.08mm，实测__________。

H.4　检查供油提前角：

采用“气泡法”初步检查供油提前角。

要求：供油提前角为上止点前 31.5°±0.5°。

实测：供油提前角为__________。

附 录 I

（资料性附录）

开特皮勒 1K/1N 试验结果报告

柴油机油性能评定法
（开特皮勒 1K/1N 法）

试验报告

送样单位：____________________

油样名称：____________________

试验编号：____________________

试验日期：____________________

试验方法：____________________

试验时间：____________________

试验燃油：____________________

试验单位：____________________

表 I.1 1K/1N 试验报告概要

试验编号：　　　　送样单位：　　　　油样名称：　　　　日期：

总加权评分（WDK/WDN）	顶环槽充碳率（TGF），%	顶环台重碳率（TLHC），%	转换的顶环台重碳率 ln(TLHC+1)*	顶环台重碳脱落，%
*仅参比油试验采用。				

24h 内平均 BSOC，g/kW·h									
24h	48h	72h	108h	132h	156h	180h	204h	228h	252h
0~252h 内平均 BSOC，g/kW·h						EOTOC，g/kW·h			

	实验室	WDK/WDN	TGF，%	—
参比油评价				—

	第一环	第二环	油环	活塞	汽缸套
活塞环侧向间隙减少，mm				—	—
活塞环开口间隙增加，mm				—	—
活塞环是否粘结				—	—
擦伤面积，%					
汽缸套磨损平均值，mm	—	—	—	—	
汽缸套抛光面积，%	—	—	—	—	

日　　期：________________

试验工程师：________________

试验负责人：________________

室　主　任：________________

表 I.2 试验操作条件

试验编号: 送样单位: 油样名称: 日期:

项目		要求范围	最小	最大	平均
转速,r/min		2100±10			
负荷,kW		记录			
燃油流量,g/min		185±1			
进气湿度,gH_2O/kg		17.8±1.7			
温度,℃	冷却液出口	93±2.5			
	冷却液进口	记录			
	冷却液温差	5±1			
	机油主油道	107±2.5			
	机油冷却器进口	记录			
	进气	127±2.5			
	排气	550±30			
	燃油	57±3			
压力,kPa	机油主油道	最大 482			
	活塞冷却喷嘴	360±13			
	绝对进气压力	240±1			
	绝对排气背压	216±1			
	燃油	210±20			
	曲轴箱真空度	0.7±0.1			
	冷却液	记录			
流量,L/min	曲轴箱窜气量	记录			
	冷却液	65±2			
空燃比		29	24h		252h

表 I.3 操作参数超界率和偏中率及允许极限

试验编号: 送样单位: 油样名称: 日期:

操作参数	累计超界率,%	允许累计超界率,%	累计偏中率,%	允许累计偏中率,%
转速		5		20
燃油流量		10		25
湿度		10		25
冷却液流量		5		25
冷却液出口温度		5		20
机油主油道温度		5		20
进气温度		5		20
喷射泵中燃油温度		5		20
机油冷却喷嘴压力		5		25
进气压力		10		25
排气背压		10		25
滤清器室燃油压力		5		20
曲轴箱真空度		10		20

表 I.4 活塞沉积物评分

试验编号：　　　　送样单位：　　　　油样名称：　　　　日期：

部位/类型		环槽									内腔顶部		
		1			2			3					
		系数	面积,%	评分	系数	面积,%	评分	系数	面积,%	评分	系数	面积,%	评分
积碳	重碳	1.00			1.00			1.00			1.00		
	中碳	0.50			—	—	—	—	—	—	—	—	—
	轻碳	0.25			0.25			0.25			0.25		
漆膜	评分图片等级	10-			10-			10-			10-		
		10-			10-			10-			10-		
		10-			10-			10-			10-		
		10-			10-			10-			10-		
		10-			10-			10-			10-		
		10-			10-			10-			10-		
		10-			10-			10-			10-		
		10-			10-			10-			10-		
		10-			10-			10-			10-		
		10-			10-			10-			10-		
区域评分													
加权系数		1.5			1.5			25			20		
加权评分													

部位/类型		环台									上裙部		
		1			2			3					
		系数	面积,%	评分	系数	面积,%	评分	系数	面积,%	评分	系数	面积,%	评分
积碳	重碳	1.00			1.00			1.00			1.00		
	轻碳	0.25			0.25			0.25			0.25		
漆膜	评分图片等级	10-			10-			10-			10-		
		10-			10-			10-			10-		
		10-			10-			10-			10-		
		10-			10-			10-			10-		
		10-			10-			10-			10-		
		10-			10-			10-			10-		
		10-			10-			10-			10-		
		10-			10-			10-			10-		
		10-			10-			10-			10-		
		10-			10-			10-			10-		
区域评分													
加权系数		1			1			25			50		
加权评分													

总加权评分 (WDK/WDN)	第一环槽充碳率 (TGF),%	第一环台重碳率 (TLHC),%	转换的第一环台重碳率 ln(TLHC+1)(参比油)	第一环台重碳脱落,%

表 I.5 1K/1N 机油油样分析结果汇总

试验编号： 送样单位： 油样名称： 日期：

油样/h	新油/0		24		204		252	
100℃运动黏度，mm^2/s								
金属含量：Fe/Al	Fe	Al	Fe	Al	Fe	Al	Fe	Al
Si/Cu	Si	Cu	Si	Cu	Si	Cu	Si	Cu
Cr/Pb	Cr	Pb	Cr	Pb	Cr	Pb	Cr	Pb
燃油稀释	—	—						
注：仅参比油进行金属含量分析。								

表 I.6 1K/1N 机油消耗

试验编号： 送样单位： 油样名称： 日期：

24h 内平均 BSOC，g/kW·h									
24h	48h	72h	108h	132h	156h	180h	204h	228h	252h
0~252h 内平均 BSOC，g/kW·h					EOTOC，g/kW·h				

表 I.7 活塞环的测量

试验编号： 送样单位： 油样名称： 日期：

环开口间隙	试验前，mm	试验后，mm	开口增大量，mm	要求范围，mm
第一环				0.724±0.076
第二环				0.673±0.076
油　环				0.572±0.190

侧向间隙		A	B	C	D	平均值	最小	要求范围，mm
第一环	试验前							0.193±0.032
	试验后							
	减小量							
第二环	试验前							0.090±0.020
	试验后							
	减小量							
油　环	试验前							0.073±0.016
	试验后							
	减小量							

表 I.8　汽缸套的测量

试验编号：　　　　　　　　送样单位：　　　　　　　　油样名称：　　　　　　　　日期：

<table>
<tr><td colspan="5">试验前汽缸套测量，mm</td></tr>
<tr><td>距顶部</td><td colspan="2">平行</td><td colspan="2">垂直</td></tr>
<tr><td>230mm</td><td colspan="2"></td><td colspan="2"></td></tr>
<tr><td>130mm</td><td colspan="2"></td><td colspan="2"></td></tr>
<tr><td>50mm</td><td colspan="2"></td><td colspan="2"></td></tr>
<tr><td>25mm</td><td colspan="2"></td><td colspan="2"></td></tr>
<tr><td>15mm</td><td colspan="2"></td><td colspan="2"></td></tr>
<tr><td colspan="5">试验后汽缸套测量，mm</td></tr>
<tr><td rowspan="3">测 15mm 处磨损台阶</td><td colspan="2">平行</td><td colspan="2">垂直</td></tr>
<tr><td>前</td><td>后</td><td>前</td><td>后</td></tr>
<tr><td></td><td></td><td></td><td></td></tr>
<tr><td colspan="5">汽缸套抛光，%（面积分数）（将承压面和非承压面的读数相加）</td></tr>
<tr><td colspan="2">承压面（T）</td><td colspan="3"></td></tr>
<tr><td colspan="2">非承压面（AT）</td><td colspan="3"></td></tr>
<tr><td colspan="2">总计</td><td colspan="3"></td></tr>
</table>

1. 活塞承压面和活塞环开口

2. 活塞非承压面和活塞环开口对面

3. 汽缸套承压面

4. 汽缸套非承压面

5. 活塞内腔顶部

图 I.1 开特皮勒 1K/1N 试验评分件照片

表 I.9　试验停机情况

试验编号：　送样单位：　油样名称：　日期：

试验时数	停机日期	停机时间	停机原因
		时间总计	最大 125h

附　录　J
(资料性附录)
开特皮勒 1K/1N 检测记录

表 J.1　开特皮勒 1K/1N 补加机油和取样表

试验编号：　送样单位：　油样名称：　日期：

试验时间	试运转	0h	12h	24h	36h	48h	60h	72h
初始读数，kg	—							
补加油量，kg	—	—						
满刻度值，kg	—							
取样，237mL		—	—		—	—	—	
操 作 者								

试验时间	84h	96h	108h	120h	132h	144h	156h	168h
初始读数，kg								
补加油量，kg								
满刻度值，kg								
取样，237mL	—	—	—	—	—	—	(72h 未取)	—
操 作 者								

试验时间	180h	192h	204h	216h	228h	240h	252h
初始读数，kg							
补加油量，kg							—
满刻度值，kg							—
取样，237mL	—	—		—	—	—	
操 作 者							

表 J.2　开特皮勒 1K/1N 空燃比测量表

试验编号：　　　　送样单位：　　　　油样名称：　　　　日期：

试验时间	O_2 测量值，%	CO_2 测量值，%	空燃比值	测量者
0h～24h				
228h～252h				

表 J.3　开特皮勒 1K/1N 曲轴箱窜气量测量表

试验编号：　　　　送样单位：　　　　油样名称：　　　　日期：

试验时间	12h	24h	36h	48h	60h	72h	84h
开始读数							
最后读数							
窜气量，最大 23L/min							
操作者							

试验时间	96h	108h	120h	132h	144h	156h	168h
开始读数							
最后读数							
窜气量，最大 23L/min							
操作者							

试验时间	180h	192h	204h	216h	228h	240h	252h
开始读数							
最后读数							
窜气量，最大 23L/min							
操作者							

附 录 K
(资料性附录)
开特皮勒 1K/1N 汽缸盖维修测量表

表 K.1 开特皮勒 1K/1N 汽缸盖维修测量表

试验编号： 送样单位： 油样名称： 日期：

气门导管与气门杆隙测量，mm					
测量部位			导管内径	气门杆外径	两者差值
进气	承压面	顶部			
		中部			
		底部			
		平均			要求：0.020~0.030 实测：
	非承压面	顶部			
		中部			
		底部			
		平均			要求：0.020~0.030 实测：
排气	承压面	顶部			
		中部			
		底部			
		平均			要求：0.046~0.056 实测：
	非承压面	顶部			
		中部			
		底部			
		平均			要求：0.046~0.056 实测：
注：气门杆外径(新的)要求为：*D*9.441mm±0.008mm。					

汽缸盖维修的几点说明：

1）汽缸盖上表面到气门导管顶面间距：

进气门导管要求范围为：28.2mm±0.8mm；

实测：承压面__________________mm，非承压面__________________mm。

排气门导管要求范围为：32.3mm±0.8mm；

实测：承压面__________________mm，非承压面__________________mm。

2）气门弹簧弹力：

压缩位置在 55mm 时，要求弹力为：309.7N~372.4N。

实测：进气门弹簧：承压面__________________，非承压面__________________。

排气门弹簧：承压面____________________，非承压面____________________。

压缩位置在 43mm 时，要求弹力为：大于 816.3N。

实测：进气门弹簧：承压面____________________，非承压面____________________。

排气门弹簧：承压面____________________，非承压面____________________。

3）气门头部直径：

进气门头部直径要求范围为：*D*44.98mm±0.13mm；

实测：承压面____________________mm，非承压面____________________mm。

排气门头部直径要求范围为：*D*41.81mm±0.13mm；

实测：承压面____________________mm，非承压面____________________mm。

4）进气门头部端面角度为：29°15′±15′；

实测：承压面____________________，非承压面____________________。

排气门头部端面角度为：44°15′±15′；

实测：承压面____________________，非承压面____________________。

5）进气门座、排气门座装入汽缸盖内后，气门座上部侧表面与汽缸盖下表面的间距为：13.01mm±0.35mm；

实测：进气门座：承压面____________________mm，非承压面____________________mm；

排气门座：承压面____________________mm，非承压面____________________mm。

6）进气门座外径为：*D*46.025mm±0.013mm；

实测：承压面____________________mm，非承压面____________________mm。

进气门座装入汽缸盖后的外径为：*D*45.949mm±0.025mm；

实测：承压面____________________mm，非承压面____________________mm。

排气门座外径为：*D*42.85mm 0±0.013mm。

实测：承压面____________________mm，非承压面____________________mm。

排气门座装入汽缸盖后的外径为：*D*42.774mm±0.025mm；

实测：承压面____________________mm，非承压面____________________mm。

7）气门座锥面外径为：

进气门座：*D*44.04mm±0.13mm；

实测：承压面____________________mm，非承压面____________________mm。

排气门座：*D*40.41mm±0.13mm；

实测：承压面____________________mm，非承压面____________________mm。

8）气门座锥面宽度为：

进气门座：2.286mm±0.635mm；

实测：承压面____________________mm，非承压面____________________mm。

排气门座：1.524mm±0.508mm；

实测：承压面____________________mm，非承压面____________________mm。

9）进气门座锥角为：30°15′±15′；

实测：承压面____________________，非承压面____________________。

排气门座锥角为：45°15′±15′；

实测：承压面____________________，非承压面____________________。

10）“重复使用”的气门头部凸缘高度为：

进气门：2.51mm；

实测：承压面____________________mm，非承压面____________________mm。

排气门：2.03mm；

实测：承压面________________mm，非承压面________________mm。

11）关闭气门时的气门头部底面与汽缸盖下表面间的尺寸(气门沉降量)为：

进气门、排气门要求范围：0.05mm~1.07mm；

进气门实测：承压面________________mm，非承压面________________mm。

排气门实测：承压面________________mm，非承压面________________mm。

编者注：本标准中引用标准的标准号和标准名称变动如下。

原标准号	现标准号	现标准名称
GB/T 260	GB/T 260	石油产品水含量的测定　蒸馏法
GB/T 261	GB/T 261	闪点的测定　宾斯基-马丁闭口杯法
GB/T 386	GB/T 386	柴油十六烷值测定法
GB/T 511	GB/T 511	石油和石油产品及添加剂机械杂质测定法
GB 1922	GB 1922	油漆及清洗用溶剂油
GB/T 3535	GB/T 3535	石油产品倾点测定法
GB/T 6536	GB/T 6536	石油产品常压蒸馏特性测定法
GB/T 6986	GB/T 6986	石油产品浊点测定法
GB/T 7304	GB/T 7304	石油产品酸值的测定　电位滴定法
GB/T 11132	GB/T 11132	液体石油产品烃类的测定　荧光指示剂吸附法
GB/T 11140	GB/T 11140	石油产品硫含量的测定　波长色散X射线荧光光谱法
GB/T 17040	GB/T 17040	石油和石油产品硫含量的测定　能量色散X射线荧光光谱法
SH/T 0031	NB/SH/T 0031	柴油机油活塞清净性评分方法
SH/T 0521	NB/SH/T 0521	乙二醇型和丙二醇型发动机冷却液
SH/T 0606	NB/SH/T 0606	中间馏分烃类组成的测定　质谱法

ICS 75.100
E 34

SH

中华人民共和国石油化工行业标准

SH/T 0783—2005

内燃机油高温氧化和抗磨损性能评定法（CEPT-Ⅲ法）

Test method for evaluation of automotive engine oils for inhibition of oxidization and wear under high-temperature conditions (CEPT-Ⅲ method)

2005-11-28 发布　　2006-06-01 实施

中华人民共和国国家发展和改革委员会　发布

目　　次

前　言

本标准用于评价内燃机油高温氧化性能和抗磨损性能。

本标准的附录 A 和附录 B 为规范性附录。附录 C、附录 D、附录 E、附录 F 和附录 G 为资料性附录。

本标准由中国石油化工集团公司提出。

本标准由中国石油化工股份有限公司石油化工科学研究院归口。

本标准起草单位：中国石油化工股份有限公司石油化工科学研究院。

本标准主要起草人：李少玉、刘顺涛、卢文彤、王庆新、王殿福、魏荣田、杨本丰、赵燕成。

内燃机油高温氧化和抗磨损性能评定法（CEPT-Ⅲ法）

1 范围

1.1 本标准规定了评定内燃机油的高温氧化变稠、高温油泥和漆膜等沉积物生成倾向及抗磨损性能的方法。

1.2 本标准适用于汽油机油（如：SE、SF）的性能评定和相关的柴油机油性能评定。

2 规范性引用文件

下列文件中的条款通过本标准的引用而成为本标准的条款。凡是注日期的引用文件，其随后所有的修改单（不包括勘误的内容）或修订版均不适用于本标准，然而，鼓励根据本标准达成协议的各方研究是否可使用这些文件的最新版本。凡是不注日期的引用文件，其最新版本适用于本标准。

GB/T 258 汽油、煤油、柴油酸度测定法

GB/T 259 石油产品水溶性酸及碱测定法

GB/T 260 石油产品水分测定法

GB/T 265 石油产品运动黏度测定法和动力黏度计算法

GB/T 377 四乙基铅含量测定法

GB/T 380 石油产品硫含量测定法（燃灯法）

GB/T 511 石油产品和添加剂机械杂质测定法（重量法）

GB 1922 溶剂油

GB/T 5096 石油产品铜片腐蚀试验法

GB/T 5487 汽油辛烷值测定法（研究法）

GB/T 6536 石油产品蒸馏测定法

GB/T 8017 石油产品蒸气压测定法（雷德法）

GB/T 8018 汽油氧化安定性测定法（诱导期法）

GB/T 8019 车用汽油和航空燃料实际胶质测定法（喷射蒸发法）（GB/T 8019—87，neq ISO 6246：1981）

GB/T 11132 液体石油产品烃类测定法（荧光指示剂吸附法）

SH/T 0174 芳烃和轻质石油产品硫醇定性试验法（博士试验法）（SH/T 0174—92，mod ISO 5275：1979）

SH/T 0510 汽油机油发动机试验评分方法

SH/T 0513 内燃机油高温氧化和磨损评定法（MS 程序ⅢD 法）

3 术语和定义

下列术语和定义应用于本标准。

3.1

曲轴箱窜气 blowby

发动机运转时，从燃烧室窜入曲轴箱中的燃烧产物、未燃烧的燃油和空气的混合气。

3.2

空燃比 air-fuel ratio

进入发动机燃烧室混合气中的空气和燃油的质量比。

3.3

油泥 sludge

主要由燃料燃烧产物、润滑油氧化产物和水所形成的沉积物，这种沉积物不能从发动机零件上流下来，但可用布擦掉。

3.4

漆膜 varnish

一种又干又硬且不溶于油的沉积物，这种沉积物一般有光泽，用软布擦不掉，但可以用某些溶剂洗掉。

3.5

杂质 debris

非人为导入发动机中的固体污染物或磨损产物。

3.6

自由环 free piston ring

当活塞从垂直转到水平位置时，活塞环靠自身重力或手指的轻微压力落入环槽中。

3.7

滞环 sluggish piston ring

活塞环在环槽中不能自由移动，但可以用中等的手指压力压入、压出环槽，不发生回弹现象。

3.8

黏环 stuck piston ring

部分或全部活塞环卡死在环槽中，用中等手指力不能将其移动。黏环分冷黏环和热黏环。冷黏环是指活塞环在发动机运转时是自由的，而当活塞和活塞环冷却到室温时才粘结，它的特征是活塞环与汽缸壁接触表面的全圆周上有连续的磨光表面；热黏环是指活塞环在发动机运转时就粘结，它的特征是活塞环与汽缸壁接触表面的某些部分有漆膜或积炭。

3.9

氧化 oxidization

在高温条件下由于化学或机械的作用，内燃机油变稠、生成油泥和漆膜等沉积物的现象。

3.10

参比油 reference oil

已知其性能特性的润滑油，用于作比较的基准。

3.11

锈蚀 rust

发动机铁制零件在潮湿条件和化学作用下被氧化的产物，包括有机溶剂除不掉的含铁络合物。

3.12

划痕 scoring

一种严重的磨损形式，特征为沿其滑动方向有严重的痕迹或沟槽形成。

3.13

擦伤 scuffing

由于金属与金属接触或外来杂质等的因素，使零件表面粗糙化。其特征是在相对运动的一个或两个表面上有刮伤或金属敷涂现象。

3.14

磨损 wear

相对运动零件表面上材料的位移或损失，通常是机械作用、化学作用或二者共同作用下的结果。

4 方法概要

每次试验前，将发动机解体，用溶剂油彻底清洗发动机零部件并按方法要求安装新的发动机零件。将组装后的发动机安装到可控制转速、负荷和其他发动机操作参数的台架上。向发动机中加入试验油，启动发动机，进行10min定时运转，调整点火定时角度。定时运转后，进行3.5h发动机磨合运转。磨合运转后，发动机在高温、高速条件下，按8h为一个循环共进行64h正式试验。

在10min定时运转后和64h正式试验的每8h后，取出分析油样，测量各阶段油样40℃运动黏度。以10min定时运转油样黏度为基础，计算各阶段油样的黏度增长率。

试验结束，解体发动机，按规定对油泥、漆膜等沉积物进行评定，对零部件进行测量。

5 意义和用途

5.1 本试验方法是评定内燃机油在高温、高速条件下的机油变稠和抗磨损性能的发动机试验方法。

5.2 本方法所指的机油变稠是机油因高温氧化而造成的黏度增长。在实际使用中，机油变稠会降低机油泵的泵送性能，从而导致发动机各传动件的损坏。

5.3 沉积物评分结果显示发动机中沉积物的生成倾向，包括引起活塞环在环槽中的粘结、挺杆的粘结。黏环会降低发动机压缩力，导致发动机功率下降。挺杆粘结会增加传动件磨损并产生噪音。

5.4 本标准与SH/T 0513内燃机油高温氧化和磨损评定法(MS程序ⅢD法)有较好的相关性。

6 试验设备和环境

6.1 试验室环境

6.1.1 试验室清洁、无尘。

6.1.2 对发动机零部件测量区域的温度和湿度进行控制，温度控制在10℃~25℃且试验前后的测量温度差应在±3℃范围内，湿度控制在45%~65%(相对湿度)。

6.1.3 对发动机组装间进行空气过滤并控制其湿度(相对湿度为45%~65%)，以防在零件表面落灰尘或生锈。

6.1.4 发动机从组装间移到试验室时，应采取相应措施，防止灰尘进入发动机中。

6.1.5 试验中不能用风扇或其他通风设备直接吹向试验发动机。

6.1.6 试验室不得使用放热量大的照明设备直接照射发动机，也不能为了控制温度，在发动机上作隔热处理。

6.1.7 零件评分环境应满足SH/T 0510的要求。

6.1.8 零件清洗间的环境不作具体规定。因有大量的溶剂，故应有良好的通风设备，以保证安全。

6.2 试验发动机

试验所用发动机为中国第一汽车集团公司生产的CA488直列4缸4冲程化油器式汽油机。压缩比为9.0：1，排量为2.2L，缸径为87.5mm，冲程为92mm。

6.2.1 发动机零部件改造

6.2.1.1 化油器

对BJH201A_2G或Holley6250双腔化油器进行改造，保留主计量系、浮子系和怠速系，去掉负荷补偿器、加速泵、加浓装置，双腔仅用一腔。

6.2.1.2 摇臂罩

将原发动机的摇臂罩改为用不锈钢板加工的带冷却夹套的摇臂罩。

6.2.1.3 油底壳

将原发动机的油底壳改为用不锈钢板加工的储油槽局部加深的油底壳。

6.2.1.4 摇臂罩内挡板

将原发动机的摇臂罩内挡板改为用不锈钢板加工的挡板。

6.2.1.5 加油和曲轴箱压力测量管

在原发动机的燃油泵处安装带有压力测量的加油管。

6.2.1.6 飞轮正时指示

用于调节发动机的点火正时角度。

6.2.1.7 分电器传动装置

拆掉原发动机机油泵的泵体和内转子。

6.2.1.8 进气歧管热屏蔽板

为减少排气歧管辐射到进气歧管和摇臂罩的热量，在进排气歧管之间装一隔热板。

6.2.1.9 机油转换器

拆掉原发动机的机油滤清器，安装一个机油转换器，使外接润滑系统的试验油进入主油道，多余的油回流至油底壳。

6.3 专用仪器和设备

6.3.1 排气分析仪

测量发动机排气中氧气 、一氧化碳、二氧化碳含量的仪器。

6.3.2 凸轮高度测量仪

精度为 0.001mm 的千分表式测量器或外径千分尺。

6.3.3 称重设备

精度为 0.1mg 的分析天平。

6.3.4 弹簧试验机

测量气门弹簧弹力。

6.3.5 表面粗糙度测量仪

测量珩磨后的汽缸内表面粗糙度。仪器的测量范围应为 0.2μm~0.5μm。

6.3.6 连杆加热器

用于安装活塞销时，加热连杆小头。

6.3.7 珩磨机

珩磨汽缸筒，保证汽缸筒内径尺寸和表面粗糙度。

6.3.8 正时闪光灯

感应式正时闪光灯，用于测发动机运转时的点火正时。

6.3.9 汽缸筒内径测量定位尺

用于测量汽缸筒内径时的定位。

6.3.10 活塞环测量定位器

在测量活塞环搭口间隙时，固定活塞环在汽缸内的位置，以保证正确的搭口间隙。

6.3.11 砂轮机

用于调整气环的搭口间隙。

6.3.12 汽缸体压板

汽缸体测量和珩磨时装上此压板，以保证汽缸缸体测量和珩磨的精度。

6.3.13 曲轴箱窜气测量仪

用于测量曲轴箱的窜气。测量时，曲轴箱压力应调到 0kPa±0.025kPa。

7 温度测量和热电偶的安装位置

7.1 温度测量

用铁-康铜(J 型)热电偶或铂电阻测量温度。除有专门规定外，所有热电偶都应置于介质流束的中心位置。

7.2　热电偶的安装位置

发动机冷却液进口温度：距发动机汽缸体入口处350mm内。

发动机冷却液出口温度：距发动机汽缸体出口处200mm内。

发动机机油入口温度：在发动机主油道入口处。

油底壳机油温度：在油底壳的储油槽前部。

进气温度：在化油器前进气弯管上。

摇臂罩冷却液出口温度：在带夹套摇臂罩左后侧的冷却液出口处。

排气温度：在排气歧管的出口处。

曲轴箱窜气出口温度：在漏气凝聚器和油气分离器之间。

燃油温度：在化油器浮子室入口处。

8　压力测量和测量位置

8.1　压力测量

测量仪器及传感器必须满足试验条件的控制精度。

8.2　测量位置

进气歧管压力：在第3、4缸间进气歧管上。

主油道机油压力：在第3、4缸间的主油道上。

机油泵后机油压力：在泵后和滤清器前。

燃油压力：在化油器进油口前。

进气压力：在化油器进气弯管处。

曲轴箱压力：在原发动机缸体的油标尺处。

排气背压：在排气歧管法兰以下150mm处。

9　试验台架各系统

9.1　发动机转速和负荷的控制系统

系统应能满足本试验方法规定的试验条件，建议采用电涡流测功机的闭环回路系统控制发动机转速，油门控制发动机负荷。

9.2　进气系统

系统应能提供一定湿度、温度、压力的流量为2500L/min的空气到发动机进气入口处。湿度控制采用专门的湿度调节装置，湿度测量点以下的空气温度要高于露点温度，输气管线要有保温措施，以防止空气中的水分冷凝在管壁上而降低进气的实际湿度。进气温度的控制是由进气管上的电加热器来调节。进气压力是由进气管上的压力控制阀来调节。进气系统必须装有空气滤清器，以防止尘埃等杂物进入化油器。

9.3　排气系统

系统应能满足排气背压的要求(103.5kPa±0.7kPa)。排气管上装有废气取样管、排气背压测量接头。

9.4　燃油系统

保证化油器进油口处的燃油压力为30kPa±10kPa，燃油温度要求在燃油的初馏点以下。系统中应装有滤清器和燃油切断阀(离化油器较近的地方，以便发动机停机时切断燃油)。

9.5　点火系统

采用原发动机的点火系统。

9.6　润滑系统

采用电机驱动的外接泵形式，系统流程见图1。主油道机油压力由压力调节阀调节。机油温度由电加热器加温，以满足试验要求。系统内与试验油接触的部件不得用铜制品。

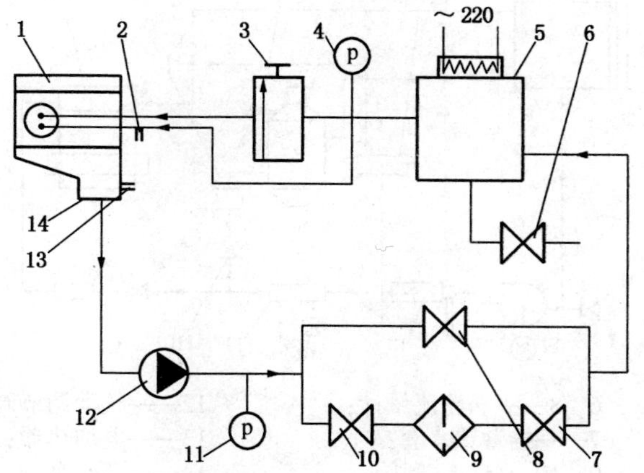

1——发动机；
2，13——热电偶；
3——压力调节阀；
4——压力表；
5——机油加热器；
6——闸阀；
7，8，10——球阀；
9——滤清器；
11——压力传感器；
12——油泵电机组；
14——油底壳。

图1 润滑系统示意图

9.7 冷却系统

9.7.1 发动机冷却系统

采用电机驱动的外接泵形式，系统流程见图2。冷却液温度由流经热交换的水流量控制。冷却液流量由孔板流量计测量，由控制阀调节。冷却液为加有添加剂的乙二醇(见附录B)。

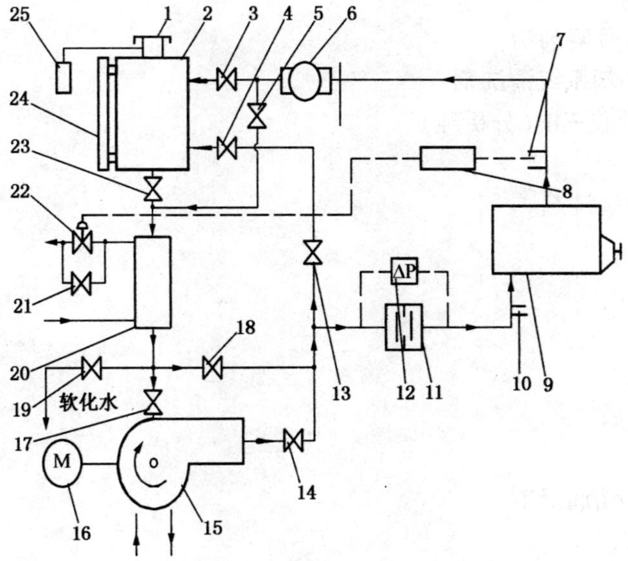

1——罐盖；
2——储液罐；
3，4，5，13，14——阀；
6——观察窗；
7，10——热电偶；
8——温度控制器；
9——发动机；
11——锐边孔板；
12——流量计；
15——直联式单极离心泵；
16——电机；
17，18，19，21——闸阀；
20——热交换器；
22——气动调节阀；
23——球阀；
24——水位计；
25——溢流箱。

图2 发动机冷却系统示意图

9.7.2 摇臂罩和窜气凝聚器冷却系统

采用电机驱动的外接泵形式，系统流程见图3。冷却液流经摇臂罩和窜气凝聚器，冷却液流量由孔板流量计测量，由控制阀调节。冷却液为加有添加剂的乙二醇(见附录B)。

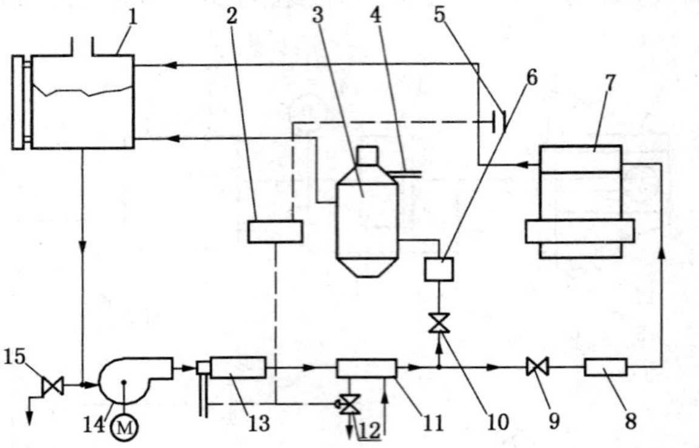

1——储罐；
2——温度控制器；
3——窜气凝聚器；
4，5——热偶；
6，8——涡轮流量计；
7——摇臂罩水套；
9，10，15——闸阀；
11——热交换器；
12——气动调节阀；
13——电加热器；
14——离心泵。

图3　摇臂罩、窜气凝聚器冷却系统示意图

9.8　曲轴箱通风系统

窜气从摇臂罩流出，经凝聚器和油气分离器排入大气。部分窜气在凝聚器冷却后，凝聚成液体流回摇臂罩。

10　试剂和材料

10.1　燃油

专用含铅汽油，其规格见附录A，每次试验约需1200L。

10.2　发动机零件清洗剂

符合GB 1922的190号溶剂油。

10.3　发动机和摇臂罩冷却系统清洗剂

硫酸钠(分析纯)、磷酸三钠(分析纯)。

10.4　化油器清洗剂

市场上销售的化油器清洗剂。

10.5　发动机装配用油

试验油。

10.6　密封胶

螺纹锁固密封胶；

厌氧型管路螺纹密封胶；

硅橡胶平面密封胶。

10.7　排气螺栓丝扣防烧结润滑剂

7451高温丝扣润滑剂。

10.8　试验油

每次试验最少需试验油14L。一般应提供18L。

10.9　冷却液

加有添加剂的乙二醇，其调配方法见附录B。

11　试验装置的准备

11.1　发动机的准备

每次试验，必须使用下列新的零件：凸轮轴、摇臂、活塞、活塞销、活塞环、连杆瓦、主轴瓦、进气门、排气门、火花塞、各密封圈和垫。其他零部件经检查合格可重复使用。

11.1.1 发动机零件的测量

发动机装配前对一些零部件进行测量(测量的零部件和测量项目见附录C)。

11.1.2 油底壳、摇臂罩、摇臂罩内挡板

用溶剂油浸泡并清洗油底壳、摇臂罩、摇臂罩内挡板，然后用压缩空气吹干。

11.1.3 摇臂

摇臂应用溶剂油浸泡清洗，洗净后用压缩空气吹干。然后用分析天平称重并记录。

11.1.4 凸轮轴

用溶剂油清洗凸轮轴并用压缩风吹干。测量和记录每个凸轮从基圆到顶部的高度。测量后的凸轮涂上试验油，以防生锈。

11.1.5 曲轴

测量和记录各轴颈的直径尺寸。轴颈的圆度不大于0.015mm。

11.1.6 汽缸盖

洗净并用压缩风吹干，检查各油道和冷却通道是否畅通。汽缸盖最多可使用两次。

11.1.6.1 气门导管

测量并记录每个气门的气门杆和导管的间隙。排气:0.076mm~0.119mm;进气:0.022mm~0.065mm。

11.1.6.2 凸轮轴轴承支座

保证轴承孔和凸轮轴颈有合适的间隙(不得小于0.7mm)。

11.1.7 缸体

测量和珩磨前，必须安装汽缸垫和压板，按规定力矩要求拧紧螺丝(见11.2.5)。

重复使用的缸体，珩磨内表面使之形成30°~40°的交叉网纹，表面粗糙度为0.20μm~0.36μm。

测量汽缸内径时，先用干软布擦拭干净，然后用内径千分表测量每个汽缸在上、中、下三个位置上平行和垂直两个尺寸。

汽缸内径的圆度为平行和垂直两个直径之差，其上、中、下三个位置的圆度均不能超过0.012mm，圆柱度为该汽缸的最大和最小之差，任何位置最大圆柱度不超过0.025mm。上述各项若超差，应重新珩磨。

汽缸内径尺寸由相应的活塞裙部直径加上0.030mm~0.070mm的间隙确定。所要求的间隙可由珩磨汽缸或选配活塞保证。

11.1.8 活塞

镀锡层剥落和裙部表面变色的活塞不能使用。测量并记录垂直于活塞销中心线处的活塞裙部直径，用此直径可确定活塞与汽缸内径间的间隙。

11.1.9 活塞环

活塞环和活塞必须配套。两个压缩环的搭口间隙需达到0.71mm~0.76mm，以获得规定的曲轴箱漏气量。测量搭口间隙时将活塞环用活塞测量定位器推到特定的位置上。测量完后，将四组活塞环装到相应的活塞上并测量压缩环的侧向间隙。顶环侧间隙为0.038mm~0.078mm，二环侧间隙为0.038mm~0.093mm。

11.1.10 活塞销

用加热器加热连杆小头，然后将活塞销插入活塞和连杆中，使其固定在连杆上。

11.1.11 连杆

连杆油孔直径应为2.30mm~2.40mm。活塞安装到连杆上时应使活塞的前部(通常标有F字样)和连杆油孔朝同一方向。

11.1.12 主轴瓦和连杆瓦

测量它的间隙。主轴瓦和曲轴的间隙为：0.007mm~0.080mm；连杆轴瓦和连杆轴颈的间隙为：0.019mm~0.087mm。在瓦上打上标记，洗净并用压缩风吹干，然后称重并记录。

11.1.13 进气歧管

在3、4缸之间的歧管上，安装进气歧管压力传感器。每次试验前，用化油器清洗剂浸泡并彻底清洗进气歧管。

11.2 发动机的组装

严格按照CA488发动机总成使用说明书里的要求操作。

11.2.1 曲轴的安装

主轴承盖螺母拧紧力矩为95N·m。

11.2.2 连杆的安装

按连杆上的顺序号安装。连杆轴承盖螺母拧紧力矩为80N·m。

11.2.3 分电器传动装置的安装

安装改装后的分电器传动装置。

11.2.4 油底壳的安装

在油底壳和缸体的结合面处涂硅橡胶平面密封胶后，安装油底壳。螺栓拧紧力矩为23N·m。

11.2.5 汽缸盖的安装

汽缸盖装到汽缸体上分三次拧紧：第一次80N·m，第二次95N·m，第三次110N·m。

11.2.6 摇臂罩和摇臂罩内挡板的安装

凸轮挡板用专用的双头螺栓和螺母固定在轮轴支座上，挡板不许碰触摇臂罩内表面和摇臂。摇臂罩螺栓拧紧力矩为12N·m。

11.2.7 点火正时零件的安装

按曲轴、中间轴、凸轮轴的相对位置安装部件。安装时避免曲轴反转。

11.2.8 排气系统的安装

排气系统的螺栓和螺母均应涂高温丝扣防烧结润滑脂，按力矩23N·m拧紧螺母。检查排气取样管有无堵塞和裂缝变形。

11.2.9 进气系统的安装

按力矩23N·m拧紧螺母。检查连接化油器的燃油管线有无泄漏。

11.2.10 发动机冷却系统的安装

连接进出口管线。

11.2.11 摇臂罩和窜气凝聚器冷却系统的安装

连接进出口管线。

11.2.12 外接润滑系统的安装

在原发动机的机油滤清器处安装转换器，连接软管。在机油滤清器内安装75μm的细滤网，供试运转时使用。

11.2.13 机油加油管的安装

安装机油加油管。

11.2.14 点火系统的安装

安装新的火花塞，电极间隙应为0.7mm~0.9mm，拧紧力矩为25N·m。按汽缸点火顺序1-3-4-2安装分电器和高压导线。将曲轴转到第1缸的压缩行程的上止点附近，初步调节分电器的分火头位置。

11.2.15 其他安装

连接热电偶、测压管线。检查所有连接管线是否牢固和正确。

12 试验台架的标定

12.1 参考油试验

试验台架经过15次正式试验后，应用参比油进行标定试验。

12.2 仪器的标定

12.2.1 发动机负荷的标定

发动机负荷读数用力矩(N·m)表示。负荷测量和显示系统必须用专用砝码标定，每次试验至少标定一次。

12.2.2 冷却液流量的标定

两个冷却系统的流量计应在试验台架上标定。用涡轮流量计或用测量单位时间流过的体积数的方法标定。

12.2.3 燃油流量的标定

质量流量计至少每3次试验后标定一次。体积流量计应有温度补偿，对照质量流量计标定。装在试验台架上的流量计应准确到标定读数的1%内。

12.2.4 排气分析仪的标定

每次测量前，必须用标准气体标定。标准气体为：含6.5%一氧化碳的氮气；含0.5%一氧化碳的氮气；含1.0%氧气的氮气；含0.5%氧气的氮气。

12.2.5 热电偶的标定

每次试验前应标定各热电偶。

12.2.6 其他设备的标定

汽缸内表面粗糙度测量仪、弹簧试验机、曲轴箱窜气测量仪都应按使用要求进行定期标定和保养。

13 试验

13.1 试验前的准备

13.1.1 仪器仪表的标定

试验前或试验进行中发现仪表有问题时应及时标定和调整，标定规定见第12章。

13.1.2 外部机油系统的清洗

每次试验前，必须彻底清洗外部机油系统。用190号溶剂油清洗机油滤清器、机油加热器和机油冷却器，消除上次试验残留的油泥和残渣，洗净后用压缩空气吹干。

13.1.3 冷却系统的清洗

若发现两个冷却系统内有沉积物时，应用清洗剂清洗。先用20L水加500g硫酸钠的溶液开泵循环0.5h，再用40L水加500g磷酸三钠的溶液开泵循环0.5h，最后用软化水反复冲洗，直到干净为止。

13.1.4 曲轴箱窜气凝聚器和油水分离器的清洗

用190号溶剂油浸泡清洗，然后用压缩空气吹干。

13.1.5 化油器的清洗

试验前用化油器清洗剂洗净化油器的燃油和进气通道，然后用压缩空气吹干。若试验中空燃比难以调整时也应考虑及时清洗。

13.1.6 测功机和传动轴的检查

按装置使用说明书的规定执行。及时加入润滑油或润滑脂。

13.1.7 其他检查

检查各管线及热电偶。发现损坏应及时修复和更换。

以上检查无误后，在两个冷却罐中加入含有添加剂的乙二醇，开冷却泵排除管线中的空气；在机油加入口加入4L试验油，打开机油泵将机油压力调到450kPa±25kPa，检查是否有渗漏，接通全部电源、水阀、气阀、燃油阀，开启进气调节装置和制冷机，检查测功机水压是否达到要求，化油器前的燃油压力是否达到30kPa±10kPa。

13.2 试运转

按表1条件进行试运转。试运转中，将点火正时调整到上止点前34°。机油压力调整到375kPa±

25kPa。试运转结束后，关闭机油泵，将 75μm 的细滤网换成 115μm 的粗滤网。然后启动机油泵排掉系统中的空气，再关闭机油泵，停机 20min 后，检查机油液面，随后进行正式试验。

表 1　试运转条件

阶段	1	2	3	4
时间，min	15	60	90	45
转速，r/min	1500	1500	3000	800
输出扭矩，N·m	10	10	90	10
主油道机油压力，kPa	>300	>300	375±25	>300
机油温度,℃	70	70	100	45
发动机冷却液出口温度,℃	50	50	100	45
发动机冷却液流量，L/min	100	100	100	100
摇臂罩冷却液温度,℃	50	50	85	50
进气温度,℃	32	32	32	32
进气压力，kPa	0. 05	0. 05	0. 05	0. 05
进气湿度，g/kg	11. 4	11. 4	11. 4	11. 4
排气背压，kPa(绝对)	≤103. 5	≤103. 5	≤103. 5	≤103. 5
点火正时,°BTDC	34	34	34	34

13. 3　正式试验

启动发动机，当机油温度达到 148℃±1℃时，开始计时。正式试验总计 64h，其中包括 8 个循环，每个循环为 8h。正式试验条件见表 2。

表 2　正式试验条件

转速，r/min		3000±25
输出扭矩，N·m		110±2
主油道机油压力，kPa	不小于	325
机油温度,℃		148±1
发动机冷却液出口温度,℃		118±1
发动机冷却液流量，L/min		75±2
摇臂罩冷却液出口温度,℃		115±1
窜气凝聚器冷却液流量，L/min		15±1
摇臂罩冷却液流量，L/min		12±1
进气温度,℃		32±1
进气压力，kPa		0. 05±0. 02
进气湿度，g/kg		11. 4±0. 7
排气背压，kPa(绝对)		103. 5±0. 7
空燃比		16. 5±0. 5
点火正时,°BTDC		34±1

13.3.1 试验中的工作

13.3.1.1 参数的监控

所有的运转条件应控制在表 2 规定的范围内，每小时记录一次数据(见附录 D)。

13.3.1.2 曲轴箱窜气量的测量

每个循环测量并记录曲轴箱窜气量。测量时发动机必须处在稳定的试验条件下进行。

13.3.1.3 排气分析

每 24h 测一次排气中的一氧化碳、二氧化碳和氧气含量。以保证空燃比在 16.5±0.5 范围内(见附录 G)。

13.3.1.4 取样补油和调整油面

每个循环结束前 15min，从放油阀处放出死区油 300mL，取样 80mL，然后向发动机中加入400 mL 新试验油。停机后，关机油泵。20min 后检查机油液面并用死区油调整油面(见附录 D 中的 D.2)。

13.3.2 试验结束

停机后，放出试验油，放掉两个冷却系统的冷却液，尽快解体发动机。

14 试验结果评定和报告

14.1 评分前的准备

油泥评分件和机油滤网必须竖直放置 8h 以上，以便流尽上面的残油。具体放置位置如下：

摇臂罩前部朝下；摇臂罩内挡板后部朝下；汽缸盖有进排气口的一面朝下；曲轴前后密封盖按其在发动机内安装的方向；油底壳的上边缘朝下；发动机缸体按正常位置。

14.2 试验结果评定

按照 SH/T 0510 的规定，按附录 E 的评分表进行。

14.2.1 油泥评分

发动机油泥评分为摇臂罩、摇臂罩内挡板、汽缸盖上表面、曲轴前密封盖、曲轴后密封盖、汽缸体下表面、油底壳表面 7 个零件油泥评分的算术平均值。

14.2.2 漆膜评分

14.2.2.1 活塞裙部漆膜评分

活塞裙部漆膜评分为 4 个活塞裙部漆膜评分的算术平均值。

14.2.2.2 油环台漆膜评分

4 个活塞油环台(油环台上环台占 55%，下环台占 45%)漆膜评分的算术平均值。

14.2.3 堵塞

14.2.3.1 机油泵滤网的堵塞

评定油泥和残渣堵塞滤网堵塞面积的百分率。区分堵塞物是油泥还是残渣，并在报告说明。

14.2.3.2 油环的堵塞

评定四个活塞的油环堵塞面积的百分率，计算平均堵塞率。

14.2.4 磨损

14.2.4.1 凸轮磨损

测量并计算凸轮试验前后的高度差。计算 8 个凸轮的平均磨损并列出最大磨损。利用式(1)和式(2)对凸轮的平均磨损和最大磨损进行修正。

$$Y_1 = 6.0391X_1 + 0.0199 \quad \cdots\cdots (1)$$

式中：

Y_1——修正后的平均凸轮磨损值，mm；

X_1——实测平均凸轮磨损值，mm。

$$Y_2 = 6.8358X_2 + 0.0023 \cdots\cdots (2)$$

式中：

Y_2——修正后的最大凸轮磨损值，mm；

X_2——实测最大凸轮磨损值，mm。

14.2.4.2　轴瓦磨损(失重)

轴瓦试验前后的质量之差即为失重。它指上下两半瓦失重之和。测量轴瓦试验前后的质量，计算主轴瓦和连杆瓦的平均失重并列出最大失重。

14.2.4.3　摇臂磨损(失重)

摇臂试验前后的质量之差。测量摇臂试验前后的质量，计算 8 个摇臂的平均失重并列出最大失重。

14.2.4.4　缸套磨损

缸套试验前后内径之差。测量缸套试验前后的内径，计算出上止点处 4 个缸的平均磨损量并列出最大磨损量。

14.2.4.5　活塞环磨损

活塞环试验前后搭口间隙之差，即搭口间隙增量。报告第一道环搭口间隙的平均增量和最大增量。

14.2.5　擦伤

用目测法评定并报告凸轮、挺杆、摇臂的擦伤情况和数量。

14.2.6　粘结

记录压缩环和油环黏环或紧环的个数；记录挺杆粘结个数。

14.2.7　油样分析

测定各阶段试验油油样的 40℃运动黏度。用黏度计取样前应将试验油样摇匀(但不能对试验油样进行过滤和脱水处理)以保证所测数据的准确性。计算油样的黏度增长率。

14.2.8　试验件的照片

摇臂罩、摇臂罩内挡板、油底壳、活塞。

14.2.9　机油消耗量

0h~64h 试验中加入发动机的总油量减去采样量再减去补充机油液面后扔掉的“补充机油液面油样”量。最大允许消耗量为 3.50L。

14.2.10　试验结果报告

按附录 F 的表格报告试验结果。

附　录　A
(规范性附录)
燃油质量指标

表 A.1　燃油质量指标

项　　目		质量指标	试验方法
抗爆性 研究法辛烷值(RON)	不小于	97	GB/T 5487
四乙基铅含量，g/kg		1.3~1.5	GB/T 377
馏程 10%蒸发温度,℃ 50%蒸发温度,℃ 90%蒸发温度,℃ 终馏点,℃ 残留量,%(体积分数) 残留量和损失量,%(体积分数)	 不高于 不高于 不高于 不高于 不大于 不大于	 70 120 190 205 1.5 3.5	GB/T 6536
饱和蒸气压，kPa	不大于	80	GB/T 8017
实际胶质，mg/100mL	不大于	5	GB/T 8019
诱导期，min	不小于	480	GB/T 8018
硫含量,%(质量分数)	不大于	0.10	GB/T 380
铜片腐蚀(50℃、3h)，级	不大于	1	GB/T 5096
水溶性酸或碱		无	GB/T 259
酸度，mgKOH/100mL		3	GB/T 258
机械杂质及水分		无	GB/T 511、GB/T 260
博士试验		通过	SH/T 0174
组成,%(体积分数) 烷烃和环烷烃含量 烯烃含量 芳烃含量		 82~86 4.5~6.5 1.5~9.5	GB/T 11132

注：在燃油调制过程中不允许加入清净剂和其他抗爆剂等物质。

附　录　B
(规范性附录)
冷却液的配制

B.1　添加剂及调配比例

冷却液由乙二醇和下列添加剂混合而成。

硝酸钠($NaNO_3$)　　　　0.20%(质量分数)

四硼酸钠($Na_2B_4O_7 \cdot 5H_2O$)	1.00%(质量分数)
硅酸钠($Na_2SiO_3 \cdot 5H_2O$)	0.15%(质量分数)
磷酸三钠($Na_3PO_4 \cdot 12H_2O$)	0.45%(质量分数)
苯三唑钠(50%水溶液)	0.20%(质量分数)
氢氧化钠(NaOH)	0.20%(质量分数)
非离子型表面活性剂或等效物	0.02%(质量分数)
绿色染料	0.005%(体积分数)
水	2.00%(体积分数)

B.2 调配方法

先在称量好的乙二醇中加入规定量的四硼酸钠，搅拌使其溶解。将蒸馏水或软化水稍加温，加入规定量的硝酸钠、硅酸钠、磷酸三钠和氢氧化钠，搅拌使其溶解。把两种溶液倒在一起，再加入规定量的苯三唑钠、染料和表面活性剂。调配后没有不溶物。

B.3 苯三唑钠的调制

用1.688kg的苯三唑钠，0.597kg的氢氧化钠，1.745kg的水。

将氢氧化钠溶于水中，溶解后加入苯三唑钠搅拌，直到溶解。若溶解不充分，可补充少量氢氧化钠并加热即可。

附 录 C
(资料性附录)
发动机装配和测量记录表

C.1 凸轮和摇臂

凸轮		基圆至顶部，mm	摇臂		质量，mg
1排	试验前		1排	试验前	
	试验后			试验后	
	差			差	
1进	试验前		1进	试验前	
	试验后			试验后	
	差			差	
2排	试验前		2排	试验前	
	试验后			试验后	
	差			差	
2进	试验前		2进	试验前	
	试验后			试验后	
	差			差	
3排	试验前		3排	试验前	
	试验后			试验后	
	差			差	
3进	试验前		3进	试验前	
	试验后			试验后	
	差			差	

（续）

凸轮		基圆至顶部，mm	摇臂		质量，mg
4排	试验前		4排	试验前	
	试验后			试验后	
	差			差	
4进	试验前		4进	试验前	
	试验后			试验后	
	差			差	
最大磨损，mm			最大差值，mg		
平均磨损，mm			平均差值，mg		

C.2 凸轮轴承支座

支座号	供油孔，mm	凸轮喷油槽，mm			
		试验前		试验后	
		宽	深	宽	深
1					
2					
3					
4					
5					

C.3 凸轮轴轴承间隙

轴颈号		轴颈直径，mm				支座孔直径，mm				轴承间隙，mm	
		水平直径（*HD*）	垂直直径（*VD*）	圆度（*VD*−*HD*）	平均直径（*VD*+*HD*）/2	水平直径（*HD*）	垂直直径（*VD*）	圆度（*VD*−*HD*）	平均直径（*VD*+*HD*）/2	间隙	增量
1	试验前										
	试验后										
2	试验前										
	试验后										
3	试验前										
	试验后										
4	试验前										
	试验后										
5	试验前										
	试验后										

C.4 汽缸套内径测量(试验前)

试验前							
汽缸号	位置	横向直径(*LD*),mm	纵向直径(*TD*),mm	平均内径(*ABD*)(中 *TD*+下 *TD*)/2,mm	圆度(*LD*−*TD*),mm(≤0.015)	圆柱度,mm(≤0.020)	表面粗糙度,μm
1	上	87.	87.	—	0.0	—	
	中	87.	87.	87.	0.0	0.0	
	下	87.	87.	—	0.0	—	
2	上	87.	87.	—	0.0	—	
	中	87.	87.	87.	0.0	0.0	
	下	87.	87.	—	0.0	—	
3	上	87.	87.	—	0.0	—	
	中	87.	87.	87.	0.0	0.0	
	下	87.	87.	—	0.0	—	
4	上	87.	87.	—	0.0	—	
	中	87.	87.	87.	0.0	0.0	
	下	87.	87.	—	0.0	—	

C.5 汽缸套内径测量(试验后)

汽缸号	位置	横向直径(*LD*),mm	纵向直径(*TD*),mm	横向直径增量,mm	纵向直径增量,mm
1	上	87.	87.		
	中	87.	87.		
	下	87.	87.		
2	上	87.	87.		
	中	87.	87.		
	下	87.	87.		
3	上	87.	87.		
	中	87.	87.		
	下	87.	87.		
4	上	87.	87.		
	中	87.	87.		
	下	87.	87.		
平均磨损,mm					
最大磨损,mm					

C.6 活塞测量

汽缸号	活塞直径的可接受范围，mm （ABD[a]-0.030~ABD-0.070）	选定活塞的直径，mm		选定活塞的圆柱度，mm （0.000~0.015）
		垂直于活塞销中心线	活塞裙部末端横向	
1	87. ~87.	87.	87.	0.0
2	87. ~87.	87.	87.	0.0
3	87. ~87.	87.	87.	0.0
4	87. ~87.	87.	87.	0.0

[a] ABD——平均汽缸套内径。

C.7 活塞环的测量

汽缸号	环的位置	环与槽的侧向间隙，mm			环的搭口间隙[a]，mm		
		试验前	试验后	差值	试验前	试验后	差值
1	顶环						
	二环						
2	顶环						
	二环						
3	顶环						
	二环						
4	顶环						
	二环						

[a] 将环用标准定位器装在缸套内测量(0.70mm~0.76mm)。

C.8 主轴瓦的测量

轴颈号		主轴颈尺寸，mm				轴瓦内径，mm				装配轴瓦间隙[b]，mm	间隙增量，mm
		水平直径（HD）	垂直直径（VD）	圆度[a]（$VD-HD$）	平均直径（$VD+HD$）/2	水平直径（HD）	垂直直径（VD）	圆度（$VD-HD$）	平均直径（$VD+HD$）/2		
1	试验前										
	试验后										
2	试验前										
	试验后										
3	试验前										
	试验后										
4	试验前										
	试验后										
5	试验前										
	试验后										

[a] 允许值：0.015mm。

[b] 范围：0.007mm~0.100mm。

C.9 连杆轴瓦失重

<table>
<tr><td colspan="2">轴瓦号</td><td>1</td><td>2</td><td>3</td><td>4</td></tr>
<tr><td rowspan="3">上瓦</td><td>试验前</td><td></td><td></td><td></td><td></td></tr>
<tr><td>试验后</td><td></td><td></td><td></td><td></td></tr>
<tr><td>磨损</td><td></td><td></td><td></td><td></td></tr>
<tr><td rowspan="3">下瓦</td><td>试验前</td><td></td><td></td><td></td><td></td></tr>
<tr><td>试验后</td><td></td><td></td><td></td><td></td></tr>
<tr><td>磨损</td><td></td><td></td><td></td><td></td></tr>
<tr><td colspan="2">平均，mg</td><td colspan="4"></td></tr>
<tr><td colspan="2">最大，mg</td><td colspan="4"></td></tr>
</table>

C.10 气门弹簧的测量

<table>
<tr><td rowspan="2">弹簧位置</td><td rowspan="2">自由长度，
mm</td><td rowspan="2">弹簧安装高度，mm
（42mm±0.5mm）</td><td colspan="2">弹簧力，N</td></tr>
<tr><td>装配（在 42mm）
（520N±20N）</td><td>压缩（在 31mm）
（940N±30N）</td></tr>
<tr><td>1 排</td><td></td><td></td><td></td><td></td></tr>
<tr><td>1 进</td><td></td><td></td><td></td><td></td></tr>
<tr><td>2 排</td><td></td><td></td><td></td><td></td></tr>
<tr><td>2 进</td><td></td><td></td><td></td><td></td></tr>
<tr><td>3 排</td><td></td><td></td><td></td><td></td></tr>
<tr><td>3 进</td><td></td><td></td><td></td><td></td></tr>
<tr><td>4 排</td><td></td><td></td><td></td><td></td></tr>
<tr><td>4 进</td><td></td><td></td><td></td><td></td></tr>
</table>

C.11 气门杆与导管间的间隙

<table>
<tr><td rowspan="2">气门位置</td><td colspan="2">气门导管直径
（GD），mm</td><td colspan="2">气门杆直径
（SD），mm</td><td colspan="3">气门杆与导管间的间隙
（GD-SD），mm
排（0.076～0.119mm）
进（0.022～0.065mm）</td></tr>
<tr><td>试验前</td><td>试验后</td><td>试验前</td><td>试验后</td><td>试验前</td><td>试验后</td><td>增量</td></tr>
<tr><td>1 排</td><td></td><td></td><td></td><td></td><td></td><td></td><td></td></tr>
<tr><td>1 进</td><td></td><td></td><td></td><td></td><td></td><td></td><td></td></tr>
<tr><td>2 排</td><td></td><td></td><td></td><td></td><td></td><td></td><td></td></tr>
<tr><td>2 进</td><td></td><td></td><td></td><td></td><td></td><td></td><td></td></tr>
<tr><td>3 排</td><td></td><td></td><td></td><td></td><td></td><td></td><td></td></tr>
<tr><td>3 进</td><td></td><td></td><td></td><td></td><td></td><td></td><td></td></tr>
<tr><td>4 排</td><td></td><td></td><td></td><td></td><td></td><td></td><td></td></tr>
<tr><td>4 进</td><td></td><td></td><td></td><td></td><td></td><td></td><td></td></tr>
<tr><td colspan="7">平均</td><td></td></tr>
</table>

C.12 连杆瓦测量

连杆轴颈号		主轴颈尺寸，mm				轴瓦内径，mm				装配轴瓦间隙[b]，mm	间隙增量，mm
		水平直径（*HD*）	垂直直径（*VD*）	圆度[a]（*VD*-*HD*）	平均直径（*VD*+*HD*）/2	水平直径（*HD*）	垂直直径（*VD*）	圆度（*VD*-*HD*）	平均直径（*VD*+*HD*）/2		
1	试验前										
	试验后										
2	试验前										
	试验后										
3	试验前										
	试验后										
4	试验前										
	试验后										

[a]允许值：0.015mm。

[b]范围：0.019mm～0.100mm。

附　录　D

（资料性附录）

CEPT-Ⅲ操作记录表

D.1 试验操作条件记录表

试验号：　　　　试验油号：　　　　送样单位：　　　　试验日期：　　第　页

试验时间，h								
记录时间								
转速，r/min								
负荷，N·m								
进气压力，kPa								
排气背压，kPa								
主油道机油温度，℃								
油底壳机油温度，℃								
发动机冷却液进口温度，℃								
发动机冷却液出口温度，℃								
进气温度，℃								
进气混合气温度，℃								
摇臂罩冷却液出口温度，℃								
排气温度，℃								
燃油温度，℃								
测功机冷却水出口温度，℃								
窜气出口温度，℃								
发动机冷却液流量，L/min								

（续）

摇臂罩冷却液流量，L/min								
窜气冷凝器冷却液流量，L/min								
主油道机油压力，kPa								
机油泵后机油压力，kPa								
曲轴箱压力，kPa								
进气压力，kPa								
燃油压力，kPa								
进气湿度，g/kg								
点火正时，°BTDC								
操作人								

D.2 试验油采集、液面检查和油耗测定

试验编号： 送样单位： 油品名称： 试验日期：

序号	操作内容	10min 定时运转后	试运转后	正式试验时间，h							
				8	16	24	32	40	48	56	64
1	放出 300mL“死区”油样		X								
2	取 80mL 分析油样		X								
3	加 400mL 新油	X	X								
4	将 1 步 300mL“死区”油样倒回发动机		X	X	X	X	X	X	X	X	X
5	停机										
6	停机 25min 后检查机油液面高度，mm										
7	用 1 步 300mL 油样补充机油液面到“基准”液面高度，mm	X	X								
8	倒掉 7 步剩余的油样，mL	X	X								
9	确定最后油液面高，mm										
10	计算机耗油量，mL										
11	操作人										

D.3 窜气测量表

试验编号： 送样单位： 油品名称： 试验日期：

试验时间，h											
转速，r/min											
负荷，N·m											
量孔直径，mm											
压差（ΔP），mmH_2O											
温度，℃											
大气压力，kPa											
未校正的窜气流量，m^3/min											
校正系数											
校正后的窜气流量，m^3/min											

附　录　E
（资料性附录）
评分表

内燃机油高温氧化和抗磨损性能评定法
（CEPT-Ⅲ法）

发动机号：________________

试验号：________________

试验开始日期：________________

试验结束日期：________________

评分日期：________________

评分员：________________

E.1 摇臂罩油泥评分

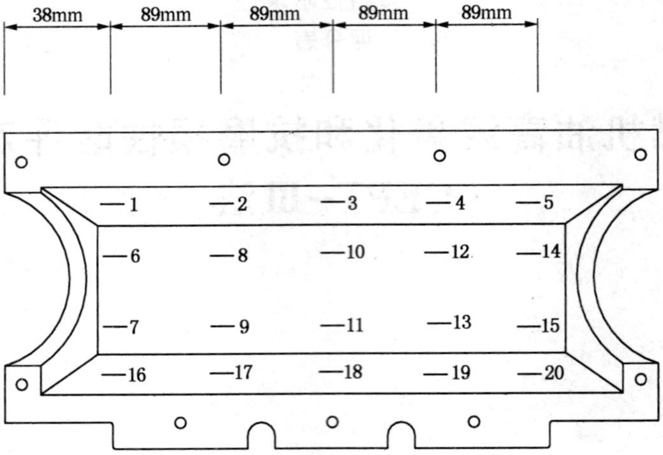

摇臂罩顶面评分位置离罩边 38mm

摇臂罩垂直面评分位置离罩底 64mm

深度等级	评分位置																				合计点数	覆盖面积,%	体积系数
	1	2	3	4	5	6	7	8	9	10	11	12	13	14	15	16	17	18	19	20			
干净																							
1/4A																							
1/2A																							
3/4A																							
A																							
AB																							
B																							
BC																							
C																							
D																							
E																							
F																							
G																							
H																							
I																							
J																							
总计																							

摇臂罩油泥评分____________________

E.2 油底壳油泥评分

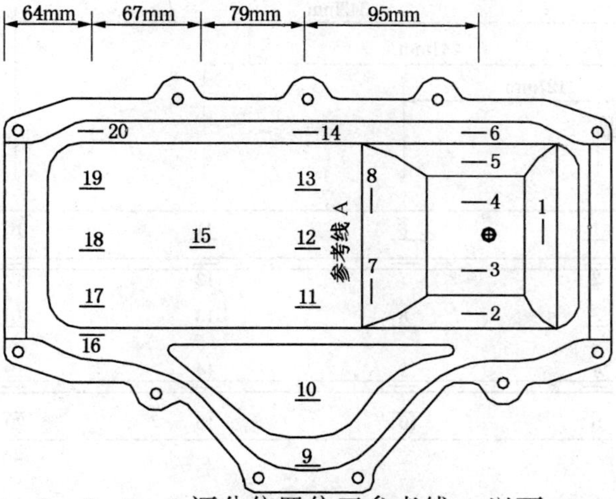

1、2、5、7、8 评分位置位于参考线 A 以下 19mm

3、4、11、13、17、18、19 评分位置离边 25mm

6、9、14、16、20 评分位置离安装面下 51mm

深度等级	评分位置																				合计点数	覆盖面积,%	体积系数
	1	2	3	4	5	6	7	8	9	10	11	12	13	14	15	16	17	18	19	20			
干净																							
1/4A																							
1/2A																							
3/4A																							
A																							
AB																							
B																							
BC																							
C																							
D																							
E																							
F																							
G																							
H																							
I																							
J																							
总　计																							

油底壳油泥评分____________________

E.3 摇臂罩内挡板油泥评分

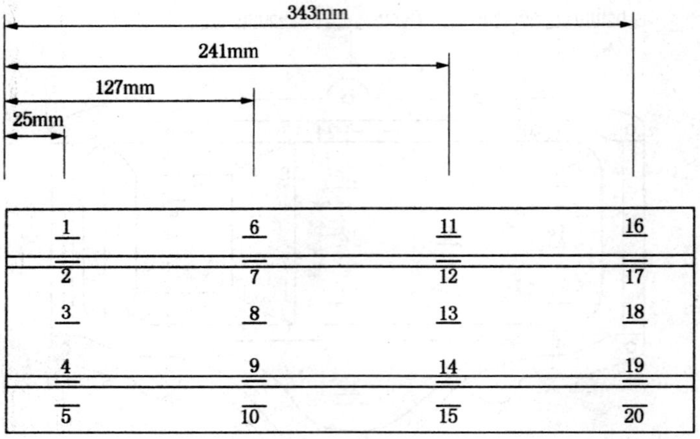

所有评分点的位置均在该面的中点

深度等级	评分位置																				合计点数	覆盖面积,%	体积系数
	1	2	3	4	5	6	7	8	9	10	11	12	13	14	15	16	17	18	19	20			
干净																							
1/4A																							
1/2A																							
3/4A																							
A																							
AB																							
B																							
BC																							
C																							
D																							
E																							
F																							
G																							
H																							
I																							
J																							
总计																							

摇臂罩内挡板油泥评分____________________

E.4 汽缸盖上表面油泥评分

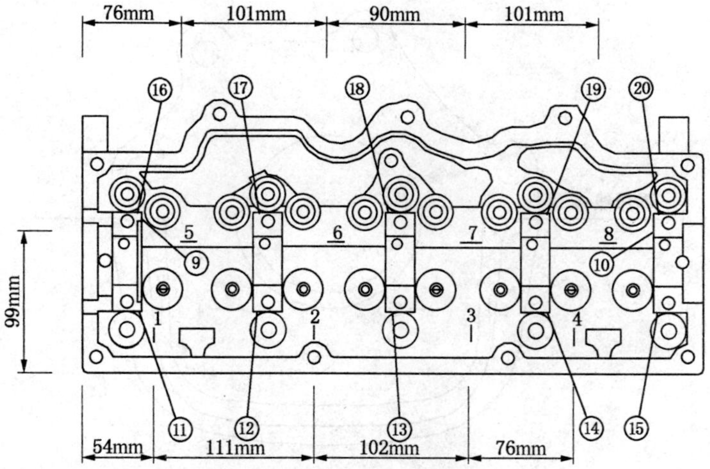

1、2、3、4 评分位置离汽缸盖边 25mm

5、6、7、8 评分位置离汽缸盖边 99mm

11、12、13、14、15、16、17、18、19、20 评分位置与安装垫表面取齐

深度等级	评分位置																				合计点数	覆盖面积,%	体积系数
	1	2	3	4	5	6	7	8	9	10	11	12	13	14	15	16	17	18	19	20			
干净																							
1/4A																							
1/2A																							
3/4A																							
A																							
AB																							
B																							
BC																							
C																							
D																							
E																							
F																							
G																							
H																							
I																							
J																							
总计																							

汽缸盖上表面油泥评分＿＿＿＿＿＿＿＿

E.5 曲轴前轴封盖油泥评分

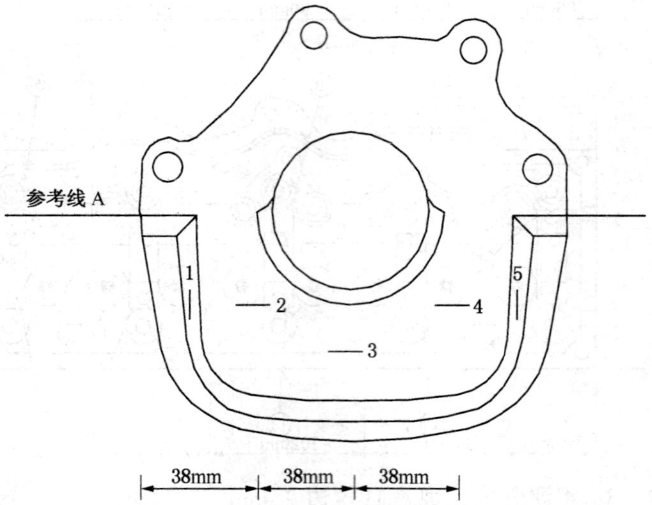

1、2、4、5 评分位置位于参考线 A 以下 28mm

3 评分位置位于参考线 A 以下 45mm

深度等级	评分位置																				合计点数	覆盖面积,%	体积系数
	1	2	3	4	5	6	7	8	9	10	11	12	13	14	15	16	17	18	19	20			
干净																							
1/4A																							
1/2A																							
3/4A																							
A																							
AB																							
B																							
BC																							
C																							
D																							
E																							
F																							
G																							
H																							
I																							
J																							
总　计																							

曲轴前轴封盖油泥评分____________________

E.6 曲轴后轴封盖油泥评分

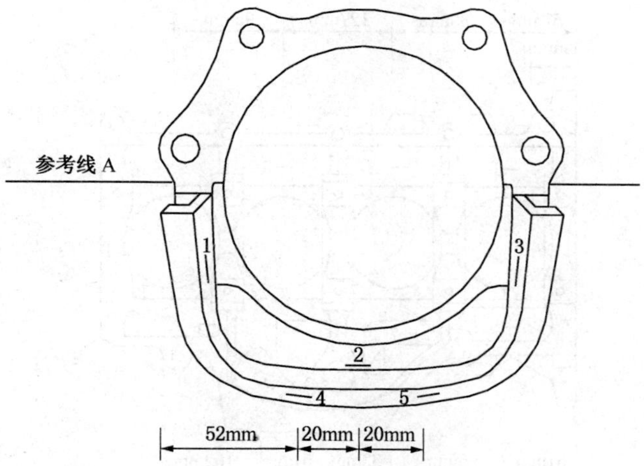

1、3 评分位置位于参考线 A 以下 25mm

深度等级	评分位置																				合计点数	覆盖面积,%	体积系数
	1	2	3	4	5	6	7	8	9	10	11	12	13	14	15	16	17	18	19	20			
干净																							
1/4A																							
1/2A																							
3/4A																							
A																							
AB																							
B																							
BC																							
C																							
D																							
E																							
F																							
G																							
H																							
I																							
J																							
总计																							

曲轴后轴封盖油泥评分________________

E.7 汽缸体下表面油泥评分

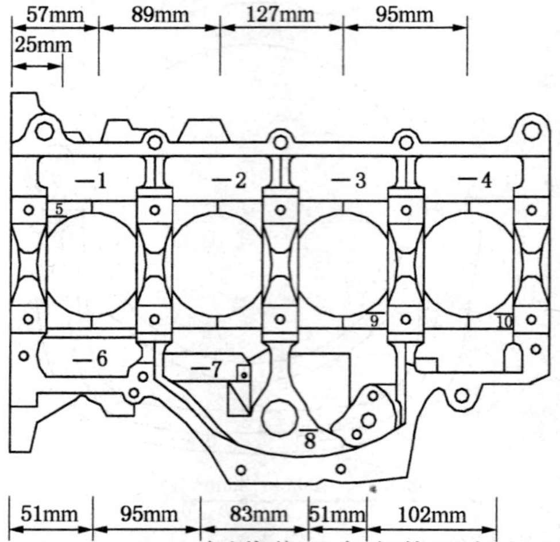

1、2、3、4、6、7 评分位置离安装面内边 38mm

8 评分位置离安装面以下 64mm

5、9、10 评分位置离汽缸筒 13mm

深度等级	评分位置										合计点数	覆盖面积,%	体积系数
	1	2	3	4	5	6	7	8	9	10			
干净													
1/4A													
1/2A													
3/4A													
A													
AB													
B													
BC													
C													
D													
E													
F													
G													
H													
I													
J													
总　计													

汽缸体下表面油泥评分____________________

E.8 活塞裙部漆膜评分

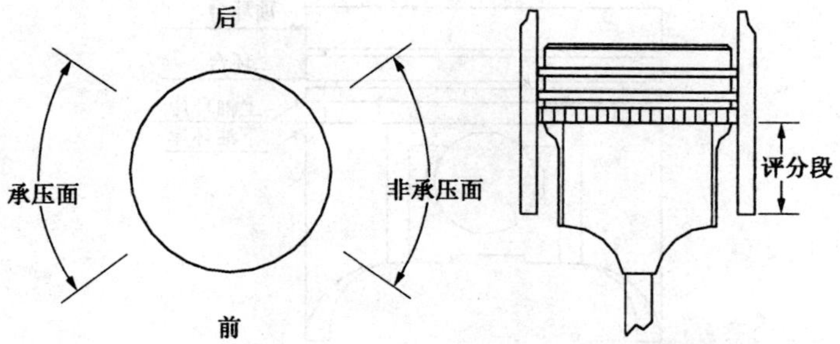

注：活塞在下止点。

活　塞　号	承压面评分	非承压面评分	平　均
1			
2			
3			
4			
平均			

活塞裙部漆膜评分＝(承压面平均评分+非承压面平均评分)/2＝

E.9 活塞油环岸漆膜评分

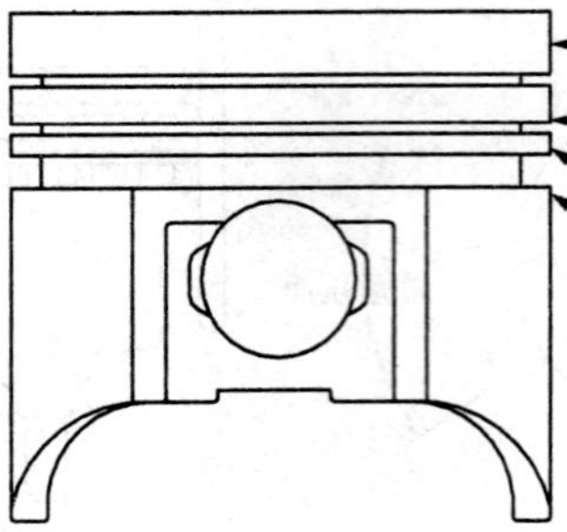

活　塞　号	上油环岸评分	下油环岸评分	得　分
1			
2			
3			
4			
平均			
活塞油环岸得分=上油环岸评分×55%+下油环岸评分×45%。			

活塞油环岸漆膜评分____________________

E.10　活塞环粘结

活　塞　号	顶环	二环	油　环
1			
2			
3			
4			
总热粘结			
总冷粘结			
O＝自由环；T＝紧环；H＝热粘结环；C＝冷粘结环；油环冷粘结或自由。			

E.11　机油滤网堵塞

活塞号	杂质，%	油泥，%
1		
2		
3		
4		

附 录 F
（资料性附录）
试验报告

内燃机油高温氧化和抗磨损性能评定法
（CEPT－Ⅲ法）

试验报告

委托单位：________________

试验油号：________________

试验编号：________________

试验日期：________________

方法编号：________________

F.1 试验结果汇总

F.1.1 试验油黏度增长(40℃，mm^2/s)

试验时间，h	黏度值，mm^2/s	黏度增加值，mm^2/s	黏度增长率，%
0			
8			
16			
24			
32			
40			
48			
56			
64			

F.1.2 沉积物评分

油泥评分	摇臂罩		
	摇臂罩内挡板		
	汽缸盖上表面		
	曲轴前油封盖		
	曲轴后油封盖		
	汽缸体下表面		
	油底壳		
	平均		
活塞裙部漆膜评分	承压面		
	非承压面		
	平均		
活塞油环岸评分	上油环岸		
	下油环岸		
	平均		
堵塞	机油滤网堵塞率,%		
	油环堵塞率,%		
粘结	压缩环粘结个数		
	挺杆粘结个数		
磨损	凸轮磨损，mm	最大	
		平均	
	摇臂失重，mg	最大	
		平均	
	连杆轴瓦失重，mg	最大	
		平均	
擦伤	凸轮		
	气门阀尖		
	摇臂		
	液压挺杆		
其他	总机油消耗，mL		

F.1.3 照片

报告提供以下部件照片：

摇臂罩、摇臂罩内挡板、油底壳、活塞。

附 录 G

（资料性附录）

修正后的 CO_2 和 O_2 百分含量对应空燃比

CO_2,%	空燃比	O_2,%
14.76	15.0	0.01
14.65	15.1	0.16
14.55	15.2	0.31
14.44	15.3	0.46
14.34	15.4	0.60
14.24	15.5	0.74
14.15	15.6	0.88
14.05	15.7	1.02
13.95	15.8	1.15
13.86	15.9	1.28
13.77	16.0	1.41
13.68	16.1	1.54
13.59	16.2	1.67
13.50	16.3	1.80
13.41	16.4	1.92
13.32	16.5	2.04
13.24	16.6	2.17
13.16	16.7	2.29
13.07	16.8	2.41
12.98	16.9	2.52
12.90	17.0	2.64
12.82	17.1	2.75
12.74	17.2	2.86
12.66	17.3	2.98
12.59	17.4	3.09
12.51	17.5	3.20
12.43	17.6	3.30
12.36	17.7	3.40
12.29	17.8	3.51
12.22	17.9	3.62
12.14	18.0	3.72

注：修正的 CO_2 百分含量=测得的 CO_2 百分含量+测得的 CO 百分含量；修正的 O_2 百分含量=测得的 O_2 百分含量−0.5×测得的 CO 百分含量。

编者注：本标准中引用标准的标准号和标准名称变动如下。

原标准号	现标准号	现标准名称
GB/T 258	GB/T 258	轻质石油产品酸度测定法
GB/T 260	GB/T 260	石油产品水含量的测定　蒸馏法
GB/T 377	GB/T 377—1964	汽油四乙基铅含量测定法(铬酸盐法)
GB/T 511	GB/T 511	石油和石油产品及添加剂机械杂质测定法
GB 1922	GB 1922	油漆及清洗用溶剂油
GB/T 5487	GB/T 5487	汽油辛烷值的测定　研究法
GB/T 6536	GB/T 6536	石油产品常压蒸馏特性测定法
GB/T 8017	GB/T 8017	石油产品蒸气压的测量　雷德法
GB/T 8018	GB/T 8018	汽油氧化安定性的测定　诱导期法
GB/T 8019	GB/T 8019	燃料胶质含量的测定　喷射蒸发法
GB/T 11132	GB/T 11132	液体石油产品烃类的测定　荧光指示剂吸附法
SH/T 0174	NB/SH/T 0174	石油产品和烃类溶剂中硫醇和其他硫化物的检测　博士试验法
SH/T 0510	SH/T 0510	汽油机油清净性评分方法

ICS 75.100
E 36

SH

中华人民共和国石油化工行业标准

SH/T 0784—2006

润滑脂极压性能测定法
（高频线性振动试验机法）

Standard test method for determining extreme pressure properties of lubricating grease using a high-frequency, linear-oscillation（SRV）test machine

2006-05-12 发布　　2006-11-01 实施

中华人民共和国国家发展和改革委员会　发布

前　言

本标准修改采用美国试验与材料协会标准 ASTM D5706-97(2002)^{ε1}《润滑脂极压性能测定法(高频线性振动试验机(SRV)法)》。

本标准根据 ASTM D5706-97(2002)^{ε1}重新起草。

为了适合我国国情，本标准在采用 ASTM D5706-97(2002)^{ε1}时进行了修改。本标准与 ASTM D5706-97(2002)^{ε1}的主要差异如下：

——取消关键词的章节。

——重复性和再现性的文字表述按我国的习惯进行了修改。

本标准由中国石油化工集团公司提出。

本标准由中国石油化工股份有限公司石油化工科学研究院归口。

本标准起草单位：中国石油化工股份有限公司润滑油一坪分公司。

本标准主要起草人：田中利、颜自力。

润滑脂极压性能测定法
(高频线性振动试验机法)

1 范围

1.1 本标准规定了在高频线性振动下用高频线性振动试验机(SRV)测定润滑脂极压性能的方法。
1.2 本标准也可适用于评价液体润滑剂的极压特性。
1.3 本标准采用国际单位制[SI]单位。
1.4 本标准涉及某些有危险性的材料、操作和设备，但并不对与此有关的所有安全问题都提出建议。因此，用户在使用本标准前，应建立适当的安全防护措施，并确定措施的适用范围。

2 规范性引用文件

下列文件中的条款通过本标准的引用而成为本标准的条款。凡是注日期的引用文件，其随后所有的修改单(不包括勘误的内容)或修订版均不适用于本标准，然而，鼓励根据本标准达成协议的各方研究是否可使用这些文件的最新版本。凡是不注日期的引用文件，其最新版本适用于本标准。

DIN 17230 滚动轴承钢

3 术语和定义

下列术语和定义适用于本标准。

3.1

磨合 break-in

在新建立的摩擦副中出现的一种初始转变过程，常常伴有摩擦系数或磨损率的瞬变，或两者同时发生变化。这不代表摩擦系统的长期行为特征。

3.2

摩擦系数 coefficient of friction

两个物体间的摩擦力与压在这两个物体上的正压力之间的无因次比。

3.3

赫兹接触面积 hertzian contact area

两个不一致的固体互相挤压产生的表观接触面积，可用赫兹弹性变形方程式计算。

3.4

赫兹接触压力 hertzian contact pressure

在赫兹接触面中任何指定位置的压力大小，可用赫兹弹性变形方程式计算。

3.5

润滑剂 lubricant

加到两相对运动表面间能减小摩擦或降低磨损的物质。

3.6

润滑脂 lubricating grease

将稠化剂分散在液体润滑剂中所形成的一种稳定的半流体到固体的产物。

注：稠化剂分散时形成一个两相系统，并通过表面张力和其他的物理力使液体润滑剂不流动，通常包含提供特

殊性能的其他成分。

3.7

稠化剂　thickener

在润滑脂中，微小分散的颗粒组成的物质分散在液体润滑剂中能形成骨架结构。

注：不溶解或者最多只有少量溶解在液体润滑剂中的稠化剂可以是纤维状（如各种金属皂）或片状或球状（如一些非皂稠化剂）。对稠化剂的一般要求是固体颗粒要极小，均匀分散并能够与液体润滑剂形成相对稳定的凝胶状结构。

3.8

轮廓算术平均偏差 R_a　arithmetical mean deviation of the profile

用于测定表面粗糙度，在规定距离内从平均线到所有侧面点绝对距离的算术平均值。

3.9

微观不平度十点高度 R_z　ten point height of irregularities

用于测定表面粗糙度，在评定的长度中所有 R_y 值（峰顶到峰谷高度）的平均值。

3.10

轮廓最大高度 R_y　maximum height of the profile

用于测定表面粗糙度，在粗糙剖面的一个取样长度内，最高峰顶部与最深谷底部之间的垂直距离。

3.11

极压　extreme pressure

接触中的金属表面在高应力摩擦条件下所具有的润滑特性。

3.12

卡咬　seizure

试件摩擦表面之间金属的局部熔化。

注：在本试验方法中，摩擦系数上升超过稳定态，增加量 0.2，则表明有卡咬发生。在严重情况下，电机将停止运行。

3.13

SRV

振动、摩擦、磨损的德文首字符的组合。

4　方法概要

本试验方法是在高频线性振动试验机（SRV）上用一个试验钢球，以固定的频率对一个试验钢盘在润滑条件下进行往复振动试验。以 100N 为增量连续施加试验负荷直至发生卡咬。测量并报告刚好发生卡咬之前所对应的试验负荷。

注：试验频率、振幅、试验温度、试验球及试验盘材料等都可以根据模拟现场条件的变化而变化。试验球产生点接触图形。要想得到线或面接触，可以用不同形状的试件来替代试验球。

5　意义和用途

本标准可以用来快速测定在选定温度条件下润滑脂的极压性能，尤其适用于测定在高赫兹点接触状态下，高速振动或停-开运动时润滑脂的极压性能。本标准广泛适用于使用在前轮驱动汽车的恒速球节中润滑脂质量检验。本标准的使用者应当确定试验结果与实际使用性能或其他应用之间的相关性。

6　仪器

6.1　高频线性振动试验机（SRV），其结构和原理如图 1、图 2 所示。

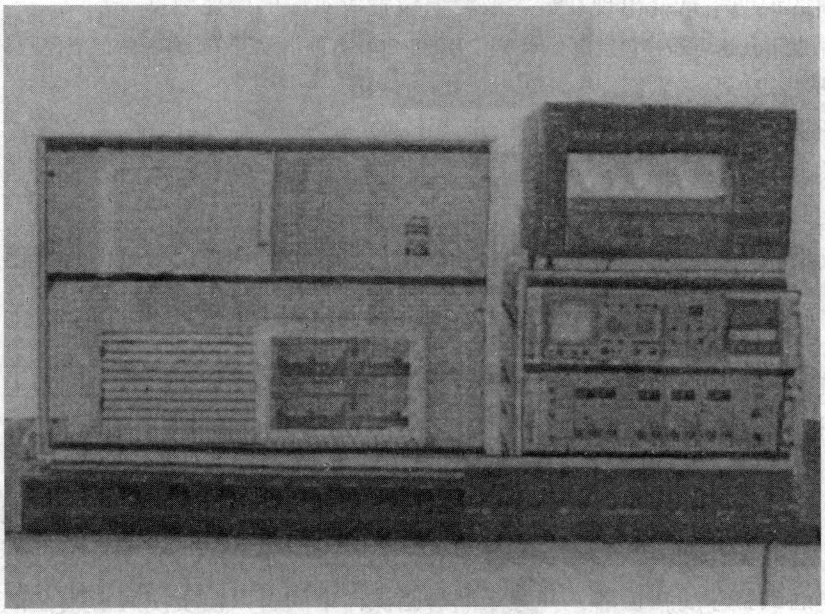

图1　SRV试验机外观结构图

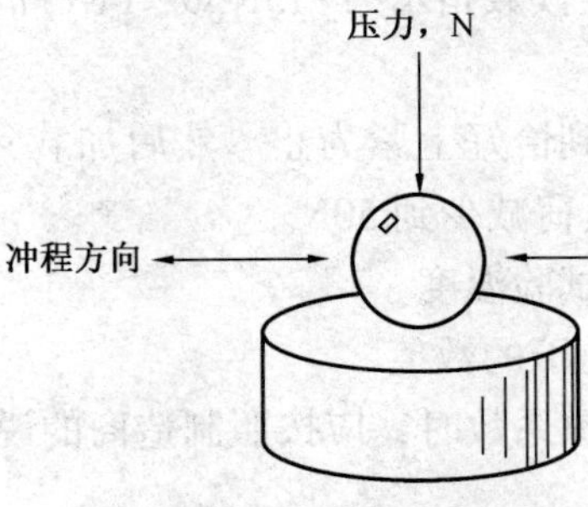

图2　试验原理

7　试剂与材料

7.1　试验球：52100钢，硬度Rc为60±2，表面粗糙度(R_a)为 $\frac{0.030}{0.020}$，直径为10mm。

7.2　试验盘：52100钢，硬度Rc为60±2，研磨表面粗糙度为 $\frac{R_z 0.65}{R_a 0.45}$，直径为24mm，厚度为7.85mm。

注：允许采用以100号Crb钢(DIN 17230)制造的试验件。

7.3　正庚烷：分析纯。

注：易燃品，对身体有害。

7.4　异丙醇：分析纯。

注：易燃品，对身体有害。

7.5　甲苯：分析纯。

注：易燃品，对身体有害。

7.6　清洗溶剂：正庚烷，异丙醇和甲苯的等体积混合物。

注：易燃品，对身体有害。

8　仪器的准备

8.1　接通试验机和记录仪，在试验前将机器预热15min。

8.2 根据制造商的说明书选择出现在最大波峰值位置所对应的摩擦数据。

注：在大多数情况下，这可通过锁定电子卡 No 291.35.20E 上的滑动开关（面板后面电路板的前侧）和位于控制单元背板上的滑动开关来完成。

8.3 将振幅旋钮调至“零”。

8.4 将冲程开关调节到自动位置。

8.5 将频率设定到 50Hz。

8.6 按照制造商的说明书设定所需要的量程并校正记录仪，再选择记录纸的走纸速度。

9 试验步骤

9.1 用带有清洗溶剂的绸布清洗、擦拭试验球和试验盘表面，反复擦拭直至绸布上没有黑色残留物为止。将试验球和试验盘浸入盛有清洗溶剂的烧杯中，用超声波仪器振动 10min，然后再用干净的绸布擦干净试验球和试验盘，以确保试件表面上没有条纹出现。

9.2 将少量（大约 0.1g～0.2g）的润滑脂试样放在清洗干净的试验盘上，避免与以前产生的磨斑重叠。

9.3 将清洗干净的试验球装在顶部，并置于润滑脂试样中间，以便于使润滑脂在试验球和试验盘之间形成一种圆形对称的均匀薄层。

9.4 在确认试验机器没有负荷（负荷表读数指示为-13N 或-14N）情况下，将含有润滑脂试样的试验盘和试验球小心地放置到试验平台区域。

9.5 上紧试验球和试验盘的夹具，直到恰好上紧为止。然后加载到 100N 后，拧紧试验球和试验盘的夹具，使扭矩达到 2.5N·m，再将负荷减少到 50N。

9.6 打开加热控制器，设定所需要的试验温度。

9.7 设定负载放大器对应于 400N 负荷下的数值。

9.8 当考察在每一个试验负荷下的摩擦系数时，应按照制造商的说明书改变负载放大器对应于每个负荷下的数值。

9.9 当温度已经稳定后，打开记录纸走纸开关，放下记录笔，再压下拨动式启动开关直到计时器开始计数，然后调节冲程振幅旋钮到 1.00mm。

9.10 当数字计时器达到 30s 时，使用慢速挡将负荷加到 100N，并保持此负荷持续运行 2min，这 2min 包含加载过程。使用慢速挡，每 2min 增加负荷 100N 直至达到 1200N 负荷，或达到试验仪器的负荷极限，或发生失效为止。失效指的是在试验机振动过程中摩擦系数上升并且超过稳定态的增加量大于 0.2，或产生停机。

注：因为在 50N 下磨合用去 30s，因此负荷加载应在偶数分钟 30 秒时刻开始，如 4min30s、6min30s。

9.11 当 1200N 负荷运行结束或达到试验仪器的最大负荷或发生失效时，应关闭加热控制器，将负荷减至最小数值（一般为-13N 或-14N），然后拆卸试验球和试验盘，并清除润滑脂试样。

注：在 1992 年后出的 SRV 试验机可达到 1400N 的最大负荷。

10 报告

10.1 报告下列试验参数：

10.1.1 温度，℃。

10.1.2 冲程，mm。

10.1.3 频率，Hz。

10.1.4 试验球。

10.1.5 试验盘。

10.1.6 润滑脂试样名称。

10.2 报告没有发生卡咬的最大试验负荷。

11 精密度和偏差

11.1 十八位操作者在SRV试验机上对具有平均承载能力的八种润滑脂进行了试验，负荷范围从约200N到约700N。

11.2 精密度

按下述规定，判断试验结果的可靠性(95%置性水平)。

11.2.1 重复性

由同一操作者使用同一仪器，在相同的操作条件下，对同一试样进行重复测定，所得两个结果之差不能超过下列数值：

50℃下运行试验：$0.7X$

80℃下运行试验：$0.6(X+122)$

其中：X 为两次测定结果的平均值，N。

11.2.2 再现性

由不同操作者在不同实验室，对同一试样进行测定，其中所得的两个独立的结果之差不能超过下列数值：

50℃下运行试验：$1.3X$

80℃下运行试验：$1.2(X+122)$

其中：X 为两次测定结果的平均值，N。

11.3 偏差：用本试验方法评价润滑脂的承载能力没有偏差，因为承载能力只能根据本试验方法来定义。

ICS 75.080
E 30

SH

中华人民共和国石油化工行业标准

SH/T 0785—2006

难燃液芯式燃烧持久性测定法

Petroleum and related products—Determination of wick flame persistence of fire-resistant fluids

(ISO 14935：1998，MOD)

2006-05-12 发布 2006-11-01 实施

中华人民共和国国家发展和改革委员会 发布

前 言

本标准修改采用国际标准 ISO 14935：1998《石油及相关产品—难燃液芯式燃烧持久性测定法》(英文版)。

本标准根据 ISO 14935：1998 重新起草。

为了适应我国国情，本标准在采用 ISO 14935：1998 时进行了修改。这些技术性差异用垂直单线标识在它们所涉及的条款的页边空白处。本标准与 ISO 14935：1998 的主要差异如下：

——将 ISO 14935：1998 中引用标准改为我国相应的国家标准和行业标准。

——取消了引用标准中 ISO 15029《石油及相关产品—难燃液喷射点火性能测定法》的引用，并将与此有关的内容也进行了相应的修改。

本标准由中国石油化工集团公司提出。

本标准由中国石油化工股份有限公司石油化工科学研究院归口。

本标准起草单位：中国石油化工股份有限公司济南分公司。

本标准主要起草人：曲兰香、阴亭。

本标准于 2006 年首次发布。

难燃液芯式燃烧持久性测定法

警告：本标准使用中可能会涉及到有危险的材料、操作和设备。本标准没有指出在使用中所有涉及到的安全问题，因此用户在使用本标准前应建立适当的安全和防护措施并确定有适用性的管理制度。

1 范围

本标准规定了浸过难燃液的不燃材料边缘燃烧持久性的测定方法。本标准可以为安全运输和贮运提供相关信息。本方法不能确定难燃液的喷雾性能。本标准不适用于某些不能粘附到试验板上的含水液或乳化液。

2 规范性引用文件

下列文件中的条款通过本标准的引用而成为本标准的条款。凡是注日期的引用文件，其随后所有的修改单（不包括勘误的内容）或修订版均不适用于本标准，然而，鼓励根据本标准达成协议的各方研究是否可使用这些文件的最新版本。凡是不注日期的引用文件，其最新版本适用于本标准。

GB/T 4756　石油液体手工取样法（GB/T 4756—1998，eqv ISO 3170：1988）

SH/T 0553　工业丙烷、丁烷（SH/T 0553—1993，mod ISO 9162：1989）

3 术语和定义

下列定义适用于本标准。

3.1

燃烧平均持久性　flame mean persistence

在本标准规定条件下，进行五轮点火试验（以秒计）的最大平均燃烧持久时间。每轮点火试验结果是六次测定结果的平均值。

4 方法概要

一块浸过试验液体的不燃硅酸铝板，装在液体槽中并露出上边缘。使用小火点燃试验板暴露的边缘，测定点火结束后的燃烧持久时间（以秒计）。对于五轮点火试验，每轮均要进行6次测定。计算五轮点火试验的燃烧持久时间，取最大平均值为试验结果。

5 试剂和材料

5.1　丙烷：符合SH/T 0553中95号工业丙烷的要求。

5.2　清洗材料：清洗试样槽及适用于试验材料的溶剂。

6 设备

6.1　试验槽：由合适的金属制成，长约200mm，宽25mm，深20mm。试验槽应装有夹子或夹紧装置，以便能在槽的任一边夹紧试验板，两个夹子内边缘的距离为180mm±2mm。每个夹子或夹紧装置要在距试验槽内底部上方30mm±0.5mm处有一参考刻度。试验槽的示意图见图1。

6.2　燃烧器：装有直径0.6mm喷嘴，如图2所示。

注1：该喷嘴是一个适用的商业产品。

注2：燃烧器是由一段管子制成，一端连接喷嘴，一端与丙烷供应管连接器相连。

单位为毫米

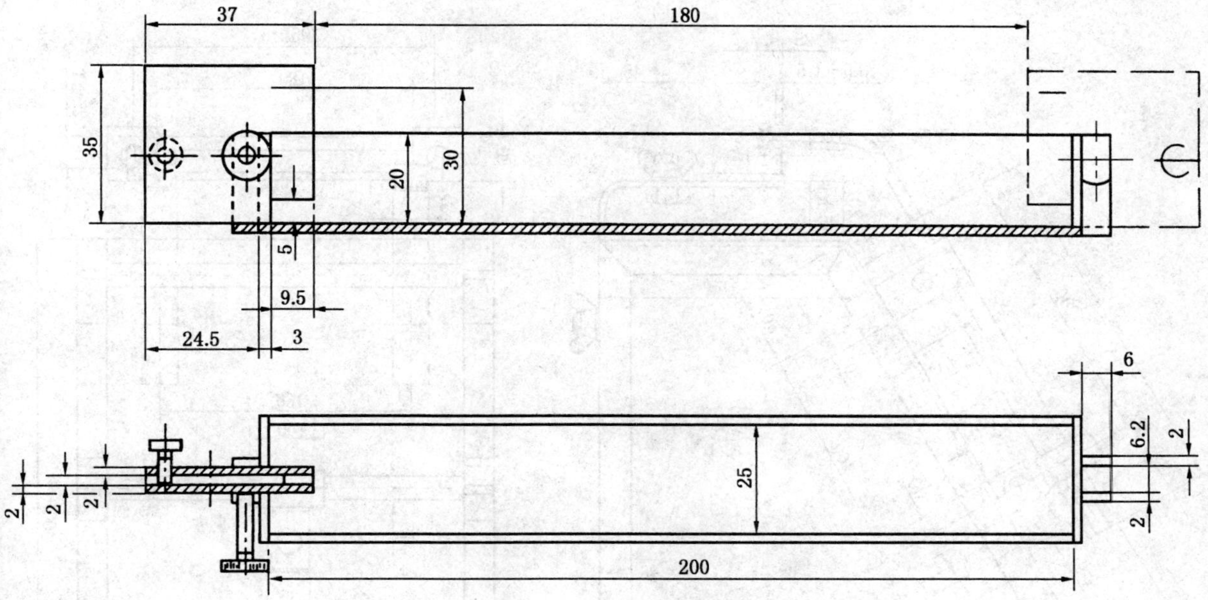

图1 试验槽

单位为毫米

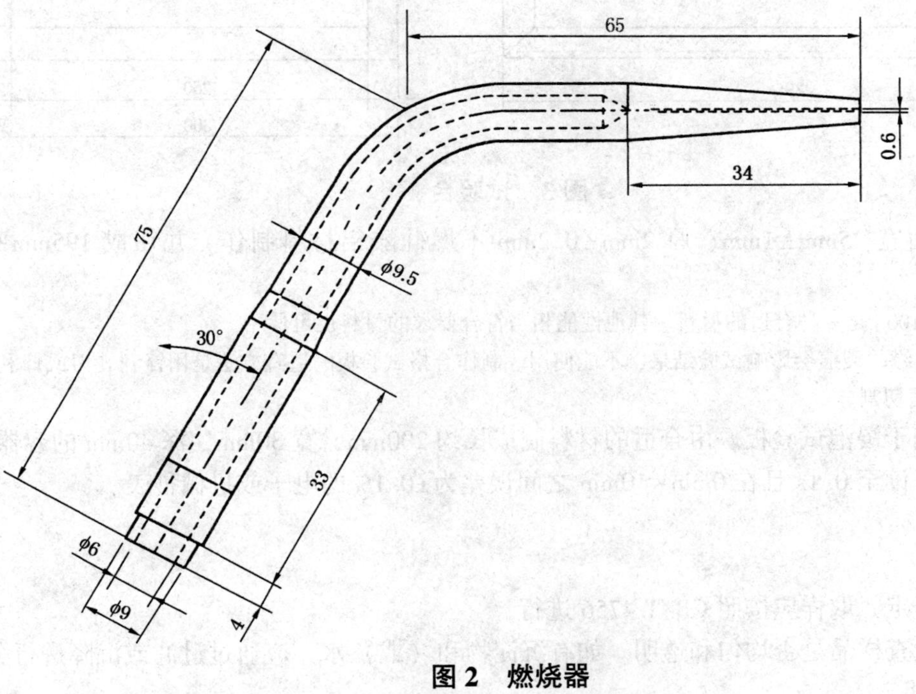

图2 燃烧器

6.3 丙烷供应管：由不漏气的硬质或软质材料制成，一端装有旋转接头连接燃烧器，另一端装有调节阀与丙烷气源相连。

注1：可替代旋转接头的是在燃烧器管子的底部装有旋转杆和夹子（见图3）。

注2：当丙烷气由气瓶供应时，需由减压阀控制流量。当由低压管网供应时，仅需针型阀。

6.4 试验台：适合安装试验槽、试验板和燃烧器。用一个固定部件将燃烧器固定，以使火焰高度在合适的位置。并能够使燃烧器沿着试验板的长度移动。燃烧器通过旋转接头或旋转杆可以将火焰从试验板的表面移至安全位置（见图3）。

单位为毫米

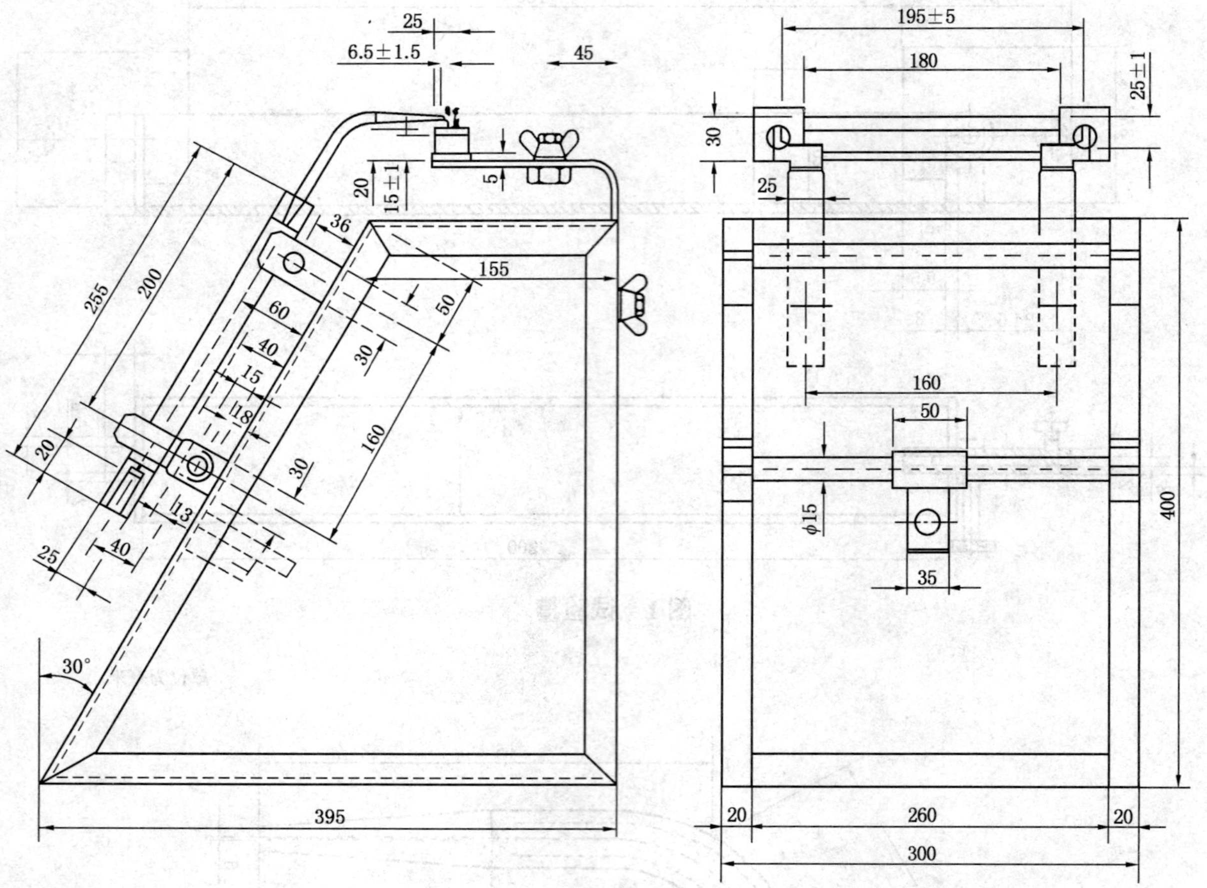

图3 试验台

6.5 试验板：由宽25mm±1mm、厚2mm±0.2mm不燃硅酸铝材料制作。并切成195mm±5mm的长度。

注1：Isoplan 1100[1)]是一种合适的材料。其他性能相当符合要求的材料也可使用。

注2：试验板边缘的裂痕会影响试验结果，不能使用。制作合格试验板的适宜方法是用锋利轧刀或锋利小刀与金属尺子一起进行光滑切割。

6.6 浸泡池：用于浸泡试验板。由合适的材料制成长约200mm，宽30mm，深40mm的容器。

6.7 计时器：可读至0.1s且在0min~10min之间误差为±0.1%的电子或机械秒表。

7 样品及取样

7.1 除非另有规定，取样应按照CB/T 4756进行。

7.2 取样前，检查样品是否均匀和透明。如有沉淀物和（或）水，应通过过滤或沉降进行分离，并在试验报告中注明。

8 仪器准备

8.1 每块试验板垂直悬挂在静止空气中，用小火点燃试验板的下边缘。火焰应垂直燃烧，以除去整

1) Isoplan 1100可以从下列两处购得：

a) Frenzeit-Werke GmbH，Post Box，D-8582 Bad Berneck，Germany。

b) Evco-S. A.，Les Petites Roches，Trept，F-38460 Gremieu，France。

个试验板上的可燃物质。试验板在使用前至少冷却 1h。

注：建议同时准备好试验所需试验板，准备好的试验板贮存在带盖容器里。

8.2 调节试验台，使试验槽成水平。固定试验板，使试验板面垂直，板顶部水平，且和夹子或夹紧装置上的标准刻度成一条直线。

8.3 燃烧器点火位置的安装，应使喷嘴中心线水平，并与试验板平行，且距其顶部±1.5mm。喷嘴口和试验板顶部之间水平距离沿长度方向为 6.5mm±1.5mm。燃烧器喷嘴的点火和移动应处于安全位置。

8.4 调节点火火焰长度为 25mm±1mm。每次测定需检查并在必要时进行调整。

9 试验步骤

9.1 在静止空气、室温（18℃~22℃）条件下进行试验。

注：建议关闭通风橱的通风，或用足够长度的挡风罩遮挡试验台的三面。

9.2 将浸泡池注入约 30mm 深的试验液体，并浸入一次试验所需的试验板，至少浸入 10min。废弃使用后的液体。

注：每次试验至少需 5 块试验板，某些情况下需要多达 15 块试验板。

9.3 将试验槽装入 15mm±1mm 深的新鲜试样，并在整个试验期间保持液面高度。

9.4 使用镊子小心地夹住试验板的两端（不得超过距两端点 20mm 处），从浸泡池中取出并固定在试验槽的夹子或夹紧装置上。

9.5 将试验板沥干 1min~5min，然后在板的中部点火 2s±0.2s。

9.6 移开点火火焰，记录试验板上火焰持续的时间精确至 0.1s，记录为 T_1。如果试验板上火焰燃至夹子，在报告中记载此现象，不要在此试验板边缘进行以后的试验。如果试验板上火焰的延伸在点火位置 20mm 内，在试验板边缘中心点左右各 50mm 处再进行 2 次点火试验。如果火焰穿过试验板上次燃烧的部位，则废弃此试验结果。完成 6 次试验测定。

9.7 重复 9.5 条和 9.6 条步骤进行 5s±0.1s（MP_5）、10s±0.1s（MP_{10}）、20s±0.1s（MP_{20}）和 30s±0.1s（MP_{30}）的点火试验。所用试验板均应沥干 1min~5min。

注：在 1、2 或 3 次点火试验后，试验板应上下翻转使用。

9.8 该试验需在 2h 内完成五轮点火试验。

10 计算

用式（1）计算五轮（MP_2、MP_5、MP_{10}、MP_{20}和 MP_{30}）每轮点火试验的平均持久时间（MP）以秒为单位：

$$MP = (T_1 + T_2 + T_3 + T_4 + T_5 + T_6)/6 \qquad (1)$$

式中：

T_1、T_2、T_3、T_4、T_5、T_6——9.6 条中 6 次测定值。

11 结果表示

报告由每 10 章计算的五轮中的最大平均值，精确至 0.1s，作为燃烧平均持久性的试验结果。

报告 7.2 条中观察到试样中的沉淀物和（或）水。

报告 9.6 条中观察到火焰燃烧穿过夹子或夹紧装置的试验现象。

12 精密度

本标准规定了以 60s 最大数值作为试验通过与不通过的限定，本方法没有建立精密度。

13 试验报告

试验报告应至少包括下列内容：

a）注明引用本标准；

b）试验产品类型和完整编号；

c）11章中的试验结果；

d）由协议或其他情况造成与本试验程序的差异；

e）试验日期。

ICS 75.100
E 34

SH

中华人民共和国石油化工行业标准

SH/T 0786—2006

柴油机油清净性评定法
(开特皮勒 1M-PC 法)

Standard test method for evaluation of engine oils in diesel four-stroke cycle supercharged 1M-PC single cylinder oil test engine

2006-05-12 发布　　2006-11-01 实施

中华人民共和国国家发展和改革委员会　发布

目 次

前　言

本标准修改采用美国试验与材料协会标准 ASTM D6618-04《1M-PC 四冲程单缸增压油料试验机评价内燃机油标准试验方法》。

本标准根据 ASTM D6618-04 重新起草。

为了适合我国国情，本标准在采用 ASTM D6618-04 时进行了修改，这些技术性差异用垂直单线标识在它们所涉及条款的页边空白处。本标准与 ASTM D6618-04 的主要技术差异如下：

——本标准编写采用国际单位制单位；

——引用标准采用我国相应的现行标准；

——6.11.2 只编入了 6.11.2.1，因为活塞冷却喷嘴总成是由美国西南研究院指定专门的技术部门校验并供货的。

——在 11.3 条加入了“评分”，概述了活塞沉积物性能的分类及清净性总评分的计算方法；

——修改了试验标定频率，删除了“六个月做一次标定试验”，以适应国情；

——增加了附录 D、附录 E、附录 F。

本标准中附录 A、附录 B、附录 C 均为规范性附录，附录 D、附录 E、附录 F 均为资料性附录。

本标准由中国石油化工集团公司提出。

本标准由中国石油化工股份有限公司石油化工科学研究院归口。

本标准起草单位：中国石油天然气股份有限公司润滑油研究开发中心。

本标准主要起草人：李曙光、冯振文、辛忠先、谢惊春、牛成继、刘文俊、蔡继元。

ASTM 前言

本试验方法可以被任何设备齐全的试验室采用，不需外界帮助。但是需要用美国试验与材料协会（ASTM）试验监测中心（TMC）提供参比油和相应的参比油结果值。通过上述方法，实验室可以了解他们采用本试验方法所得到的结果与其他实验室所得到的统计结果是否一致。另外，实验室可以采用 TMC 的服务，确定油品是否符合其相应的规格。例如：美国要求采用 TMC 的服务以确定几种军用发动机润滑油与其规格的相符性。

本试验方法是为了使用 TMC 服务的实验室而编写的，对没有选择 TMC 服务的实验室可以忽略本标准中关于 TMC 的部分。

本试验方法可通过 TMC 所颁发的信息通讯而修改，此外，TMC 也可发布与方法相关的增补备忘录。

柴油机油清净性评定法（开特皮勒1M-PC法）

1 范围

1.1 本标准规定了评定柴油机油高温清净性能的试验方法，包括活塞沉积物形成趋势、活塞环粘结、活塞环和汽缸套磨损等。本标准适用于评定单级和多级油，如CF、CF-2、MIL-PRF-2104等柴油机油。

注：API油品性能规格中CF、CF-2油品的其他性能在SAE J304中讨论，军用规格油品性能试验见MIL-PRF-2104。

1.2 本标准采用国际单位制（SI）单位。

1.3 本标准的应用可能涉及到某些有危险性的材料、操作和设备，但并未对与此有关的所有安全问题都提出建议，用户在使用本标准前有责任制定相应的安全和保护措施并明确其受限制的适用范围。

2 规范性引用文件

下列文件中的条款通过本标准的引用而成为本标准的条款。凡是注日期的引用文件，其随后所有的修改单（不包括勘误的内容）或修订版均不适用于本标准，然而，鼓励根据本标准达成协议的各方研究是否可使用这些文件的最新版本。凡是不注日期的引用文件，其最新版本适用于本标准。

GB/T 253　灯用煤油

GB/T 260　石油产品水分测定法

GB/T 261　石油产品闪点测定法（闭口杯法）（GB/T 261—1983，ISO 2719-1973，REF）

GB/T 265　石油产品运动黏度测定法和动力黏度计算法

GB/T 268　石油产品残炭测定法（康氏法）（GB/T 268—1987，ISO 6615-1983，EQV）

GB/T 380　石油产品硫含量测定法（燃灯法）

GB/T 386　柴油着火性质测定法（十六烷值法）

GB/T 508　石油产品灰分测定法（GB/T 508—1985（91），ISO 6245-1982，REF）

GB/T 511　石油产品和添加剂机械杂质测定法（重量法）

GB/T 1884　原油和液体石油产品密度实验室测定法（密度计法）（GB/T 1884—2000，ISO 3675-1998EQV）

GB 1922—1980　溶剂油

GB/T 3535　石油倾点测定法（GB/T 3535—1998，ISO 3016-1997，REF）

GB/T 5096　石油产品铜片腐蚀试验法

GB/T 6531　原油和燃料油中沉淀物测定法（抽提法）（GB/T 6531—1986，ISO 3735-1975，EQV）

GB/T 6536　石油产品蒸馏测定法

GB/T 6986　石油浊点测定法（GB/T 6986—1986（91），ISO 3015-1974，EQV）

GB/T 7304　石油产品和润滑剂酸值测定法（电位滴定法）

GB/T 11132　液体石油产品烃类测定法（荧光指示剂吸附法）

SH/T 0042　石油磺酸钙清净剂

SH/T 0606　中间馏分烃类组成测定法（质谱法）

3 术语和定义

下列术语和定义适用于本标准。

3.1

标定 calibrate

用以确定与某一标准有关的测量装置的指示值或输出值。

3.2

试验油 candidate oil

任何一种按照所建立的程序用于评价的试验油。

3.3

堵塞 clogging

沉积物在流体通道边缘聚积而使流体的流动受到阻碍。

3.4

发动机油 engine oil

能减少摩擦或磨损（或兼有两种性能）的液体，此液体能在发动机内部运动部件之间（特别从活塞下面）带走热量，适用于活塞环对燃烧气体的密封。

注；此油品含有提高确定性能的添加剂，例如：抑制发动机的锈蚀、沉积物的形成、阀系磨损、油品的氧化及产生泡沫等。

3.5

参比油 reference oil

一种已知性能的油，用作比较的基础。

注：参比油用于标定试验装置，比较其他油的性能。

3.6

非参比油 non-reference oil

除参比油之外的任何一种油，比如研究用油、工业用油，或者任何一种按照所建立的程序用于评价的油。

3.7

擦伤 scuffing

两个相对运动的润滑表面发生瞬间局部熔接所引起的损伤，这种损伤不会导致零件的运动停止。

3.8

磨损 wear

相对运动的零件表面上材料的位移或损失。通常是机械作用、化学作用或两者共同作用的结果。

注：磨损一般发生在两个相对运动的表面，是机械作用或化学作用的结果，也可以是机械和化学共同作用的结果。

3.9

标定试验 calibration test

在详细规定的工况下履行发动机参考油试验，全部试验结果确定发动机台架和实验室履行非参考油的适用性。

注：在本试验方法中，也能参考履行规定的试验件以确保参考油和非参考油试验的适用性。

3.10

试验 test

根据本试验方法履行试验时间的积累。

4 方法概要

每次试验前，应将发动机的做功部分全部解体，用溶剂油清洗后测量，严格按技术要求重新组装。每次试验都要求安装新的活塞、活塞环和汽缸套，用溶剂油清洗发动机的曲轴箱，更换已磨损和损坏的零件。试验台架应具有控制转速、负荷和各种试验条件的辅助设备，同时必须配备能加热和增湿的发动机增压系统。

试验采用单缸柴油试验机在控制的进气增压状态下，采用试验油作为润滑剂，以固定的转速和燃油流量连续运行120h，每次试验前进行1h磨合。试验结束后，检查活塞、活塞环和汽缸套，注意汽缸套和活塞环的磨损程度，活塞沉积物的性质和数量以及活塞环是否灵活。

5 意义和用途

5.1 本方法模拟高速、增压柴油发动机的操作工况，特别是考察柴油机油抑制沉积物生成和抗磨损性能。

5.2 本试验方法主要用于评定柴油发动机油的质量和曲轴箱油的性能规格验收，并和其他方法一道用于鉴定CF、CF-2油品的最低性能。此方法也在MIL-PRF-2104军用规格中使用。

5.3 只有严格按本方法进行的试验其结果才有效。本方法使用的柴油发动机是预燃室结构，可较好地预测相同结构柴油发动机的性能，当推断试验结果时，应考虑这一因素。已发现本试验结果对预测高硫燃料（硫含量大于0.5%）和某些控制预喷射的柴油发动机油的使用性能具有参考价值，当和二冲程柴油发动机沉积物控制发生联系时，本试验结果也具有参考意义。

6 试验装置

6.1 试验发动机

试验发动机是专用的增压单缸柴油机，其技术参数见表1，柴油规格见附录A，试验发动机装置见附录B中图B.1。

表1 试验发动机技术参数

型　号	1Y73
排量，L	2.2
缸径，mm	130
冲程，mm	165

6.2 进气压力

使用增压压气机或其他配备的装置控制进气压力。

6.3 进气系统

使用1Y38稳压罐和空气加热装置，见附录B中图B.2。

6.4 湿度

使用控制系统将湿度控制在规定的试验条件范围内。

6.5 冷却系统

使用封闭、加压的循环冷却系统，此系统配有一台由发动机驱动的离心泵。

6.6 速度/负荷控制

使用测功机或合适的加载装置控制发动机的转速并测量负荷。

6.7 启动系统

使用合适的启动装置，在发动机转速为大约200r/min时保持373N·m的扭矩，当扭矩增大到420N·m时可自动脱离。

6.8 排气系统

排气系统包括管道、排气稳压罐和排气背压控制阀，其尺寸和距离要求见附录B。

6.9 数据采集系统

能自动采集发动机转速、燃油流量、进气压力、进气温度、冷却液温度、主油道温度、活塞冷却喷嘴压力等参数，同时能够闭环控制发动机转速、进气压力、进气温度、冷却液温度、主油道温度等参数。

6.10 缸盖和汽缸总成

只有预先通过标定试验的缸盖和汽缸总成才允许进行油品试验。

6.11 活塞冷却喷嘴

6.11.1 活塞冷却喷嘴压力测量

为测活塞冷却喷嘴压力，需做以下工作。

6.11.1.1 用 6mm 三通接头和 1Y6 油线去替代 3B9407 接头。

6.11.1.2 改进 1Y8199 油底壳以提供压力传感器的入口。

6.11.1.3 使用 8M2743 油压表或相同替代物。

6.11.1.4 活塞冷却喷嘴必须按规定的工业标准校验认可。冷却喷嘴压力传感器的安装位置及对 1Y8199 油底壳改进所需要的图纸见附录 B 中图 B.3，对系列号大于 2511252 的发动机都将提供改进后的压力传感器。

6.11.2 用 MobilEF-411 油（发动机安装油）校验喷嘴，在校验油达到 37.8℃±0.6℃和 165.5kPa±0.5kPa 的条件下，流量在 1.89L/min~2.27L/min 范围内的喷嘴为合格品。

6.12 机油液位尺

在距机油液位尺末端 50mm 的位置按照附录 B 中图 B.4 所示进行改造，以便准确地测量机油液位。

6.13 曲轴箱压力控制阀

在曲轴箱呼吸口的出口处安装曲轴箱压力控制阀（1Y479），以稳定曲轴箱内的压力，安装图纸见附录 B 中图 B.5。

6.14 机油冷却器进口温度

在机油热交换器后端盖靠近机油进口管的地方安装热偶，测量并记录机油冷却器的机油入口温度。热偶的插入深度应保证测量到介质流中心的温度。

6.15 发动机机油系统

采用最新的机油吸滤器滤网（1Y3549），并按照附录 B 中图 B.6 中的要求改造机油泵。

6.16 冷却系统

用直径 127mm 增压冷却罐替代直径 76mm 标准冷却罐，冷却系统应和增压冷却罐相匹配，要配有旁通流量控制阀和流量计（使用#BR12705-16-31 文氏流量计）。使用带有 45°倒角端的黄铜管或不锈钢管作为文氏流量计的进口和出口管（最小进口管长度 152mm，最小出口管长度 51mm），高压开关应水平安装，见附录 B 中图 B.7、图 B.8。

6.17 燃油系统

使用标准的燃油系统，确保燃油压力达到方法规定的数值。使用 Micro-Motion 油耗仪测量燃油流率，使油耗控制在方法规定的范围之内。

从发动机燃油滤清器到喷油泵之间的燃油线标准长度为 1070mm±10mm，如不符合要求要考虑改进，用一个外部燃油泵代替发动机驱动的燃油泵，尽可能地减少启动时间，见附录 B 中图 B.9。

6.18 进气系统

在每个运转发动机和气源之间安装一个干式空气滤清器，空气滤清器应能滤除颗粒和油滴，该滤清器在 318kg/h 的流速下大约有 1.5kPa~1.8kPa 的压力差，当达到方法要求的最低压力时，要更换滤清器，并经常维护空气加热稳压罐，尽可能地除去油和灰尘，1Y38 稳压罐和要求的空气加热器总成见附录 B。

配备合适的设备以使进入汽缸盖气体的湿度、温度和压力维持在适当的范围内，湿度控制系统的精度应控制在±0.648g的范围内。

6.19 排气系统

管道、排气稳压罐和排气背压控制阀的尺寸和距离要求见附录B中图B.10、图B.11、图B.12、图B.13、图B.14。控制阀安装在稳压罐之后，以使排气背压保持在方法规定的范围内。要保持实验室和各实验室排气系统压力特性曲线的一致性，并使这一重要试验变量的变化趋于最小值。注意稳压罐必须隔热处理，通过控制阀的开度调节排气压力以达到方法要求。

6.20 曲轴箱窜气测量表

此测量计是装有油气分离器和稳压罐的容积式气体流量计，测量时用胶管将其接到曲轴箱呼吸器的出口处。

6.21 热电偶

下述位置要求使用规定的热电偶：进气温度（1Y468）、排气温度（1Y467）、机油（1Y466）热电偶要求安装到测温位置，标定规范见表2、表3、表4。

表2 标定偏差

参数	要求
转速，r/min	2
燃油流量，kg/h	绝对误差≤0.125%
冷却液出口温度，℃	0.25
冷却液进口温度，℃	0.25
机油温度，℃	0.5
进气温度，℃	0.5
排气温度，℃	1.0
机油压力，kPa	0.7
机油喷嘴压力，kPa	0.7
进气压力，kPa	0.3
排气压力，kPa	0.3
燃油压力，kPa	0.7
曲轴箱真空度，kPa	0.02

表3 操作规范、测量精度、报告精度

参数	单位	规范	测量精度	修约位数
转速	r/min	1800±10	1	整数
功率	kW	31.3	—	—
热量输入	kJ/min	6172±53	—	—
平均有效压力	kPa	951	—	—
燃油流量	kg/h	8.13±0.07	0.01	百分之一

表3（续）

参　　数	单　　位	规　　范	测量精度	修约位数
制动燃料消耗率	kg/kWh	0.260	—	—
湿　度	g/kg	17.8±1.7	0.1	十分之一
机油重量	g	N/A	1	整　数
冷却液出口温度	℃	87.8±2.8	0.1	十分之一
冷却液进口温度	℃	82.8	0.1	十分之一
冷却液进出口温差	℃	5±1	0.1	十分之一
机油温度	℃	96.1±2.8	0.1	十分之一
进气温度	℃	123.9±2.8	0.1	十分之一
排气温度	℃	573±28	1	整　数
燃油压力	kPa	137.9±13.8	0.1	十分之一
排气压力（绝对）	kPa	106.7±1.7	0.1	十分之一
机油喷嘴压力	kPa	165.5±13.8	0.1	十分之十
机油压力	kPa	220.6（最大）	—	十分之一
进气压力（绝对）	kPa	179.0±1.0	0.1	十分之一
曲轴箱真空度	kPa	0.25±0.12	0.01	百分之一
冷却液流量	L/min	57.9±3.8	0.1	十分之一

表4　最大允许的恒定时间

测　量　参　数	时　　间，s
转速，r/min	3.0
燃油流量，kg/h	73.0
冷却液出口温度，℃	3.0
冷却液进口温度，℃	3.0
机油温度，℃	3.0
进气温度，℃	3.0
排气温度，℃	3.0
机油压力，kPa	3.0
机油喷嘴压力，kPa	3.0
进气压力，kPa	3.0
排气压力，kPa	3.0
燃油压力，kPa	3.0
曲轴箱真空度，kPa	3.0

6.21.1　将1Y467、1Y468、1Y466热电偶安装到测温位置，这三个热电偶端点应位于被测介质流的中心。

调节进气和排气热偶深度如下：

a）进气热偶深度：27mm±2mm；

b）排气热偶深度：65mm±2mm。

6.22 配件

6.22.1 配件的采购

欲获得开特皮勒试验发动机、零件及与本试验方法有关的替代配件的资料，请与开特皮勒公司联系。

6.22.2 有关不符合生产质量要求的1Y73发动机配件的问题，请和开特皮勒公司的发动机系统技术部门（ESTD）进行联系。

6.22.2.1 当出现不符合使用要求的配件问题，请实验室和（ESTD）联系。

6.22.2.2 ESTD将确定是否将出问题的配件返回或提供配件质保服务。

6.22.2.3 如果在ESTD不在现场的情况下，确认配件不符合要求，ESTD要求实验室将配件退回开特皮勒公司的供货商，ESTD与供货商联系配件退货与质保服务的问题。

6.22.2.4 如果ESTD要检验配件，他们将给实验室出具一个授权退货的编码（RGA），实验室可以将配件和退货编码表送到开特皮勒公司。

6.22.2.5 如果ESTD确认配件不符合要求，他们将为实验室联系供货商解决配件质保服务问题。

6.22.2.6 RGA授权退货的编码表的内容应包括退货审核数目、配件名称、配件生产日期、配件号、数量、订购数量的价格、订购日期、订购配件的实验室、联系人、电话号码、传真号和地址、出售配件供货商、尺寸或照片和不一致文件，见表5。

表5 退货审核索赔单模版

退货审核号 ________________	索赔日期 ________________	联系方式：	
Caterpillar Inc Engine System Tech Dev P. O. BOX610 Mossville. Ⅱ 61552			
Phone：309-578-2131 Fax：309-578-6457 Attn：R. A. Rivieve			
配件号/数量________	配件号/生产日期________	订购日期________	发动机系列号________
实验室________ 名称________	联系人________	电话号码________	传真号________

7 试剂与材料

7.1 燃油

使用含硫量为0.4%的柴油，理化指标见附录A的柴油规格，每次试验约需1137L柴油。

7.2 试验油

每次试验需30L~34L试验油。

7.3 发动机冷却液

每4L软化水需加118mL防锈添加剂（零件号3P2044），软化水定义为总的溶化的固体含量不能超过34.2mg/L，每次试验采用新冷却液。

7.4 清洗材料

7.4.1 溶剂油

在清洗程序中使用GB 1922—1980的190号溶剂油。

7.4.2 发动机清洗剂

在冲洗溶剂油中加入适量的石油磺酸钙清净剂。

7.4.3 冷却系统清洗剂

在软化水中加入适量的工业硫酸钠和工业磷酸钠，加入的比例为：在19L软化水中加入0.45kg工业硫酸钠，在38L软化水中加入0.45kg工业磷酸钠。

7.4.4 活塞擦洗溶剂

正戊烷溶剂。

8 安全

8.1 发动机实验室安全工作十分重要，违章操作具有较大的危险性，每个实验室应通过安全部门的审查和认可，采取有效可行的安全措施，避免造成人体伤害和设备损坏。

8.2 操作人员要进行严格的专业培训，应全面掌握实验室设备的安装、专用工具的使用和发动机的操作技能，能及时发现并处理试验过程中的突发事件。

8.3 应给实验室操作人员提供安全防护面罩、防护眼镜和专用手套等劳动保护器具，所有的传动和发热部件都要配备防护罩，操作人员应尽量避免在高速运转的发动机传动件和连接轴周围工作，操作人员在进入实验室时，应按规定着装。

8.4 在实验室安装和操作中，要定时对运行中的试验台架和电器设备进行检查、维修，使之处于良好状态。在工作区内不允许存放机油或燃油容器，要保持发动机及外围设备清洁、周围的地面也要保持清洁，无燃料油、机油和任何障碍物。在试验中，操作人员要时刻注意燃料油、机油、冷却液和排气是否泄漏，如发现泄露要及时妥善处理。试验台架应配备相应的保险装置，以便在发生下列情况时能及时自动停机一测功机励磁电流下降、发动机超速、低油压、高水温、排气系统故障、房间不通风、防火系统被触发等。考虑无人状态下自动操作，应安装一台振动传感保险装置，实验室安装应配有发动机不运转时会自动切断燃油的截止阀，建议建立试验台架燃油截断遥控装置，在试验区内应提供固定位置的防火设备和随手可及的专用灭火器。

9 设备的准备

9.1 补充的维修资料

9.1.1 在发动机维修时，可以参考开特皮勒单缸油料试验机维修手册（SENR2074）以及零配件手册（SEBP1299）。

9.1.2 试验前维护检查细则和运行中发动机的检查。

定期检查和零件更换的条款如下：

9.1.2.1 燃油泵调节螺钉（2F8337）

试验前检查，必要时更新。

9.1.2.2 燃油喷射泵

检查柱塞扇形齿轮齿面的磨损情况（目测），每运转15000h要更换新泵。

9.1.2.3 燃油喷油嘴

每次试验更换喷油嘴，检查高压油管两端的内径不得小于1.57mm。

9.1.2.4 燃油喷射时间

燃油喷射时间是在压缩行程上死点标识前8度（BTC）柱塞压缩燃油前的起点（BPC），测量柱塞升程为3.810mm±0.127mm。

9.1.2.5 燃油喷油泵入口密封垫圈

每次试验前更换新的密封圈。

9.1.2.6 燃油滤清器

当燃油压力不符合要求时，应清洗或更换。

9.1.2.7 汽缸盖

每次试验均应安装新的（仅标定试验）或修复后的汽缸盖，测量记录气门凸出高度和气门杆尺寸，预燃室孔径为7.59mm~7.64mm。

9.1.2.8 汽缸盖垫片

每次试验前更换新垫片。

9.1.2.9 活塞冷却喷嘴

每次试验前检查堵塞和定位状况，检查活塞到冷却喷嘴的间隙。

9.1.2.10 水泵皮带

必要时检查和调节，检查方法是用 111N 的力压水泵和发动机传动轴上两皮带轮中间的皮带，其挠度为 19mm。

9.1.2.11 燃油压力

燃油压力保持在 138.0kPa±13.5kPa。

9.1.2.12 冷却水流量

冷却水流量保持在 57.9L/min±3.8L/min。

9.1.2.13 曲轴箱螺杆密封圈

必要时更换。

9.1.2.14 气门挺杆

气门间隙的调整方法：先将间隙调至零，再拧半圈。液力挺杆的检查：将液力挺杆浸入 21.1℃ 时运动黏度为 2.4mm/s～3mm/s 的灯用煤油中，在 222N 力的作用下，柱塞下降 3.175mm 时间应在 8s～45s。

9.1.2.15 活塞销

活塞销和连杆衬套之间的最大间隙为 0.051mm。

9.1.2.16 燃油泵齿条和齿条操纵拉杆，调速器的滑块，拉杆和滑套。

检查齿条齿的磨损，操纵杆上连接球和球窝的磨损，螺母和垫圈的松动情况，检查调速器滑块和拉杆的磨损和灵活性，滑套的灵活性，轴承的状况和调速器飞锤的接触状况和磨损，已损坏的零件要更换。

9.1.2.17 气门旋转座

试验前后应检查其工作状况。

9.1.2.18 泄漏

发现泄漏，特别是燃油、机油、空气、废气和冷却液的泄漏，应立即修理。

9.1.2.19 除上述检查外，每次试验必须用新的活塞、活塞环和汽缸套，在拆装中损坏的垫片必须更换，重复使用的密封圈必须细致检查。

9.2 一般的发动机检查

9.2.1 在运转 10000h 后，应对整个发动机进行全面的检查，目的在于保证各摩擦表面（如主轴承和轴颈、连杆轴承和轴颈、凸轮轴承等）的磨损在允许的范围之内。

9.2.2 保存一份完整的发动机维护和测量记录，将一份检查方法说明同维护记录一道保留，以备必要时查阅。

9.3 进气系统

每次标定前检查进气管中的铁锈和杂物，应除去任何外来杂物。

9.4 冷却系统

9.4.1 每次标定试验前，从冷却系统除去全部矿物沉积物和油类，冷却液是加有防锈剂的蒸馏水或软化水或替代品。正常停机时，冷却系统应充满冷却液。

9.4.2 注意观察冷却系统 1Y504 冷却液出口线总成上的玻璃或塑料管，如发现冷却液中出现雾状气泡，应停机检查水泵进水端是否漏气或缸盖燃烧室是否有气体泄漏，不允许系统中存在气体。

9.5 发动机冷却系统的清洗

当用肉眼能观察到系统内有油、油脂、矿物沉积物和铁锈时，应清洗冷却系统，每次参考油试验前，应清洗冷却系统，可开机或停机来对发动机进行清洗。使用下列方法：

9.5.1 启动发动机，待机油和冷却液达到操作温度后，停机放出冷却液。

9.5.2 将 19L 软化水和 0.45kg 工业硫酸钠的水溶液加入冷却系统，然后在操作温度下使发动机运转0.5h。

9.5.3 放出此水溶液，用清水清洗，然后将水从系统中排出。

9.5.4 将38L软化水和0.45kg工业磷酸钠的水溶液加入冷却系统，发动机运转5min，使磷酸钠水溶液和残存在冷却系统内的脏物充分混合。

9.5.5 放出此水溶液，用清水冲洗，冲洗后排空。

9.5.6 拆发动机，为下次试验作好准备。

注：如其目的只是清除水垢，步骤9.5.4和9.5.5可省去。

9.6 仪表的标定要求

9.6.1 一般要求

9.6.1.1 在每次标定运转前或任何时候仪表读数显示异常，应对测量系统的温度、压力、流量等进行标定，要报告所标定的结果（见表2、表3、表4列出的规范）。

9.6.1.2 标定所有的温度、压力、流量和速度，标定记录最少保存两年。

9.6.2 规定的湿度要求

9.6.2.1 主要实验室每一台发动机的湿度测量系统，在每次标定试验运转前24h内进行标定，使用精度在24℃时为0.55℃的冷却镜湿度测量计，标定由主要系统和湿度测量计之间的一系列成对测量比较数据组成，比较的周期为20min~2h，测量间隔为1min~6min，共测量20对数据，测量间隔应和时间、恒定的湿度测量系统相适合。

9.6.2.2 湿度计的安装点见附录B中图B.15，样品线需保温，以防落到露点温度以下，而且不应具有吸水性。

9.6.2.3 全部测量是在大气压并校正到标准状况下（101.12kPa）使用理想气体定律或用附录C表得到，计算测量的每一对数据之间的差数并算出平均值和标准偏差，平均差数的绝对值不能超过0.648g，并且标准偏差小于或等于0.324g，如满足这两个数值则认为被标定的湿度测量系统处于完好状态，如果两者之间任一个不能满足，实验室应调查原因，整改后重新标定，标定数据保留两年。

9.6.2.4 建议操作

在燃烧空气系统的低点安装一个排放口，并在停机和升温期间保持开启。

9.6.3 规定的冷却液流量要求

9.6.4 每个实验室需要配置文氏管流量计，安装图见附录B中图B.8，每年标定这个文氏管流量计一次，进口管和出口管归属于此流量计总成，标定此流量计要使用国家标准计量部门的标定仪器。

9.6.4.1 在每次参考油试验前的磨合期间，将标定用的流量计总成安装到标准的安装位置，调节冷却液流量旁通阀，直到此设备所使用的记录仪器读出的压差值和此流量计总成读出的压差值相符合。

9.6.4.2 磨合后，用设备自己的流量计总成换下标定用的流量计总成，冷却液旁通阀不再调节，在整个试验期间，使设备的流量计保持标定的压差，在以后的所有试验中，流量计保持这个压差值并调节设备，使此压差对应的流量值是57.9L/min±3.8L/min。

9.7 发动机曲轴箱清洗

为了清除发动机曲轴箱内表面的沉积物，每次试验前必须清洗，清洗不到的表面可用手工擦拭干净。

9.8 附加的机油滤清器

为了在清洗时去掉发动机内的磨粒，在清洗前安装一个全流式纸制滤芯的机油滤清器，这样的磨粒会造成下次试验中活塞的擦伤。可用Labeco CLR发动机机油滤清器#2418和滤芯#3105。

9.9 冲洗设备

用此设备对发动机进行清洗，设备见附录B中图B.16~图B.23（冲洗泵配置见附录B图B.17）。附录B图B.21说明了冲洗设备的使用方法，清洗程序见表6。

表 6 发动机清洗程序

序号	冲洗溶液	冲洗方法	冲洗泵连接		冲洗时间，min			
			进口	出口	发动机	曲轴箱	调速器	前盖箱
1	溶剂（7.6L）	不循环、曲轴箱排放口开启	溶剂箱	机油冷却器	5			
	注：从发动机上拆下曲轴箱呼吸器，溶剂清洗并风干。							
2	混合液清洗： 发动机清洗剂 1.9L，溶剂油 5.7L	重复循环	曲轴箱排放口 曲轴箱排放口 曲轴箱排放口	机油冷却器 曲轴箱喷头 前盖喷头	15	10	10	10
3	从曲轴箱、调速器、机油滤清器和机油冷却器排放溶剂 溶剂冲洗 A：溶剂 7.6L	重复循环	曲轴箱排放口 曲轴箱排放口 曲轴箱排放口	机油冷却器 曲轴箱喷头 前盖喷头	15	10	10	10
4	从曲轴箱、调速器、机油滤清器和机油冷却器排放溶剂 溶剂冲洗 B：7.6L	重复循环	曲轴箱排放口 曲轴箱排放口 曲轴箱排放口	机油冷却器 曲轴箱喷头 前盖喷头	15	10	10	10
5	从曲轴箱、调速器、机油滤清器和机油冷却器排放溶剂 溶剂冲洗 C：7.6L	重复循环	曲轴箱排放口 曲轴箱排放口 曲轴箱排放口	机油冷却器 曲轴箱喷头 前盖喷头		10	10	10
6	从曲轴箱、调速器、机油滤清器和机油冷却器排放溶剂 附加冲洗 7.6L	重复循环	曲轴箱排放口 曲轴箱排放口 曲轴箱排放口	机油冷却器 曲轴箱喷头 前盖喷头	15	10	10	10
7	回到第 6 步							
8	从曲轴箱、调速器、机油滤清器和机油冷却器排放溶剂后，关闭排放口和 1Y5 线，安装模拟活塞，汽缸体、汽缸套、机油、加油口和调速器盖							
9	试验油 12.9L	重复循环（207kPa）	曲轴箱排放口	机油冷却器	5（马达运转 4min）			
10	曲轴箱、调速器、机油滤清器和机油冷却器排放溶剂							
11	试验油 18.9L	重复循环（207kPa）	曲轴箱排放口	机油冷却器	5 校正机油喷嘴，装机			

9.10 冲洗步骤

9.10.1 转动飞轮使连杆顶端降至曲轴箱顶以下，安装有机玻璃或透明的塑料盖（见附录 B 图 B.16），到曲轴箱顶表面，见附录 B 图 B.21。

9.10.2 第一步冲洗用 GB 1922 的 190 号溶剂油。

9.10.2.1 在发动机和清洗泵的滤清器里安装干净的滤芯 1Y5700；

9.10.2.2 把清洗泵见（附录 B 图 B.17）出口软管接到发动机机油冷却器放油口；

9.10.2.3 拆下呼吸器总成 1Y2592 并解体在溶剂油中浸泡。然后吹干；

9.10.2.4 将 1Y5 长油线接头插入有机玻璃盖中孔内，见附录 B 图 B.16；

9.10.2.5 把清洗泵入口管接到装有 7.6L 的溶剂油的容器上，打开曲轴箱的排放阀，启动冲洗泵，使此溶剂油通过发动机一次，不循环；

9.10.2.6 关闭曲轴箱排放阀，连接冲洗泵的进口线到曲轴箱排放阀。

9.10.3 第二步冲洗把 7.6L 含有 1.9L 的分散剂的清洗溶液加入曲轴箱内。

9.10.3.1 连接清洗泵出口软管接到发动机机油冷却器放油口，打开曲轴箱放油阀，启动冲洗泵循环大约15分钟，关泵（不从曲轴箱排放清洗溶液）；

9.10.3.2 关闭机油冷却器排放阀，从机油冷却器排油口拆下冲洗泵的出口软管，连接到曲轴箱喷头上见图B.19；

9.10.3.3 将1Y5油线从塑料盖的孔内取出，插入喷头，启动冲洗泵并喷洗曲轴箱内部，在冲洗中缓慢移动喷头，冲洗喷头可到达的区域，时间约10min见附录B图B.21，关泵（不排放清洗溶液）；

9.10.3.4 从改进的1Y1990调速器室盖上拆下13mm管堵头见附录B图B.19。将曲轴箱喷射器插入盖内见附录B图B.18，开泵冲洗调速器内约10min，关泵（不排放清洗溶液）。

9.10.3.5 从曲轴箱前面拆下机油加油口，安装前盖喷头见附录B图B.20、图B.21。

9.10.3.6 将冲洗泵出口管连接到前盖喷射器见附录B图B.21，开泵清洗前盖齿轮箱约10min，然后将曲轴箱、调速器、机油滤清器、机油冷却器中的清洗溶液排出，不再重复使用。

9.10.4 用清洗溶液重复9.10.2.4至9.10.2.6方法清洗，直到放出的清洗溶液干净为止，通常清洗3~4遍可达到要求。从曲轴箱、调速器室、机油滤清器和机油冷却器中排出清洗溶液。

9.10.5 试验油冲洗

9.10.5.1 用堵头封住1Y5油线接头（见附录B图B.22），关闭全部排放口，准备用试验油冲洗。

9.10.5.2 使用冲洗泵通过机油冷却器向发动机曲轴箱内加入4.7L试验油。

9.10.5.3 将冲洗泵出口管线接到发动机冷却换热器的排放口，开启冲洗泵将发动机内的清洗溶液从曲轴箱排放口排出，排出后，将冲洗泵进口接到曲轴箱排放口，安装模拟活塞（参考维修手册SENR2074-133页）并安装缸套和缸体总成或规定的定位装置（见附录B图B.23），重新安装机油加油口和调速器盖堵头见附录B图B.19。

9.10.5.4 打开曲轴箱排放阀并启动冲洗泵，将油压调节并维持在207kPa，用启动器或测功机运转发动机1min以上，停泵并从曲轴箱、调速器室、机油滤清器和机油冷却器中排放试油。

9.10.5.5 加入4.7L试油，重复步骤9.10.2，在冲洗期间，需要时检查并调整活塞冷却喷嘴的对准情况。在发动机滤清器中安装新滤芯，重新安装曲轴箱呼吸器总成1Y2592。

9.10.6 试油冲洗

9.10.6.1 试验油未到时，可使用Mobil EF-411安装油代替试验油执行9.10.5.2，当试验油准备好时，执行下列步骤：将冲洗泵出口接到发动机机油冷却器排放口，用冲洗泵将4.7L试验油从机油冷却器加入曲轴箱，当试油准备好时，执行下列步骤。将冲洗泵出口接到发动机机油冷却器排放口，用冲洗泵将4.7L试油从机油冷却器加入曲轴箱，开启泵使安装油从曲轴箱中排出，当安装油从系统中排出后，将冲洗泵的进口阀接到曲轴箱排放口，调节并维持油压在207kPa，用手转动发动机5圈，继续运转泵4min，停泵并从曲轴箱、调速器室、机油冷却器和机油滤清器排放全部试验油。

9.10.6.2 重复以上步骤见9.10.6.1；排放油后，在滤清器中安装新的滤芯，并准备磨合。

9.11 活塞的清洗

新活塞在装上活塞环和装到发动机前，必须按下列步骤清洗。

9.11.1 用航空洗涤汽油喷洗，再用压缩空气吹干。

9.11.2 使用稠布蘸正戊烷溶剂擦洗活塞，特别注意环槽和环台部分，仪表风吹干。

9.11.3 在安装到发动机之前，用试验油涂到活塞上，如还未得到试验油，可使用干净的冲洗油。

9.12 缸盖

9.12.1 气门导管用1Y457气门导管（进气）和1Y469气门导管（排气）更换1Y448和1Y449气门导管，新导管有I，O标记。在安装到汽缸盖上后，车螺纹并铰孔或研磨，步骤如下：

9.12.1.1 将1Y469和1Y457导管安装到汽缸盖的孔内。

9.12.1.2 为了获得9.12.1.4列出的间隙，用下列不同尺寸的铰刀由小到大12.52mm、12.55mm、12.57mm、12.59mm、12.60mm、12.61mm逐步用铰刀加工内孔。

9.12.1.3 在专用心轴上安装研磨石，在研磨中研磨油需连续流动，心轴转速为 300r/min ~ 400r/min，研磨得到最终尺寸列于 9.12.1.4，一般情况下研磨可使气门杆和导管的间隙均匀，可延长气门和导管的使用寿命。

9.12.1.4 铰刀加工后气门杆和导管的间隙为 0.013mm ~ 0.051mm，研磨后的间隙应为0.025mm ~ 0.051mm；使用直读式的内径千分表和外径千分表测量气门导管和气门杆。气门杆阻力不应超过 26N，进气门导管的最终尺寸为 12.59mm ~ 12.60mm，排气门导管的最终尺寸为12.57mm ~ 12.59mm。

9.12.1.5 用洗涤汽油或热水，彻底的清洗铰刀加工后的气门导管。

9.12.1.6 根据开特皮勒发动机规定的尺寸研磨气门座圈，见柴油单缸油料试验机维修手册 NO. SENR2074。

9.12.1.7 研磨后彻底清洗汽缸盖和气门导管，再用 Mobil EF-411 油润滑气门杆和导管。

9.12.1.8 将 O 型密封环（p/n8F9206）安装到气门弹簧座圈上（3F5867），在维修汽缸盖时，应检查 O 型密封环硬度和裂纹，必要时更换。

9.12.2 预燃室的检查维修

预燃室通道孔径应为 7.620mm±0.025mm，超出此尺寸应更换（零件号 6H1528）。

9.13 燃油喷嘴

检查喷嘴端的积炭和损坏状况，更换有问题的喷嘴，每次试验前应检查喷嘴阀的操作压力，参考维修手册附加资料。

9.14 测量

试验前后都要测量活塞，活塞环，汽缸套和燃油供油提前角，每次试验使用新活塞。活塞环和缸套，每次试验前测量压缩比并记录。

9.14.1 汽缸套测量

用规定的力矩组装汽缸套、汽缸体和汽缸盖，在相对于曲轴的平行和垂直方向测量汽缸套，以确保不圆度和圆柱度应在规定的范围内。从汽缸套顶向下每 25.4mm 测量一次，其不圆度不超过 0.038mm，圆柱度应在 25.4mm 和 229mm 处测量，其内径的差不应超过 0.051mm，测量汽缸套表面的粗糙度，并在附录 D 中报告测量结果。

9.14.2 试验后测量汽缸套磨损

试验结束后，刮掉汽缸套内的积炭，在未从汽缸体内拆下汽缸套前，测量从汽缸套顶部向下 20mm 和 25mm 两处相对于曲轴轴线的平行和垂直两个方向的汽缸套内径，两处内径差为汽缸套磨损量，见附录 D。

9.14.3 活塞环间隙

试验前后，先检查并清除环上的沉积物，将活塞环放在内径为 130.2mm 的活塞环规内测量活塞环的开口间隙，试验前后两次测量之差为活塞环的磨损量，见附录 D。

9.14.4 活塞环侧向间隙测量

9.14.4.1 试验前后应测量每个活塞环的侧向间隙，试验前后的测量应在活塞环从活塞上取下之前并带有沉积物时进行，并在附录 D 中报告测量结果，测量步骤如下。

a）在活塞环下面插入厚薄规。

b）围绕环滑动一周，以确定最大值和最小值，最大值接近 0.013mm。

c）平稳的使用厚薄规但要水平滑动，如厚薄规移动不稳或需要较大的力才可移动时，可调节厚薄规增大或减小。

d）重复 a、b、c 步骤，要仔细操作，不要对活塞环和厚薄规施加力。

9.14.4.2 从以下算式可计算活塞环侧间隙损失，报告一个最大值，如侧间隙小于零，按零报告。

按照公式（1）或（2）计算环侧间隙损失：

$$C = Max_1 - Max_2 \quad (1)$$

$$G = Min_1 - Min_2 \qquad (2)$$

式中：

G——活塞环侧间隙损失，mm；

Max_1——试验前活塞环最大间隙，mm；

Max_2——试验后活塞环最大间隙，mm；

Min_1——试验前活塞环最小间隙，mm；

Min_2——试验后活塞环最小间隙，mm。

9.14.4.3　新试件侧隙允许值为：

顶环	0.114mm~0.185mm
两个中间环	0.076mm~0.122mm
油环	0.038mm~0.076mm

9.14.5　压缩比

9.14.5.1　试验前要测量压缩比，压缩比是通过测量活塞顶与汽缸盖之间的间隙来实现的，用4粒直径为2.41mm~2.67mm的铅球或保险丝，用润滑脂粘在活塞顶部，位置见附录B图B.24，让活塞处于上下止点中间，安装汽缸垫和汽缸盖，按规定的力矩拧紧螺母，用手转动飞轮，让活塞通过上死点，整体拆下汽缸盖和汽缸体，测量铅球或保险丝厚度以获得间隙，其平均值应在1.300mm±0.127mm的范围内。压缩比和活塞到汽缸盖间隙的关系见附录B图B.25。

9.14.5.2　如果测量超过规定的范围，可使用垫片（1Y3698）调节，并检查曲轴主轴颈和连杆轴颈，连杆和主轴瓦，活塞销和销瓦的磨损。如这些尺寸不在规定的范围内，在试验前应和开特匹勒公司咨询。

9.14.6　活塞环的开口位置

应根据标准的环的开口位置安装活塞环，使用1Y3589活塞和1Y3588环组，见附录B图B.26。

10　试验步骤

10.1　发动机的磨合

加入4.80kg±0.11kg试验油，对非参比油试验，采240mL油样测量40℃黏度并报告；按表7步骤运转1h，磨合结束后在热机状态下放净曲轴箱、调速器室、机油冷却器、机油滤清器的试验油，放油时间为30min。

表7　磨合工况

参　　数		步　　骤				
		1	2	3	4	5
转速，r/min		1000	1000	1600	1800	1800±10
功率，kW		0	7.5	17.1	24.6	31.3
燃油流量，kg/h		1.36	2.27	4.72	6.88	8.13±0.07
机油温度,℃		记录	记录	记录	82	96.1±2.8
机油喷嘴压力，kPa	不小于	158.6	158.6	158.6	165.5	165.5
冷却液出口温度,℃		记录	记录	71	71	87.8±2.8
进气温度,℃		记录	记录	记录	76.7	123.9±2.8
进气压力（绝对），kPa		118.0	118.0	135.0	135.0	179±1
时间，min		5	5	10	20	20
注：在磨合工况最后15min期间测量窜气。						

10.2 正式试验前准备

10.2.1 向发动机内加入4.80kg±0.11kg试验油。

10.2.2 履行升温程序。

10.3 升温程序

10.3.1 按表8步骤1、2、3完成升温程序。

10.3.2 完成升温工况后，开启加热元件并转入试验工况见表9。

表8 升温工况

参数		步骤		
		1	2	3
转速，r/min		1000	1000	1600
功率，kW		0	7.5	17.1
燃油流量，kg/h		1.36	2.27	4.72
机油喷嘴压力，kPa	不小于	158.6	158.6	158.6
冷却液出口温度，℃		记录	记录	记录
进气温度，℃		记录	记录	记录
进气压力（绝对），kPa		118.0	118.0	135.0
时间，min		5	10	15

10.4

在正式试验期间，尽量使全部控制参数达到规定的平均值。发动机连续运转120h，试验参数见表9。

表9 操作工况

参数	控制范围
转速，r/min	1800±10
燃油流量，kg/h	8.13±0.07
冷却液出口温度，℃	87.8±2.8
冷却液流量，L/min	57.9±3.8
机油温度，℃	96.1±2.8
进气温度，℃	123.9±2.8
排气温度，℃	573±28
燃油压力，kPa	137.9±13.8
排气压力（绝对），kPa	106.7±1.7
机油喷嘴压力，kPa	165.5±13.8
机油压力，kPa	220.6
进气压力（绝对），kPa	179.0±1.0
曲轴箱真空度，kPa	0.25±0.12
湿度，g/kg	17.8±1.7
进气流量（大约），m^3/min	0.2

10.5 定期测量

10.5.1 除了发动机空气流量外，每小时应记录一次试验数据，这些数据是当时发动机的实际工况，而不是每小时的平均值，记录后方能对已偏离试验条件的参数进行调整。

10.5.2 要记录并报告下列数据：

a）曲轴箱窜气量；

注：每12h记录曲轴箱的窜气量。当从正常操作系统转到窜气测量系统时，时间不要超过4min，以免增大曲轴箱压力。

b）发动机负荷（大约31.3kW）；

c）在规定的时间记录加油和放油的重量；

d）记录试验参数，见附录D。

10.6 试验油液面测量

用下部插入式油尺，按下列步骤测试验油液面：

10.6.1 抽出油尺，擦去试验油；

10.6.2 带刻度的一面向操作者，插入机油标尺；

10.6.3 计数5s。

10.6.4 抽出试验油标尺读出试验油液面高度。

10.7 试验加油程序

试验加油按下列步骤进行：

10.7.1 在磨合后，排放试验油30min并加入4.80kg±0.11kg新油。

10.7.2 试验的第1h期间，在试验油温度达到96.0℃±2.8℃时，记下油尺上试验油液位高度，称此液位为满刻度。

10.7.3 试验油液位刻度：

10.7.3.1 排放液位是满刻度以下2个单位刻度；

10.7.3.2 低液位是满刻度以下2.5个单位刻度；

10.7.3.3 安全液位是满刻度以下3个单位刻度。

10.7.4 每12h按照下列步骤检查试验油液位：

10.7.4.1 如试验油液位在满刻度以上，则放油到排放液位，然后加入0.80kg±0.22kg新油；

10.7.4.2 如试验油液位在满刻度和排放油位之间，则放油到排放液位并加入0.80kg±0.22kg新油；

10.7.4.3 如试验油位在排放油位和低油位之间，则加入0.80kg±0.22kg新油；

10.7.4.4 如液位低于低液位，则应加新油到满刻度。

10.7.5 如果试验油液位低于安全液位，则立即加入0.80kg±0.22kg新油。

10.8 冷却停车程序

除考虑紧急停车外，在发动机停机前（包括磨合）使用停车程序见表10，从履行停车程序开始，停止试验计时，关闭加热元件并让空气温度自然冷却。

表10 冷却停车

参数	步骤		
	1	2	3
转速，r/min	1600	1000	1000
功率，kW	17.1	7.5	0
燃油流量，kg/h	4.72	2.27	1.36
机油喷嘴压力，kPa	158.6	158.6	158.6
冷却液出口温度，℃	71.0	报告	报告
进气压力，kPa（绝对）	135.0	118.0	118.0
时间，min	5	5	5

10.9 紧急停机

10.9.1 记录每次紧急停机的时间和停机时间间隔。任何未按冷却停车程序进行的停机按紧急停机对待。在重新启动发动机前，应保持2h停机时间以便发动机冷却。每次试验期间总停机时间不应超过125h，并且应尽量减少停机时间。为了防止产生的沉积物脱落，在停机期间，转动飞轮到压缩冲程上死点。

10.9.2 过多的意外事故或可避免的紧急停机将影响试验的可接受性，如有在正常停机规范以外其他原因的停机，要和TMC共同协商，预先计划安排试验规范中的停机。

10.10 燃油系统

在每次试验前，不管任何原因从发动机燃油系统放出燃油后，要排除燃油中的空气。

10.11 制动机油消耗率（*BSOC*）的计算

按公式（3）计算制动机油消耗率：

$$BSOC = \frac{a - b}{120N} \qquad (3)$$

式中：

N——平均功率，kW；

a——机油加入量总和，kg；

b——机油排放量总和，kg。

注：如 $BSOC$ 超过1.216g/kW·h时试验无效。

11 试验结束后的检查

11.1 准备

使用清洁的软干布将试件上溶剂擦净并将活塞上的油膜擦净；

11.2 检查

在试验结束后，检查活塞和缸套并对活塞拍照，写出一份完整的检查说明；在拍照前，从活塞上拆去全部活塞环，确认并记录缸套和环的磨损量，除以下各项外，根据CRC手册№20（2001）检查活塞和活塞环；

11.2.1 用直径200mm、20W冷白环型灯管作为照明灯，零件号为#FC87-CW-RS23；

11.2.2 实施日常的维护，例如灯管的更换，装置的清洁和评分室按规定颜色重新上漆；

11.2.3 使用合适的探针对有争议的碳沉积物进行鉴定；

11.2.4 为了达到最大精度推荐使用20等分沉积物分割网罩，每一等分为5%的面积。

11.2.5 活塞环槽积炭

活塞环槽的积炭分重炭、中炭和轻炭三级。

11.2.5.1 重炭：积炭充满整个活塞环背后和环槽之间的整个空间，或者虽然厚度较小，但由于环背面积炭过多而呈现抛光的面积；

11.2.5.2 中炭：积炭占活塞环和环槽背面空间的1/4以上；

11.2.5.3 轻炭：积炭占活塞环和环槽背面空间的1/4以下。

11.2.6 活塞环台积炭

活塞环台的积炭分重炭和轻炭二级。

11.2.6.1 重炭：积炭有磨损和磨光的痕迹；

11.2.6.2 轻炭：其他炭沉积物。

11.2.7 评分环境

活塞评分应在标准的评分箱内进行，用一个新活塞放在评分箱内作为干净的标准来进行比较评分。

11.3 评分

把评分罩的1号区对准活塞前方，分别观察活塞各区域内不同类别沉积物的覆盖面积，应精确到1%。

11.3.1 炭沉积物系数

积炭种类及性质系数见表11。

表11 积炭种类及性质系数

积炭种类	积炭厚度系数
重 炭	1.00
中 炭	0.50
轻 炭	0.25

11.3.2 漆膜沉积物等级

漆膜沉积物等级根据CRC手册No20（2001）共分9、8、7、6、5、4、3、2、1、0个级别。

11.3.3 区域加权系数

活塞各区域加权系数见表12。

表12 活塞各区域加权系数

区 域	一环槽	二环槽	三环槽	四环槽	二环台	三环台	四环台
加权系数	1	10	35	70	3.5	20	35

11.3.4 评分的计算

活塞沉积物评分计算如公式（4）：

$$加权总评分 = \sum_{i=1}^{7}\sum_{j=1}^{12} a_{ij} \times b_j \times c_j \qquad (4)$$

式中：

a_{ij}——各区域漆膜面积或积炭面积，%；

b_j——各区域漆膜等级或积炭厚度系数；

c_j——各区域加权系数。

注1：沉积物覆盖面积百分数以整数计。

注2：计算区域加权评分总和时保留小数点后两位数，小数点后第三位则按“数字修约规则”执行，总加权评分经修约后只保留小数点后一位。

12 试验台架的标定

12.1 试验台架的标定的频率

每14次试验后必须做一次标定试验，新试验台架安装完成后和发动机大修后也必须做标定试验。

12.2 试验报告

试验报告格式见附录D。

12.3 参数超界百分数和参数偏中百分数计算

参数偏中百分数是给的试验参数和目标平均值的接近情况，参数超界百分数是给的试验参数超界最小值和最大界限值的情况见表13。

12.3.1 逐一的按表4给出的国际单位记录数据。

12.3.2 使用表4给出的国际单位试验规范和偏差做百分数计算。

12.3.3 在记录数据时用相同的单位计算偏中百分数和超界百分数，在计算百分数以前不要转换单位。

表 13　参数超界和偏中百分数的允许界限

控制参数	参数超界率允许值,%	参数偏中率允许值,%
转速，r/min	5	20
燃油流量，kg/h	10	25
冷却液流量，L/min	5	25
冷却液出口温度,℃	5	20
机油温度,℃	5	20
进气温度,℃	5	20
机油喷嘴压力，kPa	5	25
进气压力（绝对），kPa	10	25
排气压力（绝对），kPa	10	25
燃油压力，kPa	5	20
曲轴箱真空度，kPa	10	20

12.3.4　计算百分数的记录频率由试验室自行决定，但最小应 1h 记录一次。

12.3.5　包括一份整理好的数据计算百分数的说明，在整理以前将数据记入表中，在试验报告的注释或单独项中记录新的数据和说明见附录 D。

12.3.6　在附录 D 中表 D.9 记录每次试验期间百分数计算。

12.3.7　求得百分数计算的三位有效数字。

12.3.8　四舍五入偏差百分数平均值得出测量分辨率见表 2。

12.3.9　整个超界百分数累加和偏中百分数结果得出最小分辨率见表 2。

注：12.3.7～12.3.9 使用 ASTM 四舍五入规定。

12.3.10　使用公式（5）计算超界百分数

$$M = \frac{\frac{|a-b|}{c} \times \frac{d}{60}}{120} \times 100 \qquad (5)$$

式中：

M——超界百分数,%；

a——四舍五入后的测量参数，此参数是超出规定试验范围并未进行修正前的数值；

b——如试验参数向上超界，则是规范上限；如向下超界，则是规范下限；

c——测量参数的规定偏中数值；

d——以分计的偏中长度，不能小于记录频率；

60——分/小时的转换系数；

100——百分数单位转换系数；

120——小时数。

根据记录频率计算每个测量参数的超界百分数，将每个参数的超界百分数累加后得到最终的超界百分数，据此来评价试验的正确性。

12.3.11　使用公式（6）计算偏中百分数

$$N = \frac{|\bar{x} - S_i|}{S} \times 100 \qquad (6)$$

式中：

N——偏中百分数,%；

$\bar{x}$——整个试验期间实测参数的平均值；

S_i——单次测量值；

S——规范上限减规范下限。

表 13 是超界百分数和偏中百分数的允许界限，使用以下参数并根据操作控制情况去判断试验的正确性。如试验参数比规定的超界百分数和偏中百分数大，则应考虑操作无效。

13 精密度

按下述规定判断试验结果的可靠性（95%的置信水平）。

13.1 精密度

此精密度数据是根据参考油试验结果为基础（操作有效的试验），试验结果是由 ASTM 试验监测中心监督认可的，见表 13。

13.1.1 中间精度（*IP*）

同一试样在同一实验室在恒定的操作条件下连续的获得结果之间的差数。

13.1.2 再现性（*R*）

不同的操作者，使用不同的仪器，用相同的方法对同一试样测得两个试验结果之差不大于表 14 中的数值。

13.2 偏差

偏差是由一个稳定的参考油的结果来确定，当一个有效偏差确定后，允许对非参考油试验结果进行严格调整（参考 ASTM TMC 备忘录 94-200）。

表 14 1M-PC 参考油精密度

评定项目	中间精度		再现性	
	S_{IP}	IP	S_R	R
顶环槽充炭，%	17	47.6	17.8	49.8
加权评分	43.3	121.2	45.0	126.0

注 1：以上数据是根据 ASIM 试验监测参考油 873 和 873—1 做出的。

注 2：S_{IP} 为中间精度标准偏差。

注 3：S_R 为再现性标准偏差。

14 报告

试验结果报告的内容包括：台架参考油试验结果及试验油的活塞评分、辅助部位评分、试验条件、试验油消耗量、磨损情况、活塞照片、停机情况等，报告格式见附录 D。

附 录 A
(规范性附录)
燃 油 规 格

表 A.1 柴油规格

试 验 项 目		质量指标	试验方法
闪点(闭口),℃	不小于	60	GB/T 261
倾点,℃	不大于	-7	GB/T 3535
浊点,℃		报告	GB/T 6986
水和沉淀物,%(质量分数)	不大于	0.10	GB/T 260,GB/T 6531
残碳(10%蒸余物),%(质量分数)	不大于	0.20	GB/T 268
灰分,%(质量分数)	不大于	0.01	GB/T 508,GB/T 511
蒸馏 初馏点,℃ 10%馏出温度,℃ 50%馏出温度,℃ 90%馏出温度,℃ 终馏点,℃		 报告 报告 260~277 310~327 343~366	GB/T 6536
运动黏度(40℃),mm^2/s		2.0~4.0	GB/T 265
硫含量,%(质量分数)		0.38~0.42	GB/T 380
腐蚀试验(铜片,50℃,3h),级	不大于	2	GB/T 5096
酸值,mgKOH/g	不大于	0.15	GB/T 7304
十六烷值		47~53	GB/T 386
密度(20℃),kg/m^3		报告	GB/T 1884,GB/T 1885
重度,°API		33~35	GB/T 1884,GB/T 1885
裂化材料		无	SH/T 0606 GB/T 11132
烃类组分,%(m/m)			
脂肪烷烃		45.0~65.0	
单环烷烃		报告	
双环烷烃		0~15.0	
三环烷烃		报告	
烷基苯		5.0~10.0	
茚满		报告	
茚		报告	
萘		报告	
萘类		5.0~15.0	
苊		报告	
苊烯		报告	
三环芳香烃类		报告	

附 录 B
(规范性附录)
发动机安装及附属部件附图

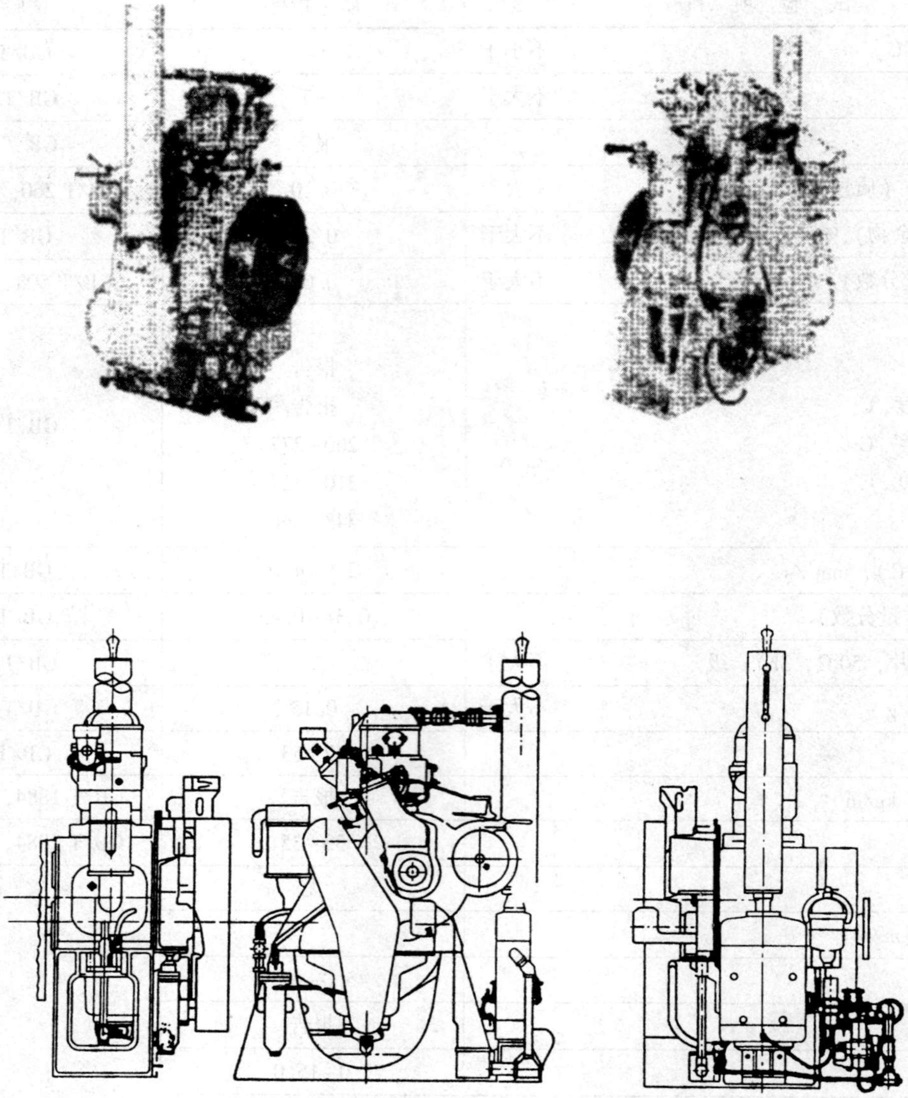

图 B.1 1Y73 发动机布局

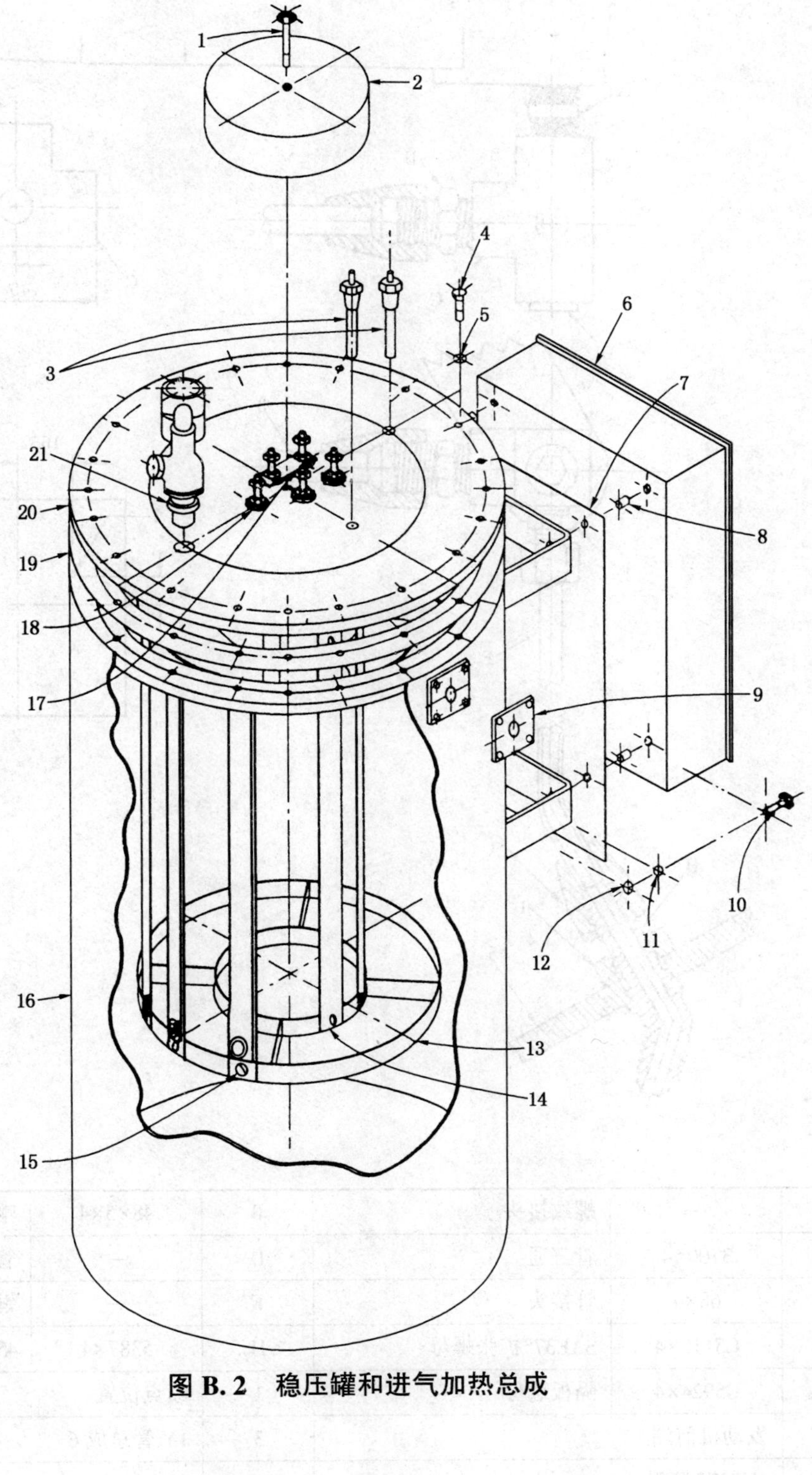

1—螺钉；
2—接线座盖；
3—开关；
4—螺钉；
5—弹簧垫片：
6—接线盒；
7—安装板；
8—垫块；
9—垫片；
10—螺钉；
11—弹簧垫片；
12—螺母；
13—下部支架总成；
14—加热条；
15—绝缘总成；
16—稳压罐总成；
17—接线柱；
18—接线柱总成；
19—垫片；
20—总成；
21—安全阀。

图 B.2　稳压罐和进气加热总成

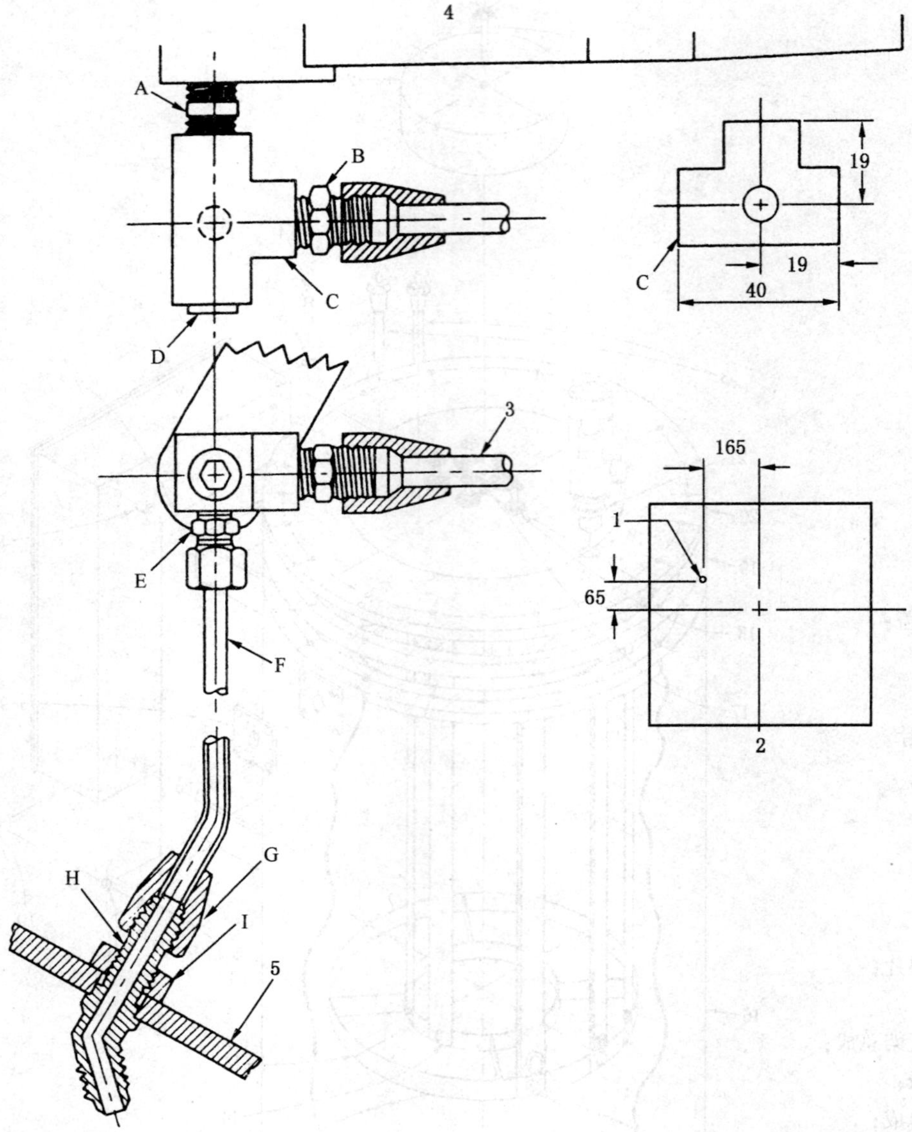

A	—	螺纹接头	B	48×5×4	喇叭接头-管丝头
C	3700×4	管三通	D	—	管堵头
E	68×4	管接头	F	—	铜管或不锈钢管
G	C5115×4	SAE37°扩张螺母	H	5387×4	45°隔板接头弯头 SAE37°
1	C5924×4	隔板螺母	1	喷点位置	
2	发动机前端		3	1Y 管总成 6	
4	1Y7975 喷嘴		5	1Y899 油底壳	

单位为毫米

图 B.3　建议的活塞冷却喷嘴压力传感器

单位为毫米

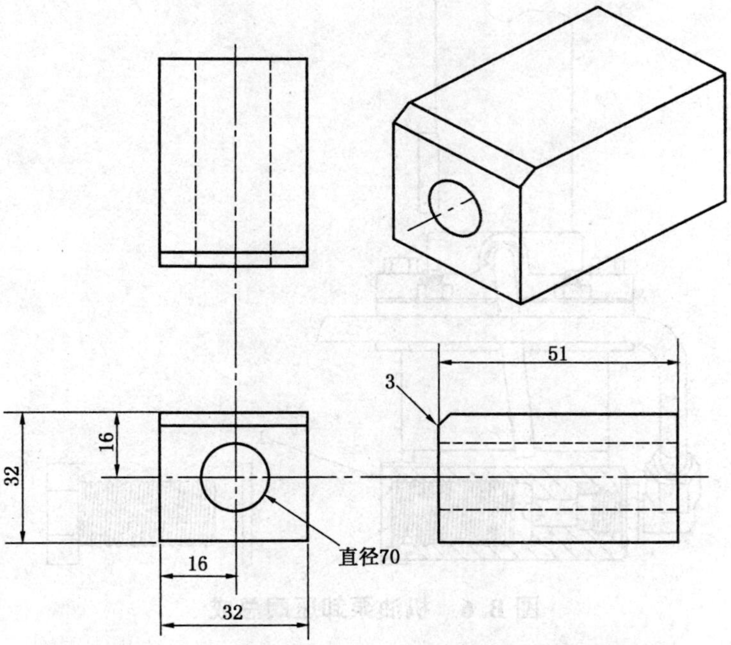

图 B.4　下插式油尺下部垫块

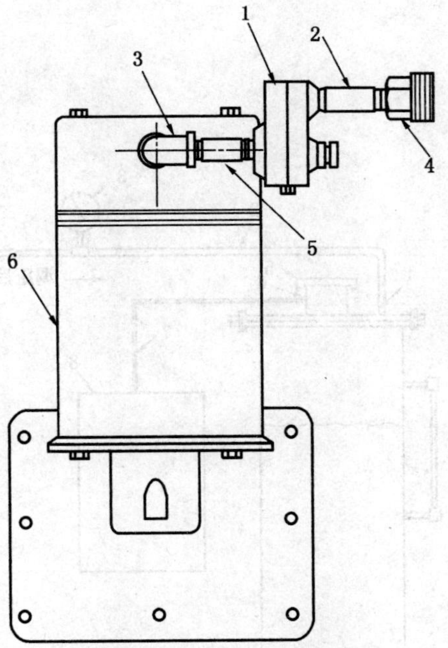

1—压力控制阀；
2—双丝头；
3—弯头；
4—活接头；
5—双丝头；
6—呼吸器总成。

图 B.5　曲轴箱压力控制阀

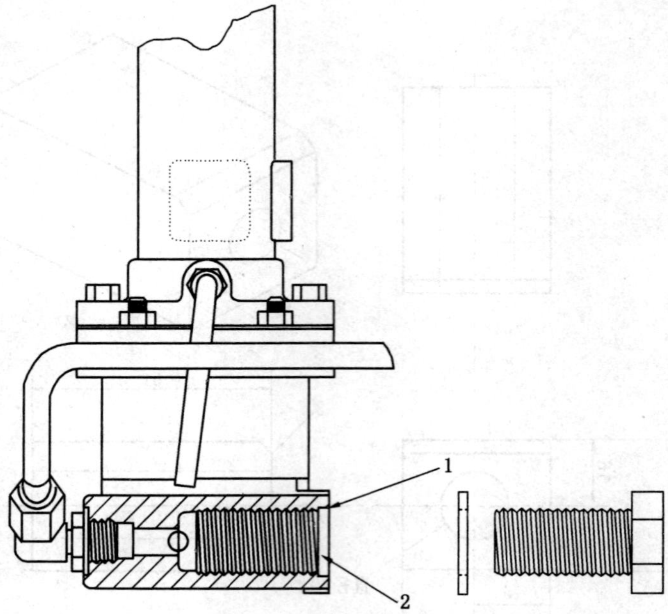

1—钻孔；
2—攻丝。

图 B.6　机油泵卸压阀总成

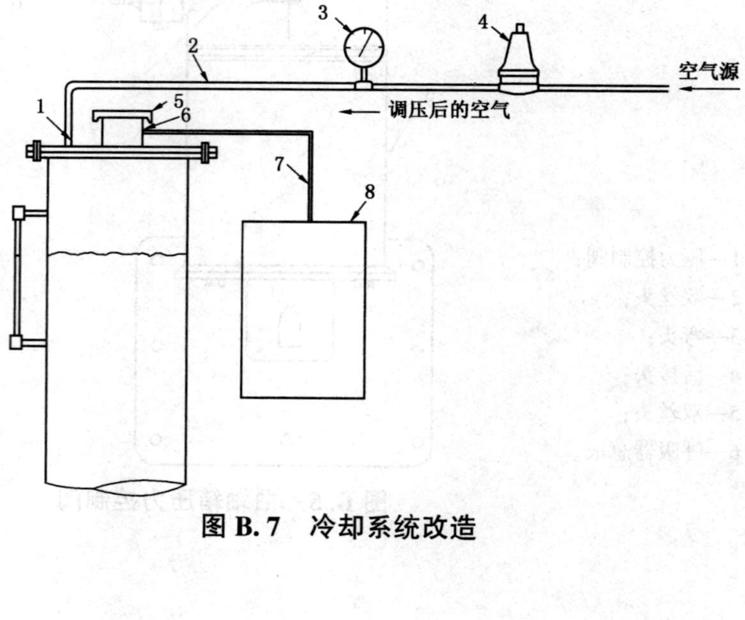

1—连接器；
2—管子；
3—压力表；
4—压力调节器；
5—散热器；
6—散热器填充口；
7—溢流管；
8—溢流罐。

图 B.7　冷却系统改造

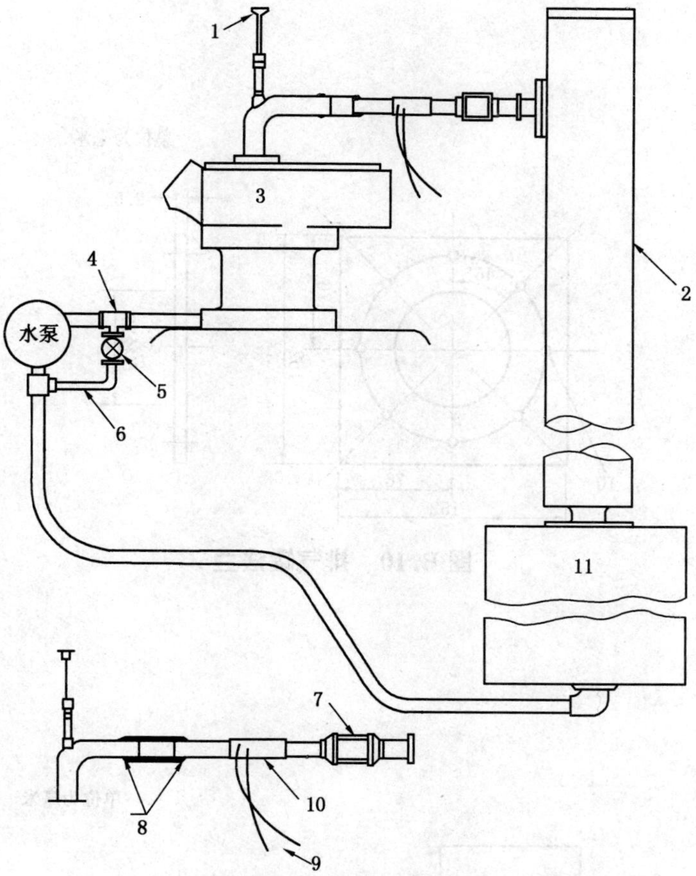

1—热电偶；
2—冷却塔；
3—缸盖；
4—三通；
5—回流阀；
6—回流线；
7—观察窗；
8—管箍；
9—去压差表；
10—流量计；
11—换热器。

图 B.8　建议的冷却系统

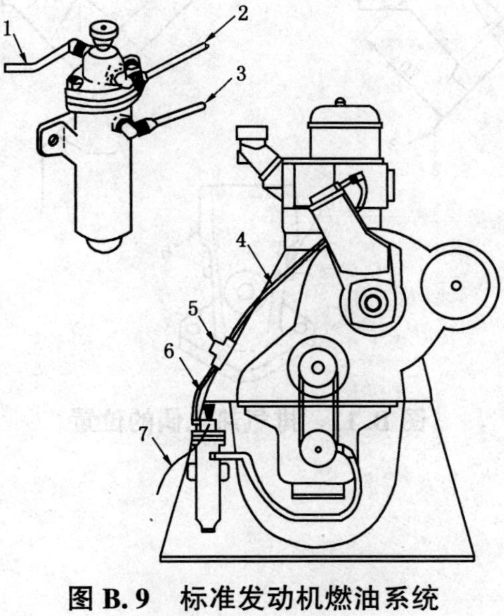

1—燃油出口；
2—压力传感器；
3—燃油进口；
4—燃油线；
5—燃油电磁阀；
6—燃油线；
7—燃油线；
8—滤清器。

图 B.9　标准发动机燃油系统

单位为毫米

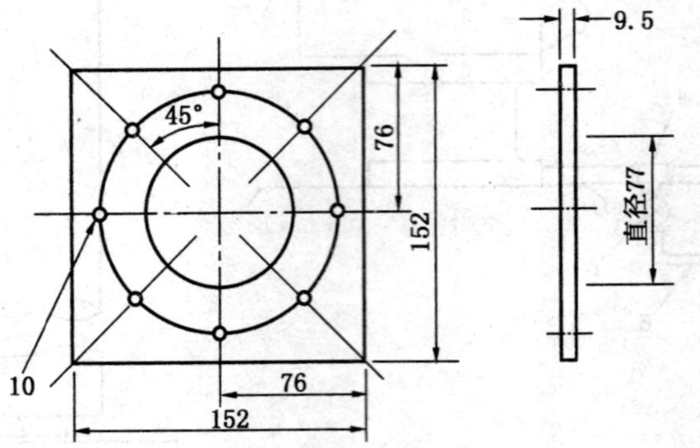

图 B.10　排气罐法兰

单位为毫米

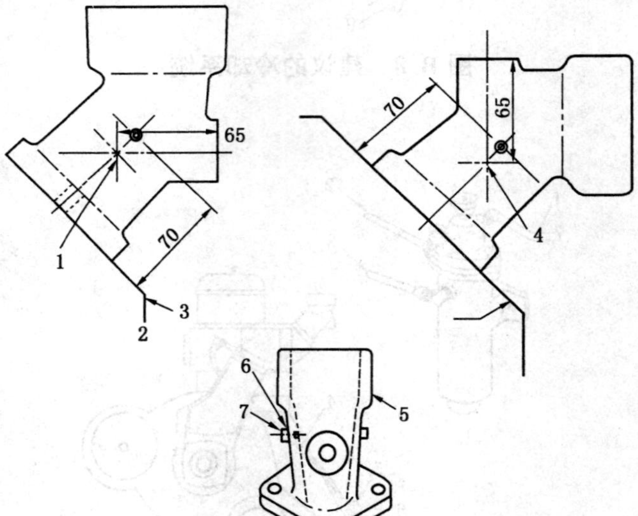

1—1Y467 热电偶；
2—和缸盖结合处；
3—从发动机飞轮端；
4—1Y467 热电偶；
5—排气弯头；
6—铜焊接；
7—管接头。

图 B.11　排气热电偶的位置

单位为毫米

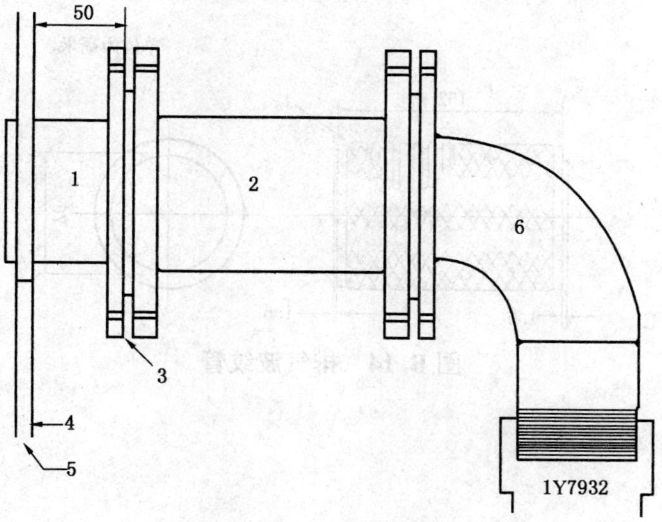

1—管子；
2—短管；
3—法兰；
4—稳压罐外壁；
5—稳压罐内壁；
6—弯头。

图 B.12 排气管

单位为毫米

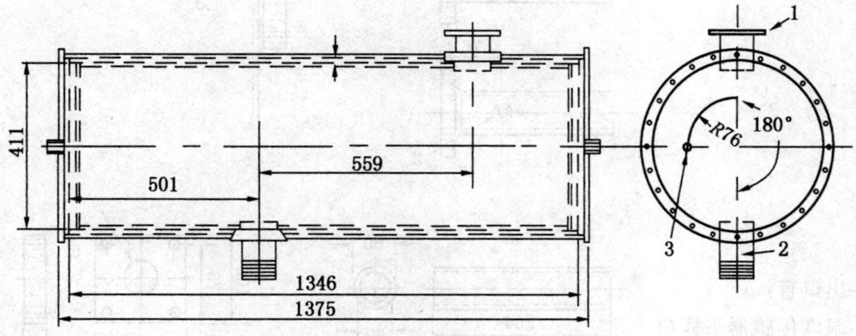

1—进口；
2—出口；
3—测压点。
注：温度大于 630℃。

图 B.13 排气罐法兰

单位为毫米

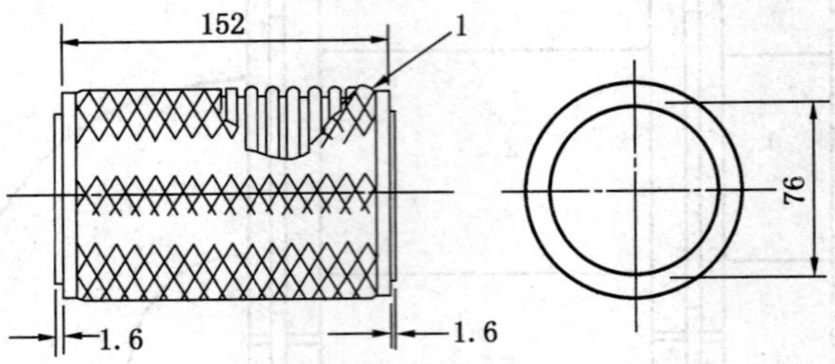

1—不锈钢波纹管。

注：运转温度大于600℃。

图 B.14　排气波纹管

单位为毫米

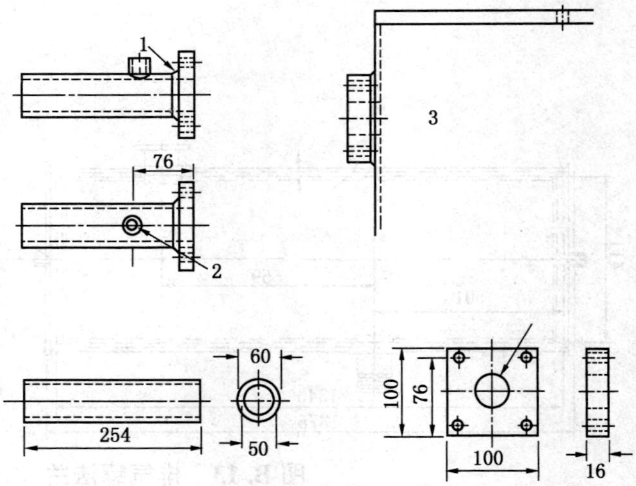

1—出口管；

2—温度传感器采样口；

3—1Y38 稳压罐。

图 B.15　温度计安装点

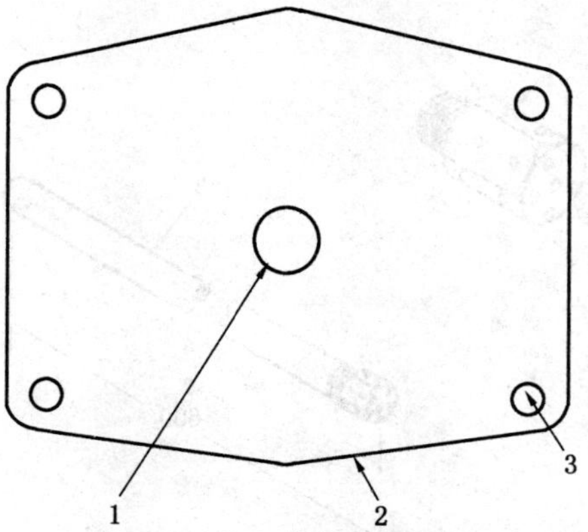

1—孔；
2—有机玻璃；
3—四个螺钉孔。

图 B.16　有机玻璃盖

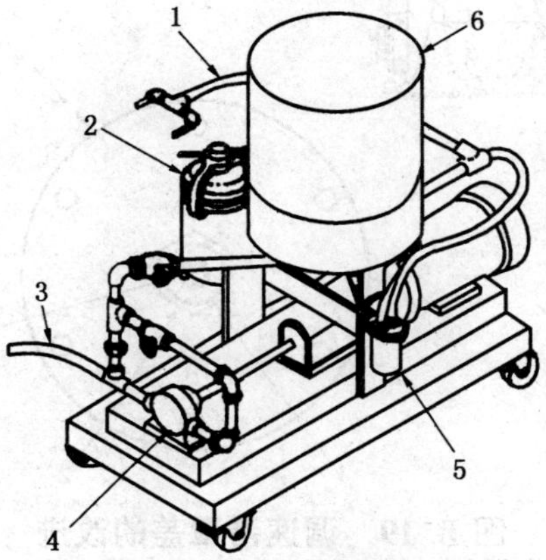

1—泵出口；
2—滤清器；
3—泵出口；
4—泵；
5—附加滤清器；
6—混合罐。

图 B.17　清洗泵的配置

单位为毫米

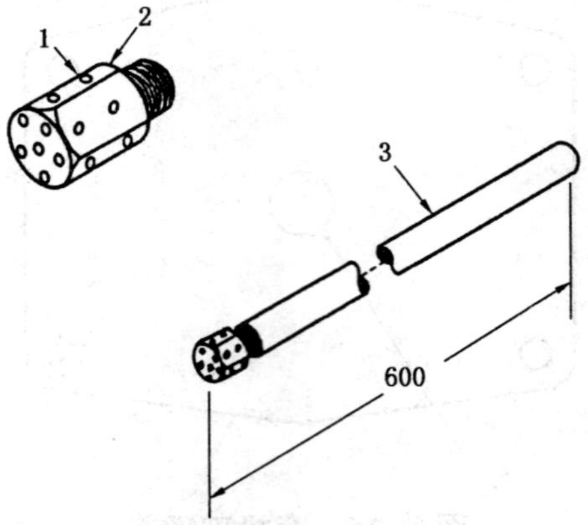

1—喷孔；
2—管帽；
3—喷管。

图 B.18 曲轴箱/调速器罩喷头

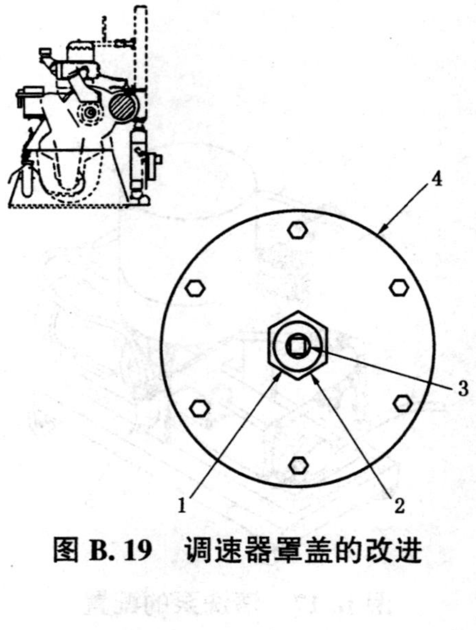

1—衬套；
2—钻孔并攻丝；
3—堵头；
4—调速器罩盖。

图 B.19 调速器罩盖的改进

单位为毫米

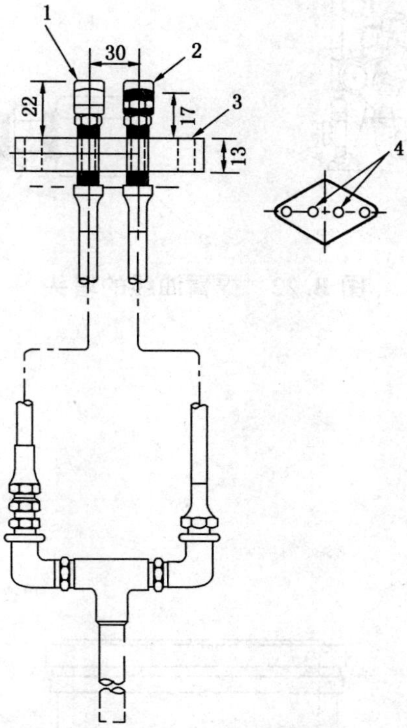

1—喷头；
2—管帽；
3—安装法兰孔；
4—喷射接头。

图 B.20　前端盖喷射器

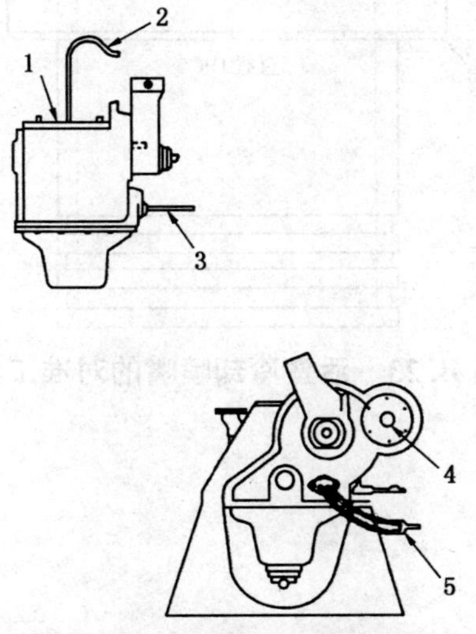

1—有机玻璃盖；
2—曲轴箱喷头；
3—前盖喷射点；
4—拆堵头清洗调速器；
5—前盖喷射器安装点。

图 B.21　冲洗设备的位置

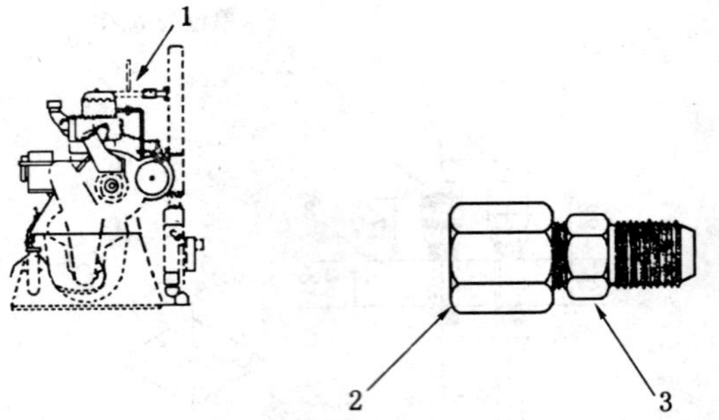

1—接头安装在摇臂油线下；
2—管帽；
3—管接头并具有管丝扣。

图 B.22 摇臂油线的堵头

单位为毫米

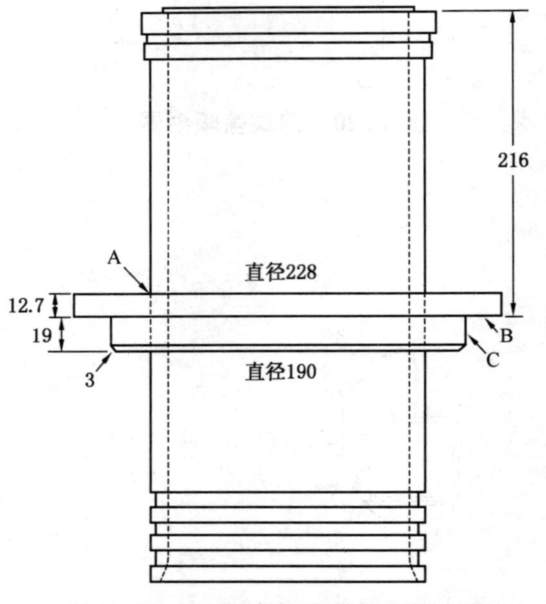

A—等同空间；
B—必须垂直；
C—必须同心。

图 B.23 活塞冷却喷嘴的对准工具

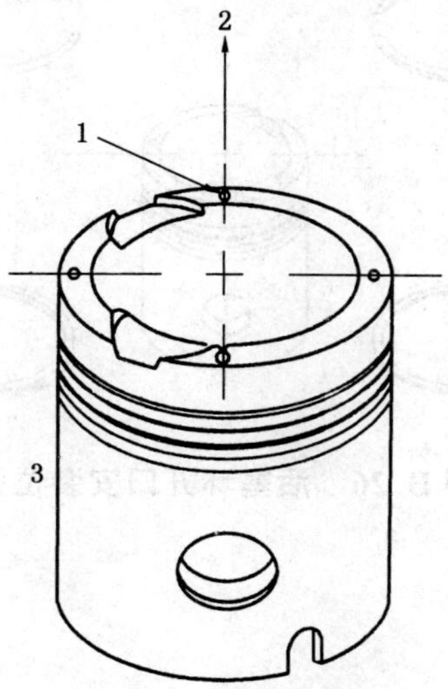

1—铅粒；
2—发动机前端；
3—活塞。

图 B.24 铅粒的位置

单位为毫米

注：图中横坐标数值×25.4。

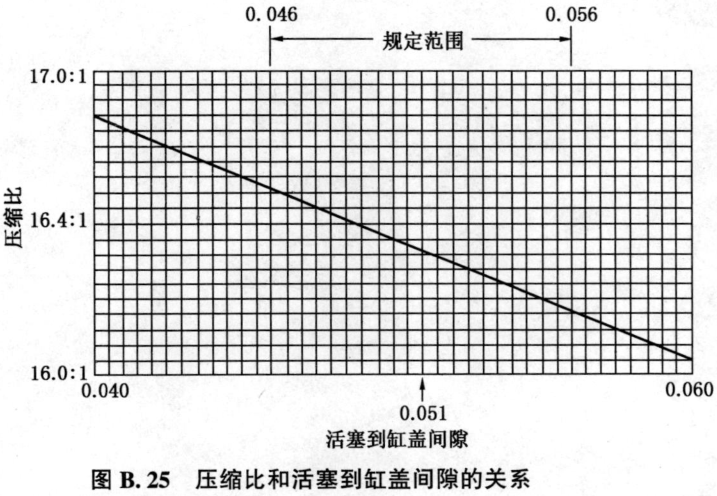

图 B.25 压缩比和活塞到缸盖间隙的关系

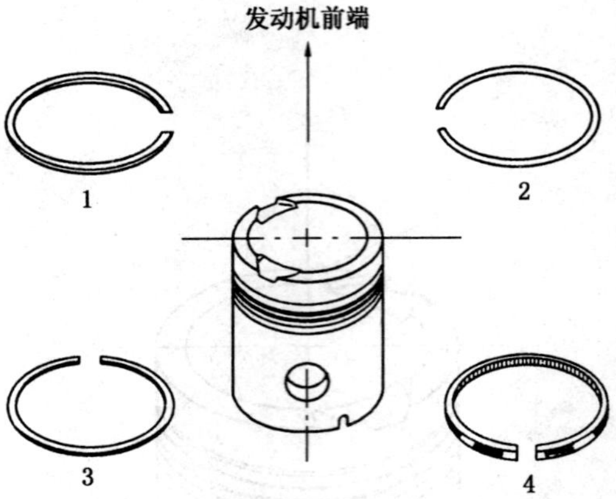

1—第一环；
2—第二环；
3—第三环；
4—第四环。

图 B.26 活塞环开口安装位置

附 录 C
（规范性附录）
非标准大气压下对应的露点温度的修正值

C.1 非标准大气压下对应的露点温度的修正值

C.2 湿度修正系数见表C.1~表C.4。

C.3 湿度修正理想气体方程式计算实例。

$$湿度=\frac{7000\times 18.0152P_v}{28.96247(P_T-P_v)}$$

或

$$湿度=\frac{4354.13P_v}{P_T-P_v}$$

7000——每磅空气的 grains 数量（1grain=64.8mg）；

M_v——水蒸气的分子质量；

M_A——干空气的分子质量；

P_v——在露点时水蒸气的分压；

P_T——在露点时水蒸气的总压。

C.4 在水上饱和蒸汽压见表C.5。

表C.1 湿度，g/kg修正系数（101.6~104.6）

露点温度,℃	大气压力，kPa									
	104.6	104.3	104.0	103.6	103.3	102.9	102.6	102.1	101.9	101.6
18.3	-0.44	0.40	0.36	0.32	0.27	0.23	0.17	0.13	0.09	0.04
18.9	-0.46	0.41	0.37	0.32	0.27	0.23	0.19	0.14	0.09	0.04
19.4	-0.47	0.42	0.37	0.33	0.29	0.24	0.19	0.14	0.10	0.04
20.0	-0.49	0.44	0.39	0.34	0.29	0.24	0.20	0.14	0.10	0.04
20.6	-0.50	0.46	0.40	0.36	0.30	0.26	0.20	0.16	0.10	0.06
21.1	-0.53	0.47	0.43	0.37	0.32	0.27	0.21	0.16	0.10	0.06
21.7	-0.54	0.49	0.43	0.39	0.33	0.27	0.21	0.16	0.11	0.06
22.2	-0.56	0.50	0.44	0.39	0.33	0.29	0.23	0.17	0.11	0.06
22.8	-0.59	0.53	0.47	0.41	0.36	0.30	0.23	0.17	0.11	0.06
23.3	-0.60	0.54	0.49	0.41	0.36	0.30	0.24	0.19	0.11	0.06
23.9	-0.63	0.57	0.50	0.44	0.37	0.31	0.26	0.19	0.13	0.06
24.4	-0.64	0.59	0.51	0.46	0.39	0.33	0.26	0.20	0.13	0.07
25.0	-0.67	0.60	0.54	0.47	0.40	0.34	0.27	0.20	0.13	0.07
25.6	-0.70	0.63	0.56	0.49	0.41	0.36	0.29	0.21	0.14	0.07
26.1	-0.72	0.64	0.57	0.50	0.43	0.36	0.29	0.21	0.14	0.07
26.7	-0.74	0.67	0.60	0.51	0.44	0.37	0.30	0.23	0.14	0.07

表 C.2　湿度，g/kg 修正系数（98.2~101.2）

露点温度，℃	大气压力，kPa									
	101.2	100.9	100.6	100.2	99.9	99.5	99.2	98.9	98.5	98.2
18.3	0	0.04	0.10	0.14	0.19	0.24	0.29	0.33	0.37	0.43
18.9	0	0.04	0.10	0.14	0.20	0.24	0.29	0.34	0.39	0.44
19.4	0	0.06	0.10	0.16	0.20	0.26	0.30	0.36	0.40	0.46
20.0	0	0.06	0.10	0.16	0.21	0.27	0.32	0.37	0.43	0.47
20.6	0	0.06	0.11	0.16	0.21	0.27	0.33	0.39	0.43	0.49
21.1	0	0.06	0.11	0.17	0.23	0.29	0.33	0.39	0.44	0.50
21.7	0	0.06	0.11	0.17	0.23	0.30	0.36	0.41	0.47	0.53
22.2	0	0.06	0.11	0.19	0.24	0.30	0.36	0.41	0.49	0.54
22.8	0	0.06	0.13	0.19	0.26	0.32	0.37	0.44	0.50	0.57
23.3	0	0.07	0.13	0.20	0.26	0.33	0.40	0.46	0.53	0.59
23.9	0	0.07	0.13	0.20	0.27	0.34	0.40	0.47	0.54	0.60
24.4	0	0.07	0.14	0.21	0.29	0.36	0.41	0.49	0.56	0.63
25.0	0	0.07	0.14	0.21	0.29	0.37	0.44	0.51	0.59	0.66
25.6	0	0.07	0.14	0.23	0.30	0.37	0.44	0.51	0.60	0.67
26.1	0	0.07	0.16	0.23	0.32	0.39	0.46	0.54	0.61	0.70
26.7	0	0.09	0.16	0.24	0.32	0.40	0.49	0.56	0.64	0.72

表 C.3　湿度，g/kg 修正系数（94.8~97.9）

露点温度，℃	大气压力，kPa									
	97.9	97.5	97.2	96.8	96.5	96.2	95.8	95.5	95.2	94.8
18.3	0.47	0.53	0.57	0.63	0.67	0.73	0.77	0.83	0.87	0.93
18.9	0.49	0.54	0.59	0.65	0.70	0.76	0.80	0.86	0.92	0.96
19.4	0.50	0.56	0.61	0.66	0.72	0.77	0.83	0.89	0.93	0.99
20.0	0.53	0.59	0.64	0.70	0.76	0.82	0.86	0.92	0.97	1.03
20.6	0.54	0.60	0.66	0.72	0.77	0.84	0.90	0.96	1.02	1.07
21.1	0.56	0.61	0.67	0.74	0.80	0.86	0.92	0.97	1.04	1.10
21.7	0.59	0.64	0.72	0.77	0.83	0.90	0.96	1.02	1.07	1.14
22.2	0.60	0.67	0.73	0.80	0.86	0.93	0.99	1.06	1.12	1.19
22.8	0.63	0.70	0.76	0.83	0.89	0.96	1.03	1.09	1.16	1.22
23.3	0.66	0.73	0.80	0.86	0.93	1.00	1.07	1.14	1.20	1.27
23.9	0.67	0.74	0.82	0.89	0.96	1.03	1.10	1.17	1.24	1.32
24.4	0.70	0.77	0.84	0.92	0.99	1.07	1.14	1.22	1.29	1.36
25.0	0.73	0.80	0.89	0.96	1.03	1.12	1.19	1.26	1.33	1.42
25.6	0.74	0.83	0.90	0.99	1.06	1.14	1.23	1.30	1.39	1.46
26.1	0.77	0.86	0.94	1.02	1.10	1.19	1.27	1.36	1.43	1.52
26.7	0.80	0.89	0.97	1.06	1.14	1.23	1.32	1.40	1.49	1.57

表 C.4 湿度，g/kg 修正系数（91.4~94.5）

露点温度,℃	大气压力，kPa									
	94.5	94.1	93.8	93.5	93.1	92.8	92.4	92.1	91.7	91.4
18.3	0.97	1.03	1.07	1.13	1.17	1.23	1.27	1.33	1.37	1.43
18.9	1.02	1.07	1.13	1.19	1.24	1.30	1.34	1.40	1.46	1.52
19.4	1.04	1.10	1.16	1.22	1.27	1.34	1.40	1.46	1.52	1.57
20.0	1.09	1.14	1.20	1.27	1.33	1.39	1.44	1.50	1.57	1.63
20.6	1.13	1.19	1.26	1.32	1.37	1.44	1.50	1.56	1.62	1.69
21.1	1.16	1.23	1.29	1.36	1.42	1.49	1.56	1.62	1.69	1.74
21.7	1.20	1.27	1.33	1.40	1.47	1.54	1.60	1.67	1.74	1.80
22.2	1.24	1.32	1.39	1.46	1.53	1.60	1.66	1.73	1.80	1.87
22.8	1.29	1.36	1.43	1.50	1.57	1.66	1.73	1.80	1.87	1.94
23.3	1.34	1.42	1.49	1.57	1.64	1.72	1.79	1.86	1.94	2.02
23.9	1.39	1.46	1.54	1.62	1.70	1.77	1.84	1.93	2.00	2.09
24.4	1.43	1.52	1.59	1.67	1.76	1.84	1.92	2.00	2.09	2.16
25.0	1.49	1.57	1.66	1.74	1.83	1.92	1.99	2.07	2.16	2.25
25.6	1.54	1.63	1.72	1.80	1.89	1.99	2.07	2.16	2.25	2.33
26.1	1.60	1.69	1.79	1.87	1.96	2.06	2.15	2.23	2.32	2.42
26.7	1.66	1.76	1.84	1.94	2.03	2.13	2.22	2.32	2.40	2.50

表 C.5 水面以上空间的饱和蒸气压

露点温度,℃	蒸气压，kPa	露点温度,℃	蒸气压，kPa
15.6	1.7663	23.9	2.9633
16.1	1.8446	24.5	3.0637
16.7	1.8962	25.0	3.1671
17.2	1.9642	25.6	3.2735
17.8	2.0343	26.1	3.3830
18.3	2.1066	26.7	3.4958
18.9	2.1812	27.2	3.6116
19.4	2.2581	27.8	3.7308
20.0	2.3437	28.3	3.8537
20.6	2.4190	28.9	3.9797
21.1	2.5031	29.4	4.1097
21.7	2.5895	30.0	4.2431
22.2	2.6452	30.6	4.3803
22.8	2.7710	31.0	4.5212
23.3	2.8658	31.7	4.6661

附 录 D
（资料性附录）
柴油机油清净性评定法（开特皮勒 1M-PC 法）结果报告

委托单位：________________　　油样名称：________________

试验机号：________________　　试验编号：________________

试验方法：________________　　试验日期：________________

燃　　料：________________　　试验时间：________________

试验单位：

表 D.1 标准油试验结果

试验编号		试验机号	
完成日期		标准油名称	
总加权评分		一环槽充炭率,%	
制动机油消耗率,g/(kW·h)		一环侧间隙损失,mm	

表 D.2 评定通过标准

评 定 项 目	ASTM D4485 规格要求
总加权评分(WTD),分	<240
一环槽充炭率(TGF),%	<70
一环侧间隙损失,mm	<0.013
制动机油消耗率,g/kW·h	<1.216

表 D.3 试验结果评分

活塞号: 日期:

沉积物类型及系数		环槽								环岸					
		1		2		3		4		2		3		4	
		面积%	评分	面积%	评分	面积%	评分	面积%	评分	面积%	评分	面积%	评分	面积%	评分
积炭	重炭 1.00														
	中炭 0.50														
	轻炭 0.25														
	合 计														
漆膜	8~9														
	7~7.9														
	6~6.9														
	5~5.9														
	4~4.9														
	3~3.9														
	2~2.9														
	1~1.9														
	0~0.9														
	干 净														
	合 计														
区域评分															
区域加权系数		1		10		35		70		3.5		20		35	
总加权评分(WTD),分															
一环槽充炭率(TGF),%															
一环侧间隙损失,mm															
制动机油消耗率,g/(kW·h)															

表 D.4　环槽评分表

	一环槽			二环槽			三环槽			四环槽		
	面积 %	系　数	评分	面积 %	系　数	评分	面积 %	系　数	评分	面积 %	系　数	评分
积炭		重炭 1.00			重炭 1.00			重炭 1.00			重炭 1.00	
		中炭 0.50			中炭 0.50			中炭 0.50			中炭 0.50	
		轻炭 0.25			轻炭 0.25			轻炭 0.25			轻炭 0.25	
		合　计			合　计			合　计			合　计	
漆膜		9			9			9			9	
		8			8			8			8	
		7			7			7			7	
		6			6			6			6	
		5			5			5			5	
		4			4			4			4	
		3			3			3			3	
		2			2			2			2	
		1			1			1			1	
		0			0			0			0	
		合　计			合　计			合　计			合　计	
	总评分			总评分			总评分			总评分		

表 D.5　环岸评分表

	1			2			3		
	面积,%	系　数	评分	面积,%	系　数	评分	面积,%	系　数	评分
积炭		重炭 1.00			重炭 1.00			重炭 1.00	
		中炭 0.50			中炭 0.50			中炭 0.50	
		轻炭 0.25			轻炭 0.25			轻炭 0.25	
		合　计			合　计			合　计	
漆膜		9			9			9	
		8			8			8	
		7			7			7	
		6			6			6	
		5			5			5	
		4			4			4	
		3			3			3	
		2			2			2	
		1			1			1	
		0			0			0	
		合　计			合　计			合　计	
	总评分			总评分			总评分		

表 D.6 附加部位沉积物评定

部 位			沉积物类型												
			重炭	中炭	轻炭	9	8	7	6	5	4	3	2	1	干净
活塞裙部															
活塞内顶															
活塞冠															
缸 套															
环槽顶和底部	1	顶													
		底													
	2	顶													
		底													
	3	顶													
		底													
	4	顶													
		底													
环顶环底和背部	1	顶													
		底													
		背													
	2	顶													
		底													
		背													
	3	顶													
		底													
		背													
	4	顶													
		底													
		背													

表 D.7 试验条件

试验条件		最小值	最大值	平均值	要求范围
转速，r/min					1800±10
功率，kW					报告
燃油流量，kg/h					8.13±0.7
湿度，g/kg					17.8±1.7
温度	冷却液出口,℃				87.8±2.8
	冷却液进口,℃				报告
	冷却液温差,℃				报告
	机油主油道,℃				96.1±2.8
	机油冷却进口,℃				报告
	进气,℃				123.9±2.8
	排气,℃				573±28
压力	机油主油道，kPa				≤220.6
	机油喷嘴，kPa				165.5±13.8
	进气，kPa				179.5±1
	排气，kPa				106.7±1.7
	燃油，kPa				137.9±13.8
	曲轴箱真空度，kPa				0.25±0.12
流量	曲轴箱窜气量，m^3/h				报告
	冷却液流量，L/min				57.9±3.8

表 D.8 柴油机油清净性评定法试验记录

试样名称：　　　　　　试验编号：　　　　　　日期：　　　　　　第　页

参数	规定范围	1	2	3	4	5	6	7	8
时间	记录								
累计运转，h	记录								
转速，r/min	1800±10								
功率，kW	记录								
燃油流量，kg/h	8.13±0.07								
湿度，g/kg	17.8±1.7								
冷却液出口温度,℃	87.8±2.8								
冷却液进口温度,℃	记录								
机油温度,℃	96.1±2.8								
机油冷却器温度,℃	记录								
排气温度,℃	573±28								
进气温度,℃	123.9±2.8								
燃油压力，kPa	137.9±2.8								

表 D.8（续）

参　　数	规定范围	1	2	3	4	5	6	7	8
活塞冷却喷嘴压力，kPa	165.5±13.8								
机油压力，kPa	≤220.6								
排气压力（绝对），kPa	106.7±1.7								
轴箱真空度，kPa	0.25±0.12								
进气压力（绝对），kPa	179.0±1								
冷却液流量，L/min	57.9±3.8								
以下 12h 记录：									
曲轴箱窜气量，m^3/h									
放出机油量，kg									
加入机油量，kg									
操作人签名									

表 D.9　试验偏离偏差

控　制　参　数	偏离允许值,%	试验偏离值,%	偏差允许值,%	试验偏差值,%
转速，r/min	5		20	
燃油流量，kg/h	10		25	
冷却液流量，L/min	5		25	
冷却液出口温度,℃	5		20	
机油温度,℃	5		20	
进气温度,℃	5		20	
机油喷嘴压力，kPa	5		25	
进气压力（绝对），kPa	10		25	
排气压力（绝对），kPa	10		25	
燃油压力，kPa	5		20	
曲轴箱真空度，kPa	10		20	

表 D.10　试验发动机配合间隙　　单位：mm

活塞环开口间隙：	规范要求
一环槽	0.508~0.66
二环槽	0.508~0.660
三环槽	0.508~0.660
四环槽	0.381~0.762
活塞环侧间隙：	规范要求
一环槽	0.114~0.185
二环槽	0.076~0.122
三环槽	0.076~0.122
四环槽	0.038~0.076
缸套：	规范要求
不圆度	0.030
圆柱度	0.051

表 D.11　试验件测量表

单位：mm

活塞环开口间隙				
环　号	一　环	二　环	三　环	四　环
要求范围	0.508~0.660	0.5080~0.660	0.5080~0.660	0.381~0.762
试验前				
试验后				
增大量				

缸套磨损情况	
纵　向	横　向

活塞环状况			
一　环	二　环	三　环	四　环

活塞环侧间隙				
环　号	测量时间	最　小	最　大	要求范围
一　环	试验前			0.114~0.185
	试验后			实测
	间隙损失			<0.017
二　环	试验前			0.076~0.122
	试验后			实测
	间隙损失			—
三　环	试验前			0.076~0.122
	试验后			实测
	间隙损失			—
四　环	试验前			0.038~0.076
	试验后			实测
	间隙损失			—

表 D.12　试验停机情况

试验时间	日　期	停机小时数	停机原因

表 D.13　评定标准与试验结果对比表

评定项目	ASTM D4485 规格要求	本次试验结果
总加权评分（WTD），分	<240	
一环槽充炭率（TGF），%	<70	
一环槽间隙损失，mm	<0.013	
制动机油消耗率，g/（kW·h）	<1.216	

日　　　期：

试验负责人：

班组负责人：

试验活塞照片

承压面：

非承压面：

附 录 E
(资料性附录)
本标准与 ASTM D6618-04 章条编号对照表

表 E.1 给出了本标准章条编号与 ASTM D6618-04 章条编号对照表。

表 E.1 本标准章条编号与 ASTM D6618-04 章条编号对照

附录 A	附录 A3
附录 B	附录 A1
附录 C	附录 X1
附录 D	—
附录 E	—
附录 F	—

附　录　F
（资料性附录）
本标准与ASTM D6618-04技术性差异及其原因

表F.1给出了本标准与ASTM D6618-04的技术性差异及其原因的一览表。

表F.1　本标准与ASTM D6618-04技术性差异及其因

本标准的章条编号	技术性差异	原　因
6	6.11.2只编入了6.11.2.1	因为活塞冷却喷嘴总成是由美国西南研究院指定专门的技术部门校验并供货的
7	采用国产燃油替代美国燃油	由于每次试验需消耗4吨柴油，长期进口不切合实际，为了适应国情，在对比试验结果的基础上，尽量国产化，用国产柴油替代美国柴油
11	在11.3加入了"评分"	详述了活塞沉积物性质的分类及清净性总评分的计算方法。可使评定人员对评分有一个直观大概的了解
12	1.对ASTM D6618—04方法标定频率作了修改。由每6个月或每14次试验后做一次标定试验修改为每14次试验后做一次标定试验 2.对12.1~12.11.3.1；12.12.3~12.14的内容进行了删除	1. ASTM D6618-04要求每6个月或14次试验做一次标定试验，而我国台架每6个月做的试验比美国少得多，最多做2~3次试验，因此，每6个月做一次标定试验不符合国情，而且配件消耗较大，修改后在试验次数上和美国6个月做的次数一致，这样修改既考虑了国情，又在试验次数上满足了美国方法的要求 2.由于我们不是使用TMC服务的实验室
附录D	在附录D增加了评定报告模板	在ASTM D6618-04版本将附录A2评定报告模板删除，不作为方法的一部分，只给出了要报告的项目。作为参考保留了ASTM D6618-00版本附录A2，以作为评定报告的参考
附录B	对ASTM D6618-04附录A1部分附图及其说明省略	因为评定装置是全套整体引进，不需要制造

编者注：本标准中引用标准的标准号和标准名称变动如下。

原标准号	现标准号	现标准名称
GB/T 253	GB 253	煤油
GB/T 260	GB/T 260	石油产品水含量的测定　蒸馏法
GB/T 261	GB/T 261	闪点的测定　宾斯基-马丁闭口杯法
GB/T 386	GB/T 386	柴油十六烷值测定法
GB/T 511	GB/T 511	石油和石油产品及添加剂机械杂质测定法
GB/T 3535	GB/T 3535	石油产品倾点测定法
GB/T 6536	GB/T 6536	石油产品常压蒸馏特性测定法
GB/T 6986	GB/T 6986	石油产品浊点测定法
GB/T 7304	GB/T 7304	石油产品酸值的测定　电位滴定法
GB/T 11132	GB/T 11132	液体石油产品烃类的测定　荧光指示剂吸附法
SH/T 0606	NB/SH/T 0606	中间馏分烃类组成的测定　质谱法

ICS 75.120
E 39

SH

中华人民共和国石油化工行业标准

SH/T 0787—2006

石油基液压油高压叶片泵磨损特性测定法

Standard test method for indicating wear characteristics of petroleum hydraulic fluids in a high pressure constant volume vane pump

2006-05-12 发布　　2006-11-01 实施

中华人民共和国国家发展和改革委员会　发布

目　次

前　言

本标准修改采用美国试验与材料协会标准 ASTM D6973-05《石油基液压油高压叶片泵磨损特性测定法》。

本标准根据 ASTM D6973-05 重新起草。

为了适合我国国情，本标准在采用 ASTM D6973-05 时进行了修改。这些技术性差异用垂直单线标识在它们所涉及的条款的页边空白处。本标准与 ASTM D6973-05 的主要差异如下：

——本标准的引用标准采用了我国相应的国家标准。

为使用方便，本标准还做了如下编辑性修改：

——对试验方法概要的陈述，按我国的习惯进行了概括。

——对试验设备、仪器以及试验试剂和材料的说明介绍作了一些补充。

——对原“第 10 章冲洗”和“第 11 章试验泵的准备与安装”按我国的习惯进行了修改和补充，合并为“第 10 章试验准备工作”。

——删除了第 16 章的“关键词”。

——增加了附录 B、附录 C、附录 D、附录 E。

本标准的附录 A 为规范性附录，附录 B、附录 C、附录 D、附录 E 均为资料性附录。

本标准由中国石油化工集团公司提出。

本标准由中国石油化工股份有限公司石油化工科学研究院归口。

本标准起草单位：中国石油天然气股份有限公司大连润滑油研究开发中心。

本标准主要起草人：梁德君、高永彬。

石油基液压油高压叶片泵磨损特性测定法

1 范围

1.1 本标准规定了用高压叶片泵测定石油基液压油磨损特性的试验方法。

1.2 本标准采用国际单位制(SI)单位。

1.3 本标准的应用可能涉及到某些有危险性的材料、操作和设备，但并未对与此有关的所有安全问题都提出建议，用户在使用本标准前有责任制定相应的安全和保护措施并明确其受限制的适用范围。

2 规范性引用文件

下列文件中的条款通过本标准的引用而成为本标准的条款。凡是注日期的引用文件，其随后所有的修改单(不包括勘误的内容)或修订版均不适用于本标准，然而，鼓励根据本标准达成协议的各方研究是否可使用这些文件的最新版本。凡是不注日期的引用文件，其最新版本适用于本标准。

GB 1922—1980 溶剂油

GB/T 14039 液压传动 油液 固体颗粒污染等级代号(GB/T 14039—2002，MOD ISO 4406：1999)

GB/T 17489 液压颗粒污染分析 从工作系统管路中提取液样(GB/T 17489—1998，IDT ISO 4021：1992)

GB/T 18854 液压传动 液体自动颗粒计数器的校准(GB/T 18854—2002，MOD ISO 11171：1999)

3 术语

下列术语和定义适用于本标准。

3.1

冲洗 Flushing

在试验前对试验系统进行清洗以防止交叉污染。

4 方法概要

190L±4L 试验油通过旋转的叶片泵装置循环 50h，试验条件是：泵转速 2400r/min±20r/min、泵出口压力 20.7MPa±0.2MPa、试样入口温度 95℃±3℃，以泵的总磨损量(试验期间定子和全部叶片的质量损失，单位 mg)作为试验结果，来评价高压抗磨液压油的抗磨性。试验需要试验油 400L，试验泵 3 个，中间不换试验油和过滤器。试验油的黏度不低于 ISO32 黏度等级或 SAE10W 黏度等级。

注：一般情况下叶片泵的内叶片不需要失重测量。

5 意义和用途

本标准主要用于测定石油基液压油在高压叶片泵中的磨损特性。过度磨损可能会导致工业液压系统和移动式液压装置的故障。

6 仪器设备

6.1 基本系统包括以下设备(见图 1)。

6.1.1 电机，或其他适宜的驱动设备。转速 2400r/min，功率至少 93kW(125HP)。

6.1.2 试验台架基座，电机的配套部件，泵，储油罐以及其他组件。

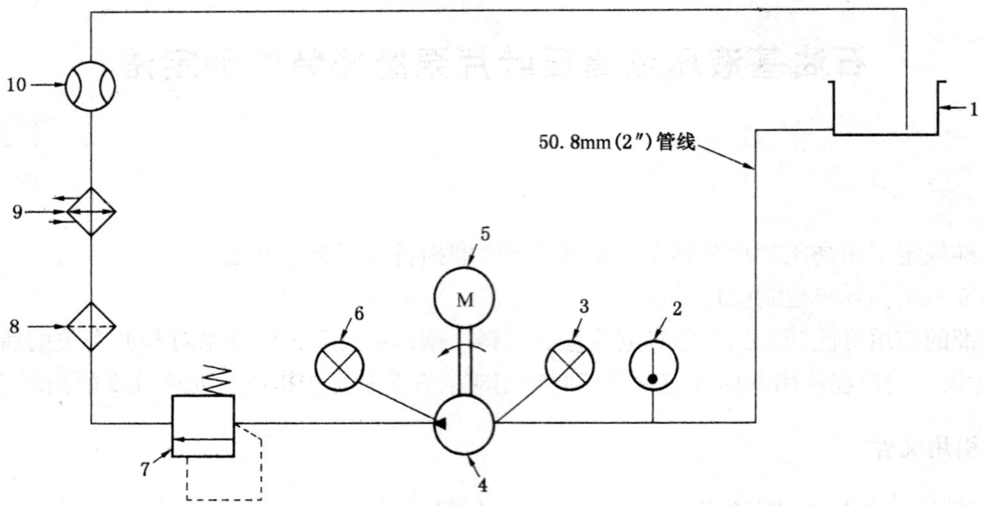

1—储油罐(至少 200L，位于泵中线上部自然重力供油)；
2—温度表或者热电偶；
3—入口压力表；
4—泵 35VQ25A-11 * 20(泵芯组 P/N 4998040-002)；
5—电机(至少 93kW)；
6—出口压力表；
7—压力调节阀；
8—过滤器；
9—冷却器；
10—流量计。

图 1　系统示意图

6.1.3 可更换泵芯型旋转内叶片泵 Vickers 35VQ25A-11 * 20，在转速 1200r/min 时试验油样的流速是 97.2L/min。最好在泵周围设保护罩。

注：单个的泵芯部件可以单独购买，伊顿(Eaton)部件的产品型号为，泵芯螺栓：P/N 410609；销钉：P/N 418108；入口支撑盘：P/N 430806；出口支撑盘：P/N 412003；配油侧盘组：P/N 923953；密封垫：P/N 433766，转子：P/N 262154；定子：P/N 4999594-001；叶片组(包括 10 内叶片和 10 叶片)：922700。

6.1.3.1 泵体不需要更换。

6.1.4 储油罐带有隔板和盖子，全部由不锈钢制造。

6.1.4.1 为了便于查看液面高度、储油罐油温等，可在储油罐上加一个端口。

6.1.4.2 如果储油罐固定位置后，不能够通过打开盖子观察排气情况，可在储油罐侧面加一个观察镜开口。

6.1.5 泵出口压力手控或遥控阀。

6.1.6 温度控制元件，控制热交换器中冷却液的流量，以保持试验油在规定的温度范围内。

6.1.7 温度指示器，最小精度为±1℃，并有一个适宜的传感器检测泵进口温度。

6.1.7.1 为了防止试验油在泵进口处搅动，热电偶插口直径不超过 6mm，并且位置距离泵进口至少 30cm。

6.1.7.2 热电偶的触头要插到液流中点。

6.1.8 热交换器，应该有足够的换热面积，能够带走系统中多余的热量。

6.1.9 出口压力表，测量泵出口压力，精度至少±0.1MPa。

6.1.10 进口压力表，测量泵进口压力，精度至少±0.007MPa。

6.1.11 过滤器单元，限制系统中颗粒对试验泵的磨损。性能应该达到$\beta_3 \geq 100$(β_3——过滤精度为3μm的过滤器的过滤比)。

6.1.11.1 过滤器的两端均应安装一个压力表，或采用压差传感器来监视过滤器的两端压力，防止出现故障。

6.1.11.2 如果用两个压力表来监视过滤器的压力，通过两个压力表的压力差可以判断过滤器单元是否正常。

6.1.12 流量测量元件，精度至少达到±1L/min。

6.1.12.1 建议在试验系统中安装带有自保功能的元件。装入系统中的安全继电器应有以下几种：低压、高压、高温和低流速安全开关。

6.1.12.2 应该检查确保冲洗液及试验油样与密封或系统中任何其他材料是相容的。

6.1.13 用弹性连轴节联结电机和试验泵。

6.1.14 放油样口，取样条件和方式按照GB/T 17489执行。

6.2 试验系统的各个组件按照图1所示进行组装。

6.2.1 试验系统应该安装必要的放油阀，保证系统油液排干，没有存留。

6.2.2 当建立试验系统时要选用优质的液压管，防止空气进入，影响试验。

6.2.3 试验泵的安装应该保证便于检查和清理泵体内表面，便于检查同轴性，并且便于操作者拆装试验泵头。

6.2.4 压力传感器，用来测量试验泵进出口压力，应安装在距离泵出入端口30.5cm以内的地方。

6.2.5 当启动程序完成，试验条件建立后，试验泵进口压力应该是13.8kPa±7.0kPa(见11.4“试验运行”)。

6.2.6 储油罐安置的地方，应该便于放出和装入试验油，并且容易通过打开盖子或者通过监测口观察液面位置。

6.2.7 进油线(从储油罐到试验泵进口)内径最小为5.08cm，试验油进入到试验泵入口前的直管线最短为61cm。

6.2.8 高压管部分(从泵出口到压力控制阀)内径最小为3.2cm，耐压超过20.7MPa。最好使用高强度无缝钢管或与之相当的高压软管。

6.2.9 油的回路管和设备(从压力控制阀到过滤器，流量计，热交换器，储油罐)内径最小为2.54cm，最好使用无缝钢管。

6.2.10 在储油罐和试验泵进口之间需要安装一个截止阀。截止阀的孔径最小5.08cm并且距离泵进口端不应少于30cm。

6.3 系统辅助设备和仪器

6.3.1 齿轮油箱冷却自动控制系统。

6.3.2 冷却水泵、循环水池系统。

6.3.3 仪表电路控制系统。

6.3.4 油液清洁度测试仪。

6.3.5 气(电)动油泵。

6.3.6 天平，量程：0g~200g，精度：0.0001g。

6.3.7 天平，量程：0kg~5kg，精度：0.001g。

6.3.8 英制工具，梅花扳手，叉扳手，扭矩扳手等。

7 试剂和材料

7.1 用满足GB 1922—1980标准的190号溶剂油，或等同产品。

警告：所有溶剂的使用须遵守安全规程。

8 试验台架维护

8.1 应当定期地检查温度、压力传感器和控制开关，以保持其正常的运行。

8.2 泵轴、轴封和轴承最好每10次试验更换一次(如果质量损失较大，振动，气穴，或者可见的损坏应及时更换)(见图2)。

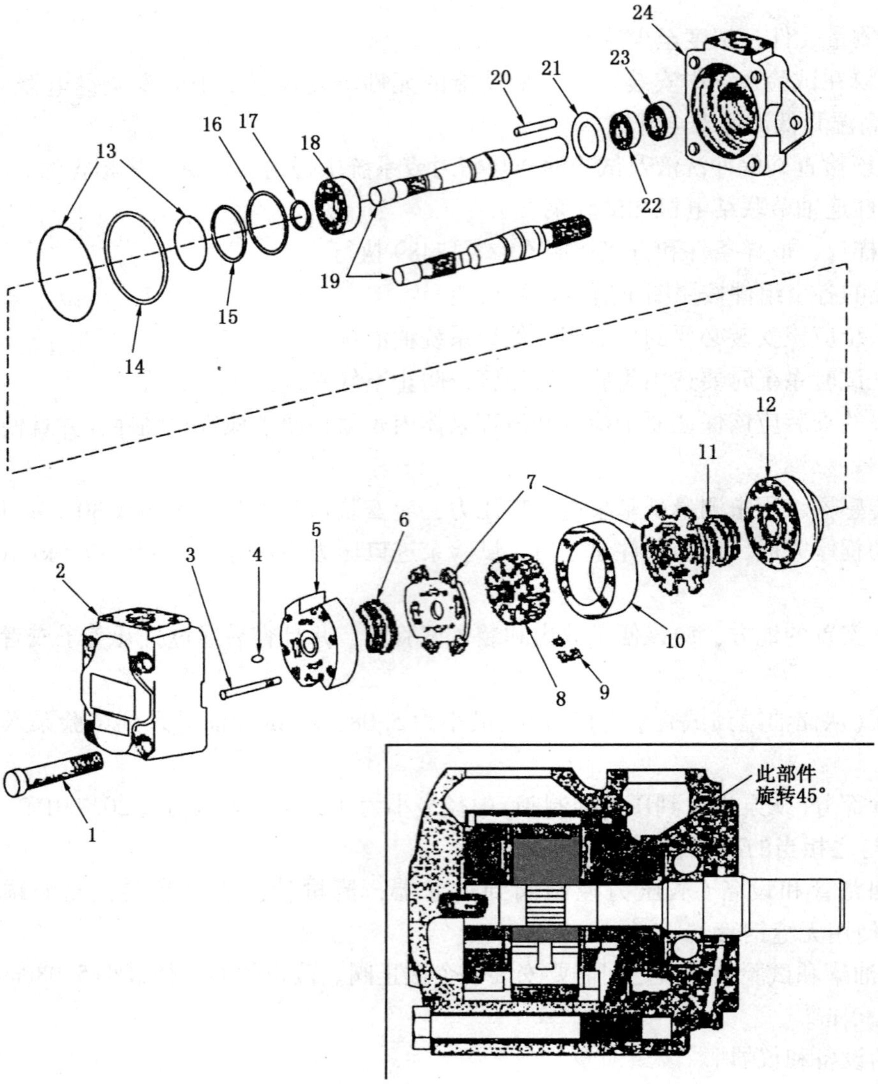

1—端盖螺栓；	7—配油侧盘；	13—“O”型圈；	19—轴；
2—端盖；	8—转子；	14—密封圈；	20—键；
3—泵芯螺栓；	9—叶片与内叶片；	15—辅助密封圈；	21—隔离垫圈；
4—销钉；	10—定子；	16—螺旋钢圈；	22—一级轴封；
5—入口支撑盘；	11—密封垫；	17—卡簧；	23—二级轴封；
6—密封垫；	12—出口支撑盘；	18—轴承；	24—出口泵体。

图2 泵的零部件

8.3 检查泵头和泵体，如果发现有明显的损坏应及时更换。

8.4 检查泵体内表面以及轴封的情况，以避免轴封泄漏。

8.5 检查泵和电机轴的同轴度，不平行度应不大于0.08mm，角度误差应不大于0.3°。

8.6 同轴度误差检查应该是在泵芯安装好的条件下完成的。

8.7 用千分表测量轴的偏离，拆掉电机联轴器，用手旋转轴，检查轴的弯曲情况。

8.8 定期检查泵头上的四个螺栓孔眼，在螺纹上涂防锈油防止锈蚀。为了更好的固定试验泵，泵体和泵头螺栓的螺纹如有损坏都要及时更换。

8.9 需要定期解体压力控制阀，清洗并检查。

9 试验油样

9.1 准备试验油样 400L。

9.2 试验油应能代表参试油品的性质，每次从中抽取出用于试验的部分也应能代表试验油。

10 试验准备工作

10.1 系统的冲洗

10.1.1 常规的清理和冲洗对于整个系统是很重要的，以此来防止试验油的交叉污染。

10.1.2 石油基液压油和合成油的冲洗程序：

10.1.2.1 排尽系统中所有的旧油。

10.1.2.2 安装清洗用泵。

10.1.2.3 向系统中加 190L±4L 试验油。

10.1.2.4 在下列条件下系统至少冲洗 30min：电机转速为 2400r/min±50r/min，出口压力为 3.5MPa±0.2MPa。

10.1.2.5 冲洗完毕后，彻底排放系统油液，拆除过滤器。

10.1.2.6 如果按照试验管理人员的意见台架需要另外冲洗，重复 10.1.2.1 到 10.1.2.4 项。

10.2 试验泵芯的准备与安装

10.2.1 解体 35VQ25A-11*20 泵，并且确定叶片、定子和配油盘安装在正确的位置。

10.2.2 用溶剂油彻底清洗定子和一套十个叶片。让定子和叶片干燥。分别称重定子和十个叶片(不包括内叶片)，称重精确到 0.001g，记录这些数据。叶片在称重前必须消磁。

10.2.3 按照正确步骤安装试验泵芯。确保叶片正确的装入转子中，并且活动自如，确保转子、定子和配油盘安装正确。

10.3 补加齿轮油

10.3.1 每次试验前检测齿轮箱齿轮油液面高度，如果不足，补加齿轮油至油尺刻度。

11 试验程序

11.1 试验前工作

11.1.1 关闭试验台架上所有的排油阀。

11.1.2 安装新的过滤器。

11.1.3 向系统中加入 190L±4L 新的试验油。

11.1.4 试验油的清洁过滤

11.1.4.1 在下列条件下系统至少运行 1h：电机转速 2400r/min±50r/min，泵出口不施加压力。

11.1.5 采集油样，见 6.1.14。

11.1.6 清洁度按照 GB/T 14039 进行测试。

11.1.6.1 在正式试验前，试验油的清洁度等级至少要达到 GB/T 14039 等级 18/16/13，颗粒数量的计算应该满足 GB/T 18854。

11.1.6.2 试验油也可以在装入系统之前用过滤器进行清洁，但要确保没有被上次试验残余油样污染。

11.1.6.3 试验油清洁度如果达不到要求，需重复 11.1.4.1 步骤，直到达到要求的清洁度标准。

11.1.7 拆除清洗泵。

11.1.8　安装35V025A-11＊20泵。

11.2　**排气阶段**

11.2.1　打开泵入口截止阀门，确定系统油路畅通。

11.2.2　打开配气阀门。

11.2.3　按下冷却水泵启动按钮，冷却水泵开始运转。

11.2.4　按下凉水塔风机启动按钮，凉水塔风机开始运转。

11.2.5　合上配电室电源电闸，给仪表操作台送电。

11.2.6　按下台架房间排风机启动按钮，使排风机运转。

11.2.7　启动仪表操作系统电源，按下主电机低速降压启动按钮，台架开始运转。

11.2.8　试验泵低速运转，排除系统中的空气。

11.2.9　在泵出口不施加压力条件下，低速运转至少30min后，确定系统管路中没有空气，按下主电机停止按钮。

11.3　**磨合阶段**

11.3.1　按下主电机高速降压启动按钮，台架开始运转。

11.3.2　设定泵转速为2400r/min±20r/min，出口压力为6.9MPa±0.2MPa，运转30min，允许泵进口温度上升，但不能超出52℃±3℃。

11.3.3　设定泵转速为2400r/min±20r/min，出口压力为13.8MPa±0.2MPa，运转30min，允许泵进口温度上升，但不能超出79℃±3℃。

11.4　**试验运行**

11.4.1　设定泵转速为2400r/min±20r/min，出口压力为20.7MPa±0.2MPa，运转49h，允许泵进口温度上升，但不能超出95℃±3℃。

11.4.2　泵的最小流量是132.5L/min。如果泵的流量低于最小值则停止试验。

11.5　**重新启动试验**

11.5.1　如果由于任何原因停止试验，当试验条件再次建立后可继续试验。

11.5.1.1　设定泵转速为2400r/min±20r/min，出口压力为6.9MPa±0.2MPa，运转30min，泵进口温度控制在52℃±3℃。

11.5.1.2　设定泵转速为2400r/min±20r/min，出口压力为13.8MPa±0.2MPa，运转30min，泵进口温度控制在79℃±3℃。

11.5.1.3　设定泵转速为2400r/min±20r/min，出口压力为20.7MPa±0.2MPa，当泵进口温度上升到95℃±3℃，试验条件已经重新建立后，计时器才能开始计时，累计运转49h。

11.5.2　试验条件满足后，重新启动后系统流量不能够低于最后记录的5%才认为是有效的。

11.6　**试验终止**

11.6.1　降压。试验完成后，慢慢旋转降压旋钮，全开压力控制阀，使试验泵出口压力降至0MPa。

11.6.2　停机。按下主电机停止按钮。关闭仪表操作系统电源。

11.6.3　停水泵。按下冷却水泵停止按钮，冷却水泵停止运转。

11.6.4　停凉水塔风机。按下凉水塔风机停止按钮，凉水塔风机停止运转。

11.6.5　停室内风机。按下室内风机停止按钮，室内风机停止运转。

11.6.6　关闭配气系统。

11.6.7　拉下配电室电源电闸。

11.7　**采集油样**

11.7.1　采集油样的方式同11.1.5。

11.7.2　测试试验油清洁度同11.1.6。

11.7.3　观察和记录试验油的状况，注意任何不正常的外观和气味。

12 试验结果

12.1 拆泵。拆下泵头，小心取下试验泵芯。

12.2 解体泵芯。按照合理的步骤解体 35VQ25A-11 * 20 泵芯。

12.3 失重测量与检查。

12.3.1 用溶剂油彻底清洗定子和 10 个叶片。当定子和叶片干燥后，分别测量定子和叶片的质量，精确到 0.001g。

12.3.2 用试验前定子和叶片的质量分别减去试验后的质量，计算定子和十个叶片的失重。

12.3.3 检查泵的各部件，查寻任何不正常的磨损情况。

12.4 重复进行 11.1.8 条至 12.3.3 条试验过程，直至三个试验泵各运转了 50h 为止，一个完整的试验结束。

12.5 打开所有的排放阀，排放试验系统油液。

13 报告

13.1 报告下列信息

13.1.1 定子和叶片质量损失，精确到 0.001g。

13.1.2 正式试验开始时和结束时的流量。

13.1.3 任何可观察到的非正常磨损、刮伤、沉积物、气穴破坏、轴封损坏和配油盘更换。

13.1.4 试验启动前和结束后试验油的清洁度。

14 精密度和偏差

14.1 待积累一定台架试验数据后，制定一个合适的精密度要求。

附　录　A
(规范性附录)
水基合成液的试验条件

A.1　引言

A.1.1　对于水基合成液，本试验方法规定的试验条件和试验油温，是不适合于试验泵的运行条件。推荐使用以下试验条件。

A.2　试验油清洁度

A.2.1　采用相同清洁度标准和程序。(测试结果可能不同，是因为油品的组成不同。)

A.3　设备(见6.2.5)

A.3.1　当启动程序完成并且试验条件建立起来后，泵的进口压力应该为21.0kPa±13.8kPa(见11.4)。

A.4　程序(见第11章)

A.4.1　磨合

A.4.1.1　安装35VQ25A-11*20泵。

A.4.1.2　低速运转泵，排掉系统中所有的空气。

A.4.1.2.1　设定泵转速为2400r/min±20r/min，出口压力为6.9MPa±0.2MPa，运转30min，允许泵进口温度上升，但不能超出43℃±3℃。

A.4.1.3　设定泵转速为2400r/min±20r/min，出口压力为13.8MPa±0.2MPa，运转30min，允许泵进口温度上升，但不能超出54℃±3℃。

A.4.2　试验运行

A.4.2.1　设定泵转速为2400r/min±20r/min，出口压力为20.7MPa±0.2MPa，运转49h。允许泵进口温度上升，但不能超出65℃±3℃。

A.4.2.2　泵的最小流量是132.5L/min，如果泵的流量低于规定的最小流量，将停止试验。

附 录 B
(资料性附录)
Vickers 35VQ25A 高压泵台架试验结果评价(单泵)

试验日期: 年 月 日 至 年 月 日

试验编号: ______ 试验泵编号: ______

油样来源: ______ 油样名称: ______

试验开始时油样清洁度: ______ 试验结束时油样清洁度: ______

试验泵件称量

泵件＼质量	试验前质量,mg	试验后质量,mg	失重,mg
定子			
叶片			
合计			

试验泵件描述:

试验结果评价:

试验者: ______ 检查者: ______

第 页

附 录 C
(资料性附录)
石油基液压油高压叶片泵磨损特性测定试验报告

试验委托单位：______________________________

试验承担单位：______________________________

试验油样名称：______________________________

试验油样编号：______________________________

试验设备名称及编号：__________________________

试验泵编号：________________________________

试验方法：__________________________________

试验日期：__________________________________

一、试验结果的详细情况

1. 称重

泵号 \ 泵件		叶 片	定 子	合 计
1#泵	试验前质量，mg			
	试验后质量，mg			
	失重，mg			
2#泵	试验前质量，mg			
	试验后质量，mg			
	失重，mg			
3#泵	试验前质量，mg			
	试验后质量，mg			
	失重，mg			

2. 试验泵件描述

叶　片	1#泵	
	2#泵	
	3#泵	
定　子	1#泵	
	2#泵	
	3#泵	
配油盘	1#泵	
	2#泵	
	3#泵	
转　子	1#泵	
	2#泵	
	3#泵	

3. 试验结果评价

试验结果评价人：　　　　　　　　试验负责人：

试验部门负责人：　　　　　　　　试验单位负责人：

（试验单位名称）

（印　章）

签发日期：　　年　　月　　日

二、附件(相关资料)

1. 试验简介
2. 方法概要
3. 试验设备
4. 试验泵
5. 试验油样
6. 主要试验条件
7. 试验运行情况

机器运转情况			
非正常停机情况			
停机日期	停机时间，h	停机累计，h	停机原因

8. 试验件试验后照片(一组泵)

图一　叶片

图二　定子

图三　侧盘

图四　转子

图五　配油盘

附 录 D
（资料性附录）
Vickers 35VQ25A 高压泵台架试验记录

时 间		试验泵				齿轮箱油温 ℃	系统水温 ℃	油罐油温 ℃	大换热器油温 ℃	小换热器油温 ℃	总流量 L/min	主电机电流 A
时间	累计 h	转速 r/min	出口压力 MPa	入口油温 ℃	出口油温 ℃							

试验者：________________ 检查者：________________

第 页

附 录 E
(资料性附录)
本标准章条与 ASTM D6973 章条对照

E.1 章条编号对照表

表 E.1 给出了本标准章条与 ASTM D6973 章条编号一览表。

表 E.1 本标准章条与 ASTM D6973 章条对照

本标准章条	对应的 ASTM D6973 章条编号
1	1
2	2
3.1	3.1.1
4	4.1~4.3
5	5
6	6
7	7
8	8
9.2	9.1
10	10~11
10.1.1	10.1
10.1.2	10.2
10.1.2.1	10.2.1
10.1.2.3	10.2.2
10.1.2.4	10.2.3
10.1.2.5	10.2.4
10.1.2.6	10.2.5
10.2.1	11.1
10.2.2	11.2
10.2.3	11.3
11	12
11.1.2~11.1.3	10.2.6
11.1.6.1~11.1.6.2	10.2.6
11.1.7	10.2.4
11.1.8	12.1.1
11.2.8	12.1.2
11.3.2	12.1.3
11.3.3	12.1.4

表 E.1(续)

本标准章条	对应的 ASTM D6973 章条编号
11.4	12.2
11.4.1	12.2.1
11.4.2	12.2.2
11.5	12.3
11.5.1	12.3.1
11.5.1.1	12.3.1
11.5.1.2	12.3.2
11.5.1.3	12.3.3
11.5.2	12.3.4
11.6	12.4
11.6.1~11.6.2	12.4.2
11.6.3	12.4.3
11.7.1	12.4.1
11.7.2	12.4.1
11.7.3	12.4.4
12	13
12.2	13.1.1
12.3	13.2
12.3.1	13.2.1
12.3.2	13.2.2
12.3.3	13.2.3
12.5	12.4.5
13	14
13.1	14.1
13.1.1	14.1.1
13.1.2	14.1.2
13.1.3	14.1.3
13.1.4	14.1.4
14	15
附录 A	附录 A1
附录 B	—
附录 C	—
附录 D	—
附录 E	—

ICS 75.100
E 34

SH

中华人民共和国石油化工行业标准

SH/T 0788—2006

内燃机油高温氧化和轴瓦腐蚀评定法（程序Ⅷ法）

Standard test method for evaluation of automotive engine oils in the sequence Ⅷ spark-ignition engine (CLR oil test engine)

2006-05-12 发布　　　　2006-11-01 实施

中华人民共和国国家发展和改革委员会　发布

目　　次

前　　言

本标准修改采用美国试验与材料协会标准 ASTM D6709-04《用 CLR 点火式试验发动机评定内燃机油标准试验方法——程序Ⅷ法》。

本标准根据 ASTM D6709-04 重新起草。

为了更适合我国国情，本标准在采用 ASTM D6709-04 时进行了修改，这些技术性差异用垂直单线标识在它们所涉及的条款的页边空白处。本标准与美国 ASTM D6709-04 的主要技术差异如下：

——本标准的部分引用标准采用了我国现行标准。

——将名称《用 CLR 点火式试验发动机评定内燃机油标准试验方法——程序Ⅷ法》修改为《内燃机油高温氧化和轴瓦腐蚀评定法——程序Ⅷ法》。

——删去标准中的引言、第 15 章、第 16 章、附录 A3、附录 A10、附录 A12、附录 A16、附录 A17，术语和定义未全部按原文列出。

——对曲轴箱通风系统进行修改，更改为资料性附录 A、资料性附录 B 所示形式；对发动机电子点火系统、电动冷却液水泵、热交换器进行了修改。

——台架由每 6 个月或每 15 次试验标定 1 次改成每 15 次试验标定 1 次。

——重复性和再现性的文字表述按我国的习惯进行了修改。

本标准的附录 C、附录 D、附录 E、附录 F、附录 C、附录 H、附录 I、附录 J、附录 K、附录 L、附录 M、附录 N 均为规范性附录，附录 A、附录 B 为资料性附录。

本标准由中国石油化工集团公司提出。

本标准由中国石油化工股份有限公司石油化工科学研究院归口。

本标准起草单位：中国石油天然气股份有限公司大连润滑油研究开发中心。中国石油天然气股份有限公司兰州润滑油研究开发中心。

本标准主要起草人：蔡秋涛、辛忠先、侯育闯、孙旭日、蔡继元、张西庆。

内燃机油高温氧化和轴瓦腐蚀评定法(程序Ⅷ法)

1 范围

1.1 本标准规定了评定内燃机油的高温氧化和轴瓦腐蚀性能的方法。试验规定使用 CLR 油料试验机，用无铅汽油作燃料，评价内燃机油的高温氧化和轴瓦腐蚀性能(黏度级别包括 5W、10W、20、30、40、50 和多级油)以及多级油的黏度变化。

1.2 试验结果与汽车发动机使用结果之间的相关性未建立。因此，本试验所得结果不能充分显示所有点火式或压燃式发动机在不同于该试验方法的结果，但该油品试验具有很好的区分性。

1.3 只用[SI]单位作为标准单位。

1.4 本标准涉及某些有危险性的材料、操作和设备，但没有对与此有关的所有安全问题都提出建议，因此，用户在使用本标准前应建立适当的安全制度和防护措施。

2 规范性引用文件

下列文件中的条款通过本标准的引用而成为本标准的条款。凡是注日期的引用文件，其随后所有的修改单(不包括勘误的内容)或修订版均不适用于本标准，然而，鼓励根据本标准达成协议的各方研究是否可使用这些文件的最新版本。凡是不注日期的引用文件，其最新版本适用于本标准。

GB/T 259 石油产品水溶性酸及碱测定法

GB/T 265 石油产品运动黏度测定法和动力黏度计算法

GB/T 380 石油产品硫含量测定法(燃灯法)

GB/T 1792 馏分燃料中硫醇硫测定法(电位滴定法)

GB/T 1884 原油和液体石油产品密度实验室测定法(密度计法)(GB/T 1884—2000，eqv ISO 3675：1998)

GB/T 1885 石油计量表(GB/T 1885—1998，eqv ISO 91-2：1991)

GB/T 5096 石油产品铜片腐蚀试验法

GB/T 5487 汽油辛烷值测定法(研究法)

GB/T 6536 石油产品蒸馏测定法

GB/T 8017 石油产品蒸汽压测定法(雷德法)

GB/T 8018 汽油氧化安定性测定法(诱导期法)

GB/T 8019 车用汽油和航空燃料实际胶质测定法(喷射蒸发法)(GB/T 8019—1987，mod ISO 6246：1981)

GB/T 8020 汽油含铅量测定法(原子吸收光谱法)

GB/T 11132 液体石油产品烃类测定法(荧光指示剂吸附法)

GB/T 15894 石油醚

SH 0004 橡胶工业用溶剂油

SH/T 0174 芳烃和轻质石油产品硫醇定性试验法(博士试验法)(SH/T 0174—1992，eqv ISO 5275：1979)

SH/T 0663 汽油中某些醇类和醚类测定法(气相色谱法)

3 术语和定义

下列术语和定义适用于本标准。

3.1 定义

3.1.1

空燃比 air-fuel ratio

进入发动机燃烧室的空气与燃油的质量比。

3.1.2

曲轴箱窜气 blowby

发动机运转时，从燃烧室窜入曲轴箱中的燃烧物、未燃烧的燃油和空气的混合物。

3.1.3

关键件 critical parts

对试验苛刻度有直接影响的零件。

3.1.4

非标准试验 non-standard test

不符合标准试验方法规定条件所进行的试验。如在未标定的试验台架进行的试验、区别于方法或改变操作条件的试验。

3.1.5

磨损 wear

相对运动的零件表面材料的位移或损失。

3.2 术语

3.2.1

辅件箱 accessory case

指 CLR 试验机动力部分的机座，包括平衡件、飞轮及传动轴等。

3.2.2

装机油 build-up oil

用于程序Ⅷ试验发动机组装或评分前涂抹零件的非合成内燃机油

3.2.3

试验台架的标定 conditioning test run

用 TMC 提供的参考油且按标准试验方法要求进行的程序Ⅷ试验。

3.2.4

紧急停机 emergency shot-down

关闭发动机点火装置、采用非冷却停机步骤。

3.2.5

完整试验 full-length test

包括 4h 的磨合、0.5h 的清洗步骤和 40h 的正式试验。

3.2.6

新动力部件 new power section

发动机的新曲轴或没进行过油品试验的主要件。

3.2.7

曲轴箱抽气 off-gas

从发动机曲轴箱呼吸器中抽出的气体。

3.2.8

油道侧盖板 oil gallery cover plate

曲轴箱侧盖板油道系统，侧盖板上安装有机油泵和点火系统。

3.2.9

有效操作的试验 operationally valid test

严格按照试验方法中所规定的条件进行的操作。

3.2.10

发动机动力部件　power section

包括曲轴、缸体、缸头及相应总成。

3.2.11

主要部件的确认　reconditioned power section

严格按照 CLR 发动机试验中规定的步骤进行主要部件的拆检、清洗和安装。

3.2.12

参考油试验　reference oil test

用 TMC 指定参考油进行的程序Ⅷ试验，且确保主要部件和试验苛刻度在方法规定的范围内。

3.2.13

磨合和清洗　run-in and flush

试验机在试验最初有 4h 的磨合和 0.5h 的清洗步骤。

3.2.14

正常停机时间　scheduled downtime

包括发动机预热和冷却停机时间以及中间轴瓦失重测量的时间。

3.2.15

停机　shutdown

关闭发动机点火系统，正常的冷却停机程序。

3.2.16

标准试验　standard test

用标定过的试验台架严格按照试验方法中规定的操作条件所进行的程序Ⅷ试验。

3.2.17

剪切黏度　stripped viscosity

试验油样在去掉可挥发组分和固体组分后所保留的黏度，处理方法参见附录 N。

3.2.18

试验油　test oil

进行程序Ⅷ试验台架评定的油品。

3.2.19

试验台架　test stand

配备有测功机、发动机以及系统电源和压缩风等能控制、显示发动机正常运转，可进行程序Ⅷ试验的一套完整设备。

3.3 缩写

3.3.1

BTDC—before top dead center

上止点前。

3.3.2

SIG—stay in grade

留在原黏度级别内。

3.3.3

TDC—top dead center

上止点。

4 方法概要

4.1 试验前，彻底清洗发动机及其零部件并测量主要件。每次试验需用新活塞或干净的旧活塞、一组新活塞环、一副新连杆轴瓦，以及其他需要更换的零部件。

4.2 试验配备有完整的辅助系统，用无铅汽油做燃料。

4.3 试验最初有4h磨合，操作条件见表1(参见11.1)。

表1 发动机磨合操作条件

转 速 r/min(±25)	负 荷 W(±150)	点火提前角 °BTDC(±1)	时 间 min(±2)	总时间 h
1500	1500	25	60	1
2000	3000	25	60	2
2500	3700	35	60	4
3150	3700	35	60	4

4.4 正式试验按表2所示的条件运转40h，在试验过程中每10h取油样和补加相应数量的新油。

4.5 在试验最初的10h取油样进行黏度分析，如果试验油样是多级油，则10h油样的黏度要测定SIG能力。

4.6 试验结束后，拆机测定连杆轴瓦失重。

表2 试验操作条件

项 目	条 件
发动机转速，r/min	3150±25
负荷，kW	在规定空燃比条件下，调节燃油流量而确定负荷
燃油流量，kg/h	2.15±0.11
空燃比	13.43±0.5
夹套冷却液出口温度,℃	93.5±1
夹套冷却液进出口温差,℃	5.6±1
主油道温度,℃	
SAE5W，10W	135±1
SAE20，30，40，50和多级油	143.5±1
点火提前角,°BTDC	35±1
机油压力，kPa	276±14
曲轴箱真空度，Pa	500±120
排气背压，Pa	0~3.4
曲轴箱抽气量，L/h	850±28
窜气量，L/h	记录

5 意义和用途

5.1 本标准是评价内燃机油抗轴瓦腐蚀的能力。

5.2 本标准还用于评价多级油的SIC能力。

5.3 该试验模拟高温条件对铜-铅轴瓦腐蚀的工况，但与汽车实际工况的相关性尚未建立。

5.4 本标准应用于发动机用油规格及规范中。

6 设备

6.1 试验发动机

试验台架由试验工程公司(TEI)提供，并附有“CLR 试验发动机拆检、组装维修手册”中详细的叙述了零件清单、发动机拆检、组装维修的具体内容。

6.1.1 发动机组成

发动机由两部分组成，一部分主要是缸径 96.5mm、行程 95.2mm、排量为 0.696L 的四冲程单缸汽油机；另一部分是辅件箱，示意图如图 1 所示。

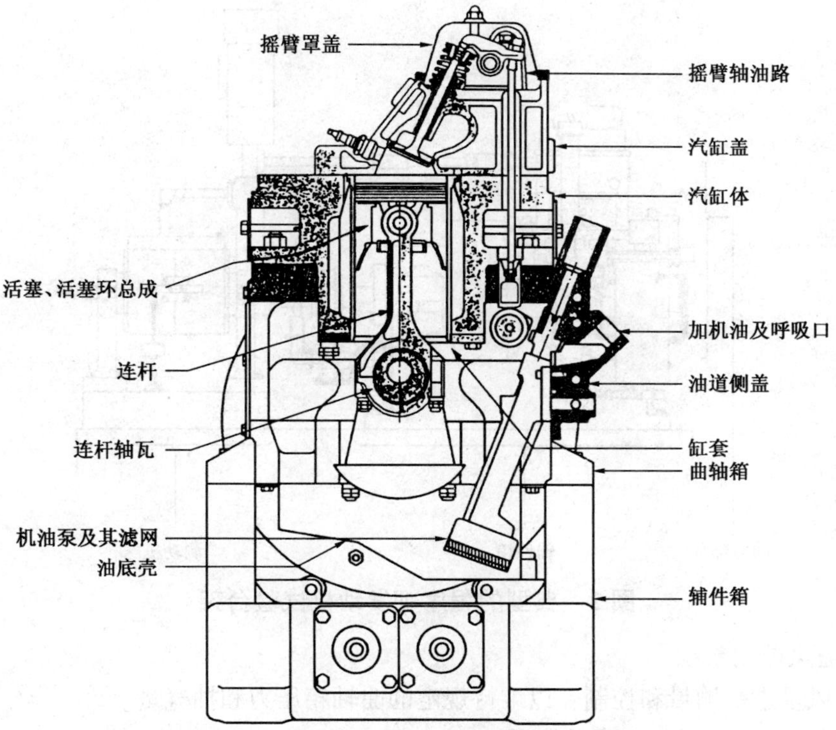

图 1 程序Ⅷ发动机主体示意图

6.1.2 试验轴瓦

ASTM 程序Ⅷ试验监督小组提供零件编号为：SAE H-24 合金轴瓦，TEI 零件编号为 NO.100034-1。

6.1.3 曲轴

从 TEI 获得编号为 100039-1 的 CLR 试验机曲轴。根据需要可对曲轴修复后重新使用。

6.1.3.1 主轴上油封密封处和主轴颈处可通过材料焊接后重新磨光使用，且修复后的曲轴尺寸、表面粗糙度必须满足规范要求。

6.1.3.2 主轴上油封密封处、连杆轴颈处和主轴瓦轴颈处可通过镀铬重新修复，在试验中使用修复的曲轴必须用镀铬曲轴。

6.1.3.3 曲轴作为发动机的主要部件，在本标准中有以下几点说明：

S：标准曲轴；

C：镀铬曲轴；

R：修复磨光过的曲轴。

6.1.4 活塞

从TEI获得编号为NO.2405的CLR试验机活塞。如活塞尺寸满足活塞与缸套的间隙要求，则活塞可重复使用。在L-38试验或其他的加铅燃料试验中使用过的活塞不能在程序Ⅷ试验中使用。活塞重复使用时，根据以下步骤清洗。

6.1.4.1 用溶剂油和细砂纸清理活塞顶部的积炭。

6.1.4.2 用石油醚冲洗活塞、后风干。

6.1.5 活塞环组件

用编号为No.4127活塞环拆装专用工具进行活塞环安装。

6.2 试验前的准备

6.2.1 典型的程序Ⅷ发动机试验台架

典型的程序Ⅷ发动机试验台架如图2所示。

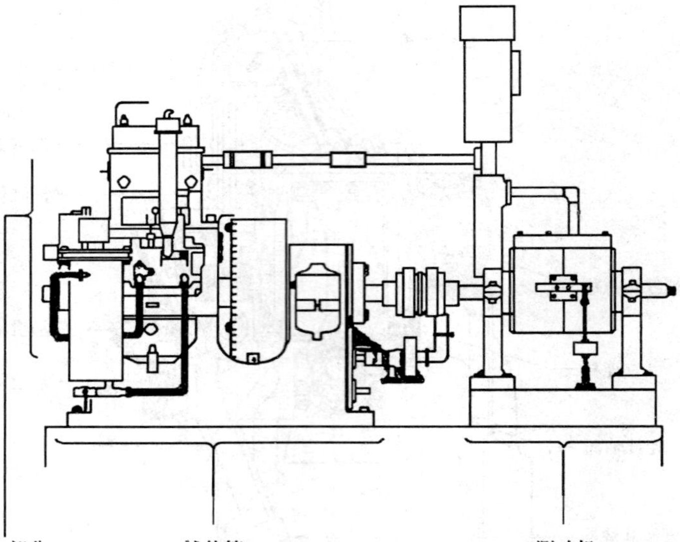

图2 典型的程序Ⅷ发动机试验台架

6.2.2 曲轴箱通风控制系统

对曲轴箱通风量进行测量和控制，以维持规定的曲轴箱压力和抽气量。

6.2.2.1 曲轴箱抽气控制系统，参见附录A。

6.2.2.2 摇臂室进气流量控制系统，参见附录B。

6.2.2.3 可调式曲轴箱通风装置，参见附录C。

6.2.2.4 摇臂罩盖进气管线连接示意如图3所示，用6.35mm的不锈钢管。

6.2.2.5 曲轴箱呼吸器管径为40mm的耐火材料，呼吸器安装在发动机的油道侧盖板上(见图5)，安装时呼吸器的螺纹部分要涂上密封胶。呼吸器结构图如图4所示。

6.2.2.6 安装清洁的摇臂罩进气稳压罐和废气冷凝罐，其中摇臂罩进气稳压罐的容积为3.8L~5.7L，废气冷凝罐的容积为38L~45L，罐体为防锈材料。

6.2.2.7 摇臂罩空气流量：用流量为0L/min~20L/min的流量计测量空气流量，用量程为0L/h~1420L/h转子流量计进行调节，上述流量计精度高，容易控制。摇臂罩进气线均为内径为9.5mm的黄铜管线。

6.2.3 机油滤清器

机油滤清器型号为LFS-62 Racor，用合适的软管和接头连接，如图6所示。

6.2.4 机油排放阀

在高度不超过油底壳底处或在机油加热器底部安装放油阀。

6.2.5 机油加热器

用合适的软管和接头连接机油加热器，如图7所示。

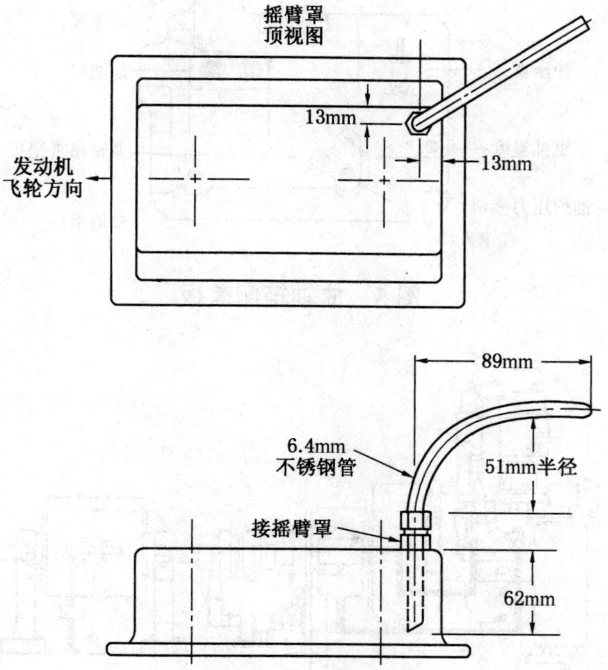

图3 摇臂罩进气系统

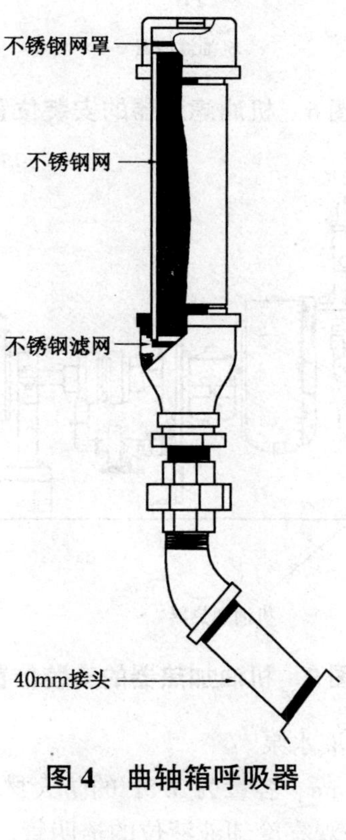

图4 曲轴箱呼吸器

6.2.6 冷却系统

冷却系统由热交换器、水泵、冷却液调节阀、水罐等组成，如图8所示。管线、接头用40mm的耐火材料，安装时螺纹部分涂抹上密封胶。

6.2.6.1 用编号为No. YR-CO-C87492的热交换器。

6.2.6.2 在冷却液出口处安装调节阀，以控制冷却液进出口温差。

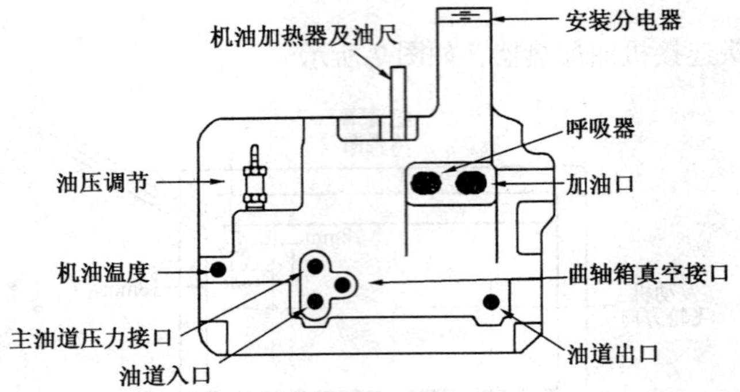

图 5　曲轴箱侧盖板

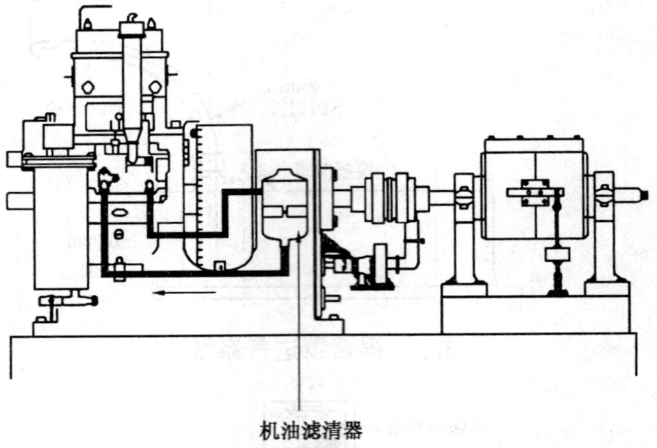

图 6　机油滤清器的安装位置

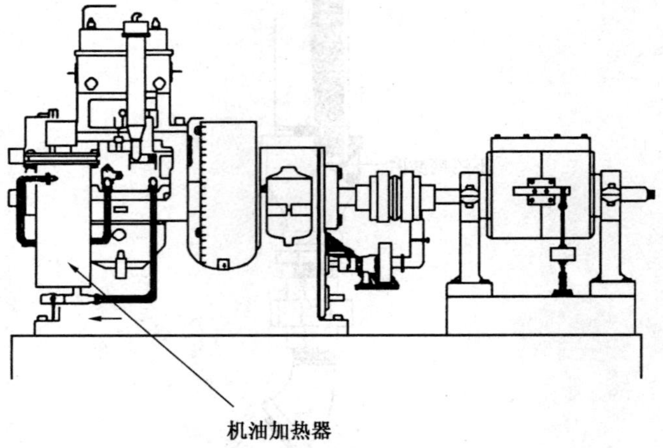

图 7　机油加热器的安装位置

6.2.6.3　选用编号为 No. 5768 冷却液水泵。

6.2.6.4　用直径 150mm、高为 200mm、容量为 3.5L 的防火材料制造冷却水罐，水罐顶部有易开关的上盖，水罐安装应平直，需安装易观察冷却液液位的透明管。

6.2.7　排气系统

排气管采用水冷。

6.2.8　发动机点火控制系统

采用机械点火控制系统。

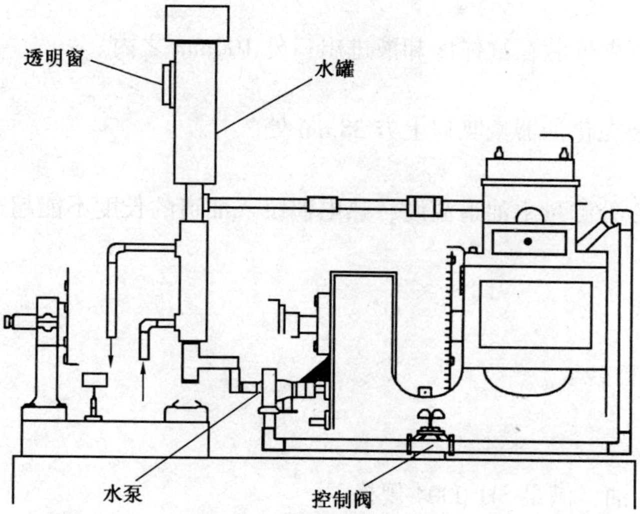

图 8　程序Ⅷ发动机试验台架的冷却系统

6.3　仪器设备与控制系统

6.3.1　测功机

配备有控制发动机转速及正常显示操作条件的测功机，其转速精度控制在±0.5%的范围内，负荷精度控制在±2%的范围内。

6.3.2　燃油流量计

用容量式流量表测量燃油流量。流量为0kg/h~4.5kg/h，控制精度最小为±1%、再现性在0.5%内的燃油测量系统。

6.3.3　空燃比测量

通过进气压差和燃油流量换算而成。

6.3.4　压力测量系统

6.3.4.1　曲轴箱真空度

包括管线、水气分离器、传感器及曲轴箱出口等测量系统，曲轴箱真空度测量接口点在油道侧盖板的左下方，如图5所示。

6.3.4.2　排气背压

在缸头排气管法兰处100mm内连接排气背压的测量点、传感器测量装置，传感器的精度为±10%，分度值2.5mmHg，压力表的量程为340Pa。

6.3.4.3　进气支管真空度

在进气支管的弯部处，用精度为±1%、测量值为680Pa的压力传感器测量进气支管真空度。

6.3.4.4　机油压力

用精度为±2%、分辨率为7kPa的压力传感器测量机油压力，测量点如图5所示。

6.3.5　温度测量系统

试验要求准确测量机油和冷却液温度。

6.3.5.1　检查所有温度测量点热电偶的准确性。标准要求选用J型热偶。

6.3.5.2　所有的热电偶均要校验，配有相应的补偿导线，热电偶的直径为3.2mm，长度没有特殊要求，但外露部分不能超过50mm。

6.3.5.3　热电偶的校验结果必须在±0.56℃的范围内。

6.3.5.4　热电偶的安装位置和长度

除特殊情况外，所有安装的热电偶的顶部必须置于所测介质的中心部位，曲轴箱机油温度测量点如图4所示。

6.3.5.5 冷却液温度

冷却液进、出口热电偶安装在缸体冷却液进出口外100mm之内。

6.3.5.6 进气温度

进气温度热电偶安装在化油器喇叭口上方38mm处。

6.3.5.7 主油道温度

在主轴瓦油道的前方处测量主油道温度，热电偶浸入油道的长度不能超过35mm。

7 试剂和材料

7.1 清洗材料

7.1.1 400、600、800目砂纸。

7.1.2 砂布

7.1.3 聚酯带。

7.1.4 橡胶工业用溶剂油，满足SH 0004规格。

7.1.5 石油醚：满足GB/T 15894规格。

7.1.6 66℃~82℃的自来水。

7.2 密封材料

7.2.1 螺纹胶和各种垫子密封胶。

7.2.2 耐油硅酮密封胶。

7.2.3 聚四氟密封胶带。

7.3 装机油

7.4 参考油

用于试验台架的标定，每次试验需要8L。

7.5 冷却液

冷却液是软化水或蒸馏水，其配制比例是每升软化水加入31mL的抑制剂，也可以采购商业冷却液。

7.6 燃油

专用无铅汽油，技术要求见附录D，每次试验用油约180L。

8 试验油样

8.1 选择

用无污染且配方具有代表性的润滑油进行评价。

8.2 检测

新油的检测准则在12.1.1中详述。

8.3 用量

每次试验大约需要7L试验油，考虑其他因素一般准备8L试验油。

9 设备的准备

9.1 台架的准备

9.1.1 仪器校验 （见附录E）

检查并校验热电偶、流量计、压力传感器、测功机负荷指示仪等仪器，仪器校验和试验台架标定在10.2中详述。

9.1.2 设备的维护保养

严格按照“CLB油料试验发动机拆装、维修手册”进行试验机及辅助设备的拆检和维修。

9.2 主要试验件的确认

每次试验前要对试验的主要件进行确认，具体技术要求在9.4中详述。

9.3 发动机组装

严格按照发动机装配维修手册中的要求进行组装。

9.4 试验后的设备检修

在每次试验前对先前使用过的主要部件进行检查，清洗和更换的部件如下。

9.4.1 新试验件

9.4.1.1 活塞与活塞环总成

使用过的活塞可以重复使用，但必须满足6.1.4中的要求。

9.4.1.2 H-24合金连杆试验瓦。

9.4.1.3 所有的垫片、密封圈、O型环。

9.4.1.4 所有过度磨损的试件，如磨损程度超过方法要求或“CLR油料试验发动机拆装说明手册”的规定，则不允许使用。

9.4.2 规定件

根据零件供应商提供的规格型号及相关资料，实验室有责任记录以下零件规格的编号：(1)曲轴；(2)凸轮轴；(3)连杆轴瓦；(4)曲轴轴瓦；(5)凸轮轴瓦；(6)活塞环；(7)连杆；(8)活塞；(9)缸套。

9.4.2.1 关键件

曲轴和连杆为关键件，更换曲轴或连杆，需用参考油重新标定试验机。标定合格后，才能做非参考油试验。如进行参考油试验，则必须满足第10章中仪器设备标定的要求。

9.4.3 清洗

9.4.3.1 机油泵、机油压力调节阀、分电盘和曲轴箱呼吸器的清洗

拆下分电盘和曲轴箱呼吸器，从油道侧盖板上拆下机油泵、机油压力调节阀。用溶剂油彻底清洗侧盖板，并用纤维布擦洗，然后在65℃~82℃的热水中清洗，再用石油醚冲洗机油泵、机油压力调节阀和曲轴箱呼吸器表面的残留物。

9.4.3.2 发动机的清洗

每次试验前用溶剂油浸泡发动机主要件至少4h。用细纱布或细砂纸清理曲轴表面的沉积物，然后再在盛有65℃~82℃的热水的容器中浸泡至少4h，清洗曲轴表面上的残余溶剂油，最后用石油醚冲洗。

9.4.3.3 清洗方法

以上零件也可以用加热浴或温度控制洗涤器来清洗，待试件冷却至室温后再测量。

9.4.3.4 零件的防锈

清洗后的零件，为防止潮湿和污染，应立即用装机油、真空塑料袋封装。以下部件一定要彻底清洗：(1)油泥收集器；(2)曲轴、缸体中的油道及油压调节阀；(3)通往摇臂总成的油道；(4)通往正时齿轮油道。

9.4.3.5 机油加热器的清洗

在每次参考油试验前，用溶剂油冲洗机油加热器和内部管壳，清理掉所有的残渣及沉积物，再用热水和石油醚冲洗，机油加热器要用石油醚循环冲洗至少15min，然后风干。

9.4.3.6 试验轴瓦的清洗

试验前，用刻字笔在试验轴瓦背面刻上“上”“下”记号，按规定步骤清洗轴瓦(见附录F)。

9.4.4 汽缸的珩磨

为了将汽缸对机油消耗的影响程度降低到最小，新缸套必须按规定进行珩磨(见附录C)。对使用过的缸套，应根据实验室测量尺寸判断是否珩磨或更换新缸套。

9.4.4.1 清洗和防锈步骤

完成上述步骤后，用石油醚冲洗汽缸，然后风干。在汽缸表面涂上装机油，用干净的擦布擦拭缸套表面，直到擦布显干净为止，再将汽缸表面涂上装机油。

9.4.5 活塞和缸套的配合间隙

根据附录H所述测量活塞与缸套的配合间隙。

9.4.6 曲轴后端密封面的清理

为了防止曲轴后端密封面处漏油和漏气，每次试验前应按附录I中所述进行清理。

9.4.7 曲轴轴颈的修复

9.4.7.1 试验中使用的曲轴轴颈的椭圆度不能超过0.025mm。

9.4.7.2 试验方法规定称量连杆轴瓦的失重，因此必须确保轴瓦磨损的最小程度。搬运曲轴时要小心仔细以免损伤轴颈表面，若有划痕，则用细纱布轻轻打磨，对曲轴表面进行修复。

9.4.7.3 按以下要求对连杆轴颈进行打磨：将曲轴置于V型架上，根据需要将纱布沾上装机油或在细砂纸上沾上石油醚，将以上纱布或砂纸环绕在连杆轴颈上，然后来回循环打磨，在打磨期间不要停留在轴颈的中间处，在每次打磨时将曲轴旋转90°，重复以上步骤四次，打磨时先用粗砂纸，后用细纱布或细砂纸。

9.4.7.4 另一种打磨方法：在打磨过程中以120r/min的速度旋转曲轴，打磨时间大约为20s~30s，否则会影响打磨质量。不允许使用其他的打磨方法。

9.4.7.5 用干的细纱布或细砂纸重复以上打磨过程。

9.4.7.6 确定轴颈的表面精度：用长30.12mm的直尺目测检查轴颈，其长度恰好是连杆轴瓦的宽度，用手电筒观察直尺与轴颈轴向方向的贴合面的漏光情况，如果观察到光线，则需要测量轴颈的最大值和最小值，并确定两个测量点与轴颈边缘处的轴向距离，计算出最大值、最小值的差值，如差值超过0.013mm/25.4mm，则该轴不允许再使用。

9.4.7.7 重新打磨曲轴直到符合6.1.3.2中的要求。

9.4.7.8 根据附录J中规定，测量连杆轴瓦与轴颈的配合间隙。

9.4.7.9 根据附录K中规定，测量主轴瓦与轴颈的配合间隙。

9.4.7.10 完成9.4.7.1~9.4.7.9中步骤后彻底清洗曲轴，然后用石油醚冲洗曲轴后风干。

9.4.8 凸轮轴轴颈的确认

凸轮轴轴颈与轴瓦的配合间隙为0.030mm~0.132mm。

9.4.9 发动机气门间隙

根据“CLR试验发动机拆检维修手册”中的规定值进行气门间隙的调整。

9.4.10 发动机组装扭矩

在组装发动机时，所用扭矩已在“CLR试验发动机拆检维修手册”中明确规定

9.4.11 连杆的确认

对试验连杆进行确认，其直径范围为57.8231mm~57.8358mm。

10 标定

10.1 发动机和试验台架的标定

本标准规定程序Ⅷ试验台架在经过15次评定试验后对台架进行参考油标定。如标定结果未满足要求，查找原因并解决后再进行参考油试验。

10.2 仪器仪表的校验

在参考油标定期间，除了对发动机等主要件进行确认以外，还要对以下仪器仪表进行校验。对于多次使用的发动机试验台架，其仪器仪表的校验不能超过14天。按照生产商提供的仪器校验说明对以下仪表进行校验，保留校验记录至少24个月。

10.2.1 发动机负荷测量系统。

10.2.2 发动机转速指示仪。

10.2.3 燃油流量计。

10.2.4　温度测量系统。
10.2.5　机油加热器功率仪。
10.2.6　压力表。
10.2.7　曲轴箱抽气系统。
10.2.8　曲轴箱通风系统。
10.2.9　摇臂罩盖空气流量计。
10.3　扭矩扳手的标定。

11　试验步骤

11.1　磨合和清洗

试验有4h磨合的和0.5h的清洗步骤。

11.1.1　在机油加热器的旁路安装机油滤清器(如图6所示)。每次磨合需要一个过滤精度为28μm的新机油滤芯。

11.1.2　试验前加入2840mL试验油，进行发动机预润滑，具体步骤见附录L。

11.1.3　根据表1中规定的条件进行4h的磨合，其间，主油道温度≤107.0℃，机油压力为280kPa±10kPa，冷却液出口温度≤93.5℃。按附录M格式记录试验数据。

11.1.4　磨合完毕停机，立即将活塞移至上止点(TDC)，放油10min。其间，保持曲轴箱呼吸口和大气相通。

11.1.5　连接机油加热器(如图7所示)，进行机油循环清洗步骤。机油经过外部加热器后回到发动机曲轴箱。

11.1.6　加入1660mL试验油进行0.5h的清洗，之前进行预润滑。

11.1.7　清洗步骤按以下条件操作：

转速3150r/min±25r/min；
负荷3.73kW+0.15kW；
点火提前角(BTDC)35°±1°；
主油道温度≤107.0℃；
冷却液出口温度≤93.5℃；
机油压力280kPa+10kPa；
其间必须关闭机油加热器开关，按附录M格式记录试验数据。

11.1.7.1　磨合和清洗工况之间的停机时间不能超过4h，紧急停机不能超过1次，总停机不能超过2次。

11.1.7.2　在11.1.7.1中，在总停机时间4h内，时间间隔不能超过85min。

11.1.7.3　清洗步骤完成后，停机时间不能超过145min。

11.1.8　停机后，立即将活塞移至到上止点(TDC)，放油10min。

11.2　试验操作条件

根据表2规定的试验条件进行操作。

11.2.1　正式试验中的停机时间

在最初的10h试验时间内，允许只有1次停机或1次紧急停机，且总的停机时间不能超过2h。在40h的正式试验中，停机时间不能超过6h，紧急停机不能超过2次，总停机不能超过4次。

11.2.2　升温步骤

加入1660mL新试验油，按规定进行预润滑，然后进行升温，将发动机转速调至3150r/min。由于其他原因造成非正常停机或紧急停机，重新启动发动机时需调节机油加热器功率或重新设定温度，当主油道温度为123.9℃时，将加热器功率调为1900W或把油温设定点设为132.2℃，此步骤为10min，具体升温步骤见表3所示。

表3　升温步骤

时间，min	总时间，min	机油加热器功率，W	温度设定点，℃
15	15	1000	101.7
10	25	1300	112.8
10	35	1600	123.9
10	45	1900	132.8
15	60	2200，根据需要调整	135.0 或 143.3

11.3　空燃比和点火提前角

根据需要在 1h、10h、20h 和 30h 调节空燃比和点火提前角。

11.4　摇臂罩进气、抽气和窜气量的测量

11.4.1　调节摇臂罩进气阀，使抽气量达到 850L/h±28L/h，观察并记录此时的摇臂罩进气量，根据公式(1)(在 101.3kPa 和 21℃时)计算标准的抽气量：

$$SLH = ALH \times [((BARO + GAS)/101.32kPa) \times (294.26K/TEMP)] \quad \cdots\cdots\cdots\cdots (1)$$

式中：

SLH——标准的抽气量，L/h；

ALH——测量抽气量，L/h；

BARO——气压计读数，kPa；

CAS——抽气压力，kPa；

TEMP——抽气温度，K。

11.4.1.1　调节摇臂罩进气控制阀(见附录 B)，使抽气量为 850L/h±281/h。

11.4.1.2　观察并记录抽气量为 850L/h±28L/h 时摇臂罩进气量。

11.4.2　窜气量为抽气量与进气量的差值。

11.5　非正常停机

在 40h 的正式试验中，一般不允许非正常停机，如需非正常停机，则按 11.5.1 中所规定的步骤进行紧急停机。

11.5.1　关闭机油加热器，发动机在转速为 1500r/min 条件下运行 10min。允许摇臂罩继续补气，关闭点火开关停机，也可用断开燃油供给使发动机自行停机，停机后将活塞移至上止点(TDC)。

11.6　油样的取、加

在试验的 10h、20h、30h 后，根据以下步骤进行油样的取、加。

11.6.1　打开采样阀，往量杯中放出 60mL 死区试油。

11.6.2　在同一位置再放出 180mL 油样。

11.6.3　将 11.6.1 中放出的试样连同补加的新油(180mL)共 240mL 加入发动机中。

11.7　周期性记录数据

11.7.1　按规定格式每小时记录以下数据(见附录 M)：

11.7.1.1　发动机转速，r/min；

11.7.1.2　发动机负荷，kW；

11.7.1.3　燃油流量，kg/h；

11.7.1.4　主油道温度，℃；

11.7.1.5　机油加热器调节功率，W；

11.7.1.6　冷却液入口温度，℃；

11.7.1.7　冷却液出口温度，℃；

11.7.1.8　机油压力，kPa；

11.7.1.9　曲轴箱真空度，kPa；

11.7.1.10 排气背压，kPa；

11.7.1.11 进气温度，℃；

11.7.1.12 进气支管真空度，kPa；

11.7.1.13 曲轴箱抽气量，L/h；

11.7.1.14 摇臂罩进气流量，m^3/s；

11.7.1.15 窜气量，L/h。

11.7.2 试验的1h、10h、20h、30h记录以下参数：

11.7.2.1 空燃比。

11.7.2.2 点火提前角(BTDG)。

11.8 试验结束后的放油及油耗计算

完成40h的试验后，关闭点火开关停机，立即将活塞移至上止点的位置，放出曲轴箱、机油加热器和机油滤清器中的机油，关闭摇臂罩进气系统，拆下呼吸器确保试验油排尽，计算并记录油耗。本试验要求最大的油耗为778mL。

11.9 有效性操作

试验室必须确保每次试验操作的有效性，其操作偏差必须满足11.9.1的具体要求。另外，试验台架、试验操作和试验机的组装必须依据颁布的最新标准。

11.9.1 百分比偏差

用下面的公式(2)计算百分比偏差：

$$DP = \sum_{i=1}^{i=n} \left[\frac{M_i}{0.5R} \times \frac{T_i}{D} \right] \times 100 \quad \cdots\cdots (2)$$

式中：

DP——百分比偏差；

M_i——在 i 时出现的偏离标准规定值的参数偏差值；

R——试验参数的范围值；

T_i——在 i 时出现试验参数偏离标准要求规定值的时间；

n——试验参数偏离标准要求规定值的次数；

D——试验或试验阶段时间，单位与 T_i 相同。

11.9.1.1 下列参数百分比偏差超过下列规定值，试验视为无效。

(a)主要试验参数(2.5%)

(1)燃油流量

(2)曲轴箱抽气量

(3)主油道温度

(4)冷却液出口温度

(5)冷却液进出口温差

(6)机油压力

(b)辅助试验参数(5.0%)

(1)转速

(2)空燃比

(3)点火提前角

(4)排气背压

(5)曲轴箱真空度

11.10 试验结束

40h试验完成后，在25min内确认试验结束。

12 试验结果的评价

12.1 油样分析

12.1.1 测定新油、10h 油样的40℃、100℃运动黏度。

12.1.2 对于多级油要测定在试验10h 的 SIG 能力，具体分析方法见附录 N。

12.2 轴瓦称量

试验结束4h 内拆车，进行上、下轴瓦的称量，以 mg 为单位，如果时间超过4h，则认为试验失效。在轴瓦称量前，按规定的方法进行清洗，试验前后轴瓦称重的差值即为试验轴瓦失重，称量精确到0.1mg。

13 报告

13.1 对于参考油试验，试验结果和操作条件需要有标准的报告和记录表格。

14 精密度和偏差

14.1 精密度

试验精密度是由 ASTM TMC 监测的参考油 704-1 和 1006 有效试验结果建立的，相应的测量值是通过标准偏差乘以2.8得到的，其标准偏差见表4。

14.1.1 重复性(*IP*)

相同的油样在相同的实验室得出的2个结果。在通常和正确的实施试验过程中，2次重复性试验结果之差在20次试验中只能有1次允许超出表4所示的数值。

14.1.2 再现性(*R*)

相同的试样在不同的实验室得出的2个结果，在通常和正确的实施试验过程中，2次试验结果之差在20次试验中只能有1次允许超出表4所示的数值。

14.2 偏差

用认可的统计方法处理参考油试验结果来确定偏差，当有效偏差确定后，可修正非参考油试验结果的苛刻度。

表4 参考油试验精密度

项　目	S_{IP}	IP	S_R	R
轴瓦失重，mg	3.56	9.99	3.56	9.99
10h 黏度损失，mm^2/s	0.13	0.36	0.13	0.36

表中：

S_{IP}——重复性标准偏差；

IP——重复性；

S_R——再现性标准偏差；

R——再现性。

附 录 A
(资料性附录)
曲轴箱抽气控制系统

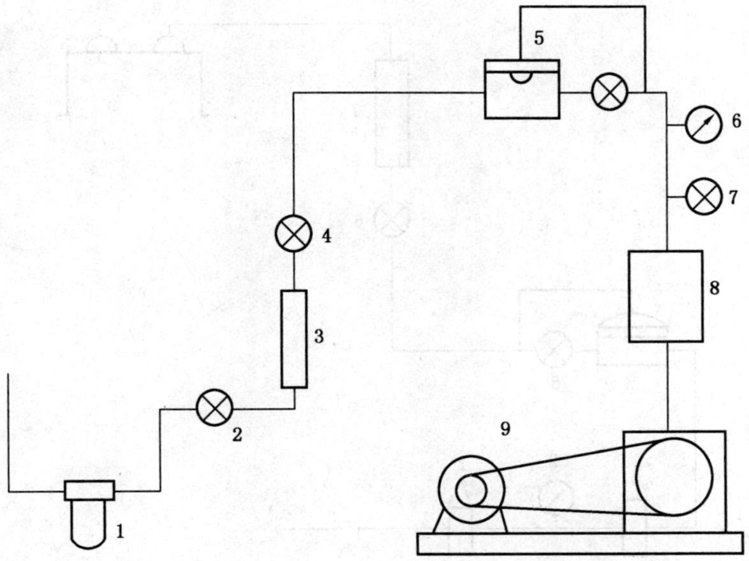

1—滤清器； 4—校正阀； 7—放空阀；
2—流量计阀； 5—流量调节器； 8—稳压罐；
3—流量计； 6—真空表； 9—真空泵。

图 A.1 曲轴箱抽气控制系统示意图

附 录 B
(资料性附录)
摇臂室进气流量控制系统

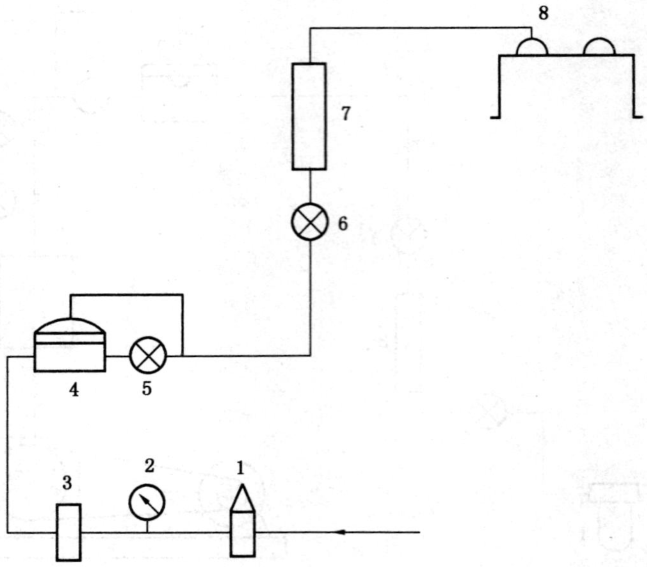

1—压力调节阀；
2—压力表；
3—滤清器；
4—流量调节器；
5—流量控制阀；
6—校正阀；
7—流量计；
8—摇臂室。

图 B.1 摇臂室进气流量控制系统示意图

附　录　C
（规范性附录）
可调式曲轴箱通风装置

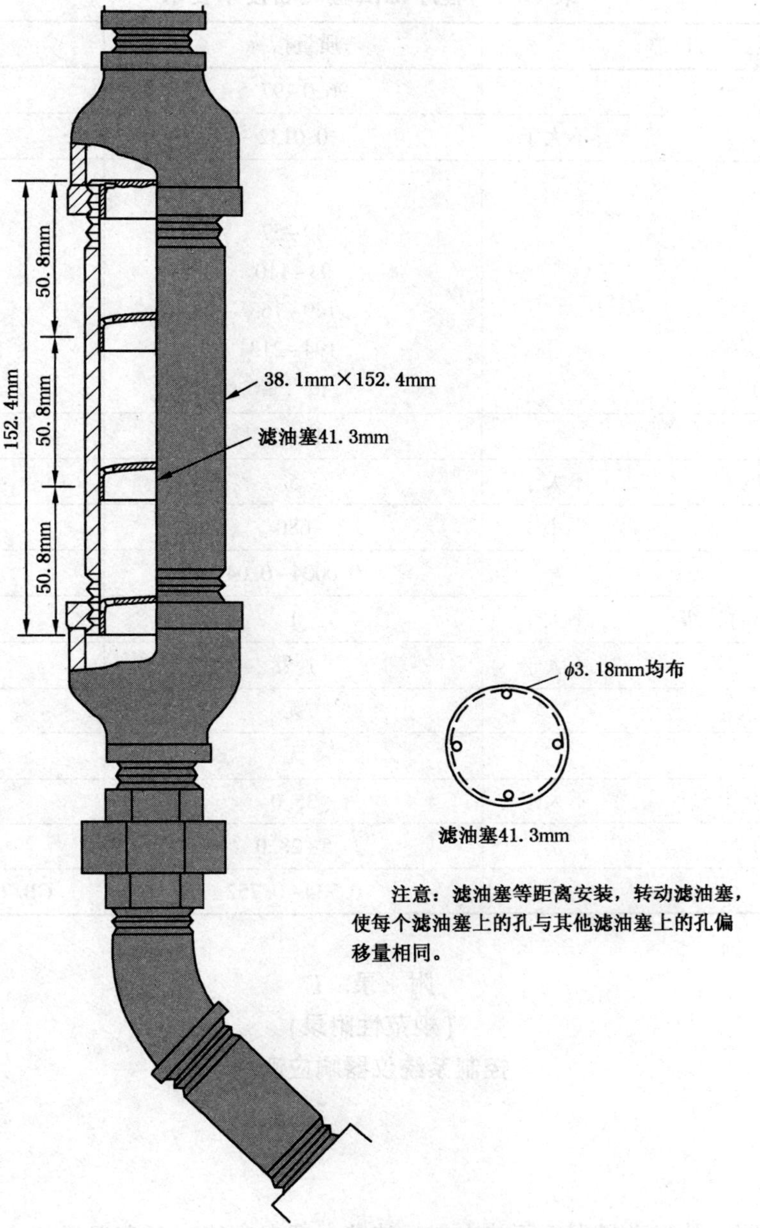

图 C.1　可调式曲轴箱通风装置过滤塞结构图

附 录 D
(规范性附录)
试验燃油技术要求

表 D.1 程序Ⅷ试验燃油技术要求

项 目		质量指标	试验方法
辛烷值(RON)		96.0~97.5	GB/T 5487
铅含量，g/L	不大于	0.0132	GB/T 8082
馏程，℃			GB/T 6536
10%蒸发温度		49~57	
50%蒸发温度		93~110	
90%蒸发温度		149~163	
终馏点		194~213	
残留量，%(*V/V*)		报 告	
饱和蒸汽压，kPa		48~64	GB/T 8017
实际胶质，mg/100mL	不大于	5	GB/T 8019
诱导期，min	不小于	680	GB/T 8018
硫含量，%(*m/m*)		0.0004~0.04	GB/T 380
铜片腐蚀(50℃，3h)，级	不大于	1	GB/T 5096
氧含量，%(*m/m*)	不大于	1.28	SH/T 0663
水溶性酸或碱		无	GB/T 259
机械杂质及水分		无	目 测
芳烃含量，%(*V/V*)	不大于	35.0	GB/T 11132
烯烃含量，%(*V/V*)		5~28.0	GB/T 11132
密度，kg/L		0.734~0.752	GB/T 1884，GB/T 1885

附 录 E
(规范性附录)
控制系统仪器响应测试

E.1 温度

按6.3.5中说明，从发动机上拆下热电偶。待热电偶温度稳定至室温后，将热电偶插入冰水中，记录测量变化达63%时的响应时间。

E.2 压力与真空度

E.2.1 按6.3.4中说明，从发动机上断开压力信号线。按稍高于各自规定值的压力接入气源，待压力稳定后，切断气源，观察压力测量系统中有无泄漏情况。

E.2.2 确认无泄漏后，测量响应时间。按各自规定值的压力接入气源，待所测压力稳定后，快速泄压。记录测量压力变化达63%时的响应时间。

E.2.3 将压力输入转化为真空度输入，按上述程序进行真空度测量。

E.3 燃油流量

E.3.1 燃油流量计

将燃油流量稳定在试验要求的范围之内。待流量稳定后，切断流量，记录测量流量变化达 63% 时的响应时间。

E.3.2 燃油称重系统

按常规程序测量燃油消耗。所选的时间值应在发动机开始运转到称量器称满时的时间。

E.4 转速

使用频率计数器，使转速达到方法规定值。然后关闭频率计数器，记录测量值变化达 63%时的响应时间。

E.5 负荷

按试验方法要求的负荷值，装上相应重量的砝码，待负荷读数稳定后，快速移去砝码，记录负荷测量值变化达 63%时的响应时间。

附 录 F
（规范性附录）
连杆轴瓦清洗步骤

F.1 将轴瓦瓦片浸入到盛有溶剂油的容器中，5min 后，清洗掉表面残留的防锈油，使用乳胶手套或其他保护性夹具取出轴瓦，以防表面损伤。

F.2 在石油醚中浸泡轴瓦。

F.3 在真空的干燥皿中，放置轴瓦至少 5min。

F.4 取出轴瓦，检查表面是否有残留物，如有则需重复 F.1~F.2 的步骤。

F.5 称重并记录连杆上、下轴瓦的重量，称精确到 0.1mg。

F.6 在轴瓦表面涂上试验油。

F.7 装机之前，在干燥皿中保存轴瓦。在从干燥皿中取出轴瓦的 8h 之内开始试验。如果间隔时间超过 8h，需使用一副新的轴瓦，重新清洗、称重。

附 录 G
（规范性附录）
新缸套的珩磨

G.1 拆除新缸套的包装，清除缸套表面的防锈油。

G.2 在缸体上安装缸套和密封圈，装上汽缸盖和如图 C.1 所示的压板，并按规定扭矩上紧。

G.3 按图 C.1 所示的要求，将缸体固定在珩缸机上。按表 C.1 的要求，选择珩缸机和珩缸磨石。

G.4 在缸套直径加大 0.025mm 的范围时，使用粗磨石。在打磨过程中，每 30 次行程后，旋转并清洗磨石，测量缸套直径，检查其锥度。

G.5 在接近要求尺寸时，将缸体冷却至室温，当缸套直径比目标值大 0.013mm 时，采用精磨方式珩磨。

G.6 根据所选磨石的类型，确定合适的行程次数，完成缸体的珩磨。

G.7 测量缸套尺寸。

G.8 此程序仅适用于新缸体的珩磨，对于使用过的缸套，详见 9.4.4 的要求。

表 G.1 打磨机设置与磨石选择

打磨机的设置		
参　　数	打磨机型号	
	CK-10	CV-616
打磨油流量，L/min	2	2
磨轴转速，r/min	155	170
行程速度，m/s	46	57
行程，mm	7~7.25	7~7.25
预留行程流量，mm	0.375	0.375
打　磨　石		
粗磨石	EHU525	—
细磨石	JHU625	10
细磨石	JHU820	4

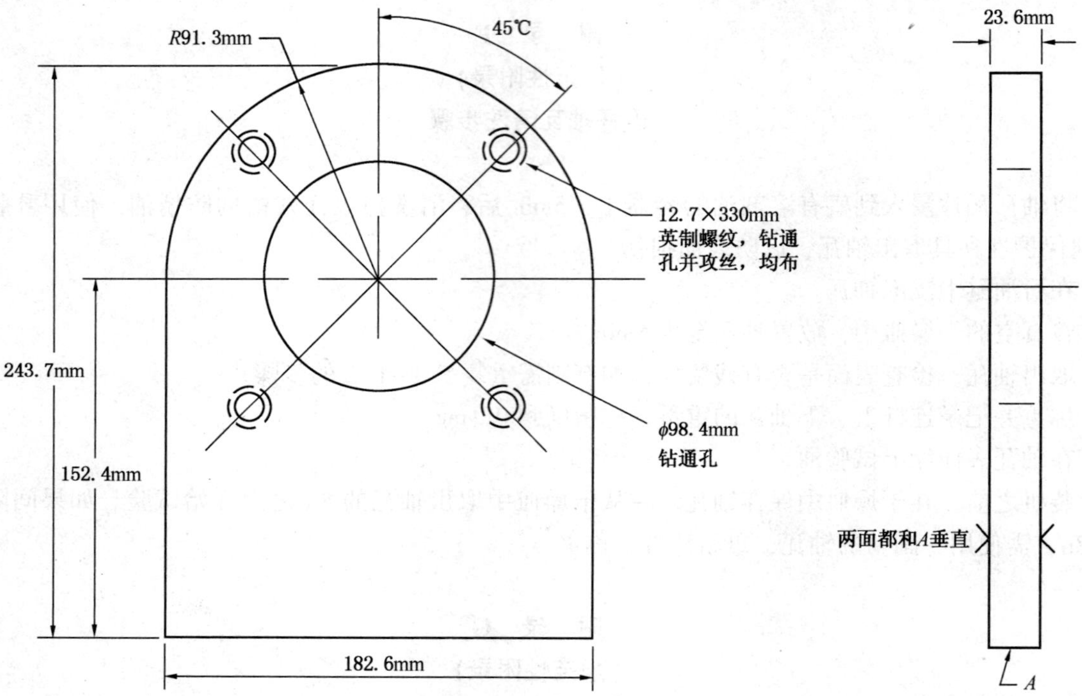

图 G.1 压力板

附　录　H
(规范性附录)
测量活塞与缸套间隙

H.1 在室温条件下，测量活塞与缸套的配合间隙。

H.2 测量工具的精度至少为 0.003mm。

H.3 将缸套装入缸体中，按规定扭矩上紧缸盖螺丝。

H.4 使用量缸表和定位器，测量缸套在高、中、低三个位置的横向(在气门中间位置)直径，见图 H.1，并记录测量结果，如表 H.1 所示。按同样方法，测量缸套纵向(气门排列方向)直径。

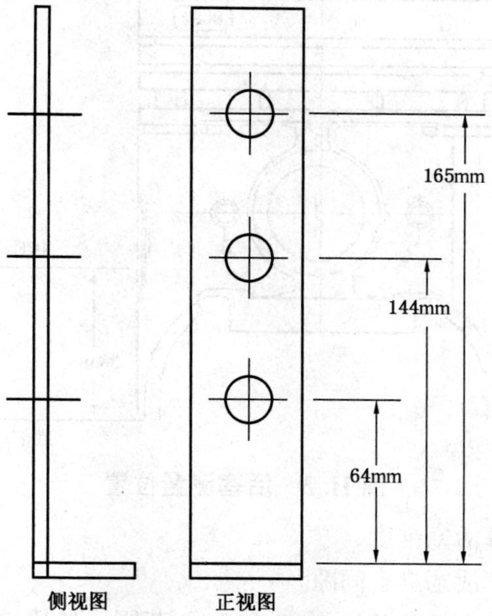

图 H.1　缸套测量定位器

表 H.1　活塞与缸套间隙

单位为毫米

缸套直径(mm)				锥　度
	顶　部	中　部	底　部	
水平方向	a	b	c	g
垂直方向	d	e	f	h
椭圆度	i	j	k	
g=(a、b、c 中的最大值)-(a、b、c 中的最小值) h=(d、e、f 中的最大值)-(d、e、f 中的最小值) i=(a、d 中的最大值)-(a、d 中的最小值) j=(b、e 中的最大值)-(b、e 中的最小值) k=(c、f 中的最大值)-(c、f 中的最小值)				
活塞裙部直径				
中部　m 底部　n 锥度　p 平均值　q				
p(m、n 中的最大值)-(m、n 中的最小值) $q=(m+n)/2$ 活塞与缸套间隙($(b+c)/2-q$)				

H.5　加热活塞使温度不超过65.5℃，使无阻力安装活塞销。待活塞温度回至室温后，按图 H.2 所示，测量活塞裙部的中部和底部尺寸，并记录。

H.6　按表 H.1 的要求，以中部和底部纵向测量为基准，测量活塞缸套的配合间隙。

H.7　按表 H.1 的要求，计算缸套锥度。

H.8　按表 H.1 的要求，计算缸套椭圆度。

H.9　按表 H.1 的要求，计算活塞直径。

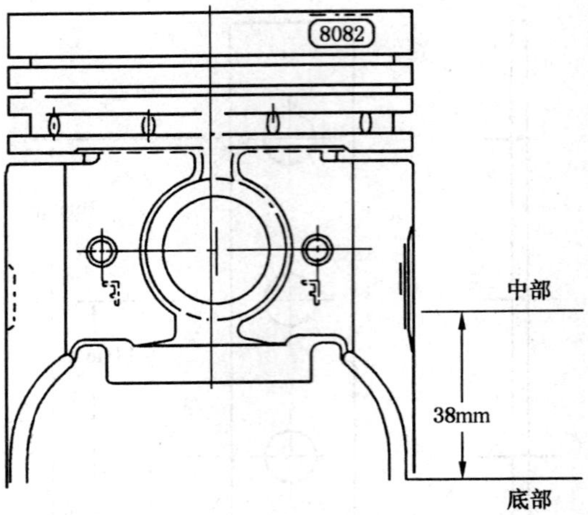

图 H.2　活塞测量位置

H.10　按表 H.1 的要求，计算活塞锥度。

H.11　按表 H.1 的要求，计算活塞缸套间隙。

H.12　活塞与缸套配合间隙要求在 0.030mm~0.063mm 范围，如超过此范围，需要换缸套、活塞或全部更换。

附　录　I
（规范性附录）
曲轴后端密封面的清理

该清理程序的目的是防止后端面漏油和漏气。

曲轴后端密封面清理程序：

I.1　使用宽 25.4mm、长 600mm 的 120 目砂纸。

I.2　从朝向曲轴后端的方向上，按逆时针方向近似 5°~10°的螺旋升角，由前往后打磨轴密封面。打磨 5 次~10 次后即可。

I.3　清洗曲轴，直到没有打磨颗粒为止。

附　录　J
（规范性附录）
测量连杆轴瓦与轴颈间隙和轴颈锥度

J.1　在室温条件下，用测量工具对连轴瓦间隙进行测量。

J.2　测量工具的精度为 0.003mm。

J.3　按附录 F 的要求，清洗连杆轴瓦。安装时，注意瓦口的位置（上下瓦应有记号）。使用虎钳夹紧，位置尽量靠近连杆大头的一端，以避免在上紧螺栓时，连杆产生扭曲。装入连杆瓦盖，上紧连杆螺栓，扭矩为 61N·m。

J.4　在图 J.1 中所示的 *A* 点和 *B* 点位置，测量连杆轴瓦垂直方向的直径。*A* 点和 *B* 点距两侧轴颈台肩处均为 6.4mm，记录测量结果。测量结束后，将连杆轴瓦立即放回到盛有试验油的容器中。

J.5　将曲轴按轴线水平的位置放置在工作台上，使连杆轴颈的位置垂直向上，类似于在发动机中的上止点位置。

J.6　按图 J.1 中所示，取 A_1、B_1、A_2、B_2 点的位置测量连杆轴颈的直径，测量点距止推台肩处 9.5mm，记录测量结果。

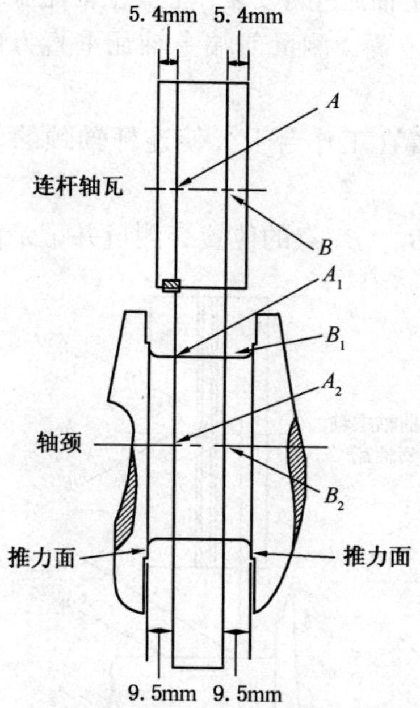

图 J.1　连杆轴瓦和轴颈间隙的测量点

J.7　按表 J.1 中要求，用减法计算配合间隙。从得出的四个结果中，选择最小值和最大值作为测量结果。

表 J.1　连杆轴瓦与轴颈间隙

A	B
A_1	B_1
A_2	B_2
$A-A_1=$	$B-B_1=$
$A-A_2=$	$B-B_2=$
最小	最大

注明：

直径 A_1 和 B_1 的测量位置分别与 A_2 和 B_2 的测量位置垂直 90°。

J.8　从 J.7 中得出的配合间隙的最小值和最大值应在 0.061mm～0.076mm 范围之内。如果超出要求范围，应选择另外的曲轴测量。

J.9　按表 J.2 的要求，计算连杆轴颈的锥度。轴颈锥度的要求小于 0.0005mm/mm。

表 J.2　连杆轴颈的锥度

使用从表 J.1 中得到的测量结果
($A_1-B_1=$　　　　)/(34.85mm)=
($A_2-B_2=$　　　　)/(34.85mm)=

附　录　K
(规范性附录)
测量主轴瓦与轴颈间隙

K.1　在室温条件下，测量主轴瓦与轴颈的配合间隙。

K.2　测量工具的精度至少为 0.003mm。

K.3　主轴瓦有标准瓦(零件号为 TEI 8252)和小尺寸主轴瓦(零件号为 TEI 8252-0.031mm)两种。先不安装曲轴，选用两种轴瓦中的任意两副主轴瓦进行安装，上紧主轴瓦盖螺栓，扭矩要求均为81N·m。

K.4 按图K.1所示的A和B点的位置，测量前端主轴瓦垂直方向的直径。每一个测量点均位于轴瓦表面的中间位置，记录测量数据。

K.5 将曲轴按轴线水平的位置放置在工作台上，使连杆轴颈的位置垂直向上，类似于在发动机中的上止点位置。

K.6 按图K.1中所示的A_1、A_2、B_1、B_2点的位置，测量并记录前端主轴颈的直径。

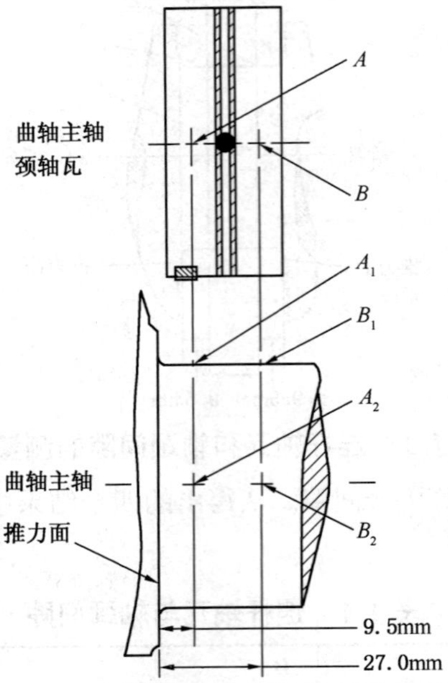

图K.1 曲轴主轴瓦和轴颈间隙的测量点

K.7 按K.4和K.6的要求，测量并记录后端主轴颈和主轴瓦的直径。

K.8 按表K.1内容的要求，选出最小和最大值，计算出前端和后端主轴瓦的配合间隙。

表K.1 曲轴主轴瓦与轴颈间隙

前端主轴瓦		后端主轴瓦	
A	B	A	B
A_1	B_1	A_1	B_1
A_2	B_2	A_2	B_2
$A-A_1$	$B-B_1$	$A-A_1$	$B-B_1$
$A-A_2$	$B-B_2$	$A-A_2$	$B-B_2$
最小	最大	最小	最大

K.9 在K.8中，计算出的主轴瓦间隙应在0.051mm~0.076mm范围。如果超出这个范围，则应更换曲轴或主轴瓦，重新测量。

附 录 L
(规范性附录)
发动机预润滑

L.1 检查曲轴箱内的机油液位是否满足试验要求。

L.2 断开汽油供油管线。

L.3 拆下火花塞。

L.4 使用启动马达带动发动机，观察机油压力的上升情况。

L.5 机油压力上升后，装上火花塞。

L.6 启动发动机。

附 录 M
（规范性附录）
程序Ⅷ试验记录表

时间		发动机转速 r/min	发动机负荷 kW	主油道温度 ℃	冷却液出口温度 ℃	冷却液进出口温差 ℃	进气温度 ℃	机油压力 kPa	曲轴箱真空度 Pa	进气压差 Pa	排气背压 kPa	油耗 kg/h	曲轴箱抽气量 L/h	摇臂室进气量 L/h	点火提前角度	空燃比
计时	累计 h															

试验者：　　　　　　　　检查者：　　　　　　　　共　　页　　第　　页

附 录 N
（规范性附录）
黏度级别分析程序

N.1 使用下述方法，通过测定试验油的剪切安定性来确定黏度级别的保持性。

N.2 将试验10h采集的25g分析油样倒入50mL的三口瓶中，三口瓶可插入热偶、进气管、搅拌器和蒸馏臂。

N.3 在100mmHg真空度下，使用氮气吹扫1h，加热油样至120℃±5℃时开始计时，升温时间不计入在内。

N.4 使用0.5μm的滤网，过滤油样。

N.5 按照GB/T 265方法，测定油样的100℃黏度。

编者注：本标准中引用标准的标准号和标准名称变动如下。

原标准号	现标准号	现标准名称
GB/T 1792	GB/T 1792	汽油、煤油、喷气燃料和馏分燃料中硫醇硫的测定　电位滴定法
GB/T 5487	GB/T 5487	汽油辛烷值的测定　研究法
GB/T 6536	GB/T 6536	石油产品常压蒸馏特性测定法
GB/T 8017	GB/T 8017	石油产品蒸气压的测定　雷德法
GB/T 8018	GB/T 8018	汽油氧化安定性的测定　诱导期法
GB/T 8019	GB/T 8019	燃料胶质含量的测定　喷射蒸发法
GB/T 8020	GB/T 8020	汽油铅含量的测定　原子吸收光谱法
GB/T 11132	GB/T 11132	液体石油产品烃类的测定　荧光指示剂吸附法
GB/T 15894	GB/T 15894	化学试剂　石油醚
SH/T 0174	NB/SH/T 0174	石油产品和烃类溶剂中硫醇和其他硫化物的检测　博士试验法
SH/T 0663	NB/SH/T 0663	汽油中醇类和醚类含量的测定　气相色谱法

ICS 75.100
E 36

SH

中华人民共和国石油化工行业标准

SH/T 0790—2007

润滑脂氧化诱导期测定法（压力差示扫描量热法）

Standard test method for oxidation induction time of lubricating greases by pressure differential scanning calorimetry

2007-08-01 发布　　2008-01-01 实施

中华人民共和国国家发展和改革委员会　发布

前　言

本标准修改采用美国试验与材料协会标准 ASTM D5483-02$^{\varepsilon 1}$《润滑脂氧化诱导期测定法(压力差示扫描量热法)》。

本标准根据 ASTM D5483-02$^{\varepsilon 1}$重新起草。

为了适合我国国情，本标准在采用 ASTM D5483-02$^{\varepsilon 1}$时进行了修改。

本标准与 ASTM D5483-02$^{\varepsilon 1}$的主要差异如下：

——8.1 条后增加了一条注，补充规定了对压力差示扫描量热仪测试池无气体出口的热分析仪，样品温度校正时应采用的方法。

——8.2 条后增加了一条注，补充规定了对无温度控制器校正功能的压力差示扫描量热仪在校正温度控制器时应采用的方法。

——9.7 条后增加了一条注，对于压力差示扫描量热仪测试池无气体出口的热分析仪，无须进行气体出口流量调节。

为了使用方便，本标准还做了如下编辑性修改：

——删除了 ASTM D5483-02$^{\varepsilon 1}$版中关键词章。

——重复性和再现性的文字表述按我国的习惯进行了修改。

本标准的附录 A 为资料性附录。

本标准由中国石油化工集团公司提出。

本标准由中国石油化工股份有限公司石油化工科学研究院归口。

本标准起草单位：中国石油化工股份有限公司润滑油上海分公司。

本标准主要起草人：陆美玉、傅继瑜、陈迎霞。

润滑脂氧化诱导期测定法(压力差示扫描量热法)

1 范围

1.1 本标准规定了用压力差示扫描量热法(PDSC法)测定润滑脂的氧化诱导期，氧气压力为3.5MPa，温度在155℃~210℃之间。

1.2 本标准采用国际单位制[SI]单位。

1.3 本标准涉及某些有危险性的材料、操作和设备，但并未对与此有关的所有安全问题都提出建议。因此，用户在使用本标准之前有必要建立适当的安全和防护措施，并确定相应的管理制度。

2 规范性引用文件

下列文件中的条款通过本标准的引用而成为本标准的条款。凡是注日期的引用文件，其随后所有的修改单(不包括勘误的内容)或修订版均不适用于本标准，然而，鼓励根据本标准达成协议的各方研究是否可使用这些文件的最新版本。凡是不注日期的引用文件，其最新版本适用于本标准。

ASTM E473 热分析相关的术语

3 术语和定义

下列术语和定义适用于本标准。

3.1

外推拐点时间 extrapolated onset time

热曲线上测定的时间，为基线外推线和氧化放热峰速率最大处切线的相交点。

3.2

氧化诱导期 oxidation induction time(OIT)

从开始接触氧化气氛到外推拐点时间的一段时间。

3.3

压力差示扫描量热仪 pressure differential scanning calorimeter(PDSC)

在ASTM E473术语中所描述的差示扫描量热仪，能够使试样保持在一个受控制的高压下。

3.4

热曲线 thermal curve

试样热流对时间的图示。

4 方法概要

4.1 在样品皿中称取少量润滑脂，并放在测试池中。加热测试池至规定的温度，然后通入一定压力的氧气。保持测试池在规定的温度和氧气压力下直至氧化放热反应的发生。测定外推拐点时间，作为润滑脂在规定试验温度下的氧化诱导期。

4.2 结合本试验方法的动力学方程能估计在其他温度下的氧化诱导期。

5 意义与用途

本方法测得的氧化诱导期，可以用来表征润滑脂氧化稳定性。它可用于产品的研究开发、质量控制和其他特定的用途。然而，本试验方法的结果和使用性能之间的相关性还未建立。

6 仪器

压力差示扫描量热仪(PDSC仪)，配备以下单元(见图1)。

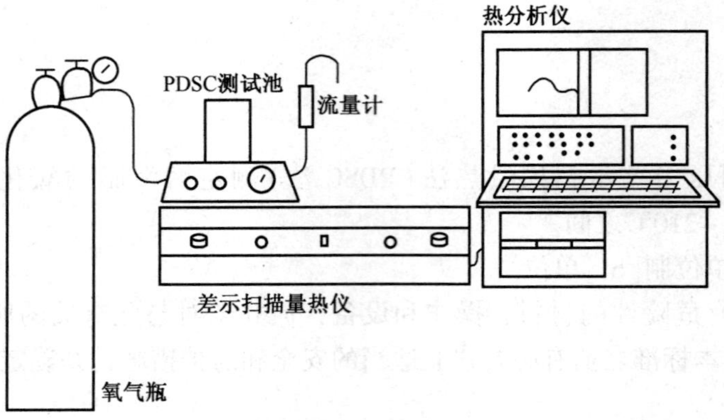

图1 PDSC仪测试单元

6.1 铝质样品皿：能在210℃下承受3.5 MPa压力，压力表分度值为200kPa或更小。也可使用铝质SFI(Solid Fat Index)样品皿。

注：使用比平底皿有更一致表面积的SFI样品皿(见图3)准备润滑脂样品时，可以获得更好的再现性。

6.2 热分析仪。

6.3 氧化稳定性软件。

6.4 校正软件。

6.5 流量计：量程至少为200mL/min。

6.6 样品压封机。

7 试剂与材料

7.1 氧气：干燥，纯度不低于99.5%(体积分数)。

注意：氧化剂。气体在压力下使用。除其他的防范外，不锈钢或铜管对氧气均适用，压力表指定为氧气压力表。

7.2 铟：纯度不低于99.9%(质量分数)。

7.3 天平：感量为0.1mg。

8 校正

8.1 样品温度校正

8.1.1 在样品皿中称取铟约10mg，加上盖子并用压封机压封。将压封的样品皿放在PDSC仪测试池样品平台上。以同样方式密封一个空皿并放在参比平台上。盖上PDSC仪测试池池盖并关闭。

8.1.2 轻轻地开启氧气钢瓶阀，用压力调节器将PDSC仪测试池的进口压力调至3.5 MPa±0.2MPa。开启PDSC仪测试池的进口阀使得压力慢慢地充斥PDSC仪测试池。待2min后，调节出口阀使通过流量计的氧气流量为100 mL/min±10mL/min。这些阀开启的位置在试验过程中应固定。

8.1.3 将热分析仪以10℃/min的升温速率从室温(约22℃)加热到180℃，当运行完成后，测量铟的熔点温度。如果测得温度偏离157.4℃±0.2℃，按照制造商仪器手册所说明的硬件或软件校正程序来校正。如果使用硬件校正程序，温度校正需在氧气压力为3.5MPa、流速为100mL/min条件下进行。典型的校正曲线如图2所示。

注1：对于PDSC仪测试池无气体出口的热分析仪，样品温度校正应根据仪器制造商的建议进行。

注2：一个大气压下铟的熔点为156.6℃，但在本标准3.5MPa氧气压力条件下，其熔点会升至157.4℃。

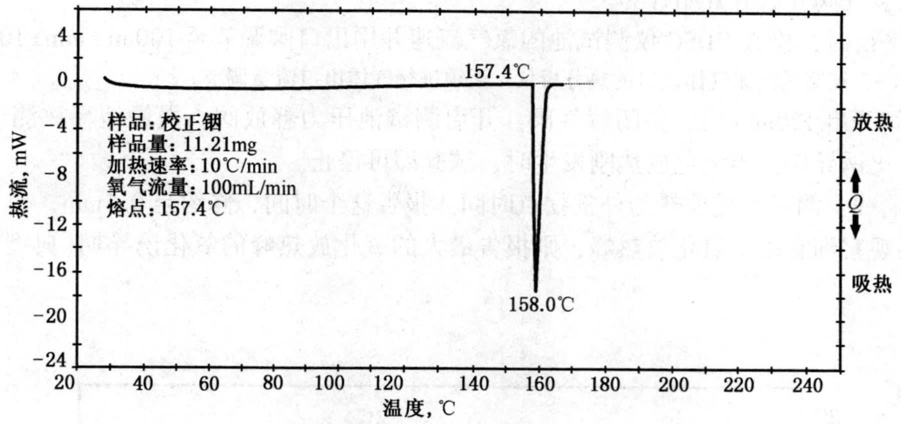

图 2　校正物的热曲线

8.2　温度控制器校正

8.2.1　从 PDSC 仪测试池中移走样品皿和参比皿，关闭 PDSC 仪测试池。慢慢开启氧气压力至 3.5MPa±0.2MPa，用 PDSC 仪测试池出口阀调节氧气流速至 100 mL/min±10mL/min。选择需要的试验温度(如 210℃，180℃，155℃)。

8.2.2　程序升温使得 PDSC 仪测试池保持在选择的试验温度，10min 后，如果显示的温度和选择的温度之差超过±0.2℃，慢慢调节温度控制器直至它们相符。调节后，在继续下步校正之前至少等待 5min 以检查温度是否稳定。

注：如果 PDSC 仪没有这种温度控制器校正功能，温度控制器的校正应根据仪器制造商的建议进行。

8.3　PDSC 仪测试池基准压力表的校正

8.3.1　使用一个已校正的压力变换器或一个预先校正过的量具，按照 PDSC 仪测试池操作手册进行校正。

9　试验步骤

9.1　在开始试验前，热电偶需在试验温度(如 210℃，180℃，155℃)下根据 8.2.1 和 8.2.2 步骤进行校正控制。如果不知道试验温度，校正应在 210℃下进行。

9.2　在样品皿中称取 2.0mg±0.1mg 润滑脂，使试样均匀地散布在平面上。不要使样品溅到样品皿的凹槽中去。

注：样品在样品皿中展开的示例见图 3。

(a)展开的样品　　(b)未展开(厚)的样品

图 3　在 SFI 样品皿中的样品准备

9.3　根据 PDSC 仪制造商关于放置样品皿的说明，将装有试样的未密封样品皿放置在 PDSC 仪测试池的平台上。根据 PDSC 仪制造商关于放置参比皿的说明，将同一规格的空样品皿放于 PDSC 仪测试池平台上。关闭 PDSC 仪测试池和压力释放阀。

9.4　从室温开始(约 22℃)，将试样以 100℃/min 的速度加热至试验温度。

9.5　使试样在试验温度下平衡 2min。

注：在确定精密度的统计试验时未使用该步骤。统计试验采用了 PDSC 仪制造商的软件确定达到试验温度的平衡时间，9.5 条步骤消除了方法对 PDSC 仪制造商的依赖。由于该步骤在测试池施加氧气压力之前，所以对测定的氧化诱导期结果没有太大的影响。

9.6　开启氧气阀慢慢地充压至 3.5MPa±0.2MPa。这需要大概 2min 的时间达到最大压力。氧化诱导期的测定是从氧气阀开启时开始计算。

9.7 当压力平衡时，检查 PDSC 仪测试池的氧气流速并用出口阀调节至 100mL/min±10mL/min。

注：对于 PDSC 仪测试池无气体出口的热分析仪，无须进行气体出口流量调节。

9.8 当氧气阀开启 120min 后，关闭氧气阀，开启测试池压力释放阀，慢慢地释放测试池压力。如果大概知道氧化诱导期，当氧化放热刚发生时，试验即可停止。

9.9 画出热曲线，测量氧化放热的外推拐点时间。报告这个时间，修约至 0.1min，作为试样的氧化诱导期。如果观察到有多个氧化放热峰，则报告最大的氧化放热峰的氧化诱导期（典型的 PDSC 曲线见图 4）。

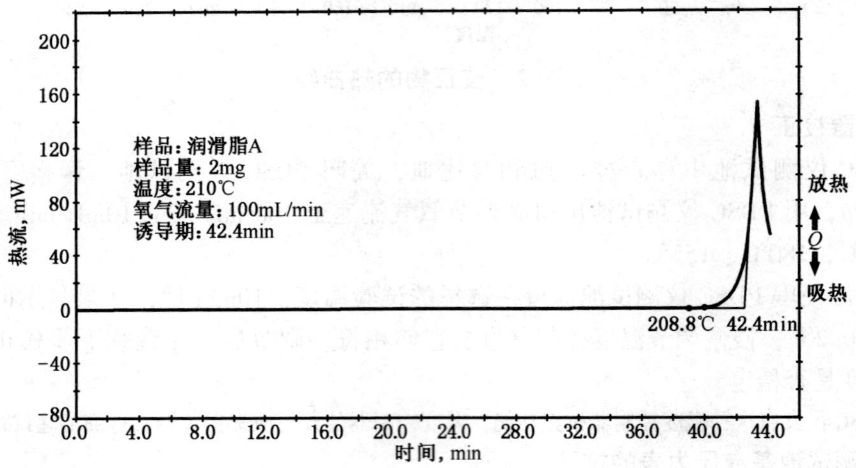

图 4 典型的 PDSC 热曲线

9.10 如果氧化诱导期小于 10min，从 9.2 条开始，在稍低温度下重新试验。重新试验前，测试池应冷却至室温。

9.11 当氧化诱导期能满足 9.10 条中指定的需求后，完成重复性试验。

9.12 如果两个测定值之差超出测定允差（第 12 章），舍弃这两个测定值，从 9.2 条开始重新进行两次测定，若两个测定值之差符合测定允差要求，则将两个测定值平均，得到一个试验结果。

10 其他温度的诱导期计算

10.1 当某一润滑脂的氧化诱导期被测定后，使用式（1）可以估计其他温度下的氧化诱导期：

$$t = A\exp(17500/T) \qquad (1)$$

式中：

t——估计的氧化诱导期，min；

A——试样的氧化系数；

T——温度，K（所需试验温度）。

氧化系数（A）对于一个给定的润滑脂是恒定的。使用 9.12 条中报告的氧化诱导期通过式（2）进行计算。

$$A = \text{氧化诱导期} / \exp(17500/T) \qquad (2)$$

估计出的氧化诱导期可作为选择合适的其他试验温度的指导。估计的氧化诱导期不是这个试验方法的报告结果内容。

11 报告

报告下列信息：

11.1 报告结果精确至0.1min，在9.12条中计算的平均值可作为试样的氧化诱导期。

11.2 报告试验温度。

12 精密度和偏差

12.1 精密度

本精密度由5个实验室对11个样品在3个不同温度下(155℃，180℃和210℃)进行统计试验确定的，氧化诱导期范围为9.0min~45.3min。

按下述规定判断试验结果的可靠性(95%置信水平)。

12.1.1 测定允差

对同一试样进行两次测定，两次测定值之差不能超出式(3)规定的数值：

$$测定允差 = 0.59m^{1/2} \quad \cdots\cdots (3)$$

式中：

m——两次测定值的平均值。

12.1.2 重复性

同一操作者使用同一台仪器，在相同的操作条件下，对同一试样测定得到的两个试验结果(每个试验结果为两次测定值的平均值)之差，不能超出式(4)规定的下列数值：

$$重复性 = 0.42m^{1/2} \quad \cdots\cdots (4)$$

式中：

m——两个试验结果的平均值。

12.1.3 再现性

不同操作者在不同实验室，对同一试样测定得到的两个独立试验结果(每个试验结果为两次测定值的平均值)之差，不能超出式(5)规定的下列数值：

$$再现性 = 0.71m^{1/2} \quad \cdots\cdots (5)$$

式中：

m——两个试验结果的平均值。

12.2 偏差

由于氧化诱导期的值只能由试验方法来定义，因此本标准的偏差尚未建立。

附 录 A
(资料性附录)
PDSC 统计试验数据

A.1 PDSC 统计试验数据见表 A.1。

表 A.1 中氧化诱导期的数据用“min”来表示。每个润滑脂的一对氧化诱导期结果是用两个单个测定的结果来表示的。

表 A.1 PDSC 统计试验数据

实验室	润 滑 脂 样 品										
	A	B	C	D	E	F	G	H	I	J	K
1	40.0	13.2	51.3	11.6	15.4	13.7	44.8	16.8	36.2	11.6	30.6
	45.3	13.6	48.1	11.3	14.8	16.0	46.8	17.3	31.6	10.3	31.3
2	41.3	15.1	48.8	10.4	15.9	14.0	39.5	17.2	30.5	11.2	31.4
	43.4	15.6	48.8	10.1	14.7	13.7	42.2	15.7	29.0	11.6	31.0
3	44.9	15.5	48.6	9.6	15.9	11.4	44.0	14.6	32.8	10.6	30.8
	41.9	17.2	47.4	9.2	13.9	13.5	43.0	14.9	24.0	9.0	31.2
4	42.4	15.5	48.8	10.2	14.9	13.6	42.7	16.5	28.8	10.7	33.9
	43.8	15.5	48.7	10.5	15.2	13.3	43.0	16.9	28.9	11.1	34.5
5	39.8	13.6	50.1	10.9	17.5	13.0	47.4	16.1	12.9	10.3	28.6
	42.5	13.3	49.7	11.3	15.5	13.9	45.0	14.6	10.5	10.1	28.7
试验温度 ℃	210	210	210	210	210	210	180	180	210	210	155

ICS 75.100
E 34

SH

中华人民共和国石油化工行业标准

SH/T 0791—2007

发动机油过滤性能测定法
(经水处理及长时间加热)

Standard test method for measuring the effect on filterability of engine oils after treatment with various amounts of water and a long (6-h) heating time

2007-08-01 发布　　2008-01-01 实施

中华人民共和国国家发展和改革委员会　发布

前　　言

本标准修改采用美国试验与材料协会标准 ASTM D6794-02《发动机油过滤性能测定方法(经水处理及长时间(6h)加热)》。

本标准是根据 ASTM D6794-02 重新起草的。

为了适合我国国情，本标准在采用 ASTM D6794-02 时进行了修改。本标准与 ASTM D6794-02 的主要技术差异如下：

——部分引用标准采用了我国相应的国家标准；

——增加了 6.8 条机械振荡器及 9.5 条试验前对样品的振荡处理要求；

——细化了 9.3 条的内容。

为了使用方便，本标准进行了如下编辑性修改：

——对重复性和再现性的表述方式按我国的习惯进行了修改；

——去掉了关键词一章。

本标准的附录 A 为资料性附录。

本标准由中国石油化工集团公司提出。

本标准由中国石油化工股份有限公司石油化工科学研究院归口。

本标准起草单位：中国石油化工股份有限公司润滑油分公司。

本标准主要起草人：崔海鸥、孟雪梅、张春辉。

ASTM 前言

本试验方法可以被任何设备齐全的实验室采用，不需外界帮助。但是需要用美国试验与材料协会(ASTM)试验监测中心(TMC)提供参比油和相应的参比油结果值(见附录A)。通过上述方法，实验室可以了解他们采用本试验方法所得到的结果与其他实验室所得到的统计结果是否一致。另外，实验室可以采用TMC的服务，确定油品是否符合其相应的规格。例如：美国要求采用TMC的服务以确定几种军用发动机润滑油与其规格的相符性。

本试验方法是为了使用TMC服务的实验室而编写的，对没有选择TMC服务的实验室可以忽略本标准中关于TMC的部分。

本试验方法可通过TMC所颁发的信息通信而修改，此外，TMC也可发布与方法相关的增补备忘录(见附录A)。

对于其他信息，可以参考本试验方法的研究报告。

发动机油过滤性能测定法(经水处理及长时间加热)

1 范围

1.1 本标准规定了在有水存在时发动机油过滤性能的测定方法。它模拟一个新的发动机短期运行后，在油中有水的情况下，长期存储时，形成易堵塞过滤器的沉积物的趋势。

1.2 本标准采用国际单位制[SI]单位。

1.3 本标准涉及某些有危险的材料、操作和设备，但并未对此有关的所有安全问题都提出建议。因此，用户在使用本标准之前有必要建立适当的安全和防护措施，并确定相应的管理制度。

2 规范性引用文件

下列文件中的条款通过本标准的引用而成为本标准的条款。凡是注日期的引用文件，其随后所有的修改单(不包括勘误的内容)或修订版均不适用于本标准，然而，鼓励根据本标准达成协议的各方研究是否可使用这些文件的最新版本。凡是不注日期的引用文件，其最新版本适用于本标准。

GB/T 603 化学试剂 试验方法中所用制剂及制品的制备

GB/T 4756 石油液体手工取样法(GB/T 4756—1998，ISO 3170：1988，MOD)

GB/T 6682 分析实验室用水规格和试验方法(GB/T 6682—92，ISO 3696：1987，NEQ)

ASTM D4485 发动机油性能规格标准

3 术语和定义

下列术语和定义适用于本标准。

3.1

校准 calibrate

参照标准，确定测量设备的读数或输出值。

3.2

校准试验 calibration test

用一个规范的参比油，按本方法规定要求进行的试验。

注：试验结果用来判定进行试验的设施和实验室是否适宜进行非参比油的测定。

3.3

参选油 candidate oil

具有某些必需的性能特征以满足某一技术规格，并且依据该规格进行验证的试验油品。

3.4

发动机油 engine oil

能减少发动机内部运动部件的摩擦、磨损的液体，它能带走热量尤其是活塞底部的热量，也可作为活塞环的燃气密封剂。

注：油品中可能包含能改善某些性能的添加剂。例如阻止发动机产生锈蚀、形成沉积、阀系磨损、油品氧化和生成泡沫等。

3.5

非参比油 non-reference oil

除参比油以外的任何油品。例如：研制的油品、商业油品或参选油。

3.6

参比油　reference oil

已知性能特征，对比时作为基准的油品。

注：参比油用于校正试验设备、比较其他油品的性能或评价与油品相互作用的其他材质(如密封件)的性能。

3.7

有效过滤面积　effective filter area

能够使过滤物质通过的过滤器表面面积。

3.8

新油　new oil

配方和基础油与试验油完全一样的未处理过的油。

3.9

试验油　test oil

新油加入水后的油样。

注：加热和老化可能导致试验油产生沉积。

4 方法概要

用去离子水处理试样，加热到70℃保持6h，然后在室温下储存。将试样进行过滤，计算试样的流动速率，确定发动机油的过滤性能。

5 意义和用途

5.1 内燃机的部分燃烧产物进入发动机润滑油并滞留在润滑油内属正常现象。

5.2 当发动机运行一段时间后，停机较长时间，燃烧副产物可能以液相存于油品中。

5.3 这种情况下，发动机下一次运行时可能形成沉积物并影响油品的过滤性能。

5.4 试验方法将新油和试验油按同样的方式处理，以测定样品的过滤性能。

5.5 通过本试验方法获得参比油的数据是可用的。

5.6 本试验方法要求测定参比油，并报告结果。对本试验方法，两个参比油的数据是有效的，一个已知样品给出测定数据的低限，一个已知样品给出测定数据的高限。

注：如果新油的试验结果被作为参选油的试验结果，考察其是否符合某规格要求，例如ASTM D4485，该规格表示的是试验油相对新油允许的过滤性能损失(流量减少)的最大值。

6 设备

6.1 设备包括25mL滴定管、装有孔径25μm滤纸的过滤器和69kPa±2Pa的压缩空气源(见图1)。

6.1.1 滴定管：25mL，塑料或玻璃材质。带有聚四氟乙烯截止阀和内径为1.8mm±0.1mm的开口滴定头。

6.1.2 空气压力调节器：调整压力能到达69kPa±2kPa。

6.1.3 过滤器组件：带有过滤器，有效过滤面积约为0.8cm^2。

6.1.4 滤纸：直径25mm(孔径25μm)，滤纸应裁剪为适合过滤器的大小。

6.2 搅拌器：转速为18000r/min±1800r/min。

6.2.1 秒表：可测量30s±1s。

6.3 混合器：250mL，带有与搅拌器相配套的桨叶。

6.4 注射器：1000μL。

6.5 玻璃瓶：带有内衬盖的60mL瓶。

6.6 烘箱：温度可保持70℃±1℃。

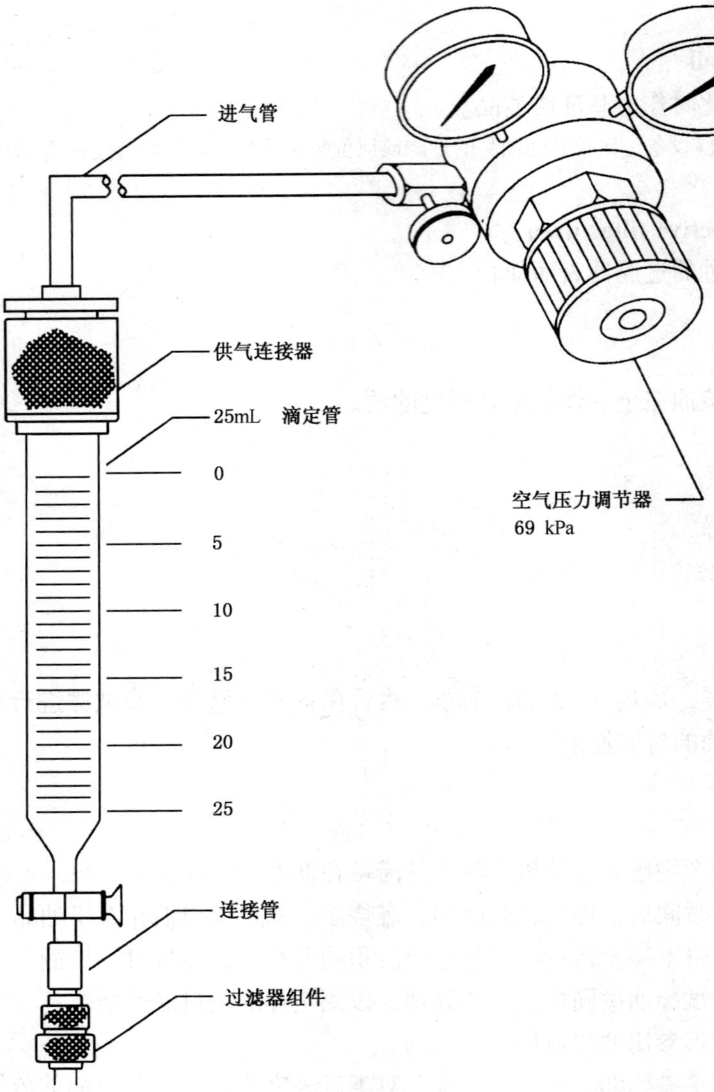

图 1 发动机油过滤性能测定仪

6.7 时间传感器(或其他相当的计时仪器)：测定分辨率为 1s。

6.8 机械振荡器。

7 试剂与材料

7.1 试剂的纯度：在所有的试验中，使用化学纯的试剂。除非另有说明，所有的试剂应符合 GB/T 603 的要求。假若能证明试剂具有足够高的纯度不至影响测定的精确度，也可使用其他等级的试剂。

7.2 水：除非另有说明，使用的水应符合 GB/T 6682 中三级规定的去离子水。

7.3 参比油：美国试验与材料协会试验监测中心可提供 TMC 参比油。

8 取样

根据 GB/T 4756 的要求来取样。

9 试验油样品和过滤器的准备

9.1 将 49.7g±0.1g 的新油、0.3g±0.05g 的去离子水(用 1000μL 的注射器加入 0.3mL±0.05mL)在混合器内混合，并以 18000r/min±1800r/min 的速度混合 30s±1s，盖上盖子以防止试验油样品溅出。

9.2 将试验油倒入 60mL 的玻璃瓶内，旋紧瓶盖，然后旋松四分之一开度，在 70℃±1℃ 的烘箱内放置 6h。将样品从烘箱中移出，旋紧瓶盖冷却至室温(20℃～24℃)。

9.3 按 9.1 条和 9.2 条再分别在 49.5g±0.1g 的新油内混合 0.5g±0.05g 去离子水；在49.0g±0.1g的新油内混合 1.0g±0.05g 去离子水；在 48.5g±0.1g 的新油内混合 1.5g±0.05g 去离子水。

9.4 将试验油储存于室温(20℃～24℃)避光处。

9.5 试验油从烘箱取出后，在 48h±2h 之内测定其过滤性，过滤前将装有试验油的玻璃瓶倒置于机械振荡器中，高速振荡至瓶底无沉淀物。

9.6 将过滤器放在 70℃±2℃的烘箱内烘干 30min±2min，并存放在干燥器中备用。

10 试验步骤

10.1 按图 1 安装试验设备，将过滤器的垫圈、过滤芯和滤纸放置在过滤器内，滤纸光面朝上。旋紧过滤器的上、下两部分，并与滴定管连接。

10.2 测定新油在滴定管中通过时的流速。给系统加压力，使至少 10mL 的新油通过过滤器，确保新油充满过滤器并除去气泡。移开空气连接管，用新油装满滴定管至 0 刻度线以上的1cm～2cm处。调节压力系统至 69kPa±2kPa，打开截止阀，测定 0mL～25mL 段内每流出 5mL 油所需的时间。

10.3 为确定试验油的流速，首先测定完新油的流动时间后，将新油尽量放净至滴定管的最低水平，且要求截止阀下面不允许有气泡。使用同一过滤芯、过滤器和滴定管测定试验油。移开空气连接管，将混合均匀的试验油装入滴定管至 0 刻线以上 1cm～2cm 处。调节压力系统至 69kPa±2kPa，打开截止阀，测定在 0mL～25mL 段内每流出 5mL 油所需的时间。

10.4 每个非参比油和参比油应做重复试验，即按第 9 章及 10.1 条～10.4 条的步骤对每个非参比油和参比油重复操作。

10.5 对在 TMC 监测下的试验，TMC 参比油与非参比油应在同一天进行测定。

10.6 对未在 TMC 监控下的试验，可用一个保证质量的油品代替 TMC 参比油。

11 计算

11.1 新油和试验油每 5mL 的流速(v)，按式(1)计算。

$$v = \frac{A}{B} \quad (1)$$

式中：

A——油品的体积，mL；

B——流动时间，s。

11.2 试验油相对于新油流速变化的百分比(Δ)，按用式(2)计算(末段流速是指 20 mL～25 mL 的流速。试验油和新油用同一过滤芯)。

$$\Delta = \frac{E - D}{D} \times 100 \quad (2)$$

式中：

D——新油的末段流速，mL/s；

E——试验油的末段流速，mL/s。

12 TMC 参比油试验

12.1 进行一批非参比油试验的同时，对 TMC 参比油进行试验。即参比油与这些非参比油作为同一批次对进行试验。

注：附录 A 讨论了 ASTM TMC 试验监控程序的内容。

12.1.1 在进行参比油的试验之前，直接向TMC索取参比油。TMC备有多个参比油，分别代表特定的化学类型或性能水平，抑或同时兼备。每个参比油样品在包装容器上应使用唯一、明确的标识。对参比油采用盲样对比试验程序以尽可能减少结果的偏差。

实验室同意根据TMC出版的ASTM参比油分析和使用规则来使用TMC参比油，根据TMC规则进行参比油试验并对试验结果进行报告。

注：可从TMC获得ASTM参比油分析和使用规则。

12.1.2 本方法要求从TMC处获得参比油。由TMC选定送往实验室进行试验的参比油，在参比油容器上进行唯一标识。

12.1.3 根据试验方法进行TMC参比油试验，并以同样的方法对非参比油进行试验。即做参比油的同时，对一批非参比油进行试验。参比油和非参比油在同一批次进行，在4h之内做完。

12.1.4 参比油试验结果的报告：根据如下规定向TMC报告参比油的试验结果。

12.1.4.1 可从TMC索要试验数据报告单，以向TMC报告所有参比油试验数据。此报告仅包括TMC参比油的数据，不包括任何非参比油的数据，并将数据填入表格中要求所有的空白栏内。

12.1.4.2 分析数据完成后，应立即通过电子邮件或传真的形式将参比油试验数据传给TMC，包括所有报告表格。

注：可从TMC索要TMC传输数据的电子模板。

12.1.5 参比油试验结果的评价：在TMC收到参比油试验结果后，TMC将按公开出版的试验方法核准操作过程。如果认为试验操作有效，参比油的结果将由特定监督小组建立的接受标准进行评价。接受标准由监督小组决定。

12.1.5.1 如果试验结果证明操作有效、在统计学上是可接受的，进行试验的实验室会被通知参比试验可接受。没有TMC代码的参比油鉴定也应向进行试验的实验室汇报。

12.1.5.2 如发现TMC参比油的试验不能被接受时，将向实验室提供相关的解释。如果无效的试验是由明显的操作原因导致的，实验室应在进行下一个TMC参比油的试验前纠正这些过失。如果无效的原因不明，应对所有与试验有关的设备进行重新检查以与试验方法和优良的实验室操作规程保持一致。重新检查后，TMC将安排用另一个试验参比油进行试验。

12.1.6 与TMC参比油试验有关的非参比油试验的状态：只有TMC参比油试验结果满足预先确定的特定参比油可接受的规定时，本批非参比油试验的数据才认为是有效的。

13 报告

试验结果应包括以下内容：

13.1 非参比油或参比油的标识。

13.2 使用滤纸的孔径(25μm)。

13.3 每次试验的末段流速变化百分比。

13.4 重复试验的末段流速变化百分比平均值。

13.5 对TMC监控试验，满足TMC报告内容要求。

13.6 对未在TMC监控下的试验，可用保证质量并已知过滤性结果的油品来评价试验结果能否被接受。

14 精密度和偏差

按下述规定判断25μm过滤纸试验结果的可靠性(95%的置信水平)。

14.1 精密度

14.1.1 重复性 r

同一操作者，使用相同的试验设备，用相同的试验方法对同一试样测得的两个连续试验结果之差不应大于 11.1%。

14.1.2 再现性 *R*

不同操作者，使用不同的试验设备，用相同的试验方法对同一试样测得的两个试验结果之差不应大于 25.4%。

14.2 偏差

因为对此试验方法没有可接受的参比物进行偏差测定，故偏差无法确定。

附 录 A
(资料性附录)
美国试验与材料协会监测中心的作用和评定程序

A.1 ASTM 试验监测中心(TMC)的性质和作用

TMC 是一个非营利性组织,地址在美国宾西法尼亚州匹兹堡市,该中心组织开展技术管理方面的研究;组织实验室参观;完成参比油实验数据分析统计;调和、贮存、发运参比油;在 ASTM D02 技术委员会和试验检测委员会(TMB)的指导下,为各种润滑油试验提供相关的管理和参比校准程序。TMC 协调试验主办机构、试验开发人员、试验监督机构以及实验室的活动进行工作。

A.2 ASTM 的 TMC 管理规定

TMC 是按照 ASTM 章程、ASTM 规章细则、ASTM 技术委员会章程、ASTM D02 委员会章程及 ASTM 试验监测系统的规章和制度进行运作的。

A.3 ASTM 的 TMC 管理方式

TMC 是由 ASTM D02.B 分技术委员会推选出来的试验监测委员会(TMB)进行管理。由 TMB 再推选出管理人员,对 TMC 工作人员直接负责。

A.4 ASTM 的 TMC 收入管理情况

TMC 的收入来源主要是靠提供参比油和校正试验的费用获得的。费用价目审查和制定由 D02.B 分技术委员会负责。

A.5 进行参比油试验

对于选择和利用 TMC 校正试验方法和仪器服务的实验室来说,校正试验必须按照 ASTM D02.B0.07 发动机油过滤性监测委员会所规定的期限定期进行。这些试验使用 11.1 条中由 TMC 提供编号的标准参比油进行,实验室应确保根据试验程序进行校正试验,并且保证现场参比油数量在 TMC 规定的最少数量之上。

A.6 新的成员实验室

A.6.1 那些有意成为 ASTM 试验监测系统成员的实验室,需进行参比油试验,以确保实验室采用正确的试验技术。有关费用、实验室检验、试剂、试验方法、相关委员会成员资格和评分员培训等信息,可以同 TMC 的管理人员联系咨询。

A.6.2 标准参比油具有各种各样的过滤性能,当选用新参比油时,成员实验室要求承担相关试验以保证 TMC 确定适当的行业标准数据、精度值和合格极限值。ASTM D02.B0.07 发动机油过滤性监督机构需要用这些无偿的试验数据来建立新参比油平均数据和合格标准。

A.7 TMC 信息通信

A.7.1 有时候,需要改变试验方法,并在 D.02B0 车用润滑剂分技术委员会或 D02 委员会考虑改变之前,通知实验室。在这种情况下,TMC 将发布信息通信。之后在 D02 委员会召开一年两次的会议之前,累计的信息通信在 D02.B 分技术委员会内进行投票表决。然后,根据已通过的通信修正相应的标准,再通过主委会表决,最后通过协会表决。ASTM 采用这种方式通过适当的工作程序来处理信息通信。

A.7.2 对信息通信在首次发布之前的审查,根据其性质采用不同方式。在某些情况下,如果信息通信涉及部件编号的变化,而并不影响试验结果时,TMC 便有权颁发此类信息。监督机构经过长期研究,通过改进操作手段和硬件控制以改进试验程序,也可以推荐发布信息通信。如果改变程序明显影响试验结果,需立即引起关注,并由试验主办机构和 TMC 发布信息通信,并在一年两次的 D02.B 分委员会会议之前向监督机构提交背景材料和原始数据以获得批准。

A.7.3 ASTM 技术委员会在 1984 年颁发授予认可信息通信的管理,具体内容如下:技术委员会管理委员会认识到D02委员会有特殊和复杂情况，只要在每条信息通信中包括对尚未获得ASTM一致同意的影响的弃权声明，即批准使用信息通信，这些信息通信应尽快提交ASTM获得通过。

A.8 TMC备忘录

除以上提到的信息通信外，还可发布增补备忘录。由TMC编写备忘录并发给D02.B发动机油过滤性试验监督机构及成员实验室。在这些备忘录中所发布的信息是对试验部件或材料的认可、试验程序的简化、对TMC所要求的特殊数据的收集和分析的注意事项和建议，或是对试验程序、结果或精密度和偏差无直接影响的任何其他相关事宜。

ICS 75.100
E 34

SH

中华人民共和国石油化工行业标准

SH/T 0792—2007

电器绝缘油中2,6-二叔丁基对甲酚和2,6-二叔丁基苯酚含量测定法（红外吸收光谱法）

Standard test method for 2,6-di-tert-butyl-p-cresol and 2,6-di-tert-butyl phenol in electrical insulating oil by infrared absorption

2007-08-01 发布　　　　2008-01-01 实施

中华人民共和国国家发展和改革委员会　　发布

前　言

本标准修改采用美国试验与材料协会标准 ASTM D2668-02《电器绝缘油中 2，6-二叔丁基对甲酚和 2，6-二叔丁基苯酚含量测定法(红外吸收光谱法)》。

本标准根据 ASTM D2668-02 重新起草。

为适应我国国情，本标准在采用 ASTM D2668-02 时进行了修改。本标准与 ASTM D2668-02 的结构差异见附录 A，本标准与 ASTM D2668-02 的主要技术差异如下：

——本标准的引用标准采用我国现行国家标准和行业标准，无相应标准的引入其实质性内容。

——增加第三章“方法概要”和第六章“试剂”。

——原文中关于“2，6-二叔丁基对甲酚在 2.72μm($3680cm^{-1}$)…处的吸收得到显著加强和2，6-二叔丁基苯酚在 2.72μm($3680cm^{-1}$)…处的吸收得到显著加强”是错误的，现改为“2，6-二叔丁基对甲酚在 2.74μm($3650cm^{-1}$)…处的吸收得到显著加强和 2，6-二叔丁基苯酚在 2.74μm($3650cm^{-1}$)…处的吸收得到显著加强”。

——为方便使用将 ASTM D2668-02 中的引用标准 ASTM D2144《用红外吸收光谱检验电器绝缘油的测试方法》中的实质内容分别放入本标准的第 5 章仪器的 5.2 条、5.3 条，第 6 章试剂的 6.1 条、6.2 条，第 9 章试验步骤的 9.1 条、9.2 条和 9.3 条。

——重复性和再现性的文字表述按我国的习惯进行了修改。

——本标准增加了两个资料性附录。

本标准的附录 A 和附录 B 均为资料性附录。

本标准由中国石油化工集团公司提出。

本标准由中国石油化工股份有限公司石油化工科学研究院归口。

本标准起草单位：中国石油化工股份有限公司润滑油上海研发中心、中国石油化工股份有限公司润滑油上海分公司、中国石油润滑性研究开发中心克拉玛依研究所。

本标准主要起草人：陈迎霞、何慧杰、胡鹏程、陆美玉、候玉东、王鹏、刘英、尚宝珠。

电器绝缘油中 2，6-二叔丁基对甲酚和 2，6-二叔丁基苯酚含量测定法(红外吸收光谱法)

1 范围

1.1 本标准适用于测定新的或使用过的电器绝缘油中 2，6-二叔丁基对甲酚和 2，6-二叔丁基苯酚的含量，方法测定其在红外光谱中特定波长处的吸收，测定含量不大于 0.5%(质量分数)。

1.2 本标准涉及某些有危险性的材料、操作和设备，但并未对与此有关的所有安全问题都提出建议。因此，用户在使用本标准之前有必要建立适当的安全和防护措施，并确定相应的管理制度。

2 规范性引用文件

下列文件中的条款通过本标准的引用而成为本标准的条款。凡是注日期的引用文件，其随后所有的修改单(不包括勘误的内容)或修订版均不适用于本标准，然而，鼓励根据本标准达成协议的各方研究是否可使用这些文件的最新版本。凡是不注日期的引用文件，其最新版本适用于本标准。

GB 7597　电力用油(变压器油、汽轮机油)取样方法

SH 0040　超高压变压器油

3 方法概要

本标准利用红外光谱法记录新的或使用过的电器绝缘油中 2，6-二叔丁基对甲酚和 2，6-二叔丁基苯酚在特定波长处的吸收峰，该吸收峰的吸光度与其浓度成正比，即符合比尔定律，利用工作曲线法进行定量计算。

4 意义和用途

4.1 本标准用于定量检测作为抗氧剂加入到新的电器绝缘油中的 2，6-二叔丁基对甲酚和 2，6-二叔丁基苯酚以及使用过的油品中测量经过氧化后还剩余的这些组分的总量，还适用于生产控制和产品验收。

4.2 当含有任一这些组分的电器绝缘油经过红外测试得到谱图，在一些波长(或波数)处的吸收会得到加强。2，6-二叔丁基对甲酚在 2.74μm($3650cm^{-1}$)和 11.63μm($860cm^{-1}$)处的吸收得到显著加强。2，6-二叔丁基苯酚在 2.74μm($3650cm^{-1}$)和 13.33μm($750cm^{-1}$)处的吸收得到显著加强。

4.3 当分析一个非深度氧化的油品或使用双光束光谱仪时，因为仪器得到了水汽干扰的补偿，而谱带不受分子间作用力(关联)影响，可以很方便地得到 2.5μm($4000cm^{-1}$)～2.9μm($3450cm^{-1}$)范围内的谱图。当测试一个深度氧化的油品或使用单光束仪器时，如果在 10.90μm($918cm^{-1}$)～14.00μm($714cm^{-1}$)范围内进行扫描，也可得到一个较好的结果。

4.4 在 11.63μm($860cm^{-1}$)处或 13.33μm($750cm^{-1}$)处吸收得到增强，或者两处吸收同时得到增强，可以分别鉴定出 2，6-二叔丁基对甲酚或 2，6-二叔丁基苯酚的抗氧剂的存在。

注：在浓度相同的情况下，2，6-二叔丁基苯酚在 $750cm^{-1}$处的吸收强度和 2，6-二叔丁基对甲酚在 $860cm^{-1}$处的吸收强度比例大约为 2.6：1。

5 仪器

5.1 波数范围在 $400cm^{-1}$～4000 cm^{-1}色散型或傅立叶变换快速扫描型红外光谱仪。

5.2 吸收池：光程在0.3mm~1.0mm范围内的溴化钾(KBr)或氯化钠(NaCl)液体吸收池。

5.3 注射器：5mL注射器或其他合适的注入器械。

6 试剂

6.1 石油醚：化学纯，30℃~60℃。

6.2 2，6-二叔丁基对甲酚或2，6-二叔丁基苯酚：化学纯。

7 取样

依照GB 7597的要求进行取样。

8 校准

8.1 可用生产商已知的适用基础油来配制标准样品。对于来源不明的基础油，使用时必须符合SH 0040规定的要求。有些基础油有着更好的匹配性，因此值得筛选一些合适的基础油。

8.2 将2，6-二叔丁基对甲酚或2，6-二叔丁基苯酚溶解于不含抗氧剂的基础油中，配制从0.05%(质量分数)到0.5%(质量分数)的标准样品(标准样品配制参见附录B)。对于每个标准样品，在合适的谱带范围内进行红外扫描得到谱图。推荐使用标准光程在0.3mm~1.0mm范围内的液体吸收池。对于不同的仪器或特殊波长，其他光程的吸收池可能更适用。如果仪器的灵敏度可以调节，也可使用另外一些光程的吸收池。含剂油样在临界波长或频率处的吸收应在工作曲线上有明显的增长。对每个标样至少重复扫描三次。得到对应图谱时仪器要记录所有的光谱仪的设置参数。

注1：希望使用非线性波长刻度的横坐标。

注2：本方法精密度是基于手动方法测定的结果建立的，即对每个标样准确地重复进行三次扫描所获得的结果。最新型的仪器可以更快的速度执行自动扫描，这样可以减少平行测定数据之间的差异。在这种情况下，建议可以增加扫描的次数，从统计意义上补偿任何差异较大的局外点。实验室需要确定最少的扫描次数用于仪器标准化和样本分析，以满足他们的测试需求。

注3：在测试中需要使用透射图，但是在这种情况下强度测量需要特殊的标尺和图解法或对数表。另外仪器软件应能够记录测量时所有光谱仪的设置。

8.3 定量测定遵从比尔定律见式(1)：

$$吸光度值 = A - A_0 \qquad (1)$$

式中：

A_0——基础油吸光度值；

A——含有2，6-二叔丁基对甲酚或2，6-二叔丁基苯酚的油品的吸光度值。

8.4 人工绘制校正曲线：指定定量测定波段处的最大吸收点为点A，在该吸收峰底部划一切线，另外通过A向吸收线方向划一垂直线，如图1所示，定义这两条线的交叉点为点A_0。从对每一样品所进行的三次扫描的图谱上，读取这些点的吸收值，并精确到0.001(可以使用放大镜)，用A的值减去A_0的值。对标样进行分析后所得到的三个数据的平均值含量作图，可得到一直线。通过线性回归分析来确定通过校正数据点的最佳直线。这条直线就是测定样本中未知浓度2，6-二叔丁基对甲酚或2，6-二叔丁基苯酚所需要的校正曲线，如图2所示。图3和图4展示了两张差示扫描图谱。

8.4.1 自动绘制校正曲线：对于能够自动产生标准校正曲线的仪器，根据仪器制造商的建议。对于每一个校正范围的标准样品，至少扫描三次(见8.2条后注2)。所建立的校正曲线的相关系数不应小于0.99，这样才能确保校正曲线的线性。

8.5 由于光谱仪中的电子元件会随着时间发生变化，如果日常工作需要高频次检测，建议利用一个或多个标准样品进行周期性检查。如果标准样品的吸收和校正曲线之间的差异大于10.2.1中所给出的极限，那么就要重新绘制一条校正曲线。一些实验室已经制定了比10.2.1所描述的更为严格的极限。无论何时，只要试验条件发生变化，如光源、扫描速度等，就要重新绘制一条新的校正曲线。

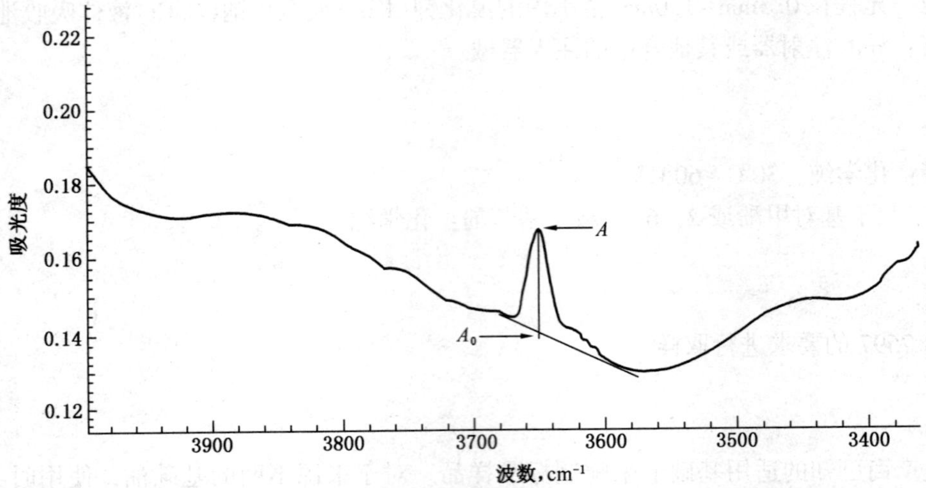

图1　含有2，6-二叔丁基对甲酚的电器绝缘油在 A_0 和 A 处的谱图

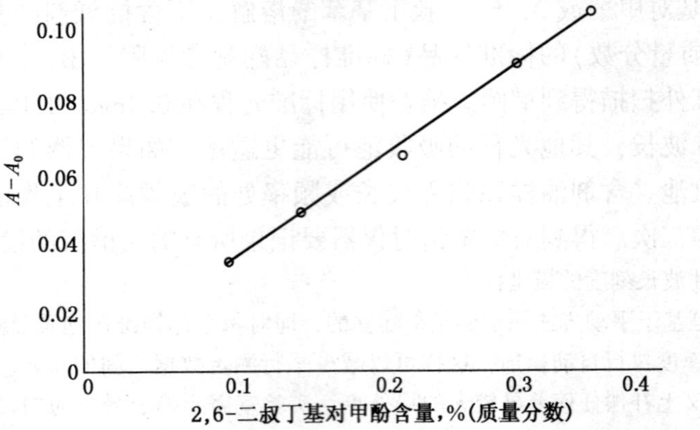

图2　电器绝缘油中2，6-二叔丁基对甲酚的测定校正曲线

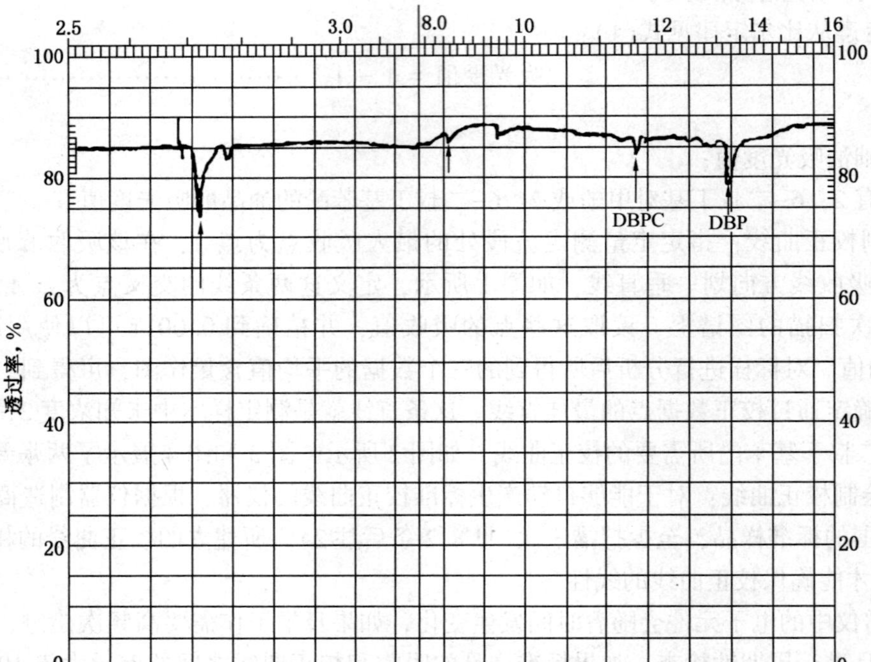

图3　差示扫描片段A

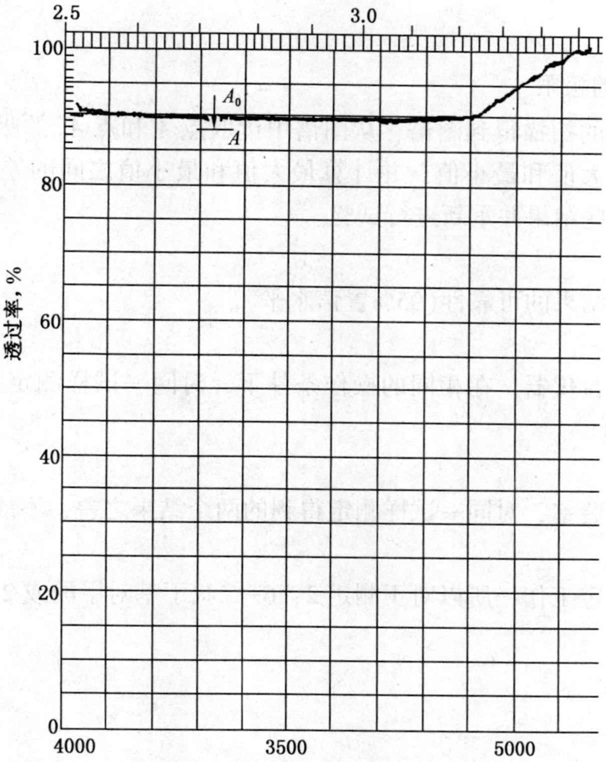

图4 差示扫描片段 B

注：为了对制定校正曲线所用的光谱仪的特性进行快速检查，将已知浓度的溶液保存在琥珀色瓶子中，时间不要超过一年。

9 试验步骤

9.1 用石油醚将吸收池彻底冲洗干净，烘干溶剂后放入干燥器备用。

9.2 参照 8.2 条选用吸收池，用经过石油醚清洗的注射器将部分试样注入干净的样品池进行清洗，再将试样注入样品池，且不得有气泡，否则应重新装样。用合适的不含抗氧剂的基础油清洗并注入参比池。

9.3 对于傅立叶变换快速扫描型红外光谱仪先后将样品池和参比池插入样品光路（对于色散型红外光谱仪，将样品池和参比池分别插入样品光路和参比光路进行同步测定），在所确定的波段处使用定量扫描模式，测定试样中的 2，6-二叔丁基对甲酚或 2，6-二叔丁基苯酚含量，每个试样至少扫描三次。具体分析中所用的吸收池与绘制校正曲线中测试所用的吸收池必须为同一吸收池。所使用的光谱仪必须满足 5.1 条所描述的要求，而且测试样品和绘制标准曲线必须使用同一仪器。

9.4 对于常规测试分析，只要仪器能够满足 10.2.1 中所规定的重复性要求，也可使用单次扫描替代多次扫描。仲裁试验时，需要使用手动方式，对试样进行三次扫描，取其平均值；或者使用自动方式，对试样采用建立校正曲线时相同的扫描次数进行扫描，取其平均值。

9.5 手工测量结果：读取三张谱图中点 A 和点 A_0 的吸光度值，精确到 0.001 吸光度值，计算差值和平均值，以平均值从校正曲线上确定含量。

9.6 自动测量结果：使用仪器自动测定模式，采用与建立校正曲线时相同的扫描次数来测试样品，获得点 A 和点 A_0 的吸光度值，并且计算出这两者之间差值的平均值，利用校正曲线来确定试样中的含量。

10 精密度和偏差

10.1 检查范围(A-A_0)的极限

经过三次或更多次数的扫描得到图谱，从图谱中读取点 A 和点 A_0 的吸光度值，计算 A-A_0 的差值，确定这些差值中的最大值和最小值，并计算最大值和最小值之间的差值，如果结果大于 0.010 吸光度值，那么就舍弃这些结果并重新进行试验。

10.2 精密度

按下述规定判断试验结果的可靠性(95%置信水平)。

10.2.1 重复性(r)

同一操作者使用同一台仪器，在相同的操作条件下，对同一试样测定得到的两个结果之差，不能超过 0.04%(质量分数)。

10.2.2 再现性 (R)

不同操作者在不同实验室，对同一试样测定得到的两个结果之差，不能超过 0.04%(质量分数)。

10.3 偏差

因为没有开展偏差测定工作，所以对于测定 2，6-二叔丁基对甲酚或 2，6-二叔丁基苯酚，本方法没有偏差规定。

附 录 A
（资料性附录）
本标准与 ASTM D2668-02 的章条对照一览表

A.1 本标准与 ASTM D2668-02 的章条对照一览表见表 A.1。

表 A.1 本标准与 ASTM D2668-02 章条对照一览表

本标准章条编号	ASTM D2668-02 章条编号
1	1
2	2
3	—
4	3
5	4
6	—
7	5
8	6
9	7
10	8
—	9

附 录 B
（资料性附录）
标准样品的配制

B.1 称取 2，6-二叔丁基对甲酚或 2，6-二叔丁基苯酚 1g（精确到±0.0002g），溶于 199g 基础油中，此为 0.5%（质量分数）的标准母液。

B.2 分别称取 0.5%（质量分数）的标准母液 2g，4g，8g，12g，16g 溶于 18g，16g，12g，8g，4g 基础油中，按顺序抗氧剂含量分别为 0.05%（质量分数），0.1%（质量分数）、0.2%（质量分数）、0.3%（质量分数）、0.4%（质量分数）。将它们避光保存于棕色瓶待用。

编者注：本标准中引用标准的标准号和标准名称变动如下。

原标准号	现标准号	现标准名称
GB 7597	GB/T 7597	电力用油（变压器油、汽轮机油）取样方法
SH 0040	SH 0040—1991	超高压变压器油

ICS 75.100
E 30

SH

中华人民共和国石油化工行业标准

SH/T 0793—2007

烃类油品中芳碳含量测定法
（高分辨核磁共振法）

Standard test method for aromatic carbon contents of hydrocarbon oils by high resolution nuclear magnetic resonance spectroscopy

2007-08-01 发布　　　　2008-01-01 实施

中华人民共和国国家发展和改革委员会　发布

前言

本标准修改采用美国试验与材料协会标准 ASTM D5292-99(2004)《烃类油品中芳碳含量测定法(高分辨核磁共振法)》。

本标准根据 ASTM D5292-99(2004)重新起草。

为了适合我国国情，本标准在采用 ASTM D5292-99(2004)时进行了修改。本标准与 ASTM D5292-99(2004)的主要差异如下：

——将 ASTM D5292-99(2004)的 9.4 条“通过将四甲基硅烷(TMS)加入到氘代氯仿溶剂中制备成 1%(体积分数)的 TMS 溶液。因为 TMS 非常容易挥发，该溶液应加以冷藏，如果 TMS 的特征峰在 ^{1}H 或 ^{13}C 核磁共振(NMR)谱上都不再明显，应加以替换”。修改为“要求测 ^{1}H 谱时采用含 TMS 为 0.03%(体积分数)的氘代氯仿，测 ^{13}C 谱时采用含 TMS 为 1%(体积分数)的氘代氯仿，所有氘代氯仿的氘代度不低于 99.8%”。

——重复性和再现性文字表述按我国习惯进行改写。

——删除关键词章节。

本标准的附录 A 是资料性附录。

本标准由中国石油化工集团公司提出。

本标准由中国石油化工股份有限公司石油化工科学研究院归口。

本标准起草单位：中国石油化工股份有限公司石油化工科学研究院。

本标准主要起草人：王京。

烃类油品中芳碳含量测定法
(高分辨核磁共振法)

1 范围

1.1 本标准规定了采用高分辨核磁共振(NMR)谱仪测定油品中芳氢含量(步骤A和步骤B)和芳碳含量(步骤C)的方法。适用样品包括煤油、重馏分油、矿物油、润滑油、源自煤的液体以及其他在室温下可完全溶于氯仿的馏分。对于脉冲傅立叶变换谱仪，检测下限一般为0.1%(摩尔分数)的芳氢原子和0.5%(摩尔分数)的芳碳原子。对连续波谱仪，它仅适合于测芳氢原子，检测下限相对较高，一般为0.5%(摩尔分数)的芳氢原子。

1.2 报告单位为芳氢原子摩尔分数和芳碳原子摩尔分数。

1.3 本标准不适用于含超过1%(质量分数)的烯烃或酚类化合物的样品。

1.4 本标准并不包含油品中芳烃质量分数的测定，因为来自饱和烃与芳烃分子上的脂肪取代基的NMR信号出现在相同化学位移区。欲测定油品中芳烃的质量和体积含量，可采用色谱或质谱法。

1.5 本标准采用SI(国际单位制)单位。

1.6 本标准并未对所涉及的所有安全问题提出建议，本标准的使用者在使用前应建立合适的安全防范措施，制订适当的规章制度。

2 规范性引用文件

下列文件中的条款通过本标准的引用而成为本标准的条款。凡是注日期的引用文件，其随后所有的修改单(不包括勘误内容)或修改版均不适用于本标准。然而，鼓励根据本标准达成的协议的各方研究是否可使用这些文件的最新版本。凡不注明日期的引用文件，其最新版本适用于本标准。

GB/T 4756 石油液体手工取样法(GB/T 4756—1998，eqv ISO3 170：1988)

SH/T 0729 石油馏分的碳分布和结构族组成计算方法(n-d-M法)

ASTM E386 关于高分辨核磁共振谱数据表达的实用方法

3 术语和定义

下列术语和定义适用于本标准。

3.1

芳碳含量 aromatic carbon content

芳碳原子摩尔分数或芳碳原子占总碳原子百分数，见式(1)。

$$芳碳含量(\%)=100\times(芳碳原子/总碳原子) \qquad (1)$$

注：例如，甲苯的芳碳含量为100×(6/7)%或85.7%(摩尔分数)芳碳原子。

3.2

芳氢含量 aromatic hydrogen content

芳氢原子摩尔分数或芳氢原子占总氢原子百分数，见式(2)。

$$芳氢含量(\%)=100\times(芳氢原子/总氢原子) \qquad (2)$$

注：例如，甲苯的芳氢含量为100×(5/8)%或62.5%(摩尔分数)芳氢原子。

3.3 本标准中所有的化学位移(单位以ppm① 表示)、内标、谱宽以及其他核磁共振术语可见ASTM E386。

3.4 氘代氯仿指氢由氘(氢较重的同位素)所取代的氯仿溶剂。

4 方法概要

4.1 采用连续波或脉冲傅立叶变换高分辨核磁共振谱仪从样品的氘代氯仿溶液中获得^{1}H核磁共振谱。TMS首选作为内标，在^{1}H和^{13}C核磁共振谱图上其化学位移归属为0ppm。

4.2 样品的芳氢含量通过比较^{1}H谱中芳氢区(化学位移5.0ppm~10.0ppm)的积分与脂肪氢区(−0.5ppm~5.0ppm)与芳氢区(5.0ppm~10.0ppm)的积分之和而获得。

4.3 样品的芳碳含量通过比较^{13}C谱中芳碳区(化学位移100ppm~170ppm)的积分与脂肪碳区(−10ppm~70ppm)与芳碳区(100ppm~170ppm)的积分之和而获得。

4.4 由于以氘代氯仿为主的溶剂中残余氯仿(化学位移7.25ppm)的影响，芳氢区的积分必须做NMR谱峰的校正。

4.5 脂肪氢区和脂肪碳区的积分由于化学位移内标物TMS(在^{1}H、^{13}C谱中化学位移均为0.0ppm)的影响，必须做NMR谱峰校正。

5 意义和用途

5.1 芳碳含量是油品的一个关键特征，它可影响油品的许多性质，包括沸点范围、黏度、稳定性以及与聚合物相容性等。

5.2 现有估算芳碳含量的方法采用物理测量参数，如折光指数、密度以及平均相对分子质量(见SH/T0729方法)或红外吸收光谱。这些方法通常取决于是否具有适当的标准物质。NMR方法不需要已知芳氢含量或芳碳含量的标准物质，并且适用于室温下可完全溶于氯仿的较宽种类范围的油品。

5.3 由本方法测定的芳氢含量与芳碳含量可用于评价随工艺条件改变油品中芳烃含量的改变，并且可用来开发油品中芳碳含量作为一种关键工艺指标的工艺模型。

6 仪器

6.1 高分辨核磁共振谱仪：高分辨连续波(CW)或脉冲傅立叶变换(FT)核磁共振谱仪，它可根据表1和表2所列条件操作，并且能够产生谱宽及偶合常数在检测核通常的化学位移与偶合常数常规值的范围内的所有峰。

6.2 样品管：外径为5mm或10mm，并可与连续波(CW)或脉冲傅立叶变换(FT)谱仪相配的玻璃管。

表1 ^{1}H NMR样品及连续波(CW)测定的仪器条件

溶剂	氘代氯仿
样品浓度	对馏分油，浓度最高可到50%(体积分数)
样品温度	仪器环境温度
内锁	无
样品旋转速率	由生产商推荐，一般为20Hz
射频功率水平	由仪器生产商推荐
信噪比水平	较小积分区间中最高峰的信噪比大于5∶1
化学位移定标	优选TMS(0.0ppm)，浓度为0.03%(体积分数)
积分	脂肪氢区：−0.5ppm~5ppm；芳氢区：5ppm~10ppm

① 1ppm = 10^{-6}。

表 2　^{1}H 和 ^{13}C NMR 谱样品及脉冲傅立叶变换测定的仪器条件

溶剂： ^{1}H NMR ^{13}C NMR	 氘代氯仿 氘代氯仿
样品浓度： ^{1}H NMR ^{13}C NMR	 必须优化仪器使用条件，浓度最高可到 5%（体积分数） 对馏分油浓度最高可到 50%（体积分数），对源自煤的液体可到 30%（体积分数）
弛豫试剂	2，4-戊二酮铬（Ⅲ），推荐仅用于 ^{13}C NMR，使用浓度为 20mmol/L 的溶液（约 10mg/mL）
样品温度	仪器环境温度
内锁	氘（氘代氯仿用于 ^{1}H NMR 时）
样品旋转速率	由仪器生产商推荐，一般为 20Hz
^{1}H 去偶	仅用于 ^{13}C NMR，宽带覆盖 ^{1}H 整个频率范围，在 ^{13}C 数据采集期间门控去偶，去偶提升时间小于 2m/s
脉冲翻转角	约 30°
脉冲序列延迟时间 ^{1}H NMR ^{13}C NMR	 >10s >3s（加弛豫试剂）；>60s（无弛豫试剂）
采样内存大小	对 ^{1}H，选择设定最小数字化率 0.5Hz/点，对 ^{13}C 设定最小数字化率 1.2Hz/点，必要时增加存图空间和零填充值
谱宽： ^{1}H NMR ^{13}C NMR	 至少 15ppm 并尽可能中心接近 5ppm 处 至少 250ppm 并尽可能中心接近 100ppm 处
滤波器带宽	设定等于或大于谱宽并且仪器滤波器硬件允许
指数窗函数	设定至少等于数字化率
信噪比水平： ^{1}H NMR ^{13}C NMR	 较小积分区间中最高峰的信噪比大于 20：1 化学位移在 75ppm 到 80ppm 之间出现的氘代氯仿最高峰的信噪比大于 60：1
化学位移定标： ^{1}H NMR ^{13}C NMR	 优选 TMS（0.0ppm），浓度为 0.03%（体积分数） 优选 TMS（0.0ppm），浓度不大于 1%（体积分数）；若不使用该峰定标，则以氘代氯仿三重峰之中峰定为 77.0ppm
积分： ^{1}H NMR ^{13}C NMR	 脂肪氢区：-0.5ppm～5ppm；芳氢区：5ppm～10ppm 脂肪碳区：-10ppm～70ppm；芳碳区：100ppm～170ppm

7　试剂和材料

7.1　试剂纯度：所有测试过程应使用化学纯以上试剂。

7.2　氘代氯仿：对 ^{1}H NMR，残余氯仿在氘代氯仿中必须小于 0.2%（体积分数）。

警告：危害健康，高毒，怀疑致癌，吞咽可能致命，吸入有害，燃烧会产生有毒蒸气。

7.3 四甲基硅烷：^{1}H 和 ^{13}C NMR 谱的化学位移内标试剂。

7.4 2，4-戊二酮铬(Ⅲ)：也称乙酰丙酮铬，用作 ^{13}C NMR 谱弛豫试剂，一般含量为97%(质量分数)。

8 样品准备

8.1 由 GB/T 4756 或等效方法获得有代表性的待测样品。如果并不立即开始测定，将它存放在阴凉的地方。

8.2 本方法最小所需样品量约为 10mL。需要时，应足够允许两次测定。

8.3 制备下一级样品之前的所有上一级样品必须均匀。如果有任何外部杂质，如铁锈之类的悬浮颗粒，将该待测样品通过一个干净的小漏斗，该漏斗中装有一段玻璃纤维，过滤后的油样直接滴入干净干燥的小瓶或含氘代氯仿的 NMR 样品管中。

8.4 如果样品含蜡状物质，加热容器中的样品至大约 60℃，并且在取样前用高剪切混合器混匀样品。为了保持样品的均匀性，有时需要使用一个已加热到大约 60℃ 的移液管，将部分样品转移到含有氘代氯仿的 NMR 管中。

8.5 为保证试验结果的有效性，样品必须完全溶于氘代氯仿。仔细检查确保最终溶液均匀并且没有未溶解的颗粒。

9 试验步骤

9.1 本章描述了三个不同步骤，分别为测定芳氢含量的步骤 A(见 9.6 条)和步骤 B(见 9.7 条)，以及测定芳碳含量的步骤 C(见 9.8 条)。

9.2 分析者可根据所使用的 NMR 谱仪及欲测定的分析项目(芳氢含量还是芳碳含量)，选定分析步骤。

9.3 为了确保 NMR 谱仪在这些步骤应用上的最佳性能，附录 A 和 ASTM E386 应与 NMR 谱仪生产商说明结合使用。

9.4 如果 TMS 作为化学位移内标，要求测 ^{1}H 谱时采用含 TMS 为 0.03%(体积分数)的氘代氯仿，测 ^{13}C 谱时采用含 TMS 为 1%(体积分数)的氘代氯仿，所有氘代氯仿的氘代度不低于 99.8%。

9.5 如果按以下步骤在 NMR 样品管里直接制备测试溶液不方便的话，测试溶液可在一个小瓶里制备，溶剂加入和样品溶解后再转移到 NMR 样品管里。确保最终溶液浓度适当并且在转移过程中无污染发生。

9.6 步骤 A——用连续波(CW)NMR 谱仪测定 ^{1}H NMR

9.6.1 用移液管将均匀的试样移入到与 CW 谱仪相匹配的 NMR 样品管中，通常为一个外径 5mm 带帽的 NMR 样品管。

9.6.2 加入氘代氯仿到 NMR 样品管中产生一个在溶剂中浓度最高可到 50%(体积分数)的油品最终溶液。溶剂中油品的浓度使用时应做谱仪优化但可能高至上述值，仔细查验确保最终溶液均匀并且没有未溶解的颗粒。

9.6.3 采用表 1 中所示的仪器条件采集数据，并画出 CW ^{1}H NMR 谱图。如果 TMS 用作内标，归属该峰化学位移值为 0.0ppm。

9.6.4 积分两个化学位移区，从 5.0ppm~10.0ppm(A 区)以及-0.5ppm~5ppm(B 区)。见附录 A 积分步骤建议。

9.6.5 从 A 区总的积分值中减去残余氯仿溶剂谱峰(在氢谱上为 7.25ppm 峰)所贡献的积分部分，假如残余的氯仿谱峰不明显，对 A 区的积分值无需校正。

9.6.6 如果 TMS 用作内标，从 B 区总的积分值中减去 TMS 谱峰(在氢谱上为 0.0ppm)所贡献的积分部分。

9.6.7 用A区和B区校正后的积分值以及10.1条和10.2条计算得到试样的芳氢含量。

9.7 步骤B——用脉冲傅立叶变换(FT)NMR谱仪测定^{1}H NMR

9.7.1 用移液管将均匀的试样移入到与脉冲傅立叶谱仪相匹配的NMR样品管中，通常为一个外径5mm或10mm带帽的NMR样品管。

9.7.2 加入氘代氯仿到NMR样品管中产生一个在溶剂中浓度最高可到5%(体积分数)的油品最终溶液。溶剂中油品的浓度使用时应针对谱仪做优化，但其最高不应超过上述值。仔细查验确保最终溶液均匀并且没有未溶解的颗粒。

9.7.3 采用表2中所示的仪器条件，采样并画出脉冲傅立叶变换^{1}H NMR谱图。如果TMS用作内标，归属该峰化学位移值为0.0ppm。

9.7.4 图1展示了一个溶于氘代氯仿的重馏分油样品可接受的脉冲傅立叶^{1}H谱图。

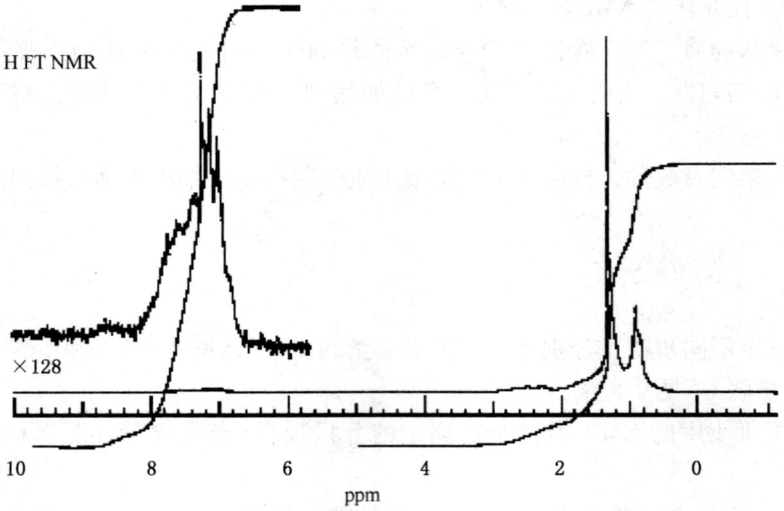

图1 重馏分油样品80MHz ^{1}H NMR谱图

9.7.5 积分两个化学位移区，从5.0ppm~10.0ppm(A区)以及-0.5ppm~5ppm(B区)。见附录A积分步骤建议。

9.7.6 从A区总的积分值中减去残余氯仿溶剂谱峰(在^{1}H谱上为7.25ppm)所贡献的积分部分，假如残余的氯仿峰不明显或者假如四氯化碳作溶剂，对A区的积分值无需校正。

9.7.7 如果TMS用作内标，从B区总的积分值中减去TMS谱峰(在^{1}H谱上为0.0ppm)所贡献的积分部分。

9.7.8 用A区和B区校正后的积分值以及10.1条和10.2条计算得到试样的芳氢含量。

9.8 步骤C——用脉冲傅立叶变换(FT)NMR谱仪测定^{13}C NMR

9.8.1 用移液管将均匀的试样移入到与脉冲傅立叶谱仪相配的NMR样品管中，通常为一个外径5mm或10mm带帽的NMR样品管。

9.8.2 如果使用弛豫试剂，每毫升最终溶液称取10mg 2，4-戊二酮铬直接加入含试样的样品管中。

注：推荐使用弛豫试剂，但并不是必须使用(见A.4.3条)。假如不使用弛豫试剂，“延迟时间”(见ASTM E386)的仪器设定必须比加弛豫试剂的情况增加相当长的时间。这种情况下如果不使用表2所示的长延迟时间会得到错误的结果。

9.8.3 加入氘代氯仿到NMR样品管中产生一个在溶剂中浓度最高可到50%(体积分数)的油品最终溶液和可到30%(体积分数)的源自煤的液体溶液。溶剂中油品的浓度使用时应针对谱仪做优化，但其最高不应超过上述值。仔细查验确保最终溶液均匀并且没有未溶解的颗粒。

9.8.4 采用表2中所示的仪器条件采集数据，并画出脉冲傅立叶变换^{13}C NMR谱图。如果TMS用作内标，归属该谱峰化学位移值为0.0ppm。

9.8.5 图2展示了一个溶于含有弛豫试剂的氘代氯仿的重馏分油样品可接受的脉冲傅立叶 ^{13}C 谱图。

9.8.6 积分两个化学位移区，从100ppm~170ppm(A区)以及-10ppm~70ppm(B区)。见附录A积分步骤建议。

9.8.7 如果TMS用作内标，从B区总的积分值中减去TMS谱峰(在 ^{13}C 谱上为0.0ppm)所贡献的积分部分。

9.8.8 用A区和B区校正后的积分值以及10.1条和10.3条计算得到试样的芳碳含量。

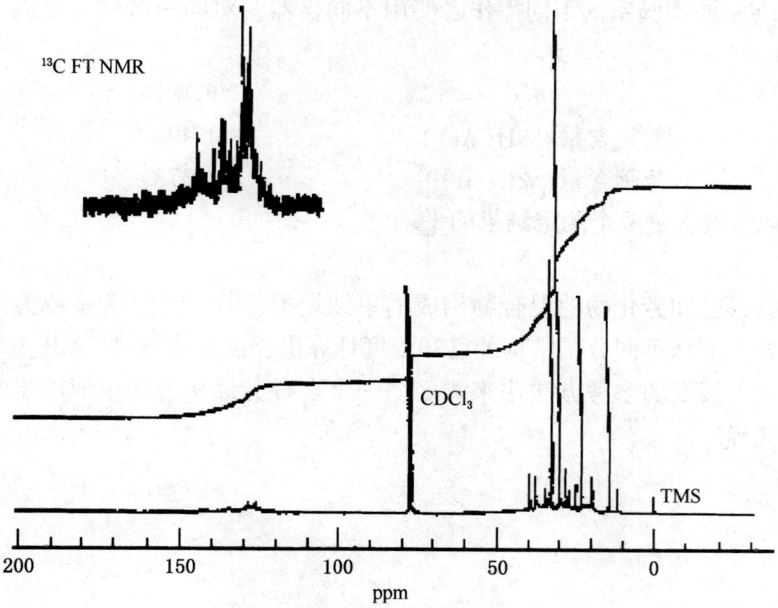

图2 重馏分油样品100MHz ^{13}C NMR谱图

10 计算

10.1 按式(3)计算试样的芳氢含量或芳碳含量：

$$芳氢含量或芳碳含量=[A/(A+B)]\times100\% \quad \cdots\cdots (3)$$

式中：

A——谱图中芳氢或芳碳部分的积分值；

B——谱图中脂肪氢或脂肪碳部分的积分值。

10.2 对于芳氢含量：A 为A区(从5.0ppm~10.0ppm)的校正积分值，B 为B区(从-0.5ppm~5.0ppm)的校正积分值。结果表达成芳氢原子的摩尔分数或%H(Ar)。

10.3 对于芳碳含量：A 为A区(从100ppm~170ppm)的积分值，B 为B区(从-10ppm~70ppm)的校正积分值。结果表达成芳碳原子的摩尔分数或%C(Ar)。

11 报告

11.1 报告试样中芳氢原子的摩尔分数和/或芳碳原子的摩尔分数，结果保留到小数点后一位。

12 精密度和偏差

12.1 本试验方法的精密度取决于样品的芳烃含量。

12.2 **精密度**

在范围1% H(Ar)~78%H(Ar)和8%C(Ar)~93%C(Ar)内，由十二个合作实验室测试了五个油品，即一个润滑油，一个重馏分油，二个芳烃馏分油以及一个蒽油。在实验室间测试结果的统计学检查所获得的本方法精密度(95%置信水平)如下：

12.2.1 重复性：由同一操作者用相同仪器，对同一试样重复测定的两个结果之差不应大于下列数值。

	重复性
芳氢含量(%H(Ar))	$0.32X^{1/2}$
芳碳含量(%C(Ar))	$0.59X^{1/3}$

X 指芳氢含量或芳碳含量两个重复测定结果的平均值。

12.2.2 再现性：在不同实验室的不同操作者使用不同仪器，对同一试样各自测定的两个结果之差不应大于下列数值。

	再现性
芳氢含量(%H(Ar))	$0.49X^{1/2}$
芳碳含量(%C(Ar))	$1.37X^{1/3}$

X 指芳氢含量或芳碳含量两个测定结果的平均值。

12.3 偏差

对由单一化合物或已知芳化物的混合物构成的单纯烃类，其中芳氢含量或芳碳含量要么从化合物分子结构所知，要么能从不同分子结构的已知浓度计算出，没有观察到 NMR 方法相对已知或计算值的偏差。因为尚无可接受的参考方法用来测定由一个多种芳烃化合物组成的未知混合物所构成的油品，因此偏差无法确定。

附 录 A
(资料性附录)
高分辨核磁共振谱仪基本操作指导

A.1 以下指导与谱仪生产商的说明一起使用以获得NMR谱仪的最佳性能。

A.2 获得实用高分辨核磁共振谱图的操作：

A.2.1 必须匀场(shiming)以获得最好可能的谱分辨及信噪比。必须根据仪器说明进行检测器的调谐优化。

A.2.2 ^{1}H 和 ^{13}C NMR的测定样品溶液浓度应保持不变。为了确保连续波谱图上的准确积分，溶液浓度必须使得在要测定的最小化学位移区获得足够的信噪比。在脉冲傅立叶变换NMR仪上的平均信号应达到长期稳定。连续波CW和傅立叶变换的NMR推荐信噪比示于表1和表2中。

A.3 NMR化学位移定标：

A.3.1 ^{1}H 谱优选的内标化合物为TMS。该化合物单一的 ^{1}H NMR谱峰化学位移的位置定为0.0ppm。

A.3.2 ^{13}C 谱优选的内标化合物为TMS。该化合物单一的 ^{13}C NMR谱峰化学位移的位置定为0.0ppm。

A.4 高分辨核磁共振谱的定量检测：

A.4.1 如果应用射频场在一很高的功率水平信号未被饱和，可获得定量的连续波谱图，参考谱仪生产商的说明获得推荐射频场的设定。

A.4.2 由短射频脉冲后采集信号响应所获得的定量傅立叶变换谱需要考虑许多参数。射频脉冲的持续和间隔必须加以正确选择确保样品的 ^{1}H 和 ^{13}C 核在脉冲间返回平衡条件。因为这一到平衡态的返回在 ^{1}H NMR上发生非常迅速并且在数据采样的较短时间内就能获得一个好的信噪比，所以定量结果可在 ^{1}H NMR上获得而无须拘泥于仪器时间。

A.4.3 ^{13}C NMR相应的弛豫时间要长得多(通常2s~20s)，因而导致其与 ^{1}H NMR相比弱得多的灵敏度，需要相当长的数据采集时间获得定量的 ^{13}C NMR结果。推荐加入一种合适的顺磁性弛豫试剂如2，4-戊二酮铬(Ⅲ)到样品中作为一种减少所有 ^{13}C 核弛豫时间的方式，这样便可缩短射频脉冲间所需的时间。然而，弛豫试剂并不改变必须平均化从而获得可以接受的信噪比的扫描次数。

A.4.4 ^{13}C NMR谱在氢核与碳核之间自旋-自旋偶合相互作用被消除或去偶的条件下采样获得。然而，在一定的氢去偶条件下，从氢到碳核的能量转移可产生碳信号强度的增强，称为核奥沃豪斯增强效应(NOE，见ASTM E386)。该效应的重要性广泛依赖于氢原子键与某一特定碳原子成键的个数，该特定碳原子的化学环境以及磁场强度。为了抑制这一现象并避免失真的积分数据，必须使用门控去偶，氢去偶器只在 ^{13}C 信号采样时打开，门控去偶应与A.4.3所述弛豫试剂结合使用以最小化 ^{13}C NMR积分数据上的NOE效应。

A.4.5 在脉冲傅立叶谱仪上傅立叶变换后获得的NMR谱应当有电脑限制的谱分辨，从而足够准确地确定芳烃和脂肪烃吸收带。

A.4.6 NMR谱必须在全谱上具有一较平坦的基线从而使这些吸收带下的面积能被准确积分。有两项技术可获得平坦的基线：脉冲傅立叶数据采样条件的优化(接收器死时间，滤波器带宽等)和傅立叶变换后NMR谱的计算机辅助基线校正。倾向于使用第一项技术尽管实践中通常难以获得好的效果。应谨慎使用第二项技术，因为在谱图和积分上会导致扭曲。参考谱仪生产商的说明获得推荐的基线校正步骤。

A. 4. 7　无论是在脉冲傅立叶变换谱仪或是在CW谱仪上采集的谱，在计算积分前要校正相位。参考谱仪生产商关于恰当和不恰当相位的说明。不能使用乘幂谱或绝对值谱选项。

A. 4. 8　为了获得准确的积分数据，模拟的积分轨迹在被积分的峰或区域前后都要水平。

A. 4. 9　模拟积分轨迹的垂直扩展必须尽可能大。假如使用手动测定方法，通过垂直扩展来最大化积分轨迹，检查被积分的峰或区域，前后均应为水平。

ICS 75.100
E 30

SH

中华人民共和国石油化工行业标准

SH/T 0794—2007

石油产品蒸气压的测定　微量法

Standard test method for vapor pressure of petroleum products (mini method)

2007-08-01 发布　　2008-01-01 实施

中华人民共和国国家发展和改革委员会　发布

前　言

本标准修改采用美国试验与材料协会标准 ASTM D5191-04a《石油产品蒸气压测定法(微量法)》。

本标准根据 ASTM D5191-04a 重新起草。

为了适合我国国情，本标准在采用 ASTM D5191-04a 时进行了修改。本标准与 ASTM D5191-04a 的主要差异是：

——本标准的部分引用标准改为我国相应的国家标准；

——本标准增加了参考文献。

为了方便使用，本标准还做了如下编辑性修改：

——重复性和再现性的文字表述按照我国的习惯进行了修改；

——删除了第 16 章的关键词。

本标准由中国石油化工集团公司提出。

本标准由中国石油化工股份有限公司石油化工科学研究院归口。

本标准起草单位：中国石油化工股份有限公司石油化工科学研究院。

本标准主要起草人：张翠君、龚冬梅。

石油产品蒸气压的测定　微量法

1　范围

1.1　本标准规定了采用自动蒸气压测定仪，在减压条件下测定含空气的挥发性液体石油产品总蒸气压的方法。本标准适用于沸点高于0℃，且在37.8℃、气液比为4∶1条件下蒸气压为7kPa～130kPa的液体石油产品。测定所用液体样品量为1mL～10mL。不考虑样品中的溶解水。

注1：样品也可在其他气液比、温度及压力条件下进行测试，但本标准的精密度和偏差不一定适用。

注2：实验室研究确定本标准的精密度时，不包括原油样品，试验方法ASTM D6377和IP 481适合于测定原油蒸气压。

1.1.1　某些含氧调和汽油样品冷却到0℃～1℃时，会产生浑浊。如果观察到8.5条中所述的浑浊时，应在报告结果时加以注明。浑浊样品的精密度和偏差尚未确定(见14.2条中注1)。

1.2　本标准适合于用关联公式(见13.2条)来计算汽油和含氧调和汽油的干蒸气压等效值(DVPE)。计算出的DVPE与用ASTM D4953方法所测得的结果非常接近。

1.3　本标准采用SI[国际单位制]单位，括号内的单位仅供参考。

1.4　本标准使用中可能涉及到有危险的材料、操作和设备。本标准并未对与此有关的所有安全问题都提出建议，用户在使用本标准前有责任制定相应的安全和保护措施，并明确其受限制的适用范围。

2　规范性引用文件

下列文件中的条款通过本标准的引用而成为本标准的条款。凡是注日期的引用文件，其随后所有的修改单(不包括勘误的内容)或修订版均不适用于本标准，然而，鼓励根据本标准达成协议的各方研究是否可使用这些文件的最新版本。凡是不注日期的引用文件，其最新版本适用于本标准。

GB/T 4756　石油液体手工取样法(GB/T 4756—1998，eqv ISO 3170：1988)

GB/T 9168　石油产品减压蒸馏测定法

ASTM D4953　汽油和含氧调和汽油的蒸气压测定法(干法)

ASTM D5190　石油产品蒸气压测定法(自动法)

3　术语和定义

下列术语和定义适用于本标准。

3.1

绝对压力　absolute pressure

不含空气样品的压力。从样品总压力中扣除溶解空气分压后所得结果。

3.2

干蒸气压等效值(DVPE)　dry vapor pressure equivalent

干蒸气压等效值由关联公式(见13.2条)根据总压力计算得出。

注：DVPE相当于ASTM D4953中A法测出的值。

3.3

总压　total pressure

试验中测得的观察压力即样品分压与溶解空气分压之和。

4 方法概要

4.1 将已知体积的空气饱和试样，经冷却加入恒温的真空测试室中，测试室内的体积是所加试样体积的5倍。试样注入测试室后，在37.8℃达到热平衡。测试室内压力的升高用压力传感器和指示器来测定和显示。虽然某些仪器也可测得试样的绝对压力，但本方法仅测定总压(样品分压和溶解空气分压之和)。

4.2 测得的试样总蒸气压用关联公式(13.2条)转换为干蒸气压等效值(DVPE)。

5 意义和用途

5.1 蒸气压是挥发性液体的一个很重要的物理性能。

5.2 有关部门规定了汽油和含氧调和汽油的蒸气压值。

5.3 挥发性石油产品的规格中，通常有对蒸气压的规定，以保证产品具有合适的挥发性能。

5.4 本方法比ASTM D4953方法更精确，且样品用量小(1mL~10mL)，单次试验时间约为7min。

6 仪器

6.1 蒸气压仪器：适用于本试验方法的仪器，拥有一个带压力传感器的小体积测试室，以及用来控制测试室温度和进样前抽真空的辅助设施。

6.1.1 测试室应设计为可容纳5mL~50mL液体和气体，这样才可保证气液比介于3.95~1.00与4.05~1.00之间。

注1：本标准的精密度和偏差是用不锈钢或铝制的测试室确定的。

注2：也可使用容量超过15mL的测试室，但不提供精密度和偏差(见第15章)。

6.1.2 压力传感器的最小操作量程为0kPa~177kPa，最小分辨率为0.1kPa，最小精度为±0.8kPa。压力测量系统应包括辅助的电子设备和读数装置，以显示压力读数。

6.1.3 恒温控制加热器用以使测试室在蒸气压测定过程中，维持在37.8℃±0.1℃。

6.1.4 测试室的温度用铂电阻温度计来测量。仪器的最小温度测量范围为室温至75℃，最小分辨率为0.1℃，最小精度为0.1℃。

6.1.5 蒸气压测定仪应该有把测试样品注入真空测试室，以及为下次试验进行清洁或吹扫的设备。

6.2 真空泵：能使测试室的绝对压力降至0.01kPa以下。

6.3 注射器(依据进样方法选择仪器)：气密，容积1mL~20mL，且精确性为±1%或更好，精密性为±1%或更好。注射器容量应不超过所加测试样品的2倍。

6.4 冰水浴或空气浴：冷却样品和注射器到0℃~1℃。

6.5 压力测量装置：用来测定与仪器所在实验室相同海拔高度的地区压力，精确度不低于0.20kPa。

6.5.1 当采用的压力测量装置不是水银压力计时，压力测定装置应定期校验(采用可溯源的标准压力测量装置)，以确保其精确度符合6.5条的要求。

6.6 麦氏真空计或校准的电子真空测量仪：量程至少介于0.01kPa~0.67kPa(0.1mmHg~5mmHg)之间。电子真空测量仪的校验按GB/T 9168的附录C真空计的标准操作进行。

7 试剂和材料

7.1 试剂纯度：用于质量控制检查的化合物纯度至少为99%(见第10章)。除非另外说明，所有试剂应为分析纯。

注：本章所列化合物是用于质量控制检查步骤(见第11章)，而非仪器的校验。

7.2 环己烷。

警告：环己烷易燃，对健康有害。

7.3 环戊烷。

警告：环戊烷易燃，对健康有害。

7.4 2，2-二甲基丁烷。

警告：2，2-二甲基丁烷易燃，对健康有害。

7.5 2，3-二甲基丁烷。

警告：2，3-二甲基丁烷易燃，对健康有害。

7.6 2-甲基戊烷。

警告：2-甲基戊烷易燃，对健康有害。

7.7 甲苯。

警告：甲苯易燃，对健康有害。

8 取样

8.1 一般要求

8.1.1 蒸气压的测定对样品蒸发损失和组成的变化极为敏感，因此取样和处理样品需要非常小心并具有完好的预防措施。

8.1.2 按 GB/T 4756 的要求采样和制备试样，用 1L 的容器盛装样品，样品装至其容积70%~80%。

注：本标准精密度确定时所使用的样品容器为 1L。然而，如 GB/T 4756 方法中规定的只要满足样品盛装量要求，其他尺寸的容器也可使用，但精密度会受影响。

8.1.3 对于仲裁试验，必须用 1L 的样品容器。

8.1.4 用从样品容器中抽取的第 1 个试样进行蒸气压测定。第二次蒸气压测定不能用该样品容器中的剩余试样。如需进行第二次测定，则重新取样。

8.1.5 为防止样品测试前温度过高，可以把样品贮存在合适的冰浴或冰箱中。

8.1.6 不应测试盛装在泄漏容器中的样品。如发现容器泄漏，则废弃该样品，并重新取样。

8.2 样品处理温度

打开样品容器前，先在冷浴或冰箱中将样品容器和容器中的样品冷却到 0℃~1℃。要有足够的时间使样品冷却到该温度。样品温度是通过直接测定一个与样品同时放置在冷浴或冰箱中的相似容器中的相似液体得到的。

8.3 检验样品容器的容量

样品温度到 0℃~1℃时，取出样品容器，并用吸水性好的材料擦干。如果样品容器不透明，打开盖后，用合适的计量尺测定样品体积，以确保样品量为容器容积的 70%~80%(见 8.3.3 条中注)。如果样品容器透明，用合适的方法验证其充满容器的 70%~80%(见 8.3.3 条中注)。

8.3.1 如样品体积少于样品容器容积的 70%，则放弃该样品。

8.3.2 如样品体积超过样品容器容积的 80%，则倒出部分样品，使样品量为 70%~80%。倒出的样品不可再倒回样品容器中。

8.3.3 如需要，重新封好样品容器，放回冷浴或冰箱中。

注：对不透明容器，可以用一个预先标记了容器容积 70%~80%位置的量油尺来检查样品体积。量油尺的材质应在浸入和取出样品后变湿。样品体积的检验方法是，把量油尺垂直插入样品容器底部，再取出。对于透明容器，可用标尺测定，也可与一个相同标有 70%~80%容积标记的相同容器相比。

8.4 样品容器中样品的空气饱和

8.4.1 仅指透明容器：由于 8.3 条没有要求打开透明样品容器检查样品容量，为了与不透明容器中的样品处理方法相同，所以透明容器中的样品也要求开盖后，再重新封口。

8.4.2 将装有 0℃~1℃样品的容器从冷浴或冰箱中取出，用吸水性好的材料擦干，开盖，小心别带进去水，重新封口并剧烈摇动。放回冷浴或冰箱中至少 2min。

8.4.3 重复8.4.2条至少2次，把样品放回冷浴或冰箱，等待测试。

8.5 单相样品的检查

取样注入分析仪器后，检查保留样品的相分离情况。如果样品盛在透明容器中，则可在取样前检查。样品如盛在不透明容器中，充分混合样品后，立即倒一些在一个清洁的玻璃容器中，以观察其相分离情况。仔细辨别相分离和浑浊的现象。浑浊现象不可作为拒收燃料的理由。如观察到存在相分离现象，则放弃试验和样品。浑浊样品可以进行分析(见第14章)。

9 仪器准备

9.1 按仪器制造商提供的说明书准备仪器。

9.2 按要求清洁和干燥测试室，以免污染试样。仪器显示的测试室压力稳定且压力变化不超过0.1kPa时，再注入试样。当测试室压力不稳或超过该值时，检查检测室中上次样品残留的挥发性物质的清除情况，或校正传感器。

9.3 如用注射器注射样品，在抽样前，应把注射器放在冰箱或冷浴中冷却到0℃~4.5℃。为防止水污染注射器针筒，在冷却过程中，应封住注射器出口。

10 校正

10.1 压力传感器：

10.1.1 传感器的校正至少每六个月进行一次，或根据质量控制检查在更短时间内进行(见第11章)。传感器用两个参考点的压力来校正，即0压力(<0.1kPa)和环境大气压力。

10.1.2 在测试室的真空管线上连接一个麦氏真空计或校准的电子真空测量仪(见注)，抽真空。当真空测量仪的压力读数低于0.1kPa(0.8mmHg)时，调节显示器的压力为零，或者按仪器设计或厂商的说明书，调节为真空测量仪的实际读数。

注：真空测量仪的校正参考GB/T 9168的附录C真空计的标准操作。

10.1.3 打开测试室，恢复为大气压，观察传感器对应的压力变化。仪器的显示应设定为总压力，而不是计算或校正值。在进行压力比较时，以压力测量仪器的数值作为参考标准，与传感器的压力值相比较。压力测量仪器测得的压力应是与仪器所在实验室相同海拔高度的当地大气压力。

警告：不可从如气象台和机场所用的无液压力计上读取读数，因为这些压力计的读数都是预先经过大气压修正的。

10.1.3.1 用水银压力计作为压力测量仪器时，应依据水银的密度变化将大气压读数从操作温度校正到0℃，再转换成与蒸气压仪器相同的压力单位。经密度校正后，0℃时水银柱高度按下式转换为kPa：0℃时，25mmHg=3.3865kPa。

10.1.4 重复10.1.2和10.1.3的步骤，直到零压力和大气压读数可准确读出。

10.2 温度计：用于监控测试室温度的铂电阻温度计，应根据可溯源的温度计的要求，至少每六个月检验一次。

11 质量控制检查

11.1 仪器使用时，每天用一已知挥发性的确定液体来校正仪器。对于纯化合物试样(见7.1条)已按8.4条的步骤进行了空气饱和，那么可在不同时间从同一容器中取出多个试样。但是用过的试样，不可重复使用。记录DVPE，并与本实验室所用控制样品的统计值作比较。如判别超过控制限值，检查仪器并进行校正。

11.2 一些可接受的试剂及其相应蒸气压，可在ASTM DS4B《烃和非烃化合物物理常数》中查得。其中有：环戊烷，68.3kPa；2，2-二甲基丁烷，68.0 kPa；2，3-二甲基丁烷，51.1 kPa；2-甲基戊烷，46.7 kPa；甲苯，7.1kPa。

注：推荐至少把一种实验室经常测试的代表性燃料作为 11.1 条中使用的控制样品。用预先准备的来自一个批次的按 8.1.2 中规定步骤所采取的样品，以本试验方法，对总饱和蒸气压测定过程(包括操作者的技术)定期进行检验。样品应贮存在长期贮存不会降解的合适环境中。这些质量控制样品的测试结果可用控制图法来分析。

12 试验步骤

12.1 从冷浴或冰箱中取出样品，用吸水材料擦干容器外部，开盖，插入冷却后的转移管或注射器(见 9.3 条)。用密封的注射器或转移管抽取部分无泡试样，把该试样尽快地送入测试室。从打开冷却的样品容器到把注射器插入和(或)固定在密封的测试室中的时间不应超过 1min。

12.2 按仪器制造商提供的说明书把试样注入测试室，然后运转仪器，检测试样的总蒸气压。

12.3 把仪器读取结果设置为总蒸气压。如仪器能够计算 *DVPE*，要保证仅用 13.2 条中的参数。

13 计算

13.1 记录仪器上总蒸气压读数，准确到 0.1kPa。对于不能自动记录稳定的压力值的仪器，要手动记录每分钟的压力读数，准确到 0.1kPa。当三个连续读数变化不超过 0.1 kPa 时，记录该读数作为结果，准确到 0.1 kPa。

13.2 用式(1)计算干蒸气压等效值 *DVPE*。保证公式中所用仪器读数是总压，且没有经过自动程序的校正因子校正过。

$$DVPE = (0.965X) - A \quad \cdots\cdots (1)$$

式中：

DVPE——干蒸气压等效值，kPa；

X——总蒸气压，kPa；

A——3.78kPa。

注：关联公式来源于美国试验与材料协会 1988 年合作项目的结果，且在 1991 年的实验室研究中得到了验证。

13.3 式(1)的计算可由仪器自动完成。如配有此功能，使用者可不用进行校正。

14 报告

14.1 报告 *DVPE*，精确至 0.1kPa，无需指明温度。

14.2 如果试样中可见 8.5 条中所述的浑浊，仍按 14.1 条报告结果，但后面注上字母 H。

注 1：浑浊样品的精密度和偏差没有测定，因为这种类型的样品没有作为实验室间研究的部分进行评估。

注 2：14.2 条中的字母 H 是用来提醒数据接受者，样品有浑浊出现。如果实验室的计算机系统，不能按 14.2 条的要求报告字母数字结果，则允许该实验室按 14.1 条报告所得结果时，附带正式声明或注解，清楚地告诉数据接受者所分析样品有浑浊现象。

15 精密度和偏差

按下述规则判断试验结果的可靠性(95%的置信水平)。

15.1 精密度：本试验方法的精密度是由实验室之间的测定结果统计分析确定的，如下所示：

注：下列精密度数据是由 1991 年实验室间合作试验项目所产生的。参与者分析了一批样品，这些样品为由 14 类烃和含氧调和烃类组成的双份盲样。含氧化合物含量(MTBE，乙醇和甲醇)的标称体积 0~15，标称压力14kPa~100kPa。共有 60 个实验室参加。有些实验室用了一种以上的试验方法，每种方法所用样品都是单独的。26 组样品用 ASTM D5190 方法测定，27 组样品用本方法测定。另外，6 组样品用修正的 ASTM D5190 测定，13 组样品用修正的本方法测定。

15.1.1 重复性(*r*)

同一操作者、在同一实验室使用同一仪器，按方法规定步骤，对同一样品重复测定所得的两个结果之差不大于式(2)的要求：

$$r = 0.00807(DVPE + B) \quad (2)$$

式中：

DVPE——干蒸气压等效值；

B——124kPa。

15.1.2 再现性(*R*)

不同操作者、在不同实验室，使用不同的仪器，按方法规定的步骤，对同一样品进行测定的两个独立试验结果之差不大于式(3)的要求：

$$R = 0.0161(DVPE + B) \quad (3)$$

式中：

DVPE——干蒸气压等效值；

B——124kPa。

15.2 偏差：由于没有可接受的参考物质用于测定本试验方法程序的偏差，故偏差尚未测定。

15.3 相对偏差：实验室合作试验项目中观察到，本试验方法测得的总压力和 ASTM D4953 方法 A 步骤测得的干蒸气压间存在具有统计意义的较大相对偏差，这个偏差通过观测总压力计算 *DVPE* 值的式(1)(见 13.2 条)来校正。

ICS 75.120
E 39

SH

中华人民共和国石油化工行业标准

SH/T 0795—2007

HFAE型难燃液压液乳化稳定性测定法

Determination of emulsion stability of fire-resistant fluids in category HFAE

(ISO 20783-1：2003 Petroleum and related products—Determination of emulsion stability of fire-resistant fluids—Part 1：Fluids in category HFAE，MOD)

2007-08-01 发布　　2008-01-01 实施

中华人民共和国国家发展和改革委员会　发布

前　言

本标准修改采用国际标准 ISO 20783-1：2003《石油和相关产品-难燃液压液乳化稳定性的测定——第一部分：HFAE 类液体》(英文版)。

本标准根据 ISO 20783-1：2003 重新起草。

为适合我国国情，本标准在采用 ISO 20783-1：2003 时进行了修改，本标准与 ISO 20783-1：2003 的主要技术差异如下：

——ISO 20783-1：2003 中的引用标准改为我国相应的国家标准；

——本标准第五章增加了附录 A 中所用金属盐试剂的要求；

——在 9.3 条中提供了乳化液达到试验温度所需的建议平衡时间约为 30min 的内容；

——对附录 A 中试验水的配制程序作了比较详细的叙述，便于实际操作。

本标准的附录 A 为规范性附录。

本标准由中国石油化工集团公司提出。

本标准由中国石油化工股份有限公司石油化工科学研究院归口。

本标准起草单位：中国石油化工股份有限公司重庆一坪润滑油分公司。

本标准主要起草人：周绍尉、罗玉兰、郑玉霞。

HFAE 型难燃液压液乳化稳定性测定法

警告：使用本标准可能涉及危险材料、操作和设备，本标准没有提出与此有关的全部安全问题，在使用本标准前，使用者有责任制定相关的安全和保护措施，并明确其适用范围。

1 范围

本标准规定了符合 GB/T 7631.2 标准中含水难燃液压液 HFAE 型乳化液稳定性的试验方法。乳化液由含有明确规定盐浓度的水配制而成。本标准只适用于 HFAE 型液压液，不能用于 HFAS 型液压液。

2 规范性引用文件

下列文件中的条款通过本标准的引用而成为本标准的条款。凡是注日期的引用文件，其随后所有的修改单(不包括勘误的内容)或修订版均不适用于本标准，然而，鼓励根据本标准达成协议的各方研究是否可使用这些文件的最新版本。凡是不注日期的引用文件，其最新版本适用于本标准。

GB/T 4756 石油液体手工取样法(GB/T 4756—1998，eqv ISO 3170：1988)

GB/T 6682 分析试验室用水规格和试验方法(GB/T 6682—92，neq ISO 3696：1987)

GB/T 7631.2 润滑剂和有关产品(L 类)的分类 第 2 部分：H 组(液压系统)(GB/T 7631.2—2003，idt ISO 6743-4：1999)

3 术语和定义

下列术语和定义适用于本标准。

3.1

稳定性 stability

乳化液在长时间内未形成与整个乳化液组成不同的液层或未有组分分离现象，而保持稳定组成和均匀性的能力。

3.2

油分离 oil separation

在乳化液表面形成具有明显颜色差异的液滴或液层的分离相，此分离相通常情况下是显深暗黄色或浅暗黄色，与乳化液整体具有明显的相界面区分。

3.3

乳液分离 creaming

在乳化液表面产生一个白色到黄色的液层，此液层与乳化液的其他部分均匀性不同，但不一定出现明显的分离界面。

4 方法概要

将试样与标准试验水通过搅拌混合成乳化液，在规定的温度下、恒温放置规定的时间，试验结束后，观察乳化液的稳定性。

5 试剂与材料

5.1 去离子水：符合 GB/T 6682 中二级水的要求。

5.2 自来水：未被颗粒物或高溶解度的矿物质污染的水。

5.3　丙酮：化学纯。

5.4　异丙醇：化学纯。

5.5　二水硫酸钙($CaSO_4\cdot 2H_2O$)：分析纯。

5.6　七水硫酸镁($MgSO_4\cdot 7H_2O$)：分析纯。

5.7　氯化钠(NaCl)：分析纯。

5.8　六水氯化镁($MgCl_2\cdot 6H_2O$)：分析纯。

5.9　碳酸氢钠($NaHCO_3$)：分析纯。

5.10　硝酸钠($NaNO_3$)：分析纯。

5.11　强氧化液

标准强氧化液是铬酸洗液(见警告)，但在大多数情况下，可使用不含铬的洗液。也可以采用在清洗过程中具有与强氧化液相同结果的实验室清洗剂。

警告：铬酸洗液是一种危害健康的物品、有毒，因含有铬化物被认为致癌。在与有机材料的接触中有很高的腐蚀性和潜在的危害性，使用铬酸洗液时必须保护眼睛并穿防护服。决不能用嘴吸洗液。使用后不能将洗液倒入下水道中，因洗液中含有浓硫酸，必须将其中和后按照有关试验室毒性废弃物的标准步骤进行处理(铬对环境有很大危害)。不含铬的强氧化洗液在与有机材料的接触中也有很高的腐蚀性和潜在的危害，需专门的处理程序。

6　仪器与设备

6.1　容量瓶：150mL 或 200mL，瓶颈有刻度。见图 1。

6.2　软木塞：用于容量瓶(6.1 条)。

6.3　烘箱：能控制并保持试验液体的温度在 50℃±2℃ 或 70℃±2℃ 范围内。

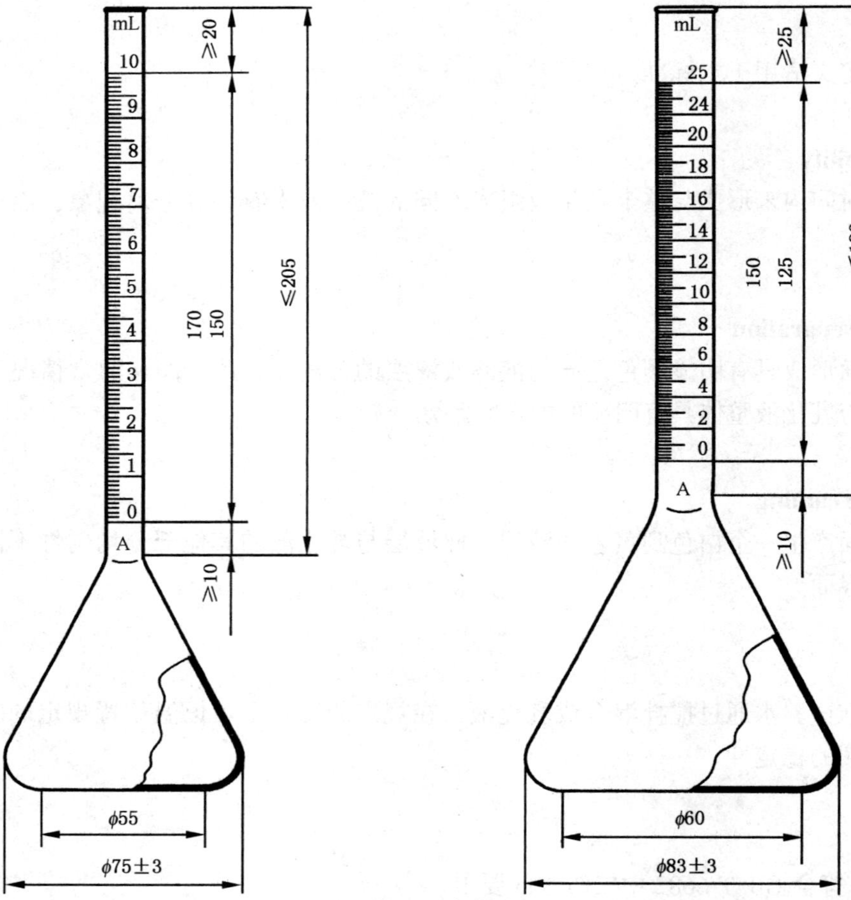

图 1　容量瓶

7 样品的准备

7.1 除非另有规定，样品的取样应按 GB/T 4756 进行。

7.2 用附录 A 中的一种标准试验水配制 1L 乳化液(一般使用产品供应商说明的与试样相匹配的最高硬度的水来配制)。通常情况下，按产品供应商推荐的比例配制。在配制时应剧烈搅动，使试样充分乳化，并且参考供应商提供的混合配制说明。也可使用当事双方认可的其他比例配制乳化液。

8 试验条件

根据当事方的协商，选择下列试验条件中的一种进行。

a）试验条件 1：

——试验温度：(70±2)℃

——试验时间：(168±2)h

b）试验条件 2：

——试验温度：(50±2)℃

——试验时间：(600±2)h

9 试验步骤

9.1 根据预测乳化液的乳液分离量大小，选择一种适当容量的容量瓶(6.1)，如果预测乳化液的乳液分离量较大，可采用容量较大的容量瓶，准备三个所选定的容量瓶；用铬酸洗液浸泡，然后用自来水冲洗，再用去离子水冲洗，最后放入烘箱中干燥。或者用丙酮或异丙醇冲洗，在室温下风干。将准备好的乳化液(7.2 条)装入容量瓶中，大约到刻度的中间，然后在每个容量瓶口上轻轻地插入软木塞。

9.2 按照选定的试验条件调整烘箱温度，再将塞好瓶塞的容量瓶放入已恒温的烘箱内，恒温至规定的时间。

9.3 在乳化液达到试验温度时(约 30min)，取出容量瓶，把轻轻插入的软木塞塞紧，防止液体蒸发，然后再放入恒温箱内，确保在加热乳化液的过程中，软木塞不能松动，并且乳化液液面没有上升到超过容量瓶顶部刻度线。

9.4 试验时间结束后，从烘箱中取出容量瓶(注意：在这个过程中不能摇动容量瓶)，趁容量瓶和其中的乳化液仍是热的，根据表 1 和表 2 给出的油分离、乳液分离的等级，对容量瓶中的乳化液进行目测评定，记录每个容量瓶中乳化液的等级。

9.5 记录容量瓶底部是否存在任何游离水。

表 1 油分离(A)

评定等级	说明
1A	无油分离
2A	痕迹油(油滴或油环)
3A	连续油膜(见注)
注：容量瓶壁上的油分离分类为 2A。	

表 2 乳液分离(R)

评定等级	说明
1R	无乳液分离
2R	<1mL 乳液分离
3R	>1mL 乳液分离

10 结果的表示

10.1 油分离评定结果按规定等级表示，最少应有两个相同的结果。如果试验结果出现三个不同等级，应重复试验。若重复试验仍然出现三个不同等级，报告结果为3A。

10.2 乳液分离评定结果按规定等级表示，最少应有两个相同的结果。如果试验结果出现三个不同等级，应重复试验。若重复试验仍然出现三个不同等级，报告结果为3R。

10.3 乳化液的稳定性评定结果按照油分离和乳液分离两种规定等级表示。

例如：一种乳化液在油分离评级中显示的三个独立结果为1A，1A，2A，在乳液分离评级中显示的等级为2R，2R，3R，稳定性评定结果则为1A—2R。

11 精密度

本标准尚未建立精密度。然而，作为一种指南，在40℃下用相当于400g/L碳酸钙硬度的水在合作实验室间进行的试验中，静置25h后油分离和乳液分离的总量应小于0.1mL(95%置信水平)。

12 试验报告

试验报告至少应该包括下列信息：

a) 对本标准的引用资料；

b) 乳化液全部信息，包括配制乳化液所用水的类型和配制乳化液所用试样的百分比浓度；

c) 试验条件(见第8章)；

d) 稳定性评定结果；

e) 瓶底是否存在游离水；

f) 通过协商或其他原因，与规定步骤不符的情况；

g) 试验日期。

附 录 A
(规范性附录)
试验水的制备

A.1 概要

本附录给出了用于测定试样乳化稳定性的试验水的组成和配制方法。

注意：试验水在贮存时，应防止二氧化碳的进入。

A.2 试验水的配制

A.2.1 准备一个500mL或1000mL的洗净、干燥的容量瓶。

A.2.2 试验水的制备，首先按照表A.1第1列选择所需配制的试验水类型，然后根据该类型试验水第2列所示的添加量将含水硫酸钙($CaSO_4 \cdot 2H_2O$)加入到容量瓶中，再加入适量去离子水(5.1条)，摇动容量瓶，使含水硫酸钙($CaSO_4 \cdot 2H_2O$)逐渐溶解。

注1：在摇动瓶子时，应盖上盖子。

注2：由于$CaSO_4 \cdot 2H_2O$很难溶解，需要搅动2天(直到溶解为止)，通常使用的硫酸钙是粉末状，如果不是，应将其磨碎，有利于溶解。

A.2.3 硫酸钙溶解后，按表A.1第3列的金属盐种类及其添加量依次加入金属盐，摇动容量瓶，使金属盐溶解，然后再加入去离子水至刻线，摇匀待用。

注：试验水的贮存期最多为24h。

表A.1 试验水的组成

试验水类型	去离子水中$CaSO_4 \cdot 2H_2O$添加量，g/m^3	$CaSO_4 \cdot 2H_2O$完全溶解后盐的添加量
X	215	308g/m^3 $MgSO_4 \cdot 7H_2O$ 330g/m^3 NaCl
Y	260	420g/m^3 $MgCl_2 \cdot 6H_2O$ 255g/m^3 $NaHCO_3$ 90g/m^3 NaCl 27g/m^3 $NaNO_3$
V	430	616g/m^3 $MgSO_4 \cdot 7H_2O$ 330g/m^3 NaCl
Z	645	924g/m^3 $MgSO_4 \cdot 7H_2O$ 330g/m^3 NaCl

编者注：本标准中引用标准的标准号和标准名称变动如下。

原标准号	现标准号	现标准名称
GB/T 7631.2	GB/T 7631.2	润滑剂、工业用油和相关产品(L类)的分类 第2部分：H组(液压系统)

ICS 75.160.20
E 31

SH

中华人民共和国石油化工行业标准

SH/T 0796—2007

B-100 生物柴油脂肪酸甲酯中游离甘油和总甘油含量测定法（气相色谱法）

Test method for determination of free and total glycerine in B-100 biodiesel methyl esters by gas chromatography

2007-08-01 发布　　2008-01-01 实施

中华人民共和国国家发展和改革委员会　发布

前　言

本标准修改采用美国试验与材料协会标准 ASTM D6584-00《B-100 生物柴油脂肪酸甲酯中游离甘油和总甘油含量的气相色谱测定法》。

本标准根据 ASTM D6584-00 重新起草。

为了适合我国国情，本标准在采用 ASTM D6584-00 时进行了修改。本标准与 ASTM D6584-00 的主要差异如下：

——增加了采用氮气作载气的色谱条件，适合我国的载气使用情况；

——增加了采用正十五烷作内标物的选择；

——增加了采用 100%二甲基聚硅氧烷固定相的色谱柱的选择；

——引用标准中引用相应的我国国家标准。对于原 ASTM D6584-00 中引用的标准无我国相应国家标准的，不再引用。

为使用方便，本标准还做了如下编辑性修改：

——删去 ASTM D6584-00 第 12.1 条中关于目前无法提供再现性数据的说明；

——删去 ASTM D6584-00 第 13 章“关键词”。

本标准由中国石油化工集团公司提出。

本标准由中国石油化工股份有限公司石油化工科学研究院归口。

本标准起草单位：中国石油化工股份有限公司石油化工科学研究院。

本标准主要起草人：李长秀、王丽琴、杨海鹰。

B-100 生物柴油脂肪酸甲酯中游离甘油和总甘油含量测定法(气相色谱法)

1 范围

1.1 本标准规定了采用气相色谱法测定 B-100 生物柴油脂肪酸甲酯中游离甘油和总甘油含量的方法。游离甘油的检测范围为 0.005%(质量分数)~0.05%(质量分数),总甘油的检测范围为 0.05%(质量分数)~0.5%(质量分数)。本标准不适用于由含有较多十二烷酸甘油酯的植物油(如椰子油和棕榈核油)合成的生物柴油中游离甘油和总甘油含量的测定。

1.2 本标准采用国际单位制[SI]单位。

1.3 本标准涉及某些安全问题,但是并未对所有安全问题提出建议。本标准的用户在使用前有责任建立适当的安全保健措施,并确定适当的规章制度。

2 规范性引用文件

下列文件中的条款通过本标准的引用而成为本标准的条款。凡是注日期的引用文件,其随后所有的修改单(不包括勘误的内容)或修订版均不适用于本标准,然而,鼓励根据本标准达成协议的各方研究是否可使用这些文件的最新版本。凡是不注日期的引用文件,其最新版本适用于本标准。

GB/T 4946 气相色谱法术语

GB/T 9722 化学试剂—气相色谱法通则

3 术语和定义

下列术语和定义适用于本标准。

3.1 定义

3.1.1

B-100 生物柴油 Biodiesel(B-100)

由植物油或动物脂肪制备而成的一种燃料,组成为长链脂肪酸单烷基酯。

3.1.2

键合甘油 Bonded glycerin

单脂肪酸甘油酯、二脂肪酸甘油酯和三脂肪酸甘油酯分子中连接的甘油部分。

3.1.3

总甘油 Total glycerin

游离甘油和键合甘油的总和。

3.2 此方法引用了许多常规气相色谱法的操作步骤、术语及术语间的关系等相关内容。详细说明见 GB/T 4946 和 GB/T 9722。

4 方法概要

样品经 *N*-甲基-*N*-三甲基硅烷基三氟乙酰胺(MSTFA)硅烷化后,采用气相色谱法分析。定量过程采用双内标和四种参比物对结果进行校正。单脂肪酸甘油酯、二脂肪酸甘油酯和三脂肪酸甘油酯的测定分别采用单油酸甘油酯、二油酸甘油酯和三油酸甘油酯作为标准参考物。利用平均转化因子计算试样中键合甘油的含量。

5 意义和用途

游离和键合甘油的含量反映生物柴油的质量。游离甘油含量高，会在储存过程中或燃料系统中产生分层现象；而总甘油含量高，则引起喷油嘴堵塞或者在喷油器的活塞和阀门等部位形成沉积物。

6 仪器

6.1 气相色谱仪系统

参阅 GB/T 4946 详细的名称和定义。

6.1.1 气相色谱仪：仪器配置必须能满足表 1 所规定的色谱分析条件的要求。

6.1.2 色谱柱：5%苯基二甲基聚硅氧烷交联键合固定相或 100%二甲基聚硅氧烷固定相的开管柱，柱子的最高使用温度可达到 400℃。柱长 10m 或 15m，内径 0.32mm，液膜厚度 0.1μm 的色谱柱可获得良好的分离效果。具有相同或更好的柱效或选择性的其他色谱柱也可使用。建议使用2m~5m 长、内径 0.53mm 的高温色谱柱接在分析柱之前与进样口相连，这样可以使用自动进样器，同时可以延长柱子的使用寿命。

6.2 电子数据采集系统

6.2.1 积分仪或计算机：能够实现实时绘图和色谱数据转换，自动积分测量色谱峰的面积和保留时间。

6.2.2 数据处理系统可以实施多级内标校正运算过程，计算校正曲线的相关系数 r_2，并采用内标法对数据进行处理。

表 1 色谱分析条件

	条 件 1	条 件 2
进样口 进样量	冷柱头柱上进样口 1μL	冷柱头柱上进样口 1μL
色谱柱升温程序 初温 一阶 二阶 三阶	 50℃保持 1min 升温速率 15℃/min 到 180℃ 升温速率 7℃/min 到 230℃ 升温速率 30℃/min 到 380℃，保持 10min	 70℃保持 1min 升温速率 15℃/min 到 190℃ 升温速率 7℃/min 到 260℃ 升温速率 30℃/min 到 380℃，保持 10min
检测器 检测器温度	火焰离子化检测器(FID) 380℃	火焰离子化检测器(FID) 380℃
载气类型 流量	氦气或氢气 3mL/min(50℃时)	氮气 2mL/min(50℃时)

7 试剂和材料

7.1 试剂纯度：所用试剂均为分析纯。其他级别的试剂也可使用，必须保证不会降低分析的精度。

7.2 正庚烷：分析纯。

7.3 *N*-甲基-*N*-三甲基硅烷基三氟乙酰胺(MSTFA)：分析纯。

7.4 吡啶：分析纯。

7.5 载气：使用高纯度氦气、氢气或氮气，纯度大于 99.99%。净化载气使用分子筛或其他的吸附剂去除水分、氧气和烃类杂质，选用的载气压力要保证载气的流速。

7.6 微升注射器或移液器：容量为 100μL 和 250μL。

7.7 带盖样品瓶：带聚四氟乙烯密封垫，容量为 2mL 和 10mL。

7.8 容量瓶：10mL、25mL、50mL。

8 仪器准备

8.1 按照仪器厂家说明安装并老化色谱柱，色谱柱老化完成后，将色谱柱出口与检测器相连接，对系统检漏，并采取措施消除发现的漏点。在开始试验前，重新对系统进行检漏。

9 校正和标准化

9.1 校正标样的制备

按要求制备表 2 所列的标样。直接在容量瓶中称量纯组分的质量，准确至 0.1mg，用吡啶稀释至刻线。配好的标准溶液置于冰箱中保存备用。

表 2 单组分储备溶液

化合物	CA 索引	称量质量 mg	稀释体积 mL
甘油	56-81-5	25	50
(R，S)-1-单-[顺-9-十八烯酰]甘油（单油酸甘油酯）	111-03-5	50	10
1，3-二[顺-9-十八烯酰]甘油(二油酸甘油酯)	2465-32-9	50	10
1，2，3-三[顺-9-十八烯酰]甘油(三油酸甘油酯)	122-32-7	50	10
(S)-(-)-1，2，4-丁三醇（内标 1）	42890-76-6	25	25
正十五烷(替代内标 1)	629-62-9	20	10
1，2，3-三癸酰甘油（三癸酸甘油酯)(内标 2)	621-7-6	80	10

9.2 混合标样的制备

按照表 3 所列的量，用微量注射器或移液器移取规定体积的校正标样于 10mL 带盖样品瓶中，制备五种混合标准溶液。向五种标准溶液中分别加入 100μL 的 MSTFA，盖上瓶盖摇动，然后在室温下静置 15min~20min，向样品瓶中加入约 8 mL 的正庚烷，摇匀备用。

表 3 标 准 溶 液

标准溶液编号	1	2	3	4	5
甘油体积，μL	10	30	50	70	100
单油酸甘油酯体积，μL	20	50	100	150	200
二油酸甘油酯体积，μL	10	20	40	70	100
三油酸甘油酯体积，μL	10	20	40	70	100
1，2，4-丁三醇，μL	100	100	100	100	100
正十五烷，μL	100	100	100	100	100
三癸酸甘油酯，μL	100	100	100	100	100

9.3 色谱分析

如果使用自动进样器进样分析，取一定量的混合溶液于 2mL 带盖样品瓶中进样分析。

9.4 标准化

9.4.1 校正标样的测定采用与样品测定相同的色谱条件进行分析。向冷柱头柱上进样口注入 1μL 混合标样的硅烷化产物并开始采集，得到一张色谱图和积分报告。对每一种参比物，按照式(1)和式(2)计算响应值之比(rsp_i)和质量比(amt_i)。

$$rsp_i = (A_i / A_s) \quad \cdots\cdots (1)$$

式中：

A_i——参比物的面积，

A_s——内标的面积。

$$amt_i = (W_i / W_s) \quad \cdots\cdots (2)$$

式中：

W_i——参比物的质量，mg；

W_s——内标的质量，mg。

以 rsp_i 作 y 轴，amt_i 作 x 轴绘制每一种参比物的标准曲线。

9.4.2 按照式(3)计算每一种参比物的相关系数 r^2。相关系数 r^2 应不小于0.99，如果计算的 r^2 低于此值，检查仪器的参数和硬件配置并重新运行校正过程。

$$r^2 = \frac{(\sum xy)^2}{(\sum x^2)(\sum y^2)} \quad \cdots\cdots (3)$$

$$x = X_i - \bar{x} \quad \cdots\cdots (4)$$

$$y = Y_i - \bar{y} \quad \cdots\cdots (5)$$

式中：

X_i——质量比(amt_i) 数据点；

$\bar{x}$——所有质量比(amt_i)数据点的平均值；

Y_i——相应响应比(rsp_i)数据点；

$\bar{y}$——所有响应比(rsp_i)数据点的平均值。

9.4.3 标准曲线方程：每种参比物的标准曲线方程用式(6)表示。

$$W_x / W_{is} = a_x \times (A_x / A_{is}) + b_x \quad \cdots\cdots (6)$$

式中：

W_x——参比物的质量，mg；

W_{is}——内标的质量，mg；

A_x——参比物的峰面积；

A_{is}——内标的峰面积；

a_x——校正曲线方程的斜率；

b_x——校正曲线方程的截距。

10 试验步骤

10.1 参照表1中给出的条件1或条件2设定仪器参数。直接在10mL样品瓶中称量约100mg试样，准确到0.1mg，再用微量注射器或移液器精确移取各100μL的内标和硅烷化试剂(MSTFA)于样品瓶中，摇匀，在室温下静置15min~20min，向样品瓶中加入约8mL的正庚烷，摇匀备用。

10.2 注射1μL样品的硅烷化产物于柱上进样口并运行仪器，得到色谱图和面积积分报告。

10.3 峰定性：根据标样的保留时间进行定性，其他峰的定性参照表4的相对保留时间以及图1所示参考谱图。单脂肪酸甘油酯、二脂肪酸甘油酯、三脂肪酸甘油酯根据碳数的不同而分离。

10.4 单脂肪酸甘油酯由四个重叠峰组成，其相对于内标物三癸酸甘油酯的相对保留时间是0.76和0.83~0.86，C_{24}的脂肪酸甲酯对应的一组峰的相对保留时间是0.80~0.82，不能计入单脂肪酸甘油酯。

10.5 二脂肪酸甘油酯同样按照碳数分离，但由于分子中双键位置的变化，色谱峰很难达到基线分离。相对保留时间为1.05~1.09的3~4个峰属于二脂肪酸甘油酯的色谱峰(碳数为34、36和38)。三脂肪酸甘油酯也按照碳数分离。相对保留时间介于1.16~1.31之间的色谱峰计算为三脂肪酸甘油酯(碳数为52、54、56和58)。

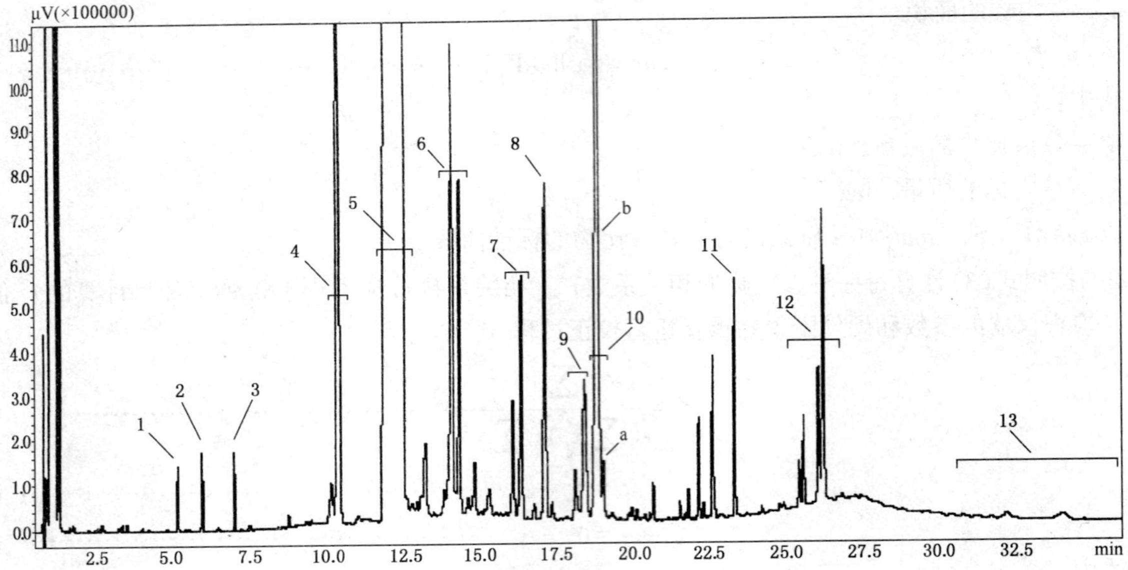

1——甘油；
2——1，2，4-丁三醇(内标1)；
3——正十五烷(替代内标1)；
4——C_{16}脂肪酸甲酯；
5——C_{18}脂肪酸甲酯；
6——C_{20}脂肪酸甲酯；
7——C_{22}脂肪酸甲酯；
8——C_{16}单脂肪酸甘油酯；
9——C_{24}脂肪酸甲酯；
10——C_{18}单脂肪酸(a. 硬脂酸；b. 油酸、亚油酸、亚麻酸)甘油酯；
11——三癸酸甘油酯；
12——二脂肪酸甘油酯(碳数：34、36、38)；
13——三脂肪酸甘油酯(碳数：52、54、56、58)。

图1 典型色谱图

表4 组分相对保留时间

化 合 物	使用内标	相对保留时间
甘油	1	0.85(0.71[a])
1，2，4-丁三醇(内标1)		1.00
正十五烷(替代内标1)		1.00
单棕榈酸甘油酯	2	0.76
单油酸甘油酯、单亚油酸甘油酯、单亚麻酸甘油酯、单硬脂酸甘油酯	2	0.83~0.86
三癸酸甘油酯(内标2)		1.00
二脂肪酸甘油酯	2	1.05~1.09
三脂肪酸甘油酯	2	1.16~1.31

[a] 采用正十五烷作内标甘油的相对保留时间为0.71。

11 计算和报告

11.1 在对色谱峰定性后，计算甘油、单脂肪酸甘油酯、二脂肪酸甘油酯、三脂肪酸甘油酯对应各色谱峰的面积。根据标准曲线方程的斜率和截距，计算甘油、单脂肪酸甘油酯、二脂肪酸甘油酯、三脂肪酸甘油酯的质量分数。

11.1.1 甘油的质量分数，按式(7)计算：

$$G = (a_g \times A_g / A_{is1} + b_g) \times W_{is1} \times 100 / W \quad \cdots\cdots (7)$$

式中：

G——试样中甘油的含量，%(质量分数)；

A_g——甘油的峰面积；

A_{is1}——内标1的峰面积；

W_{is1}——内标1的质量，mg；

W——试样的质量，mg；

a_g——校正曲线方程的斜率；

b_g——校正曲线方程的截距。

11.1.2 甘油单酯、甘油二酯、甘油三酯各组分的质量分数，按式(8)计算：

$$GL_i = (a_{ol} \times A_{gli}/A_{is2} + b_{ol}) \times W_{is2} \times 100/W \quad (8)$$

式中：

GL_i——试样中各脂肪酸甘油酯的含量,%(质量分数)；

A_{gli}——每个脂肪酸甘油酯的峰面积；

A_{is2}——内标 2 的峰面积；

W_{is2}——内标 2 的质量，mg；

W——试样的质量，mg；

a_{ol}——单脂肪酸甘油酯、二脂肪酸甘油酯、三脂肪酸甘油酯的校正曲线方程的斜率；

b_{ol}——单脂肪酸甘油酯、二脂肪酸甘油酯、三脂肪酸甘油酯的校正曲线方程的截距。

11.1.3 总甘油的质量分数按式(9)计算：

$$总甘油质量分数=游离甘油质量分数+键合甘油质量分数 \quad (9)$$

式中：

游离甘油质量分数由式(7)求得；·

$$键合甘油质量分数=\Sigma(GL_M, GL_D, GL_T)$$

式中：

GL_M——0.2591×Σ 单脂肪酸甘油酯的质量分数(由式(8)求得)；

GL_D——0.1488×Σ 二脂肪酸甘油酯的质量分数(由式(8)求得)；

GL_T——0.1044×Σ 三脂肪酸甘油酯的质量分数(由式(8)求得)。

11.2 报告游离甘油和总甘油的含量，精确至 0.001%(质量分数)。

12 精密度和偏差

12.1 重复性

同一操作者，使用相同仪器，对同一试样测得的两个验结果之差，不应超过表 5 所列的数值(95%置信水平)。

表 5 重 复 性

组　　分	重复性,%(质量分数)
游离甘油	0.001
单脂肪酸甘油酯	0.021
二脂肪酸甘油酯	0.021
三脂肪酸甘油酯	0.032
键合甘油	0.008
总甘油	0.009

12.2 偏差

由于没有可供测试的标准物质，因此方法的偏差未确定。

编者注：本标准中引用标准的标准号和标准名称变动如下。

原标准号	现标准号	现 标 准 名 称
GB/T 9722	GB/T 9722	化学试剂　气相色谱法通则

ICS 75.160.20
E 31

SH

中华人民共和国石油化工行业标准

SH/T 0797—2007

点燃式发动机燃料中苯含量的测定 中红外光谱法

Standard test method for determination of benzene in spark-ignition engine fuels using mid infrared spectroscopy

2007-08-01 发布 2008-01-01 实施

中华人民共和国国家发展和改革委员会 发布

前　言

本标准修改采用美国试验与材料协会标准 ASTM D6277-01《点燃式发动机燃料中苯含量测定法(中红外光谱法)》。

本标准根据 ASTM D6277-01 重新起草。

为了适合我国国情，本标准在采用 ASTM D6277-01 时进行了修改。本标准与ASTM D6277-01的主要差异如下：

——本标准仅采用了 ASTM D6277-01 中用傅立叶变换中红外光谱仪测定，用经典最小二乘法进行校正(CLS)的方法(c 法)，未采用使用滤光片型中红外光谱仪测定的方法(a 法)及用傅立叶变换中红外光谱仪测定，用偏最小二乘法进行校正(PLS)的方法(b 法)的相关内容。

——修改 ASTM D6277-01 中 3.1.1.1 和 3.1.1.2“讨论”为注 1 和注 2。

——为方便使用，第 5 章增加“5.4 本方法在应用中，使用模式识别方法将待测样品的红外光谱特征与校正集样本光谱特征比对，判断所用的模型对该样品是否适用。”

——为方便使用，第 7 章增加“注：也可以使用能达到相同试验要求的其他材质仪器配件。”

——本标准在将苯质量分数换算为体积分数时，采用了组分在 20℃时的密度，代替 ASTM D6277-01 中组分在 15.56℃/15.56℃下的相对密度。

——在附录 A 中增加了关于验证集合并标准差(PSEQ)和验证集合并标准差自由度(DOF)的公式。

为使用方便，本标准还做了如下编辑性修改：

——对采用的条款，重新编排章节。

——重复性和再现性的文字表述按我国习惯进行了修改。

本标准的附录 A 为规范性附录。

本标准由中国石油化工集团公司提出。

本标准由中国石油化工股份有限公司石油化工科学研究院归口。

本标准起草单位：天津商学院、中国石化销售有限公司华北研究所。

本标准主要起草人：巩运兰、詹月辰、陈家旺。

点燃式发动机燃料中苯含量的测定　中红外光谱法

1　范围

1.1　本标准规定了点燃式发动机燃料中苯含量的测定方法，适用于范围为 0.1%(体积分数)～5%(体积分数)苯含量的测定。

1.2　本标准采用国际单位制[SI]单位。

1.3　本标准没有提出其应用时有关的全部安全问题。因此，用户在使用本标准之前应建立适当安全和防护措施，并明确其受限制的适用范围。

2　规范性引用文件

下列文件中的条款通过本标准的引用而成为本标准的条款。凡是注日期的引用文件，其随后所有的修改单(不包括勘误的内容)或修订版均不适用于本标准，然而，鼓励根据本标准达成协议的各方研究是否可使用这些文件的最新版本。凡是不注日期的引用文件，其最新版本适用于本标准。

GB/T 1884　原油和液体石油产品密度实验室测定法(密度计法)(GB/T 1884—2000，eqv ISO 3675：1998)

GB/T 1885　石油计量表(GB/T 1885—1998，eqv ISO 91-2：1991)

GB/T 4756　石油液体手工取样法(GB/T 4756—1998，eqv ISO 3170：1988)

SH/T 0604　原油和石油产品密度测定法(U 形振动管法)(SH/T 0604—2000，eqv ISO 12185：1996)

ASTM E168　红外光谱定量分析通用技术规范

ASTM E1655　红外多元校正分析标准

ASTM E2056　用于多元分析的光谱仪和分光光度计的校验规范

3　术语和定义

下列术语和定义适用于本标准。

3.1

多元校正　multivariate calibration

对一组已知组成浓度或特征值的校正样品与测量的吸光度相关联，用多元校正数学建立校正模型的过程。

注 1：多元校正模型用于未知试样的光谱分析，并对未知试样的组成浓度或特征值提供估计。

注 2：多元校正算法包括偏最小二乘法、多元线性回归、经典最小二乘谱线拟合法。

3.2

含氧化合物　oxygenate

含氧有机化合物可作为燃料或补充燃料使用，如各种醇类和醚类化合物。

4　方法概要

点燃式发动机燃料样品加入液体样品池中，红外光源发出的光束通过样品后，用检测器检测，对检测器的响应信号进行测量。全波长测量仪器，在对应苯的测量谱带范围内，测量光谱响应。根据未知样品在特定区域的光谱吸收和用多元校正方法建立的分析模型进行分析，将未知试样的检测器响应信号转换成苯含量。

5 意义和用途

5.1 苯是一种损害健康的物质，车用汽油标准和环保的要求都对汽油中的苯含量提出控制。

5.2 本方法具有快速、简便、样品使用量少等特点。

5.3 本方法适用于点燃式发动机燃料生产与销售过程的质量控制。

5.4 本方法在应用中，使用模式识别方法将待测样品的红外光谱特征与校正集样本光谱特征比对，判断所用的模型对该样品是否适用。

6 干扰因素

测量中的干扰因素是甲苯和其他单基取代的芳烃。可经过合理的选择测量仪器、光谱处理和多元校正技术来消除或减少这些干扰。

7 仪器

7.1 傅立叶变换中红外光谱仪(FTIR)：为满足本方法的测量要求，仪器应配有红外光源、红外透射样品池或液体衰减全反射样品池、干涉仪、检测器及进样装置。仪器性能规格(包括采用 ATR 样品池)必须符合如下要求：

扫描范围	$4000cm^{-1}$ ~ $600cm^{-1}$
分辨率	$4cm^{-1}$
674 cm^{-1}信噪比 S/N	>300：1(RMS)

可采用空气或氮气产生的单光束光谱，作为参比来测量仪器的噪音信号水平和背景光谱。背景和样品的光谱可以通过多次扫描平均来获得，但扫描时间不应超过 60s。背景测量时如存在空气中 H_2O 或 CO_2 的干扰问题，可用干燥空气或 N_2 来消除。样品光谱的测量必须在与背景光谱同样条件下进行。在 $700cm^{-1}$ ~ $664cm^{-1}$ 范围内，光谱测量的噪音水平不应大于 0.0015AU(吸光度单位)。

7.2 样品池：样品池可以是透射池或衰减全反射池(ATR)。

7.2.1 透射池：盐窗可以是溴化钾、硒化锌或其他在 $712cm^{-1}$ ~ $660cm^{-1}$ 有透射作用的材质，透射池光程 0.025mm±0.005mm。为消除干涉现象，也可采用光程 0.025mm±0.005mm 的楔形透射池。

7.2.2 ATR 样品池规格如下：

ATR 材质	ZnSe
聚光透镜部件	锥形无焦点集成池体
元件结构	圆形横截面锥体结构
锥半角	60°
元件长度	39.37mm
元件直径	3.175mm
入射光在样品界面角	53.8°
入射角最大范围	±1.5°
标准吸收($1428cm^{-1}$丙酮)	0.38AU±0.02 AU
结构材料	316 不锈钢
密封件	Chemraz 或者 Kalraz O 型圈

注：也可以使用能达到相同试验要求的其他材质仪器配件。

8 试剂

8.1 校正标样、验证标样和质量控制标样：用于配制相关标样的化学试剂纯度不低于 99%，必要时应对标样的纯度进行检查。

警告：这些试剂易燃并且吸入或误食对人体有害。

8.1.1 苯。

8.1.2 1，3-二甲苯(间二甲苯)。

8.1.3 乙苯。

8.1.4 3-乙基甲苯。

8.1.5 正己烷(以水为空白，在250nm处，使用1cm样品池，吸光度小于0.1AU)。

8.1.6 2，2，4-三甲基戊烷(异辛烷)。

8.1.7 正戊烷(以水为空白，在250nm处，使用1cm样品池，吸光度小于0.1AU)。

8.1.8 丙苯。

8.1.9 甲苯。

8.1.10 1，3，5-三甲基苯。

注：仅某些试剂是在每一次校正和验证仪器过程中用到。

9 取样和样品的准备

9.1 取样

9.1.1 如果样品中的苯或其他组分挥发，会影响苯含量的测量。在样品转移或处理过程中应小心，最大限度预防样品组分的变化。

9.1.2 按照GB/T 4756方法要求取样。

9.1.3 样品应保存在0℃~5℃的环境条件下。

9.1.4 如发现储存的样品有泄漏，必须重新取样。

9.2 样品的准备

9.2.1 用中红外光谱分析样品时，样品测试应保持在15℃~38℃条件下进行。如分析前样品储存在冰箱中，测量前应使其放置达到15℃~38℃后再进行测量。

9.2.2 分析后，样品如需保存，应重新放在0℃~5℃的冰箱或冰浴中。

10 仪器的校正及验证

10.1 仪器使用前，必须按照附录A的规定进行校正。仪器的校正可以由仪器生产厂商在提供给用户使用前完成。仪器维护后，必须重新进行校正。

10.2 仪器使用前，必须按照附录A的规定进行仪器验证。仪器初始化、重新标定或维修后也必须进行仪器验证。

11 质量控制检查(QC)

11.1 每天使用仪器测量前，按照第12章的操作步骤，至少用一种已知苯含量的质量控制样品(制备方法见11.1.1和11.1.2)测量苯含量，以检查仪器和校正模型的有效性。

11.1.1 按照附录A的规定制备已知苯含量的标样，并用测量的密度将其转化为体积分数(见13章)。至少制备一个苯质量分数为1.2%±0.2%，即体积分数约为1.0%的标准样品，也可制备其他浓度标样用于质量控制检查。

11.1.2 制备的每种浓度的质量控制标样(QC标样)应具有足够的数量，同批次原料制备的标样最少应满足30次质量控制检查的测量。将质量控制标样密封保存，用于以后的质量控制检查分析。

11.2 如果用苯质量分数为1.2%的质量控制标样进行测量，测得体积分数与已知值相差超过0.12%(体积分数)，说明测量系统出现问题。在对问题原因进行分析并作出纠正前，不允许进行苯含量测定。

11.3 如果问题的解决需要维修仪器或重新标定，那么在系统测量样品苯含量之前，应根据A.3所述，重新验证仪器的性能。

12 试验步骤

12.1 分析使用之前，样品温度应保持在15℃~38℃。

12.2 样品池清洗。应用足够的戊烷冲洗干净样品池和出入口间的管线，再通入空气或氮气使残余戊烷完全蒸发。保证样品池中不含有残留的样品，以得到空样品池的测量基线光谱。

12.3 如果需要，可以使用仪器生产厂商已设定的方式获得基线光谱。

12.4 在分析未知试样前，仪器应进行质量控制检查。至少用QC标样清洗样品池三次，保证样品池内充满样品，测量质量控制标样的光谱并计算分析结果，比较QC标样的测量值与已知值。

12.5 用仪器厂商已设定的方式加入试样，用试样至少冲洗样品池三次，确保样品池充满试样。

12.6 用FTIR型光谱仪测量试样的光谱，得到试样在$4000cm^{-1}$至$600cm^{-1}$区域的吸收光谱数据。

12.7 按照附录A中建立的校正方程测定苯的浓度[%(体积分数)]。

12.7.1 FTIR型仪器采用经典最小二乘拟合法校正，在$710cm^{-1}$~$660cm^{-1}$光谱区域拟合吸收光谱(K矩阵法)。拟合矩阵必须包括甲苯，1，3-二甲苯、3-乙基甲苯、1，3，5-三甲苯、乙苯、丙苯等的光谱(按A.2.4.2确定)。

12.7.1.1 为消除谱线重叠，样品光谱应减去有关芳烃组分(甲苯、1，3-二甲苯、3-乙基甲苯、1，3，5-三甲苯、乙苯、丙苯)对苯光谱的贡献。这种贡献可由相应系数乘对应的光谱吸收得出(系数是经典最小二乘法拟合吸收光谱得到的结果)。剩余的是苯的净吸收峰。

12.7.1.2 在$691cm^{-1}$~$660cm^{-1}$光谱区域用带有线性背景校正的洛仑兹带形的函数(按A.2.4.4确定)拟合苯净吸收峰，并且测定苯净吸收峰的峰高。

12.7.1.3 将12.7.1.2中测定的苯净吸收峰的峰高带入到式(A.1)中(按A.2.4.4确定)，测得试样苯的浓度[%(质量分数)]。

12.7.1.4 按照GB/T 1884或SH/T 0604方法测定试样密度。

12.7.1.5 使用第13章的式(1)将苯含量由质量分数转换为体积分数。

13 计算和报告

13.1 按照式(1)计算试样中苯的体积分数(%)：

$$\phi_b=\omega_b(\rho_f/0.8789) \quad \cdots\cdots (1)$$

式中：

ϕ_b——试样中苯的体积分数,%；

ω_b——试样中苯的质量分数,%；

ρ_f——按GB/T 1884或SH/T 0604方法测定，并按GB/T 1885换算得到的试样在20℃的密度；

0.8789——苯在20℃的密度，g/cm^3。

13.2 报告

报告试样中苯的体积分数ϕ_b，结果精确至0.1%(体积分数)。

14 精密度和偏差

14.1 本标准的精密度是通过多个实验室测试结果的统计考察确定的(95%的置信水平)。如表1所示。

14.2 重复性

14.2.1 苯含量在0.1%~1.8%(体积分数)范围，同一操作者，使用同一台仪器，对同一试样，进行重复测定所得两个结果之差，不应超过式(2)的值：

$$r=0.047+0.043X \quad \cdots\cdots (2)$$

式中：

X——两次测定的苯含量平均值,%(体积分数)。

表 1　重复性和再现性

单位为%(体积分数)

苯含量	重复性	再现性
0.1	0.05	0.10
0.3	0.06	0.11
0.5	0.07	0.11
0.7	0.08	0.12
0.9	0.09	0.13
1.1	0.09	0.13
1.3	0.10	0.14
1.5	0.11	0.15
1.8	0.12	0.15
4	0.18	0.23

14.2.2　苯含量在4%(体积分数)，同一操作者，使用同一台仪器，对同一试样，进行重复测定所得两个结果之差，不超过0.18%(体积分数)。

14.3　再现性

14.3.1　苯含量在0.1%~1.8%(体积分数)范围，不同实验室，不同操作者，对同一试样，测定所得两个独立结果之差，不超过式(3)的值

$$R=0.099+0.031X \qquad (3)$$

式中：

X——两次测定的苯含量平均值,%(体积分数)。

14.3.2　苯含量在4%(体积分数)，不同实验室，不同操作者，对同一试样，测定所得两个独立结果之差，不超过0.23%(体积分数)。

14.4　偏差

由于没有适合的参考物质，因此没有做出有关偏差的说明。

附　录　A
（规范性附录）
仪器设备的校正及验证

A.1　校正集样品

校正集样品按一定比例或同比例放大制备。尽可能使用纯度在99%以上的化学试剂。为减少轻组分挥发，在准备标样时应冷藏所有的化学试剂及燃料。

A.1.1　用经典最小二乘谱线拟合法（CLS法）校正的校正样品集，详细配比见表A.1。校正集样品中苯的浓度范围在0%~6%（质量分数）。

表A.1　FTIR仪器校正集样品（CLS法）　　单位为%（质量分数）

样　品	苯	甲　苯	异辛烷
1	0	5	95
2	0	15	85
3	0.5	5	94.5
4	0.5	15	84.5
5	1	5	94
6	1	15	84
7	1.5	5	93.5
8	1.5	15	83.5
9	2	5	93
10	2	15	83
11	3	5	92
12	3	15	82
13	4	5	91
14	4	15	81
15	5	5	90
16	5	15	80
17	6	5	89
18	6	15	79

A.1.2　FTIR仪背景校正混合物（CLS法）。

制备背景校正混合物，其中含有80%（质量分数）正己烷和20%（质量分数）的以下六种物质中的一种芳烃，即甲苯、1，3-二甲苯、3-乙基甲苯、1，3，5-三甲苯、乙苯、丙苯。具体如表A.2所示。

表A.2　FTIR仪器背景校正混合物（CLS法）　　单位为%（质量分数）

样品	己烷	甲苯	1，3-二甲苯	3-乙基甲苯	1，3，5-三甲苯	乙苯	丙苯
1	80	20	0	0	0	0	0
2	80	0	20	0	0	0	0
3	80	0	0	20	0	0	0
4	80	0	0	0	20	0	0
5	80	0	0	0	0	20	0
6	80	0	0	0	0	0	20

A.2 校正

A.2.1 对每台设备分别建立校正模型。严格按照红外光谱多元校正分析标准 ASTM E1655 建立校正模型。红外光谱进行多元校正包括数据处理、校正模型建立、仪器验证等。CLS 法校正模型使用连续频率的光谱区域。

A.2.2 分析前所有样品应放置于15℃~38℃的实验室内。按 ASTM E168 方法或者按仪器厂家的设计要求使样品池充满标样。

A.2.3 用 FTIR 型光谱仪测量待测样品的光谱，得到样品在 $4000cm^{-1}$ ~ $600cm^{-1}$ 区域的吸收光谱数据。

A.2.4 对每台仪器用 CLS 法建立相应的校正模型。苯的浓度(质量分数)与光谱数据相关联。校正模型使用 $710cm^{-1}$ ~ $660cm^{-1}$ 的光谱区域。

A.2.4.1 在 $710cm^{-1}$ ~ $660cm^{-1}$ 光谱区域，分别测量正己烷和表 A2 配制的六种背景校正混合物的光谱。混合物光谱减去 0.8 倍正己烷光谱，得到结果是单个芳烃的光谱。

A.2.4.2 用经典最小二乘拟合法(K 矩阵法)，在 $710cm^{-1}$ ~ $660cm^{-1}$ 光谱区域拟合吸收光谱。拟合矩阵应包括甲苯、1，3-二甲苯、3-乙基甲苯、1，3，5-三甲苯、乙苯、丙苯等的光谱贡献。

A.2.4.3 为消除谱线重叠，样品光谱应减去有关芳烃组分(甲苯、1，3-二甲苯、3-乙基甲苯、1，3，5-三甲苯、乙苯、丙苯)对苯光谱的贡献。这种贡献可由相应系数乘对应的光谱吸收得出(系数是经典最小二乘法拟合吸收光谱得到的结果)。剩余的是苯的净吸收峰。

A.2.4.4 在 $691cm^{-1}$ ~ $660cm^{-1}$ 光谱区域内，用带有线性背景的洛仑兹带形的函数拟合苯净吸收峰，带有洛仑兹带形的函数方程 $L(v)$ 见式(A.1)：

$$L(v) = A\Gamma^2/[\Gamma^2 + (v_0 - v)^2] + kv + d \tag{A.1}$$

式中：

A——峰高；

Γ——半峰宽；

v_0——中心波数；

v——波数；

k——线性背景斜率；

d——线性背景截距。

确定最小二乘法拟合参数 A，Γ，v_0，k 和 d。

A.2.4.5 用苯的净峰高确定校正参数(参数 A 对应苯的吸收)

A.3 仪器验证

仪器标定后，必须用验证标样对仪器进行验证。以确保精确测量点燃式发动机燃料中的苯。高含量的单基取代芳烃组分一般情况下存在干扰作用。在仪器初始化、重新标定或维修后必须执行本验证步骤。

A.3.1 验证标样准备

准备多组分的苯验证标样(质量分数)。验证标样配制同建立模型所用校正集标样相似，但不完全一样。制备验证标样，在一定范围内改变苯和干扰组分的含量，即验证集标样浓度跨度至少为校正集标样的95%以上。需要的验证标样数量建议参照化学计量学多元校正的有关规定，一般是校正方程中独立变量个数的5倍。使用经典最小二乘法谱线拟合的校正方法，需要至少20个验证标样。

A.3.2 获得验证数据

A.3.3 按照12章要求的试验步骤，测量验证集标样苯含量，用体积分数表示。依据方法 ASTM E2056 的相关规定确定仪器的有效性。

注：因本方法是在 ASTM E2056 方法之前制定的，本方法不能提供 ASTM E2056 所需的所有数据。下述步骤和 ASTM E2056 方法的目的是一致的。

A.3.4 验证集标准差计算见式(A.2)：

$$SEQ = \sqrt{\sum_{i=1}^{q} (\hat{y}_i - y_i)^2 / q} \quad \cdots\cdots (A.2)$$

式中：

q——验证样本数量；

y_i——第 i 个验证集样本的已知值；

$\hat{y}_i$——第 i 个验证集样本的测定值。

验证集合并标准差(*PSEQ*)的计算见式(A.3)：

$$PSEQ = \sqrt{\frac{\sum_{j=1}^{m} \sum_{i=1}^{q_j} (\hat{y}_{ij} - y_{ij})^2}{\sum_{j=1}^{m} q_j}} \quad \cdots\cdots (A.3)$$

式中：

q_j——第 j 个实验室验证样本数量；

y_{ij}——第 j 个实验室第 i 个验证集样本的已知值；

$\hat{y}_{ij}$——第 j 个实验室第 i 个验证集样本的测定值。

验证集合并标准差自由度(*DOF*)的计算见式(A.4)：

$$DOF = \sum_{j=1}^{m} p_j \quad \cdots\cdots (A.4)$$

式中：

p_j——第 j 个实验室自由度。

A.3.4.1 对于每种类型仪器，计算 $F = SEQ/PSEQ$，用该 F 值与 F 临界值相比较，$F_{临界} = q/DOF(PSEQ)$。

FTIR 型光谱仪器(CLS 法)的 *PSEQ* 值和自由度 *DOF*(*PSEQ*)值见表 A.3，$F_{临界}$值见表 A.4。

A.3.4.2 如果 F 值小于等于表中 $F_{临界}$值，则认为这台仪器测试性能可靠。

A.3.4.3 如果 F 值大于表中 $F_{临界}$值，则认为这台仪器测试性能不可靠。

表 A.3 FTIR 型光谱仪器(CLS 法)*PSEQ* 值

PSEQ	0.0812
DOF(*PSEQ*)	270

表 A.4 $F_{临界}$值

分母 *DOF*(*PSEQ*)	分子 *q*		
	389	306	270
20	1.60	1.60	1.61
25	1.53	1.54	1.55
30	1.49	1.50	1.50
35	1.45	1.46	1.47
40	1.43	1.43	1.44
45	1.40	1.41	1.42
50	1.38	1.39	1.40

ICS 75.140
E 42

SH

中华人民共和国石油化工行业标准

SH/T 0800—2007

蜡滴点测定法

Standard test method for dropping point of waxes

2007-08-01 发布　　2008-01-01 实施

中华人民共和国国家发展和改革委员会　发布

前　言

本标准修改采用美国试验与材料协会标准 ASTM D3954-94(2004)《蜡滴点测定法》(英文版)。

本标准根据 ASTM D3954-94(2004)重新起草。

考虑到我国国情，在采用 ASTM D3954-94(2004)时，本标准做了一些修改。在附录 A 中给出了这些技术性差异及其原因的一览表以供参考。

为了便于使用，本标准还做了下列编辑性修改：

——将“仪器准备”章与“样品准备”章顺序互换；

——取消了 ASTM D3954-94(2004)的“关键词”章。

本标准的附录 A 是资料性附录。

本标准由全国石油产品和润滑剂标准化技术委员会提出。

本标准由中国石油化工股份有限公司抚顺石油化工研究院归口。

本标准起草单位：中国石油化工股份有限公司抚顺石油化工研究院。

本标准主要起草人：赵彬、齐邦峰。

蜡滴点测定法

1 范围

1.1 本标准规定了测定蜡滴点的试验方法，适用于包括石蜡、微晶蜡、聚乙烯蜡、调和蜡和天然蜡在内所有类型的非液态蜡。

1.2 本标准可能涉及某些有危险的材料、设备和操作，但并无意对与此有关的所有安全问题都提出建议。因此，在使用本标准之前，用户有责任建立适当的安全和防护措施，并制定有适用性的管理制度。

2 规范性引用文件

下列文件中的条款通过本标准的引用而成为本标准的条款。凡是注日期的引用文件，其随后所有的修改单(不包括勘误的内容)或修订版均不适用于本标准，然而，鼓励根据本标准达成协议的各方研究是否可使用这些文件的最新版本。凡是不注日期的引用文件，其最新版本适用于本标准。

GB/T 4929 润滑脂滴点测定法

3 方法概要

将试样置于底部有一直径2.8mm孔的圆柱形脂杯中，以恒定的速率在空气中加热，当悬挂于脂杯底部的试样向下流动19mm距离，中断光电检测光束时的温度即为试样的滴点。

4 意义和用途

4.1 加热蜡时，没有固液相突变点，蜡没有真实的熔点。随着温度的上升，蜡逐渐变软或者黏度降低。因此，为使试验结果可再现，应通过确定的方法测定蜡的软化温度。

4.2 本标准可用于测定蜡的硬度，也是确定货物均匀性或货源的要素之一。

5 仪器与设备

本标准测定滴点所用仪器应符合5.1、5.2、5.3条的要求，包括带有数字温度显示的控制单元、相匹配的加热器单元、样品杯套筒以及附件。

5.1 控制单元：应能自动保持加热器的温度，以0.1℃精度控制加热速率；并能在25℃~250℃范围内以2.0℃/min的升温速率连续控制升温。显示器应能以0.1℃精度记录滴点。当试样中断检测光束触发光电池检测器时应关闭加热器加热程序，自动记录滴点试验结果。

5.2 加热器单元：应能在25℃~250℃范围内以2.0℃±0.3℃/min的升温速率加热样品杯套筒，且应包含一个0.1℃精度检测滴点的温度传感系统。

5.3 样品杯套筒：包括样品脂杯和套筒，镀铬黄铜脂杯的规格尺寸见GB/T 4929。应将其置于一适合的套筒中，以便试样向下流动19mm距离使检测光束中断，从而显示滴点结果。

6 仪器准备

检查加热器单元和样品脂杯及套筒是否清洁明亮，失去光泽的脂杯或不干净的仪器能改变试样的滴点。每次测定后都应检查仪器是否需要清洁。

7 样品准备

将试样加热熔化至其熔化温度以上15℃~20℃，使其呈流动性好的液态。将样品脂杯置于玻璃滑面上，倒入熔化的试样使之与杯口上缘齐平。将装满试样的样品脂杯置于室温2h后开始试验。

8 试验步骤

8.1 预热或者冷却加热器单元，使其温度比试样的预期滴点低20℃~25℃并保持恒温。

注：如果存在争议，争议双方应就使用的确切开始温度达成一致。

8.2 将装有样品的套筒置于加热器单元中适当位置，确保检测光束能顺利通过套筒上的狭缝。当仪器状态灯稳定，指示样品和加热器在当前温度下达到平衡，此时即可开始以2℃/min的加热速率升温。仪器自动加热直至滴点出现，滴点温度值显示在显示屏上。

8.3 立即取出样品杯套筒结束试验。检查确定样品是否已经通过了光束缝槽和出现没有引发预触发器的情况。检查滴点仪器确保其清洁，没有微粒或残留物存在。

8.4 将样品杯上缘朝下放在硬物表面上，冲压出样品脂杯内残存的试样，清洁样品脂杯。用刮刀之类的器具轻轻旋转刮除样品脂杯周围的残存物。

9 报告

将仪器数字显示屏上记录的结果作为滴点，精确到0.1℃。

10 精密度和偏差

用下面的标准判断试验结果的精密度(95%置信水平)。

10.1 重复性：同一操作者，用同一台仪器，对同一试样进行重复测定，所得的两个结果之差不应超过0.5℃。

10.2 再现性：不同操作者，在不同实验室，对同一试样进行测定，所得的两个独立结果之差不应超过1.5℃。

10.3 偏差：本标准步骤没有偏差，因为蜡滴点的结果是由本方法定义而得出的。

附 录 A
（资料性附录）
本标准与 ASTM D3954-94(2004)的技术性差异及其原因

A.1 表 A.1 给出了本标准与 ASTM D3954-94(2004)《蜡滴点测定法》的技术性差异及其原因。

表 A.1 本标准与 ASTM D3954-94(2004)的技术性差异及其原因

本标准的章条编号	技术性差异	原 因
1.1	增加适用范围	适应我国国情和标准版式
2	引用我国相应标准	适应我国国情
5.3	引用我国相应标准	适应我国国情
8	删除原文 8.1 条内容	该内容与试验步骤无关，适应我国国情
9	删除华氏度内容	适应我国国情

ICS 75.100
E 34

SH

中华人民共和国石油化工行业标准

SH/T 0801—2007

发动机油均匀性和混合性测定法

Standard test method for determination of homogeneity and miscibilityin automotive engine oils

2007-08-01 发布　　2008-01-01 实施

中华人民共和国国家发展和改革委员会　发布

前　言

本标准修改采用美国试验与材料协会标准 ASTM D6922-03《发动机油均匀性和混合性测定方法》。

本标准是根据 ASTM D6922-03 重新起草的。

为了适合我国国情，本标准在采用 ASTM D6922-03 时进行了修改。本标准与 ASTM D6922-03 的主要技术性差异如下：

——本标准的部分引用标准采用了我国相应的国家标准和行业标准；

——本标准 6.7 条液体冷浴修改为冷却室；

——本标准 10.4.11 中 28℃改为 27℃。

为了使用方便，本标准进行了如下编辑性修改：

——表 1 中试验报告单增加了 s_W 对颗粒大小的描述为无颗粒；

——去掉了关键词一章。

本标准的附录 A 为规范性附录。

本标准由中国石油化工集团公司提出。

本标准由中国石油化工股份有限公司石油化工科学研究院归口。

本标准起草单位：中国石油化工股份有限公司润滑油分公司。

本标准主要起草人：崔海鸥、孟雪梅。

发动机油均匀性和混合性测定法

1 范围

1.1 本标准规定了发动机油均匀性和经过规定温度变化后保持均匀性的测定方法，以及发动机油与特定标准参比油混合，经过规定温度变化后混合性的测定方法。

1.2 本标准采用国际单位制[SI]单位。

1.3 本标准涉及某些有危险的材料、操作和设备，但并未对此有关的所有安全问题都提出建议。因此，用户在使用本标准之前有必要建立适当的安全和防护措施，并确定相应的管理制度。

2 规范性引用文件

下列文件中的条款通过本标准的引用而成为本标准的条款。凡是注日期的引用文件，其随后所有的修改单(不包括勘误的内容)或修订版均不适用于本标准，然而，鼓励根据本标准达成协议的各方研究是否可使用这些文件的最新版本。凡是不注日期的引用文件，其最新版本适用于本标准。

GB/T 514 石油产品试验用玻璃液体温度计技术条件

GB/T 3535 石油产品倾点测定法(GB/T 3535—2006，MOD ISO 3016：1994)

GB/T 4756 石油液体手工取样法(GB/T 4756—1998，eqv ISO 3170：1988)

SH/T 0512 汽油机油低温锈蚀评定法(MS 程序ⅡD 法)

SH/T 0763 汽油机油防锈性评定法(BRT 法)

3 术语和定义

下列术语和定义适用于本标准。

3.1

校准 calibrate

参照标准，确定测量设备的读数或输出值。

3.2

均匀性 homogeneity

油品经过一系列温度变化，外观保持一致的能力。

3.3

混合性 miscibility

试验油和参比油在混合后，形成均相混合物，在经过一系列温度变化后，未分为两相的能力。

3.4

参比油 reference oil

已知性能特征，对比时作为基准的油品。

注：参比油用于校正试验设备、比较其他油品的性能或评价与油品相互作用的其他材料(如密封件)的性能。

3.5

试样 specimen

用来完成试验的一部分试验油。

3.6

试验油 test oil

用已建立的试验程序评价的任何油品。

4 方法概要

目测颜色并观察试样及试样与不同参比油混合后的六个试样混合物。测定试样和六个试样混合物的倾点，然后将其回温到室温，再次目测颜色，并对其进行观察。将试样及六个试样混合物加热到232℃，再冷却至室温，在试样的倾点温度下储存18h~24h，目测颜色，观察其从解冻回温到室温过程的分离现象和外观。全部数据记录在表1中。

5 意义和用途

不同制造商生产的发动机油能保持均匀性和混合性的能力有重要的意义。由于汽车驾驶者通常不能预知发动机油制造商有关油品使用时的信息，如果油品不能保持均匀性和具有恰当的功能，可能会导致发动机故障。

6 设备

6.1 试管：由透明玻璃制成的圆柱状平底试管。试管内径为30.0mm~32.4mm，外径为33.2mm~34.8mm，高度为115mm~125mm，试管壁厚不超过1.6mm。在试管底部至54mm±3mm处有一条线标明试样高度。

6.2 温度计：符合GB/T 514中GB-36或其他相当的温度计。

6.3 塞子：清洁的塞子，预留可开孔或中心孔，用于插放温度计。

6.4 套管：玻璃或金属制，平底的圆柱形套管，不漏水，其高约120mm，套管的内径大于试管的外径大约为9.0mm~12.0mm。

6.5 圆盘：软木或毡制品制成，厚约6mm，直径与套管的内径相同。

6.6 垫圈：环型，5mm厚，恰好能安放在试管外部，使套管内较宽松。环型垫圈的目的是防止试管和套管相接触。

6.7 冷却室：能提供要求温度的任何液体冷浴和其他冷却设备。

6.8 烘箱：能使试样在25min~90min内升温到232℃±2℃。

6.9 倾点测定试验仪(手动、自动任选)：符合GB/T 3535要求的倾点测定仪。自动倾点仪有节省时间和样品的使用量较少等优点，还可能有其他使用上的优势。确保自动倾点测定仪的校准、调整和操作均应按照制造商的规程要求。但由自动倾点测定仪报告倾点，在某些情况下，未规定自动倾点仪的精密度。如遇争议，仲裁试验以手动仪器为准。

7 试剂与材料

参比油：由美国试验与材料协会试验监测中心(TMC)提供的HMA、HMB、HMC、HMD、HME和HMF共6个参比油。

8 取样

根据GB/T 4756的要求取样。

9 试验准备

9.1 在试验架上放置7个清洁的试管。

9.2 在每个试管上测量，并标识如下：

9.2.1 在每个试管内测量、标识从试管的底部到23mm处和54mm处的位置。

9.2.2 标识第一个试管用于放置试样。

9.2.3 用字母A到字母F标识，指定试样与参比油混合的六个试管。

9.3 剧烈地摇匀试样。

9.4 将试样装入六个试管(A 到 F 试管)的 23mm 的标识处。

9.5 将试样装入标识为试样的试管的 54mm 标识处。

9.6 剧烈地摇匀六个参比油。

9.7 将相应的参比油装入标识为 A 到 F 的试管的 54mm 处，得到六个试样混合物。

9.8 用不泄漏的塞子牢固地塞住每个试管，剧烈地摇动试管。

9.9 取下每个试管上的塞子。

10 试验步骤

10.1 将在试管内的试样及试样混合物在恒温的烘箱内加热到 46℃±2℃。

10.2 从烘箱中取出试样及试样混合物，冷却至室温。

10.3 将试样及每个试样混合物的分离情况(即相分离位置、颜色和颗粒的大小)和外观记录在表 1 中。

10.4 倾点的测定：

注：除 10.4.7.3 注的规定之外，本倾点测定的试验步骤按照 GB/T 3535 的规定进行。

10.4.1 在每个试管的油液面以下，安放环形的垫圈。

10.4.2 在每个试管的密封塞子上，放置一个已校正的温度计。确保温度计的感温泡被浸没，毛细管的开始处位于油液面的 3mm 以下。

10.4.3 在冷却室中，放置已校正的温度计，保持温度在-18℃～-15℃之间。

10.4.4 在冷却室的套管中放置试管。

10.4.5 倾点以 3 的倍数的正整数或负整数表示。从试样和试样混合物的预计倾点温度 12℃以上，开始观察每个试样和试样混合物的温度(以 3 的倍数预计)。从套管中小心地取出试管，倾斜试管，到刚好能观察到试管内的试样是否流动。

10.4.6 如果试管内的试样和试样混合物是流动的，应立即放回套管中。(要求完成取出试管到放回试管的全部操作时间不超过 3s)。

10.4.7 如果倾斜试管内的试样和试样混合物，其不能流动。

10.4.7.1 将试管保持水平状态 5s，用计时器记录时间。

10.4.7.2 如果此时试样和试样混合物出现了任何移动，应将试管放回到冷却室的套管中。

10.4.7.3 如果试样和试样混合物没有任何移动显示，将此时试管的试验温度记录在记录纸上的“倾点”处，以℃为单位。然后将试管放在试验架上解冻。

注：GB/T 3535 要求测定的温度加 3℃作为试验结果并报告，本标准要求报告观察到的实际温度。

10.4.8 如果试样和试样混合物在达到-6℃时仍流动，将试管和套管放置到第二个冷却室中，保持温度在-35℃～-32℃。

10.4.9 对每个试样和试样混合物，以每 3℃的间隔，继续执行 10.4.5 到 10.4.7 的步骤。

10.4.10 如果试样和试样混合物在达到-24℃仍流动，将试管和套管放置在第三个冷却室中，保持温度在-52℃～-49℃。

10.4.11 对每个试样和试样混合物，以每 3℃的间隔，继续执行 10.4.5 到 10.4.7 的步骤。

为测定超高倾点和超低倾点的试验，附加的冷却室之间的温度差为 17℃。每当试样和试样混合物的温度高于冷却室 27℃的情况下，将试管转移到适当的冷却室中。

10.4.12 待试样和试样混合物解冻。

10.4.13 当试样和试样混合物变得透明并且混浊现象消失时，观察分离的现象(即相分离位置、颜色和颗粒大小)和外观，将结果记录在记录纸上“恰回温至浊点温度以上”处(参见表 1)。

10.5 加热试样和试样混合物。

10.5.1 待试样和试样混合物回温至室温。

10.5.2 从试管上移去温度计和塞子。

表 1 试验报告单

样品号：				日期：			
试样编号	试 样	试样+HMA	试样+HMB	试样+HMC	试样+HMD	试样+HME	试样+HMF
		A	B	C	D	E	F
温度计编号							
处理前							
分离现象							
相分离位置							
颜色							
颗粒大小							
试样外观							
冷却至倾点，℃							
恰回温至浊点温度以上							
分离现象							
相分离位置							
颜色							
颗粒大小							
试样外观							
加热到 232℃—储存在倾点温度—18h—回温至倾点温度以上							
分离现象							
相分离位置							
颜色							
颗粒大小							
试样外观							
回温至室温							
分离现象							
相分离位置							
颜色							
颗粒大小							
试样外观							
分离现象： D：有明确界限 N：无明确界限		颜色： w：白色或非常浅 y：黄色 b：黑色			试样外观： d：太暗不能透过 m：暗但透明 l：浅色		
相分离位置： T：接近顶部 B：接近底部 F：分界面中有细线 U：均匀地分布				颗粒大小： s：当在浊点或薄雾状时，非常小 s_P：斑点或大颗粒 s_W：无颗粒			

10.5.3 从试管上移去环型垫圈。

10.5.4 将所有试样和试样混合物放置在合适的烘箱内，设置其温度使试样和试样混合物的温度在

90min 内达到 232℃±2℃。

10.5.5 当试样和试样混合物温度达 232℃±2℃时，应立即停止加热，从烘箱中取出，冷却至室温。

10.6 在倾点温度下储存试样和试样混合物：

10.6.1 将试样和六个试样混合物放置在适当的冷却室中，温度保持在试样的倾点温度处，储存 18h～24h。

10.6.2 储存结束后，从冷却室中移出试样和试样混合物并让其自然回温。

10.6.3 当试样和试样混合物变得透明并且混浊现象消失时，观察试样并将结果记录在报告表上“加热到 232℃—储存在倾点温度—18h—回温至倾点温度以上”处(见表 1)。

10.6.4 将试样和试样混合物回温至室温。

10.6.5 观察试样和试样混合物并将结果记录在报告表上“回温至室温”处(见表 1)。

10.6.6 按要求处理试样和试样混合物。

11 报告

按表 1 的形式报告均匀性和混合性的结果。

12 精密度和偏差

鉴于本试验结果是非定量的，本试验方法无法提供精密度和偏差的数据。

附录一　石油产品行业标准 2020 目录

一、燃料

二、溶剂和化工原料

三、润滑油

四、润滑脂

五、石油蜡

六、石油沥青

七、油品应用

八、添加剂

九、其他

附录二　石油和石油产品试验方法行业标准 2020 第一～第十分册总目录

第一分册目录

第二分册目录

第三分册目录

第四分册目录

第五分册目录

第六分册目录

第七分册目录

第八分册目录

第九分册目录

第十分册目录